理工系の基礎

物理学 I

物理学 編集委員会 編

小向得 優／満田 節生／坂田 英明／梅村 和夫／二国 徹郎 著

丸善出版

刊行にあたって

科学における発見は我々の知的好奇心の高揚に寄与し，また新たな技術開発は日々の生活の向上や目の前に山積するさまざまな課題解決への道筋を照らし出す．その活動の中心にいる科学者や技術者は，実験や分析，シミュレーションを重ね，仮説を組み立てては壊し，適切なモデルを構築しようと，日々研鑽を繰り返しながら，新たな課題に取り組んでいる．

彼らの研究や技術開発の支えとなっている武器の一つが，若いときに身に着けた基礎学力であることは間違いない．科学の世界に限らず，他の学問やスポーツの世界でも同様である．基礎なくして応用なし，である．

本シリーズでは，理工系の学生が，特に大学入学後1，2年の間に，身に着けておくべき基礎的な事項をまとめた．シリーズの編集方針は大きく三つあげられる．第一に掲げた方針は，「一生使える教科書」を目指したことである．この本の内容を習得していればさまざまな場面に応用が効くだけではなく，行き詰ったときの備忘録としても役立つような内容を随所にちりばめたことである．

第二の方針は，通常の教科書では複数冊の書籍に分かれてしまう分野においても，1冊にまとめたところにある．教科書として使えるだけではなく，ハンドブックや便覧のような網羅性を併せ持つことを目指した．

また，高校の授業内容や入試科目によっては，前提とする基礎学力が習得されていない場合もある．そのため，第三の方針として，講義における学生の感想やアンケート，また既存の教科書の内容などと照らし合わせながら，高校との接続教育という視点にも十分に配慮した点にある．

本シリーズの編集・執筆は，東京理科大学の各学科において，該当の講義を受け持つ教員が行った．ただし，学内の学生のためだけの教科書ではなく，広く理工系の学生に資する教科書とは何かを常に念頭に置き，上記編集方針を達成するため，議論を重ねてきた．本シリーズが国内の理工系の教育現場にて活用され，多くの優秀な人材の育成・養成につながることを願う．

2015年4月

東京理科大学　学長

藤　嶋　　　昭

序　文

物理学は現象の奥にある普遍性と本質を追求する認識の学問である．物理学は現代の科学技術の基盤であり，その知識の獲得については言うまでもないが，原理原則に立ち戻り問題を解決できる論理的思考法を養成できる観点からも学ぶべき意義がある．そのような物理学が学べることを標榜している大学の学科カリキュラムを眺めると，「力学・電磁気学・量子力学・熱統計力学」という 4 本柱に，物理学を理解し記述するために必要な「物理数学」が加わったものが共通にみえてくる．本書は大学 1～2 年次で学ばれることが多い「力学」と「電磁気学」を 1 冊にまとめ，必要最低限知っておくべき整理された知識（トピック）を厳選し，分野を俯瞰するガイドかつハンドブックとして機能することを目指して執筆した．必要になる「数学」についても，第Ⅰ部および第Ⅱ部でそれぞれ 1 章を割いて記載している．なお続刊の『理工系の基礎　物理学Ⅱ』においては，大学 2～3 年次で学ばれることが多い「量子力学」と「熱統計力学」が 1 冊にまとめられる予定である．

第Ⅰ部の「力学」は，物体の運動の記述方法の習得を通して論理的思考力が養われることを目的としており，力学の基礎数学，質点の運動，質点系と剛体の運動，解析力学の四つの章から構成されている．1 章では，物体の運動を記述するために必要なベクトルの概念，座標系，微分方程式を含む基礎数学が与えられている．2 章では，力学の最も重要なニュートンの運動の三法則を土台として，質点の力学が展開されている．3 章では，質点の運動法則を土台とし，質点系の運動が議論されている．さらに，剛体を質点間の距離が不変である質点系と考え，質点系での運動の法則を拡張してその運動が議論されている．4 章で取り扱われている解析力学では，最小作用の原理に沿った数学的に洗練された定式化が行われ，エネルギー・ポテンシャルなどのスカラー量を用いた一般化された表式で力学の問題が取り扱われ，2, 3 章で力・運動量がベクトルを用いて幾何学的に扱われている点と対照的である．また，解析力学は力学現象を解析的手法によって記述する方法論だけでなく，統計力学や量子力学の基礎となる重要な物理原理でもある．第Ⅰ部はハンドブックとしてばかりでなく，力学の原理を初学者が順に通読してゼロから学習できるような特徴をもたせた．

第Ⅱ部の「電磁気学」は「場」の概念を用いて身の回りに溢れる多彩な電磁気現象を電場・磁場について記述する理論体系であるが，力学と比べて難しいといわれることが多い．それは力学で扱う自由度が有限であり，質点の運動をイメージしやすいのに比べ，電磁気学では無限個の連続自由度をもつ電場や磁場といった目に見えない「場」の量を相手にしていること，さらにはそれを捉えるために発散や回転，ガウスの定理やストークスの定理などの一見すると難しそうにみえる，ベクトル場に対する微分や積分定理が必要なことが理由であろう．ベクトル解析とよばれるそれらの数学的要素を，電磁気学の物理の展開の流れのなかで必要になった時点で未学習のものとして取り込んでいくスタイルもあるが，ハンドブック的な利用を考え，数学を分離して冒頭の1章に必要最低限のものをまとめて掲載した．第Ⅱ部の「電磁気学」の概要および構成について述べたいことは2章の「序論」にすべて記載したので目を通してほしいが，「真空中における電磁気学」と「物質を含む電磁気学」に大きく分けた構成としているために，力学のニュートン方程式に対応する電磁場を記述するマクスウェル方程式の成り立ちを中盤までには登場させられる点が，多くのテキストにはみられない特徴であると思っている．

以上のような特徴をもたせて本書をまとめたが，学部学生がその学習に教科書や補助教材として利用するばかりでなく，一度学習を終えた読者が，分野を俯瞰するための助けになるハンドブックとしても活用してほしい．執筆は，第Ⅰ部全体を小向得が，第Ⅱ部の1〜3章を満田，4〜5章（5.3節まで）を坂田，6〜8章を二国，9章と5章（5.4節以降）を梅村がそれぞれ担当した．最後に，本書の作成には多くの方々のご協力をいただいた．特に，東條　健氏をはじめとして丸善出版株式会社の方々には，大変お世話になった．ここに記して心より謝意を表したい．

2017年3月

執筆者を代表して　小向得　　優
満　田　節　生

目　次

第Ⅰ部
力　学

第 II 部 電 磁 気 学

1. 電磁気学の基礎数学 112

2. 序 論 125

3. 静 電 場 1 128

4. 静磁場 1　149

5. 変動する電磁場 1　163

第 I 部

力　　学

1. 力学の基礎数学

力学は時間とともに物体の位置と速度がどのように変化するかを定量的に取り扱う学問である．ニュートン力学では，ベクトルの概念を導入し，さらに，微分方程式で表される運動方程式によって物体の運動を知ることができる．物理の基本法則は数学を用いて記述することによって理解されるために，数学の基礎知識が必要になる．1章では，力学に必要なベクトル，座標系，微分方程式の基礎数学を説明する．

1.1 ベクトル

力や速度などはベクトルを用いれば，幾何学的にイメージでき理解しやすくなる．また，力が物体にする仕事などは内積，力のモーメントなどは外積で表すことによって数式化される．ニュートン力学では，ベクトルの概念が非常に有効になる．ベクトルの基礎概念を理解することは力学を理解するうえで非常に重要である．

1.1.1 ベクトルの定義

時間，エネルギーなどのように大きさだけをもつ量を**スカラー（scalar）**，力，速度などのように大きさと方向をもつ量を**ベクトル（vector）**という．図 1.1 に示すように，ベクトルは矢印のついた線分で図示され，矢印の根元に始点 O，矢印の先端に終点 A としたとき，そのベクトルを $\overrightarrow{\mathrm{OA}}$ で表せる．線分の長さはベクトルの大きさ，矢印の方向はベクトルの向きを表す．ベクトルの表示は $\overrightarrow{\mathrm{OA}}$ 以外に，$\vec{A}$ あるいは太字の $\boldsymbol{A}$ で表される．ベクトルの大きさは $|\boldsymbol{A}|$ あるいは A が用いられる．大きさがゼロであるベクトルを**零ベクトル**といい，$\boldsymbol{0}$ で表す．物質の位置を指定するために，ベクトルの始点を座標系の原点に固定したベクトルを**固定（fixed）ベクトル**という．速度，加速度などの大きさと方向が問題になるベクトルは平行移動によって始点の位置を自由に変えることができ，平行移動できるベクトルを**自由（free）ベクトル**という（図 1.2）．図 1.2 に示したベクトル $\boldsymbol{A}$ と平行移動したベクトル $\boldsymbol{A}'$ とは相等しく，$\boldsymbol{A} = \boldsymbol{A}'$ と表すことができる．また，物体に働く力などのようにその作用線上で移動することのできるベクトルを**滑り（slide）ベクトル**という．

図 1.3 に示した二つの任意の自由ベクトル $\boldsymbol{A}$，$\boldsymbol{B}$ を考える．$\boldsymbol{A}$ の終点に $\boldsymbol{B}$ の始点を平行移動させたベクトルを $\boldsymbol{B}'$ とおき，$\boldsymbol{A}$ の始点から $\boldsymbol{B}'$ の終点まで結んだベクトルを $\boldsymbol{C}$ とすると，ベクトル $\boldsymbol{C}$ は

$$\boldsymbol{C} = \boldsymbol{A} + \boldsymbol{B}' = \boldsymbol{A} + \boldsymbol{B} \tag{1.1}$$

と表すことができ，$\boldsymbol{A}$ と $\boldsymbol{B}$ との和である．また，$\boldsymbol{B}$ の終点に $\boldsymbol{A}$ の始点を平行移動させたベクトルを $\boldsymbol{A}'$ とおくと，$\boldsymbol{C}$ は

$$\boldsymbol{C} = \boldsymbol{B} + \boldsymbol{A}' = \boldsymbol{B} + \boldsymbol{A} \tag{1.2}$$

とも表すことができ，式(1.1)と式(1.2)から

$$\boldsymbol{A} + \boldsymbol{B} = \boldsymbol{B} + \boldsymbol{A} \tag{1.3}$$

の関係が成り立つ．式(1.3)から，ベクトルの和は順序を交換することができ，**交換法則（commutative property）**が成り立つ．また，$\boldsymbol{A} + \boldsymbol{B} = \boldsymbol{0}$ となるベクトル $\boldsymbol{B}$ は $\boldsymbol{A}$ の大きさと同じで，反対方向である．このとき，$\boldsymbol{B} = -\boldsymbol{A}$ と表せる．スカラー k とベクトル $\boldsymbol{A}$ との積 $k\boldsymbol{A}$ は大きさが A の $|k|$ 倍で，$k > 0$ のときは $\boldsymbol{A}$ と同じ向き，$k < 0$ のときは $\boldsymbol{A}$ と反対向きである．

1.1.2 内積（スカラー積）

図 1.4 に示した二つのベクトル $\boldsymbol{A}$，$\boldsymbol{B}$ の大きさ $|\boldsymbol{A}|$

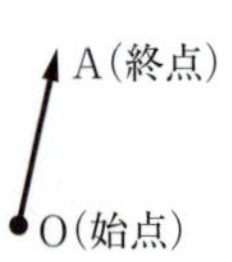

図 1.1 ベクトル

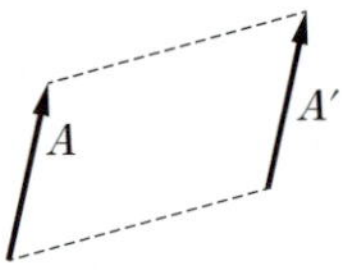

図 1.2 自由ベクトル

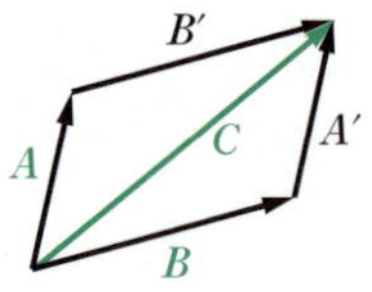

図 1.3 ベクトルの和，交換法則

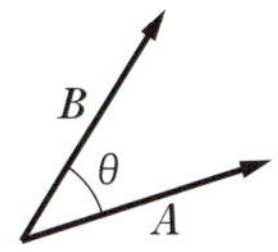

図 1.4　$\boldsymbol{A}, \boldsymbol{B}$ の内積

$= A$, $|\boldsymbol{B}| = B$ と，二つのベクトルとのなす角度 θ の余弦（$\cos\theta$）との積を，$\boldsymbol{A}$ と $\boldsymbol{B}$ の**内積（internal produce）**（または**スカラー積**）といい，$\boldsymbol{A}\cdot\boldsymbol{B}$ で表す．すなわち，$\boldsymbol{A}$，$\boldsymbol{B}$ の内積 $\boldsymbol{A}\cdot\boldsymbol{B}$ は

$$\boldsymbol{A}\cdot\boldsymbol{B} = |\boldsymbol{A}||\boldsymbol{B}|\cos\theta = AB\cos\theta \qquad (1.4)$$

と定義される（図 1.4）．内積はスカラーで，角度 θ が鋭角，直角あるいは鈍角かによって，正，0 あるいは負の値をとる．$\boldsymbol{A}$，$\boldsymbol{B}$ の内積 $\boldsymbol{A}\cdot\boldsymbol{B}$ の定義式(1.4)から理解できるように，$\boldsymbol{A}\cdot\boldsymbol{B}$ がスカラー量であるために $\boldsymbol{A}$ と $\boldsymbol{B}$ を交換しても内積は変わらない．すなわち，つぎの交換法則

$$\boldsymbol{A}\cdot\boldsymbol{B} = \boldsymbol{B}\cdot\boldsymbol{A} \qquad (1.5)$$

が成り立つ．また，同じベクトル同士の内積は $\boldsymbol{A}\cdot\boldsymbol{A} = A^2$ であることから，ベクトル $\boldsymbol{A}$ の大きさ A は内積を用いて，$A = \sqrt{\boldsymbol{A}\cdot\boldsymbol{A}}$ と表すことができる．

1.1.3　単位ベクトル，基本ベクトル，方向余弦

大きさが 1 のベクトルは**単位（unit）ベクトル**といわれ，方向を表す．また，座標系の軸に平行で，正の向きの単位ベクトルは**基本（fundamental）ベクトル**といわれる．基本ベクトルは自由ベクトルであり，座標系の軸方向を表す重要なベクトルである．図 1.5 のように座標軸が互いに直交するような直交座標系 Oxyz の基本ベクトルを $\hat{\boldsymbol{x}}, \hat{\boldsymbol{y}}, \hat{\boldsymbol{z}}$ と表すことにする．$\hat{\boldsymbol{x}}, \hat{\boldsymbol{y}}, \hat{\boldsymbol{z}}$ は大きさ 1 で互いに直交しているので，$\hat{\boldsymbol{x}}, \hat{\boldsymbol{y}}, \hat{\boldsymbol{z}}$ に関する内積は

$$\begin{aligned}\hat{\boldsymbol{x}}\cdot\hat{\boldsymbol{x}} = 1,\ \ \hat{\boldsymbol{y}}\cdot\hat{\boldsymbol{y}} = 1,\ \ \hat{\boldsymbol{z}}\cdot\hat{\boldsymbol{z}} = 1 \\ \hat{\boldsymbol{x}}\cdot\hat{\boldsymbol{y}} = 0,\ \ \hat{\boldsymbol{y}}\cdot\hat{\boldsymbol{z}} = 0,\ \ \hat{\boldsymbol{z}}\cdot\hat{\boldsymbol{x}} = 0\end{aligned} \qquad (1.6)$$

である．図 1.6 で示した任意の単位ベクトルを $\hat{\boldsymbol{e}}$ とすると，単位ベクトル $\hat{\boldsymbol{e}}$ と任意のベクトル $\boldsymbol{A}$ との内積 $\hat{\boldsymbol{e}}\cdot\boldsymbol{A}$ は

$$\hat{\boldsymbol{e}}\cdot\boldsymbol{A} = A\cos\theta = \overline{\mathrm{OR}} \qquad (1.7)$$

である．ここで，点 R はベクトル $\boldsymbol{A}$ の終点から単位ベクトル $\hat{\boldsymbol{e}}$ の線分に下ろした点である．単位ベクト

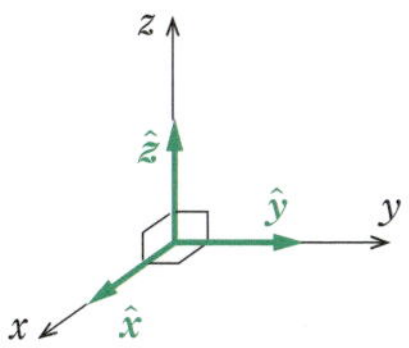

図 1.5　直交座標系 Oxyz，基本ベクトル $\hat{\boldsymbol{x}}, \hat{\boldsymbol{y}}, \hat{\boldsymbol{z}}$

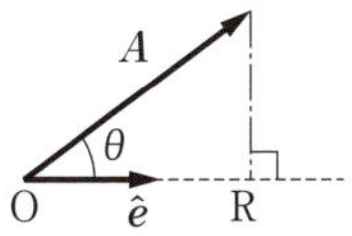

図 1.6　$\hat{\boldsymbol{e}}$ と $\boldsymbol{A}$ の内積

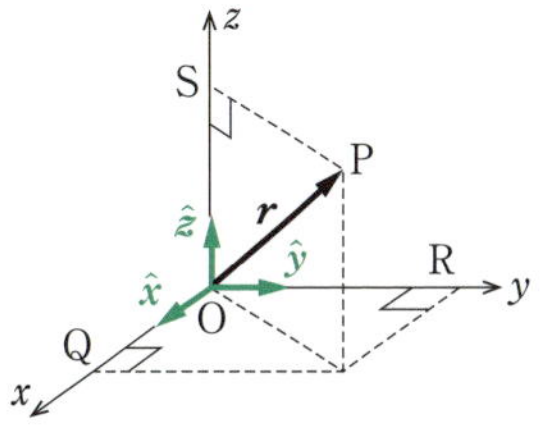

図 1.7　位置ベクトル $\boldsymbol{r}$ の成分

ル $\hat{\boldsymbol{e}}$ と $\boldsymbol{A}$ との内積 $\hat{\boldsymbol{e}}\cdot\boldsymbol{A}$ は $\boldsymbol{A}$ の $\hat{\boldsymbol{e}}$ 方向成分を表している．したがって，任意のベクトル $\boldsymbol{A}$ の直交座標系 Oxyz の $\hat{\boldsymbol{x}}, \hat{\boldsymbol{y}}, \hat{\boldsymbol{z}}$ 方向の**成分（component）**は内積 $(\boldsymbol{A}\cdot\hat{\boldsymbol{x}}), (\boldsymbol{A}\cdot\hat{\boldsymbol{y}}), (\boldsymbol{A}\cdot\hat{\boldsymbol{z}})$ で与えられる．物質の位置はベクトルの始点を座標系の原点においた固定ベクトルで表される．このときのベクトルを**位置ベクトル（position vector）**とよぶ．図 1.7 に示した直交座標系 Oxyz の原点 O から点 P までの位置ベクトルを $\overrightarrow{\mathrm{OP}} \equiv \boldsymbol{r}$ とおく．ベクトル $\boldsymbol{r}$ の基本ベクトル $\hat{\boldsymbol{x}}, \hat{\boldsymbol{y}}, \hat{\boldsymbol{z}}$ の方向成分は各軸の成分であり，$\boldsymbol{r}$ と基本ベクトルの内積で得られる．各成分を $\boldsymbol{r}\cdot\hat{\boldsymbol{x}} = \overline{\mathrm{OQ}} \equiv x$, $\boldsymbol{r}\cdot\hat{\boldsymbol{y}} = \overline{\mathrm{OR}} \equiv y$, $\boldsymbol{r}\cdot\hat{\boldsymbol{z}} = \overline{\mathrm{OS}} \equiv z$ とおけば，$\overrightarrow{\mathrm{OQ}} = x\hat{\boldsymbol{x}}$, $\overrightarrow{\mathrm{OR}} = y\hat{\boldsymbol{y}}$, $\overrightarrow{\mathrm{OS}} = z\hat{\boldsymbol{z}}$ で与えられる．また，ベクトルの合成 $\overrightarrow{\mathrm{OP}} = \overrightarrow{\mathrm{OQ}} + \overrightarrow{\mathrm{OR}} + \overrightarrow{\mathrm{OS}}$ の関係から，位置ベクトル $\boldsymbol{r}$ は

$$\boldsymbol{r} = \overrightarrow{\mathrm{OQ}} + \overrightarrow{\mathrm{OR}} + \overrightarrow{\mathrm{OS}} = x\hat{\boldsymbol{x}} + y\hat{\boldsymbol{y}} + z\hat{\boldsymbol{z}} \qquad (1.8)$$

と表される．また，任意のベクトル $\boldsymbol{A}$ の単位ベクトルを $\hat{\boldsymbol{A}}$ とおけば，$\boldsymbol{A} = A\hat{\boldsymbol{A}}$ と表される．$\boldsymbol{A}$ の $\hat{\boldsymbol{x}}, \hat{\boldsymbol{y}}, \hat{\boldsymbol{z}}$ 方向成分を $\boldsymbol{A}\cdot\hat{\boldsymbol{x}} \equiv a_x$, $\boldsymbol{A}\cdot\hat{\boldsymbol{y}} \equiv a_y$, $\boldsymbol{A}\cdot\hat{\boldsymbol{z}} \equiv a_z$ とおけば，$\boldsymbol{A}$ は

$$\begin{aligned}\boldsymbol{A} &= (\boldsymbol{A}\cdot\hat{\boldsymbol{x}})\hat{\boldsymbol{x}} + (\boldsymbol{A}\cdot\hat{\boldsymbol{y}})\hat{\boldsymbol{y}} + (\boldsymbol{A}\cdot\hat{\boldsymbol{z}})\hat{\boldsymbol{z}} \\ &= a_x\hat{\boldsymbol{x}} + a_y\hat{\boldsymbol{y}} + a_z\hat{\boldsymbol{z}}\end{aligned} \qquad (1.9)$$

である．そのとき，単位ベクトル $\hat{\boldsymbol{A}}$ は

$$\begin{aligned}\hat{\boldsymbol{A}} &= \frac{\boldsymbol{A}}{A} = \frac{1}{A}(a_x\hat{\boldsymbol{x}} + a_y\hat{\boldsymbol{y}} + a_z\hat{\boldsymbol{z}}) = \frac{a_x}{A}\hat{\boldsymbol{x}} + \frac{a_y}{A}\hat{\boldsymbol{y}} + \frac{a_z}{A}\hat{\boldsymbol{z}} \\ &= l\hat{\boldsymbol{x}} + m\hat{\boldsymbol{y}} + n\hat{\boldsymbol{z}}\end{aligned} \qquad (1.10)$$

と表せる．ここで，$l \equiv a_x/A$，$m \equiv a_y/A$，$n \equiv a_z/A$ とおいた．このときの l, m, n は単位ベクトル $\hat{\boldsymbol{A}}$ の $\hat{\boldsymbol{x}}, \hat{\boldsymbol{y}}, \hat{\boldsymbol{z}}$ 方向成分であり，**方向余弦（direction cosine）**といわれる．ベクトル $\boldsymbol{A}$，$\boldsymbol{B}$ の和のベクトル $(\boldsymbol{A}+\boldsymbol{B})$ とベクトル $\boldsymbol{C}$ との内積には

$$(\boldsymbol{A}+\boldsymbol{B})\cdot\boldsymbol{C} = \boldsymbol{A}\cdot\boldsymbol{C}+\boldsymbol{B}\cdot\boldsymbol{C} \tag{1.11}$$

を示す重要な**分配法則（distributive property）**が成り立つ．直交座標系 Oxyz の基本ベクトルを $\hat{\boldsymbol{x}}, \hat{\boldsymbol{y}}, \hat{\boldsymbol{z}}$ とし，$\boldsymbol{A}$ と $\boldsymbol{B}$ の成分を (a_x, a_y, a_z)，(b_x, b_y, b_z) とすると，$\boldsymbol{A}$，$\boldsymbol{B}$ はそれぞれ $\boldsymbol{A} = a_x\hat{\boldsymbol{x}}+a_y\hat{\boldsymbol{y}}+a_z\hat{\boldsymbol{z}}$，$\boldsymbol{B} = b_x\hat{\boldsymbol{x}}+b_y\hat{\boldsymbol{y}}+b_z\hat{\boldsymbol{z}}$ と表される．$\boldsymbol{A}$ と $\boldsymbol{B}$ の内積 $\boldsymbol{A}\cdot\boldsymbol{B}$ は

$$\begin{aligned}\boldsymbol{A}\cdot\boldsymbol{B} &= (a_x\hat{\boldsymbol{x}}+a_y\hat{\boldsymbol{y}}+a_z\hat{\boldsymbol{z}})\cdot(b_x\hat{\boldsymbol{x}}+b_y\hat{\boldsymbol{y}}+b_z\hat{\boldsymbol{z}}) \\ &= a_xb_x+a_yb_y+a_zb_z\end{aligned} \tag{1.12}$$

と表される．分配法則を用いれば，内積 $\boldsymbol{A}\cdot\boldsymbol{B}$ は $\boldsymbol{A}$ と $\boldsymbol{B}$ の成分で表すことができる．また，$\boldsymbol{A}$ と $\boldsymbol{B}$ の内積 $\boldsymbol{A}\cdot\boldsymbol{B}$ とスカラー k との積には

$$k(\boldsymbol{A}\cdot\boldsymbol{B}) = (k\boldsymbol{A})\cdot\boldsymbol{B} = \boldsymbol{A}\cdot(k\boldsymbol{B}) \tag{1.13}$$

の**結合法則（associative law）**が成り立つ．

1.1.4　外積（ベクトル積）

図 1.8 に示した二つのベクトル $\boldsymbol{A}$，$\boldsymbol{B}$ がある．大きさが A，B を二辺とする平行四辺形の面積に等しく，方向は $\boldsymbol{A}$，$\boldsymbol{B}$ を含む面に垂直なベクトルを考える．向きは，$\boldsymbol{A}$ から $\boldsymbol{B}$ の方に右ねじをまわすときにねじが進む向きと同じとする．このベクトルを $\boldsymbol{A}$ と $\boldsymbol{B}$ の**外積（external product）**（または**ベクトル積**）といい，$\boldsymbol{A}\times\boldsymbol{B}$ で定義するベクトルである．定義から，$\boldsymbol{A}$ から $\boldsymbol{B}$ のなす角を θ とすると，$\boldsymbol{A}\times\boldsymbol{B}$ の大きさは

$$|\boldsymbol{A}\times\boldsymbol{B}| = AB|\sin\theta| \tag{1.14}$$

で与えられ，$\boldsymbol{A}\times\boldsymbol{B}$ の方向は $\boldsymbol{A}$，$\boldsymbol{B}$ に垂直で，$\boldsymbol{A}$，$\boldsymbol{B}$，$\boldsymbol{A}\times\boldsymbol{B}$ の順に**右手系（right-handed system）**をなす．外積 $\boldsymbol{A}\times\boldsymbol{B}$ と $\boldsymbol{B}\times\boldsymbol{A}$ との大きさは等しいが，方向は互いに反対方向である．すなわち，$\boldsymbol{A}\times\boldsymbol{B} = -\boldsymbol{B}\times\boldsymbol{A}$ であり，外積の場合には交換の法則が成り立たない．外積の順序を変えるときは注意する必要がある．

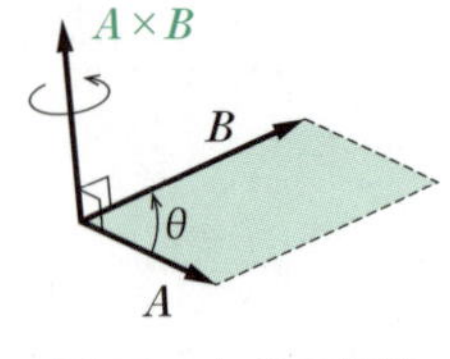

図 1.8　$\boldsymbol{A}, \boldsymbol{B}$ の外積

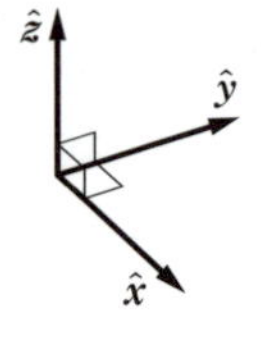

図 1.9　$\hat{\boldsymbol{x}}, \hat{\boldsymbol{y}}, \hat{\boldsymbol{z}}$ の右手系

直交座標系 Oxyz の基本ベクトル $\hat{\boldsymbol{x}}, \hat{\boldsymbol{y}}, \hat{\boldsymbol{z}}$ は大きさ 1 で互いに直交している．$\hat{\boldsymbol{x}}, \hat{\boldsymbol{y}}, \hat{\boldsymbol{z}}$ を図 1.9 に示したような右手系で考えることにする．基本ベクトル $\hat{\boldsymbol{x}}, \hat{\boldsymbol{y}}, \hat{\boldsymbol{z}}$ に関する外積は

$$\begin{aligned}&\hat{\boldsymbol{x}}\times\hat{\boldsymbol{x}} = \boldsymbol{0},\quad \hat{\boldsymbol{y}}\times\hat{\boldsymbol{y}} = \boldsymbol{0},\quad \hat{\boldsymbol{z}}\times\hat{\boldsymbol{z}} = \boldsymbol{0},\\ &\hat{\boldsymbol{x}}\times\hat{\boldsymbol{y}} = \hat{\boldsymbol{z}},\quad \hat{\boldsymbol{y}}\times\hat{\boldsymbol{z}} = \hat{\boldsymbol{x}},\quad \hat{\boldsymbol{z}}\times\hat{\boldsymbol{x}} = \hat{\boldsymbol{y}}\end{aligned} \tag{1.15}$$

である．内積と同様に外積に対しても分配法則が成立する．すなわち，

$$\boldsymbol{A}\times(\boldsymbol{B}+\boldsymbol{C}) = \boldsymbol{A}\times\boldsymbol{B}+\boldsymbol{A}\times\boldsymbol{C} \tag{1.16}$$

という重要な関係がある．また，$\boldsymbol{A}$ と $\boldsymbol{B}$ の外積 $(\boldsymbol{A}\times\boldsymbol{B})$ とスカラー k との積には

$$k(\boldsymbol{A}\times\boldsymbol{B}) = (k\boldsymbol{A})\times\boldsymbol{B} = \boldsymbol{A}\times(k\boldsymbol{B}) \tag{1.17}$$

の結合法則が成立する．

図 1.10 に示した任意の単位ベクトルを $\hat{\boldsymbol{e}}$ とし，ベクトル $\boldsymbol{A}$ との外積 $\hat{\boldsymbol{e}}\times\boldsymbol{A}$ を考える．単位ベクトル $\hat{\boldsymbol{e}}$ と $\boldsymbol{A}$ を含む面内で，$\hat{\boldsymbol{e}}$ と垂直な図 1.10 に示した単位ベクトルを $\hat{\boldsymbol{e}}'$ とおけば，外積 $\hat{\boldsymbol{e}}\times\boldsymbol{A}$ は

$$\hat{\boldsymbol{e}}\times\boldsymbol{A} = \hat{\boldsymbol{e}}\times(\overline{\mathrm{OR}}\hat{\boldsymbol{e}}'+\overline{\mathrm{OQ}}\hat{\boldsymbol{e}}) = \overline{\mathrm{OR}}(\hat{\boldsymbol{e}}\times\hat{\boldsymbol{e}}') \tag{1.18}$$

である．ここで，$\hat{\boldsymbol{e}}\times\hat{\boldsymbol{e}} = \boldsymbol{0}$ の関係を用いた．$\hat{\boldsymbol{e}}\times\boldsymbol{A}$ の大きさ $|\hat{\boldsymbol{e}}\times\boldsymbol{A}|$ は点 P から単位ベクトル $\hat{\boldsymbol{e}}$ 方向の線上に垂直に下ろした線分 $\overline{\mathrm{PQ}} = \overline{\mathrm{OR}}$ の長さとなる．また，$\hat{\boldsymbol{e}}\times\boldsymbol{A}$ の方向は $\hat{\boldsymbol{e}}\times\boldsymbol{A}$ の単位ベクトルで表され，その単位ベクトルを $\hat{\boldsymbol{e}}_{e\times A}$ とすると，$\hat{\boldsymbol{e}}_{e\times A}$ は

$$\hat{\boldsymbol{e}}_{e\times A} = \frac{\hat{\boldsymbol{e}}\times\boldsymbol{A}}{|\hat{\boldsymbol{e}}\times\boldsymbol{A}|} = \frac{\overline{\mathrm{OR}}(\hat{\boldsymbol{e}}\times\hat{\boldsymbol{e}}')}{\overline{\mathrm{OR}}} = \hat{\boldsymbol{e}}\times\hat{\boldsymbol{e}}' \tag{1.19}$$

となり，外積 $\hat{\boldsymbol{e}}\times\boldsymbol{A}$ の方向は $\hat{\boldsymbol{e}}$ と $\boldsymbol{A}$ を含む平面に垂直な $\hat{\boldsymbol{e}}\times\hat{\boldsymbol{e}}'$ である．

二つのベクトル $\boldsymbol{A}$，$\boldsymbol{B}$ を $\boldsymbol{A} = a_x\hat{\boldsymbol{x}}+a_y\hat{\boldsymbol{y}}+a_z\hat{\boldsymbol{z}}$，$\boldsymbol{B} = b_x\hat{\boldsymbol{x}}+b_y\hat{\boldsymbol{y}}+b_z\hat{\boldsymbol{z}}$ と表したとき，$\boldsymbol{A}$ と $\boldsymbol{B}$ の外積 $\boldsymbol{A}\times\boldsymbol{B}$ は

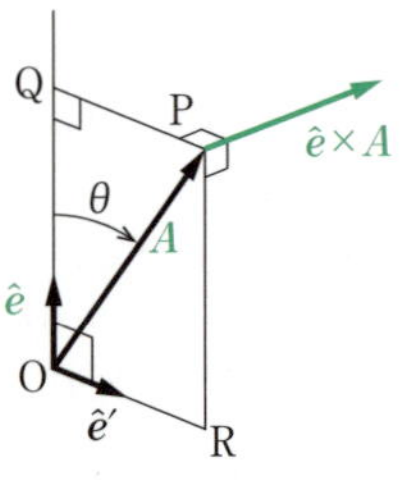

図 1.10　$\hat{\boldsymbol{e}}$ と $\boldsymbol{A}$ の外積

$$\begin{aligned}\boldsymbol{A}\times\boldsymbol{B} &= (a_x\hat{\boldsymbol{x}}+a_y\hat{\boldsymbol{y}}+a_z\hat{\boldsymbol{z}})\times(b_x\hat{\boldsymbol{x}}+b_y\hat{\boldsymbol{y}}+b_z\hat{\boldsymbol{z}})\\ &= (a_yb_z-a_zb_y)\hat{\boldsymbol{x}}+(a_zb_x-a_xb_z)\hat{\boldsymbol{y}}\\ &\quad +(a_xb_y-a_yb_x)\hat{\boldsymbol{z}}\end{aligned} \tag{1.20}$$

と表される．分配法則を用いれば，外積 $\boldsymbol{A}\times\boldsymbol{B}$ は $\boldsymbol{A}$ と $\boldsymbol{B}$ の成分と基本ベクトルで表すことができる．

1.1.5 三つのベクトルの積

a. $\boldsymbol{A}(\boldsymbol{B}\cdot\boldsymbol{C})$

$\boldsymbol{A}(\boldsymbol{B}\cdot\boldsymbol{C})$ はベクトル $\boldsymbol{A}$ とスカラー $(\boldsymbol{B}\cdot\boldsymbol{C})$ との積であり，$\boldsymbol{A}$ の大きさを $(\boldsymbol{B}\cdot\boldsymbol{C})$ 倍にした $\boldsymbol{A}$ に平行なベクトルを表す．一方，$(\boldsymbol{A}\cdot\boldsymbol{B})\boldsymbol{C}$ はベクトル $\boldsymbol{C}$ に平行なベクトルである．したがって，$\boldsymbol{A}\neq\boldsymbol{C}$ であれば，$\boldsymbol{A}(\boldsymbol{B}\cdot\boldsymbol{C})\neq(\boldsymbol{A}\cdot\boldsymbol{B})\boldsymbol{C}$ であるので注意すること．

b. スカラー三重積 $\boldsymbol{A}\cdot(\boldsymbol{B}\times\boldsymbol{C})$

外積 $(\boldsymbol{B}\times\boldsymbol{C})$ はベクトル $\boldsymbol{B}$ と $\boldsymbol{C}$ がつくる平行四辺形の面積の大きさで，方向は $\boldsymbol{B}$，$\boldsymbol{C}$ を含む面に垂直なベクトルである．ベクトル $\boldsymbol{A}$ と $(\boldsymbol{B}\times\boldsymbol{C})$ との内積 $\boldsymbol{A}\cdot(\boldsymbol{B}\times\boldsymbol{C})$ は $|\boldsymbol{A}|$ と $(\boldsymbol{B}\times\boldsymbol{C})$ の $\boldsymbol{A}$ 方向成分との積，あるいは $|\boldsymbol{B}\times\boldsymbol{C}|$ と $\boldsymbol{A}$ の $\boldsymbol{B}\times\boldsymbol{C}$ 方向成分の積であるスカラーである．図 1.11 に示したように $\boldsymbol{A}$ と $(\boldsymbol{B}\times\boldsymbol{C})$ とのなす角度を γ とすれば，スカラー三重積 $\boldsymbol{A}\cdot(\boldsymbol{B}\times\boldsymbol{C})$ は

$$\boldsymbol{A}\cdot(\boldsymbol{B}\times\boldsymbol{C}) = |\boldsymbol{A}|\cdot|\boldsymbol{B}\times\boldsymbol{C}|\cos\gamma \tag{1.21}$$

である．ベクトル $\boldsymbol{A},\boldsymbol{B},\boldsymbol{C}$ が右手系をなすとき，γ は鋭角であり $\cos\gamma>0$ となり，$\boldsymbol{A}\cdot(\boldsymbol{B}\times\boldsymbol{C})$ は $\boldsymbol{A},\boldsymbol{B},\boldsymbol{C}$ を三辺とする平行六面体の体積となる．

また，$\boldsymbol{A},\boldsymbol{B},\boldsymbol{C}$ には次の重要な関係も成り立つ．

$$\boldsymbol{A}\cdot(\boldsymbol{B}\times\boldsymbol{C}) = \boldsymbol{B}\cdot(\boldsymbol{C}\times\boldsymbol{A}) = \boldsymbol{C}\cdot(\boldsymbol{A}\times\boldsymbol{B}) \tag{1.22}$$

$$\boldsymbol{A}\times(\boldsymbol{B}\times\boldsymbol{C}) = (\boldsymbol{C}\cdot\boldsymbol{A})\boldsymbol{B}-(\boldsymbol{A}\cdot\boldsymbol{B})\boldsymbol{C} \tag{1.23}$$

1.1.6 ベクトルの微分

ベクトル $\boldsymbol{A}$ を時刻 t の関数とする．時刻 t でのベクトル $\boldsymbol{A}(t)$ が時刻 $t+\Delta t$ において $\boldsymbol{A}(t+\Delta t)$ と変化したとき，

$$\lim_{\Delta t\to 0}\frac{\boldsymbol{A}(t+\Delta t)-\boldsymbol{A}(t)}{\Delta t} = \frac{d\boldsymbol{A}}{dt} \tag{1.24}$$

の左辺が有限な値のとき，これをベクトル $\boldsymbol{A}$ の時間微分といい，$d\boldsymbol{A}/dt$ で表す．$\boldsymbol{A},\boldsymbol{B}$ がともに時刻 t の関数とすると，$\boldsymbol{A}+\boldsymbol{B}$ の時間微分は，

$$\begin{aligned}&\frac{d}{dt}(\boldsymbol{A}+\boldsymbol{B})\\ &= \lim_{\Delta t\to 0}\frac{\{\boldsymbol{A}(t+\Delta t)+\boldsymbol{B}(t+\Delta t)\}-\{\boldsymbol{A}(t)+\boldsymbol{B}(t)\}}{\Delta t}\\ &= \lim_{\Delta t\to 0}\frac{\boldsymbol{A}(t+\Delta t)-\boldsymbol{A}(t)}{\Delta t}+\lim_{\Delta t\to 0}\frac{\boldsymbol{B}(t+\Delta t)-\boldsymbol{B}(t)}{\Delta t}\\ &= \frac{d\boldsymbol{A}}{dt}+\frac{d\boldsymbol{B}}{dt}\end{aligned} \tag{1.25}$$

である．時刻 t の関数であるベクトル $\boldsymbol{A}(t)$ とスカラー関数 $\alpha(t)$ の積 $\alpha(t)\boldsymbol{A}(t)$ の時間微分は，

$$\begin{aligned}&\frac{d}{dt}\{\alpha(t)\boldsymbol{A}(t)\}\\ &= \lim_{\Delta t\to 0}\frac{\alpha(t+\Delta t)\boldsymbol{A}(t+\Delta t)-\alpha(t)\boldsymbol{A}(t)}{\Delta t}\\ &= \lim_{\Delta t\to 0}\frac{\alpha(t+\Delta t)-\alpha(t)}{\Delta t}\boldsymbol{A}(t+\Delta t)\\ &\quad +\lim_{\Delta t\to 0}\alpha(t)\frac{\boldsymbol{A}(t+\Delta t)-\boldsymbol{A}(t)}{\Delta t}\\ &= \frac{d\alpha(t)}{dt}\boldsymbol{A}(t)+\alpha(t)\frac{d\boldsymbol{A}(t)}{dt}\end{aligned} \tag{1.26}$$

である．また，ベクトルの内積，外積の微分も以下の関係が成立する．

$$\frac{d}{dt}(\boldsymbol{A}\cdot\boldsymbol{B}) = \frac{d\boldsymbol{A}}{dt}\cdot\boldsymbol{B}+\boldsymbol{A}\cdot\frac{d\boldsymbol{B}}{dt} \tag{1.27}$$

$$\frac{d}{dt}(\boldsymbol{A}\times\boldsymbol{B}) = \frac{d\boldsymbol{A}}{dt}\times\boldsymbol{B}+\boldsymbol{A}\times\frac{d\boldsymbol{B}}{dt} \tag{1.28}$$

1.1.7 位置ベクトル，変位ベクトル，速度ベクトル

図 1.12 に示すように，時刻 $t=t$ で原点 O から点 P までの位置ベクトルを $\boldsymbol{r}(t)$ と表す．時刻 $t=t+\Delta t$ で点 P′ に移ったときの位置ベクトル $\boldsymbol{r}'$ は $\boldsymbol{r}'=\boldsymbol{r}(t+\Delta t)$ であり，$\boldsymbol{r}'=\boldsymbol{r}(t+\Delta t)=\boldsymbol{r}(t)+\Delta\boldsymbol{r}$ と表される．ここで，$\Delta\boldsymbol{r}$ を**変位（displacement）ベクトル**

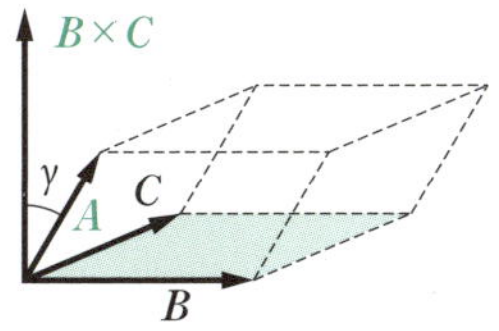

図 1.11 $\boldsymbol{A},\boldsymbol{B},\boldsymbol{C}$ からなる平行六面体

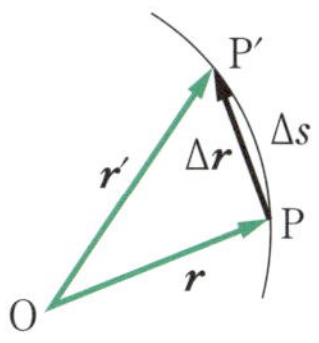

図 1.12 位置ベクトル，変位ベクトル

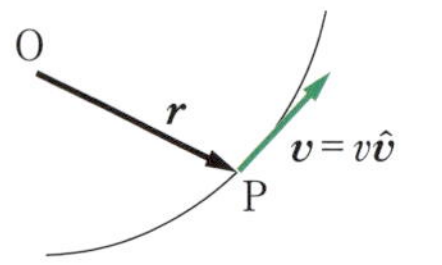

図 1.13　速度 $\boldsymbol{v}$ と速さ v

という．時間間隔 Δt が微小になるとともに $\Delta\boldsymbol{r}$ が微小量になるとき

$$\lim_{\Delta t\to 0}\frac{\Delta\boldsymbol{r}}{\Delta t}=\lim_{\Delta t\to 0}\frac{\boldsymbol{r}'-\boldsymbol{r}}{\Delta t}=\lim_{\Delta t\to 0}\frac{\boldsymbol{r}(t+\Delta t)-\boldsymbol{r}(t)}{\Delta t}=\frac{d\boldsymbol{r}}{dt}$$

が成り立ち，これを**速度（velocity）** $\boldsymbol{v}$ という．したがって，速度 $\boldsymbol{v}$ は位置ベクトル $\boldsymbol{r}$ の時間微分によって

$$\boldsymbol{v}=\frac{d\boldsymbol{r}}{dt}\tag{1.29}$$

と得られる．点 P から点 P′ に移ったときの軌道の長さを Δs とすれば，Δt が微小になるとともに $|\Delta\boldsymbol{r}|$ は限りなく Δs に近づき，**速さ（speed）**は

$$|\boldsymbol{v}|=v=\lim_{\Delta t\to 0}\left|\frac{\Delta\boldsymbol{r}}{\Delta t}\right|=\lim_{\Delta t\to 0}\frac{\Delta s}{\Delta t}=\frac{ds}{dt}\tag{1.30}$$

と表される（図 1.12）．また，$\boldsymbol{v}$ の方向は $\Delta t\to 0$ の極限での $\Delta\boldsymbol{r}$ の方向と同じであり，点 P における速度は接線の方向である．この向きの単位ベクトルを $\hat{\boldsymbol{v}}$ とすれば，$\boldsymbol{v}=v\hat{\boldsymbol{v}}$ と表される（図 1.13）．

1.1.8　加速度

図 1.14(a)に示した点 P，点 P′ での速度をそれぞれ $\boldsymbol{v}$，$\boldsymbol{v}'$ とする．速度ベクトルは自由ベクトルであるので，速度ベクトル $\boldsymbol{v}$，$\boldsymbol{v}'$ の始点を図 1.14(b)に示した点 O に平行移動させることができる．時刻 $t=t$ で点 P での速度 $\overrightarrow{\mathrm{OQ}}=\boldsymbol{v}(t)$ が，$t=t+\Delta t$ で点 P′ での $\overrightarrow{\mathrm{OQ'}}=\boldsymbol{v}'=\boldsymbol{v}(t+\Delta t)$ になったとすると，$\boldsymbol{v}'=\boldsymbol{v}(t+\Delta t)=\boldsymbol{v}(t)+\Delta\boldsymbol{v}$ と表される．時間間隔 Δt での速度変化が $\Delta\boldsymbol{v}$ であるとき，点 P での**加速度（acceleration）** $\boldsymbol{a}$ は

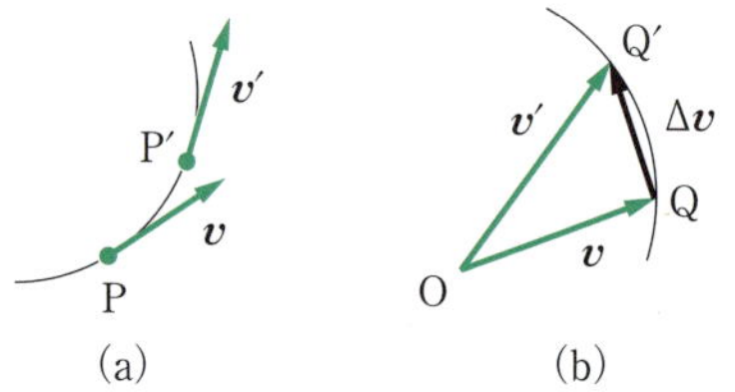

図 1.14　速度 $\boldsymbol{v}$ と加速度 $\boldsymbol{a}$

$$\boldsymbol{a}=\lim_{\Delta t\to 0}\frac{\Delta\boldsymbol{v}}{\Delta t}=\lim_{\Delta t\to 0}\frac{\boldsymbol{v}'-\boldsymbol{v}}{\Delta t}=\lim_{\Delta t\to 0}\frac{\boldsymbol{v}(t+\Delta t)-\boldsymbol{v}(t)}{\Delta t}=\frac{d\boldsymbol{v}}{dt}=\frac{d^2\boldsymbol{r}}{dt^2}$$

と定義され，加速度 $\boldsymbol{a}$ は

$$\boldsymbol{a}=\frac{d\boldsymbol{v}}{dt}=\frac{d^2\boldsymbol{r}}{dt^2}\tag{1.31}$$

と与えられる．したがって，加速度 $\boldsymbol{a}$ は速度 $\boldsymbol{v}$ の時間微分および位置ベクトル $\boldsymbol{r}$ を時間で 2 階微分することによって与えられる．

1.1 節のまとめ

- **単位ベクトル $\hat{e}$ とベクトル $\boldsymbol{A}$ との内積 $\hat{e}\cdot\boldsymbol{A}$ はベクトル $\boldsymbol{A}$ の $\hat{e}$ 方向成分を表している．**
- **単位ベクトル $\hat{e}$ とベクトル $\boldsymbol{A}$ との外積 $\hat{e}\times\boldsymbol{A}$ の大きさはベクトル $\boldsymbol{A}$ の終点から $\hat{e}$ 方向の線上に垂直に下ろした線分であり，方向は $\hat{e}$ と $\boldsymbol{A}$ を含む平面に垂直で，右手系の方向となる．**

$\boldsymbol{A}$ と $\boldsymbol{B}$ の内積　$\boldsymbol{A}\cdot\boldsymbol{B}=AB\cos\theta=a_xb_x+a_yb_y+a_zb_z$

$\boldsymbol{A}$ と $\boldsymbol{B}$ の外積　$\boldsymbol{A}\times\boldsymbol{B}=(a_yb_z-a_zb_y)\hat{\boldsymbol{x}}+(a_zb_x-a_xb_z)\hat{\boldsymbol{y}}+(a_xb_y-a_yb_x)\hat{\boldsymbol{z}}$

ベクトル $\boldsymbol{A},\boldsymbol{B},\boldsymbol{C}$ の積　$\boldsymbol{A}\cdot(\boldsymbol{B}\times\boldsymbol{C})=\boldsymbol{B}\cdot(\boldsymbol{C}\times\boldsymbol{A})=\boldsymbol{C}\cdot(\boldsymbol{A}\times\boldsymbol{B})$　　$\boldsymbol{A}\times(\boldsymbol{B}\times\boldsymbol{C})=(\boldsymbol{C}\cdot\boldsymbol{A})\boldsymbol{B}-(\boldsymbol{A}\cdot\boldsymbol{B})\boldsymbol{C}$

速度　$\boldsymbol{v}=\dfrac{d\boldsymbol{r}}{dt}$，**加速度**　$\boldsymbol{a}=\dfrac{d\boldsymbol{v}}{dt}=\dfrac{d^2\boldsymbol{r}}{dt^2}$

1.2　3次元座標系

座標系には座標軸と座標軸のなす角が直角でない斜交座標系と，すべての角度が直角である直交座標系がある．直交座標系には，デカルト座標系，円柱座標系，極座標系がある．運動の軌道によって適切な座標系を用いることによって運動が理解しやすくなる．ここでは，位置ベクトルをそれぞれの直交座標系で表し，各座標系間の関係を調べる．

1.2.1　3次元直交座標系の種類

3次元空間の三つの座標軸が互いに直交する座標系を**直交座標系（rectangular coordinate system）**という．ここでは，基本的な直交座標系を説明する．直交座標系には直交直線座標系と直交曲線座標系がある．図 1.7 に示した座標系は任意の二つの変数の作る面が平面となる直交直線座標系である．位置ベクトル $\boldsymbol{r}$ を三つの座標 (x, y, z) で表す直交直線座標系を**デカルト座標系（Cartesian coordinate system）**とよぶ．デカルト座標系の x, y, z 軸の正方向に基本ベクトル $\hat{\boldsymbol{x}}, \hat{\boldsymbol{y}}, \hat{\boldsymbol{z}}$ を図 1.15(a)で示した右手系にとる．ある変数を一定にしたときに残りの二つの変数が作る面が曲面となる直交曲線座標系には円柱座標系，極座標系などがある．図 1.15(b)に示すように，点 P から水平面（デカルト座標系の xy 面）に射影した点を点 Q とする．原点 O から点 Q までの距離を s，x 軸から線分 $\overline{\mathrm{OQ}}$ のなす角度を ϕ，$\boldsymbol{r}$ のデカルト座標系の z 軸成分を z とし，点 P の位置を (s, ϕ, z) で表される座標系を**円柱座標系（cylindrical coordinate system）**という．ベクトル $\overrightarrow{\mathrm{OQ}}$ の単位ベクトルを基本ベクトル $\hat{\boldsymbol{s}}$，$\hat{\boldsymbol{s}}$ を z 軸まわりに反時計回りに $\pi/2$ 回転した単位ベクトルを基本ベクトル $\hat{\boldsymbol{\phi}}$ とする．さらに，デカルト座標系の z 軸方向の基本ベクトルを $\hat{\boldsymbol{z}}$ とする．$\hat{\boldsymbol{z}}$ は $\hat{\boldsymbol{z}} = \hat{\boldsymbol{s}} \times \hat{\boldsymbol{\phi}}$ の関係がある．このとき，$\hat{\boldsymbol{s}}, \hat{\boldsymbol{\phi}}, \hat{\boldsymbol{z}}$ は互いに直角で，右手系である．図 1.15(c)に示すように，原点 O から点 P までの距離を r，デカルト座標系の z 軸からベクトル $\overrightarrow{\mathrm{OP}}$ とのなす角を θ，z 軸と $\overrightarrow{\mathrm{OP}}$ を含む面とデカルト座標系の xy 面の交わる線分を $\overline{\mathrm{OQ}}$ としたとき，x 軸から $\overline{\mathrm{OQ}}$ とのなす角度を ϕ とし，点 P の位置を (r, θ, ϕ) で表される座標系を**極座標系（polar coordinate system）**または**球座標系（spherical coordinate system）**という．$\overrightarrow{\mathrm{OP}}$ の単位ベクトルを基本ベクトル $\hat{\boldsymbol{r}}$，$\hat{\boldsymbol{r}}$ を θ が増加する方向に $\pi/2$ 回転した方向に基本ベクトル $\hat{\boldsymbol{\theta}}$ を選ぶ．さらに，$\hat{\boldsymbol{r}}$ と $\hat{\boldsymbol{\theta}}$ に直角である $\hat{\boldsymbol{\phi}}(=\hat{\boldsymbol{r}} \times \hat{\boldsymbol{\theta}})$ を選ぶ．このとき，$\hat{\boldsymbol{r}}, \hat{\boldsymbol{\theta}}, \hat{\boldsymbol{\phi}}$ は互いに直角で，右手系をなす．デカルト座標系は (x, y, z)，円柱座標系は (s, ϕ, z)，極座標系は (r, θ, ϕ) で表され，それぞれの座標系での基本ベクトルは $(\hat{\boldsymbol{x}}, \hat{\boldsymbol{y}}, \hat{\boldsymbol{z}})$，$(\hat{\boldsymbol{s}}, \hat{\boldsymbol{\phi}}, \hat{\boldsymbol{z}})$，$(\hat{\boldsymbol{r}}, \hat{\boldsymbol{\theta}}, \hat{\boldsymbol{\phi}})$ である．位置ベクトル $\boldsymbol{r}$ をデカルト座標系，円柱座標系，極座標系のそれぞれの座標系で表すと

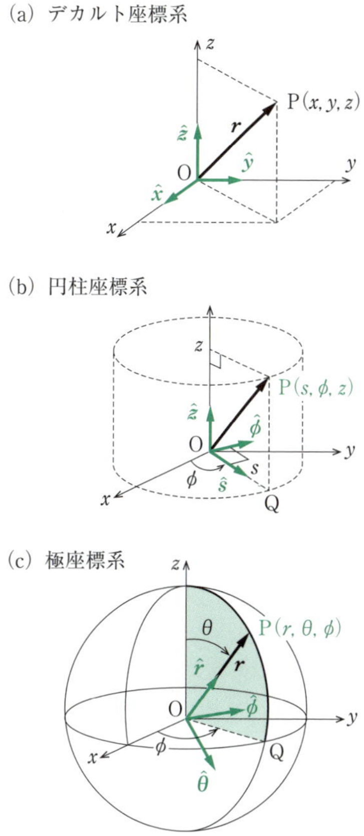

図 1.15　3次元直交座標系

$$
\begin{aligned}
\boldsymbol{r} &= x\hat{\boldsymbol{x}} + y\hat{\boldsymbol{y}} + z\hat{\boldsymbol{z}} \\
\boldsymbol{r} &= s\hat{\boldsymbol{s}} + z\hat{\boldsymbol{z}} \\
\boldsymbol{r} &= r\hat{\boldsymbol{r}}
\end{aligned}
\tag{1.32}
$$

である．

ルネ・デカルト

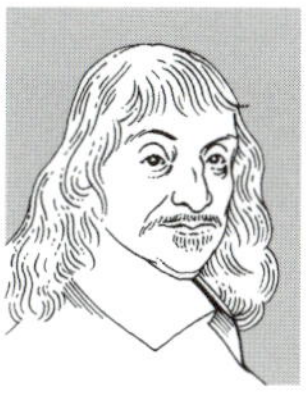

フランスの哲学者，数学者，自然学者．デカルト主義者はカルテジアン，デカルト座標系は Cartesian coordinate system とよばれ，デカルト（Descartes）の名から冠詞 Des をとりカルテジアンという表現が用いられている．（1596-1650）

1.2.2　直交座標系間の変換

異なった二つの直交座標系の基本ベクトル間の関係および方向余弦について考える．二つの異なったデカルト座標系でも，デカルト座標系と他の座標系（円柱座標系，極座標系）でもよく，直交座標系であればよい．一つの座標系の基本ベクトルを（$\hat{e}_1, \hat{e}_2, \hat{e}_3$），他の座標系の基本ベクトルを（$\hat{e}_1', \hat{e}_2', \hat{e}_3'$）とする．それぞれの座標系での基本ベクトルは互いに直交している．ある座標系の（$\hat{e}_1', \hat{e}_2', \hat{e}_3'$）を他の座標系での（$\hat{e}_1, \hat{e}_2, \hat{e}_3$）を用いて表すことができる．たとえば，$\hat{e}_1'$ は

$$\hat{e}_1' = (\hat{e}_1' \cdot \hat{e}_1)\hat{e}_1 + (\hat{e}_1' \cdot \hat{e}_2)\hat{e}_2 + (\hat{e}_1' \cdot \hat{e}_3)\hat{e}_3$$

と与えられる．このとき，内積 $(\hat{e}_1' \cdot \hat{e}_1), (\hat{e}_1' \cdot \hat{e}_2), (\hat{e}_1' \cdot \hat{e}_3)$ は $\hat{e}_1'$ を（$\hat{e}_1, \hat{e}_2, \hat{e}_3$）の座標系からみた方向余弦でもある．（$\hat{e}_1, \hat{e}_2, \hat{e}_3$）の座標系からみた（$\hat{e}_1', \hat{e}_2', \hat{e}_3'$）の方向余弦を $(l_1, m_1, n_1), (l_2, m_2, n_2), (l_3, m_3, n_3)$ とすれば，（$\hat{e}_1', \hat{e}_2', \hat{e}_3'$）は方向余弦を用いて

$$\begin{aligned}
\hat{e}_1' &= l_1\hat{e}_1 + m_1\hat{e}_2 + n_1\hat{e}_3 \\
\hat{e}_2' &= l_2 e_1 + m_2\hat{e}_2 + n_2\hat{e}_3 \\
\hat{e}_3' &= l_3\hat{e}_1 + m_3\hat{e}_2 + n_3\hat{e}_3
\end{aligned} \tag{1.33}$$

と表すことができる．逆に，（$\hat{e}_1, \hat{e}_2, \hat{e}_3$）は

$$\begin{aligned}
\hat{e}_1 &= l_1\hat{e}_1' + l_2\hat{e}_2' + l_3\hat{e}_3' \\
\hat{e}_2 &= m_1\hat{e}_1' + m_2\hat{e}_2' + m_3\hat{e}_3' \\
\hat{e}_3 &= n_1\hat{e}_1' + n_2\hat{e}_2' + n_3\hat{e}_3'
\end{aligned} \tag{1.34}$$

と表せる．ここで，内積の交換法則の関係を用いた．式(1.33)，式(1.34)で示した（$\hat{e}_1', \hat{e}_2', \hat{e}_3'$）と（$\hat{e}_1, \hat{e}_2, \hat{e}_3$）との関係を**行列（matrix）**で表記すると

$$\begin{bmatrix} \hat{e}_1' \\ \hat{e}_2' \\ \hat{e}_3' \end{bmatrix} = \begin{bmatrix} l_1 & m_1 & n_1 \\ l_2 & m_2 & n_2 \\ l_3 & m_3 & n_3 \end{bmatrix} \begin{bmatrix} \hat{e}_1 \\ \hat{e}_2 \\ \hat{e}_3 \end{bmatrix} \tag{1.35}$$

$$\begin{bmatrix} \hat{e}_1 \\ \hat{e}_2 \\ \hat{e}_3 \end{bmatrix} = \begin{bmatrix} l_1 & l_2 & l_3 \\ m_1 & m_2 & m_3 \\ n_1 & n_2 & n_3 \end{bmatrix} \begin{bmatrix} \hat{e}_1' \\ \hat{e}_2' \\ \hat{e}_3' \end{bmatrix} \tag{1.36}$$

となる．ここで，行列 $\boldsymbol{A}$，$\widetilde{\boldsymbol{A}}$ は

$$\boldsymbol{A} = \begin{bmatrix} l_1 & m_1 & n_1 \\ l_2 & m_2 & n_2 \\ l_3 & m_3 & n_3 \end{bmatrix}, \quad \widetilde{\boldsymbol{A}} = \begin{bmatrix} l_1 & l_2 & l_3 \\ m_1 & m_2 & m_3 \\ n_1 & n_2 & n_3 \end{bmatrix} \tag{1.37}$$

で与えられるとする．式(1.37)の行列 $\boldsymbol{A}$ は（$\hat{e}_1, \hat{e}_2, \hat{e}_3$）から（$\hat{e}_1', \hat{e}_2', \hat{e}_3'$）への**変換行列（transformation matrix）**という．式(1.37)の $\widetilde{\boldsymbol{A}}$ は，$\boldsymbol{A}$ の行と列を入れ替えたものであり，$\boldsymbol{A}$ の**転置行列（transposed matrix）**といい，（$\hat{e}_1', \hat{e}_2', \hat{e}_3'$）から（$\hat{e}_1, \hat{e}_2, \hat{e}_3$）への変換行列でもある．二つの直交座標系の基本ベクトル（$\hat{e}_1', \hat{e}_2', \hat{e}_3'$），（$\hat{e}_1, \hat{e}_2, \hat{e}_3$）の関係は，方向余弦で関係づけられる．また，それぞれの座標系の基本ベクトルは直交し，大きさ1のベクトルである．まず，$\hat{e}_1, \hat{e}_2, \hat{e}_3$ の直交性から，

$$\begin{aligned}
\hat{e}_i' \cdot \hat{e}_j' &= (l_i\hat{e}_1 + m_i\hat{e}_2 + n_i\hat{e}_3) \cdot (l_j\hat{e}_1 + m_j\hat{e}_2 + n_j\hat{e}_3) \\
&= l_i l_j + m_i m_j + n_i n_j \quad (i, j = 1, 2, 3)
\end{aligned} \tag{1.38}$$

が得られる．$i = j$ のとき $\hat{e}_i' \cdot \hat{e}_i' = 1$ であることから

$$l_i^2 + m_i^2 + n_i^2 = 1 \quad (i = 1, 2, 3) \tag{1.39}$$

が成立する．$i \neq j$ のとき $e_i' \cdot e_j' = 0$ であることから

$$l_i l_j + m_i m_j + n_i n_j = 0 \quad (i \neq j\,;1, 2, 3) \tag{1.40}$$

の関係が得られる．

同様に，$\hat{e}_1', \hat{e}_2', \hat{e}_3'$ の直交性から，内積 $\hat{e}_1 \cdot \hat{e}_1$ は

$$\begin{aligned}
\hat{e}_1 \cdot \hat{e}_1 &= (l_1\hat{e}_1' + l_2\hat{e}_2' + l_3\hat{e}_3') \cdot (l_1\hat{e}_1' + l_1\hat{e}_2' + l_1\hat{e}_3') \\
&= l_1^2 + l_2^2 + l_3^2 = \sum_{i=1}^{3} l_i^2 = 1
\end{aligned} \tag{1.41}$$

が得られる．同様に，$\hat{e}_2 \cdot \hat{e}_2 = 1$，$\hat{e}_3 \cdot \hat{e}_3 = 1$ より

$$\hat{e}_2 \cdot \hat{e}_2 = \sum_{i=1}^{3} m_i^2 = 1, \quad \hat{e}_3 \cdot \hat{e}_3 = \sum_{i=1}^{3} n_i^2 = 1 \tag{1.42}$$

が得られる．また，$\hat{e}_1 \cdot \hat{e}_2 = 0$ であることから

$$\begin{aligned}
\hat{e}_1 \cdot \hat{e}_2 &= (l_1\hat{e}_1' + l_2\hat{e}_2' + l_3\hat{e}_3') \cdot (m_1\hat{e}_1' + m_2\hat{e}_2' + m_3\hat{e}_3') \\
&= (l_1 m_1 + l_2 m_2 + l_3 m_3) = \sum_{i=1}^{3} l_i m_i
\end{aligned} \tag{1.43}$$

が得られる．同様に，$\hat{e}_2 \cdot \hat{e}_3 = 0$，$\hat{e}_3 \cdot \hat{e}_1 = 0$ より，

$$\sum_{i=1}^{3} m_i n_i = 0, \quad \sum_{i=1}^{3} n_i l_i = 0 \tag{1.44}$$

が得られる．

行列表示（捕足）

(x_1, x_2, x_3) と (x_1', x_2', x_3') との関係が

$$\begin{aligned}
x_1' &= a_{11}x_1 + a_{12}x_2 + a_{13}x_3 \\
x_2' &= a_{21}x_1 + a_{22}x_2 + a_{23}x_3 \\
x_3' &= a_{31}x_1 + a_{32}x_2 + a_{33}x_3
\end{aligned}$$

であるとき，$x_i'\ (i = 1, 2, 3)$ は

$$x_i' = a_{i1}x_1 + a_{i2}x_2 + a_{i3}x_3 = \sum_{j=1}^{3} a_{ij}x_j$$

で表される．(x_1, x_2, x_3) と (x_1', x_2', x_3') をそれぞれ，3行1列の行列で

$$\begin{bmatrix} x_1 \\ x_2 \\ x_3 \end{bmatrix}, \quad \begin{bmatrix} x_1' \\ x_2' \\ x_3' \end{bmatrix}$$

と表示し，x_j の係数 a_{ij} を i 行，j 列の要素とする行列 $\boldsymbol{A}$ を

$$\boldsymbol{A} = \begin{bmatrix} a_{11} & a_{12} & a_{13} \\ a_{21} & a_{22} & a_{23} \\ a_{31} & a_{32} & a_{33} \end{bmatrix}$$

とすれば，(x_1, x_2, x_3) と (x_1', x_2', x_3') の関係は

$$\begin{bmatrix} x_1' \\ x_2' \\ x_3' \end{bmatrix} = \begin{bmatrix} a_{11} & a_{12} & a_{13} \\ a_{21} & a_{22} & a_{23} \\ a_{31} & a_{32} & a_{33} \end{bmatrix} \begin{bmatrix} x_1 \\ x_2 \\ x_3 \end{bmatrix}$$

と行列表示できる．このとき，

$$\boldsymbol{A} = \begin{bmatrix} a_{11} & a_{12} & a_{13} \\ a_{21} & a_{22} & a_{23} \\ a_{31} & a_{32} & a_{33} \end{bmatrix}$$

の 3 行 3 列の行列 $\boldsymbol{A}$ を (x_1, x_2, x_3) から (x_1', x_2', x_3') への変換行列という．

1.2.3 デカルト座標系間の変換関係

図 1.16 に示すように，二つのデカルト座標系 Oxyz，O$x'y'z'$ の基本ベクトルを $(\hat{\boldsymbol{x}}, \hat{\boldsymbol{y}}, \hat{\boldsymbol{z}})$，$(\hat{\boldsymbol{x}}', \hat{\boldsymbol{y}}', \hat{\boldsymbol{z}}')$ とし，これらの基本ベクトルは空間に固定されている．$(\hat{\boldsymbol{x}}', \hat{\boldsymbol{y}}', \hat{\boldsymbol{z}}')$ と $(\hat{\boldsymbol{x}}, \hat{\boldsymbol{y}}, \hat{\boldsymbol{z}})$ との関係は，$(\hat{\boldsymbol{x}}', \hat{\boldsymbol{y}}', \hat{\boldsymbol{z}}')$ の座標系 Oxyz からみた方向余弦 (l_1, m_1, n_1)，(l_2, m_2, n_2)，(l_3, m_3, n_3) を用いて

$$\begin{aligned} \hat{\boldsymbol{x}}' &= l_1\hat{\boldsymbol{x}} + m_1\hat{\boldsymbol{y}} + n_1\hat{\boldsymbol{z}} \\ \hat{\boldsymbol{y}}' &= l_2\hat{\boldsymbol{x}} + m_2\hat{\boldsymbol{y}} + n_2\hat{\boldsymbol{z}} \\ \hat{\boldsymbol{z}}' &= l_3\hat{\boldsymbol{x}} + m_3\hat{\boldsymbol{y}} + n_3\hat{\boldsymbol{z}} \end{aligned} \tag{1.45}$$

と表すことができる．

図 1.16 に示した位置ベクトル $\boldsymbol{r}$ は，それぞれのデカルト座標系 Oxyz，O$x'y'z'$ の基本ベクトル $(\hat{\boldsymbol{x}}, \hat{\boldsymbol{y}}, \hat{\boldsymbol{z}})$，$(\hat{\boldsymbol{x}}', \hat{\boldsymbol{y}}', \hat{\boldsymbol{z}}')$ と $\boldsymbol{r}$ の成分 (x, y, z)，(x', y', z') を用いて

$$\boldsymbol{r} = x\hat{\boldsymbol{x}} + y\hat{\boldsymbol{y}} + z\hat{\boldsymbol{z}} = x'\hat{\boldsymbol{x}}' + y'\hat{\boldsymbol{y}}' + z'\hat{\boldsymbol{z}}' \tag{1.46}$$

と記述できる．式(1.46)に順次 $\hat{\boldsymbol{x}}', \hat{\boldsymbol{y}}', \hat{\boldsymbol{z}}'$ との内積をとることによって

$$\begin{aligned} \boldsymbol{r}\cdot\hat{\boldsymbol{x}}' &= x' = l_1x + m_1y + n_1z \\ \boldsymbol{r}\cdot\hat{\boldsymbol{y}}' &= y' = l_2x + m_2y + n_2z \\ \boldsymbol{r}\cdot\hat{\boldsymbol{z}}' &= z' = l_3x + m_3y + n_3z \end{aligned} \tag{1.47}$$

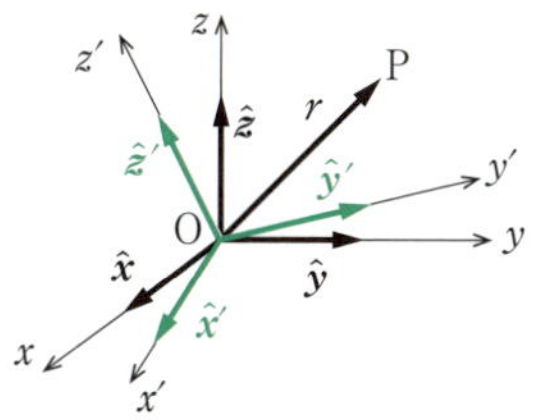

図 1.16 二つのデカルト座標系

となる．ここで，異なったデカルト座標系 Oxyz，O$x'y'z'$ での基本ベクトルの内積は方向余弦を用いて表された．また，式(1.46)に順次 $\hat{\boldsymbol{x}}, \hat{\boldsymbol{y}}, \hat{\boldsymbol{z}}$ との内積を考えれば，

$$\begin{aligned} \boldsymbol{r}\cdot\hat{\boldsymbol{x}} &= x = l_1x' + l_2y' + l_3z' \\ \boldsymbol{r}\cdot\hat{\boldsymbol{y}} &= y = m_1x' + m_2y' + m_3z' \\ \boldsymbol{r}\cdot\hat{\boldsymbol{z}} &= z = n_1x' + n_2y' + n_3z' \end{aligned} \tag{1.48}$$

が得られる．

式(1.45)と式(1.47)とを比べれば，$(\hat{\boldsymbol{x}}, \hat{\boldsymbol{y}}, \hat{\boldsymbol{z}})$ から $(\hat{\boldsymbol{x}}', \hat{\boldsymbol{y}}', \hat{\boldsymbol{z}}')$ の変換関係と (x, y, z) から (x', y', z') の変換関係は同じであることがわかる．これらの変換関係は，任意のベクトルに対しても成立する．たとえば，力 $\boldsymbol{F}$ をデカルト座標系 Oxyz，O$x'y'z'$ でみたとき，力 $\boldsymbol{F}$ は

$$\boldsymbol{F} = F_x\hat{\boldsymbol{x}} + F_y\hat{\boldsymbol{y}} + F_z\hat{\boldsymbol{z}} = F_x'\hat{\boldsymbol{x}}' + F_y'\hat{\boldsymbol{y}}' + F_z'\hat{\boldsymbol{z}}' \tag{1.49}$$

と表せる．$\boldsymbol{F}$ の各成分も同様に方向余弦を用いて表される．

1.2.4 デカルト座標系と円柱座標系の変換関係

デカルト座標系の基本ベクトルと円柱座標系の基本ベクトル間の関係を調べる．デカルト座標系の基本ベクトル $(\hat{\boldsymbol{x}}, \hat{\boldsymbol{y}}, \hat{\boldsymbol{z}})$ と円柱座標系の基本ベクトル $(\hat{\boldsymbol{s}}, \hat{\boldsymbol{\phi}}, \hat{\boldsymbol{z}})$ を図 1.17 に示した．デカルト座標系の基本ベクトル $\hat{\boldsymbol{x}}, \hat{\boldsymbol{y}}, \hat{\boldsymbol{z}}$ は空間に固定されている．一方，円柱座標系の基本ベクトル $\hat{\boldsymbol{s}}, \hat{\boldsymbol{\phi}}$ は点 P の位置に依存し，ϕ の関数として与えられる．$\hat{\boldsymbol{z}}$ はデカルト座標系の基本ベクトルと円柱座標系の基本ベクトルとは等価である．デカルト座標系の基本ベクトル $\hat{\boldsymbol{x}}, \hat{\boldsymbol{y}}$ と円柱座標系の基本ベクトル $\hat{\boldsymbol{s}}, \hat{\boldsymbol{\phi}}$ の関係を図 1.18 に示した．基本ベクトル $\hat{\boldsymbol{s}}$ を $\hat{\boldsymbol{x}}, \hat{\boldsymbol{y}}, \hat{\boldsymbol{z}}$ を用いて表せば，

$$\begin{aligned} \hat{\boldsymbol{s}} &= (\hat{\boldsymbol{s}}\cdot\hat{\boldsymbol{x}})\hat{\boldsymbol{x}} + (\hat{\boldsymbol{s}}\cdot\hat{\boldsymbol{y}})\hat{\boldsymbol{y}} + (\hat{\boldsymbol{s}}\cdot\hat{\boldsymbol{z}})\hat{\boldsymbol{z}} \\ &= \cos\phi\,\hat{\boldsymbol{x}} + \cos\left(\frac{\pi}{2} - \phi\right)\hat{\boldsymbol{y}} + \cos\frac{\pi}{2}\hat{\boldsymbol{z}} \end{aligned}$$

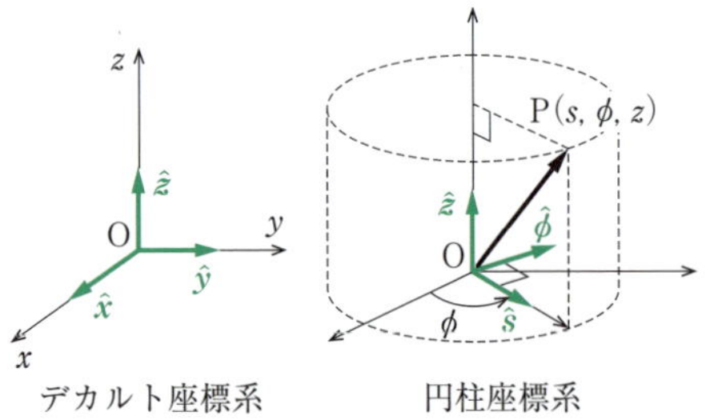

図 1.17　デカルト座標と円柱座標の基本ベクトル

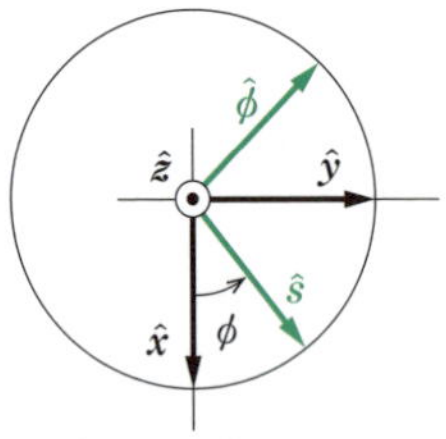

図 1.18　$\hat{\boldsymbol{x}}, \hat{\boldsymbol{y}}$ と $\hat{\boldsymbol{s}}, \hat{\boldsymbol{\phi}}$ の関係

$$= \cos\phi\hat{\boldsymbol{x}} + \sin\phi\hat{\boldsymbol{y}} \tag{1.50}$$

の関係が存在する．$\hat{\boldsymbol{\phi}}$ も同様に求められるが，図 1.18 からわかるように，$\hat{\boldsymbol{\phi}}$ は $\hat{\boldsymbol{s}}$ を $\hat{\boldsymbol{z}}$ 軸まわりに $\pi/2$ 回転することによって得られることから，$\hat{\boldsymbol{\phi}}(\phi) = \hat{\boldsymbol{s}}(\phi+\pi/2)$ の関係を用い，

$$\begin{aligned}\hat{\boldsymbol{\phi}} &= \cos\left(\phi+\frac{\pi}{2}\right)\hat{\boldsymbol{x}} + \sin\left(\phi+\frac{\pi}{2}\right)\hat{\boldsymbol{y}} \\ &= -\sin\phi\hat{\boldsymbol{x}} + \cos\phi\hat{\boldsymbol{y}}\end{aligned} \tag{1.51}$$

と得られる．以上をまとめると

$$\begin{aligned}\hat{\boldsymbol{s}} &= \cos\phi\hat{\boldsymbol{x}} + \sin\phi\hat{\boldsymbol{y}} \\ \hat{\boldsymbol{\phi}} &= -\sin\phi\hat{\boldsymbol{x}} + \cos\phi\hat{\boldsymbol{y}} \\ \hat{\boldsymbol{z}} &= \hat{\boldsymbol{z}}\end{aligned} \tag{1.52}$$

である．式(1.52)からわかるように，デカルト座標系の基本ベクトルと円柱座標系の基本ベクトルの内積は方向余弦を用いて

$$\begin{aligned}&(\hat{\boldsymbol{s}}\cdot\hat{\boldsymbol{x}}) = \cos\phi \equiv l_1, \quad (\hat{\boldsymbol{s}}\cdot\hat{\boldsymbol{y}}) = \sin\phi \equiv m_1, \\ &(\hat{\boldsymbol{s}}\cdot\hat{\boldsymbol{z}}) = 0 \equiv n_1, \quad (\hat{\boldsymbol{\phi}}\cdot\hat{\boldsymbol{x}}) = -\sin\phi \equiv l_2, \\ &(\hat{\boldsymbol{\phi}}\cdot\hat{\boldsymbol{y}}) = \cos\phi \equiv m_2, \quad (\hat{\boldsymbol{\phi}}\cdot\hat{\boldsymbol{z}}) = 0 \equiv n_2, \\ &(\hat{\boldsymbol{z}}\cdot\hat{\boldsymbol{x}}) = 0 \equiv l_3, \quad (\hat{\boldsymbol{z}}\cdot\hat{\boldsymbol{y}}) = 0 \equiv m_3, \\ &(\hat{\boldsymbol{z}}\cdot\hat{\boldsymbol{z}}) = 1 \equiv n_3\end{aligned}$$

とおくことができる．円柱座標系の基本ベクトル $(\hat{\boldsymbol{s}}, \hat{\boldsymbol{\phi}}, \hat{\boldsymbol{z}})$ とデカルト座標系の基本ベクトル $(\hat{\boldsymbol{x}}, \hat{\boldsymbol{y}}, \hat{\boldsymbol{z}})$ との関係は方向余弦を用いて表すと

$$\hat{\boldsymbol{s}} = l_1\hat{\boldsymbol{x}} + m_1\hat{\boldsymbol{y}} + n_1\hat{\boldsymbol{z}}$$

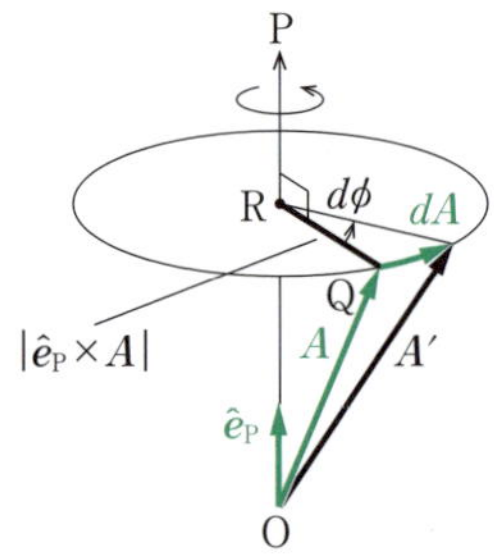

図 1.19　$\boldsymbol{A}$ の微小回転による変化

$$\begin{aligned}\hat{\boldsymbol{\phi}} &= l_2\hat{\boldsymbol{x}} + m_2\hat{\boldsymbol{y}} + n_2\hat{\boldsymbol{z}} \\ \hat{\boldsymbol{z}} &= l_3\hat{\boldsymbol{x}} + m_3\hat{\boldsymbol{y}} + n_3\hat{\boldsymbol{z}}\end{aligned} \tag{1.53}$$

となる．また，$\hat{\boldsymbol{s}}, \hat{\boldsymbol{\phi}}, \hat{\boldsymbol{z}}$ と $\hat{\boldsymbol{x}}, \hat{\boldsymbol{y}}, \hat{\boldsymbol{z}}$ との関係は行列表示を用いて表せば

$$\begin{bmatrix}\hat{\boldsymbol{s}} \\ \hat{\boldsymbol{\phi}} \\ \hat{\boldsymbol{z}}\end{bmatrix} = \begin{bmatrix}l_1 & m_1 & n_1 \\ l_2 & m_2 & n_2 \\ l_3 & m_3 & n_3\end{bmatrix}\begin{bmatrix}\hat{\boldsymbol{x}} \\ \hat{\boldsymbol{y}} \\ \hat{\boldsymbol{z}}\end{bmatrix}$$

となる．次に，デカルト座標系の変数 (x, y, z) と円柱座標系の変数 (s, ϕ, z) との関係を調べる．点 P の位置ベクトル $\boldsymbol{r}$ をデカルト座標系と円柱座標系で表すと，

$$\boldsymbol{r} = x\hat{\boldsymbol{x}} + y\hat{\boldsymbol{y}} + z\hat{\boldsymbol{z}} = s\hat{\boldsymbol{s}} + z\hat{\boldsymbol{z}} \tag{1.54}$$

である．デカルト座標系の成分 x, y, z を円柱座標系 s, ϕ, z で表すために，式(1.54)に順次 $\hat{\boldsymbol{x}}, \hat{\boldsymbol{y}}, \hat{\boldsymbol{z}}$ との内積をとれば，x, y, z は

$$\begin{aligned}x &= (s\hat{\boldsymbol{s}} + z\hat{\boldsymbol{z}})\cdot\hat{\boldsymbol{x}} = s(\hat{\boldsymbol{s}}\cdot\hat{\boldsymbol{x}}) + z(\hat{\boldsymbol{z}}\cdot\hat{\boldsymbol{x}}) = s\cos\phi \\ y &= (s\hat{\boldsymbol{s}} + z\hat{\boldsymbol{z}})\cdot\hat{\boldsymbol{y}} = s(\hat{\boldsymbol{s}}\cdot\hat{\boldsymbol{y}}) + z(\hat{\boldsymbol{z}}\cdot\hat{\boldsymbol{y}}) = s\sin\phi \\ z &= (s\hat{\boldsymbol{s}} + z\hat{\boldsymbol{z}})\cdot\hat{\boldsymbol{z}} = s(\hat{\boldsymbol{s}}\cdot\hat{\boldsymbol{z}}) + z(\hat{\boldsymbol{z}}\cdot\hat{\boldsymbol{z}}) = z\end{aligned}$$

と表せる．ここで，$(\hat{\boldsymbol{s}}\cdot\hat{\boldsymbol{x}}) = \cos\phi$，$(\hat{\boldsymbol{s}}\cdot\hat{\boldsymbol{y}}) = \sin\phi$ の関係を用いた．

a. 微小回転 $d\phi$ による基本ベクトル $\hat{s}, \dot{\hat{\phi}}$ の変化

図 1.19 で示した任意のベクトル $\boldsymbol{A}$ が OP 軸まわりに微小な角度変化 $d\phi$ によって $d\boldsymbol{A}$ だけ変位し，ベクトル $\boldsymbol{A}'$ になった場合を考える．そのときの関係は $\boldsymbol{A}' = \boldsymbol{A} + d\boldsymbol{A}$ である．OP 軸に単位ベクトル $\hat{\boldsymbol{e}}_{\mathrm{P}}$ をとる．$\boldsymbol{A}$ の終点 Q から OP 軸上に垂直に下ろした点 R までの距離 $\overline{\mathrm{QR}}$ は $\overline{\mathrm{QR}} = |\hat{\boldsymbol{e}}_{\mathrm{P}} \times \boldsymbol{A}|$ であり，$d\phi$ が微小量のときの変位 $d\boldsymbol{A}$ の大きさ $|d\boldsymbol{A}|$ は

$$|d\boldsymbol{A}| = |\hat{\boldsymbol{e}}_{\mathrm{P}} \times \boldsymbol{A}|d\phi \tag{1.55}$$

である．また，$d\boldsymbol{A}$ の方向は $\hat{\boldsymbol{e}}_{\mathrm{P}}$ と $\boldsymbol{A}$ に垂直な $\hat{\boldsymbol{e}}_{\mathrm{P}} \times \boldsymbol{A}$

と同じである．したがって，$d\boldsymbol{A}$ の単位ベクトルは

$$\frac{\hat{\boldsymbol{e}}_{\mathrm{P}}\times\boldsymbol{A}}{|\hat{\boldsymbol{e}}_{\mathrm{P}}\times\boldsymbol{A}|} \tag{1.56}$$

である．以上から，$\boldsymbol{A}$ の微小回転 $d\phi$ による変位ベクトル $d\boldsymbol{A}$ は

$$d\boldsymbol{A}=(|\hat{\boldsymbol{e}}_{\mathrm{P}}\times\boldsymbol{A}|d\phi)\left(\frac{\hat{\boldsymbol{e}}_{\mathrm{P}}\times\boldsymbol{A}}{|\hat{\boldsymbol{e}}_{\mathrm{P}}\times\boldsymbol{A}|}\right)=d\phi(\hat{\boldsymbol{e}}_{\mathrm{P}}\times\boldsymbol{A}) \tag{1.57}$$

で表される．式(1.57)の $\boldsymbol{A}$ はベクトルで表されるすべての物理量に対して適応される．任意の単位ベクトル $\hat{\boldsymbol{e}}$ が円柱座標系の基本ベクトル $\hat{\boldsymbol{z}}$ 方向の軸まわりに $d\phi$ の微小回転することによって，$\hat{\boldsymbol{e}}(\phi)$ から $\hat{\boldsymbol{e}}(\phi+d\phi)$ に変化したときの $\hat{\boldsymbol{e}}$ の微小変化 $d\hat{\boldsymbol{e}}$ は式(1.57)より，

$$d\hat{\boldsymbol{e}}=d\phi(\hat{\boldsymbol{z}}\times\hat{\boldsymbol{e}}) \tag{1.58}$$

で表される．$\hat{\boldsymbol{s}}, \hat{\boldsymbol{\phi}}$ は角度 ϕ に依存し $\hat{\boldsymbol{s}}=\hat{\boldsymbol{s}}(\phi)$，$\hat{\boldsymbol{\phi}}=\hat{\boldsymbol{\phi}}(\phi)$ と表される．$d\phi$ の微小回転による $\hat{\boldsymbol{s}}, \hat{\boldsymbol{\phi}}, \hat{\boldsymbol{z}}$ の変化量は，式(1.58)より，

$$\begin{aligned}d\hat{\boldsymbol{s}}&=d\phi(\hat{\boldsymbol{z}}\times\hat{\boldsymbol{s}})=(d\phi)\hat{\boldsymbol{\phi}}\\ d\hat{\boldsymbol{\phi}}&=d\phi(\hat{\boldsymbol{z}}\times\hat{\boldsymbol{\phi}})=-(d\phi)\hat{\boldsymbol{s}}\\ d\hat{\boldsymbol{z}}&=d\phi(\hat{\boldsymbol{z}}\times\hat{\boldsymbol{z}})=\boldsymbol{0}\end{aligned} \tag{1.59}$$

と得られる．ここで，$\hat{\boldsymbol{z}}(=\hat{\boldsymbol{s}}\times\hat{\boldsymbol{\phi}})$ の関係を用いた．

位置ベクトル $\boldsymbol{r}$ をデカルト座標系と円柱座標系で表すと，式(1.54)より

$$\boldsymbol{r}=x\hat{\boldsymbol{x}}+y\hat{\boldsymbol{y}}+z\hat{\boldsymbol{z}}=s\hat{\boldsymbol{s}}+z\hat{\boldsymbol{z}}$$

であるが，この式には $\hat{\boldsymbol{\phi}}$ が現れていない．そこで，$\boldsymbol{r}$ の変化量 $d\boldsymbol{r}$ について考える．基本ベクトル $\hat{\boldsymbol{x}}, \hat{\boldsymbol{y}}, \hat{\boldsymbol{z}}$ は一定であることを考慮すれば，デカルト座標系および極座標系での $d\boldsymbol{r}$ はそれぞれ

$$\begin{aligned}d\boldsymbol{r}&=\hat{\boldsymbol{x}}dx+\hat{\boldsymbol{y}}dy+\hat{\boldsymbol{z}}dz\\ &=d(s\hat{\boldsymbol{s}})+\hat{\boldsymbol{z}}dz=\hat{\boldsymbol{s}}ds+\hat{\boldsymbol{\phi}}(sd\phi)+\hat{\boldsymbol{z}}dz\end{aligned} \tag{1.60}$$

表される．ここで，$d(s\hat{\boldsymbol{s}})=(s+ds)(\hat{\boldsymbol{s}}+d\hat{\boldsymbol{s}})-s\hat{\boldsymbol{s}}\fallingdotseq\hat{\boldsymbol{s}}ds+sd\hat{\boldsymbol{s}}$ および式(1.59)の $d\hat{\boldsymbol{s}}=d\phi\hat{\boldsymbol{\phi}}$ の関係を用いた．式(1.60)で示した $d\boldsymbol{r}$ は $\hat{\boldsymbol{x}}, \hat{\boldsymbol{y}}, \hat{\boldsymbol{z}}, \hat{\boldsymbol{s}}, \hat{\boldsymbol{\phi}}, \hat{\boldsymbol{z}}$ のすべての基本ベクトルを用いて表せる．式(1.60)に順次 $\hat{\boldsymbol{s}}, \hat{\boldsymbol{\phi}}, \hat{\boldsymbol{z}}$ との内積をとることによって，$ds, sd\phi, dz$ は dx, dy, dz を用いて

$$\begin{aligned}d\boldsymbol{r}\cdot\hat{\boldsymbol{s}}&=ds=l_1dx+m_1dy+n_1dz\\ d\boldsymbol{r}\cdot\hat{\boldsymbol{\phi}}&=sd\phi=l_2dx+m_2dy+n_2dz\\ d\boldsymbol{r}\cdot\hat{\boldsymbol{z}}&=dz=l_3dx+m_3dy+n_3dz\end{aligned} \tag{1.61}$$

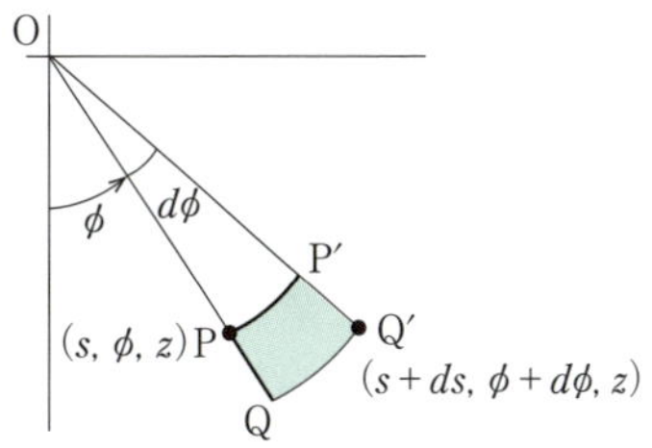

図 1.20　円柱座標系での体積素片

と表すことができる．ここで，基本ベクトル同士の内積を式(1.53)で用いた方向余弦 (l_1, m_1, n_1)，(l_2, m_2, n_2)，(l_3, m_3, n_3) で示した．円柱座標系の $ds, sd\phi, dz$ とデカルト座標系の dx, dy, dz との関係を行列表示で表すと

$$\begin{bmatrix}ds\\ sd\phi\\ dz\end{bmatrix}=\begin{bmatrix}\cos\phi & \sin\phi & 0\\ -\sin\phi & \cos\phi & 0\\ 0 & 0 & 1\end{bmatrix}\begin{bmatrix}dx\\ dy\\ dz\end{bmatrix}=\begin{bmatrix}l_1 & m_1 & n_1\\ l_2 & m_2 & n_2\\ l_3 & m_3 & n_3\end{bmatrix}\begin{bmatrix}dx\\ dy\\ dz\end{bmatrix}$$

となる．また，同様に dx, dy, dz を $ds, sd\phi, dz$ で表すと，

$$\begin{aligned}dx&=l_1ds+l_2(sd\phi)+l_3(dz)\\ dy&=m_1ds+m_2(sd\phi)+m_3(dz)\\ dz&=n_1ds+n_2(sd\phi)+n_3(dz)\end{aligned} \tag{1.62}$$

となる．式(1.53)と式(1.61)を比べれば，(dx, dy, dz) から $(ds, sd\phi, dz)$ への変換関係は，$(\hat{\boldsymbol{x}}, \hat{\boldsymbol{y}}, \hat{\boldsymbol{z}})$ から $(\hat{\boldsymbol{s}}, \hat{\boldsymbol{\phi}}, \hat{\boldsymbol{z}})$ への変換関係と同じだとわかる．

b. 円柱座標系での体積素片

デカルト座標系での dx, dy, dz のつくる体積素片（微小体積）$d\tau$ は $d\tau=dxdydz$ と表される．図 1.20 に示したように，円柱座標系での点 $\mathrm{P}(s, \phi, z)$ と点 $\mathrm{Q}(s+ds, \phi, z)$ との間隔は ds，また，点 $\mathrm{P}(s, \phi, z)$ と点 $\mathrm{P}'(s, \phi+d\phi, z)$ との間隔は $sd\phi$ である．ds と $d\phi$ が微小量であるとき，点 $\mathrm{P}(s, \phi, z)$，点 $\mathrm{P}'(s, \phi+d\phi, z)$，点 $\mathrm{Q}(s+ds, \phi, z)$，点 $\mathrm{Q}'(s+ds, \phi+d\phi, z)$ を囲む面積は $(ds)(sd\phi)=sdsd\phi$ と近似され，$\hat{\boldsymbol{z}}$ 方向の幅が dz のときの体積素片 $d\tau$ は

$$d\tau=(ds)(sd\phi)(dz)=sdsd\phi dz \tag{1.63}$$

と表される．

1.2.5　デカルト座標系と極座標系の変換関係

デカルト座標系の基本ベクトルと極座標系の基本ベクトル間の関係を調べる．デカルト座標系の基本ベク

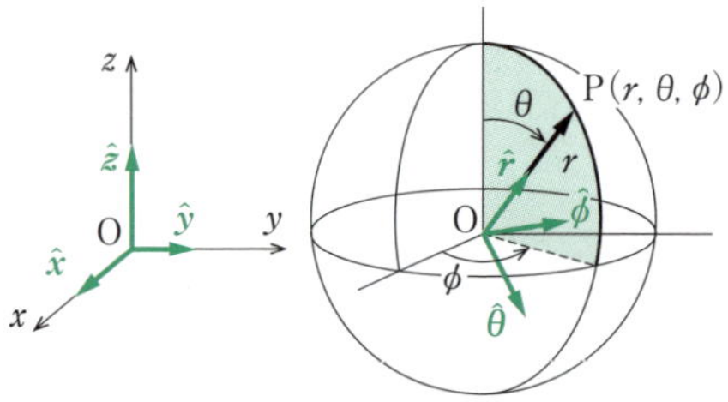

図 1.21　デカルト座標系と極座標系

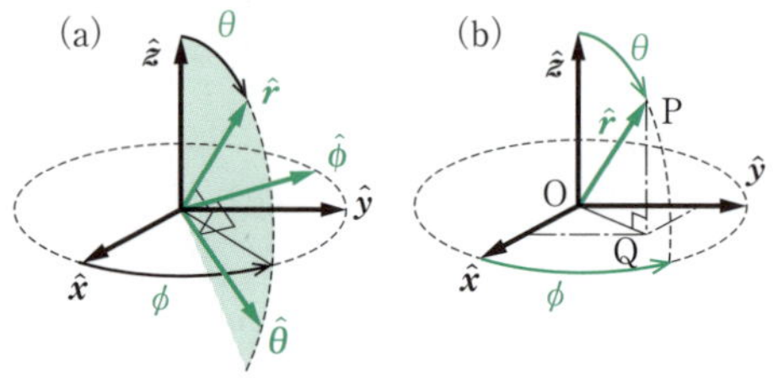

図 1.22　デカルト座標と極座標の基本ベクトル
(a)　$(\hat{\boldsymbol{x}}, \hat{\boldsymbol{y}}, \hat{\boldsymbol{z}})$ と $(\hat{\boldsymbol{r}}, \hat{\boldsymbol{\theta}}, \hat{\boldsymbol{\phi}})$　　(b)　$\hat{\boldsymbol{r}}$ と $(\hat{\boldsymbol{x}}, \hat{\boldsymbol{y}}, \hat{\boldsymbol{z}})$

トル $(\hat{\boldsymbol{x}}, \hat{\boldsymbol{y}}, \hat{\boldsymbol{z}})$ と極座標系の基本ベクトル $(\hat{\boldsymbol{r}}, \hat{\boldsymbol{\theta}}, \hat{\boldsymbol{\phi}})$ を図 1.21 に示した．$\hat{\boldsymbol{x}}, \hat{\boldsymbol{y}}, \hat{\boldsymbol{z}}$ は空間に固定されているが，$\hat{\boldsymbol{r}}, \hat{\boldsymbol{\theta}}, \hat{\boldsymbol{\phi}}$ は点 P の位置に依存する．$\hat{\boldsymbol{x}}, \hat{\boldsymbol{y}}, \hat{\boldsymbol{z}}$ と $\hat{\boldsymbol{r}}, \hat{\boldsymbol{\theta}}, \hat{\boldsymbol{\phi}}$ の関係を図 1.22(a)に示した．まず，基本ベクトル $\hat{\boldsymbol{r}}$ をデカルト座標系の基本ベクトル $\hat{\boldsymbol{x}}, \hat{\boldsymbol{y}}, \hat{\boldsymbol{z}}$ で表すことを考える．図 1.22(b)に示した $\hat{\boldsymbol{r}}$ の終点 P を xy 平面上に垂直に下ろした点 Q から原点 O までの距離 $\overline{\mathrm{QO}}$ は $\overline{\mathrm{QO}} = \sin\theta$ であり，図 1.22(b)からわかるように，$\hat{\boldsymbol{r}}$ の $\hat{\boldsymbol{x}}, \hat{\boldsymbol{y}}$ 方向成分はそれぞれ $\sin\theta\cos\phi$，$\sin\theta\sin\phi$ で与えられる．また，$\hat{\boldsymbol{r}}$ の $\hat{\boldsymbol{z}}$ 方向成分は $\cos\theta$ である．したがって，$\hat{\boldsymbol{r}}$ はデカルト座標系の基本ベクトル $\hat{\boldsymbol{x}}, \hat{\boldsymbol{y}}, \hat{\boldsymbol{z}}$ を用いて

$$\hat{\boldsymbol{r}} = \sin\theta\cos\phi\hat{\boldsymbol{x}} + \sin\theta\sin\phi\hat{\boldsymbol{y}} + \cos\theta\hat{\boldsymbol{z}} \qquad (1.64)$$

と表される．$\hat{\boldsymbol{\phi}}(\theta, \phi)$ は $\hat{\boldsymbol{r}}(\theta, \phi)$ の θ をさらに $\pi/2$ 回転した基本ベクトル $\hat{\boldsymbol{r}}(\theta+\pi/2, \phi)$ であるので，$\hat{\boldsymbol{\theta}}(\theta, \phi)$ は

$$\hat{\boldsymbol{\theta}}(\theta, \phi) = \hat{\boldsymbol{r}}\left(\theta + \frac{\pi}{2}, \phi\right)$$
$$= \cos\theta\cos\phi\hat{\boldsymbol{x}} + \cos\theta\sin\phi\hat{\boldsymbol{y}} - \sin\theta\hat{\boldsymbol{z}}$$

と得られる．$\hat{\boldsymbol{\phi}}(\phi)$ は $(\hat{\boldsymbol{r}} \times \hat{\boldsymbol{\theta}})$ であり，xy 平面上にある．また，$\hat{\boldsymbol{\phi}}(\phi)$ は $\hat{\boldsymbol{r}}(\theta, \phi)$ の θ を $\pi/2$，ϕ を $(\phi+\pi/2)$ とすることによって得られ，

$$\hat{\boldsymbol{\phi}}(\phi) = \hat{\boldsymbol{r}}\left(\frac{\pi}{2}, \phi + \frac{\pi}{2}\right) = -\sin\phi\hat{\boldsymbol{x}} + \cos\phi\hat{\boldsymbol{y}}$$

である．以上の結果をまとめれば，$\hat{\boldsymbol{r}}, \hat{\boldsymbol{\theta}}, \hat{\boldsymbol{\phi}}$ と $\hat{\boldsymbol{x}}, \hat{\boldsymbol{y}}, \hat{\boldsymbol{z}}$ との関係は

$$\begin{aligned}
\hat{\boldsymbol{r}} &= \sin\theta\cos\phi\hat{\boldsymbol{x}} + \sin\theta\sin\phi\hat{\boldsymbol{y}} + \cos\theta\hat{\boldsymbol{z}} \\
\hat{\boldsymbol{\theta}} &= \cos\theta\cos\phi\hat{\boldsymbol{x}} + \cos\theta\sin\phi\hat{\boldsymbol{y}} - \sin\theta\hat{\boldsymbol{z}} \\
\hat{\boldsymbol{\phi}} &= -\sin\phi\hat{\boldsymbol{x}} + \cos\phi\hat{\boldsymbol{y}} \qquad (1.65)
\end{aligned}$$

である．式(1.65)からわかるように，デカルト座標系の基本ベクトルと極座標系の基本ベクトルの内積は

$$\begin{aligned}
(\hat{\boldsymbol{r}}\cdot\hat{\boldsymbol{x}}) &= \sin\theta\cos\phi \equiv l_1, \\
(\hat{\boldsymbol{r}}\cdot\hat{\boldsymbol{y}}) &= \sin\theta\sin\phi \equiv m_1, \\
(\hat{\boldsymbol{r}}\cdot\hat{\boldsymbol{z}}) &= \cos\theta \equiv n_1, \\
(\hat{\boldsymbol{\theta}}\cdot\hat{\boldsymbol{x}}) &= \cos\theta\cos\phi \equiv l_2, \\
(\hat{\boldsymbol{\theta}}\cdot\hat{\boldsymbol{y}}) &= \cos\theta\sin\phi \equiv m_2, \\
(\hat{\boldsymbol{\theta}}\cdot\hat{\boldsymbol{z}}) &= -\sin\theta \equiv n_2 \\
(\hat{\boldsymbol{\phi}}\cdot\hat{\boldsymbol{x}}) &= -\sin\phi \equiv l_3, \\
(\hat{\boldsymbol{\phi}}\cdot\hat{\boldsymbol{y}}) &= \cos\phi \equiv m_3, \\
(\hat{\boldsymbol{\phi}}\cdot\hat{\boldsymbol{z}}) &= 0 \equiv n_3
\end{aligned}$$

と定義する方向余弦で表すことができる．極座標系の基本ベクトル $\hat{\boldsymbol{r}}, \hat{\boldsymbol{\theta}}, \hat{\boldsymbol{\phi}}$ とデカルト座標系の基本ベクトル $\hat{\boldsymbol{x}}, \hat{\boldsymbol{y}}, \hat{\boldsymbol{z}}$ との関係は方向余弦を用いて

$$\begin{aligned}
\hat{\boldsymbol{r}} &= l_1\hat{\boldsymbol{x}} + m_1\hat{\boldsymbol{y}} + n_1\hat{\boldsymbol{z}} \\
\hat{\boldsymbol{\theta}} &= l_2\hat{\boldsymbol{x}} + m_2\hat{\boldsymbol{y}} + n_2\hat{\boldsymbol{z}} \\
\hat{\boldsymbol{\phi}} &= l_3\hat{\boldsymbol{x}} + m_3\hat{\boldsymbol{y}} + n_3\hat{\boldsymbol{z}} \qquad (1.66)
\end{aligned}$$

と表される．また，$\hat{\boldsymbol{r}}, \hat{\boldsymbol{\theta}}, \hat{\boldsymbol{\phi}}$ と $\hat{\boldsymbol{x}}, \hat{\boldsymbol{y}}, \hat{\boldsymbol{z}}$ との関係は行列表示を用いて

$$\begin{bmatrix} \hat{\boldsymbol{r}} \\ \hat{\boldsymbol{\theta}} \\ \hat{\boldsymbol{\phi}} \end{bmatrix} = \begin{bmatrix} l_1 & m_1 & n_1 \\ l_2 & m_2 & n_2 \\ l_3 & m_3 & n_3 \end{bmatrix} \begin{bmatrix} \hat{\boldsymbol{x}} \\ \hat{\boldsymbol{y}} \\ \hat{\boldsymbol{z}} \end{bmatrix}$$

となる．つぎに，デカルト座標系の成分 (x, y, z) と極座標系 (r, θ, ϕ) との関係を調べる．点 P の位置ベクトル $\boldsymbol{r}$ をデカルト座標系と極座標系で表すと，

$$\boldsymbol{r} = x\hat{\boldsymbol{x}} + y\hat{\boldsymbol{y}} + z\hat{\boldsymbol{z}} = r\hat{\boldsymbol{r}} \qquad (1.67)$$

である．x, y, z を r, θ, ϕ で表すために，式(1.67)に順次 $\hat{\boldsymbol{x}}, \hat{\boldsymbol{y}}, \hat{\boldsymbol{z}}$ との内積をとれば，

$$\begin{aligned}
x &= \boldsymbol{r}\cdot\hat{\boldsymbol{x}} = r(\hat{\boldsymbol{r}}\cdot\hat{\boldsymbol{x}}) = r\sin\theta\cos\phi \\
y &= \boldsymbol{r}\cdot\hat{\boldsymbol{y}} = r(\hat{\boldsymbol{r}}\cdot\hat{\boldsymbol{y}}) = r\sin\theta\sin\phi \\
z &= \boldsymbol{r}\cdot\hat{\boldsymbol{z}} = r(\hat{\boldsymbol{r}}\cdot\hat{\boldsymbol{z}}) = r\cos\theta \qquad (1.68)
\end{aligned}$$

が得られる．ここで，$(\hat{\boldsymbol{r}}\cdot\hat{\boldsymbol{x}}) = \sin\theta\cos\phi$，$(\hat{\boldsymbol{r}}\cdot\hat{\boldsymbol{y}}) = \sin\theta\sin\phi$，$(\hat{\boldsymbol{r}}\cdot\hat{\boldsymbol{z}}) = \cos\theta$ の関係を用いた．

a. 微小回転 $d\theta, d\phi$ による基本ベクトル $\hat{\boldsymbol{r}}, \hat{\boldsymbol{\theta}}, \hat{\boldsymbol{\phi}}$ の変化

任意の単位ベクトルを $\hat{\boldsymbol{e}}(\theta,\phi)$ とおき，$\hat{\boldsymbol{e}}(\theta,\phi)$ が $\hat{\boldsymbol{e}}(\theta+d\theta,\phi+d\phi)$ に変化したときを考えると，$\hat{\boldsymbol{e}}(\theta+d\theta,\phi+d\phi)=\hat{\boldsymbol{e}}(\theta,\phi)+d\hat{\boldsymbol{e}}(\theta,\phi)$ と表される．$d\phi$ および $d\theta$ が微小回転であるとき，$d\hat{\boldsymbol{e}}(\theta,\phi)$ は

$$\begin{aligned}d\hat{\boldsymbol{e}}(\theta,\phi)&=\hat{\boldsymbol{e}}(\theta+d\theta,\phi+d\phi)-\hat{\boldsymbol{e}}(\theta,\phi)\\&=\{\hat{\boldsymbol{e}}(\theta+d\theta,\phi+d\phi)-\hat{\boldsymbol{e}}(\theta+d\theta,\phi)\}\\&\quad+\{\hat{\boldsymbol{e}}(\theta+d\theta,\phi)-\hat{\boldsymbol{e}}(\theta,\phi)\}\\&\fallingdotseq\{\hat{\boldsymbol{e}}(\theta,\phi+d\phi)-\hat{\boldsymbol{e}}(\theta,\phi)\}\\&\quad+\{\hat{\boldsymbol{e}}(\theta+d\theta,\phi)-\hat{\boldsymbol{e}}(\theta,\phi)\}\end{aligned}$$

と近似される．この式の第 1 項は基本ベクトル $\hat{\boldsymbol{e}}(\theta,\phi)$ を $\hat{\boldsymbol{z}}$ 軸まわりの微小角 $d\phi$ による変化量，第 2 項は $\hat{\boldsymbol{e}}(\theta,\phi)$ の $\hat{\boldsymbol{\phi}}$ 軸まわりの微小回転 $d\theta$ による変化量と考えることができる．したがって，$d\hat{\boldsymbol{e}}(\theta,\phi)$ は $d\theta, d\phi$ の微小回転に伴う $\hat{\boldsymbol{e}}(\theta,\phi)$ の変化量であり，

$$\begin{aligned}d\hat{\boldsymbol{e}}(\theta,\phi)&=d\phi(\hat{\boldsymbol{z}}\times\hat{\boldsymbol{e}})+d\theta(\hat{\boldsymbol{\phi}}\times\hat{\boldsymbol{e}})\\&=(d\phi\hat{\boldsymbol{z}}+d\theta\hat{\boldsymbol{\phi}})\times\hat{\boldsymbol{e}}\end{aligned}\tag{1.69}$$

と表せる．基本ベクトル $\hat{\boldsymbol{z}}$ を極座標系の基本ベクトルを用いて表せば，$\hat{\boldsymbol{z}}=(\hat{\boldsymbol{z}}\cdot\hat{\boldsymbol{r}})\hat{\boldsymbol{r}}+(\hat{\boldsymbol{z}}\cdot\hat{\boldsymbol{\theta}})\hat{\boldsymbol{\theta}}+(\hat{\boldsymbol{z}}\cdot\hat{\boldsymbol{\phi}})\hat{\boldsymbol{\phi}}=\cos\theta\hat{\boldsymbol{r}}-\sin\theta\hat{\boldsymbol{\theta}}$ である．したがって，任意の単位ベクトル $\hat{\boldsymbol{e}}(\theta,\phi)$ の回転による変化 $d\hat{\boldsymbol{e}}(\theta,\phi)$ は

$$d\hat{\boldsymbol{e}}(\theta,\phi)=(d\phi\cos\theta\hat{\boldsymbol{r}}-d\phi\sin\theta\hat{\boldsymbol{\theta}}+d\theta\hat{\boldsymbol{\phi}})\times\hat{\boldsymbol{e}}\tag{1.70}$$

で与えられる．この関係は極座標系のすべての基本ベクトル $\hat{\boldsymbol{e}}(\theta,\phi)$ に対して成立し，極座標系の基本ベクトル $\hat{\boldsymbol{r}}, \hat{\boldsymbol{\theta}}, \hat{\boldsymbol{\phi}}$ の $\mathrm{d}\theta, d\phi$ の回転による変化 $d\hat{\boldsymbol{r}}, d\hat{\boldsymbol{\theta}}, d\hat{\boldsymbol{\phi}}$ は

$$\begin{aligned}d\hat{\boldsymbol{r}}&=d\theta\hat{\boldsymbol{\theta}}+d\phi\sin\theta\hat{\boldsymbol{\phi}}\\d\hat{\boldsymbol{\theta}}&=-d\theta\hat{\boldsymbol{r}}+d\phi\cos\theta\hat{\boldsymbol{\phi}}\\d\hat{\boldsymbol{\phi}}&=-d\phi\sin\theta\hat{\boldsymbol{r}}-d\phi\cos\theta\hat{\boldsymbol{\theta}}\end{aligned}\tag{1.71}$$

と得られる．

式(1.67)で示した $\boldsymbol{r}$ の変位ベクトル $d\boldsymbol{r}$ について考える．デカルト座標系で表した $d\boldsymbol{r}$ は

$$\begin{aligned}d\boldsymbol{r}&=d(x\hat{\boldsymbol{x}}+y\hat{\boldsymbol{y}}+z\hat{\boldsymbol{z}})\\&=\{(x+dx)\hat{\boldsymbol{x}}+(y+dy)\hat{\boldsymbol{y}}+(z+dz)\hat{\boldsymbol{z}}\}\\&\quad-(x\hat{\boldsymbol{x}}+y\hat{\boldsymbol{y}}+z\hat{\boldsymbol{z}})=\hat{\boldsymbol{x}}dx+\hat{\boldsymbol{y}}dy+\hat{\boldsymbol{z}}dz\end{aligned}$$

であり，極座標系で表した $d\boldsymbol{r}$ は

$$\begin{aligned}d\boldsymbol{r}&=d(r\hat{\boldsymbol{r}})=\{(r+dr)(\hat{\boldsymbol{r}}+d\hat{\boldsymbol{r}})\}-(r\hat{\boldsymbol{r}})\\&=\hat{\boldsymbol{r}}dr+rd\hat{\boldsymbol{r}}+(dr)(d\hat{\boldsymbol{r}})\fallingdotseq\hat{\boldsymbol{r}}dr+rd\hat{\boldsymbol{r}}\\&=\hat{\boldsymbol{r}}dr+r(\hat{\boldsymbol{\theta}}d\theta+\hat{\boldsymbol{\phi}}\sin\theta d\phi)\end{aligned}$$

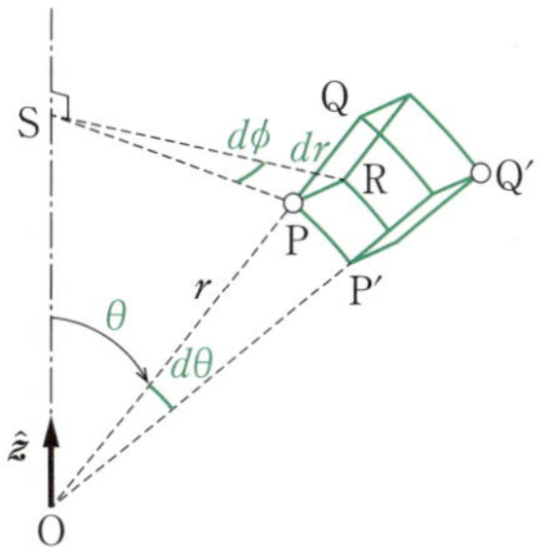

図 1.23　極座標系での体積素片

である．ここで，式(1.71)の $d\hat{\boldsymbol{r}}=d\theta\hat{\boldsymbol{\theta}}+d\phi\sin\theta\hat{\boldsymbol{\phi}}$ の関係を用いた．したがって，$d\boldsymbol{r}$ は

$$\begin{aligned}&\hat{\boldsymbol{x}}dx+\hat{\boldsymbol{y}}dy+\hat{\boldsymbol{z}}dz\\&\quad=\hat{\boldsymbol{r}}dr+\hat{\boldsymbol{\theta}}(rd\theta)+\hat{\boldsymbol{\phi}}(r\sin\theta d\phi)\end{aligned}\tag{1.72}$$

と表される．この式(1.72)の両辺に，順次 $\hat{\boldsymbol{r}}, \hat{\boldsymbol{\theta}}, \hat{\boldsymbol{\phi}}$ との内積をとることによって，$dr, rd\theta, r\sin\theta d\phi$ を dx, dy, dz を用いて

$$\begin{aligned}dr&=l_1dx+m_1dy+n_1dz\\rd\theta&=l_2dx+m_2dy+n_2dz\\r\sin\theta d\phi&=l_3dx+m_3dy+n_3dz\end{aligned}\tag{1.73}$$

と表すことができる．ここで，定義した方向余弦を用いた．また，同様に dx, dy, dz を $dr, rd\theta, r\sin\theta d\phi$ で表すと，

$$\begin{aligned}dx&=l_1dr+l_2(rd\theta)+l_3(r\sin\theta d\phi)\\dy&=m_1dr+m_2(rd\theta)+m_3(r\sin\theta d\phi)\\dz&=n_1dr+n_2(rd\theta)+n_3(r\sin\theta d\phi)\end{aligned}\tag{1.74}$$

で表される．式(1.66)と式(1.73)からわかるように，(dx, dy, dz) から $(dr, rd\theta, r\sin\theta d\phi)$ への変換関係は，$(\hat{\boldsymbol{x}}, \hat{\boldsymbol{y}}, \hat{\boldsymbol{z}})$ から $(\hat{\boldsymbol{r}}, \hat{\boldsymbol{\theta}}, \hat{\boldsymbol{\phi}})$ への変換関係と同じである．

b. 極座標系での体積素片

図 1.23 に示したように，極座標系での点 $\mathrm{P}(r,\theta,\phi)$ と点 $\mathrm{Q}(r+dr,\theta,\phi)$ の間隔は dr，また，点 $\mathrm{P}(r,\theta,z)$ と点 $\mathrm{P}'(r,\theta+d\theta,\phi)$ の間隔は $rd\theta$ である．点 P から $\hat{\boldsymbol{z}}$ 方向の線分上に垂直に下ろした点 S までの長さ $\overline{\mathrm{PS}}$ は $\overline{\mathrm{PS}}=r\sin\theta$ であるので，点 $\mathrm{P}(r,\theta,z)$ と点 $\mathrm{R}(r,\theta,\phi+d\phi)$ の間隔は $r\sin\theta d\phi$ である．$dr, d\theta$ と $d\phi$ が微小量であるとき，$dr, d\theta$ と $d\phi$ がつくる体積素片は

$$d\tau=(dr)(rd\theta)(r\sin\theta d\phi)=r^2\sin\theta drd\theta d\phi\tag{1.75}$$

と表される．

方向余弦と偏微分係数との関係（補足）

（i） 偏微分係数と全微分

n 個の変数 $x_1, \cdots, x_n$ の関数 $y = y(x_1, \cdots, x_n)$ において，ある一つの変数 $x_i (i = 1, \cdots, n)$ 以外の変数が一定で変数 x_i のみが $x_i + \delta x_i$ に変化したときに y が $y(x_1, \cdots, x_i + \delta x_i, \cdots, x_n)$ に変化したとすると，

$$\lim_{\delta x_i \to 0} \frac{y(x_1, \cdots, x_i + \delta x_i, \cdots, x_n) - y(x_1, \cdots, x_i, \cdots, x_n)}{\delta x_i} = \frac{\partial y}{\partial x_i}$$

の左辺が有限な値のとき，これを関数 y の変数 x_i における**偏微分（partial derivative）**係数といい，$\partial y/\partial x_i$ と表す．$x_1, \cdots, x_i, \cdots, x_n$ のすべての変数が $\Delta x_1, \cdots, \Delta x_i, \cdots, \Delta x_n$ の微小変化したときの y の変化量 Δy は

$$\Delta y = \frac{\partial y}{\partial x_1}\Delta x_1 + \cdots + \frac{\partial y}{\partial x_i}\Delta x_i + \cdots + \frac{\partial y}{\partial x_n}\Delta x_n + R$$

と表せる．ここで，R は微小量 $\Delta x_1, \cdots, \Delta x_i, \cdots, \Delta x_n$ についての 2 次以上を含む量で，$\Delta x_1, \cdots, \Delta x_i, \cdots, \Delta x_n$ の 1 次の量に比べ微小量である．いま $\Delta x_1, \cdots, \Delta x_i, \cdots, \Delta x_n$ が非常に小さく R が無視できるとき，$\Delta x_1, \cdots, \Delta x_i, \cdots, \Delta x_n, \Delta y$ の代わりに $dx_1, \cdots, dx_i, \cdots, dx_n, dy$ とおき

$$dy = \frac{\partial y}{\partial x_1}dx_1 + \cdots + \frac{\partial y}{\partial x_i}dx_i + \cdots + \frac{\partial y}{\partial x_n}dx_n$$

と表せる．この式の右辺を**全微分（total derivative）**という．たとえば，変数 x, y, z で表される関数 $f = f(x, y, z)$ の全微分は

$$df = \frac{\partial f}{\partial x}dx + \frac{\partial f}{\partial y}dy + \frac{\partial f}{\partial z}dz$$

で表される．変数 x, y, z が時刻 t に依存するとき関数 $f = f(x, y, z)$ の時間変化 df/dt は全微分を用いて

$$\frac{df}{dt} = \frac{\partial f}{\partial x}\frac{dx}{dt} + \frac{\partial f}{\partial y}\frac{dy}{dt} + \frac{\partial f}{\partial z}\frac{dz}{dt}$$

と表せる．また，関数 f に時刻 t が陽に含まれるときの関数 f は，$f = f(x, y, z, t)$ と表すことができる．この関数 f は時刻 t によっても変化し，$f(x, y, z, t)$ の時間変化 df/dt は

$$\frac{df}{dt} = \frac{\partial f}{\partial x}\frac{dx}{dt} + \frac{\partial f}{\partial y}\frac{dy}{dt} + \frac{\partial f}{\partial z}\frac{dz}{dt} + \frac{\partial f}{\partial t}$$

と表せる．

（ii） 極座標系の方向余弦と偏微分係数の関係

2.2.5 項では，デカルト座標系で表した演算子を極座標系に変換した演算子で議論する．そのときに必要な極座標系の方向余弦と偏微分係数の関係を導く．円柱座標系との方向余弦と偏微分係数の関係も同様に議論できるが，ここでは極座標系について議論する．

極座標系の $dr, rd\theta, r\sin\theta d\phi$ とデカルト座標系の dx, dy, dz との関係は式(1.73)，(1.74) より

$$dr = l_1 dx + m_1 dy + n_1 dz$$
$$rd\theta = l_2 dx + m_2 dy + n_2 dz$$
$$r\sin\theta d\phi = l_3 dx + m_3 dy + n_3 dz$$

$$dx = l_1 dr + l_2(rd\theta) + l_3(r\sin\theta d\phi)$$
$$dy = m_1 dr + m_2(rd\theta) + m_3(r\sin\theta d\phi)$$
$$dz = n_1 dr + n_2(rd\theta) + n_3(r\sin\theta d\phi)$$

と表される．r, θ, ϕ は変数 x, y, z に依存する．変数 r, θ, ϕ の変化量 $dr, d\theta, d\phi$ は

$$dr = \frac{\partial r}{\partial x}dx + \frac{\partial r}{\partial y}dy + \frac{\partial r}{\partial z}dz$$

$$d\theta = \frac{\partial \theta}{\partial x}dx + \frac{\partial \theta}{\partial y}dy + \frac{\partial \theta}{\partial z}dz$$

$$d\phi = \frac{\partial \phi}{\partial x}dx + \frac{\partial \phi}{\partial y}dy + \frac{\partial \phi}{\partial z}dz$$

と表せる．また，x, y, z は r, θ, ϕ に依存する．x, y, z の変化量 dx, dy, dz は

$$dx = \frac{\partial x}{\partial r}dr + \frac{\partial x}{\partial \theta}d\theta + \frac{\partial x}{\partial \phi}d\phi$$

$$dy = \frac{\partial y}{\partial r}dr + \frac{\partial y}{\partial \theta}d\theta + \frac{\partial y}{\partial \phi}d\phi$$

$$dz = \frac{\partial z}{\partial r}dr + \frac{\partial z}{\partial \theta}d\theta + \frac{\partial z}{\partial \phi}d\phi$$

で与えられる．以上の結果から，極座標系の方向余弦は，偏微分係数を用いて

$$l_1 = \frac{\partial r}{\partial x} = \frac{\partial x}{\partial r}, \quad m_1 = \frac{\partial r}{\partial y} = \frac{\partial y}{\partial r}, \quad n_1 = \frac{\partial r}{\partial z} = \frac{\partial z}{\partial r},$$

$$l_2 = r\frac{\partial \theta}{\partial x} = \frac{1}{r}\frac{\partial x}{\partial \theta}, \quad m_2 = r\frac{\partial \theta}{\partial y} = \frac{1}{r}\frac{\partial y}{\partial \theta},$$

$$n_2 = r\frac{\partial \theta}{\partial z} = \frac{1}{r}\frac{\partial z}{\partial \theta}$$

$$l_3 = r\sin\theta\frac{\partial \phi}{\partial x} = \frac{1}{r\sin\theta}\frac{\partial x}{\partial \phi},$$

$$m_3 = r\sin\theta\frac{\partial \phi}{\partial y} = \frac{1}{r\sin\theta}\frac{\partial y}{\partial \phi},$$

$$n_3 = r\sin\theta\frac{\partial \phi}{\partial z} = \frac{1}{r\sin\theta}\frac{\partial z}{\partial \phi}$$

と表すことができる．

1.2 節のまとめ

- デカルト座標系は (x, y, z)，円柱座標系は (s, ϕ, z)，極座標系は (r, θ, ϕ) の変数で表され，それぞれの座標系での基本ベクトルは $(\hat{\boldsymbol{x}}, \hat{\boldsymbol{y}}, \hat{\boldsymbol{z}})$，$(\hat{\boldsymbol{s}}, \hat{\boldsymbol{\phi}}, \hat{\boldsymbol{z}})$，$(\hat{\boldsymbol{r}}, \hat{\boldsymbol{\theta}}, \hat{\boldsymbol{\phi}})$ とすると，それぞれの座標系で位置ベクトル $\boldsymbol{r}$ は

$$\left.\begin{aligned}\boldsymbol{r} &= x\hat{\boldsymbol{x}} + \boldsymbol{y}\hat{\boldsymbol{y}} + \boldsymbol{z}\hat{\boldsymbol{z}} \\ \boldsymbol{r} &= s\hat{\boldsymbol{s}} + z\hat{\boldsymbol{z}} \\ \boldsymbol{r} &= r\hat{\boldsymbol{r}}\end{aligned}\right\}$$

- 円柱座標系の $\hat{\boldsymbol{s}}, \hat{\boldsymbol{\phi}}, \hat{\boldsymbol{z}}$ とデカルト座標系の $\hat{\boldsymbol{x}}, \hat{\boldsymbol{y}}, \hat{\boldsymbol{z}}$ との関係および $ds, sd\phi, dz$ と dx, dy, dz との関係は

$$\begin{bmatrix}\hat{\boldsymbol{s}}\\ \hat{\boldsymbol{\phi}}\\ \hat{\boldsymbol{z}}\end{bmatrix} = \begin{bmatrix}\cos\phi & \sin\phi & 0\\ -\sin\phi & \cos\phi & 0\\ 0 & 0 & 1\end{bmatrix}\begin{bmatrix}\hat{\boldsymbol{x}}\\ \hat{\boldsymbol{y}}\\ \hat{\boldsymbol{z}}\end{bmatrix} = \begin{bmatrix}l_1 & m_1 & n_1\\ l_2 & m_2 & n_2\\ l_3 & m_3 & n_3\end{bmatrix}\begin{bmatrix}\hat{\boldsymbol{x}}\\ \hat{\boldsymbol{y}}\\ \hat{\boldsymbol{z}}\end{bmatrix}, \qquad \begin{bmatrix}ds\\ sd\phi\\ dz\end{bmatrix} = \begin{bmatrix}l_1 & m_1 & n_1\\ l_2 & m_2 & n_2\\ l_3 & m_3 & n_3\end{bmatrix}\begin{bmatrix}dx\\ dy\\ dz\end{bmatrix}$$

- 極座標系の $\hat{\boldsymbol{r}}, \hat{\boldsymbol{\theta}}, \hat{\boldsymbol{\phi}}$ とデカルト座標系の $\hat{\boldsymbol{x}}, \hat{\boldsymbol{y}}, \hat{\boldsymbol{z}}$ との関係および $dr, rd\theta, r\sin\theta d\phi$ と dx, dy, dz との関係は

$$\begin{bmatrix}\hat{\boldsymbol{r}}\\ \hat{\boldsymbol{\theta}}\\ \hat{\boldsymbol{\phi}}\end{bmatrix} = \begin{bmatrix}\sin\theta\cos\phi & \sin\theta\sin\phi & \cos\theta\\ \cos\theta\cos\phi & \cos\theta\sin\phi & -\sin\theta\\ -\sin\phi & \cos\phi & 1\end{bmatrix}\begin{bmatrix}\hat{\boldsymbol{x}}\\ \hat{\boldsymbol{y}}\\ \hat{\boldsymbol{z}}\end{bmatrix} = \begin{bmatrix}l_1 & m_1 & n_1\\ l_2 & m_2 & n_2\\ l_3 & m_3 & n_3\end{bmatrix}\begin{bmatrix}\hat{\boldsymbol{x}}\\ \hat{\boldsymbol{y}}\\ \hat{\boldsymbol{z}}\end{bmatrix}, \qquad \begin{bmatrix}dr\\ rd\theta\\ r\sin\theta d\phi\end{bmatrix} = \begin{bmatrix}l_1 & m_1 & n_1\\ l_2 & m_2 & n_2\\ l_3 & m_3 & n_3\end{bmatrix}\begin{bmatrix}dx\\ dy\\ dz\end{bmatrix}$$

- デカルト座標系の成分 x, y, z を円柱座標系は (s, ϕ, z)，極座標系は (r, θ, ϕ) で表すと

$$\begin{aligned}x &= s(\hat{\boldsymbol{s}}\cdot\hat{\boldsymbol{x}}) = s\cos\phi & x &= r(\hat{\boldsymbol{r}}\cdot\hat{\boldsymbol{x}}) = r\sin\theta\cos\phi\\ y &= s(\hat{\boldsymbol{s}}\cdot\hat{\boldsymbol{y}}) = s\sin\phi & y &= r(\hat{\boldsymbol{r}}\cdot\hat{\boldsymbol{y}}) = r\sin\theta\sin\phi\\ z &= z(\hat{\boldsymbol{z}}\cdot\hat{\boldsymbol{z}}) = z & z &= r(\hat{\boldsymbol{r}}\cdot\hat{\boldsymbol{z}}) = \cos\theta\end{aligned}$$

- デカルト座標系，円柱座標系および極座標系の体積素片 $d\tau$

$$\begin{aligned}d\tau &= dxdydz\\ d\tau &= sdsd\phi dz\\ d\tau &= r^2\sin\theta drd\theta d\phi\end{aligned}$$

1.3 微分方程式

物体の運動はニュートンの運動方程式によって定式化される．その運動方程式は微分方程式として表現されるので微分方程式の解法を習得する必要がある．この節では，2 階の微分方程式について説明をする．

1.3.1 指数関数

時刻 t の関数 $y(t)$，$Q(t)$ が次の方程式で与えられているとする．

$$\frac{d^2y}{dt^2} + a\frac{dy}{dt} + by = Q(t) \qquad (1.76)$$

ここで，a, b は既知定数である．$Q(t) = 0$ のときの方程式を**線形微分方程式（linear differential equation）**，$Q(t) \neq 0$ のときの方程式を**非同次線形微分方程式（non-homogeneous linear differential equation）**という．まず，微分方程式の解として y が**指数関数（exponential function）** $y(t) = e^{\gamma t}$ で表されるかを調べる．なぜ，解として指数関数に注目するかを簡単に説明する．γ には実数あるいは虚数の場合がある．図 1.24 は γ が実数で，$\gamma > 0$，$\gamma = 0$，$\gamma < 0$ の場合の $y(t) = e^{\gamma t}$ を示した．時刻 $t = 0$ で $y(0) = 1$ であるが，$\gamma > 0$ のとき $y(t)$ は時間とともに増大，$\gamma = 0$ の

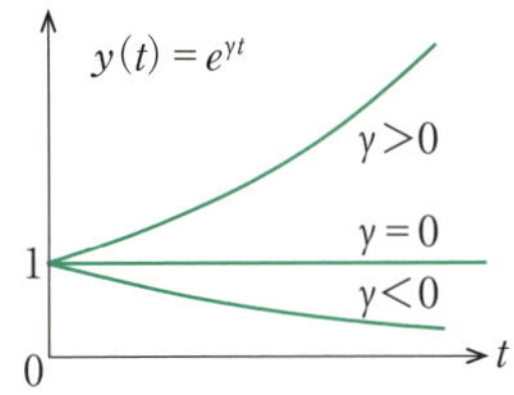

図 1.24 γ が実数の関数 $y(t) = e^{\gamma t}$

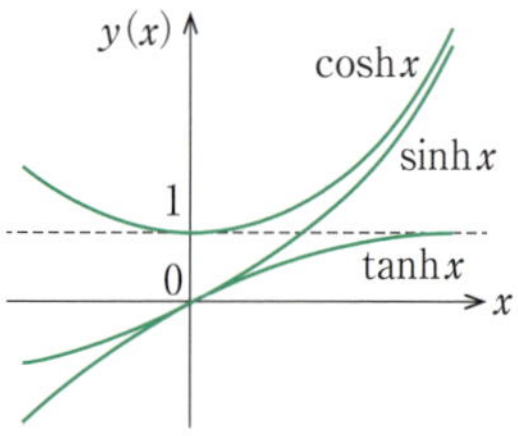

図 1.25　双曲線関数 $y(x)$

とき $y(t)=1$，$\gamma<0$ のとき $y(t)$ は時間とともに減少を示す．$\gamma t \equiv x$ とおき，x が実数であるときの指数関数から次の**双曲線（hyperbola）関数**が表現できる．

$$\cosh x = \frac{e^x + e^{-x}}{2}$$

$$\sinh x = \frac{e^x - e^{-x}}{2}$$

$$\tanh x = \frac{\sinh x}{\cosh x} = \frac{e^x - e^{-x}}{e^x + e^{-x}}$$

これらの双曲線関数を図 1.25 に示す．$\cosh x$ は $\cosh x = \cosh(-x)$ となり，**偶関数（even function）**である．また，$\sinh x = -\sinh(-x), \tanh x = -\tanh(-x)$ であり，$\sinh x, \tanh x$ は**奇関数（odd function）**である．これらの双曲線関数には以下の性質がある．

$$\cosh^2 x - \sinh^2 x = 1$$

$$\cosh(\alpha+\beta) = \cosh\alpha\cosh\beta + \sinh\alpha\sinh\beta$$

$$\sinh(\alpha+\beta) = \sinh\alpha\cosh\beta + \cosh\alpha\sinh\beta$$

$$\tanh(\alpha+\beta) = \frac{\tanh\alpha + \tanh\beta}{1+\tanh\alpha\tanh\beta}$$

$$\frac{d}{dx}(\cosh x) = \sinh x$$

$$\frac{d}{dx}(\sinh x) = \cosh x$$

$$\frac{d}{dx}(\tanh x) = \frac{1}{\cosh^2 x} = 1 - \tanh^2 x$$

一方，γ が虚数のとき，虚数単位 $i(=\sqrt{-1})$ を用いて $\gamma \equiv i\alpha$（α は実数）とおけば，$y(t) = e^{i\alpha t}$ と表せる．この関数 $y(t) = e^{i\alpha t}$ が微分方程式の解であるとき，1.3.2 項 b. で説明するように三角関数 $\sin(\alpha t), \cos(\alpha t)$ も微分方程式の解となる．

指数関数 $y(t) = e^{\gamma t}$ を時刻 t で微分すれば，

$$\frac{dy}{dt} = \gamma e^{\gamma t} = \gamma y, \quad \frac{d^2y}{dt^2} = \gamma^2 e^{\gamma t} = \gamma^2 y$$

となり，微分方程式の解として都合のよい関数である．以上から，微分方程式を解くとき，まず，$y(t) = e^{\gamma t}$ の形の解を探す．

1.3.2　線形微分方程式

次の線形微分方程式

$$\frac{d^2y}{dt^2} + a\frac{dy}{dt} + by = 0 \quad (a, b：実数) \tag{1.77}$$

を満足する解として $y(t) = e^{\gamma t}$（γ：定数）を仮定し，式(1.77)に代入すれば

$$(\gamma^2 + a\gamma + b)e^{\gamma t} = 0$$

である．$e^{\gamma t} \neq 0$ より，この式を満足する解として，γ は

$$\gamma = \frac{-a \pm \sqrt{a^2 - 4b}}{2} \equiv \gamma_1, \gamma_2$$

と得られる．ここで，γ の二つの解を γ_1, γ_2 とおいた．したがって，線形微分方程式の特殊な解が $e^{\gamma_1 t}, e^{\gamma_2 t}$ として得られ，これらの解を**特解（particular solution）**とよぶ．これらの特解の線形結合の関数として，

$$y(t) = Ae^{\gamma_1 t} + Be^{\gamma_2 t} \quad (A, B：未知定数) \tag{1.78}$$

を考える．式(1.78)を式(1.77)に代入すると，

$$A\left\{\frac{d^2}{dt^2}(e^{\gamma_1 t}) + a\frac{d}{dt}(e^{\gamma_1 t}) + b(e^{\gamma_1 t})\right\}$$

$$+B\left\{\frac{d^2}{dt^2}(e^{\gamma_2 t}) + a\frac{d}{dt}(e^{\gamma_2 t}) + b(e^{\gamma_2 t})\right\} = 0$$

を満足する．したがって，特解 $e^{\gamma_1 t}, e^{\gamma_2 t}$ の線形結合で表した式(1.78)を線形微分方程式(1.77)の**一般解（general solution）**という．2 階の微分方程式は 2 個の特解が存在し，一般解には 2 個の未知定数が含まれる．これらの 2 個の未知定数は初期条件等の 2 個の独立な条件から求められる．ここで，解として得られた γ が **a.** 実数，**b.** 虚数，**c.** 重根になる場合がある．そこで，それぞれの場合について考える．

a. γ が実数の場合

微分方程式(1.77)で $a^2 - 4b > 0$ の関係を満足するとき，γ は実数となり二つの実数の解が存在する．その二つの解を γ_1, γ_2 とおくと，特解は $e^{\gamma_1 t}, e^{\gamma_2 t}$ と得られ，一般解は

$$y(t) = Ae^{\gamma_1 t} + Be^{\gamma_2 t} \tag{1.79}$$

で与えられる．ここで，A, B は未知定数である．

例題 1-1

初期条件が $t=0$ で $y(0)=h, (dy/dt)_{t=0}=0$（h：正の定数）のとき，次の微分方程式の解を求める．

$$\frac{d^2y}{dt^2}+3\frac{dy}{dt}+2y=0 \qquad (1.80)$$

微分方程式(1.80)に，$y(t)=e^{\gamma t}$を代入すれば，$(\gamma^2+3\gamma+2)e^{\gamma t}=(\gamma+1)(\gamma+2)e^{\gamma t}=0$である．この式を満足する$\gamma$は$\gamma=-1,-2$と求まる．式(1.80)の特解は$e^{-t}, e^{-2t}$であり，一般解は

$$y(t)=Ae^{-t}+Be^{-2t}$$

と得られる．ここで，A, Bは未知定数である．初期条件が$t=0$で$y(0)=h$. $(dy/dt)_{t=0}=0$であるとき，A, Bは

$$y(0)=A+B=h$$
$$\left.\frac{dy}{dt}\right|_{t=0}=-A-2B=0$$

を満足する．上式から，$A=2h, B=-h$が得られ，解は

$$\therefore \quad y(t)=2he^{-t}-he^{-2t}=he^{-t}(2-e^{-t})$$

である．微分方程式(1.80)の解$y(t)$は図 1.26 に示したように時刻tの経過によってゼロに収束する．

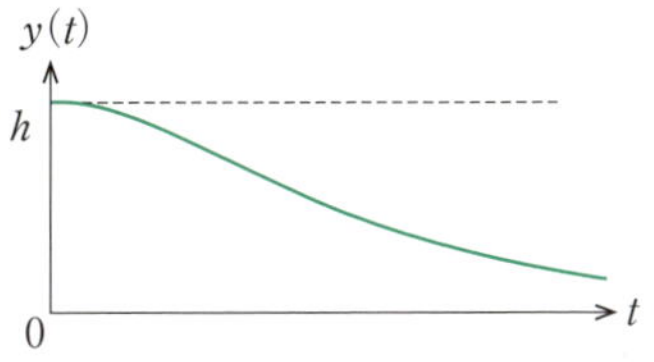

図 1.26　$y(t)=he^{-t}(2-e^{-t})$

b. γが虚根の場合

微分方程式(1.77)で$a^2-4b<0$の関係を満足するγは

$$\gamma=-\frac{a}{2}\pm i\frac{\sqrt{4b-a^2}}{2}=\alpha\pm i\beta \qquad (1.81)$$

が得られ，二つの複素数の解が存在する．ここで，$-a/2\equiv\alpha, \sqrt{4b-a^2}/2\equiv\beta$とおいた．このときの特解は$e^{(\alpha+i\beta)t}, e^{(\alpha-i\beta)t}$となり，一般解は

$$y(t)=Ae^{(\alpha+i\beta)t}+Be^{(\alpha-i\beta)t}$$
$$=e^{\alpha t}(Ae^{i\beta t}+Be^{-i\beta t}) \qquad (1.82)$$

と複素数で与えられる．ここで，A, Bは未知定数である．一方，C, Dを未知定数とした

$$y_1(t)=e^{\alpha t}\{C\sin(\beta t)+D\cos(\beta t)\}$$

の実関数を，微分方程式(1.77)の左辺に代入すると

$$\frac{d^2y_1}{dt^2}+a\frac{dy_1}{dt}+by_1=(\alpha^2-\beta^2+a\alpha+b)y_1$$
$$+(2\alpha+a)\beta e^{\alpha t}\{C\cos(\beta t)-D\sin(\beta t)\}$$

が得られる．$-a/2=\alpha, \sqrt{4b-a^2}/2=\beta$の関係式を用いれば上式はゼロとなり，

$$\frac{d^2y_1}{dt^2}+a\frac{dy_1}{dt}+by_1=0 \qquad (1.83)$$

を満足する．以上の結果から，微分方程式(1.77)の解として，複素数で表した$y(t)=e^{\alpha t}(Ae^{i\beta t}+Be^{-i\beta t})$が得られれば，同時に，実数である三角関数で表した$y_1(t)=e^{\alpha t}\{C\sin(\beta t)+D\cos(\beta t)\}$も解となる．したがって，$\gamma$が複素数となるときの微分方程式(1.77)の一般解は

$$y(t)=e^{\alpha t}\{Ae^{i\beta t}+Be^{-i\beta t}\}$$
$$y_1(t)=e^{\alpha t}\{C\sin(\beta t)+D\cos(\beta t)\}$$
$$y_2(t)=Ee^{\alpha t}\sin(\beta t+\delta) \qquad (1.84)$$

と表すことができる．ここで，それぞれの一般解の係数$A, B; C, D; E, \delta$は未知定数である．式(1.84)で示したすべての関数は周期関数である．

例題 1-2

初期条件が$t=0$で$y(0)=h$. $(dy/dt)_{t=0}=-h$（h：正の定数）のとき，次の微分方程式の解を求める．

$$\frac{d^2y}{dt^2}+2\frac{dy}{dt}+3y=0 \qquad (1.85)$$

微分方程式(1.85)に$y(t)=e^{\gamma t}$を代入すれば，$(\gamma^2+2\gamma+3)e^{\gamma t}=0$より，$\gamma=-1\pm i\sqrt{2}$である．式(1.85)の特解は$e^{(-1\pm i\sqrt{2})t}=e^{-t}e^{\pm i\sqrt{2}t}$である．そのとき，三角関数を用いた一般解は

$$y(t)=Ee^{-t}\sin(\sqrt{2}t+\delta) \quad (E, \delta：未知定数)$$

である．初期条件が$t=0$で$y(0)=h$. $(dy/dt)_{t=0}=-h$であるとき，E, δは

$$y(0)=E\sin\delta=h$$
$$\left.\frac{dy}{dt}\right|_{t=0}=-E\sin\delta+\sqrt{2}E\cos\delta=-h$$

を満足する．上式から，$\delta=\pi/2, E=h$が得られる．よって，微分方程式(1.85)の実数解は

$$y(t)=he^{-t}\sin(\sqrt{2}t+\pi/2)=he^{-t}\cos(\sqrt{2}t)$$

と得られ，容易に図示できる．図 1.27 に示したように，$y(t)$は振動しながら減衰することがわかる．

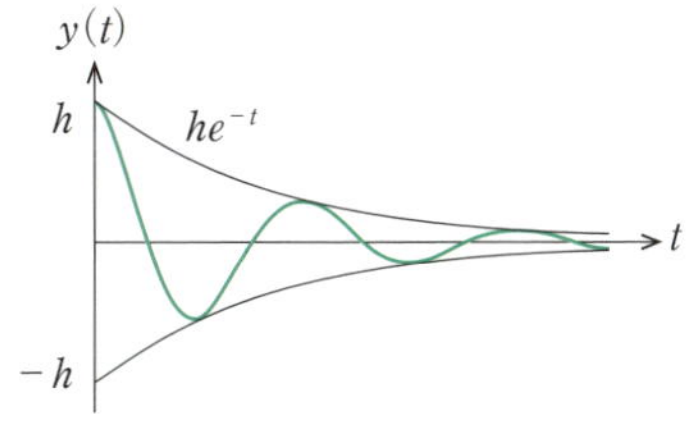

図 1.27　$y(t)=he^{-t}\cos(\sqrt{2}t)$

c. γ が重根の場合

$a^2-4b=0$ の関係を満足する微分方程式(1.77)は

$$\frac{d^2y}{dt^2}+a\frac{dy}{dt}+\frac{a^2}{4}y=0 \quad (a：実数) \qquad (1.86)$$

である．微分方程式(1.86)に $y(t)=e^{\gamma t}$ を代入すれば，$(\gamma+a/2)^2e^{\gamma t}=0$ である．そのときの特解は $y(t)=e^{-(a/2)t}$ の重根である．重根をもつ場合でも，式(1.86)を満足する二つの特解を求める必要がある．そのために，$y(t)=f(t)e^{-(a/2)t}$ の関数を仮定する．ここで，$f(t)$ は $e^{\gamma t}$ の関数でない $t^n(n:0,1,2,\cdots)$ で表せる関数とする．$y(t)=f(t)e^{-(a/2)t}$ を式(1.86)に代入すれば

$$\frac{d^2f(t)}{dt^2}e^{-\frac{a}{2}t}=0$$

の関係式が得られる．$d^2f(t)/dt^2=0$ を満足する $f(t)$ の解として，$f(t)=1, t$ である．したがって，重根をもつ式(1.86)の特解は $e^{-(a/2)t}, te^{-(a/2)t}$ と得られ，微分方程式(1.86)の一般解は

$$y(t)=Ae^{-\frac{a}{2}t}+Bte^{-\frac{a}{2}t}$$

で与えられる．ここで，A, B は未知定数である．

例題 1-3

初期条件が $t=0$ で $y(0)=h.\ (dy/dt)_{t=0}=0$（h：正の定数）のとき，次の微分方程式の解を求める．

$$\frac{d^2y}{dt^2}+2\frac{dy}{dt}+y=0 \qquad (1.87)$$

微分方程式(1.87)に $y(t)=e^{\gamma t}$ を代入すれば，$(\gamma+1)^2e^{\gamma t}=0$ より γ は $\gamma=-1$ の重根である．解 γ が重根であるとき，一つの特解は e^{-t} で，もう一つの特解は te^{-t} である．そのときの一般解は

$$y(t)=Ae^{-t}+Bte^{-t} \quad (A, B：未知定数)$$

である．初期条件が $t=0$ で $y(0)=h.\ (dy/dt)_{t=0}=0$ であるとき，A, B は

$$y(0)=A=h$$
$$\left.\frac{dy}{dt}\right|_{t=0}=-A+B=0$$

を満足する．上式から，$A=h, B=h$ が得られる．よって，微分方程式(1.87)の解は

$$y(t)=he^{-t}+hte^{-t}=he^{-t}(1+t)$$

である．図 1.28 に示したように，$y(t)$ は時刻 t が小さな領域では $y(t)\fallingdotseq h(1-t^2)$ と近似される．時刻 t とともに e^{-t} の項に影響され，さらに時間が十分経過すれば $y(t)$ は e^{-t} の漸近線に近付く．

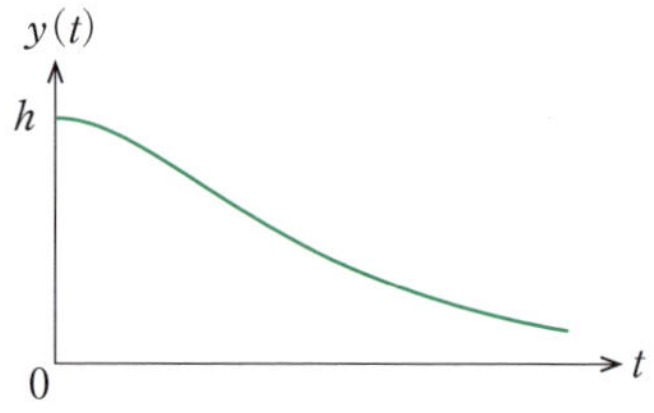

図 1.28　$y(t)=he^{-t}(1+t)$

1.3.3 非同次線形微分方程式

非同次線形微分方程式（$Q(t)\neq 0$）

$$\frac{d^2y}{dt^2}+a\frac{dy}{dt}+by=Q(t) \quad (a, b：実数) \qquad (1.88)$$

を満足する解を Y_0 と仮定し，$y=Y+Y_0$ を式(1.88)に代入すれば

$$\left\{\frac{d^2Y}{dt^2}+a\frac{dY}{dt}+bY\right\}+\left\{\frac{d^2Y_0}{dt^2}+a\frac{dY_0}{dt}+bY_0\right\}=Q(t)$$

と表される．すなわち，非同次線形微分方程式(1.88)を

$$\frac{d^2Y}{dt^2}+a\frac{dY}{dt}+bY=0 \qquad (1.89)$$

$$\frac{d^2Y_0}{dt^2}+a\frac{dY_0}{dt}+bY_0=Q(t) \qquad (1.90)$$

の二つの微分方程式に分離して解を求めることができる．式(1.89)を非同次線形微分方程式(1.88)の**補助微分方程式（subsidiary differential equation）**という．微分方程式(1.90)を満足する解 Y_0 は補助微分方程式(1.89)の解 Y に含まれない関数を選ぶ．$Q(t)$ は既知の関数であるので，式(1.90)の解 Y_0 は未知定数が含まれない解であり，$Q(t)$ の $y(t)$ への寄与として知ることができる．式(1.89)および式(1.90)のそれぞれの解 Y, Y_0 が決まれば，非同次線形微分方程式(1.88)の一般解 $y=Y+Y_0$ を求めることができる．$Q(t)$ が既知関数として

a. $Q(t)=c_0+c_1t+c_2t^2+\cdots+c_nt^n$
b. $Q(t)=ke^{\alpha t}$
c. $Q(t)=h\sin(\alpha t)+k\cos(\alpha t)$

の場合の Y_0 の求め方について説明する．

a. $Q(t)=c_0+c_1t+c_2t^2+\cdots+c_nt^n$ の場合

関数 $Q(t)$ が既知定数 $c_0, c_1, c_2, \cdots, c_n$ の多項式の場合の非同次線形微分方程式は

$$\frac{d^2y}{dt^2}+a\frac{dy}{dt}+by=c_0+c_1t+\cdots+c_nt^n \qquad (1.91)$$

である．$y = Y+Y_0$ とし，

$$\frac{d^2Y}{dt^2}+a\frac{dY}{dt}+bY = 0 \tag{1.92}$$

$$\frac{d^2Y_0}{dt^2}+a\frac{dY_0}{dt}+bY_0 = c_0+c_1t+\cdots+c_nt^n \tag{1.93}$$

と分離する．補助微分方程式(1.92)に $Y = e^{\gamma t}$ を代入して得られた γ が $\gamma = 0$ の解をもつかを調べる必要がある．このとき，

（i）$\gamma \neq 0$，（ii）γ の一つのが $\gamma = 0$，（iii）$\gamma = 0$ の重根の場合について考えなければならない．

（i） $\gamma \neq 0$ であるとき

$Q(t)$ が t^n の n 次までの関数のとき，

$$Y_0 = C+Dt+Et^2+\cdots+Ft^n$$

とおく．ただし，$C, D, E, \cdots, F$ は未知定数である．この Y_0 を式(1.93)に代入して未知定数 $C, D, E, \cdots, F$ を求めることを説明する．

式(1.92)を満足する解が $\gamma \neq 0$ であれば，A, B を未知定数とすれば式(1.92)の一般解は

$$Y(t) = Ae^{\gamma_1 t}+Be^{\gamma_2 t}$$

であり，$1, t, \cdots, t^n$ の項が含まれない．式(1.93)を満足する解として，$Y_0 = C+Dt+Et^2+\cdots+Ft^n$ を仮定して未知定数 $C, D, E, \cdots, F$ を求めても式(1.92)の解 $Y(t)$ の項が含まれない．$Q(t)$ が c_nt^n の 1 つの項だけであっても，必ず $Y_0 = C+Dt+Et^2+\cdots+Ft^n$ を仮定する必要がある．

（ii） γ の一つが $\gamma = 0$ であるとき

この条件は微分方程式(1.91)で $b = 0$ のときに満足する．

$$Y_0 = t(C+Dt+Et^2+\cdots+Ft^n)$$

とおく．この Y_0 を式(1.93)に代入して未知定数 $C, D, E, \cdots, F$ を求めることを説明する．

y の係数 b が $b = 0$ のときの非同次線形微分方程式(1.91)は

$$\frac{d^2y}{dt^2}+a\frac{dy}{dt} = Q(t) \qquad (a：実数)$$

である．そのときの補助微分方程式は

$$\frac{d^2Y}{dt^2}+a\frac{dY}{dt} = 0$$

である．A, B を未知定数とすれば，補助微分方程式の一般解は $Y = A+Be^{-at}$ であり，$b = 0$ の場合の式(1.93)は

$$\frac{d^2Y_0}{dt^2}+a\frac{dY_0}{dt} = c_0+c_1t+c_2t^2+\cdots+c_nt^n$$

である．この微分方程式を満足する解 Y_0 を求めるとき，補助微分方程式の解に定数項が含まれていることおよび $b = 0$ の場合の非線形微分方程式であることを考慮する必要がある．すなわち，Y_0 は定数項を除く $t^{(n+1)}$ の項までを含む解である．そこで，

$$Y_0 = t(C+Dt+Et^2+\cdots+Ft^n)$$

を仮定し，$b = 0$ の場合の微分方程式(1.93)に代入して未知定数 $C, D, E \cdots, F$ を求める．

（iii） $\gamma = 0$ の重根であるとき

この条件は微分方程式(1.91)で $a, b = 0$ のときに満足する．

$$Y_0 = t^2(C+Dt+Et^2+\cdots+Ft^n)$$

とおく．この Y_0 を式(1.93)に代入して未知定数 $C, D, E, \cdots, F$ を求めることを説明する．

dy/dt，y の係数 a, b が $a, b = 0$ のときの非線形微分方程式(1.91)は

$$\frac{d^2y}{dt^2} = Q(t)$$

である．そのときの補助微分方程式は

$$\frac{d^2Y}{dt^2} = 0$$

である．A, B を未知定数とすれば，補助微分方程式の一般解は $Y = A+Bt$ であり，$\mathrm{a} = b = 0$ の場合の式(1.93)は

$$\frac{d^2Y_0}{dt^2} = c_0+c_1t+c_2t^2+\cdots+c_nt^n$$

である．この微分方程式を満足する解 Y_0 を求めるとき，補助微分方程式の解に定数項と t の 1 次の項が含まれていること，および $a, b = 0$ の場合の非線形微分方程式であることを考慮する必要がある．すなわち，Y_0 は定数項と t の 1 次の項を除く $t^{(n+2)}$ の項までを含む解である．そこで，

$$Y_0 = t^2(C+Dt+Et^2+\cdots+Ft^n)$$

を仮定し，$\mathrm{a} = b = 0$ の微分方程式(1.94)に代入して未知定数 $C, D, E, \cdots, F$ を求める．

b. $Q(t) = ke^{\alpha t}$ の場合

関数 $Q(t)$ が実数の既知定数 k, α の指数関数の場合の非同次線形微分方程式は

$$\frac{d^2y}{dt^2}+a\frac{dy}{dt}+by = ke^{\alpha t} \tag{1.94}$$

である．$y = Y_0 + Y$ とし，

$$\frac{d^2Y}{dt^2} + a\frac{dY}{dt} + bY = 0 \tag{1.95}$$

$$\frac{d^2Y_0}{dt^2} + a\frac{dY_0}{dt} + bY_0 = ke^{\alpha t} \tag{1.96}$$

と分離する．補助微分方程式(1.95)に $Y = e^{\gamma t}$ を代入し，得られた γ が $\gamma = \alpha$ の解をもつかを調べる必要がある．このとき，

（i）$\gamma \neq \alpha$，（ii）γ の一つが $\alpha = 0$，（iii）$\gamma = \alpha$ の重根の場合について考えなければならない．

（i）$\gamma \neq \alpha$ であるとき

$Q(t)$ が $ke^{\alpha t}$ で $\gamma \neq \alpha$ のとき，

$$Y_0 = Ce^{\alpha t}$$

とおく．ただし，係数 C は未知定数である．この Y_0 を式(1.96)に代入して未知定数 C を求めることを説明する．

補助微分方程式(1.95)を満足する解が $\gamma \neq \alpha$ であれば，A, B を未知定数とすれば式(1.95)の一般解は

$$Y(t) = Ae^{\gamma_1 t} + Be^{\gamma_2 t}$$

であり，$e^{\alpha t}$ の項が含まれていない．微分方程式(1.96)を満足する解として，$Y_0 = Ce^{\alpha t}$ を仮定して未知定数 C を求めても式(1.95)の解に含まれない．

（ii）γ の一つが $\gamma = \alpha$ であるとき

$Q(t) = ke^{\alpha t}$ で $\gamma = \alpha$ の解が一つあるとき，

$$Y_0 = Cte^{\alpha t}$$

とおく．この Y_0 を式(1.96)に代入して未知定数 C を求めることを説明する．

補助微分方程式(1.95)を満足する解 γ の一つが α であるとき，γ は $\gamma_1 \neq \alpha, \gamma_2 = \alpha$ であり，特解は $e^{\gamma_1 t}, e^{\alpha t}$ である．A, B を未知定数とすれば，補助微分方程式(1.95)の一般解は $Y(t) = Ae^{\gamma_1 t} + Be^{\alpha t}$ である．このときの γ_1, α と非線形微分方程式(1.94)の係数 a, b とには

$$a = -(\gamma_1 + \alpha), \quad b = \alpha\gamma_1$$

の関係があり，微分方程式(1.96)は

$$\frac{d^2Y_0}{dt^2} - (\gamma_1 + \alpha)\frac{dY_0}{dt} + \alpha\gamma_1 Y_0 = ke^{\alpha t}$$

である．この微分方程式を満足する解 Y_0 を求めるとき，補助微分方程式の解に $e^{\alpha t}$ の項が含まれていることを考慮する必要がある．すなわち，$Y_0 = f(t)e^{\alpha t}$ を仮定する．ただし，$f(t)$ は $t^n\ (n: 1, 2, \cdots)$ の関数とする．$Y_0 = f(t)e^{\alpha t}$ を上記の微分方程式に代入すれば，

$$\frac{d^2f(t)}{dt^2} + (\alpha - \gamma_1)\frac{df(t)}{dt} = k$$

が得られる．この式を満足する解として，$f(t) = Ct$（C：定数）の関数となる．したがって，式(1.96)を満足する Y_0 として，$Y_0 = Cte^{\alpha t}$ を仮定して未知定数 C を決める．

（iii）$\gamma = \alpha$ の重根であるとき

$Q(t) = ke^{\alpha t}$ で $\gamma = \alpha$ の重根があるとき，

$$Y_0 = Ct^2e^{\alpha t}$$

とおく．ただし，係数 C は未知定数である．この Y_0 を式(1.96)に代入して未知定数 C を求めることを説明する．

補助微分方程式(1.95)を満足する解が $\gamma = \alpha$ の重根であれば，特解は $e^{\alpha t}, te^{\alpha t}$ である．A, B を未知定数とすれば，補助微分方程式(1.95)の一般解は $Y = (A + Bt)e^{\alpha t}$

である．このとき，α と非線形微分方程式(1.94)の係数 a, b には

$$a = -2\alpha, \quad b = \alpha^2$$

の関係があり，微分方程式(1.96)は

$$\frac{d^2Y_0}{dt^2} - 2\alpha\frac{dY_0}{dt} + \alpha^2 Y_0 = ke^{\alpha t}$$

である．この微分方程式を満足する解 Y_0 を求めるとき，補助微分方程式の解に $e^{\alpha t}, te^{\alpha t}$ の項が含まれていることを考慮する必要がある．すなわち，$Y_0 = f(t)e^{\alpha t}$ を仮定する．ただし，$f(t)$ は $t^n\ (n: 1, 2, \cdots)$ の関数とする．$Y_0 = f(t)e^{\alpha t}$ を上記の微分方程式に代入すれば，

$$\frac{d^2f(t)}{dt^2} = k$$

が得られる．この式を満足する解として，$f(t) = Ct^2$（C：定数）の関数となる．したがって，式(1.96)を満足する Y_0 として，$Y_0 = Ct^2e^{\alpha t}$ を仮定して未知定数 C を決める．

c. $Q(t) = h\sin(\alpha t) + k\cos(\alpha t)$

関数 $Q(t)$ が実数の既知係数 h, k, α の三角関数の場合の非同次線形微分方程式は

$$\frac{d^2y}{dt^2} + a\frac{dy}{dt} + by = h\sin(\alpha t) + k\cos(\alpha t) \tag{1.97}$$

である．$y = Y_0 + Y$ とし，

$$\frac{d^2Y}{dt^2} + a\frac{dY}{dt} + bY = 0 \tag{1.98}$$

$$\frac{d^2Y_0}{dt^2}+a\frac{dY_0}{dt}+bY_0=h\sin(\alpha t)+k\cos(\alpha t) \tag{1.99}$$

と分離する．補助微分方程式(1.98)に $Y=e^{\gamma t}$ を代入し，得られた γ が $\pm i\alpha$ (α: 実数) の解をもつかを調べる必要がある．このとき，(ⅰ) $\gamma\neq\pm i\alpha$，(ⅱ) $\gamma=\pm i\alpha$
の場合について考えなければならない．

(ⅰ)　$\gamma\neq\pm i\alpha$ のとき

$Q(t)$ が $h\sin(\alpha t)+k\cos(\alpha t)$ で $\gamma\neq\pm i\alpha$ のとき，

$$Y_0(t)=C\sin(\alpha t+\delta)=D\sin(\alpha t)+E\cos(\alpha t)$$

とおく．ただし，係数 $C,\delta(D,E)$ は未知定数である．この Y_0 を式(1.99)に代入して未知定数 $C,\delta(D,E)$ を求めることを説明する．

$\gamma\neq\pm i\alpha$ であり，特解は $e^{\gamma_1 t}, e^{\gamma_2 t}$ である．A,B を未知定数とすれば，補助微分方程式(1.98)の一般解は

$$Y(t)=Ae^{\gamma_1 t}+Be^{\gamma_2 t}$$

であり，$e^{\pm i\alpha t}$ の項，すなわち，$\sin(\alpha t),\cos(\alpha t)$ の項が含まれていない．微分方程式(1.99)を満足する解として $Y_0=C\sin(\alpha t+\delta)=D\sin(\alpha t)+E\cos(\alpha t)$ を仮定しても補助微分方程式(1.95)の解に含まれない．したがって，微分方程式(1.99)を満足する解として，$Y_0=C\sin(\alpha t+\delta)=D\sin(\alpha t)+E\cos(\alpha t)$ を仮定して未知定数 C,δ あるいは未知定数 D,E を求めても式(1.98)の解に含まれない．

(ⅱ)　$\gamma=\pm i\alpha$ のとき

$\gamma=\pm i\alpha$ の条件は微分方程式(1.97)で $a=0, b=\alpha^2$ のときに満足する．

$$Y_0=Ct\sin(\alpha t+\delta)$$

とおく．この Y_0 を式(1.99)に代入して未知定数 C,δ を求めることを説明する．

補助微分方程式(1.98)の解が $\gamma=\pm i\alpha$ であれば，特解は $\sin(\alpha t),\cos(\alpha t)$ である．A,B を未知定数とすれば，式(1.98)の一般解は $Y=A\sin(\alpha t)+B\cos(\alpha t)$ である．微分方程式(1.99)は

$$\frac{d^2Y_0}{dt^2}+\alpha^2Y_0=h\sin(\alpha t)+k\cos(\alpha t)$$

である．この微分方程式を満足する解 Y_0 を求めるとき，補助微分方程式の解の項が含まれていることを考慮する必要がある．すなわち，$Y_0=f(t)\sin(\alpha t+\delta)$ を仮定する．ただし，$f(t)$ は t^n ($n=1,2,\cdots$) の関数とする．$Y_0=f(t)\sin(\alpha t+\delta)$ を上記の微分方程式に代入すれば，

$$\frac{d^2f(t)}{dt^2}\sin(\alpha t+\delta)+2\alpha\frac{df(t)}{dt}\cos(\alpha t+\delta)$$
$$=h\sin(\alpha t)+k\cos(\alpha t)$$

が得られる．この式を満足する解として，$f(t)=Ct$ (C：未知定数) が存在する．したがって，$Y_0=Ct\sin(\alpha t+\delta)$ を $a=0, b=\alpha^2$ の式(1.99)に代入して未知定数 C,δ を決める．

1.3 節のまとめ

2 階の微分方程式　$\dfrac{d^2y}{dt^2}+a\dfrac{dy}{dt}+by=Q(t)$；$\begin{cases}Q(t)=0：\text{線形微分方程式}\\ Q(t)\neq 0：\text{非同次線形微分方程式}\end{cases}$

- **線形微分方程式**

$$\frac{d^2y}{dt^2}+a\frac{dy}{dt}+by=0$$

独立な解として $y=e^{\gamma t}$ を微分方程式に代入して求める．2 階微分方程式には二つの独立な解が必要．

2 個の独立な解が得られないときは，$y=f(t)e^{\gamma t}$ を微分方程式に代入して求める．ここで，$f(t)$ は $e^{\gamma t}$ の関数でない t^n ($n=0,1,2,\cdots$) の関数とする．

- **非同次線形微分方程式**

$$\frac{d^2y}{dt^2}+a\frac{dy}{dt}+by=Q(t)\neq 0\ \ (\text{ⅰ}),\quad \frac{d^2Y}{dt^2}+a\frac{dY}{dt}+bY=0\ \ (\text{ⅱ}),\quad \frac{d^2Y_0}{dt^2}+a\frac{dY_0}{dt}+bY_0=Q(t)\ \ (\text{ⅲ})$$

式(ⅱ)：方程式(ⅰ)の補助微分方程式．式(ⅲ)の解 Y_0 は方程式(ⅱ)の解を含まない関数を選ぶ．

式(ⅱ)および式(ⅲ)のそれぞれの解 Y, Y_0 から非同次線形微分方程式(ⅰ)の一般解 $y=Y_0+Y$ が求まる．

2. 質点の運動

ニュートンの運動の三法則「慣性の法則（運動の第1法則）」，「運動の法則（運動の第2法則）」，「作用・反作用（運動の第3法則）」を土台として力学が展開されている．力学では，物体に働く力によってどのように運動するかを論じる．

2.1 運動の法則

この節では，運動方程式を理解するために，質点に働く力が重力あるいは復元力の1次元運動を扱う．また，質点の速度に依存する抵抗力が働く場合，および質点に復元力と外部から時間に依存する力（強制力）が働く場合も議論する．

2.1.1 ニュートンの運動の三法則

ニュートンの運動の三法則について説明する．

物体は他の物体から十分離れているとき，他の物体に影響されずに静止または等速直線運動をする．このことを**ニュートン（Newton）**の**運動の第1法則（first law of motion）**といい，また，**慣性の法則（law of inertia）**ともいう．ある座標系で表した物体が静止あるいは等速直線運動している物体でも，その座標系が加速度をもっているときには，運動の第1法則が成り立たない．そこで，第1法則が成り立ち，加速度をもたない座標系を**慣性系（inertia system）**という．物体が有限な大きさであっても物体が回転していないとき，その物体を質点（particle）として取り扱うことができる．慣性の法則が成り立つとき質点の加速度はゼロである．言い換えると，“加速度の大きさが小さい”ということは“速度変化が小さく慣性力”が大きいことを意味する．このような慣性の大小を表す量として**慣性質量（inertial mass）**を導入する．慣性質量を m，加速度を $\boldsymbol{a}$ と表すと，慣性質量 m は加速度の大きさ $|\boldsymbol{a}|$ に逆比例し，$m \propto 1/|\boldsymbol{a}| = 1/a$ と表される．図2.1に示したように，二つの質点 $\mathrm{P}_1, \mathrm{P}_2$ が近づき，互いに作用し合って運動しているとする．このとき，二つの質点のそれぞれの加速度 $\boldsymbol{a}_1, \boldsymbol{a}_2$ は互いに反対向きになる．ここで，加速度は向き合っていても，反対向きでもよく，ただ単に互いの加速度の方向が反対であればよい．質点 $\mathrm{P}_1, \mathrm{P}_2$ の慣性質量 m_1, m_2 はそれぞれ $m_1 \propto 1/a_1$，$m_2 \propto 1/a_2$ が成り立つ．質点が運動する間の a_1，a_2 が変化してもその比は変化しないとすると，m_1, m_2 の比 m_1/m_2 は

$$\frac{m_1}{m_2} = \frac{1/a_1}{1/a_2} = \frac{a_2}{a_1} = -\frac{\boldsymbol{a}_2}{\boldsymbol{a}_1} \tag{2.1}$$

の関係が成り立つ．式(2.1)からわかるように，質点の質量の絶対値は定まらない．そこで，ある特定の質点を標準にとり質量比から質点の質量を定義する．任意の時刻で質量 m の質点にある**力（force）** $\boldsymbol{F}$ が作用した結果，加速度 $\boldsymbol{a}$ が生じたとすると，$m\boldsymbol{a} = \boldsymbol{F}$ を得る．この内容が**運動の第2法則（second law of motion）**である．また，$\boldsymbol{a}$ は位置ベクトル $\boldsymbol{r}$ の時間の2階微分であることから

$$m\frac{d^2\boldsymbol{r}}{dt^2} = \boldsymbol{F} \tag{2.2}$$

と表され，式(2.2)を**運動方程式（equation of motion）**という．このとき，力 $\boldsymbol{F}$ は質点に働く複数個の力の合力であってもよい．この運動方程式は慣性系のみで成立する．$\boldsymbol{r}, \boldsymbol{F}$ はベクトル量であり，座標系の各成分に分離して運動方程式を立てることができる．例えば，位置ベクトル $\boldsymbol{r}$ および質点に働く力 $\boldsymbol{F}$ を，デカルト座標系での各成分 (x, y, z)，(F_x, F_y, F_z) と基

図2.1 2質点の加速度 $\boldsymbol{a}_1$，$\boldsymbol{a}_2$

アイザック・ニュートン

英国の数学者，物理学者，天文学者．『自然哲学の数学的諸原理』（プリンキピア）では力学原理，万有引力の法則，惑星の運動などについてのニュートン力学を確立した．（1642-1727）

図 2.2 作用・反作用

本ベクトル $\hat{\boldsymbol{x}}, \hat{\boldsymbol{y}}, \hat{\boldsymbol{z}}$ を用いれば，位置ベクトル $\boldsymbol{r}$，力 $\boldsymbol{F}$ は

$$\boldsymbol{r} = x\hat{\boldsymbol{x}} + y\hat{\boldsymbol{y}} + z\hat{\boldsymbol{z}}$$

$$\boldsymbol{F} = F_x\hat{\boldsymbol{x}} + F_y\hat{\boldsymbol{y}} + F_z\hat{\boldsymbol{z}}$$

で表せる．これらを運動方程式(2.2)に代入すれば，

$$m\frac{d^2x}{dt^2}\hat{\boldsymbol{x}} + m\frac{d^2y}{dt^2}\hat{\boldsymbol{y}} + m\frac{d^2z}{dt^2}\hat{\boldsymbol{z}} = F_x\hat{\boldsymbol{x}} + F_y\hat{\boldsymbol{y}} + F_z\hat{\boldsymbol{z}} \tag{2.3}$$

が得られ，式(2.3)に順次 $\hat{\boldsymbol{x}}, \hat{\boldsymbol{y}}, \hat{\boldsymbol{z}}$ との内積をとれば，運動方程式の各成分が

$$m\frac{d^2x}{dt^2} = F_x, \quad m\frac{d^2y}{dt^2} = F_y, \quad m\frac{d^2z}{dt^2} = F_z$$

と表せる．運動方程式は円柱座標系，極座標系でも各成分に分離して表すことができる．図 2.2 に示したように，二つの質点 1（質量 m_1），質点 2（質量 m_2）がお互いに作用し合っているとき，式(2.1)から

$$m_1\boldsymbol{a}_1 + m_2\boldsymbol{a}_2 = \boldsymbol{0} \tag{2.4}$$

の関係が得られる．そのとき，質点 2 から 1 に作用する力を $\boldsymbol{F}_{21}$，質点 1 から 2 に作用する力を $\boldsymbol{F}_{12}$ とおくと，質点 1，質点 2 の運動方程式はそれぞれ，$m_1\boldsymbol{a}_1 = \boldsymbol{F}_{21}$，$m_2\boldsymbol{a}_2 = \boldsymbol{F}_{12}$ であり，これらの運動方程式を式(2.4)に代入すれば

$$\boldsymbol{F}_{21} + \boldsymbol{F}_{12} = \boldsymbol{0} \tag{2.5}$$

が成り立つ．このように互いに作用し合う力の大きさは等しく，互いに方向が反対である．これを**運動の第 3 法則（third law of motion）**といい，**作用・反作用の法則（law of action and reaction）**ともいう．

例題 2-1

図 2.3 に示したように，ばね定数 k_1 のばね 1 とばね定数 k_2 のばね 2 とが点 P でつながれ，ばね 1 の下端に質量 m のおもりが吊り下げられて静止している．この二つのばねを直列につないだばねのばね定数 k を求める．

ばね 1 の復元力を $\boldsymbol{F}_1$，ばね 2 の復元力を $\boldsymbol{F}_2$ とする．（復元力は 2.1.4 単振動で説明）また，P 点でばね 1 がばね 2 を引っ張る力を $\boldsymbol{F}_1'$ とする．ここで，重力加速度を $\boldsymbol{g}$ とすると，おもりに働く重力は $\boldsymbol{W} = m\boldsymbol{g}$

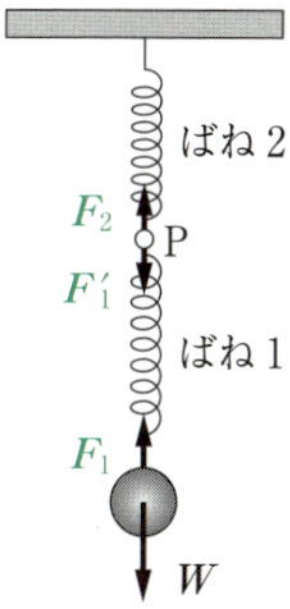

図 2.3 直列のばね定数

である．おもりに働く力は重力 $\boldsymbol{W}$ とばね 1 の復元力 $\boldsymbol{F}_1$ である．おもりが静止しているときのおもりの運動方程式は

$$m\frac{d^2\boldsymbol{r}}{dt^2} = \boldsymbol{W} + \boldsymbol{F}_1 = m\boldsymbol{g} + \boldsymbol{F}_1 = \boldsymbol{0}$$

と与えられる．また，ばねをつないでいる点 P およびばね 1 が静止しているので，作用・反作用より

$$\boldsymbol{F}_2 + \boldsymbol{F}_1' = \boldsymbol{0}$$

$$\boldsymbol{F}_1 + \boldsymbol{F}_1' = \boldsymbol{0}$$

が与えられる．以上の結果から，復元力 $\boldsymbol{F}_1, \boldsymbol{F}_2$ は

$$\boldsymbol{F}_1 = \boldsymbol{F}_2 = -\boldsymbol{W} = -m\boldsymbol{g}$$

である．この式は，ばね 1，ばね 2 の $\boldsymbol{F}_1, \boldsymbol{F}_2$ は共に重力のみで与えられることを意味している．さらに，ばね 1，ばね 2 の自然長からのそれぞれの変位ベクトルを $\Delta\boldsymbol{y}_1, \Delta\boldsymbol{y}_2$ とすると，ばね 1，ばね 2 の $\boldsymbol{F}_1, \boldsymbol{F}_2$ は $\boldsymbol{F}_1 = -k_1(\Delta\boldsymbol{y}_1)$，$\boldsymbol{F}_2 = -k_2(\Delta\boldsymbol{y}_2)$ である．したがって，$\boldsymbol{F}_1 = -k_1(\Delta\boldsymbol{y}_1) = -m\boldsymbol{g}$，$\boldsymbol{F}_2 = -k_2(\Delta\boldsymbol{y}_2) = -m\boldsymbol{g}$ の関係が得られる．変位ベクトルを $\Delta\boldsymbol{y}_1, \Delta\boldsymbol{y}_2$ は，それぞれ $\Delta\boldsymbol{y}_1 = (m/k_1)\boldsymbol{g}$，$\Delta\boldsymbol{y}_2 = (m/k_2)\boldsymbol{g}$ となり，直列な 2 本のばねの変位ベクトル $\Delta\boldsymbol{y}$ は

$$\Delta\boldsymbol{y} = \Delta\boldsymbol{y}_1 + \Delta\boldsymbol{y}_2 = \frac{m}{k_1}\boldsymbol{g} + \frac{m}{k_2}\boldsymbol{g} = \left(\frac{1}{k_1} + \frac{1}{k_2}\right)m\boldsymbol{g}$$

である．一方，直列な 2 本のばねのばね定数を k，変位ベクトルを $\Delta\boldsymbol{y}$ とすると，質量 m の重力が働くときの復元力は $\boldsymbol{F} = -k(\Delta\boldsymbol{y}) = -\boldsymbol{W} = -m\boldsymbol{g}$ で与えられる．変位ベクトル $\Delta\boldsymbol{y}$ は

$$\Delta\boldsymbol{y} = \frac{1}{k}m\boldsymbol{g}$$

である．以上の結果から，2 本の直列のばね定数 k は

$$k = \frac{k_1k_2}{k_1 + k_2}$$

と与えられる．

慣性質量と重力質量（捕足）

慣性質量 m は慣性の大小を表す量として導入され，ニュートンの運動の法則として求めることができる．一方，重力 $\boldsymbol{W}$ はニュートンの万有引力により，重力が質量に比例することによって得られ，この質量を**重力質量（gravitational mass）**といい，慣性質量とはまったく別な定義である．しかし，実験結果から，10^{-10} 程度の精度で等価であるとされている．

2.1.2　運動量，力積

運動量の変化量は力積と等しく，質点に力が働かないときは運動量保存則が成り立つことを説明する．

質点の運動方程式(2.2)は質量 m，加速度 $\boldsymbol{a}(=d^2\boldsymbol{r}/dt^2)$ および質点に働く力 $\boldsymbol{F}$ を用いて表された．また，質点が速度 $\boldsymbol{v}=d\boldsymbol{r}/dt$ で運動するときの運動方程式(2.2)は

$$m\frac{d^2\boldsymbol{r}}{dt^2}=\frac{d}{dt}\left(m\frac{d\boldsymbol{r}}{dt}\right)=\frac{d}{dt}(m\boldsymbol{v})=\boldsymbol{F} \tag{2.6}$$

とも表せる．式(2.6)は質点に力 $\boldsymbol{F}$ が働くことによって，微小時間 dt の間に $m\boldsymbol{v}$ が $d(m\boldsymbol{v})$ だけ変化することを意味している．質点に作用する力 $\boldsymbol{F}$ を時間 t の関数 $\boldsymbol{F}(t)$ とし，質点の運動方程式(2.6)を時刻 $t=t_0$ から $t=t'$ の時間で積分すれば，

$$\int_{t_0}^{t'}\left\{\frac{d}{dt}(m\boldsymbol{v})\right\}dt=\Big[m\boldsymbol{v}(t)\Big]_{t_0}^{t'}=\int_{t_0}^{t'}\boldsymbol{F}(t)\,dt\equiv\overline{\boldsymbol{F}} \tag{2.7}$$

が得られる．式(2.7)の右辺は質点に力 $\boldsymbol{F}(t)$ を $t=t_0$ から $t=t'$ の間に与えた力の時間積分であり，この右辺を**力積（impulse）**とよび $\overline{\boldsymbol{F}}$ で表す．左辺は力積によって運動状態が変化し，$m\boldsymbol{v}$ という運動状態を表す物理量の変化として表現される．この $m\boldsymbol{v}=m(d\boldsymbol{r}/dt)$ を**運動量（momentum）**とよび $\boldsymbol{p}$ で表す．$t=t_0$ から $t=t'$ までの運動量変化 $\Delta\boldsymbol{p}$ は，式(2.7)から

$$\Delta\boldsymbol{p}=\boldsymbol{p}(t')-\boldsymbol{p}(t_0)=\int_{t_0}^{t'}\boldsymbol{F}(t)\,dt=\overline{\boldsymbol{F}} \tag{2.8}$$

と与えられる．この式は，$t=t_0$ から $t=t'$ までに質点に働く力 $\boldsymbol{F}(t)$ の総和，すなわち力積 $\overline{\boldsymbol{F}}$ がゼロのとき運動量 $\boldsymbol{p}$ は一定で保存されることを意味する．このように外部から力が働いていないときに運動量が保存されることを，**運動量保存の法則（law of conservation of momentum）**という．また，時間間隔 $\Delta t=t'-t_0$ が非常に短く $\boldsymbol{F}(t)$ が大きいとき，$\overline{\boldsymbol{F}}$ を**撃力（impulsive force）**という．力積の場合には質点に力が働いている間に質点が変位してもよい．しかし，質点の位置が変化できないような非常に短い時間に大きな力が働いている場合の力の積分を撃力という．

2.1.3　落下運動

質点に働く力が重力と質点の速度に依存する抵抗力が働く場合の運動を説明する．

a．重力のみが働く場合

質点（質量 m）に重力 $\boldsymbol{W}=m\boldsymbol{g}$ のみの力が働く場合の落下運動はよく知られた問題であるが，非常に基礎的で微分方程式を用いた運動方程式を理解しやすい．質点の運動方程式は

$$m\frac{d^2\boldsymbol{r}}{dt^2}=\boldsymbol{F}=\boldsymbol{W}=m\boldsymbol{g} \tag{2.9}$$

である．図 2.4 に示したように，鉛直上向きに y 軸の正方向をとれば（基本ベクトル $\hat{\boldsymbol{y}}$ を鉛直上向き），位置ベクトルは $\boldsymbol{r}=y\hat{\boldsymbol{y}}$，重力加速度は $\boldsymbol{g}=-g\hat{\boldsymbol{y}}$ と表される．これらの関係を運動方程式(2.9)に代入すれば，次の微分方程式が得られる．

$$\frac{d^2y}{dt^2}=-g \tag{2.10}$$

この式は非同次線形微分方程式である（1.3.3 項参照）．式(2.10)は

$$\frac{d^2Y}{dt^2}=0 \tag{2.11}$$

$$\frac{d^2Y_0}{dt^2}=-g \tag{2.12}$$

と分離できる．式(2.11)は非同次線形微分方程式(2.10)の補助微分方程式で，外部から力が働いていない場合の運動を記述している．Y の一般解は無重力の場合の解を与える．式(2.12)は外部から重力が働いている場合の運動を記述し，解 Y_0 に Y の一般解の項を含めなければ，Y_0 は重力加速度による寄与を示す．そのとき，式(2.10)の一般解は $y=Y+Y_0$ である．

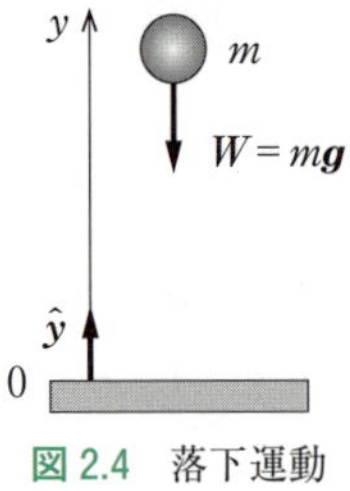

図 2.4　落下運動

補助微分方程式(2.11)に $Y=e^{\gamma t}$ を代入すれば $\gamma^2 e^{\gamma t}=0$ となり，$\gamma=0$（重根）が得られる．このときの特解として $Y=f(t)e^{0t}=f(t)$ を選ぶと，$d^2f/dt^2=0$ となる．この補助微分方程式を満足する $f(t)$ は t^n（$n=1,2,\cdots$）の形で表され，特解は 1，t である．したがって，式(2.11)の一般解は

$$Y=A+Bt \quad (A,\ B：未知定数)$$

である．Y は $\gamma=0$ の重根であるので，微分方程式(2.12)の解 Y_0 を $Y_0=Ct^2$（C：未知定数）とおき，式(2.12)に代入すれば，$C=-g/2$ となり，解 Y_0 は

$$Y_0=-\frac{g}{2}t^2$$

と得られる．この解 Y_0 は重力によって鉛直下向きに時刻 t の 2 乗に比例した変位をもつことを意味する．A，B を未知定数とすると，微分方程式(2.10)の一般解は

$$y(t)=Y+Y_0=A+Bt-\frac{1}{2}gt^2$$

である．また，質点の速度 $\boldsymbol{v}$ の垂直上向き成分 $v_y(t)$ は

$$v_y(t)=\frac{dy(t)}{dt}=B-gt$$

である．得られた一般解 $y(t)$ の二つの定数 A，B を求めるために，質点を高さ y_0 の位置から鉛直下向きに速さ v_0 で投げたとする初期条件を仮定する．この初期条件から，定数 A，B は

$$y(0)=A=y_0$$
$$v_y(0)=B=-v_0$$

を満足し，自由落下運動で馴染みのある

$$y(t)=y_0-v_0t-\frac{1}{2}gt^2$$

の解が得られる．図 2.5 で示した点線は質点に外力が働いていないときの慣性の法則に従う直線運動の解を示す．また，重力が働くことによる y への寄与 Y_0 は $Y_0=-(g/2)t^2$ である．その結果として，高さ $y(t)$ の時間依存性は実線となる．

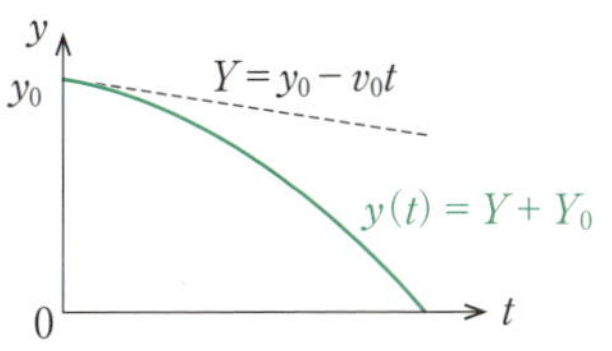

図 2.5 高さ $y(t)$ の時間依存性

b. 抵抗の速度依存性

質点が空気，水中あるいは油のように粘性がある媒質中で運動するとき，媒質から受ける抵抗力のために質点の速度は減速する．媒質から受ける抵抗力 $\boldsymbol{R}$ は当然媒質の種類に大きく依存する．また，質点が運動しているときの速さにも影響を受ける．物体が受ける抵抗力の大きさ $|\boldsymbol{R}|$ の速さ v 依存性は複雑である．一般に，$|\boldsymbol{R}|$ は，v が小さい領域では速さ v に比例し，v が大きい領域では線形からずれて大きく増大することが実験から知られている．$|\boldsymbol{R}|$ の v 依存性の定性的振る舞いを図 2.6 に示した．媒質中で運動する質点の受ける抵抗力の大きさ $|\boldsymbol{R}|$ の速さ v 依存性は

$$|\boldsymbol{R}|=\eta v+\beta v^2 \tag{2.13}$$

と表される．ここで，η，β を正の定数とする．質点が運動しているときの抵抗力の大きさ $|\boldsymbol{R}|$ は式(2.13)で与えられるが，v と v^2 が含まれているために，取り扱いが複雑になる．そこで，

（i） 速さ v が小さいとき

（ii） 速さ v が大きな領域も含むとき

の二つの場合に分けて議論する．

（i） 速さ v が小さいとき

時刻 t から $t+\Delta t$ に時間が経過したとき，質点の速度 $\boldsymbol{v}$ は $\Delta t\to 0$ での（$\Delta\boldsymbol{r}/\Delta t$）で与えられる．すなわち，$\boldsymbol{v}$ の方向は質点の変位 $\Delta\boldsymbol{r}$ と同じである．抵抗力 $\boldsymbol{R}$ は質点の変位を妨げる方向で，$\boldsymbol{v}$ と反対方向である．したがって，比例定数 η を正とすれば，質点が小さな速度 $\boldsymbol{v}$ で運動しているときの質点が受ける抵抗力 $\boldsymbol{R}$ は

$$\boldsymbol{R}=-\eta\boldsymbol{v} \tag{2.14}$$

と表すことができる．

（ii） 速さ v が大きい状態も含むとき

質点が大きな速さ v を含む場合でも小さな速さの領域も存在する可能性もあるが，抵抗力 $\boldsymbol{R}$ への寄与は速さが大きいほど v^2 の効果に影響される．そこで，速さ v に大きい領域が含まれているとき，すべての速

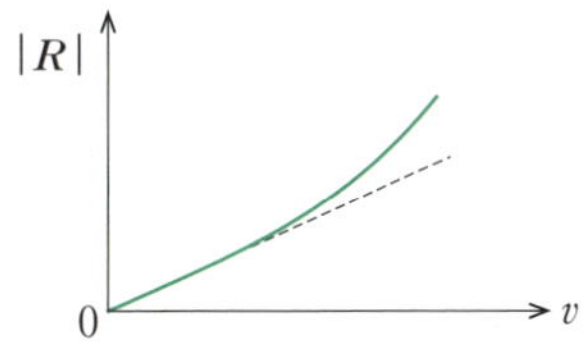

図 2.6 抵抗力の大きさ $|\boldsymbol{R}|$ の v 依存性

さの領域において $|\boldsymbol{R}|$ は v^2 の項だけで記述できると近似する．$\boldsymbol{R}$ は運動を妨げる方向に働くので，運動を妨げる方向の単位ベクトルを導入する必要がある．したがって，質点が大きな速さ v を含んでいるとき，質点が受ける抵抗力 $\boldsymbol{R}$ は

$$\boldsymbol{R} = \beta v^2 \hat{\boldsymbol{e}}_R \quad (\beta > 0) \tag{2.15}$$

と表される．ここで，運動を妨げる方向の単位ベクトルを $\hat{\boldsymbol{e}}_R$ とした．

例題 2-2　抵抗力が速度に比例するときの例

質量 m の質点が高さ y_0 の位置から比較的小さな速さ v_0 で鉛直下向きに投げ出された．運動しているときの質点が受ける抵抗力 $\boldsymbol{R}$ は速度 $\boldsymbol{v}$ に比例しているとして質点の運動を議論する．

図 2.7 に示した質点に重力 $\boldsymbol{W}$ と抵抗力 $\boldsymbol{R}$ が働くときの質点の運動方程式は

$$m\frac{d^2\boldsymbol{r}}{dt^2} = \boldsymbol{F} = \boldsymbol{W}+\boldsymbol{R}$$

である．質点に働く力は $\boldsymbol{W} = m\boldsymbol{g}$ と $\boldsymbol{R} = -\eta\boldsymbol{v} = -\eta(d\boldsymbol{r}/dt)$ $(\eta > 0)$ である．鉛直上向きに y 軸の正方向をとれば（基本ベクトル $\hat{\boldsymbol{y}}$ を鉛直上向），位置ベクトル $\boldsymbol{r}$ は $\boldsymbol{r} = y\hat{\boldsymbol{y}}$ とおける．これらの関係を運動方程式に代入すると，微分方程式

$$\frac{d^2y}{dt^2}+\alpha\frac{dy}{dt} = -g \tag{2.16}$$

が得られる．ここで，$\alpha \equiv \eta/m$ とおいた．式(2.16)は

$$\frac{d^2Y}{dt^2}+\alpha\frac{dY}{dt} = 0 \tag{2.17}$$

$$\frac{d^2Y_0}{dt^2}+\alpha\frac{dY_0}{dt} = -g \tag{2.18}$$

と分離できる（1.3.3 項）．式(2.17)は非同次線形微分方程式(2.16)の補助微分方程式である．式(2.17)の一般解 Y は無重力で抵抗力のある場合の解を与える．式(2.18)の解 Y_0 に Y の一般解の項を含めなければ，Y_0 は抵抗力が働く場合の重力による寄与を示す．式(2.16)の一般解は $y = Y+Y_0$ として与えられる．式(2.17)に $Y = e^{\gamma t}$ を代入すれば，$\gamma(\gamma+\alpha)e^{\gamma t} = 0$ より特解は $e^{0t} = 1$，$e^{-\alpha t}$ と得られる．補助微分方程式(2.17)の一般解は

$$Y = A+Be^{-\alpha t} = A+Be^{-\frac{\eta}{m}t}$$

である．この解 Y は時間とともに定数 A に収束し，抵抗力の比例定数 η が大きいほど早く収束する．補助微分方程式に $\gamma = 0$ の解が一つ含まれる．そのときの式(2.18)の解 Y_0 を $Y_0 = Ct$（C：未知定数）と

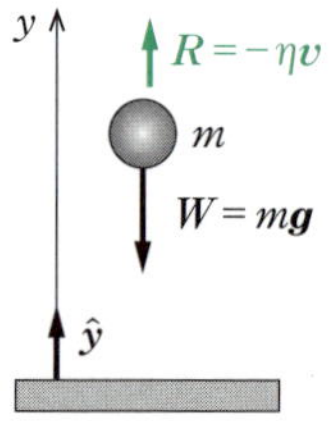

図 2.7　抵抗力が速度に比例するとき

おき，式(2.18)に代入すれば，$C = -g/\alpha$ が得られ，解は

$$Y_0 = -\frac{g}{\alpha}t = -\frac{mg}{\eta}t$$

である．この解 Y_0 は抵抗力があるときに重力によって鉛直下向きに時刻 t に比例した変位を示す．抵抗力の比例定数 η が大きいほど，重力による効果が小さくなる．したがって，微分方程式(2.16)の一般解は

$$y(t) = Y+Y_0 = A+B\mathrm{e}^{-\frac{\eta}{m}t}-\frac{mg}{\eta}t$$

である．また，質点の速度 $\boldsymbol{v}$ の鉛直上向き成分は

$$v_y(t) = \frac{dy(t)}{dt} = -B\frac{\eta}{m}e^{-\frac{\eta}{m}t}-\frac{mg}{\eta}$$

である．質点を高さ y_0 の位置から鉛直下向きに速さ v_0 で投げたとする初期条件を用いれば，一般解 $y(t)$ の二つの定数 A，B は

$$y(0) = A+B = y_0$$

$$v_y(0) = -B\frac{\eta}{m}-\frac{mg}{\eta} = -v_0$$

を満足し，A，B は

$$B = \frac{m}{\eta}\left(v_0-\frac{mg}{\eta}\right),\quad A = y_0-\frac{m}{\eta}\left(v_0-\frac{mg}{\eta}\right)$$

と得られる．A，B は重力の大きさ mg および抵抗力の比例定数 η に影響されることがわかる．速度 $\boldsymbol{v}$ は下向きで速さは $v = |\boldsymbol{v}| = -v_y$ である．質点の高さ $y(t)$ と速さ $v(t)$ は，それぞれ

$$y(t) = y_0-\frac{m}{\eta}\left(v_0-\frac{mg}{\eta}\right)\left(1-e^{-\frac{\eta}{m}t}\right)-\frac{mg}{\eta}t$$

$$v(t) = -v_y(t) = \left(v_0-\frac{mg}{\eta}\right)e^{-\frac{\eta}{m}t}+\frac{mg}{\eta}$$

と得られる．図 2.8 に重力下で抵抗力があり，v_0 の速さで鉛直下向きに質点を投げたときの速さ $v(t)$ の時間依存性を示す．時刻 t が $t\to\infty$ の極限で速度 $\boldsymbol{v}$ が一定値 $-(mg/\eta)\hat{\boldsymbol{y}}$ に近づく．そのときの速度を**終端速度（terminal velocity）**$\boldsymbol{v}_\infty$ という．$\boldsymbol{v}_\infty$ の大きさは $v_\infty = mg/\eta$ となる．

質点に重力 $\boldsymbol{W} = m\boldsymbol{g}$ と抵抗力 $\boldsymbol{R} = -\eta\boldsymbol{v}$ が働くと

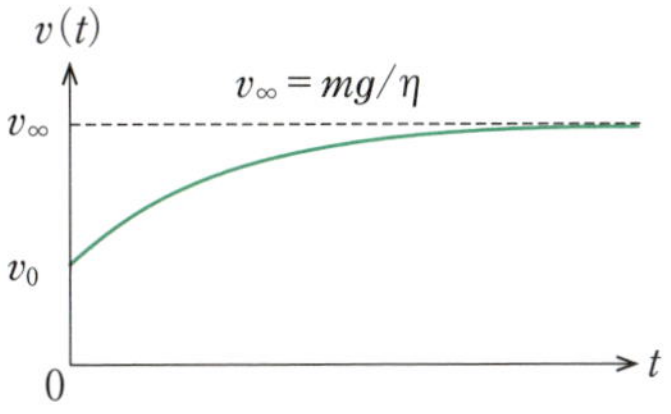

図 2.8 速さ $v(t)$ の時間依存性

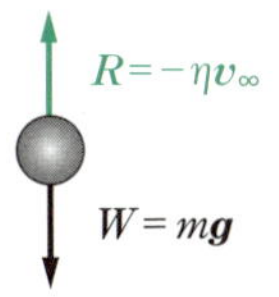

図 2.9 終端速度 $\boldsymbol{v}_\infty$

きの終端速度 $\boldsymbol{v}_\infty$ を運動方程式から考えてみる．質点の運動方程式は

$$m\frac{d^2\boldsymbol{r}}{dt^2} = \boldsymbol{W}+\boldsymbol{R} = m\boldsymbol{g}-\eta\boldsymbol{v}$$

で与えられる．初速度 $\boldsymbol{v}_0$ から重力によって速度は増加していくが，速度 $\boldsymbol{v}$ が増大すると共に抵抗力が増大し，$(m\boldsymbol{g}-\eta\boldsymbol{v})$ が小さくなっていき，ゼロになったときに質点に力が働かなくなり，等速直線運動をする（図 2.9 参照）．そのとき，速度 $\boldsymbol{v}$ は終端速度 $\boldsymbol{v}_\infty$ に達する．したがって，終端速度は $\boldsymbol{v}_\infty = m\boldsymbol{g}/\eta$ である．

終端速度と質点の大きさとの関係（捕足）

いま，密度 ρ，半径 a の球に働く抵抗力 $\boldsymbol{R}$ は速度に比例し，抵抗力の比例定数 η が球の断面積に比例するとする．落下するときの終端速度 $\boldsymbol{v}_\infty$ を考えてみる．質量 $m = \rho(4/3)\pi a^3$，抵抗力 $\boldsymbol{R} = -\eta\boldsymbol{v}$，比例定数 $\eta = \eta_0\pi a^2$ とする．ここで，η_0 は正の比例定数である．速度が終端速度 $\boldsymbol{v}_\infty$であるとき質点に力が働かないので $\boldsymbol{v}_\infty = m\boldsymbol{g}/\eta$ で与えられ，終端速度 $\boldsymbol{v}_\infty$ は

$$\boldsymbol{v}_\infty = \frac{m}{\eta}\boldsymbol{g} = \frac{\rho(4/3)\pi a^3}{\eta_0\pi a^2}\boldsymbol{g} = \left(\frac{4}{3}\frac{\rho}{\eta_0}\boldsymbol{g}\right)a$$

となり，$\boldsymbol{v}_\infty$ は半径 a に比例することがわかる．これは，比例定数 η が半径 a の 2 乗に比例するのに対して，質量は半径 a の 3 乗に比例することに起因する．したがって，同じ密度の球は半径が大きいほど終端速度が大きいことがわかる．これは，大きな雨粒ほど速度が大きいことからも実感できる．

例題 2-3　抵抗力が速さ v の 2 乗に比例する運動

質量 m の質点が高さ $y = 0$ の位置から大きな速さ v_0 で鉛直上向き投げ出された．頂点に達するまでの速さを時間の関数 $v_y(t)$ として表す．また，$y = y_0$ の位置から大きな速さ v_0 で鉛直下向きに投げ出されときの速さを時間の関数として表す．質点が受ける抵抗力 $\boldsymbol{R}$ は速さ v の 2 乗に比例しているとして議論する．

質点に働く力は重力 $\boldsymbol{W} = m\boldsymbol{g}$ と抵抗力 $\boldsymbol{R} = \beta v^2\hat{\boldsymbol{e}}_R$ $(\beta > 0)$ である．ここで，運動を妨げる方向の単位ベクトルを $\hat{\boldsymbol{e}}_R$ とした．鉛直上向きに y 軸の正方向をとれば（基本ベクトル $\hat{\boldsymbol{y}}$ を鉛直上向），質点に働く抵抗力 $\boldsymbol{R}$ は

a. 質点が上向きに運動するとき抵抗力は下向きで，

$$\boldsymbol{R} = \beta v^2\hat{\boldsymbol{e}}_R = -\beta v^2\hat{\boldsymbol{y}}$$

b. 質点が下向きに運動するとき抵抗力は上向きで，

$$\boldsymbol{R} = \beta v^2\hat{\boldsymbol{e}}_R = \beta v^2\hat{\boldsymbol{y}}$$

である．ここで，β は正の定数である．位置ベクトル $\boldsymbol{r} = y\hat{\boldsymbol{y}}$，重力加速度 $\boldsymbol{g} = -g\hat{\boldsymbol{y}}$ と表される．

a. 上向きの運動

質点の運動方程式は

$$m\frac{d^2\boldsymbol{r}}{dt^2} = \boldsymbol{F} = \boldsymbol{W}+\boldsymbol{R}$$

である．図 2.10 に示すように質点が上向きに運動しているとき，質点に働く力は重力 $\boldsymbol{W} = m\boldsymbol{g} = -mg\hat{\boldsymbol{y}}$ と抵抗力 $\boldsymbol{R} = -\beta v^2\hat{\boldsymbol{y}}$ である．質点の速度 $\boldsymbol{v}$ の鉛直上向きの成分を $v_y(t)$ とすれば，$d^2\boldsymbol{r}/dt^2 = (dv_y/dt)\hat{\boldsymbol{y}}$ である．これらの関係を運動方程式に代入すると，$v_y(t)$ に関する微分方程式

$$\frac{dv_y}{dt} = -g-\alpha {v_y}^2 \tag{2.19}$$

が得られる．ここで，$\alpha \equiv \beta/m$ とおいた．微分方程式(2.19)に ${v_y}^2$ の項が含まれるために線形微分方程式になっていない．そこで，v_y を積分の方法で求める．v_y を時刻 t の関数として求めるために，式(2.19)を

$$\frac{dv_y}{\left({v_y}^2+\dfrac{g}{\alpha}\right)} = -\alpha dt \tag{2.20}$$

とする．ここで，$v_y \equiv \sqrt{g/\alpha}\tan\theta$ とおくと，式(2.20)は

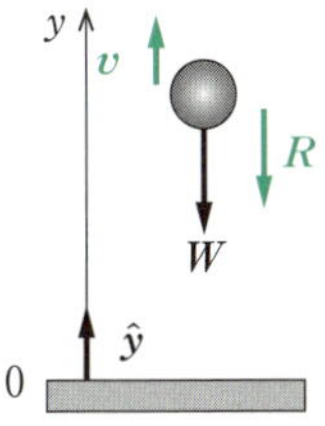

図 2.10 上向きの運動

$$\frac{dv_y}{\left(v_y{}^2+\frac{g}{\alpha}\right)}=\sqrt{\frac{\alpha}{g}}\,d\theta=-\alpha dt \qquad (2.21)$$

と表せる．この式(2.21)を $t=0$ の $\theta(0)=\theta_0$ から $t=t$ の $\theta(t)=\theta$ までの領域で定積分を行うことによって，θ と時刻 t の関係式

$$\theta-\theta_0=-\sqrt{\alpha g}\,t$$

が得られる．この関係式から速度 $\boldsymbol{v}$ の垂直上向き成分 v_y と時刻 t との関係を求めるために，

$$\tan(\theta-\theta_0)=\frac{\tan\theta-\tan\theta_0}{1+\tan\theta\tan\theta_0}=-\tan(\sqrt{\alpha g}\,t)$$

を考える．上式に $v_y(0)=v_0=\sqrt{g/\alpha}\tan\theta_0$ および $v_y(t)=\sqrt{g/\alpha}\tan\theta$ の関係を代入すれば，

$$v_y(t)=\frac{v_0-\sqrt{\frac{g}{\alpha}}\tan(\sqrt{\alpha g}\,t)}{1+\sqrt{\frac{\alpha}{g}}\,v_0\tan(\sqrt{\alpha g}\,t)}$$

$$=\frac{v_0-\sqrt{\frac{mg}{\beta}}\tan\left(\sqrt{\frac{\beta g}{m}}\,t\right)}{1+\sqrt{\frac{\beta}{mg}}\,v_0\tan\left(\sqrt{\frac{\beta g}{m}}\,t\right)} \qquad (2.22)$$

と求まる．v_y の時間依存性を図2.11に示す．抵抗力 $\boldsymbol{R}=-\beta v^2\hat{\boldsymbol{y}}$ が非常に小さく，$\tan(\sqrt{\beta g/m}\,t)\fallingdotseq\sqrt{\beta g/m}\,t$ と近似できるとき，$v_y(t)$ は点線で示した $v_y=v_0-gt$ となる．上向きに質点を投げ上げると，質点に働く重力と抵抗力により速さは実線で示したように大きく減少する．式(2.22)は質点が最高点に達するまでの関係式である．最高点に達する時刻を t_1 とすると，$v_y(t_1)=0$ から

$$v_0=\sqrt{\frac{mg}{\beta}}\tan\left(\sqrt{\frac{\beta g}{m}}\,t_1\right)$$

が得られる．質点を鉛直上向きに投げ出すときの速さ v_0 と最高点に達するまでの時間 t_1 がわかれば，抵抗力の比例定数 β を知ることができる．

b. 下向きの運動

質量 m の質点が $y=y_0$ の位置から大きな速さ v_0 で鉛直下向きに投げ出された場合を考える．質点の運動方程式は

$$m\frac{d^2\boldsymbol{r}}{dt^2}=\boldsymbol{F}=\boldsymbol{W}+\boldsymbol{R}$$

である．図2.12に示すように，位置ベクトル $\boldsymbol{r}=y\hat{\boldsymbol{y}}$，質点に働く重力 $\boldsymbol{W}=m\boldsymbol{g}=-mg\hat{\boldsymbol{y}}$，抵抗力 $\boldsymbol{R}=\beta v^2\hat{\boldsymbol{y}}$ である．質点の速度 $\boldsymbol{v}$ の垂直上向きの成分を $v_y(t)$ とすれば，運動方程式は

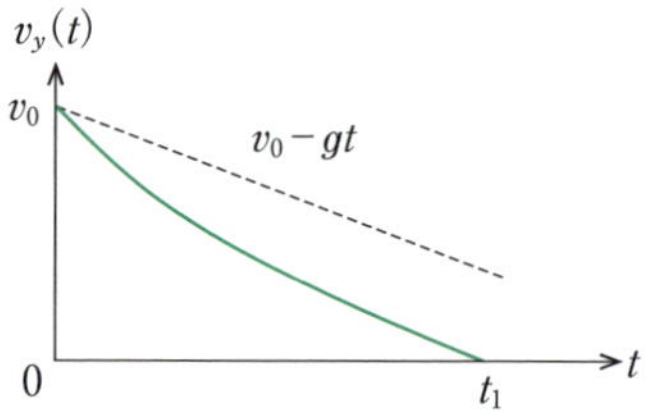

図 2.11　$v_y(t)$ の時間依存性

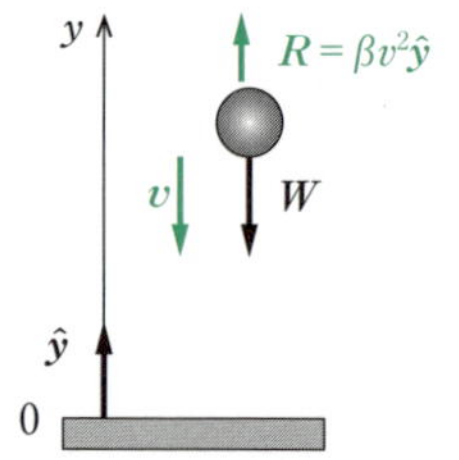

図 2.12　下向きの運動

$$m\frac{dv_y}{dt}=-mg+\beta v_y{}^2 \qquad (2.23)$$

である．質点には下向きの重力が働き，時間とともに速さ $|v_y|$ は増大し，十分に時間が経過すれば質点に働く力はゼロになる．そのときの終端速度 $\boldsymbol{v}_\infty$ の上向きの成分 $v_{y\infty}$ は $-mg+\beta v_{y\infty}{}^2=0$ を満足する．すなわち，$|v_y|$ のとり得る範囲は，$v_0\leq|v_y|\leq\sqrt{mg/\beta}=\sqrt{g/\alpha}$ である．ここで，$\alpha\equiv\beta/m$ とおいた．v_y を時刻 t の関数として求めるために，式(2.23)を

$$\frac{dv_y}{\left(\frac{g}{\alpha}-v_y{}^2\right)}=-\alpha dt \qquad (2.24)$$

と表す．ここで，式(2.24)の左辺の分母において，$v_y{}^2\leq g/\alpha$ の関係を満足する．式(2.24)の積分を行うとき，双曲線関数 $\tanh\theta$ を用いて計算すると便利である（双曲線関数は1.3.1項参照）．$v_y\equiv\sqrt{g/\alpha}\tanh\theta$ とおけば，式(2.24)は

$$\frac{dv_y}{\left(\frac{g}{\alpha}-v_y{}^2\right)}=\sqrt{\frac{\alpha}{g}}\,d\theta=-\alpha dt \qquad (2.25)$$

と表せる．この式(2.25)を $t=0$ の $\theta(0)=\theta_0$ から $t=t$ の $\theta(t)=\theta$ までの領域で定積分を行うことによって

$$(\theta-\theta_0)=-\sqrt{\alpha g}\,t \qquad (2.26)$$

が得られる．この関係式から速度 $\boldsymbol{v}$ の垂直上向き成分 v_y と時刻 t との関係を求めるために，

$$\tanh(\theta-\theta_0)=\frac{\tanh\theta-\tanh\theta_0}{1-\tanh\theta\tanh\theta_0}=-\tanh(\sqrt{\alpha g}\,t)$$

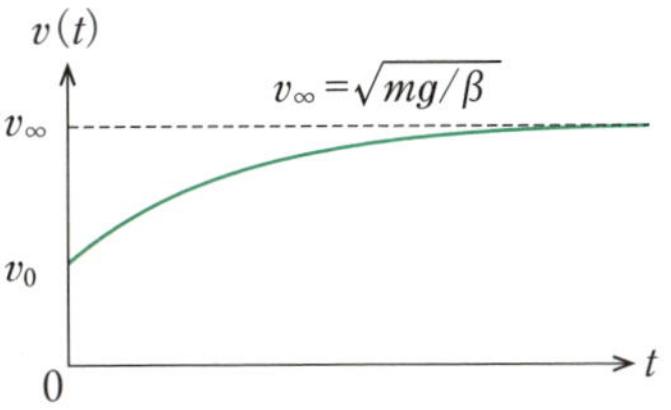

図 2.13　$v(t)$ の時間依存性

を考える．この式に $v_y(0) = -v_0 = \sqrt{g/\alpha}\tanh\theta_0$ および $v_y(t) = \sqrt{g/\alpha}\tanh\theta$ を代入すれば，質点の速度 $\boldsymbol{v}$ の垂直上向きの成分 $v_y(t)$ 求まる．また，$\boldsymbol{v}(t) = v_y(t)\hat{\boldsymbol{y}}$ より速さ $v(t) = |\boldsymbol{v}(t)| = -v_y(t)$ は

$$v(t) = \frac{v_0 + \sqrt{\dfrac{g}{\alpha}}\tanh(\sqrt{\alpha g}\,t)}{1 + \sqrt{\dfrac{\alpha}{g}}\,v_0\tanh(\sqrt{\alpha g}\,t)} \tag{2.27}$$

となる．質点の速さ $v(t)$ の時間依存性を図 2.13 に示す．初速度の大きさ v_0 であった質点の速さ $v(t)$ は大きくなり，時間が十分に経てば $\tanh(\sqrt{\alpha g}\,t)$ は 1 に近づき，その結果として終端速度の大きさ $v_\infty = \sqrt{mg/\beta}$ となる．この結果は，式(2.23)の運動方程式から直接理解できるように，質点に働く力がつり合っているときの終端速度の大きさと一致する．

2.1.4 単振動

ばねの運動のように，質点がある位置を中心に運動するときの単振動について定義する．

質点に働く力の総和がゼロで静止している状態を**平衡（equilibrium）**状態といい，その状態にある質点の位置を平衡位置という．図 2.14 に示したように，平衡位置 $\boldsymbol{r}_0$ にある質点に力を加えて位置 $\boldsymbol{r}$ まで変位させ，力を取り除くと質点は $\boldsymbol{r}_0$ に戻ろうとする**復元力（restoring force）** $\boldsymbol{F}$ が働く．$\boldsymbol{F}$ は変位 $\Delta\boldsymbol{r} = \boldsymbol{r} - \boldsymbol{r}_0$ に比例し，そのときの比例定数を k（$k > 0$）とすると，復元力は $\boldsymbol{F} = -k(\Delta\boldsymbol{r}) = -k(\boldsymbol{r} - \boldsymbol{r}_0)$ で与えられる．復元力が働くときの質点の運動方程式は

$$m\frac{d^2\boldsymbol{r}}{dt^2} = \boldsymbol{F} = -k(\Delta\boldsymbol{r}) = -k(\boldsymbol{r} - \boldsymbol{r}_0)$$

で与えられる．簡単のために，質点は直線上を動き，平衡位置を原点とすると，$\boldsymbol{r} = x\hat{\boldsymbol{x}}$，$\boldsymbol{r}_0 = \boldsymbol{0}$ である（図 2.15）．ここで，x 軸の正方向に基本ベクトル $\hat{\boldsymbol{x}}$ をとる．復元力が働く場合の 1 次元の質点の運動方程式は

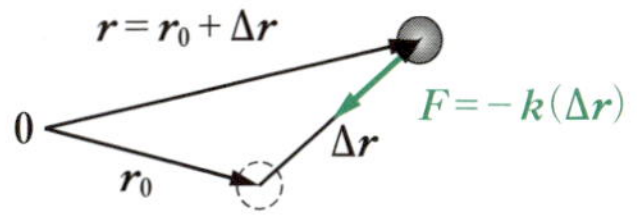

図 2.14　復元力　$\boldsymbol{F} = -k(\Delta\boldsymbol{r})$

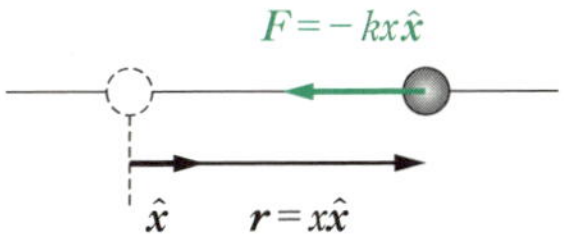

図 2.15　1 次元の復元力

$$m\frac{d^2x}{dt^2} = -kx \tag{2.28}$$

である．式(2.28)の解は平衡点を中心とした**振動（oscillation）**を表す．また，式(2.28)は**フックの法則（Hooke's law）**に従う運動方程式ともいう．運動方程式(2.28)に $x = e^{\gamma t}$ を代入すれば，$(m\gamma^2 + k)e^{\gamma t} = 0$ となる．式(2.28)を満足する特解は $e^{+i\omega t}$，$e^{-i\omega t}$ である．ここで，$\gamma = \pm i\sqrt{k/m} \equiv \pm i\omega$ とおいた．このような特解をもつとき，三角関数も運動方程式の解を満足する（1.3.2 項参照）．したがって，A，δ を未知定数とすると，質点の平衡点からの変位 x の一般式は

$$x = A\sin(\omega t + \delta)$$

と得られる．質点の変位 x は $-A \leq x \leq +A$ の範囲である．この運動を**単振動（simple harmonic motion）**といい，A を**振幅（amplitude）**，$(\omega t + \delta)$ を**位相（phase）**，δ を**初期位相（initial phase）**，ω を**角振動数（angular frequency）**という．時刻 t から時刻 $(t + T)$ になったときに位相が 2π だけ変化し時刻 t での変位に等しくなったとき，T を**周期（period）**という．周期 T と角振動数 ω には $\omega T = 2\pi$ の関係がある．

2.1.5 減衰振動

質点に平衡点 $\boldsymbol{r}_0$ からの変位 $\Delta\boldsymbol{r}$ に比例した復元力以外に速度 $\boldsymbol{v}$ に比例した抵抗力 $\boldsymbol{R}$ も働く場合の運動を考える．この場合，復元力と抵抗力の大きさの大小関係で，質点は振動運動あるいは減衰振動かが決ま

ロバート・フック

英国の自然哲学者．弾性についてのフックの法則を発見．天文観測を行うなど多彩な分野で活躍した．(1635-1703)

る．

復元力と抵抗力が働く場合の質点の運動方程式は

$$m\frac{d^2\boldsymbol{r}}{dt^2} = -k\Delta\boldsymbol{r}+\boldsymbol{R} = -k(\boldsymbol{r}-\boldsymbol{r}_0)-\eta\frac{d\boldsymbol{r}}{dt} \quad (2.29)$$

で与えられる．運動方程式(2.29)の右辺の第1項 $-k(\boldsymbol{r}-\boldsymbol{r}_0)$ は平衡点 $\boldsymbol{r}_0$ に向かって働く復元力，第2項 $-\eta(d\boldsymbol{r}/dt)$ は減衰項といい，速度が小さいときに速度 $\boldsymbol{v}$ に比例する抵抗力である．ここで，復元力の比例定数を k，抵抗力の比例定数を η とおき，k および η は正の定数とする．問題を単純化するために，$\boldsymbol{r} = x\hat{\boldsymbol{x}}$，$\boldsymbol{r}_0 = \boldsymbol{0}$ とおき，図 2.15 に示した1次元振動に抵抗力がある場合を考える．これらの関係を運動方程式(2.29)に代入すれば，

$$\frac{d^2x}{dt^2}+\frac{\eta}{m}\frac{dx}{dt}+{\omega_0}^2x = 0 \quad (2.30)$$

が得られる．ここで，${\omega_0}^2 \equiv k/m$ とおいた．ω_0 は抵抗がない場合の角振動数で，**固有角振動数（characteristic vibrational frequency）**という．微分方程式(2.30)に $x = e^{\gamma t}$ を代入すれば，$\{\gamma^2+(\eta/m)\gamma+{\omega_0}^2\}e^{\gamma t} = 0$ から，

$$\gamma = -\frac{\eta}{2m}\pm\sqrt{\left(\frac{\eta}{2m}\right)^2-{\omega_0}^2}$$

と得られ，γ の解は以下の場合

- **a．** $(\eta/2m)^2 < {\omega_0}^2$：抵抗力が小さく減衰振動
- **b．** $(\eta/2m)^2 > {\omega_0}^2$：抵抗力が大きく非周期の減衰運動
- **c．** $(\eta/2m)^2 = {\omega_0}^2$：重根の場合で，臨界減衰運動

が考えられる．

a. $(\eta/2m)^2 < {\omega_0}^2$ の場合

抵抗力（減衰項）によって周期運動が遅くなり，結果として減衰周期振動をすることを説明する．

$(\eta/2m)^2 < {\omega_0}^2$ のとき，式(2.30)を満足する γ は

$$\gamma = -\frac{\eta}{2m}\pm i\sqrt{{\omega_0}^2-\left(\frac{\eta}{2m}\right)^2} = -b\pm i\omega \quad (2.31)$$

であり，複素数である．ここで，$\eta/2m \equiv b$，$\sqrt{{\omega_0}^2-(\eta/2m)^2} \equiv \omega$ とおいた．そのときの特解は $e^{-bt+i\omega t}$，$e^{-bt-i\omega t}$ であり，C，δ を未知定数とすると，変位 x の一般解は

$$x = Ce^{-bt}\sin(\omega t+\delta) \quad (2.32)$$

と得られる．質点の変位 x は減衰関数 e^{-bt} と角振動数 ω の周期関数の積で与えられる．変位 x の時間依存性を図 2.16 に示した．x の振幅 Ce^{-bt} は点線で示し

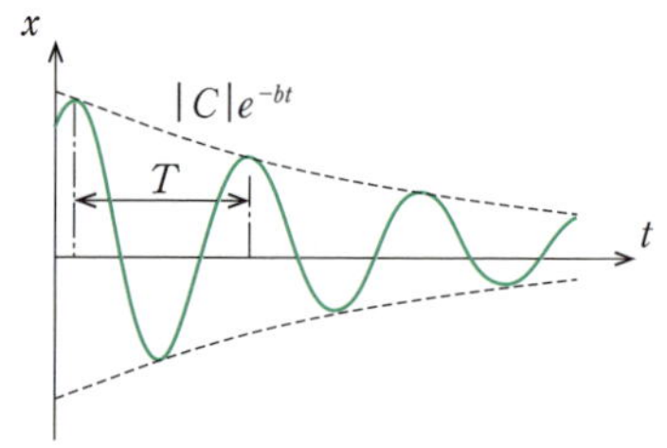

図 2.16　減衰周期運動

た減衰曲線となり，変位 x は減衰しながら周期運動することが示される．この振動を**減衰振動（damped oscillation）**という．このときの角振動数は

$$\omega = \sqrt{{\omega_0}^2-\left(\frac{\eta}{2m}\right)^2} < \omega_0$$

となり，質点に抵抗が働くときの ω は抵抗がないときの固有角振動数 ω_0 より小さくなる．また，質点に抵抗が働くときの周期 T は

$$T = \frac{2\pi}{\omega} = \frac{2\pi}{\sqrt{{\omega_0}^2-\left(\frac{\eta}{2m}\right)^2}} > \frac{2\pi}{\omega_0} = T_0$$

となり，質点に抵抗が働くときの周期 T は抵抗がないときの単振動の周期 $T_0(=2\pi/\omega_0)$ より長くなる．

b. $(\eta/2m)^2 > {\omega_0}^2$ の場合

固有角振動数 ω_0 に比べ大きな抵抗があるとき，質点は振動せずに減衰する非周期運動となることを説明する．

$(\eta/2m)^2 > {\omega_0}^2$ のとき，式(2.30)を満足する γ は

$$\gamma = -\frac{\eta}{2m}\pm\sqrt{\left(\frac{\eta}{2m}\right)^2-{\omega_0}^2}$$

と実数になる．また，$|\eta/2m| > \sqrt{(\eta/2m)^2-{\omega_0}^2}$ を満足するため，γ の二つの解は共に負の実数になり，$\gamma \equiv -b_1$，$-b_2(b_1,\ b_2 > 0)$ とおくと，特解は e^{-b_1t}，e^{-b_2t} で共に減衰関数になる．A，B を未知定数とすると，質点の変位 x の一般解は

$$x = Ae^{-b_1t}+Be^{-b_2t} \quad (2.33)$$

と得られる．仮に，A は正の値（$A = |A|$），B は負の値（$B = -|B|$）であったと仮定した場合の x の時間依存性を図 2.17 に示した．変位 x は点線で示した二つの減衰曲線の和として実線で表され，**非周期運動（aperiodic motion）**という．時刻 t が小さな領域で $x \fallingdotseq A(1-b_1t)+B(1-b_2t) = (A+B)-(Ab_1+Bb_2)t$ と近似され，時間に比例し減少する．

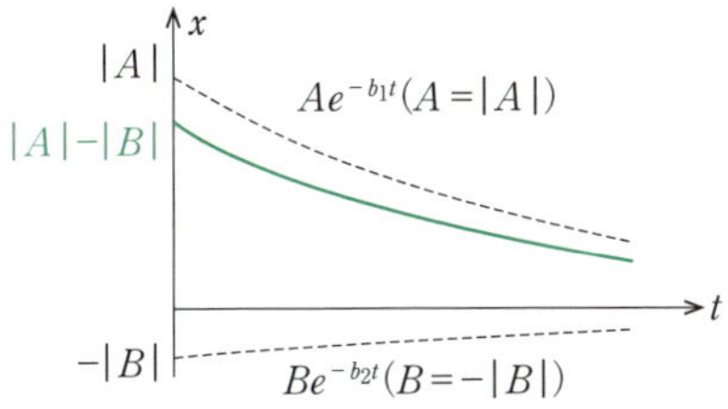

図 2.17 非周期運動

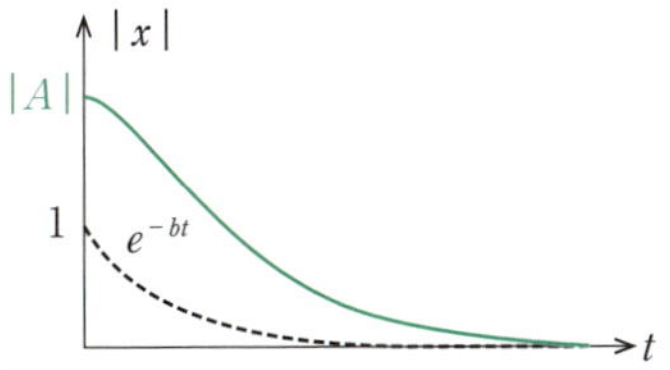

図 2.18 臨界減衰運動

c. $(\eta/2m)^2=\omega_0{}^2$ の場合

γ が重根の場合には質点の運動は臨界減衰運動となることを説明する.

$(\eta/2m)^2=\omega_0{}^2$ のときの式(2.30)を満足する γ は $\gamma=-(\eta/2m)\equiv -b$ $(b>0)$ の重根となり，そのときの特解は e^{-bt}，te^{-bt} である．A，B を未知定数とすると，質点の変位 x の一般解

$$x=(A+Bt)e^{-bt} \tag{2.34}$$

が得られる．変位 x の時間依存性を図 2.18 に示した．時刻 t が小さな領域で $x\fallingdotseq(A+Bt)(1-bt)$ と近似され，x は t の 2 次関数で減少する．式(2.34)の絶対値に自然対数をとり，$t\to\infty$ の極限を考えると，

$$\begin{aligned}\lim_{t\to\infty}\ln|x(t)| &= \lim_{t\to\infty}\ln|(A+Bt)e^{-bt}| \\ &= \lim_{t\to\infty}\ln|A+Bt|-bt \fallingdotseq -bt\end{aligned}$$

と近似できる．ここで，ネイピア数 e とする自然対数 $\log_e x$ を $\ln x$ と表した．$t\to\infty$ の極限では $\lim_{t\to\infty}|x(t)|=e^{-bt}$ となる．$(\eta/2m)^2=\omega_0{}^2$ の場合の質点の変位 x は式(2.34)で表されるが，変位 x の大きさ $|x|$ は $t\to\infty$ の極限では定数 A，B に依存せずに図 2.18 の点線で示した $|x|=e^{-bt}$ に漸近する．$(\eta/2m)^2=\omega_0{}^2$ の場合の質点の運動を**臨界減衰運動（critically danped motion）**という．

2.1.6 減衰がないときの強制振動

単振動する質点に外部から周期関数で表される力（強制力）を印加したときの運動を議論する．まず，運動に抵抗力 $\boldsymbol{R}$ がない場合を考える．外力の角振動数 ω が外力の無い場合の固有角振動数 ω_0 と異なるかあるいは同じかで振動が異なる．

$\omega\neq\omega_0$ のとき，変位は自由振動と有限な振幅をもつ強制振動の和として表すことができ，$\omega=\omega_0$ のときは外力の効果として共振現象が生じることを説明する．

時間に依存する強制力を $\boldsymbol{F}(t)$ とおくと，質点の運動方程式は

$$m\frac{d^2\boldsymbol{r}}{dt^2}=-k(\boldsymbol{r}-\boldsymbol{r}_0)+\boldsymbol{F}(t) \tag{2.35}$$

と与えられる．運動方程式(2.35)の右辺の第 1 項 $-k(\boldsymbol{r}-\boldsymbol{r}_0)$ は平衡点 $\boldsymbol{r}_0$ に向かって働く復元力で，復元力の比例定数 k は正の定数である．第 2 項の $\boldsymbol{F}(t)$ は外力で**強制力**という．問題を単純化するために，$\boldsymbol{r}=x\hat{\boldsymbol{x}}$，$\boldsymbol{r}_0=\boldsymbol{0}$，$\boldsymbol{F}(t)=F(t)\hat{\boldsymbol{x}}$ とおき，1 次元運動の場合を考える．これらの関係を式(2.35)に代入すれば，

$$\frac{d^2x}{dt^2}+\omega_0{}^2x=\frac{F(t)}{m} \tag{2.36}$$

が得られる．ここで，$\omega_0{}^2\equiv k/m$ とおいた（1.3.3 項参照）．ω_0 は強制力 $\boldsymbol{F}$ がない場合の角振動数で固有角振動数を意味する．式(2.36)は非同次線形微分方程式であるので，

$$\frac{d^2X}{dt^2}+\omega_0{}^2X=0 \tag{2.37}$$

$$\frac{d^2X_0}{dt^2}+\omega_0{}^2X_0=\frac{F(t)}{m} \tag{2.38}$$

の二つの微分方程式に分離して解を求めることができる．補助微分方程式(2.37)は外力のないときの微分方程式で，式(2.37)を満足する解 X は固有角振動数 ω_0 の**自由振動（free oscillation）**である．式(2.38)の解 X_0 は強制力による振動を意味する．式(2.37)および式(2.38)のそれぞれの解 X，X_0 が求まれば，非同次線形微分方程式(2.36)の一般解 $x=X+X_0$ を求めることができる．$F(t)=0$ の補助微分方程式(2.37)は，2.1.4 項で説明した自由振動を表す微分方程式である．A，δ を未知定数とすれば，式(2.37)の一般解 X は，

$$X=A\sin(\omega_0t+\delta) \tag{2.39}$$

である．いま，強制力の大きさ $F(t)$ が振幅 F_0，角振動数 ω の周期関数であるとすると，

$$F(t)=F_0\sin(\omega t) \tag{2.40}$$

と表される．強制力の角振動数 ω が自由振動での固有振動数 ω_0 に等しいか等しくないかで微分方程式

(2.38)の解 X_0 が異なる．そのため，

a．$\omega^2 \neq \omega_0{}^2$

b．$\omega^2 = \omega_0{}^2$

の場合について議論しなければならない．

a. $F(t) = F_0 \sin \omega t$ ［$\omega^2 \neq \omega_0{}^2$］の場合

自由振動の固有角振動数 ω_0 と異なる角振動数 ω をもつ強制力が $F(t) = F_0 \sin(\omega t)$ で与えられるとき，強制力による質点の変位 X_0 に関する微分方程式(2.38)は

$$\frac{d^2X_0}{dt^2} + \omega_0{}^2 X_0 = \frac{F_0}{m}\sin(\omega t) \tag{2.41}$$

で与えられる．$\omega^2 \neq \omega_0{}^2$ であるので，式(2.41)の解 X_0 を $X_0 = B \sin \omega t$（B：未知定数）と仮定し，式(2.41)に代入して B を求める．一般には，$X_0 = B\sin(\omega t + \delta)$（$B$，$\delta$：未知定数）とおくが，減衰項（$dX_0/dt$ に比例する項）がなく，$\omega^2 \neq \omega_0{}^2$ であれば，初期位相 δ がゼロである $X_0 = B\sin(\omega t)$ とおいてもよい．したがって，$X_0 = B\sin(\omega t)$ を式(2.41)に代入すれば，B は

$$B = \frac{1}{(\omega_0{}^2 - \omega^2)}\frac{F_0}{m}$$

と求まる．強制力による振動への寄与 X_0 は

$$X_0 = \frac{1}{(\omega_0{}^2 - \omega^2)}\frac{F_0}{m}\sin(\omega t)$$

となる．$\omega^2 \neq \omega_0{}^2$ の角振動数の周期関数をもつ強制力 $F(t) = F_0 \sin \omega t$ で質点に印加したときの質点の変位 $x = X + X_0$ の一般解は

$$x = A\sin(\omega_0 t + \delta) + \frac{1}{(\omega_0{}^2 - \omega^2)}\frac{F_0}{m}\sin(\omega t) \tag{2.42}$$

となる．式(2.42)の右辺の第 1 項は外力のないときの自由振動，第 2 項は外力による**強制振動（forced oscillation）**である．強制振動の振幅は ω の値に大きく依存する．強制振動の角振動数 ω が自由振動の固有振動数 ω_0 に近いとき強制振動の振幅は増大する．

b. $F(t) = F_0 \sin \omega t$ ［$\omega^2 = \omega_0{}^2$］の場合

強制振動の角振動数が自由振動の固有振動数 ω_0 と同じであるとき，強制力による質点の変位 X_0 に関する微分方程式は

$$\frac{d^2X_0}{dt^2} + \omega_0{}^2 X_0 = \frac{F_0}{m}\sin(\omega_0 t) \tag{2.43}$$

で与えられる．$\omega^2 = \omega_0{}^2$ のときの X_0 は時刻 t と三角関数の積で与えられるため，$\delta = 0$ とすることができない．

式(2.43)を満足する解として $X_0 = Bt\sin(\omega_0 t + \delta')$（$B$，$\delta'$：未知定数）を仮定し，式(2.43)に代入すれば

$$2B\omega_0 \cos(\omega_0 t + \delta') = \frac{F_0}{m}\sin(\omega_0 t) = \frac{F_0}{m}\cos\left(\omega_0 t - \frac{\pi}{2}\right)$$

である．未知定数は $B = F_0/(2\omega_0 m)$，$\delta' = -(\pi/2)$ となり，強制力による振動への寄与 X_0 は

$$X_0 = \frac{F_0}{2\omega_0 m}t\sin\left(\omega_0 t - \frac{\pi}{2}\right) = -\frac{F_0}{2\omega_0 m}t\cos(\omega_0 t)$$

と与えられる．得られた X_0 から $\omega^2 = \omega_0{}^2$ の場合の強制振動の振幅は時間 t が含まれる $(F_0/2\omega_0 m)t$ となる．したがって，時間 t とともに振幅は増大していき，**共振（resonance）**現象がみられる．

2.1.7　速度に比例する抵抗が働くときの強制振動

運動を妨げる抵抗力が働かない場合には，固有角振動数 ω_0 と同じ角振動数の強制力を印加すれば，共振現象が起こる．質点に抵抗力 $\boldsymbol{R}$ が働く場合には，強制力の角振動数が ω_0 と同じであっても共振現象が起こらない．抵抗が大きくなるに従って振幅の極大を示す角振動数と振幅が小さくなることを説明する．

質点に復元力と速度に比例する $\boldsymbol{R}$ が働く振動に，周期関数の力（強制力）$\boldsymbol{F}$ を印加させたときの運動を説明する．質点の運動方程式は

$$m\frac{d^2\boldsymbol{r}}{dt^2} = -k(\boldsymbol{r} - \boldsymbol{r}_0) - \eta\frac{d\boldsymbol{r}}{dt} + \boldsymbol{F}(t) \tag{2.44}$$

と与えられる．運動方程式(2.44)の右辺の第 1 項 $-k(\boldsymbol{r} - \boldsymbol{r}_0)$ は平衡点 $\boldsymbol{r}_0$ に向かって働く復元力，第 2 項 $-\eta(d\boldsymbol{r}/dt)$ は速度に比例する抵抗力，第 3 項 $\boldsymbol{F}(t)$ は強制力である．ここで，比例定数 k，η は共に正の定数とする．問題を単純化するために，$\boldsymbol{r} = x\hat{\boldsymbol{x}}$，$r_0 = \boldsymbol{0}$，$\boldsymbol{F}(t) = F(t)\hat{\boldsymbol{x}} = F_0\sin(\omega t)\hat{\boldsymbol{x}}$ とおいて 1 次元運動の場合を考える．これらの関係を式(2.44)に代入すれば，

$$\frac{d^2x}{dt^2} + \frac{\eta}{m}\frac{dx}{dt} + \omega_0{}^2 x = \frac{F_0}{m}\sin(\omega t) \tag{2.45}$$

が得られる．ここで，固有角振動数 ω_0 は $\omega_0{}^2 \equiv k/m$ である（1.3.3 項参照）．微分方程式(2.45)は

$$\frac{d^2X}{dt^2} + \frac{\eta}{m}\frac{dX}{dt} + \omega_0{}^2 X = 0 \tag{2.46}$$

$$\frac{d^2X_0}{dt^2}+\frac{\eta}{m}\frac{dX_0}{dt}+{\omega_0}^2X_0=\frac{F_0}{m}\sin(\omega t) \quad (2.47)$$

の二つの微分方程式に分離して解を求めることができる．式(2.46)に減衰項があるために，解 X は振幅が減衰する周期関数となる（2.1.5 項参照）．そのため，$\omega^2={\omega_0}^2$ であっても式(2.47)の解として $X_0=A\sin(\omega t+\delta)$（$A$，$\delta$：定数）と仮定することができ，式(2.47)に代入すれば，

$$({\omega_0}^2-\omega^2)A\sin(\omega t+\delta)+\frac{\eta}{m}\omega A\cos(\omega t+\delta)$$
$$=\frac{F_0}{m}\sin(\omega t) \quad (2.48)$$

となる．$\sin(\omega t+\delta)=\sin(\omega t)\cos\delta+\cos(\omega t)\sin\delta$ および $\cos(\omega t+\delta)=\cos(\omega t)\cos\delta-\sin(\omega t)\sin\delta$ の関係を式(2.48)に代入し，$\sin(\omega t)$ および $\sin(\omega t)$ の係数同士を比較すれば，

$\sin(\omega t)$ の項：

$$A\left\{({\omega_0}^2-\omega^2)\cos\delta-\frac{\eta}{m}\omega\sin\delta\right\}=\frac{F_0}{m} \quad (2.49)$$

$\cos(\omega t)$ の項：

$$A\left\{({\omega_0}^2-\omega^2)\sin\delta+\frac{\eta}{m}\omega\cos\delta\right\}=0 \quad (2.50)$$

の関係が得られる．振幅 A は式(2.49)および式(2.50)の 2 乗の和，定数 δ は式(2.50)から

$$A(\omega)=\frac{F_0}{m}\frac{1}{\left\{({\omega_0}^2-\omega^2)^2+\left(\frac{\eta}{m}\right)^2\omega^2\right\}^{1/2}} \quad (2.51)$$

$$\tan\delta=-\frac{\eta\omega}{m({\omega_0}^2-\omega^2)}$$

と求まる．その結果，質点に働く力が復元力と速度に比例する抵抗力がある場合の強制力 $F_0\sin(\omega t)$ による変位 X_0 は

$$X_0=\frac{F_0}{m}\frac{1}{\left\{({\omega_0}^2-\omega^2)^2+\left(\frac{\eta}{m}\right)^2\omega^2\right\}^{1/2}}\sin(\omega t+\delta)$$

となる．式(2.51)に示した振幅 A は角振動数 ω に依存する．そこで，振幅 $A(\omega)$ の角振動数 ω の依存性を調べる．ω の関数 $f(\omega)$ を

$$f(\omega)\equiv({\omega_0}^2-\omega^2)^2+\left(\frac{\eta}{m}\right)^2\omega^2$$

とおけば，振幅 $A(\omega)$ は

$$A(\omega)=\frac{F_0}{m}\frac{1}{f(\omega)^{1/2}}$$

と表される．$f(\omega)$ は

$$f(\omega)=({\omega_0}^2-\omega^2)^2+\left(\frac{\eta}{m}\right)^2\omega^2$$
$$=\left[\omega^2-\left\{{\omega_0}^2-\frac{1}{2}\left(\frac{\eta}{m}\right)^2\right\}\right]^2+\left(\frac{\eta}{m}\right)^2\left\{{\omega_0}^2-\frac{1}{4}\left(\frac{\eta}{m}\right)^2\right\}$$

と表すことができ，$f(\omega)$ は変数 ω^2 に対する下に凸の 2 次関数となっている．この $f(\omega)$ を

a．${\omega_0}^2-(\eta/m)^2/2\leq 0$

b．${\omega_0}^2-(\eta/m)^2/2>0$

の場合について考える．

a．${\omega_0}^2-(1/2)(\eta/m)^2\leq 0$ の場合

${\omega_0}^2-(1/2)(\eta/m)^2\leq 0$ に ${\omega_0}^2=k/m$ の関係を考慮すれば $2mk\leq\eta^2$ である．抵抗力が条件 $2mk\leq\eta^2$ を満足する大きいときである．このとき，$f(\omega)$ は $\omega=0$ で最小値をとり，ω の増大と共に単調に増大する．したがって，変位 X_0 の振幅 A は角振動数 ω の増加と共に単調に減少する．振幅 A は $\omega=0$ のときに

$$A(0)=\frac{F_0}{m}\frac{1}{{\omega_0}^2}=\frac{F_0}{k}>0$$

の最大値を示す．また，$2mk=\eta^2$ のときに $\omega=0$ で $A(0)=F_0/k$ の極大値をとる．

b．${\omega_0}^2-(1/2)(\eta/m)^2>0$ の場合

抵抗力が条件 $2mk>\eta^2$ を満足する小さいときである．このとき，$f(\omega)$ は $\omega^2={\omega_0}^2-(1/2)(\eta/m)^2$ で極小値をもつ．したがって，変位 X_0 の振幅 A は角振動数 $\omega=0$ から $\omega^2={\omega_0}^2-(1/2)(\eta/m)^2$ を満たす角振動数まで増大し，$\omega^2={\omega_0}^2-(1/2)(\eta/m)^2$ を満たす角振動数で振幅が最大となる．その後，角振動数増大と共に振幅は減衰する．振幅 A の最大値 $A_{\max}$ は

$$A_{\max}(\omega)=\frac{2mF_0}{\eta(4{\omega_0}^2m^2-\eta^2)^{1/2}}$$

となる．以上をまとめると，

a．$2mk\leq\eta^2$ のとき：$\omega=0$ で振幅は最大値をとり，角振動数が増大するに従って減衰する．

b．$2mk>\eta^2$ のとき：$\omega^2={\omega_0}^2-(1/2)(\eta/m)^2$ で振幅は極大値をとる．

図 2.19 は質点に働く力が復元力（比例定数 k）と速度に比例する抵抗力（比例定数 η）が働く場合の運動に $F_0\sin(\omega t)$ の強制力を印加したときの $A(\omega)$ と ω との関係を示す．横軸の変数を自由振動の固有振動数 ω_0 で規格化した $(\omega/\omega_0)^2$ とした．抵抗力がなければ（$\eta=0$），点線（図 2.19e）で示したように振幅は ω_0 で発散する．抵抗が大きくなるに従って振幅の最大値を示す角振動数は低角振動数側に移動し振幅が小さく

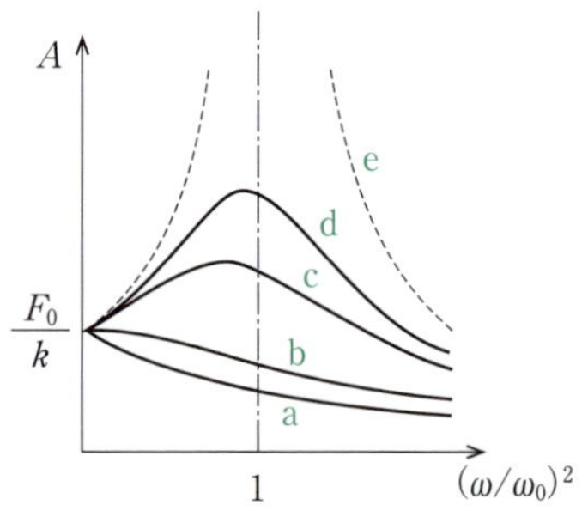

図 2.19　強制力が働く場合の振幅 $A(\omega)$
a ： $2mk < \eta^2$，b ： $2mk = \eta^2$，c，d ： $2mk > \eta^2$，e ： $\eta = 0$.

なる．抵抗力の比例定数 η が $2mk \le \eta^2$ を満たすとき，振幅が最大値を示す角振動数は $\omega = 0$ である．

2.1.8　周期関数でない強制力が働くときの運動

2.1.6 項では，強制力が周期関数の場合を取り扱った．ここでは，微小時間での撃力で得られる速度を初期条件とする振動を考え，強制力を周期運動と限定せずに議論する．強制力を時間に対して分割し，分割したそれぞれの撃力によって生じる変位の**重ね合わせ法**によって，質点の振動が議論できることを説明する．

簡単のために 1 次元振動に外力が働くときを考える．そのときの質点の運動方程式は

$$m\frac{d^2x}{dt^2}+kx = F(t) \qquad (2.52)$$

である．図 2.20 に示したように，静止している質点に時刻 $t = t_{k-1}$ から $t = t_k = t_{k-1}+\Delta\tau$ の微小時間 $\Delta\tau$ に $F(t_k)$ の外力を加える．時刻 $t = t_k$ で $F(t_k)\Delta\tau$ の力積により，質点はその瞬間に運動量

$$mv(t_k)-0 = m\left(\frac{dx}{dt}\right)_{t=t_k} = F(t_k)\Delta\tau \qquad (2.53)$$

を得る．質点の位置が変化できないような非常に短い時間 $\Delta\tau$ に大きな力 $F(t_k)$ が働く撃力の場合には，質点は最初の位置を変化させることなしに速度を得る．したがって，$t = t_k$ での初期条件 $x(t_k) = 0$，$v(t_k) = F(t_k)\Delta\tau/m$ を満足し運動する．$t \ge t_k$ では運動方程式

$$m\frac{d^2x}{dt^2}+kx = 0 \qquad (2.54)$$

に従って運動をする．未知定数を A，δ とすれば，変位 $x(t)$ および速さ $v(t)$ の一般解は

$$x(t) = A\sin(\omega_0 t+\delta)$$

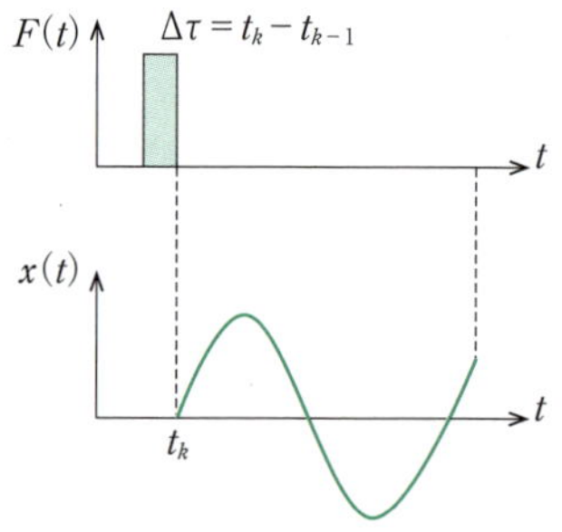

図 2.20　撃力を与えたときの単振動

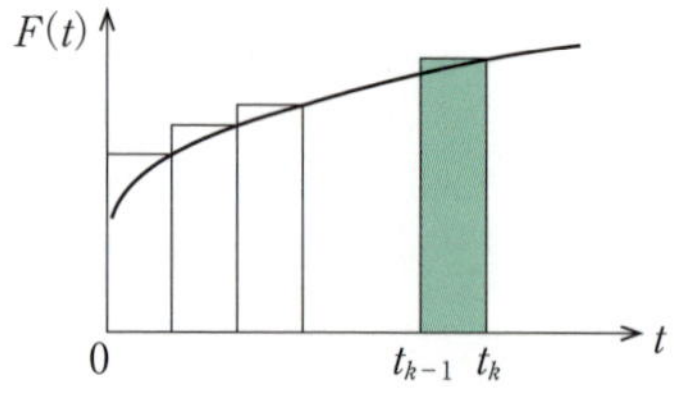

図 2.21　連続な力 $F(t)$ を小区分に分割

$$v(t) = A\omega_0\cos(\omega_0 t+\delta)$$

である．$t = t_k$ での初期条件を用いると定数 A，δ は $A = F(t_k)\Delta\tau/m\omega_0$，$\delta = -\omega_0 t_k$ と得られる．その結果，$t \ge t_k$ での $x(t)$ は

$$x(t) = \frac{F(t_k)\Delta\tau}{m\omega_0}\sin\{\omega_0(t-t_k)\}$$

と得られる．$x(t)$ は図 2.20 で示した単振動を行う．時刻 $t = t_{k-1}$ から $t = t_k$ の間での撃力 $F(t_k)\Delta\tau$ による任意の時刻 $t \ge t_k$ における変位をあらためて $\Delta x^k(t)$ とおく．静止している質点に図 2.21 に示す連続な外力 $F(t)$ が働いているとき，時間 $\Delta\tau = t_k - t_{k-1}$ の小区間に分けて考えると，時刻 t における変位 $x(t)$ は

$$\begin{aligned} x(t) &= \lim_{\Delta\tau\to 0}\sum_{k=0}\Delta x^k(t) \\ &= \lim_{\Delta\tau\to 0}\sum_{k=0}\frac{F(t_k)\Delta\tau}{m\omega_0}\sin\{\omega_0(t-t_k)\} \\ &= \int_{t'=0}^{t}\frac{F(t')}{m\omega_0}\sin\{\omega_0(t-t')\}dt' \end{aligned}$$

と表すことができる．したがって，静止している質点に強制力 $F(t)$ を与えることによって生じる変位は

$$x(t) = \int_{t'=0}^{t'=t}\frac{F(t')}{m\omega_0}\sin\{\omega_0(t-t')\}dt' \qquad (2.55)$$

と与えられる．

例題 2-4 解の重ね合わせ法

最初静止していた質点は減衰がなく，復元力が働く．質点に強制力 $F(t) = F_0 \sin(\omega t)$ $(\omega^2 \neq \omega_0{}^2)$ を印加する．解の重ね合わせ法を用いて，質点の変位を求める．

強制力 $F(t) = F_0 \sin \omega t$ を加えたときの復元力が働く質点の運動方程式は

$$m\frac{d^2x}{dt^2} + kx = F_0 \sin(\omega t)$$

である．復元力の比例定数を k，固有振動数を $\omega_0 = \sqrt{k/m}$ とする．強制力 $F_0 \sin(\omega t)$ によって生じる質点の変位 $x(t)$ は，式(2.55)を用いて，

$$\begin{aligned}
x(t) &= \int_{t'=0}^{t'=t} \frac{F(t')}{m\omega_0} \sin\{\omega_0(t-t')\}dt' \\
&= \int_{t'=0}^{t'=t} \frac{F_0 \sin(\omega t')}{m\omega_0} \sin\{\omega_0(t-t')\}dt' \\
&= \frac{F_0}{m\omega_0} \int_{t'=0}^{t'=t} \sin(\omega t')\sin\{\omega_0(t-t')\}dt'
\end{aligned}$$

と表せる．ここで，

$$\begin{aligned}
&\sin(\omega t') \sin\{\omega_0(t-t')\} \\
&\quad = \frac{1}{2}[\cos\{(\omega+\omega_0)t' - \omega_0 t\} - \cos\{(\omega-\omega_0)t' + \omega_0 t\}]
\end{aligned}$$

の関係を用いれば，変位 $x(t)$ は

$$\begin{aligned}
x(t) &= \frac{F_0}{2m\omega_0}\left[\frac{1}{(\omega+\omega_0)} \sin\{(\omega+\omega_0)t' - \omega_0 t\}\right]_0^t \\
&\quad - \frac{F_0}{2m\omega_0}\left[\frac{1}{(\omega-\omega_0)} \sin\{(\omega-\omega_0)t' + \omega_0 t\}\right]_0^t \\
&= -\frac{F_0}{m}\frac{1}{(\omega^2-\omega_0{}^2)} \sin(\omega t) \\
&\quad + \frac{F_0}{m}\frac{\omega}{\omega_0(\omega^2-\omega_0{}^2)} \sin(\omega_0 t)
\end{aligned}$$

と得られる．この解は，2.1.6 項で得た質点の変位 x の一般解の式(2.42)

$$x(t) = A \sin(\omega_0 t + \delta) + \frac{1}{(\omega_0{}^2-\omega^2)}\frac{F_0}{m} \sin(\omega t)$$

に，$t = 0$ で，$x(0) = 0$，$v(0) = 0$ の初期条件を考慮した解と一致している．

2.1 節のまとめ

- **ニュートンの運動の三法則**
  運動の第 1 法則：慣性の法則，運動の第 2 法則：運動方程式，運動の第 3 法則：作用・反作用の法則
- **運動量保存の法則：質点に外部から力が働いていないとき，運動量は一定で運動量が保存される**
- **質量 m の質点に速度に依存する抵抗力が働くときの運動方程式は**

$$m\frac{d^2\boldsymbol{r}}{dt^2} = \boldsymbol{W} + \boldsymbol{R} \quad (\boldsymbol{W}\text{：重力，}\boldsymbol{R}\text{：速度に依存する抵抗力})$$

  小さな速さ v で運動しているときの質点が受ける抵抗力：$\boldsymbol{R} = -\eta \boldsymbol{v}$
  大きな速さ v を含むときの質点が受ける抵抗力：$\boldsymbol{R} = \beta v^2 \hat{\boldsymbol{e}}_R$ （$\hat{\boldsymbol{e}}_R$：運動を妨げる方向の単位ベクトル）
- **質点に平衡点 $\boldsymbol{r}_0$ からの変位 $\Delta \boldsymbol{r}$ に比例した復元力 $-k(\boldsymbol{r}-\boldsymbol{r}_0)$，速度 $\boldsymbol{v}$ に比例した抵抗力 $\boldsymbol{R} = -\eta d\boldsymbol{r}/dt$ および強制力が働く場合の運動方程式は**

$$m\frac{d^2\boldsymbol{r}}{dt^2} = -k(\boldsymbol{r}-\boldsymbol{r}_0) - \eta\frac{d\boldsymbol{r}}{dt} + \boldsymbol{F}(t)$$

2.2 運動方程式の変換，力学的エネルギー

質点の運動方程式はデカルト座標系で表すより円柱座標系および極座標系で表す方が便利なことがある．角速度の概念を導入することによって円柱座標系および極座標系で運動方程式を導く．仕事と運動エネルギーの概念を説明する．さらに，質点に働く力がどのような条件のときに保存力であるかを調べ，力が保存力のときに導かれる力学的エネルギーを説明する．

2.2.1　角速度

ある軸まわりに任意のベクトルが回転するとき，任意のベクトルの時間微分は角速度を用いて表せることを説明する．

図 2.22 に示したように，任意のベクトル $\boldsymbol{A}$ が OP 軸（$\overrightarrow{\mathrm{OP}}$ の単位ベクトルを $\hat{\boldsymbol{e}}$ とする）まわりの微小回転 $d\theta$ によりベクトル $\boldsymbol{A}'$ に変位したとき，$\boldsymbol{A}$ の変位ベクトルは $\boldsymbol{dA} = d\theta(\hat{\boldsymbol{e}}\times\boldsymbol{A})$ である（式(1.57)参照）．微小回転 $d\theta$ が微小時間 dt の間に生じたとすれば，$\boldsymbol{A}$ の時間変化は

$$\frac{d\boldsymbol{A}}{d\boldsymbol{t}} = \frac{d\theta}{dt}(\hat{\boldsymbol{e}}\times\boldsymbol{A}) = \left(\frac{d\theta}{dt}\hat{\boldsymbol{e}}\right)\times\boldsymbol{A}$$

である．ここで，**角速度（angular velocity）**を

$$\boldsymbol{\omega} = \frac{d\theta}{dt}\hat{\boldsymbol{e}}$$

と定義する．角速度の大きさ ω は回転角の時間変化率を表し，角度が増加するとき右ねじ方向に単位ベクトル $\hat{\boldsymbol{e}}$ を選ぶ．任意のベクトル $\boldsymbol{A}$ の回転による時間変化 $d\boldsymbol{A}/dt$ は

$$\frac{d\boldsymbol{A}}{dt} = \boldsymbol{\omega}\times\boldsymbol{A} \tag{2.56}$$

と表すことができる．いま，2 種類の微小な回転があり，二つの回転軸方向の基本ベクトルを $\hat{\boldsymbol{e}}_1, \hat{\boldsymbol{e}}_2$ とおく．それぞれの基本ベクトルに垂直面内で，微小量の回転角 $d\theta_1, d\theta_2$ が生じたとすると，角速度 $\boldsymbol{\omega}$ は

$$\boldsymbol{\omega} \fallingdotseq \frac{d\theta_1}{dt}\hat{\boldsymbol{e}}_1 + \frac{d\theta_2}{dt}\hat{\boldsymbol{e}}_2$$

と近似される．

2.2.2　基本ベクトルの時間変化

円柱座標系および極座標系の基本ベクトルの時間微分を角速度 $\boldsymbol{\omega}$ とそれぞれの座標系の基本ベクトルで表す．

a. 円柱座標系

図 2.23 に示したように，円柱座標系の基本ベクトル $\hat{\boldsymbol{s}}, \hat{\boldsymbol{\phi}}, \hat{\boldsymbol{z}}$ は右手系（$\hat{\boldsymbol{s}}\times\hat{\boldsymbol{\phi}} = \hat{\boldsymbol{z}}$）をなしている．角度 ϕ の微小変化量 $d\phi$ は微小時間 dt の間に回転軸 $\hat{\boldsymbol{z}}$ まわりに回転する．すなわち，円柱座標系の角速度 $\boldsymbol{\omega}$ は $\boldsymbol{\omega} = (d\phi/dt)\hat{\boldsymbol{z}}$ である．基本ベクトル $\hat{\boldsymbol{s}}, \hat{\boldsymbol{\phi}}, \hat{\boldsymbol{z}}$ の時間変化は，式(2.56)より

$$\begin{aligned}
\frac{d\hat{\boldsymbol{s}}}{dt} &= \boldsymbol{\omega}\times\hat{\boldsymbol{s}} = \left(\frac{d\phi}{dt}\hat{\boldsymbol{z}}\right)\times\hat{\boldsymbol{s}} = \frac{d\phi}{dt}\hat{\boldsymbol{\phi}} \\
\frac{d\hat{\boldsymbol{\phi}}}{dt} &= \boldsymbol{\omega}\times\hat{\boldsymbol{\phi}} = \left(\frac{d\phi}{dt}\hat{\boldsymbol{z}}\right)\times\hat{\boldsymbol{\phi}} = -\frac{d\phi}{dt}\hat{\boldsymbol{s}} \\
\frac{d\hat{\boldsymbol{z}}}{dt} &= \boldsymbol{\omega}\times\hat{\boldsymbol{z}} = \left(\frac{d\phi}{dt}\hat{\boldsymbol{z}}\right)\times\hat{\boldsymbol{z}} = \boldsymbol{0}
\end{aligned} \tag{2.57}$$

である．

b. 極座標系

図 2.24 に示したように，極座標系の基本ベクトル $\hat{\boldsymbol{r}}, \hat{\boldsymbol{\theta}}, \hat{\boldsymbol{\phi}}$ は右手系（$\hat{\boldsymbol{r}}\times\hat{\boldsymbol{\theta}} = \hat{\boldsymbol{\phi}}$）をなしている．角度 ϕ および θ の微小変化量 $d\phi, d\theta$ は微小時間 dt の間にそれぞれ回転軸 $\hat{\boldsymbol{z}}$ および回転軸 $\hat{\boldsymbol{\phi}}$ まわり回転する．すなわち，$d\phi, d\theta$ が微小量のときの極座標系の角速度 $\boldsymbol{\omega}$ は

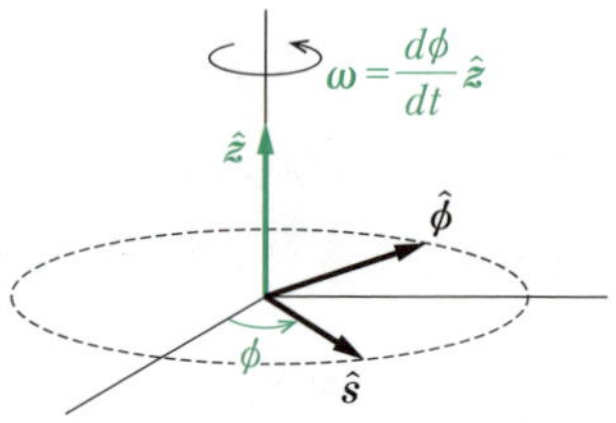

図 2.23　円柱座標系の角速度 $\boldsymbol{\omega}$

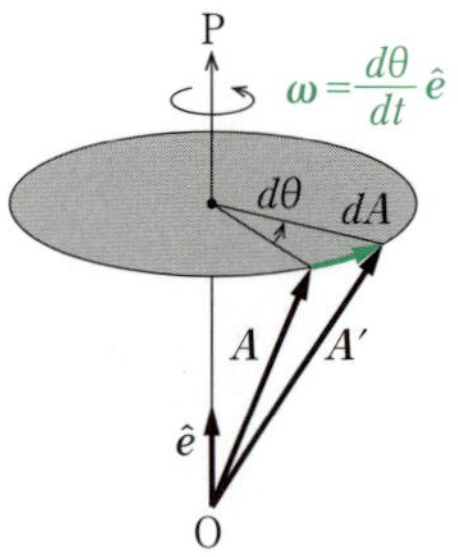

図 2.22　角速度 $\boldsymbol{\omega}$ の定義

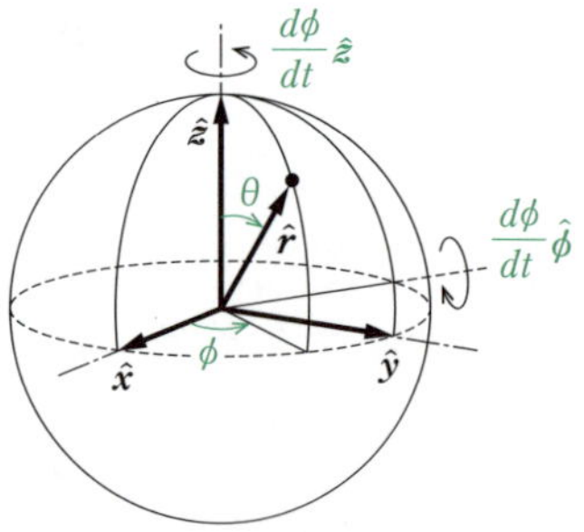

図 2.24　極座標系の角速度 $\boldsymbol{\omega}$

$$\boldsymbol{\omega} \fallingdotseq \frac{d\phi}{dt}\hat{\boldsymbol{z}}+\frac{d\theta}{dt}\hat{\boldsymbol{\phi}}$$

と近似できる．$\boldsymbol{\omega}$ を極座標系の基本ベクトルで表すために，デカルト座標系の $\hat{\boldsymbol{z}}$ を極座標系の基本ベクトルで表せば，

$$\hat{\boldsymbol{z}} = (\hat{\boldsymbol{z}}\cdot\hat{\boldsymbol{r}})\hat{\boldsymbol{r}}+(\hat{\boldsymbol{z}}\cdot\hat{\boldsymbol{\theta}})\hat{\boldsymbol{\theta}}+(\hat{\boldsymbol{z}}\cdot\hat{\boldsymbol{\phi}})\hat{\boldsymbol{\phi}} = \cos\theta\hat{\boldsymbol{r}}-\sin\theta\hat{\boldsymbol{\theta}}$$

である．極座標系の角速度 $\boldsymbol{\omega}$ は

$$\begin{aligned}\boldsymbol{\omega} &= \frac{d\phi}{dt}\hat{\boldsymbol{z}}+\frac{d\theta}{dt}\hat{\boldsymbol{\phi}} = \frac{d\phi}{dt}(\cos\theta\hat{\boldsymbol{r}}-\sin\theta\hat{\boldsymbol{\theta}})+\frac{d\theta}{dt}\hat{\boldsymbol{\phi}}\\ &= \cos\theta\frac{d\phi}{dt}\hat{\boldsymbol{r}}-\sin\theta\frac{d\phi}{dt}\hat{\boldsymbol{\theta}}+\frac{d\theta}{dt}\hat{\boldsymbol{\phi}} \qquad (2.58)\end{aligned}$$

である．したがって，基本ベクトル $\hat{\boldsymbol{r}}, \hat{\boldsymbol{\theta}}, \hat{\boldsymbol{\phi}}$ の時間変化は，式(2.56)から

$$\begin{aligned}\frac{d\hat{\boldsymbol{r}}}{dt} &= \left(\frac{d\phi}{dt}\cos\theta\hat{\boldsymbol{r}}-\sin\theta\frac{d\phi}{dt}\hat{\boldsymbol{\theta}}+\frac{d\theta}{dt}\hat{\boldsymbol{\phi}}\right)\times\hat{\boldsymbol{r}}\\ &= \frac{d\theta}{dt}\hat{\boldsymbol{\theta}}+\sin\theta\frac{d\phi}{dt}\hat{\boldsymbol{\phi}}\\ \frac{d\hat{\boldsymbol{\theta}}}{dt} &= \left(\frac{d\phi}{dt}\cos\theta\hat{\boldsymbol{r}}-\sin\theta\frac{d\phi}{dt}\hat{\boldsymbol{\theta}}+\frac{d\theta}{dt}\hat{\boldsymbol{\phi}}\right)\times\hat{\boldsymbol{\theta}}\\ &= -\frac{d\theta}{dt}\hat{\boldsymbol{r}}+\cos\theta\frac{d\phi}{dt}\hat{\boldsymbol{\phi}}\\ \frac{d\hat{\boldsymbol{\phi}}}{dt} &= \left(\frac{d\phi}{dt}\cos\theta\hat{\boldsymbol{r}}-\sin\theta\frac{d\phi}{dt}\hat{\boldsymbol{\theta}}+\frac{d\theta}{dt}\hat{\boldsymbol{\phi}}\right)\times\hat{\boldsymbol{\phi}}\\ &= -\sin\theta\frac{d\phi}{dt}\hat{\boldsymbol{r}}-\cos\theta\frac{d\phi}{dt}\hat{\boldsymbol{\theta}}\end{aligned} \qquad (2.59)$$

である．

2.2.3　運動方程式の動径方向と方位角方向の成分

2.3 節で取り扱うように，角運動量が質点の運動に関与する場合には質点の運動をデカルト座標で取り扱うよりも角度を導入した座標系の方が便利である．質点の運動が平面内で行う場合と 3 次元で行う場合の運動方程式を導くことを考える．

a.　平面内（$z=0$ の円柱座標系）での運動

円柱座標系では位置ベクトル $\boldsymbol{r} = s\hat{\boldsymbol{s}}+z\hat{\boldsymbol{z}}$，大きさ $r = \sqrt{s^2+z^2}$ である．質点が平面内で運動するとき，円柱座標系の原点を平面内においた円柱座標系（$z=0$）で表すと便利である．円柱座標系の基本ベクトルは $\hat{\boldsymbol{s}}, \hat{\boldsymbol{\phi}}, \hat{\boldsymbol{z}}$ であるが，原点を平面内においたことを明らかにするために，基本ベクトル $\hat{\boldsymbol{s}}$ を $\hat{\boldsymbol{r}}$ と表し，位置ベクトル $\boldsymbol{r}$ の大きさを r とすることにする．すなわち，平面内に運動するときの円柱座標系（$z=0$）の基本ベクトルを $\hat{\boldsymbol{r}}, \hat{\boldsymbol{\phi}}, \hat{\boldsymbol{z}}$ とし，位置ベクトルを $\boldsymbol{r} = r\hat{\boldsymbol{r}}$ と表す．図 2.25 に示したように，質点の位置 P によって，基本ベクトル $\hat{\boldsymbol{r}}, \hat{\boldsymbol{\phi}}$ が決定され，$\hat{\boldsymbol{r}}, \hat{\boldsymbol{\phi}}$ は ϕ の関数 $\hat{\boldsymbol{r}} = \hat{\boldsymbol{r}}(\phi)$，$\hat{\boldsymbol{\phi}} = \hat{\boldsymbol{\phi}}(\phi)$ である．速度 $\boldsymbol{v} = d\boldsymbol{r}/dt$ は

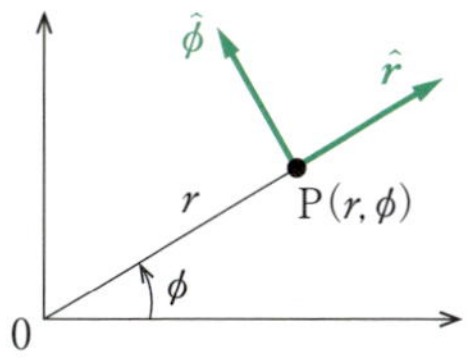

図 2.25　平面内の運動の基本ベクトル

$$\boldsymbol{v} = \frac{d}{dt}(r\hat{\boldsymbol{r}}) = \frac{dr}{dt}\hat{\boldsymbol{r}}+r\frac{d\hat{\boldsymbol{r}}}{dt} = \frac{dr}{dt}\hat{\boldsymbol{r}}+r\frac{d\phi}{dt}\hat{\boldsymbol{\phi}} \qquad (2.60)$$

で表される．ここで，式(2.57)での $d\hat{\boldsymbol{r}}/dt = d\hat{\boldsymbol{s}}/dt = (d\phi/dt)\hat{\boldsymbol{\phi}}$ の関係を用いた．速度 $\boldsymbol{v}$ の第 1 項は動径 r による時間変化による寄与で，第 2 項は回転に伴う角度 ϕ の時間変化による寄与である．加速度 $\boldsymbol{a} = d^2\boldsymbol{r}/dt^2 = d\boldsymbol{v}/dt$ は

$$\begin{aligned}\boldsymbol{a} &= \frac{d\boldsymbol{v}}{dt} = \frac{d}{dt}\left(\frac{dr}{dt}\hat{\boldsymbol{r}}+r\frac{d\phi}{dt}\hat{\boldsymbol{\phi}}\right)\\ &= \frac{d^2r}{dt^2}\hat{\boldsymbol{r}}+\left\{\frac{d}{dt}\left(r\frac{d\phi}{dt}\right)\right\}\hat{\boldsymbol{\phi}}+\frac{dr}{dt}\frac{d\hat{\boldsymbol{r}}}{dt}+\left(r\frac{d\phi}{dt}\right)\frac{d\hat{\boldsymbol{\phi}}}{dt}\\ &= \frac{d^2r}{dt^2}\hat{\boldsymbol{r}}+\left\{\frac{d}{dt}\left(r\frac{d\phi}{dt}\right)\right\}\hat{\boldsymbol{\phi}}+\frac{dr}{dt}\frac{d\phi}{dt}\hat{\boldsymbol{\phi}}-r\left(\frac{d\phi}{dt}\right)^2\hat{\boldsymbol{r}}\\ &= \left\{\frac{d^2r}{dt^2}-r\left(\frac{d\phi}{dt}\right)^2\right\}\hat{\boldsymbol{r}}+\left[\left\{\frac{d}{dt}\left(r\frac{d\phi}{dt}\right)\right\}+\frac{dr}{dt}\frac{d\phi}{dt}\right]\hat{\boldsymbol{\phi}}\end{aligned}$$

である．ここで，式 (2.57) での $d\hat{\boldsymbol{r}}/dt = d\hat{\boldsymbol{s}}/dt = (d\phi/dt)\hat{\boldsymbol{\phi}}$，$d\hat{\boldsymbol{\phi}}/dt = -(d\phi/dt)\hat{\boldsymbol{s}} = -(d\phi/dt)\hat{\boldsymbol{r}}$ の関係を用いた．第 2 項の $\hat{\boldsymbol{\phi}}$ の係数は

$$\begin{aligned}&\left\{\frac{d}{dt}\left(r\frac{d\phi}{dt}\right)\right\}+\frac{dr}{dt}\frac{d\phi}{dt} = \frac{1}{r}r\left\{\frac{d}{dt}\left(r\frac{d\phi}{dt}\right)\right\}\\ &\qquad +\frac{1}{r}\frac{dr}{dt}\left(r\frac{d\phi}{dt}\right) = \frac{1}{r}\frac{d}{dt}\left\{r\left(r\frac{d\phi}{dt}\right)\right\}\\ &\quad = \frac{1}{r}\frac{d}{dt}\left(r^2\frac{d\phi}{dt}\right)\end{aligned}$$

と表される．したがって，円柱座標系（$z=0$）で表した加速度 $\boldsymbol{a}$ は

$$\boldsymbol{a} = \left\{\frac{d^2r}{dt^2}-r\left(\frac{d\phi}{dt}\right)^2\right\}\hat{\boldsymbol{r}}+\frac{1}{r}\left\{\frac{d}{dt}\left(r^2\frac{d\phi}{dt}\right)\right\}\hat{\boldsymbol{\phi}} \qquad (2.61)$$

と表される．第 1 項は $\boldsymbol{a}$ の動径方向を表し，動径 r

と角度 ϕ の時間依存性によって与えられる．第 2 項は $\boldsymbol{a}$ の方位角方向を表し，仮に，$r^2(d\theta/dt)$ が時間に依存せずに一定であれば，$\boldsymbol{a}$ の方位角方向はゼロになる．質点に働く力 $\boldsymbol{F}$ の円柱座標系の動径成分と方位角成分をそれぞれ F_r，F_ϕ とすれば，力 $\boldsymbol{F}$ は $\boldsymbol{F}=F_r\hat{\boldsymbol{r}}+F_\phi\hat{\boldsymbol{\phi}}$ なる．質点の運動方式は

$$m\left\{\frac{d^2r}{dt^2}-r\left(\frac{d\phi}{dt}\right)^2\right\}\hat{\boldsymbol{r}}+m\frac{1}{r}\left\{\frac{d}{dt}\left(r^2\frac{d\phi}{dt}\right)\right\}\hat{\boldsymbol{\phi}}$$
$$=F_r\hat{\boldsymbol{r}}+F_\phi\hat{\boldsymbol{\phi}}$$

と表される．平面内の運動方程式の動径成分（$\hat{\boldsymbol{r}}$ 方向）と方位角成分（$\hat{\boldsymbol{\phi}}$ 方向）は，それぞれ

$$\hat{\boldsymbol{r}}\text{ 方向：}\quad m\left\{\frac{d^2r}{dt^2}-r\left(\frac{d\phi}{dt}\right)^2\right\}=F_r$$
$$\hat{\boldsymbol{\phi}}\text{ 方向：}\quad m\left\{\frac{1}{r}\frac{d}{dt}\left(r^2\frac{d\phi}{dt}\right)\right\}=F_\phi$$

となる．この運動方程式は，力が動径成分のみで，力の ϕ 方向成分 F_ϕ がゼロのとき，$r^2(d\phi/dt)$ が保存されることを示している．

b. 3 次元空間（極座標系）での運動

質点が方位角方向の運動を伴い 3 次元空間で運動するとき，極座標系で表すと便利である．極座標系の基本ベクトルを $\hat{\boldsymbol{r}},\hat{\boldsymbol{\theta}},\hat{\boldsymbol{\phi}}$ とし，位置ベクトルを $\boldsymbol{r}=r\hat{\boldsymbol{r}}$ と表す．図 2.26 に示したように，質点の位置 $\mathrm{P}(r,\theta,\phi)$ によって，基本ベクトル $\hat{\boldsymbol{r}},\hat{\boldsymbol{\theta}},\hat{\boldsymbol{\phi}}$ が決定され，基本ベクトル $\hat{\boldsymbol{r}},\hat{\boldsymbol{\theta}}$ は θ,ϕ の関数で $\hat{\boldsymbol{r}}=\hat{\boldsymbol{r}}(\theta,\phi)$，$\hat{\boldsymbol{\theta}}=\hat{\boldsymbol{\theta}}(\theta,\phi)$ である．また，$\hat{\boldsymbol{\phi}}$ は ϕ の関数で $\hat{\boldsymbol{\phi}}=\hat{\boldsymbol{\phi}}(\phi)$ である．速度 $\boldsymbol{v}=d\boldsymbol{r}/dt$ は

$$\boldsymbol{v}=\frac{d\boldsymbol{r}}{dt}=\frac{d}{dt}(r\hat{\boldsymbol{r}})=\frac{dr}{dt}\hat{\boldsymbol{r}}+r\frac{d\hat{\boldsymbol{r}}}{dt}$$
$$=\frac{dr}{dt}\hat{\boldsymbol{r}}+r\frac{d\theta}{dt}\hat{\boldsymbol{\theta}}+r\sin\theta\frac{d\phi}{dt}\hat{\boldsymbol{\phi}}\qquad(2.62)$$

と表される．ここで，式 (2.59) での $d\hat{\boldsymbol{r}}/dt=(d\theta/dt)\hat{\boldsymbol{\theta}}+\sin\theta(d\phi/dt)\hat{\boldsymbol{\phi}}$ を用いた．速度 $\boldsymbol{v}$ の第 1 項

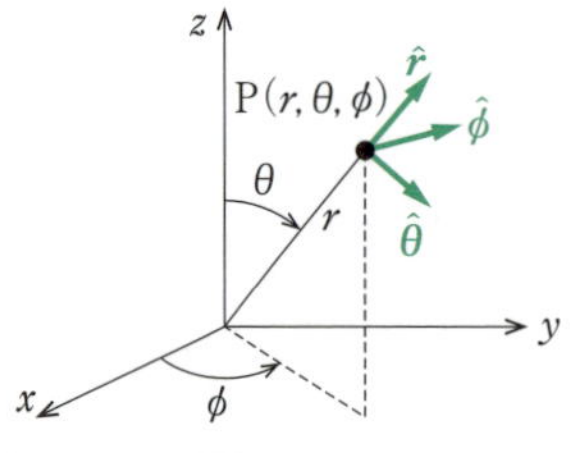

図 2.26　極座標系の基本ベクトル

は動径 r の時間変化による寄与，第 2 項は回転に伴う角度 θ の時間変化による寄与，第 3 項は回転に伴う角度 ϕ の時間変化による寄与である．加速度 $\boldsymbol{a}=d^2\boldsymbol{r}/dt^2=d\boldsymbol{v}/dt$ は

$$\boldsymbol{a}=\frac{d^2\boldsymbol{r}}{dt^2}=\frac{d\boldsymbol{v}}{dt}=\frac{d}{dt}\left(\frac{dr}{dt}\hat{\boldsymbol{r}}+r\frac{d\theta}{dt}\hat{\boldsymbol{\theta}}+r\sin\theta\frac{d\phi}{dt}\hat{\boldsymbol{\phi}}\right)$$
$$=\frac{d^2r}{dt^2}\hat{\boldsymbol{r}}+\left\{\frac{d}{dt}\left(r\frac{d\theta}{dt}\right)\right\}\hat{\boldsymbol{\theta}}+\left\{\frac{d}{dt}\left(r\sin\theta\frac{d\phi}{dt}\right)\right\}\hat{\boldsymbol{\phi}}$$
$$+\frac{dr}{dt}\frac{d\hat{\boldsymbol{r}}}{dt}+\left(r\frac{d\theta}{dt}\right)\frac{d\hat{\boldsymbol{\theta}}}{dt}+\left(r\sin\theta\frac{d\phi}{dt}\right)\frac{d\hat{\boldsymbol{\phi}}}{dt}$$

である．この式に，式 (2.59) の $(d\hat{\boldsymbol{r}}/dt)$，$(d\hat{\boldsymbol{\theta}}/dt)$，$(d\hat{\boldsymbol{\phi}}/dt)$ の関係を代入し，$\hat{\boldsymbol{r}}$，$\hat{\boldsymbol{\theta}}$，$\hat{\gamma}$ で整理すると，

$$\boldsymbol{a}=\left\{\frac{d^2r}{dt^2}-r\left(\frac{d\theta}{dt}\right)^2-r\sin^2\theta\left(\frac{d\phi}{dt}\right)^2\right\}\hat{\boldsymbol{r}}$$
$$+\left\{\frac{d}{dt}\left(r\frac{d\theta}{dt}\right)+\frac{dr}{dt}\frac{d\theta}{dt}-r\sin\theta\cos\theta\left(\frac{d\phi}{dt}\right)^2\right\}\hat{\boldsymbol{\theta}}$$
$$+\left\{\frac{d}{dt}\left(r\sin\theta\frac{d\phi}{dt}\right)+\sin\theta\frac{dr}{dt}\frac{d\phi}{dt}+r\cos\theta\frac{d\theta}{dt}\frac{d\phi}{dt}\right\}\hat{\boldsymbol{\phi}}$$

である．第 2 項の $\hat{\boldsymbol{\theta}}$ の係数は，円柱座標系で示したように

$$\frac{d}{dt}\left(r\frac{d\theta}{dt}\right)+\frac{dr}{dt}\frac{d\theta}{dt}-r\sin\theta\cos\theta\left(\frac{d\phi}{dt}\right)^2$$
$$=\frac{1}{r}\frac{d}{dt}\left(r^2\frac{d\theta}{dt}\right)-r\sin\theta\cos\theta\left(\frac{d\phi}{dt}\right)^2$$

と表される．第 3 項の $\hat{\boldsymbol{\phi}}$ の係数は

$$\frac{d}{dt}\left(r\sin\theta\frac{d\phi}{dt}\right)+\sin\theta\frac{dr}{dt}\frac{d\phi}{dt}+r\cos\theta\frac{d\theta}{dt}\frac{d\phi}{dt}$$
$$=\frac{1}{r\sin\theta}\left\{\frac{d}{dt}\left(r^2\sin^2\theta\frac{d\phi}{dt}\right)\right\}$$

と表される．したがって，極座標系で表した加速度 $\boldsymbol{a}$ は

$$\boldsymbol{a}=\left\{\frac{d^2r}{dt^2}-r\left(\frac{d\theta}{dt}\right)^2-r\sin^2\theta\left(\frac{d\phi}{dt}\right)^2\right\}\hat{\boldsymbol{r}}$$
$$+\left\{\frac{1}{r}\frac{d}{dt}\left(r^2\frac{d\theta}{dt}\right)-r\sin\theta\cos\theta\left(\frac{d\phi}{dt}\right)^2\right\}\hat{\boldsymbol{\theta}}$$
$$+\left[\frac{1}{r\sin\theta}\left\{\frac{d}{dt}\left(r^2\sin^2\theta\frac{d\phi}{dt}\right)\right\}\right]\hat{\boldsymbol{\phi}}\qquad(2.63)$$

と表される．第 1 項は $\boldsymbol{a}$ の動径方向を表し，動径 r と角度 θ,ϕ の時間依存性によって与えられる．第 2 項は $\boldsymbol{a}$ の方位角方向（$\hat{\boldsymbol{\theta}}$ 方向）を表し，第 3 項は方位角方向（$\hat{\boldsymbol{\phi}}$ 方向）の加速度を与え，$r^2\sin^2\theta\,(d\phi/dt)$ が時間に依存せずに一定であるときは $\hat{\boldsymbol{\phi}}$ 方向の加速度はゼロである．質点に働く力 $\boldsymbol{F}$ の $\hat{\boldsymbol{r}},\hat{\boldsymbol{\theta}},\hat{\boldsymbol{\phi}}$ 方向成分をそれぞれ F_r,F_θ,F_ϕ とすれば，力 $\boldsymbol{F}=F_r\hat{\boldsymbol{r}}+$

$F_\theta\hat{\boldsymbol{\theta}}+F_\phi\hat{\boldsymbol{\phi}}$ となる．質点の運動方程式は

$$m\left\{\frac{d^2r}{dt^2}-r\left(\frac{d\theta}{dt}\right)^2-r\sin^2\theta\left(\frac{d\phi}{dt}\right)^2\right\}\hat{\boldsymbol{r}}$$
$$+m\left\{\frac{1}{r}\frac{d}{dt}\left(r^2\frac{d\theta}{dt}\right)-r\sin\theta\cos\theta\left(\frac{d\phi}{dt}\right)^2\right\}\hat{\boldsymbol{\theta}}$$
$$+m\left[\frac{1}{r\sin\theta}\left\{\frac{d}{dt}\left(r^2\sin^2\theta\frac{d\phi}{dt}\right)\right\}\right]\hat{\boldsymbol{\phi}}$$
$$=F_r\hat{\boldsymbol{r}}+F_\theta\hat{\boldsymbol{\theta}}+F_\phi\hat{\boldsymbol{\phi}}$$

と表される．3次元空間（極座標系）で運動するとき，運動方程式の動径成分（$\hat{\boldsymbol{r}}$ 方向），$\hat{\boldsymbol{\theta}}$ 方向と $\hat{\boldsymbol{\phi}}$ 方向の方位角成分は，それぞれ

$$\hat{\boldsymbol{r}}\text{ 方向：}\quad m\left\{\frac{d^2r}{dt^2}-r\left(\frac{d\theta}{dt}\right)^2-r\sin^2\theta\left(\frac{d\phi}{dt}\right)^2\right\}=F_r$$
$$\hat{\boldsymbol{\theta}}\text{ 方向：}\quad m\left\{\frac{1}{r}\frac{d}{dt}\left(r^2\frac{d\theta}{dt}\right)-r\sin\theta\cos\theta\left(\frac{d\phi}{dt}\right)^2\right\}=F_\theta$$
$$\hat{\boldsymbol{\phi}}\text{ 方向：}\quad m\left[\frac{1}{r\sin\theta}\left\{\frac{d}{dt}\left(r^2\sin^2\theta\frac{d\phi}{dt}\right)\right\}\right]=F_\phi$$

となる．この運動方程式から，力の $\hat{\boldsymbol{\phi}}$ 方向成分 F_ϕ がゼロのときは，$r^2\sin^2\theta(d\phi/dt)$ が保存されることを示している．

2.2.4　仕事と運動エネルギー

質点に力が働くことによって質点に変位が生じれば，力は質点に仕事をする．また，この仕事のエネルギーに対応する量として運動エネルギーが導入されることを説明する．

質点が拘束されていなければ質点に働く外力 $\boldsymbol{F}$ 方向に質点が変位する．図 2.27 に示したように，滑らかな水平な床に置かれている質点に外力 $\boldsymbol{F}$ が働いた．この質点は床に拘束され，微小変位 $d\boldsymbol{r}$ が生じたとする．ここで，床と質点の間には摩擦がないとする．力 $\boldsymbol{F}$ と微小変位 $d\boldsymbol{r}$ とのなす角度を θ とすれば，$\boldsymbol{F}$ の水平方向成分（$|F|\cos\theta$）のみが質点の変位に寄与する．$\boldsymbol{F}$ が質点を微小変位 $d\boldsymbol{r}$ させるための**仕事（work）** dW は

$$dW=(|\boldsymbol{F}|\cos\theta)|d\boldsymbol{r}|=\boldsymbol{F}\cdot d\boldsymbol{r}\qquad(2.64)$$

である．仕事 dW は力 $\boldsymbol{F}$ と変位 $d\boldsymbol{r}$ の内積で表され，エネルギーを与える．次に，この仕事 dW によって，質点の運動がどのように影響するかを考える．運動の第2法則を用いれば，式(2.64)は

$$dW=\boldsymbol{F}\cdot d\boldsymbol{r}=\frac{d\boldsymbol{p}}{dt}\cdot d\boldsymbol{r}=\left(m\frac{d\boldsymbol{v}}{dt}\right)\cdot\left(\frac{d\boldsymbol{r}}{dt}dt\right)$$
$$=\left(m\frac{d\boldsymbol{v}}{dt}\cdot\boldsymbol{v}\right)dt=\left\{\frac{d}{dt}\left(\frac{1}{2}m\boldsymbol{v}^2\right)\right\}dt=d\left(\frac{1}{2}m\boldsymbol{v}^2\right)$$

となる．ここで，任意ベクトル $\boldsymbol{A}$ に対して $d(\boldsymbol{A}^2)/dt=2(d\boldsymbol{A}/dt)\cdot\boldsymbol{A}$ の関係を用いた（1.6 節参照）．したがって，仕事 dW は

$$dW=\boldsymbol{F}\cdot d\boldsymbol{r}=d\left(\frac{1}{2}m\boldsymbol{v}^2\right)\qquad(2.65)$$

とも表現できる．式(2.65)は質点に外力が働くことによって力 $\boldsymbol{F}$ のする仕事 dW に対応して質点の速度変化が生じることを意味する．式(2.65)の右辺は仕事 dW と等しい運動に関するエネルギーの微小量変化となる．そのときの質量 m と速度 $\boldsymbol{v}$ に関するエネルギーとして，

$$K=\frac{1}{2}m\boldsymbol{v}^2\qquad(2.66)$$

で定義する**運動エネルギー（kinetic energy）** K を導入することによって，式(2.65)は

$$dW=dK\qquad(2.67)$$

と表される．式(2.67)は質点が力 $\boldsymbol{F}$ により変位 $d\boldsymbol{r}$ したときの力のする仕事は運動エネルギーの変化量を与えることを意味する．位置ベクトル $\boldsymbol{r}$ は時間 t に依存し，$\boldsymbol{r}=\boldsymbol{r}(t)$ で与えられる．一般に，力 $\boldsymbol{F}$ は位置ベクトル $\boldsymbol{r}$ と時刻 t の関数 $\boldsymbol{F}=\boldsymbol{F}(\boldsymbol{r},t)$ であり，t を陽に含む関数として表される．ここでは，$\boldsymbol{F}$ は時間に依存する $\boldsymbol{r}(t)$ のみで，t を陽に含まない関数 $\boldsymbol{F}=\boldsymbol{F}(r)$ として考える．図 2.28 に示すように，時刻 $t=t_{\mathrm{A}}$ で点 A での位置ベクトル $\boldsymbol{r}_{\mathrm{A}}$，速度 $\boldsymbol{v}_{\mathrm{A}}$ である質量 m の質点に力 $\boldsymbol{F}$ が働き，時刻 $t=t_{\mathrm{B}}$ で質点は点 B での位置ベクトル $\boldsymbol{r}_{\mathrm{B}}$，速度 $\boldsymbol{v}_{\mathrm{B}}$ になったとする．質点が点 A から点 B に移動したときの仕事 $W_{\mathrm{A}\to\mathrm{B}}$ と運動量変化 ΔK はそれぞれ，dW と dK を積分することによって，

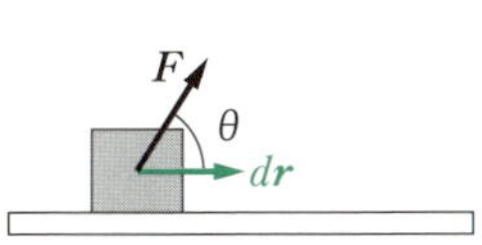

図 2.27　力 $\boldsymbol{F}$ が質点にする仕事

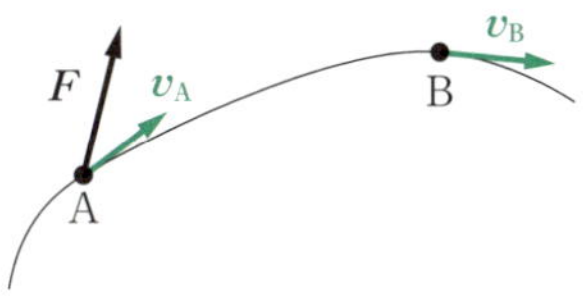

図 2.28　仕事と運動エネルギー

$$W_{A\to B} = \int_{r_A}^{r_B} \boldsymbol{F}\cdot d\boldsymbol{r} \tag{2.68}$$

$$\Delta K = \int_{v_A}^{v_B} d\left(\frac{1}{2}m\boldsymbol{v}^2\right) = \frac{1}{2}m\boldsymbol{v}_B{}^2 - \frac{1}{2}m\boldsymbol{v}_A{}^2 \tag{2.69}$$

が得られ，仕事 $W_{A\to B}$ と運動エネルギー変化 ΔK は等しい．式(2.68)の積分は点 A から点 B の経路に沿った**線積分（linear integral）**であり，一般には力が質点にする仕事 W は質点の経路に依存する．運動エネルギーの変化量 ΔK は点 A での運動エネルギーが質点にする仕事によって点 B でどれだけ変化したかを表す．仕事 $W_{A\to B}$ を，デカルト座標系を用いて表すと，

$$\begin{aligned} W_{A\to B} &= \int_{r_A}^{r_B} \boldsymbol{F}\cdot d\boldsymbol{r} \\ &= \int_A^B (F_x\hat{\boldsymbol{x}} + F_y\hat{\boldsymbol{y}} + F_z\hat{\boldsymbol{z}})\cdot d(x\hat{\boldsymbol{x}} + y\hat{\boldsymbol{y}} + z\hat{\boldsymbol{z}}) \\ &= \int_A^B (F_x dx + F_y dy + F_z dz) \end{aligned}$$

である．ここで，$\boldsymbol{r}_A$，$\boldsymbol{r}_B$ を A，B と簡略化した．

2.2.5　保存場

力はどのような条件を満足するときに保存力となるか，さらに，力が保存力のときにポテンシャルによって力がどのように表されるかを説明する．

一般には仕事は質点の経路に依存するが，どのような条件のときに経路に依存せず，一義的に決定できるかを考える．図 2.29 に示すように，質点に力 $\boldsymbol{F}(\boldsymbol{r})$ が働き点 P の位置 (x, y) から点 Q の位置 $(x+\Delta x, y+\Delta y)$ に移動したとき，力が質点にする仕事を考える．ここで，$\Delta x, \Delta y$ はともに微小量であるとする．仕事を経路(I) と経路(II) のそれぞれの場合で調べる．

経路(I)：

$(x, y) \to (x, y+\Delta y) \to (x+\Delta x, y+\Delta y)$

経路(II)：

$(x, y) \to (x+\Delta x, y) \to (x+\Delta x, y+\Delta y)$

経路(I) での仕事 W_I は，力 $\boldsymbol{F}(x, y)$ によって $(x, y) \to (x, y+\Delta y)$ に移動し，さらに，力 $\boldsymbol{F}(x, y+\Delta y)$ によって $(x, y+\Delta y) \to (x+\Delta x, y+\Delta y)$ に移動した場合である．経路(I) での仕事 W_I は

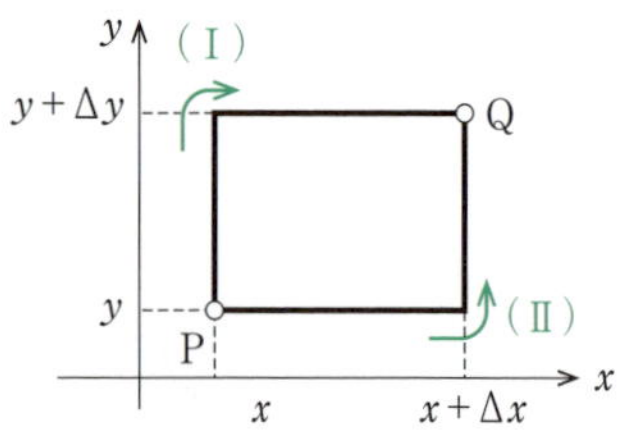

図 2.29　仕事の積分経路

$$\begin{aligned} W_I &= \boldsymbol{F}(x, y)\cdot(\hat{\boldsymbol{y}}\Delta y) + \boldsymbol{F}(x, y+\Delta y)\cdot(\hat{\boldsymbol{x}}\Delta x) \\ &= F_y(x, y)\Delta y + F_x(x, y+\Delta y)\Delta x \\ &= F_y(x, y)\Delta y + \left\{F_x(x, y) + \frac{\partial F_x(x, y)}{\partial y}\Delta y\right\}\Delta x \\ &= F_y(x, y)\Delta y + F_x(x, y)\Delta x \\ &\quad + \frac{\partial F_x(x, y)}{\partial y}\Delta x\Delta y \end{aligned}$$

である．ここで，微小量 Δy に対する $F_x(x, y+\Delta y) = F_x(x, y) + \{\partial F_x(x, y)/\partial y\}\Delta y$ の関係を用いた．一方，経路(II) での仕事 W_{II} は力 $\boldsymbol{F}(x, y)$ によって $(x, y) \to (x+\Delta x, y)$ に移動し，力 $\boldsymbol{F}(x+\Delta x, y)$ によって $(x+\Delta x, y) \to (x+\Delta x, y+\Delta y)$ に移動した場合である．経路(II) での仕事 W_{II} は

$$\begin{aligned} W_{II} &= \boldsymbol{F}(x, y)\cdot(\hat{\boldsymbol{x}}\Delta x) + \boldsymbol{F}(x+\Delta x, y)\cdot(\hat{\boldsymbol{y}}\Delta y) \\ &= F_x(x, y)\Delta x + F_y(x+\Delta x, y)\Delta y \\ &= F_x(x, y)\Delta x + \left\{F_y(x, y) + \frac{\partial F_y(x, y)}{\partial x}\Delta x\right\}\Delta y \\ &= F_x(x, y)\Delta x + F_y(x, y)\Delta y \\ &\quad + \frac{\partial F_y(x, y)}{\partial x}\Delta x\Delta y \end{aligned}$$

である．ここで，微小量 Δx に対する $F_y(x+\Delta x, y) = F_y(x, y) + \{\partial F_y(x, y)/\partial x\}\Delta x$ の関係を用いた．経路(I) の仕事，経路(II) の仕事において

$$\frac{\partial F_y(x, y)}{\partial x} - \frac{\partial F_x(x, y)}{\partial y} = 0$$

が成り立つとき，経路(I) の仕事 W_I と経路(II) の仕事 W_{II} が等しくなり，点 P から点 Q に移動したときの仕事 $W_{P\to Q}$ は経路に依存しない．

同様に，3 次元空間を考え，三つの変数 (x, y, z) に拡張させる．

$$\frac{\partial F_z(\boldsymbol{r})}{\partial y} - \frac{\partial F_y(\boldsymbol{r})}{\partial z} = 0, \quad \frac{\partial F_x(\boldsymbol{r})}{\partial z} - \frac{\partial F_z(\boldsymbol{r})}{\partial x} = 0,$$
$$\frac{\partial F_y(\boldsymbol{r})}{\partial x} - \frac{\partial F_x(\boldsymbol{r})}{\partial y} = 0$$

を満たすとき，仕事は経路に依存しない．これらの関係を

$$\boldsymbol{\nabla} = \hat{\boldsymbol{x}}\frac{\partial}{\partial x} + \hat{\boldsymbol{y}}\frac{\partial}{\partial y} + \hat{\boldsymbol{z}}\frac{\partial}{\partial z}$$

のベクトル演算子を用いて表せば，

$$\begin{aligned} \mathrm{rot}\,\boldsymbol{F}(\boldsymbol{r}) \equiv \boldsymbol{\nabla}\times\boldsymbol{F}(\boldsymbol{r}) &= \left(\hat{\boldsymbol{x}}\frac{\partial}{\partial x} + \hat{\boldsymbol{y}}\frac{\partial}{\partial y} + \hat{\boldsymbol{z}}\frac{\partial}{\partial z}\right)\times\boldsymbol{F}(\boldsymbol{r}) \\ &= \left(\hat{\boldsymbol{x}}\frac{\partial}{\partial x} + \hat{\boldsymbol{y}}\frac{\partial}{\partial y} + \hat{\boldsymbol{z}}\frac{\partial}{\partial z}\right)\times(F_x\hat{\boldsymbol{x}} + F_y\hat{\boldsymbol{y}} + F_z\hat{\boldsymbol{z}}) \\ &= \left\{\frac{\partial F_z(\boldsymbol{r})}{\partial y} - \frac{\partial F_y(\boldsymbol{r})}{\partial z}\right\}\hat{\boldsymbol{x}} \end{aligned}$$

$$+\left\{\frac{\partial F_x(\boldsymbol{r})}{\partial z}-\frac{\partial F_z(\boldsymbol{r})}{\partial x}\right\}\hat{\boldsymbol{y}}$$
$$+\left\{\frac{\partial F_y(\boldsymbol{r})}{\partial x}-\frac{\partial F_x(\boldsymbol{r})}{\partial y}\right\}\hat{\boldsymbol{z}}=\boldsymbol{0}$$

と表現される．すなわち，仕事が経路に依存せずに一義的に決まる条件として，

$$\mathrm{rot}\,\boldsymbol{F}(\boldsymbol{r})=\boldsymbol{0} \tag{2.70}$$

の関係が得られる．この条件を満足するときの力を**保存力（conservative force）**という．力が保存力のとき，基準点Oから点Pまでの仕事 $W_{\mathrm{O}\to\mathrm{P}}$

$$W_{\mathrm{O}\to\mathrm{P}}=\int_{\mathrm{O}}^{\mathrm{P}}\boldsymbol{F}(\boldsymbol{r})\cdot d\boldsymbol{r}$$

は任意の経路による線積分によって一義的に決まる．すなわち，力が保存力のときの仕事 $W_{\mathrm{O}\to\mathrm{P}}$ は質点の位置 $\boldsymbol{r}$ によって決まり，

$$W(\boldsymbol{r})\equiv -U(\boldsymbol{r}) \tag{2.71}$$

とおくことができる．このときの $U(\boldsymbol{r})$ を**ポテンシャル（potential）**という．仕事 $W(\boldsymbol{r})$ およびポテンシャル $U(\boldsymbol{r})$ はある基準点から位置 $\boldsymbol{r}$ まで変位することによって求まり，位置ベクトル $\boldsymbol{r}$ によって一義的に決定される．式(2.71)から微小変位 $d\boldsymbol{r}$ したときの仕事 $dW(\boldsymbol{r})$ とポテンシャル変化 $dU(\boldsymbol{r})$ には

$$dW(\boldsymbol{r})=-dU(\boldsymbol{r})$$

の関係がある．微小変位 $d\boldsymbol{r}$ の仕事 $dW(\boldsymbol{r})=\boldsymbol{F}(\boldsymbol{r})\cdot d\boldsymbol{r}$ をデカルト座標系で表すと，

$$dW(\boldsymbol{r})=\boldsymbol{F}(\boldsymbol{r})\cdot d\boldsymbol{r}=F_x(\boldsymbol{r})dx+F_y(\boldsymbol{r})dy+F_z(\boldsymbol{r})dz$$

である．また，微小変位 $d\boldsymbol{r}$ のときのポテンシャル変化 $dU(\boldsymbol{r})$ をデカルト座標系で表すと，

$$dU(\boldsymbol{r})=\frac{\partial U(\boldsymbol{r})}{\partial x}dx+\frac{\partial U(\boldsymbol{r})}{\partial y}dy+\frac{\partial U(\boldsymbol{r})}{\partial z}dz$$

である．力が保存力のときの $dW(\boldsymbol{r})=-\mathrm{d}U(\boldsymbol{r})$ の関係から

$$F_x(\boldsymbol{r})dx+F_y(\boldsymbol{r})dy+F_z(\boldsymbol{r})dz$$
$$=-\left\{\frac{\partial U(\boldsymbol{r})}{\partial x}dx+\frac{\partial U(\boldsymbol{r})}{\partial y}dy+\frac{\partial U(\boldsymbol{r})}{\partial z}dz\right\}$$

が成り立つ．上式から力 $\boldsymbol{F}(\boldsymbol{r})$ の x,y,z 成分は

$$F_x(\boldsymbol{r})=-\frac{\partial U(\boldsymbol{r})}{\partial x},\quad F_y(\boldsymbol{r})=-\frac{\partial U(\boldsymbol{r})}{\partial y},$$
$$F_z(\boldsymbol{r})=-\frac{\partial U(\boldsymbol{r})}{\partial z}$$

を満足する．したがって，力が保存力のときの力 $\boldsymbol{F}(\boldsymbol{r})$ はポテンシャル $U(\boldsymbol{r})$ によって

$$\boldsymbol{F}(\boldsymbol{r})=-\mathrm{grad}\,U(\boldsymbol{r})=-\left(\hat{\boldsymbol{x}}\frac{\partial}{\partial x}+\hat{\boldsymbol{y}}\frac{\partial}{\partial y}+\hat{\boldsymbol{z}}\frac{\partial}{\partial z}\right)U(\boldsymbol{r})$$
$$=-\frac{\partial U(\boldsymbol{r})}{\partial x}\hat{\boldsymbol{x}}-\frac{\partial U(\boldsymbol{r})}{\partial y}\hat{\boldsymbol{y}}-\frac{\partial U(\boldsymbol{r})}{\partial z}\hat{\boldsymbol{z}} \tag{2.72}$$

の関係式から導かれる．

極座標系での力 $F(r)$ とポテンシャル $U(r)$ との関係

デカルト座標系でのベクトル演算子 $\boldsymbol{\nabla}$ は

$$\boldsymbol{\nabla}=\hat{\boldsymbol{x}}\frac{\partial}{\partial x}+\hat{\boldsymbol{y}}\frac{\partial}{\partial y}+\hat{\boldsymbol{z}}\frac{\partial}{\partial z}$$

で与えられる．$\boldsymbol{\nabla}$ を極座標系で表現し，極座標系の力の成分 F_r, F_θ, F_ϕ とポテンシャルとの関係を考える．デカルト座標系の基本ベクトル $\hat{\boldsymbol{x}},\hat{\boldsymbol{y}},\hat{\boldsymbol{z}}$ は極座標系の基本ベクトル $\hat{\boldsymbol{r}},\hat{\boldsymbol{\theta}},\hat{\boldsymbol{\phi}}$ と方向余弦で表すことができる．さらに，1.2.5 項の補足から方向余弦と偏微分係数との関係より，方向余弦と偏微分係数の関係

$$l_1=\frac{\partial x}{\partial r},\quad l_2=\frac{1}{r}\frac{\partial x}{\partial\theta},\quad l_3=\frac{1}{r\sin\theta}\frac{\partial x}{\partial\phi}$$
$$m_1=\frac{\partial y}{\partial r},\quad m_2=\frac{1}{r}\frac{\partial y}{\partial\theta},\quad m_3=\frac{1}{r\sin\theta}\frac{\partial y}{\partial\phi}$$
$$n_1=\frac{\partial z}{\partial r},\quad n_2=\frac{1}{r}\frac{\partial z}{\partial\theta},\quad n_3=\frac{1}{r\sin\theta}\frac{\partial z}{\partial\phi}$$

を用いれば，

$$\hat{\boldsymbol{x}}=l_1\hat{\boldsymbol{r}}+l_2\hat{\boldsymbol{\theta}}+l_3\hat{\boldsymbol{\phi}}=\hat{\boldsymbol{r}}\frac{\partial x}{\partial r}+\hat{\boldsymbol{\theta}}\frac{1}{r}\frac{\partial x}{\partial\theta}+\hat{\boldsymbol{\phi}}\frac{1}{r\sin\theta}\frac{\partial x}{\partial\phi}$$
$$\hat{\boldsymbol{y}}=m_1\hat{\boldsymbol{r}}+m_2\hat{\boldsymbol{\theta}}+m_3\hat{\boldsymbol{\phi}}=\hat{\boldsymbol{r}}\frac{\partial y}{\partial r}+\hat{\boldsymbol{\theta}}\frac{1}{r}\frac{\partial y}{\partial\theta}+\hat{\boldsymbol{\phi}}\frac{1}{r\sin\theta}\frac{\partial y}{\partial\phi}$$
$$\hat{\boldsymbol{z}}=n_1\hat{\boldsymbol{r}}+n_2\hat{\boldsymbol{\theta}}+n_3\hat{\boldsymbol{\phi}}=\hat{\boldsymbol{r}}\frac{\partial z}{\partial r}+\hat{\boldsymbol{\theta}}\frac{1}{r}\frac{\partial z}{\partial\theta}+\hat{\boldsymbol{\phi}}\frac{1}{r\sin\theta}\frac{\partial z}{\partial\phi}$$

と表すことができる．これらの関係式をデカルト座標系での $\boldsymbol{\nabla}$ の $\hat{\boldsymbol{x}},\hat{\boldsymbol{y}},\hat{\boldsymbol{z}}$ に代入し，基本ベクトル $\hat{\boldsymbol{r}},\hat{\boldsymbol{\theta}},\hat{\boldsymbol{\phi}}$ について整理すれば

$$\boldsymbol{\nabla}=\hat{\boldsymbol{r}}\left(\frac{\partial x}{\partial r}\frac{\partial}{\partial x}+\frac{\partial y}{\partial r}\frac{\partial}{\partial y}+\frac{\partial z}{\partial r}\frac{\partial}{\partial z}\right)$$
$$+\hat{\boldsymbol{\theta}}\frac{1}{r}\left(\frac{\partial x}{\partial\theta}\frac{\partial}{\partial x}+\frac{\partial y}{\partial\theta}\frac{\partial}{\partial y}+\frac{\partial z}{\partial\theta}\frac{\partial}{\partial z}\right)$$
$$+\hat{\boldsymbol{\phi}}\frac{1}{r\sin\theta}\left(\frac{\partial x}{\partial\phi}\frac{\partial}{\partial x}+\frac{\partial y}{\partial\phi}\frac{\partial}{\partial y}+\frac{\partial z}{\partial\phi}\frac{\partial}{\partial z}\right)$$
$$=\hat{\boldsymbol{r}}\frac{\partial}{\partial r}+\hat{\boldsymbol{\theta}}\frac{1}{r}\frac{\partial}{\partial\theta}+\hat{\boldsymbol{\phi}}\frac{1}{r\sin\theta}\frac{\partial}{\partial\phi}$$

が得られる．演算子を施す関数が極座標系の (r,θ,ϕ) の関数であれば，極座標系で表した $\boldsymbol{\nabla}$ は

$$\boldsymbol{\nabla}=\hat{\boldsymbol{r}}\frac{\partial}{\partial r}+\hat{\boldsymbol{\theta}}\frac{1}{r}\frac{\partial}{\partial\theta}+\hat{\boldsymbol{\phi}}\frac{1}{r\sin\theta}\frac{\partial}{\partial\phi} \tag{2.73}$$

である．質点に働く力 $\boldsymbol{F}(\boldsymbol{r})$ とポテンシャル $U(\boldsymbol{r})$ の

関係は極座標系で表すと

$$\boldsymbol{F}(\boldsymbol{r}) = F_r\hat{\boldsymbol{r}} + F_\theta\hat{\boldsymbol{\theta}} + F_\phi\hat{\boldsymbol{\phi}} = -\mathrm{grad}\, U(\boldsymbol{r}) = -\left(\hat{\boldsymbol{r}}\frac{\partial U(\boldsymbol{r})}{\partial r} + \hat{\boldsymbol{\theta}}\frac{1}{r}\frac{\partial U(\boldsymbol{r})}{\partial \theta} + \hat{\boldsymbol{\phi}}\frac{1}{r\sin\theta}\frac{\partial U(\boldsymbol{r})}{\partial \phi}\right) \tag{2.74}$$

となり，

$$F_r = -\frac{\partial U(\boldsymbol{r})}{\partial r}, \quad F_\theta = -\frac{1}{r}\frac{\partial U(\boldsymbol{r})}{\partial \theta},$$

$$F_\phi = -\frac{1}{r\sin\theta}\frac{\partial U(\boldsymbol{r})}{\partial \phi}$$

の関係が得られる．

2.2.6　力学的エネルギー

力が保存力のとき，運動エネルギーとポテンシャルの和が時間によらず一定となり，エネルギー保存則が成り立つことを説明する．

力 $\boldsymbol{F}(\boldsymbol{r})$ が質点に働くことによって微小変位 $d\boldsymbol{r}$ が生じた．そのときの仕事 dW は運動エネルギーの変化量と等しく，

$$dW = \boldsymbol{F}(\boldsymbol{r})\cdot d\boldsymbol{r} = dK$$

の関係が常に成り立つ．また，質点に働く力 $\boldsymbol{F}(\boldsymbol{r})$ が保存力のとき，

$$dW(\boldsymbol{r}) = -dU(\boldsymbol{r})$$

の関係がある．以上の関係から，力が保存力のとき

$$d(K+U) = 0$$

の関係が成り立つ．この運動エネルギー K とポテンシャル $U(\boldsymbol{r})$ の和を $K+U \equiv E$ とおき，E を**力学的エネルギー（mechanical energy）**という．力が保存力のときに力学的エネルギー E が保存されることを**エネルギー保存則（law of the conservation of energy）**が成り立つという．

例題 2-5

力 $\boldsymbol{F}(\boldsymbol{r}) = (-2ax+byz)\hat{\boldsymbol{x}} + (-2ay+bxz)\hat{\boldsymbol{y}} + bxy\hat{\boldsymbol{z}}$ が保存力かどうかを調べる．力 $\boldsymbol{F}(\boldsymbol{r})$ が保存力であればそのポテンシャルを求める．基準点を原点 (0, 0, 0) とする．

力 $\boldsymbol{F}(\boldsymbol{r}) = F_x\hat{\boldsymbol{x}} + F_y\hat{\boldsymbol{y}} + F_z\hat{\boldsymbol{z}}$ とおけば力の成分は

$$F_x = -2ax+byz, \quad F_y = -2ay+bxz, \quad F_z = bxy$$

である．rot $\boldsymbol{F}$ の各成分は

$$(\mathrm{rot}\,\boldsymbol{F})_x = \frac{\partial F_z}{\partial y} - \frac{\partial F_y}{\partial z} = (bx)-(bx) = 0$$

$$(\mathrm{rot}\,\boldsymbol{F})_y = \frac{\partial F_x}{\partial z} - \frac{\partial F_z}{\partial x} = (by)-(by) = 0$$

$$(\mathrm{rot}\,\boldsymbol{F})_z = \frac{\partial F_y}{\partial x} - \frac{\partial F_x}{\partial y} = (bz)-(bz) = 0$$

となり，rot $\boldsymbol{F} = \boldsymbol{0}$ を満足する．したがって，力 $\boldsymbol{F}(\boldsymbol{r})$ は保存力である．力が保存力のとき，$\boldsymbol{F}(\boldsymbol{r})$ のする仕事は積分経路に依存しない．$\boldsymbol{F}(\boldsymbol{r})$ が質点に働き (0, 0, 0) から (x, y, z) に移動されたときの経路(I)，(II)，(III) を，図 2.30 に示した

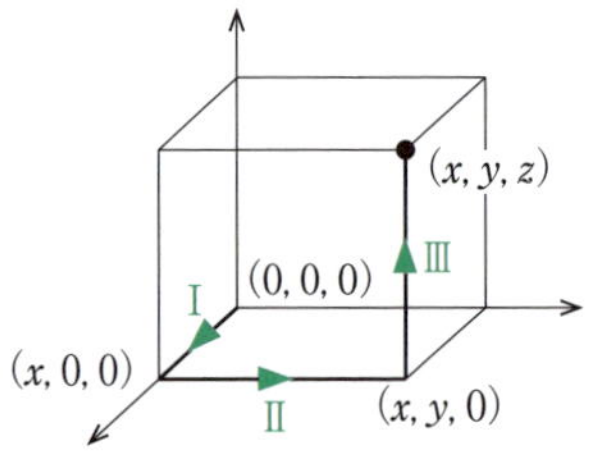

図 2.30　仕事の積分経路

(I)：(0, 0, 0) → $(x, 0, 0)$，(II)：$(x, 0, 0)$ → $(x, y, 0)$，(III)：$(x, y, 0)$ → (x, y, z) の経路で計算する．

$$\mathrm{W} = \int \boldsymbol{F}\cdot d\boldsymbol{r} = \int_{(\mathrm{I})} \boldsymbol{F}\cdot d\boldsymbol{r} + \int_{(\mathrm{II})} \boldsymbol{F}\cdot d\boldsymbol{r} + \int_{(\mathrm{III})} \boldsymbol{F}\cdot d\boldsymbol{r}$$

$$= \int_0^x F_x(x', 0, 0)dx' + \int_0^y F_y(x, y', 0)dy' + \int_0^z F_z(x, y, z')dz'$$

$$= \int_0^x (-2ax')dx' + \int_0^y (-2ay')dy' + \int_0^z bxydz'$$

$$= -a(x^2+y^2) + bxyz$$

よって，基準点を原点としたときのポテンシャル U は

$$U = -W = a(x^2+y^2) - bxyz$$

と得られる．

例題 2-6

図 2.31 に示すように，自然長 x_0 のばねに質量 m の質点が床の上で水平に連結されている．自然長からのポテンシャル U および運動エネルギー K を計算し，力学的エネルギー E を求める．ここで，ばね定数を k とする．

基本ベクトル $\hat{\boldsymbol{x}}$ を右方向にとると，平衡点での質点の位置ベルトルを $\boldsymbol{r}_0 = x_0\hat{\boldsymbol{x}}$，質点の位置ベクトルを $\boldsymbol{r} = x\hat{\boldsymbol{x}}$ とする．このときの復元力は $\boldsymbol{F} = -k(x-x_0)\hat{\boldsymbol{x}}$ である．まず，$\boldsymbol{F}$ が保存力であるかを確かめる．力 $\boldsymbol{F}(\boldsymbol{r})$ は

$$\mathrm{rot}\,\boldsymbol{F}(\boldsymbol{r}) = \nabla\times\boldsymbol{F}(\boldsymbol{r})$$

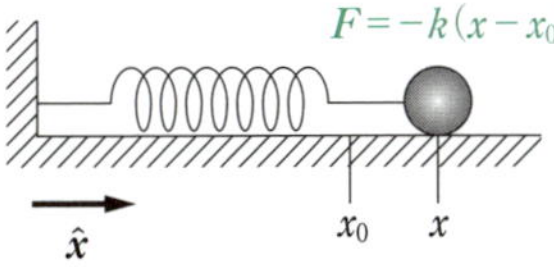

図 2.31　ばねの復元力のする仕事

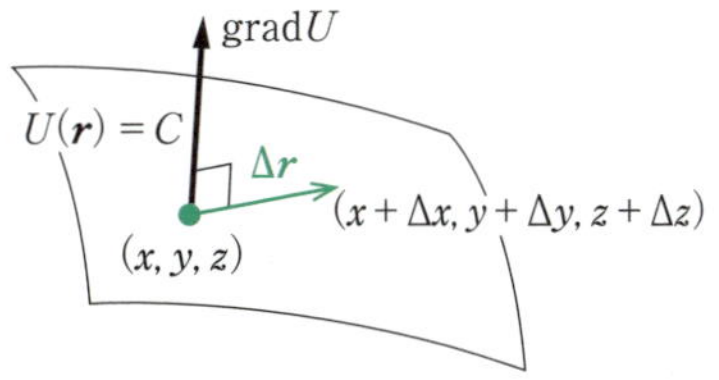

図 2.32　等ポテンシャル面

$$= \left(\hat{\boldsymbol{x}}\frac{\partial}{\partial x} + \hat{\boldsymbol{y}}\frac{\partial}{\partial y} + \hat{\boldsymbol{z}}\frac{\partial}{\partial z}\right) \times \{-k(x - x_0)\hat{\boldsymbol{x}}\} = \boldsymbol{0}$$

を満足し，$\boldsymbol{F}$ は保存力である．また，運動方程式から

$$\frac{d^2x}{dt^2} + \omega_0^2(x - x_0) = 0 \qquad (\because \omega_0^2 \equiv k/m)$$

となる．未知定数を A，δ とすると，平衡点からの変位 $(x - x_0)$ の一般解と dx/dt はそれぞれ

$$(x - x_0) = A\sin(\omega_0 t + \delta),$$
$$\frac{dx}{dt} = A\omega_0\cos(\omega_0 t + \delta)$$

である．平衡点を基準としたポテンシャル $U(x)$ は

$$U(x) = -\int_{x_0}^{x} \boldsymbol{F}\cdot d\boldsymbol{r} = -\int_{x_0}^{x} F_x dx' = \int_{x_0}^{x} k(x' - x_0)dx'$$
$$= \frac{1}{2}k(x - x_0)^2 = \frac{1}{2}kA^2\sin^2(\omega_0 t + \delta)$$

である．また，運動エネルギー K は

$$K = \frac{1}{2}m\left(\frac{dx}{dt}\right)^2 = \frac{1}{2}m{\omega_0}^2A^2\cos^2(\omega_0 t + \delta)$$
$$= \frac{1}{2}kA^2\cos^2(\omega_0 t + \delta)$$

である．復元力は保存力であるので，力学的エネルギー $E = K + U$ は

$$E = \frac{1}{2}kA^2\cos^2(\omega_0 t + \delta) + \frac{1}{2}kA^2\sin^2(\omega_0 t + \delta)$$
$$= \frac{1}{2}kA^2$$

と単振動の振幅 A によって決定され，力学的エネルギー E は保存されることが確かめられる．

2.2.7　等ポテンシャル面

ポテンシャル $U(\boldsymbol{r}) = U(x, y, z)$ が一定値の曲面を**等ポテンシャル面（equipotential surface）**という．等ポテンシャル面内の 2 点 (x, y, z)，$(x+\Delta x, y+\Delta y, z+\Delta z)$ のポテンシャルは等しく，ポテンシャルの値を C とすると，

$$U(x+\Delta x, y+\Delta y, z+\Delta z) = U(x, y, z) \equiv C$$

である．ここで，$\Delta x, \Delta y, \Delta z$ が微小量であるとすると

$$U(x+\Delta x, y+\Delta y, z+\Delta z)$$
$$= U(x, y, z) + \frac{\partial U}{\partial x}\Delta x + \frac{\partial U}{\partial y}\Delta y + \frac{\partial U}{\partial z}\Delta z$$

となり，

$$\frac{\partial U}{\partial x}\Delta x + \frac{\partial U}{\partial y}\Delta y + \frac{\partial U}{\partial z}\Delta z = 0$$

$$\left(\hat{\boldsymbol{x}}\frac{\partial U}{\partial x} + \hat{\boldsymbol{y}}\frac{\partial U}{\partial y} + \hat{\boldsymbol{z}}\frac{\partial U}{\partial z}\right)\cdot(\hat{\boldsymbol{x}}\Delta x + \hat{\boldsymbol{y}}\Delta y + \hat{\boldsymbol{z}}\Delta z)$$
$$= \mathrm{grad}\, U(\boldsymbol{r})\cdot\Delta\boldsymbol{r} = 0 \qquad (2.75)$$

の関係が得られる．$\Delta\boldsymbol{r}$ は等ポテンシャル面内での変位であるので，$\mathrm{grad}\, U(r)$ は等ポテンシャル面に垂直である（図 2.32）．

2.2 節のまとめ

- **ベクトル A が単位ベルトル $\hat{e}$ の回転軸まわりに微小回転 $d\theta$ したときの A の時間変化は $dA/dt = \omega \times A$ である．ここで，角速度 ω を $\omega = (d\theta/dt)\hat{e}$ と定義する．**
- **円柱座標系（$z = 0$）の力を $\boldsymbol{F} = F_r\hat{\boldsymbol{r}} + F_\phi\hat{\boldsymbol{\phi}}$ としたときの質点の運動方程式は**

$$m\left\{\frac{d^2r}{dt^2} - r\left(\frac{d\phi}{dt}\right)^2\right\}\hat{\boldsymbol{r}} + m\frac{1}{r}\left\{\frac{d}{dt}\left(r^2\frac{d\phi}{dt}\right)\right\}\hat{\boldsymbol{\phi}} = F_r\hat{\boldsymbol{r}} + F_\phi\hat{\boldsymbol{\phi}}$$

- **極座標系の力を $\boldsymbol{F} = F_r\hat{\boldsymbol{r}} + F_\theta\hat{\boldsymbol{\theta}} + F_\varphi\hat{\boldsymbol{\phi}}$ としたときの質点の運動方程式は**

$$m\left\{\frac{d^2r}{dt^2} - r\left(\frac{d\theta}{dt}\right)^2 - r\sin^2\theta\left(\frac{d\phi}{dt}\right)^2\right\}\hat{\boldsymbol{r}} + m\left\{\frac{1}{r}\frac{d}{dt}\left(r^2\frac{d\theta}{dt}\right) - r\sin\theta\cos\theta\left(\frac{d\phi}{dt}\right)^2\right\}\hat{\boldsymbol{\theta}}$$

$$+m\left[\frac{1}{r\sin\theta}\left\{\frac{d}{dt}\left(r^2\sin^2\theta\frac{d\phi}{dt}\right)\right\}\right]\hat{\boldsymbol{\phi}}$$
$$=F_r\hat{\boldsymbol{r}}+F_\theta\hat{\boldsymbol{\theta}}+F_\phi\hat{\boldsymbol{\phi}}$$

- 仕事の微小量 dW に伴う運動エネルギーの変化量は $d\mathrm{K}=dW$
- 力 $\boldsymbol{F}$ が質点に仕事をして $\boldsymbol{r}_\mathrm{A}$ から $\boldsymbol{r}_\mathrm{B}$ に移動したときの仕事 $W_{\mathrm{A}\to\mathrm{B}}$ は次の線積分で与えられる．

$$W_{\mathrm{A}\to\mathrm{B}}=\int_{\boldsymbol{r}_\mathrm{A}}^{\boldsymbol{r}_\mathrm{B}}\boldsymbol{F}\cdot d\boldsymbol{r}$$

- 質点に働く力 $\boldsymbol{F}$ が保存力である必要十分条件は $\mathrm{rot}\,\boldsymbol{F}=\boldsymbol{0}$．そのときの仕事は $W(\boldsymbol{r})=\int\boldsymbol{F}(\boldsymbol{r})\cdot d\boldsymbol{r}=-U(\boldsymbol{r})$ の関係があり，力学的エネルギーは保存される．
- 力が保存力のときの力 $\boldsymbol{F}(\boldsymbol{r})$ はポテンシャル $U(\boldsymbol{r})$ によって $\boldsymbol{F}(\boldsymbol{r})=-\mathrm{grad}\,U(\boldsymbol{r})$ と導かれる．

2.3　角運動量，中心力

質点が平面内あるいは3次元での運動を議論するとき，方位角方向の運動は角運動量が関係する．この節では，角運動量の概念および質点に働く力が中心力の場合について説明する．

2.3.1　角運動量

角運動量を説明し，力のモーメントがゼロであれば角運動量は保存され運動は平面内で起こることを説明する．

質点が1次元運動するとき，質点の運動量 $\boldsymbol{p}=m\boldsymbol{v}$ は位置ベクトル $\boldsymbol{r}$ に垂直方向の成分が存在しない．しかし，質点が平面内あるいは3次元で運動する場合には，運動量 $\boldsymbol{p}=m\boldsymbol{v}$ は位置ベクトル $\boldsymbol{r}$ に垂直な成分をもつ．そこで，運動量 $\boldsymbol{p}=m\boldsymbol{v}$ のモーメントを表す**角運動量（angular momentum）**

$$\boldsymbol{l}=\boldsymbol{r}\times\boldsymbol{p}=\boldsymbol{r}\times(m\boldsymbol{v})\tag{2.76}$$

の概念を導入する．図2.33に示すように，角運動量 $\boldsymbol{l}$ は位置ベクトル $\boldsymbol{r}$ と速度 $\boldsymbol{v}$ に垂直な方向で，大きさは位置ベクトル $\boldsymbol{r}$ と運動量 $\boldsymbol{p}$ のベクトルが作る面積である．$\boldsymbol{l}$ の時間変化（$d\boldsymbol{l}/dt$）は

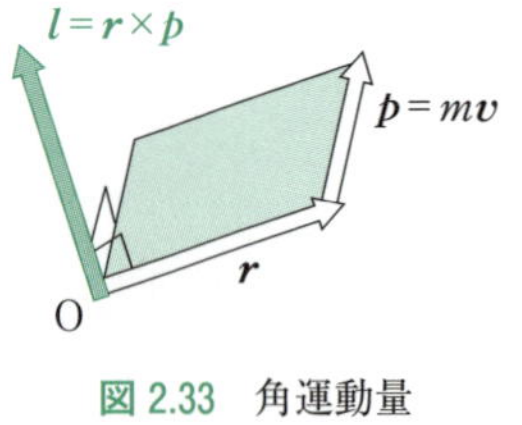

図2.33　角運動量

$$\frac{d\boldsymbol{l}}{dt}=\frac{d}{dt}(\boldsymbol{r}\times\boldsymbol{p})=\boldsymbol{r}\times\frac{d\boldsymbol{p}}{dt}=\boldsymbol{r}\times\boldsymbol{F}\equiv\boldsymbol{N}\tag{2.77}$$

である．ここで，$\boldsymbol{v}\times\boldsymbol{p}=0$ の関係を用いた．$\boldsymbol{l}$ の時間変化（$d\boldsymbol{l}/dt$）は質点に働く力のモーメント $\boldsymbol{N}$ に等しい．質点に働く力が $\boldsymbol{F}=\boldsymbol{0}$ あるいは $\boldsymbol{F}$ が $\boldsymbol{r}$ に平行なとき $\boldsymbol{N}=\boldsymbol{0}$ である．$\boldsymbol{N}=\boldsymbol{0}$ の場合には $\boldsymbol{l}$ の時間変化（$d\boldsymbol{l}/dt$）はゼロとなり，$\boldsymbol{l}$ の大きさおよび方向が保存される．さらに，$\boldsymbol{l}$ は常に位置ベクトル $\boldsymbol{r}$ に垂直である．したがって，$\boldsymbol{N}=\boldsymbol{0}$ のとき角運動量 $\boldsymbol{l}$ は保存され，質点は角運動量 $\boldsymbol{l}$ に垂直な平面内で運動する．

2.3.2　面積速度

面積速度は角運動量に比例することを説明する．

時刻 t で位置ベクトル $\boldsymbol{r}$，速度 $\boldsymbol{v}$ である質点が時刻 $t+dt$ で位置ベクトル $\boldsymbol{r}+d\boldsymbol{r}$ に変位したとき，微小時間 dt に動径が描く面積変化量 $d\boldsymbol{S}$ は

$$d\boldsymbol{S}=\frac{1}{2}(\boldsymbol{r}\times d\boldsymbol{r})=\frac{1}{2}(\boldsymbol{r}\times\boldsymbol{v}dt)=\frac{1}{2}(\boldsymbol{r}\times\boldsymbol{v})dt$$

である．ここで，微小時間 dt における質点の変位 $d\boldsymbol{r}=\boldsymbol{v}dt$ の関係を用いた．単位時間あたりの面積変化量 $d\boldsymbol{S}/dt$ を**面積速度（areal velocity）**とよび，

$$\frac{d\boldsymbol{S}}{dt}=\frac{1}{2}\boldsymbol{r}\times\boldsymbol{v}=\frac{\boldsymbol{r}\times\boldsymbol{p}}{2m}=\frac{\boldsymbol{l}}{2m}\tag{2.78}$$

と表される．$d\boldsymbol{S}/dt$ は図2.34に示したように動径が単位時間に描く面積で，方向は $\boldsymbol{r}$，$\boldsymbol{v}$ に垂直である．角運動量 $\boldsymbol{l}$ と $d\boldsymbol{S}/dt$ の間には式(2.78)の関係があり，角運動量 $\boldsymbol{l}$ が保存されるとき面積速度 $d\boldsymbol{S}/dt$ も保存される．

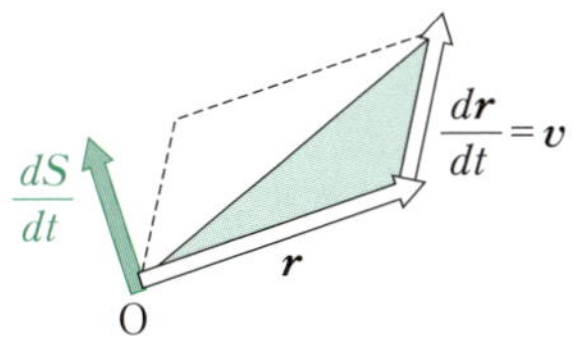

図 2.34　面積速度

2.3.3　中心力

質点に中心力が働くとき，角運動量が保存され，平面内で運動する．また，中心力は保存力であり，力学的エネルギーが保存されることを説明する．

図 2.35 に示したように，質点に働く力 $\boldsymbol{F}$ の作用線が定点 O を通るとき，この力 $\boldsymbol{F}$ を**中心力（central force）**という．O を原点として質点の位置ベクトルを $\boldsymbol{r}$ とすると，$\boldsymbol{r}$ 方向の単位ベクトル $\hat{\boldsymbol{r}}$ は $\boldsymbol{r}/r$ となり，中心力の大きさは $\boldsymbol{r}$ の関数として与えられ一般に，中心力は

$$\boldsymbol{F} = f(\boldsymbol{r})\hat{\boldsymbol{r}} = f(\boldsymbol{r})\frac{\boldsymbol{r}}{r}$$

と表される．$f(\boldsymbol{r}) > 0$ のとき $\boldsymbol{F} = |f(\boldsymbol{r})|\hat{\boldsymbol{r}}$ となり**斥力（repulsion）**を，$f(\boldsymbol{r}) < 0$ のとき $\boldsymbol{F} = -|f(\boldsymbol{r})|\hat{\boldsymbol{r}}$ となり**引力（attraction）**を表す．質点に中心力 $\boldsymbol{F} = f(\boldsymbol{r})\hat{\boldsymbol{r}}$ が働いているとき，角運動量 $\boldsymbol{l}$ の時間変化 $(d\boldsymbol{l}/dt)$ は

$$\frac{d\boldsymbol{l}}{dt} = \boldsymbol{r}\times\boldsymbol{F} = (r\hat{\boldsymbol{r}})\times\{f(\boldsymbol{r})\hat{\boldsymbol{r}}\} = \boldsymbol{0}$$

となり，$\boldsymbol{l}$ および面積速度 $(d\boldsymbol{S}/dt)$ は保存され，質点は $\boldsymbol{l}$ に垂直な平面内で運動する．したがって，平面運動の基本単位ベクトルを $\hat{\boldsymbol{r}}$，$\hat{\boldsymbol{\phi}}$，$\hat{\boldsymbol{z}}$ とした $z = 0$ の円柱座標系で考える（2.2.3 項 a．平面内の運動を参照）．そのときの位置ベクトル $\boldsymbol{r}$ は $\boldsymbol{r} = r\hat{\boldsymbol{r}}$ である．速度 $\boldsymbol{v}$ および加速度 $\boldsymbol{a}$ は，式(2.60)，式(2.61)

$$\boldsymbol{v} = \frac{dr}{dt}\hat{\boldsymbol{r}} + r\frac{d\phi}{dt}\hat{\boldsymbol{\phi}}$$

$$\boldsymbol{a} = \left\{\frac{d^2r}{dt^2} - r\left(\frac{d\phi}{dt}\right)^2\right\}\hat{\boldsymbol{r}} + \left\{\frac{1}{r}\frac{d}{dt}\left(r^2\frac{d\phi}{dt}\right)\right\}\hat{\boldsymbol{\phi}}$$

である．質量 m の質点に中心力 $\boldsymbol{F} = f(\boldsymbol{r})\hat{\boldsymbol{r}}$ が働くときの質点の運動方程式

$$m\frac{d^2\boldsymbol{r}}{dt^2} = f(\boldsymbol{r})\hat{\boldsymbol{r}}$$

の平面運動での動径方向（$\hat{\boldsymbol{r}}$ 方向）と方位角方向（$\hat{\boldsymbol{\phi}}$ 方向）は，それぞれ

$$m\left\{\frac{d^2r}{dt^2} - r\left(\frac{d\phi}{dt}\right)^2\right\} = f(\boldsymbol{r}) \tag{2.79}$$

$$m\left\{\frac{1}{r}\frac{d}{dt}\left(r^2\frac{d\phi}{dt}\right)\right\} = 0 \tag{2.80}$$

となる．方位角方向の運動方程式(2.80)は力が中心力ときに $r^2(d\phi/dt)$ が保存されることを示している．そこで，$r^2(d\phi/dt) \equiv h$（一定）と置き，この関係式を式(2.79)に代入すると，動径方向の運動方程式は，

$$m\left\{\frac{d^2r}{dt^2} - \frac{h^2}{r^3}\right\} = f(\boldsymbol{r}) \tag{2.81}$$

と表される．次に，中心力 $\boldsymbol{F} = f(\boldsymbol{r})\hat{\boldsymbol{r}}$ が保存力であるかを調べる．$\boldsymbol{F} = f(\boldsymbol{r})\hat{\boldsymbol{r}}$ のデカルト座標系の x, y, z 成分を F_x, F_y, F_z と表せば，

$$F = f(\boldsymbol{r})\hat{\boldsymbol{r}} = f(\boldsymbol{r})\frac{\boldsymbol{r}}{r} = \frac{f(\boldsymbol{r})}{r}x\hat{\boldsymbol{x}} + \frac{f(\boldsymbol{r})}{r}y\hat{\boldsymbol{y}} + \frac{f(\boldsymbol{r})}{r}z\hat{\boldsymbol{z}}$$
$$= F_x\hat{\boldsymbol{x}} + F_x\hat{\boldsymbol{y}} + F_x\hat{\boldsymbol{z}}$$

である．この力が保存力である条件 $\mathrm{rot}\,\boldsymbol{F} = \boldsymbol{0}$ を満足するかを調べる．$\mathrm{rot}\,\boldsymbol{F}$ の x 成分 $(\mathrm{rot}\,\boldsymbol{F})_x$ は

$$(\mathrm{rot}\,\boldsymbol{F})_x = \frac{\partial F_z}{\partial y} - \frac{\partial F_y}{\partial z} = \frac{\partial}{\partial y}\left\{\frac{f(\boldsymbol{r})}{r}z\right\} - \frac{\partial}{\partial z}\left\{\frac{f(\boldsymbol{r})}{r}y\right\}$$
$$= z\frac{\partial r}{\partial y}\left[\frac{\partial}{\partial r}\left\{\frac{f(\boldsymbol{r})}{r}\right\}\right] - y\frac{\partial r}{\partial z}\left[\frac{\partial}{\partial r}\left\{\frac{f(\boldsymbol{r})}{r}\right\}\right]$$

である．ここで，$r = \sqrt{x^2+y^2+z^2}$ の関係から得られる $\partial r/\partial y = y/r$，$\partial r/\partial z = z/r$ の関係を上式に用いれば，

$$(\mathrm{rot}\,\boldsymbol{F})_x = z\frac{y}{r}\left[\frac{\partial}{\partial r}\left\{\frac{f(\boldsymbol{r})}{r}\right\}\right] - y\frac{z}{r}\left[\frac{\partial}{\partial r}\left\{\frac{f(\boldsymbol{r})}{r}\right\}\right] = 0$$

が得られる．また，同様に $(\mathrm{rot}\,\boldsymbol{F})_y = 0$，$(\mathrm{rot}\,\boldsymbol{F})_z = 0$ が確かめられ，$\mathrm{rot}\,\boldsymbol{F} = \boldsymbol{0}$ の条件を満足し，中心力は保存力であることがわかる．また，質点に働く力 $\boldsymbol{F} = f(\boldsymbol{r})\hat{\boldsymbol{r}}$ とポテンシャル $U(\boldsymbol{r})$ の関係を極座標系で表すと，2.2.5 項の式(2.74)より

$$\boldsymbol{F} = f(\boldsymbol{r})\hat{\boldsymbol{r}} = -\mathrm{grad}\,U = -\nabla U$$
$$= -\left\{\hat{\boldsymbol{r}}\frac{\partial U}{\partial r} + \hat{\boldsymbol{\theta}}\frac{1}{r}\frac{\partial U}{\partial \theta} + \hat{\boldsymbol{\phi}}\frac{1}{r\sin\theta}\frac{\partial U}{\partial \phi}\right\}$$

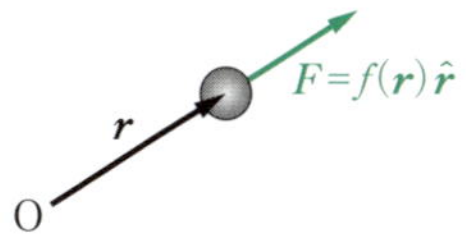

図 2.35　中心力

となり,

$$-\frac{\partial U}{\partial r}=f(\boldsymbol{r}),\quad \frac{\partial U}{\partial \theta}=0,\quad \frac{\partial U}{\partial \phi}=0$$

の関係が得られる. これらの結果から, ポテンシャル $U(\boldsymbol{r})=U(r,\theta,\phi)$ は θ, ϕ に依存せず, r のみの関数 $U(r)$ であることがわかる. また, r のみの関数である $U(r)$ から $f(\boldsymbol{r})$ が得られることから, $f(\boldsymbol{r})=f(r,\theta,\phi)$ も r のみの関数 $f(r)$ であることがわかる. したがって, $-dU(r)/dr=f(r)$ である. この関係式からポテンシャル $U(r)$ は

$$U(r)=-\int f(r)dr$$

と与えられる.

中心力の力学的エネルギー

中心力 $\boldsymbol{F}=f(r)\hat{\boldsymbol{r}}$ は角運動が保存され, 動径方向の運動方程式は式(2.81)で与えられる. 式(2.81)の両辺に dr/dt をかけると,

$$\frac{d}{dt}\left[\frac{1}{2}m\left\{\left(\frac{dr}{dt}\right)^2+\left(\frac{h}{r}\right)^2\right\}\right]=f(r)\frac{dr}{dt} \tag{2.82}$$

の関係式が得られる. 中心力の場合の運動エネルギー K は, 式(2.60)と $r^2(d\phi/dt)=h$ の関係を用いれば

$$K=\frac{1}{2}m\boldsymbol{v}^2=\frac{1}{2}m\left(\frac{dr}{dt}\hat{\boldsymbol{r}}+r\frac{d\phi}{dt}\hat{\boldsymbol{\phi}}\right)^2$$
$$=\frac{1}{2}m\left\{\left(\frac{dr}{dt}\right)^2+\left(\frac{h}{r}\right)^2\right\}$$

である. したがって, 式(2.82)の左辺は K の時間微分 dK/dt を意味している. また, $dU=-f(r)dr$ の関係を用いれば, 式(2.82)は $dK/dt=-dU/dt$ となり,

$$\frac{1}{2}m\left\{\left(\frac{dr}{dt}\right)^2+\left(\frac{h}{r}\right)^2\right\}+U=E \tag{2.83}$$

が得られる. $K+U=E$ (一定) となることから, 力学的エネルギーが保存されることが確かめられる.

2.3.4 惑星の運動

惑星の運動は力学的エネルギー E の符号によって太陽に拘束されるか, 無限遠まで運動可能かが決まることを説明する.

よく知られている中心力の代表は太陽 (質量 M) のまわりの**惑星の運動 (planetary motion)** である (図 2.36). ここでは, 太陽を原点に固定し, 惑星の運動を調べる. 惑星 (質量 m) に太陽から距離 r の 2 乗に反比例する**万有引力 (universal gravitation)**

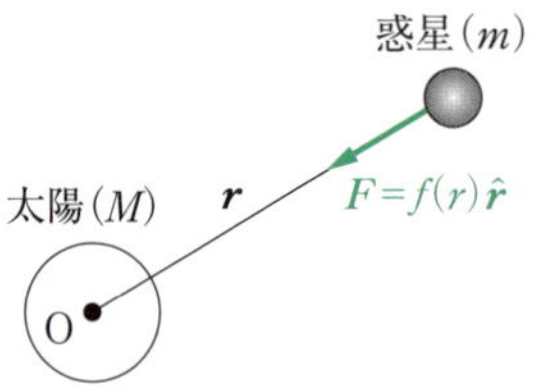

図 2.36　惑星の運動

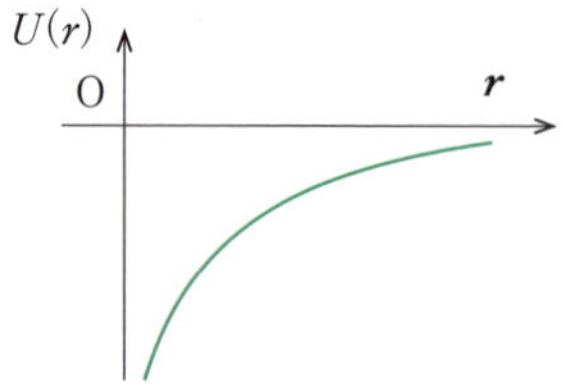

図 2.37　惑星のポテンシャル

$$\boldsymbol{F}=f(r)\hat{\boldsymbol{r}}=-\frac{GMm}{r^2}\hat{\boldsymbol{r}}$$

が働く. ここで, G は万有引力定数である. 万有引力は中心力であり, 角運動 $\boldsymbol{l}$ が保存される. 惑星が運動するときのエネルギー保存則は式(2.83)で与えられる. 惑星に働く万有引力は無限遠でゼロであるので, ポテンシャル $U(r)$ の基準点を $r=\infty$ とすれば, ポテンシャル $U(r)$ は

$$U(r)=-\int_{\infty}^{r}\boldsymbol{F}\cdot d\boldsymbol{r}=-\int_{\infty}^{r}\{f(r)\hat{\boldsymbol{r}}\}\cdot d(r\hat{\boldsymbol{r}})$$
$$=-\int_{\infty}^{r}\{f(r)\hat{\boldsymbol{r}}\}\cdot(\hat{\boldsymbol{r}}dr+\hat{\boldsymbol{\phi}}rd\phi)=-\int_{\infty}^{r}f(r)dr$$
$$=\int_{\infty}^{r}\frac{GMm}{r^2}dr=\left[-\frac{GMm}{r}\right]_{\infty}^{r}=-\frac{GMm}{r}<0 \tag{2.84}$$

となる. ここで, $d\hat{\boldsymbol{r}}=\hat{\boldsymbol{\phi}}d\phi$ の関係を用いた. 惑星のポテンシャル $U(r)$ は図 2.37 に示したようにすべての領域で負の値をとる. エネルギー保存則 $K+U=E$ より, $K=E-U>0$ のときは運動エネルギー K が正となり運動可能である. 力学的エネルギーが $E>0$ のとき, 図 2.38(a)に示したように運動エネルギー K は常に正の値をとる. したがって, $E>0$ のとき惑星は全領域で運動可能であり, 無限遠にも達することができる. それに対して, $E<0$ のとき, $E=U$ を満足する r を $r=r_0$ とすると, $0\leq r<r_0$ の領域で $K>0$ となる. したがって, 図 2.38(b)に示した運動エネルギー K が正の値をとる $0\leq r<r_0$ の領域で惑星は運動可能であり, 太陽に拘束される.

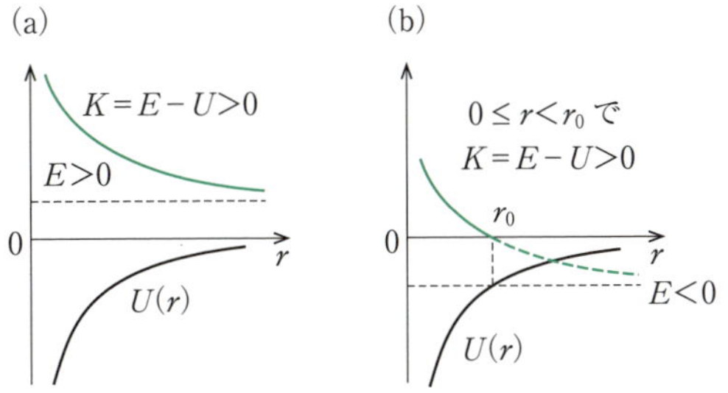

図 2.38 惑星の運動エネルギー K と惑星のポテンシャル $U(r)$ (a) $E>0$, (b) $E<0$

2.3.5 惑星の軌道

力学的エネルギー E によって与えられる離心率 ε の大きさに依存して惑星の軌道が決まることを説明する．

惑星の軌道は動径 r を角度 ϕ の関数 $r=r(\phi)$ として表すことによって決まる．2.3.4 項で得た式(2.83)と式(2.84)から，

$$\frac{1}{2}m\left\{\left(\frac{dr}{dt}\right)^2+\left(\frac{h}{r}\right)^2\right\}-\frac{GMm}{r}=E \qquad (2.85)$$

の関係式が得られる．$1/r\equiv z$ とおけば，dr/dt は

$$\frac{dr}{dt}=\frac{d\phi}{dt}\frac{dz}{d\phi}\frac{dr}{dz}=(hz^2)\frac{dz}{d\phi}\left(-\frac{1}{z^2}\right)=-h\frac{dz}{d\phi}$$

である．ここで，$r^2(d\phi/dt)=h$ の関係を用いた．$dr/dt=-h(dz/d\phi)$ と $1/r=z$ を式(2.85)に代入すれば，

$$\frac{1}{2}mh^2\left\{\left(\frac{dz}{d\phi}\right)^2+z^2\right\}-GMmz=E$$

となり，エネルギー保存則は z と ϕ の関数で与えられる．上式から，$(dz/d\phi)^2$ は

$$\left(\frac{dz}{d\phi}\right)^2=\frac{2E}{mh^2}+\frac{2GM}{h^2}z-z^2=\left(\frac{\varepsilon}{r_0}\right)^2-\left(z-\frac{1}{r_0}\right)^2 \qquad (2.86)$$

と得られる．ここで，

$$\frac{h^2}{GM}\equiv r_0,\quad 1+\frac{2Eh^2}{G^2M^2m}\equiv\varepsilon^2 \qquad (2.87)$$

とおいた．式(2.86)から $\varepsilon^2<0$ のとき $(dz/d\phi)^2<0$ となり，解が存在しない．そこで，$\varepsilon^2\geq 0$ として考えると，

$$\left(\frac{dz}{d\phi}\right)=\pm\sqrt{\left(\frac{\varepsilon}{r_0}\right)^2-\left(z-\frac{1}{r_0}\right)^2}$$

が得られる．$z-1/r_0\equiv(\varepsilon/r_0)\cos\alpha$ とおけば，上式は

$$d\phi=\mp d\alpha$$

となる．ϕ, α に関する積分定数を ϕ_0 に組み入れ，

$$\phi+\phi_0=\mp\alpha$$

とすると

$$\cos(\phi+\phi_0)=\cos(\mp\alpha)=\cos\alpha=\frac{r_0}{\varepsilon}\left(z-\frac{1}{r_0}\right)$$

が得られる．上式の関係式から，動径 r は

$$r=\frac{r_0}{1+\varepsilon\cos(\phi+\phi_0)}$$

と与えられる．ここで，簡単のため，$\phi_0=0$ とおくと

$$r=\frac{r_0}{1+\varepsilon\cos\phi} \qquad (2.88)$$

が得られる．式(2.88)で表される曲線は ε の値によって楕円，放物線および双曲線を表すことができ，**円錐曲線（conic section）**という．したがって，惑星の軌道は力学的エネルギー E に依存する ε の値によって

a. $0\leq\varepsilon<1$, **b.** $\varepsilon=1$, **c.** $\varepsilon>1$

の場合で惑星の運動を区別することができる．ここで，式(2.87)から ε と E は $\varepsilon=\sqrt{1+2Eh^2/G^2M^2m}$ の関係である．

a. $0\leq\varepsilon<1$ の場合

$0\leq\varepsilon<1$ のとき，力学的エネルギー E のとり得る範囲は

$$-\frac{G^2M^2m}{2h^2}\leq E<0$$

である．$E<0$ であることから，惑星は太陽に拘束運動される．惑星の軌道を表す式(2.88)

$$r(\phi)=\frac{r_0}{1+\varepsilon\cos\phi}\quad(0\leq\varepsilon<1)$$

から，$0\leq\phi\leq\pi$ に対して r のとり得る値は

$$r(0)=\frac{r_0}{1+\varepsilon}\leq r\leq\frac{r_0}{1-\varepsilon}=r(\pi)$$

である．図 2.39 に示すように，太陽の位置 F を原点とし，惑星の位置を点 P とすれば，惑星の位置 x, y は $x=r\cos\phi$, $y=r\sin\phi$ である．そのとき，式(2.88)から $r=r_0-\varepsilon x$ が得られ，

$$x^2+y^2=r^2=(r_0-\varepsilon x)^2$$

の関係式から，

$$\frac{(x+a\varepsilon)^2}{a^2}+\frac{y^2}{b^2}=1 \qquad (2.89)$$

の惑星の軌道が求められる．ここで，$r_0/(1-\varepsilon^2)\equiv a$, $ar_0\equiv b^2$ とおいた．この式(2.89)は図 2.40 に示す

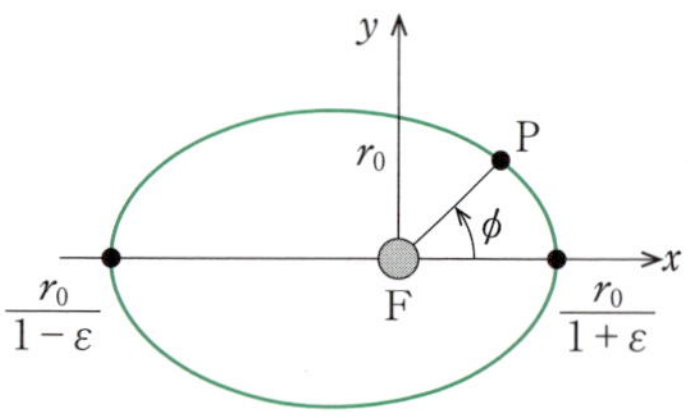

図 2.39　惑星の楕円運動

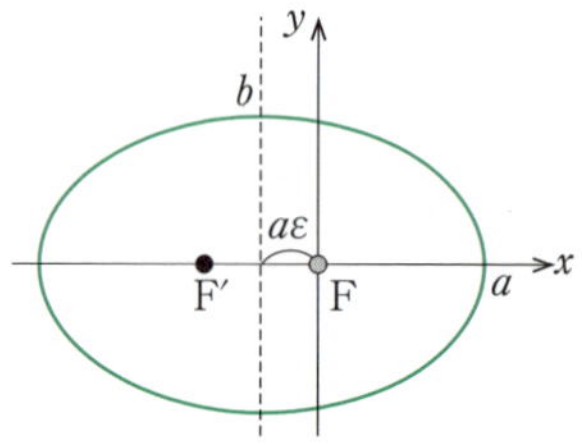

図 2.40　惑星の楕円軌道と焦点

$(-a\varepsilon,\ 0)$ を中心とした二つの焦点 F，F′ のうちの 1 つの焦点に太陽があり，惑星の運動は楕円軌道を表していることを示している．これを**ケプラーの第 1 法則（Kepler's first law）**という．楕円軌道を特徴づける ε は**離心率（eccentricity）**とよばれる．楕円軌道の半長軸 a と半短軸 b の比 $a/b = 1/\sqrt{1-\varepsilon^2}$ の関係から離心率εを知ることができる．惑星に働く力は中心力であるので，面積速度 $d\boldsymbol{S}/dt = (h/2)\hat{\boldsymbol{z}}$ は保存され，面積速度が一定である**ケプラーの第 2 法則（Kepler's second law）**が示される．また，惑星が太陽のまわりを**公転（revolution）**する周期 T の時間で動径は楕円の全面積 $ab\pi$ を覆い，

$$ab\pi = \left|\frac{d\boldsymbol{S}}{dt}\right| T = \frac{h}{2} T$$

である．惑星の公転周期 T は

$$T = \frac{2\pi}{h} ab = \frac{2\pi}{h} a(ar_0)^{1/2} = \frac{2\pi}{\sqrt{GM}} a^{3/2}$$

である．T は半長軸 a の 3/2 乗に比例する**ケプラーの第 3 法則（Kepler's third law）**が示される．

金星，地球などの半長軸 a と半短軸 b の比は 1 に近く，離心率 ε はゼロに近い．そこで $\varepsilon = 0$ の場合を

ヨハネス・ケプラー

ドイツの天文学者．天体の運行法則に関する「ケプラーの法則」を唱えた．惑星の運動が楕円軌道であることを唱えた．また，雪の結晶が正六角形になることを発見した（1571-1630）．

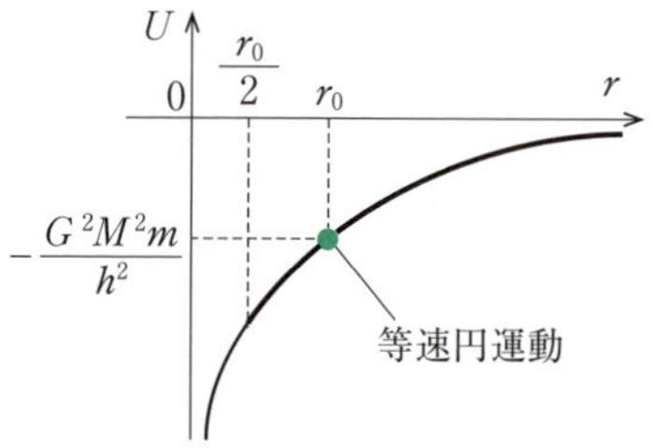

図 2.41　$\varepsilon = 0$ のポテンシャル

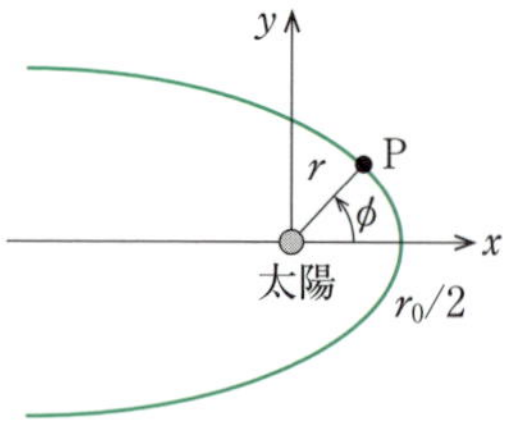

図 2.42　惑星の放物線運動

考えると，動径 $r(\phi)$ と速度 $\boldsymbol{v}$ はそれぞれ $r(\phi) = r_0 = h^2/GM$，$\boldsymbol{v} = (GM/h)\hat{\boldsymbol{\phi}}$ となり等速円運動をすることがわかる．また，惑星の運動エネルギー K とポテンシャル U はそれぞれ

$$K = \frac{1}{2}\frac{G^2M^2m}{h^2}, \quad U = -\frac{G^2M^2m}{h^2}$$

となり，力学的エネルギー E は

$$E = K + U = -\frac{1}{2}\frac{G^2M^2m}{h^2}$$

である．ε が $0 \leq \varepsilon < 1$ の範囲にあるときの惑星は太陽に拘束され，動径 r は $r_0/2 < r$ の範囲をとり得る．$\varepsilon = 0$ のとき r は図 2.41 に示した r_0 であり，力学的エネルギー $E = U/2$ で等速円運動をする．

b.　$\varepsilon = 1$ の場合

$\varepsilon = 1$ のとき，力学的エネルギーは $E = 0$ である．r のとり得る値は式(2.88)から

$$r(\phi) = \frac{r_0}{1+\cos\phi}$$

である．$0 \leq \phi \leq \pi$ に対して r の値は $\phi = 0$ での $r_0/2$ から ϕ と共に増大し，$\phi = \pi$ で惑星は無限遠に達する．$\varepsilon = 1$ とした式(2.88)から $r = r_0 - x$ が得られ，$x^2 + y^2 = r^2 = (r_0 - x)^2$ の関係式から

$$x = -\frac{1}{2r_0}y^2 + \frac{r_0}{2} \qquad (2.90)$$

の惑星の放物軌道が得られる．図 2.42 に示すように

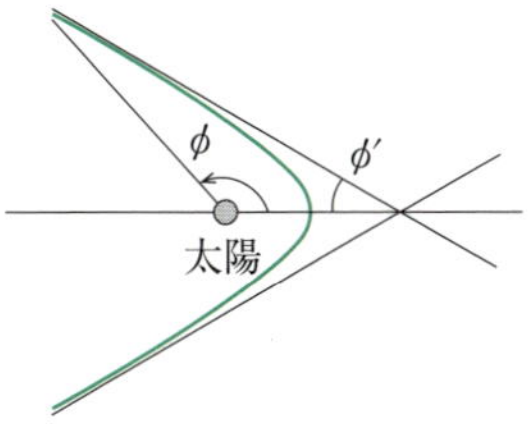

図 2.43 惑星の双曲線運動

惑星は**放物運動（motion of a projectile）**する．

c. $1<\varepsilon$ の場合

$1<\varepsilon$ のとき，力学的エネルギー E は正の値をとり，式(2.88)

$$r(\phi)=\frac{r_0}{1+\varepsilon\cos\phi}(\varepsilon>1)$$

から，r のとり得る値は $\phi=0$ で $r_0/(1+\varepsilon)$ であり，ϕ と共に増大し $1+\varepsilon\cos\phi=0$ を満足する ϕ で惑星は無限遠に達する．一方，$0\leq\varepsilon<1$ のときの惑星の楕円軌道は

$$\frac{(x+a\varepsilon)^2}{a^2}+\frac{y^2}{b^2}=1$$

であり，$r_0/(1-\varepsilon^2)=a$，$ar_0=b^2$ とした．$\varepsilon>1$ のときの a, b^2 は共に負の値をとる．そこで，a を $a\equiv-a'$（$a'>0$）とすれば，上式の $a\varepsilon$ および b^2 は

$$a\varepsilon=-a'\varepsilon<0,\quad b^2=ar_0=-a'r_0\equiv-b'^2<0$$

となり，$\varepsilon>1$ のときの惑星の軌道は

$$\frac{(x-a'\varepsilon)^2}{a'^2}-\frac{y^2}{b'^2}=1 \tag{2.91}$$

の双曲線で表される．$1+\varepsilon\cos\phi=0$ を満足する ϕ を $\phi=\pi-\phi'$ とすると，ϕ' は図 2.43 に示した漸近線のなす角であり，ϕ のとり得る値は $-(\pi-\phi')\leq\phi\leq(\pi-\phi')$ である．$\phi\approx\pi-\phi'$ では，$a'\varepsilon$ および 1 は x, y に比べ非常に小さく無視することができ，漸近線を表す角度 ϕ' は

$$\tan\phi'=\left|\frac{y}{x}\right|=\sqrt{\varepsilon^2-1}=\sqrt{\frac{2E}{m}}\frac{h}{GM}$$

となる．

2.3.6 古典的ラザフォード散乱

原子核と正電気を帯びた α 粒子などとの間に斥力が働く．正電気を帯びた粒子が飛んできて散乱されるときの運動を古典的**ラザフォード散乱（Rutherford Scattering）**といい，惑星の運動を土台として考えられる．このことによって，衝突パラメータと散乱角との関係を導く．

太陽と惑星に働く万有引力 $\boldsymbol{F}$ は

$$\boldsymbol{F}=-\frac{GMm}{r^2}\hat{\boldsymbol{r}}$$

である．電荷 Q_1，Q_2 をもつ二つで粒子間に及ぼす力は

$$\boldsymbol{F}=\frac{1}{4\pi\varepsilon_0}\frac{Q_1Q_2}{r^2}\hat{\boldsymbol{r}}$$

で知られる**クーロン力（Coulomb's force）**とよばれる静電力が働く．ここで，ε_0 は真空誘電率であり，r は粒子間距離である．同符号の荷電粒子間に働くクーロン力 $\boldsymbol{F}$ には斥力の中心力が働く．正の電荷を帯びた原子核に α 線などの正の電荷を帯びた荷電粒子が飛んできたときの運動を知るには，クーロン力を

$$\boldsymbol{F}=\frac{km}{r^2}\hat{r}\quad(k>0) \tag{2.92}$$

と表す．ここで，$Q_1Q_2/(4\pi\varepsilon_0 m)\equiv k$ と置いた．この係数 k を万有引力における $-GM$ とみなせば，運動方程式は惑星の運動と類似している．原子核を固定させたときの荷電粒子のポテンシャルは $U(r)=km/r>0$ で与えられる．惑星の運動での式(2.85)に対応する力学的エネルギー E は

$$E=\frac{1}{2}m\left\{\left(\frac{dr}{dt}\right)^2+\left(\frac{h}{r}\right)^2\right\}+\frac{km}{r} \tag{2.93}$$

と表せる．また，式(2.86)に対応する式として

$$\left(\frac{dz}{d\phi}\right)^2=\left(\frac{\varepsilon}{r_0}\right)^2-\left(z+\frac{1}{r_0}\right)^2$$

が得られる．ここで，$h^2/k\equiv r_0$ とおいた．クーロン力による散乱の軌道を表す式 $r(\phi)$ および離心率 ε は

$$r=\frac{r_0}{\varepsilon\cos\phi-1} \tag{2.94}$$

$$\varepsilon=\sqrt{1+\frac{2h^2E}{k^2m}} \tag{2.95}$$

である．力学的エネルギー E は正であるので，クーロン力による散乱の場合，離心率は $\varepsilon>1$ である．また，$r_0/(\varepsilon^2-1)\equiv a'$，$a'r_0\equiv b'^2$ とおけば，$\varepsilon>1$ の場合の双曲線関数が得られる式(2.91)

$$\frac{(x-a'\varepsilon)^2}{a'^2}-\frac{y^2}{b'^2}=1$$

が得られる．$r(\phi)$ の領域は $r(\phi)\geq r(0)=r_0/(\varepsilon-1)$ であり，$\varepsilon\cos\phi_0=1$ を満足する $r(\phi_0)$ で無限遠に達する．図 2.44 に示すように，$\phi=\phi_0$ が漸近線とな

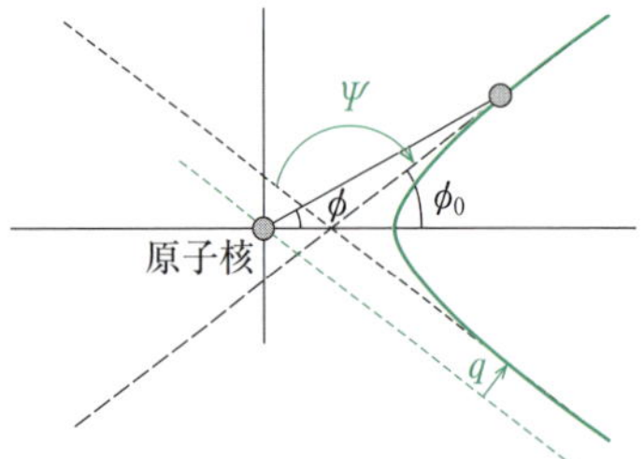

図 2.44　クーロン力による散乱

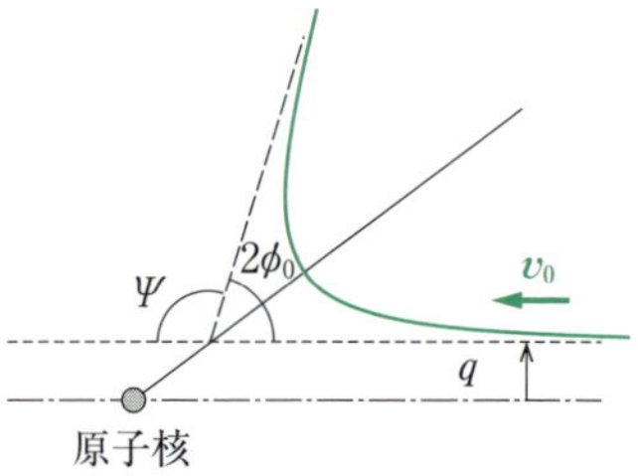

図 2.45　荷電粒子の散乱

る．力の中心（原子核）に近づいた荷電粒子は角度 Ψ だけ向きを変えて遠方にいく．この角度 Ψ を**散乱角（scattering angle）**という．次に，図 2.44 に示すように，原子核から距離 q 離れた漸近線上に入射された場合の荷電粒子の散乱角 Ψ について考える．原子核から漸近線までの距離 q を**衝突パラメータ（impact parameter）**とよぶ．荷電粒子と原子核に働く力は中心力であるので角運動量 $\boldsymbol{l}$（$l = mh$）と力学的エネルギー E が保存される．荷電粒子が速度 $\boldsymbol{v}_0$ で原子核に近付いてきたときの角運動量 $\boldsymbol{l}$ と力学的エネルギー E は，それぞれ

$$\boldsymbol{l} = \boldsymbol{r}\times(m\boldsymbol{v}) = mqv_0\hat{\boldsymbol{z}} = mh\hat{\boldsymbol{z}}$$

$$E = K+U = \frac{1}{2}m{v_0}^2+U(\infty) = \frac{1}{2}m{v_0}^2$$

である．これらの関係を式(2.95)に代入すれば，$\varepsilon^2 = 1+q^2{v_0}^4/k^2$ が得られる．また，$\varepsilon\cos\phi_0 = 1$ の関係がある．散乱角 Ψ と角度 ϕ_0 には $\Psi = \pi-2\phi_0$（図 2.44 参照）の関係が存在する．以上の関係式から，散乱角 Ψ と衝突パラメータ q に

$$\cot\frac{\Psi}{2} = \frac{\sqrt{1-\cos^2\phi_0}}{\cos\phi_0} = \sqrt{\varepsilon^2-1} = \frac{q{v_0}^2}{k} \qquad (2.96)$$

の関係が得られる．式(2.96)は衝突パラメータ q が大きくなれば散乱角 Ψ が小さくなることを意味している．

2.3.7　散乱断面積

図 2.45 に示したように，正電荷を帯びた多数の荷電粒子が速度 $\boldsymbol{v}_0$ で原子核に入射する．このとき，単位面積，単位時間あたり一定密度 ρ の荷電粒子が入射したとする．衝突パラメータが q と $q+dq$ の間にある荷電粒子数 dN は $dN = \rho 2\pi q dq$ である．入射した荷電粒子が散乱角 Ψ と $\Psi+d\Psi$ 間の角度で出ていく．そのときの単位長さの Ψ と $\Psi+d\Psi$ が作る面積を**立体角（solid angle）**$d\Omega$ で表すと，

$$d\Omega = 2\pi\sin\Psi d\Psi \qquad (2.97)$$

である．ここで，Ψ のとり得る値は $0 \leq \Psi \leq \pi$ である．入射してきた荷電粒子数 dN は，立体角 $d\Omega$ を用いて

$$dN = \rho 2\pi q dq = \rho 2\pi q\frac{dq}{d\Omega}d\Omega = \rho 2\pi q\left|\frac{dq}{d\Psi}\right|\frac{d\Psi}{d\Omega}d\Omega$$
$$= \rho\sigma(\Psi)d\Omega$$

と表せる．ここで，

$$2\pi q\left|\frac{dq}{d\Psi}\right|\frac{d\Psi}{d\Omega} \equiv \sigma(\Psi)$$

と置いた．式(2.96)からわかるように，dq が増加すれば $d\Psi$ は減少する．そのために $dq/d\Psi$ を $|dq/d\Psi|$ とした．$\sigma(\Psi)$ は単位時間での入射密度 ρ で割った dN/ρ と立体角 $d\Omega$ との関係を表している．この $\sigma(\Psi)$ を**散乱の微分断面積（differential cross section of scattering）**という．また，式(2.96)，式(2.97)を用いれば

$$\left|\frac{dq}{d\Psi}\right| = \frac{k}{2{v_0}^2\sin^2\left(\frac{\Psi}{2}\right)}, \qquad \frac{d\Psi}{d\Omega} = \frac{1}{4\pi\sin\left(\frac{\Psi}{2}\right)\cos\left(\frac{\Psi}{2}\right)}$$

が得られ，クーロン力による散乱の微分断面積は

$$\sigma(\Psi) = \frac{k^2}{4{v_0}^4\sin^4\left(\frac{\Psi}{2}\right)} \qquad (2.98)$$

と与えられる．式(2.98)は**ラザフォードの散乱公式（Rutherford's scattering formula）**ともよばれる．

アーネスト・ラザフォード

ニュージーランド出身の物理学者．α線とβ線を発見．α線の散乱実験（ラザフォード散乱）により原子核を発見．「原子物理学の父」とよばれる．(1871-1937)

2.3 節のまとめ

- **角運動量 $\boldsymbol{l}$ と $\boldsymbol{l}$ の時間変化** $\boldsymbol{l}=\boldsymbol{r}\times\boldsymbol{p},\ \dfrac{d\boldsymbol{l}}{dt}=\boldsymbol{r}\times\boldsymbol{F}=\boldsymbol{N}$
- **中心力 $\boldsymbol{F}$：** $\boldsymbol{F}=f(\boldsymbol{r})\hat{\boldsymbol{r}}=f(\boldsymbol{r})(\boldsymbol{r}/r)$ （$f(r)>0$：**斥力**，$f(r)<0$：**引力**）
  中心力は保存力であり，角運動量 $\boldsymbol{l}$ および面積速度（dS/dt）は保存され，質点は一定の平面内で運動する．
- **惑星の運動** $\dfrac{1}{2}m\left\{\left(\dfrac{dr}{dt}\right)^2+\left(\dfrac{h}{r}\right)^2\right\}-\dfrac{GMm}{r}=E$
- **惑星の軌道（力が引力の中心力）** $r(\theta)=\dfrac{r_0}{1+\varepsilon\cos\theta}$
- **同種電荷が帯電されている場合のクーロン力による軌道** $r(\theta)=r_0/(\varepsilon\cos\theta-1)$
- **散乱の微分断面積** $\sigma(\Psi)=\dfrac{k^2}{4v_0{}^4\sin^4(\Psi/2)}$

2.4 拘束運動

質点が曲面上を運動するときや単振り子の運動をするとき，質点は拘束されている．このとき質点は外力以外の拘束力が働いている．ここでは，摩擦がなく，拘束運動をする条件を考える．

2.4.1 拘束運動

質点が曲面または曲線上で拘束されて運動するときの運動方程式を示す．また，摩擦がないときは，拘束力は仕事をしないことを説明する．

質点が曲面または曲線上で拘束されて運動するとき，外力 $\boldsymbol{F}$（重力などの力）のほかに**拘束力（force of constraint）**（または**束縛力**ともいう）が働く．拘束力を $\boldsymbol{S}$ で表すと，拘束されている質点（質量 m）の運動方程式は

$$m\frac{d^2\boldsymbol{r}}{dt^2}=\boldsymbol{F}+\boldsymbol{S} \tag{2.99}$$

と表せる．運動方程式(2.99)の両辺に $d\boldsymbol{r}/dt$ との内積をとれば，

$$\frac{d}{dt}\left\{\frac{1}{2}m\left(\frac{d\boldsymbol{r}}{dt}\right)^2\right\}=\boldsymbol{F}\cdot\frac{d\boldsymbol{r}}{dt}+\boldsymbol{S}\cdot\frac{d\boldsymbol{r}}{dt}$$

が得られる．左辺は質点の運動エネルギー K の時間変化である．時間 dt での変化量は

$$dK=\boldsymbol{F}\cdot d\boldsymbol{r}+\boldsymbol{S}\cdot d\boldsymbol{r}$$

である．質点が曲面または曲線上に拘束されるだけで拘束力が質点の変位を妨げないとき，質点と曲面および曲線の間は滑らかで**摩擦力（friction force）**がない．拘束力 $\boldsymbol{S}$ は曲面あるいは曲線から離れない作用だけで，質点が滑らかな面を動くとき，$\boldsymbol{S}$ は質点の変位 $d\boldsymbol{r}$ に垂直で $\boldsymbol{S}\cdot d\boldsymbol{r}=0$ であり，拘束力 $\boldsymbol{S}$ は仕事をしない．また，外力 $\boldsymbol{F}$ が保存力であれば $\boldsymbol{F}\cdot d\boldsymbol{r}=-dU$ であるので，

$$d(K+U)=0$$

が成り立つ．したがって，摩擦力がない場合，拘束力が働いていても力 $\boldsymbol{F}$ が保存力であれば，エネルギー保存則は成り立つ．

2.4.2 曲面上での質点の運動

摩擦がないときの拘束力 $\boldsymbol{S}$ は曲面に垂直に働き，曲面の方程式と質点の位置に依存する未知数 λ によって与えられることを説明する．

質点が曲面上に拘束されて運動するときの拘束条件は曲面の方程式 $f(x,y,z,t)=0$ で表される．一般に，曲面の方程式 $f(x,y,z,t)$ は時刻 t を陽に含む．しかし，曲面が固定されているときは時刻 t を陽に含まず，曲面の方程式は

$$f(x,y,z)=0$$

と与えられる．時刻 t で質点が方程式 $f(x,y,z)=0$ を満足する曲面上の（x,y,z）から時刻 $t+dt$ で曲面上の（$x+dx,y+dy,z+dz$）に変位したとき，$f(x+dx,y+dy,z+dz)=0$ も満足する．そのとき，質点の曲面上の変位 dx,dy,dz に対して

$$df(x,y,z)=f(x+dx,y+dy,z+dz)-f(x,y,z)=0$$

であり，曲面上での変位 dx, dy, dz に対して

$$df(x,y,z) = \frac{\partial f}{\partial x}dx + \frac{\partial f}{\partial y}dy + \frac{\partial f}{\partial z}dz$$
$$= \left(\hat{\boldsymbol{x}}\frac{\partial f}{\partial x} + \hat{\boldsymbol{y}}\frac{\partial f}{\partial y} + \hat{\boldsymbol{z}}\frac{\partial f}{\partial z}\right)\cdot(\hat{\boldsymbol{x}}dx + \hat{\boldsymbol{y}}dy + \hat{\boldsymbol{z}}dz)$$
$$= \mathrm{grad}\, f\cdot d\boldsymbol{r} = 0 \qquad (2.100)$$

を満足する．図 2.46 に示すように，式(2.100)は曲面上での質点の変位 $d\boldsymbol{r}$ に対して grad f は垂直であることを意味している．さらに，質点に摩擦のない拘束力 $\boldsymbol{S}$ が働いているとき，$\boldsymbol{S}$ は変位 $d\boldsymbol{r}$ に対して垂直である．したがって，摩擦がないときの拘束力 $\boldsymbol{S}$ は grad f に比例し，

$$\boldsymbol{S} = \lambda\, \mathrm{grad}\, f \qquad (2.101)$$

と表すことができる．一般に，λ は曲面の位置 x，y，z に依存する関数 $\lambda = \lambda(x,y,z)$ である．質点が滑らかな曲面に拘束されて運動するときの運動方程式は

$$m\frac{d^2\boldsymbol{r}}{dt^2} = \boldsymbol{F} + \boldsymbol{S} = \boldsymbol{F} + \lambda\, \mathrm{grad}\, f \qquad (2.102)$$

と表される．質点の位置ベクトル $\boldsymbol{r}$ は時刻 t に依存し，$\boldsymbol{r} = \boldsymbol{r}(t)$ と表せる．曲面が固定されているとき，時刻 t で $f(x(t), y(t), z(t)) = 0$，時刻 $t+\delta t$ で $f(x(t+\delta t), y(t+\delta t), z(t+\delta t)) = 0$ と表され，

$$f(x(t+\delta t), y(t+\delta t), z(t+\delta t))$$
$$= f(x(t), y(t), z(t)) + \frac{df(t)}{dt}(\delta t)$$
$$+ \frac{1}{2}\frac{d^2 f(t)}{dt^2}(\delta t)^2 + \cdots$$
$$= 0$$

である．上式を満足するためには，(δt) および $(\delta t)^2$ の係数がゼロとなり，

$$\frac{df}{dt} = \frac{\partial f}{\partial x}\frac{dx}{dt} + \frac{\partial f}{\partial y}\frac{dy}{dt} + \frac{\partial f}{\partial z}\frac{dz}{dt} = 0 \qquad (2.103)$$
$$\frac{d^2 f}{dt^2} = \frac{d}{dt}\left(\frac{\partial f}{\partial x}\frac{dx}{dt} + \frac{\partial f}{\partial y}\frac{dy}{dt} + \frac{\partial f}{\partial z}\frac{dz}{dt}\right) = 0 \qquad (2.104)$$

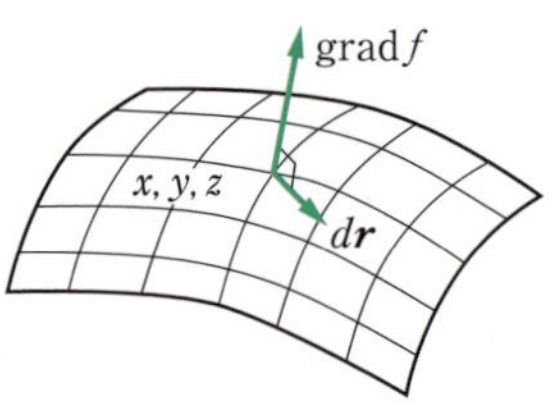

図 2.46　曲面上での運動

を満足する必要がある．未知数 $\lambda = \lambda(x,y,z)$ は拘束力が働くときの運動方程式(2.102)と式(2.103)，式(2.104)によって求まる．その結果として，拘束力 $\boldsymbol{S}$ が決定される．摩擦がなく曲面上を運動するときは仕事をしないので，$\boldsymbol{S}\cdot d\boldsymbol{r} = 0$ であり $\boldsymbol{S}\cdot(d\boldsymbol{r}/dt) = 0$ とも表すことができる．$\boldsymbol{S}\cdot(d\boldsymbol{r}/dt)$ は

$$\boldsymbol{S}\cdot\frac{d\boldsymbol{r}}{dt} = \lambda\, \mathrm{grad}\, f\cdot\frac{d\boldsymbol{r}}{dt}$$
$$= \lambda\left(\hat{\boldsymbol{x}}\frac{\partial f}{\partial x} + \hat{\boldsymbol{y}}\frac{\partial f}{\partial y} + \hat{\boldsymbol{z}}\frac{\partial f}{\partial z}\right)\cdot\left(\hat{\boldsymbol{x}}\frac{dx}{dt} + \hat{\boldsymbol{y}}\frac{dy}{dt} + \hat{\boldsymbol{z}}\frac{dz}{dt}\right)$$
$$= \lambda\left(\frac{\partial f}{\partial x}\frac{dx}{dt} + \frac{\partial f}{\partial y}\frac{dy}{dt} + \frac{\partial f}{\partial z}\frac{dz}{dt}\right) = 0 \qquad (2.105)$$

と表される．式(2.105)から理解されるように，式(2.103)は「摩擦がなく曲面上を運動するときは仕事をしない」と等価であることがわかる．

時刻 t を陽に含む関数 $f(x, y, z, t)$ の時間微分（捕足）

関数 f が時刻 t を陽に含む関数 $f = f(x,y,z,t)$ の全微分は（f は t によっても変化）

$$df(x,y,z,t) = \frac{\partial f}{\partial x}dx + \frac{\partial f}{\partial y}dy + \frac{\partial f}{\partial z}dz + \frac{\partial f}{\partial t}dt$$

で与えられる．x, y, z は時刻 t に依存し，$\partial f/\partial t \neq 0$ である．関数 f の時間微分 df/dt は

$$\frac{d}{dt}f(x,y,z,t) = \frac{\partial f}{\partial x}\frac{dx}{dt} + \frac{\partial f}{\partial y}\frac{dy}{dt} + \frac{\partial f}{\partial z}\frac{dz}{dt} + \frac{\partial f}{\partial t}$$

である．時刻 t を陽に含まない関数 $f(x,y,z)$ では $\partial f/\partial t = 0$ である．

2.4.3　曲線上での質点の運動

曲線は二つの曲面の交差として得られる．曲線上を運動するとき，二つの曲面からの二つの拘束力を考慮しなければならないことを説明する．

図 2.47 で示したように，質点が運動する軌道は二つの曲面 $f_1(x,y,z) = 0$ と $f_2(x,y,z) = 0$ とが交差する曲線で表される．曲面 $f_1(x,y,z) = 0$，$f_2(x,y,z) = 0$ から受けるそれぞれの拘束力 $\boldsymbol{S}_1$，$\boldsymbol{S}_2$ は $\boldsymbol{S}_1 = \lambda_1$ grad

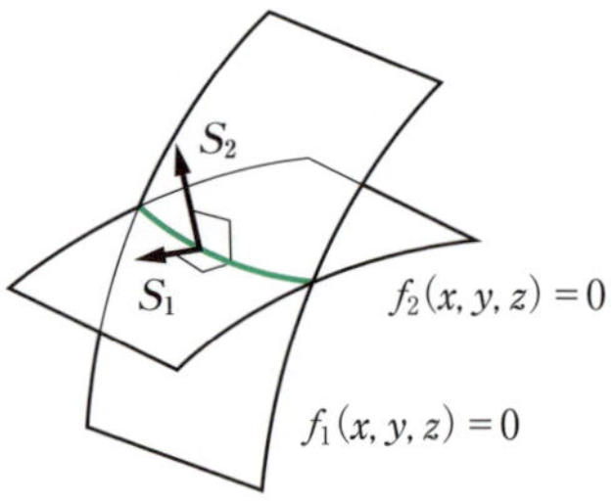

図 2.47　曲線上での運動

f_1, $\boldsymbol{S}_2 = \lambda_2\,\mathrm{grad}\,f_2$ である．質点が曲線上を運動しているとき，曲線から受ける拘束力 $\boldsymbol{S}$ は

$$\boldsymbol{S} = \boldsymbol{S}_1 + \boldsymbol{S}_2 = \lambda_1\,\mathrm{grad}\,f_1 + \lambda_2\,\mathrm{grad}\,f_2$$

で与えられ，質点の運動方程式は

$$m\frac{d^2\boldsymbol{r}}{dt^2} = \boldsymbol{F} + \boldsymbol{S} = \boldsymbol{F} + \lambda_1\,\mathrm{grad}\,f_1 + \lambda_2\,\mathrm{grad}\,f_2 \tag{2.106}$$

である．二つの曲線の方程式は

$$\frac{df_1}{dt} = 0,\quad \frac{d^2f_1}{dt^2} = 0 \text{ および } \frac{df_2}{dt} = 0,\quad \frac{d^2f_2}{dt^2} = 0 \tag{2.107}$$

を満足する．方程式(2.106)，式(2.107)から λ_1，λ_2 を求めることによって，拘束力 $\boldsymbol{S}$ が求まる．

$z = 0$ の平面内で運動するときの二つの曲面の方程式を $f_1(x,y) = 0$，$f_2(z) = 0$ とすれば，拘束力 $\boldsymbol{S}_1$，$\boldsymbol{S}_2$ は

$$\boldsymbol{S}_1 = \lambda_1\,\mathrm{grad}\,f_1(x, y)$$
$$\boldsymbol{S}_2 = \lambda_2\,\mathrm{grad}\,f_2(z)$$

である．拘束力 $\boldsymbol{S}_2$ は z 方向のみの力であり，質点に働く z 方向の外力 $F_z\hat{\boldsymbol{z}}$ は $\boldsymbol{S}_2 + F_z\hat{\boldsymbol{z}} = \boldsymbol{0}$ の関係を満足する．その結果として，$z = 0$ の平面内で質点は拘束される．したがって，滑らかな平面内で質点が運動するとき，質点に働く平面内の成分をもつ外力のみを考慮した運動の方程式および平面内の変数をもつ曲面，すなわち，曲面の方程式 $f_1(x, y)$ のみを考えればよい．

例題 2-7

図 2.48 に示すような $y = \sqrt{2a(2a-x)}$ $(a > 0)$ で表される台がある．質点（質量 m）に働く外力は重力だけで，$x = 0$ の位置から質点を静かに放した．質点は $z = 0$ の平面内で台を滑り，ある点で台から離れた．質点が台から離れる位置（x_c, y_c）を求める．台と質点の間は滑らかで摩擦がなく，重力加速度を $\boldsymbol{g}$ とする．

重力 $\boldsymbol{W}$ が働く質点が $z = 0$ 平面内の曲線上を運動するとき，拘束力 $\boldsymbol{S}$ が働きそのときの質点の運動方程式は

$$m\frac{d^2\boldsymbol{r}}{dt^2} = \boldsymbol{W} + \boldsymbol{S}$$

である．x 軸および y 軸に基本ベクトル $\hat{\boldsymbol{x}}$，$\hat{\boldsymbol{y}}$ をとれば，重力は $\boldsymbol{W} = m\boldsymbol{g} = -mg\hat{\boldsymbol{y}}$ である．また，曲線の方程式 $f(x, y) = 2ax + y^2 - 4a^2 = 0$ から，拘束力は

$$\boldsymbol{S} = S_x\hat{\boldsymbol{x}} + S_y\hat{\boldsymbol{y}} = \lambda\,\mathrm{grad}\,f = \lambda(2a\hat{\boldsymbol{x}} + 2y\hat{\boldsymbol{y}})$$

である．$\lambda > 0$ であれば拘束力と重力の台からの垂直

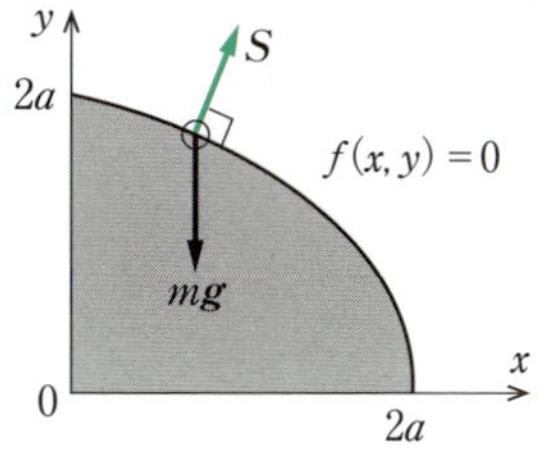

図 2.48 曲線上での運動

成分がつり合い，質点は台に拘束される．$\lambda = 0$ で質点は台から離れる．質点の位置ベクトル $\boldsymbol{r}$ を $\boldsymbol{r} = x\hat{\boldsymbol{x}} + y\hat{\boldsymbol{y}}$ とおけば，質点の運動方程式は

$$m\frac{d^2}{dt^2}(x\hat{\boldsymbol{x}} + y\hat{\boldsymbol{y}}) = \boldsymbol{W} + \boldsymbol{S}$$
$$= -mg\hat{\boldsymbol{y}} + \lambda(2a\hat{\boldsymbol{x}} + 2y\hat{\boldsymbol{y}})$$

と与えられ，x，y 成分の運動方程式は

$$m\frac{d^2x}{dt^2} = 2\lambda a \tag{2.108}$$

$$m\frac{d^2y}{dt^2} = -mg + 2\lambda y \tag{2.109}$$

である．また，曲線の方程式から

$$\frac{df}{dt} = \frac{\partial f}{\partial x}\frac{dx}{dt} + \frac{\partial f}{\partial y}\frac{dy}{dt} = 2a\frac{dx}{dt} + 2y\frac{dy}{dt} = 0 \tag{2.110}$$

$$\frac{d^2f}{dt^2} = \frac{d}{dt}\left(2a\frac{dx}{dt} + 2y\frac{dy}{dt}\right)$$
$$= 2a\frac{d^2x}{dt^2} + 2\left(\frac{dy}{dt}\right)^2 + 2y\frac{d^2y}{dt^2} = 0 \tag{2.111}$$

の関係式が与えられる．運動方程式(2.108)，式(2.109)にそれぞれ，dx/dt，dy/dt を掛けて加えると

$$\frac{d}{dt}\left[\frac{1}{2}m\left\{\left(\frac{dx}{dt}\right)^2 + \left(\frac{dy}{dt}\right)^2\right\} + mgy\right] = 0$$

が得られる．ここで，式(2.110)の関係を用いた．上式から，

$$\frac{1}{2}m\left\{\left(\frac{dx}{dt}\right)^2 + \left(\frac{dy}{dt}\right)^2\right\} + mgy = E \tag{2.112}$$

が得られる．左辺の第1項は運動エネルギー K，第2項は $y = 0$ を基準としたポテンシャル U，右辺の E は力学的エネルギーであり，エネルギー保存則が成り立つ．初期条件 $x = 0$，$y = 2a$，$(dx/dt)_{t=0} = 0$，$(dy/dt)_{t=0} = 0$ を用いると，力学的エネルギー E は $E = 2amg$ である．式(2.111)の d^2x/dt^2，d^2y/dt^2 は x，y 成分の運動方程式(2.108)，式(2.109)から λ を含んだ関数として与えられる．また，式(2.110)と式(2.112)から dx/dt を消去すると，$(dy/dt)^2$ は

$$\left(\frac{dy}{dt}\right)^2 = \frac{2g(2a-y)a^2}{y^2+a^2} \tag{2.113}$$

と得られる．ここで，$E = 2amg$ の関係を用いた．以上の結果から，λ を求めるために，式(2.111)に式(2.108)，式(2.109)および式(2.113)を代入すると，

$$\lambda = \frac{y^3+3a^2y-4a^3}{2(y^2+a^2)^2}mg$$

と得られ，拘束力は

$$\begin{aligned} \boldsymbol{S} &= \lambda(2a\hat{\boldsymbol{x}}+2y\hat{\boldsymbol{y}}) \\ &= \frac{(y-a)(y^2+ay+4a^2)}{(a^2+y^2)^2}mg(a\hat{\boldsymbol{x}}+y\hat{\boldsymbol{y}}) \end{aligned}$$

と与えられる．したがって，$2a \geq y > a$ の領域で $\boldsymbol{S} > 0$ となり，質点は台に拘束されて運動する．$x_c = (3/2)a$，$y_c = a$ の位置で $\boldsymbol{S} = 0$ となり質点は台から離れる．

2.4.4　単振り子の運動

質量の無視できる長さ l の棒あるいは糸の一端を原点に固定し，他端に質量 m の質点を取り付けて鉛直面内で運動させる．これを**単振り子（simple pendulum）**という．単振り子の運動を

a. 長さ l の質量の無視できる棒の場合
b. 長さ l の糸の場合

について調べる．

a. 質量の無視できる棒の場合

質量の無視できる棒の単振り子の運動は回転角 ϕ の時間依存性を求めることで議論できる．そのとき，どのような初期条件によって単振り子運動をするのか，回転運動をするのかを説明する．

図 2.49 に示したように，質量の無視できる長さ l の棒の下端に質点が取り付けられている．初期条件として，最下点で水平方向に初速度の大きさ $v_0 = l\omega_0 = l(d\phi/dt)_{t=0}$ とする．ここで，鉛直下向きからの棒とのなす角度を ϕ とし，$t = 0$ での角速度を $\omega_0 = (d\phi/dt)_{t=0}$ とした．質点の運動は鉛直面内での半径 l の軌道であるので，$z = 0$ の円柱座標系で考える．拘束力を $\boldsymbol{S}$ としたときの質点の運動方程式は

$$m\frac{d^2\boldsymbol{r}}{dt^2} = \boldsymbol{W}+\boldsymbol{S} = m\boldsymbol{g}+\boldsymbol{S} \tag{2.114}$$

で与えられる．動径方向と方位角方向の基本ベクトルを $\hat{\boldsymbol{r}}$，$\hat{\boldsymbol{\phi}}(\hat{\boldsymbol{r}}\times\hat{\boldsymbol{\phi}} = \hat{\boldsymbol{z}})$ とすれば，重力 $\boldsymbol{W}$ は

$$\boldsymbol{W} = m\boldsymbol{g} = mg(\cos\phi\hat{\boldsymbol{r}} - \sin\phi\hat{\boldsymbol{\phi}})$$

である．また，質点の軌道の方程式は

$$f(r, \phi) = r - l = 0 \quad (z = 0)$$

と表される．拘束力は

$$\boldsymbol{S} = \lambda\,\mathrm{grad}\,f = \lambda\left(\hat{\boldsymbol{r}}\frac{\partial f}{\partial r}+\hat{\boldsymbol{\phi}}\frac{1}{r}\frac{\partial f}{\partial\phi}\right) = \lambda\hat{\boldsymbol{r}} = -S\hat{\boldsymbol{r}}$$

である．ここで，単振り子をするときの拘束力は原点方向に働いているので，$\lambda \equiv -S$ とした．したがって，拘束力（張力）の大きさは S である．質点の位置ベクトルは $\boldsymbol{r} = l\hat{\boldsymbol{r}}$ である．式(2.61)より，$d^2\boldsymbol{r}/dt^2$ は

$$\frac{d^2\boldsymbol{r}}{dt^2} = -l\left(\frac{d\phi}{dt}\right)^2\hat{\boldsymbol{r}}+l\frac{d^2\phi}{dt^2}\hat{\boldsymbol{\phi}}$$

と与えられる．重力 $\boldsymbol{W}$，拘束力 $\boldsymbol{S}$，加速度 $d^2\boldsymbol{r}/dt^2$ を運動方程式(2.114)に代入すれば，単振り子の動径方向および方位角方向の運動方程式は，それぞれ

$$-ml\left(\frac{d\phi}{dt}\right)^2 = mg\cos\phi - S \tag{2.115}$$

$$ml\frac{d^2\phi}{dt^2} = -mg\sin\phi \tag{2.116}$$

と得られる．仮にデカルト座標系で考えると，拘束力 $\boldsymbol{S}$ を求めるのに，曲線の方程式 $(df/dt) = 0$，$(d^2f/dt^2) = 0$ を考える必要がある．しかし，単振り子を円柱座標系で取り扱えば，$(df/dt) = 0$，$(d^2f/dt^2) = (d^2r/dt^2) = 0$ となり，曲線の方程式を考慮せずに，式(2.115)，式(2.116)の運動方程式だけを考えればよい．

棒の場合の質点の運動は円軌道から外れない．したがって，式(2.116)から方位角 ϕ の時間依存性を求めれば運動を知ることができる．式(2.116)の両辺に $d\phi/dt$ をかけることによって，

$$\frac{d}{dt}\left\{\left(\frac{d\phi}{dt}\right)^2\right\} = \frac{2g}{l}\frac{d}{dt}(\cos\phi)$$

が得られる．時刻 $t = 0$ から $t = t$ の領域で積分すると

$$\int_0^t \frac{d}{dt}\left\{\left(\frac{d\phi}{dt}\right)^2\right\}dt = \frac{2g}{l}\int_0^t \frac{d}{dt}(\cos\phi)dt$$

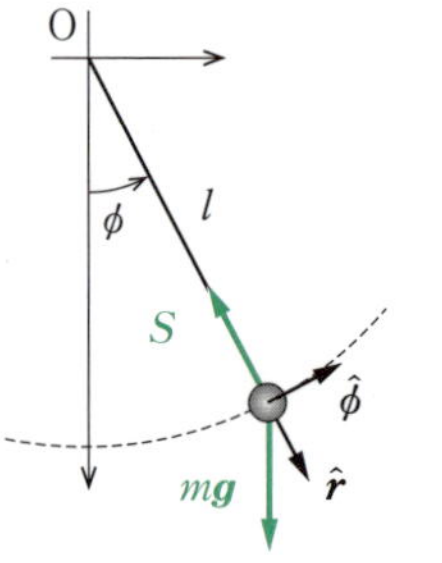

図 2.49　単振り子の運動

である．ここで，$t=0$ で $\phi=0$，$d\phi/dt=\omega_0$，$t=t$ で $\phi=\phi$，$d\phi/dt=d\phi/dt$ とおけば，$(d\phi/dt)^2$ は

$$\begin{aligned}\left(\frac{d\phi}{dt}\right)^2 &= {\omega_0}^2-\frac{2g}{l}(1-\cos\phi)\\ &= \frac{4g}{l}\left\{\frac{l}{4g}{\omega_0}^2-\sin^2\left(\frac{\phi}{2}\right)\right\}\\ &= \frac{4g}{l}\left\{k^2-\sin^2\left(\frac{\phi}{2}\right)\right\}\end{aligned} \tag{2.117}$$

と得られる．ここで，$k\equiv(\omega_0/2)\sqrt{l/g}$ とおいた．$(d\phi/dt)^2>0$ のとき，質点の運動が可能である．単振り子の運動は k の値が

（i）$k<1$，（ii）$k>1$，（iii）$k=1$

の場合について議論される．

（i） $k=(\omega_0/2)\sqrt{l/g}<1$ の場合

$k<1$ のとき，式(2.117)は $(d\phi/dt)^2=0$ を満足する ϕ の解が存在し，$(d\phi/dt)^2\geq 0$ の領域で単振り子の運動が可能である．図 2.50 に示したように，単振り子の振幅角を α とすると $-\alpha\leq\phi\leq\alpha$ の領域で周期運動をする．$\phi=\alpha$ のときに単振り子の速度の大きさがゼロとなり，

$$\left(\frac{d\phi}{dt}\right)^2_{\phi=\alpha}=\frac{4g}{l}\left\{k^2-\sin^2\left(\frac{\alpha}{2}\right)\right\}=0$$

の関係が得られる．この関係式から，$k=(\omega_0/2)\sqrt{l/g}$ は

$$k=\frac{\omega_0}{2}\sqrt{\frac{l}{g}}=\sin\left(\frac{\alpha}{2}\right)$$

となる．この式から，$t=0$ での角速度の大きさ ω_0 を与えれば，振幅角 α および k が決定することがわかる．簡単のために，$0\leq\phi\leq\alpha$，$(d\phi/dt)\geq 0$ のときを考える．そのとき，式(2.117)は

$$\frac{d\phi}{dt}=2\sqrt{\frac{g}{l}}\sqrt{k^2-\sin^2\left(\frac{\phi}{2}\right)} \tag{2.118}$$

である．ϕ のとり得る範囲は $0\leq\phi\leq\alpha<\pi$ であり，$0\leq\sin(\phi/2)\leq\sin(\alpha/2)<1$ を満足することから，

$$\sin\left(\frac{\phi}{2}\right)\equiv\sin\left(\frac{\alpha}{2}\right)\sin\theta=k\sin\theta \tag{2.119}$$

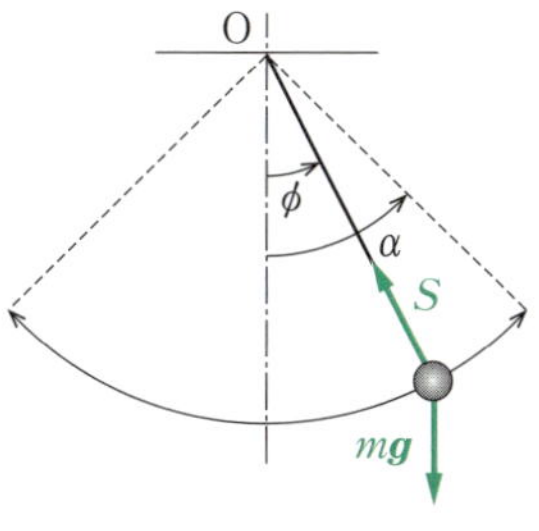

図 2.50　単振り子の運動

とおく．角度 ϕ のとり得る領域 $0\leq\phi\leq\alpha$ を，θ が $0\leq\theta\leq\pi/2$ の範囲をとると考えることができる．式(2.118)に式(2.119)を代入することによって，

$$dt=\sqrt{\frac{l}{g}}\frac{d\theta}{\sqrt{1-k^2\sin^2\theta}}$$

の関係が得られる．$\theta=0(\phi=0)$ から $\theta=\pi/2$ $(\phi=\alpha)$ まで変化する時間は周期 T の 1/4 であるので，単振り子の運動をするときの周期 T は

$$T=4\sqrt{\frac{l}{g}}\int_0^{\pi/2}\frac{d\theta}{\sqrt{1-k^2\sin^2\theta}} \tag{2.120}$$

の積分として与えられる．式(2.120)の積分

$$\int_0^{\pi/2}\frac{d\theta}{\sqrt{1-k^2\sin^2\theta}}$$

は第 1 種の完全楕円積分とよばれ，直接積分を計算することは困難である．そこで，振幅角が小さいとき，すなわち，k $(=\sin(\alpha/2))$ が比較的小さいときの周期 T を考える．ここで，

$$\frac{1}{\sqrt{1-k^2\sin^2\theta}}\fallingdotseq 1+\frac{1}{2}k^2\sin^2\theta+\frac{3}{8}k^4\sin^4\theta+\cdots$$

の近似と

$$\int_0^{\pi/2}\sin^{2n}\theta d\theta=\frac{\pi}{2}\cdot\frac{1\cdot 3\cdot 5\cdot\,\cdots\,\cdot(2n-1)}{2\cdot 4\cdot 6\cdot\,\cdots\,\cdot 2n}$$

の積分を用いると，式(2.120)での周期 T は

$$\begin{aligned}T&=4\sqrt{\frac{l}{g}}\int_0^{\frac{\pi}{2}}\left(1+\frac{1}{2}k^2\sin^2\theta+\frac{3}{8}k^4\sin^4\theta+\cdots\right)d\theta\\ &=2\pi\sqrt{\frac{l}{g}}\left\{1+\left(\frac{1}{2}\right)^2k^2+\left(\frac{3}{8}\right)^2k^4+\cdots\right\}\end{aligned}$$

と近似される．振幅角 α が非常に小さく $k=\sin(\alpha/2)\fallingdotseq 0$ と近似されるときの周期 T は $T\fallingdotseq 2\pi\sqrt{l/g}$ である．$k=\sin(\alpha/2)\fallingdotseq\alpha/2-\alpha^3/48+\cdots$ と近似できるときの周期 T は

$$T\fallingdotseq 2\pi\sqrt{\frac{l}{g}}\left(1+\frac{1}{16}\alpha^2+\cdots\right)$$

である．振幅角 α が非常に小さく，α が 1 に比べ無視できるときの周期は $T\cong 2\pi\sqrt{l/g}$ であるが，α が大きくなるほど，周期 T は長くなることがわかる．

（ii） $k=(\omega_0/2)\sqrt{l/g}>1$ の場合

$k>1$ のとき式(2.118)から常に $d\phi/dt>0$ であり，一定方向に回転することがわかり，

$$dt=\frac{1}{k}\sqrt{\frac{l}{g}}\frac{d(\phi/2)}{\sqrt{1-\frac{1}{k^2}\sin^2\left(\frac{\phi}{2}\right)}}$$

の関係が得られる．単振り子が 1 回転する時間を T とし，上式を時刻 $t=0(\phi=0)$ から時刻 $t=T/2$

$(\phi=\pi)$ の範囲で積分すれば，1 回転する時間 T は

$$T=\frac{2}{k}\sqrt{\frac{l}{g}}\int_0^{\pi}\frac{d(\phi/2)}{\sqrt{1-\dfrac{1}{k^2}\sin^2\left(\dfrac{\phi}{2}\right)}}$$

と得られ，$k=(\omega_0/2)\sqrt{l/g}$ によって決まる．

(iii)　$k=(\omega_0/2)\sqrt{l/g}=1$ の場合

$k=1$ のとき，式(2.118)は $\phi<\pi$ での ϕ に対して $d\phi/dt>0$，$\phi=\pi$ で $d\phi/dt=0$ を示しているので

$$dt=\sqrt{\frac{l}{g}}\frac{d\phi}{2\cos\dfrac{\phi}{2}}$$

の関係が得られる．回転角 ϕ と時刻 t との関係を知るために，上式を時刻 $t=0$（$\phi=0$）から時刻 $t=t$（$\phi=\phi$）の範囲で積分すれば，

$$\int_0^t dt=\sqrt{\frac{l}{g}}\int_0^{\phi}\frac{d\phi}{2\cos\left(\dfrac{\phi}{2}\right)}=\sqrt{\frac{l}{g}}\int_0^{\phi}\frac{d\phi}{2\sin\left(\dfrac{\phi+\pi}{2}\right)}$$

が得られる．ここで，$(\phi+\pi)/4\equiv x$ とおくと，x の積分範囲は $\pi/4\le x\le(\phi+\pi)/4$ である．時刻 t は

$$\begin{aligned}t&=2\sqrt{\frac{l}{g}}\int_{\pi/4}^{(\phi+\pi)/4}\frac{dx}{\sin(2x)}\\&=2\sqrt{\frac{l}{g}}\left[\frac{1}{2}\ln(\tan x)\right]_{\pi/4}^{(\phi+\pi)/4}\\&=\sqrt{\frac{l}{g}}\ln\left\{\tan\left(\frac{\phi+\pi}{4}\right)\right\}\end{aligned}$$

となる．ここで，$\log_e$ を $\ln$ とした．また，上式は

$$\tan\left(\frac{\phi+\pi}{4}\right)=\exp\left(\sqrt{\frac{g}{l}}t\right)$$

と表せる．$t=0$ で $\phi=0$，$t\to\infty$ で $\phi\to\pi$ となる．ϕ は時間とともに増大し $\phi=\pi$（最高点）に近づくことを意味している．

b. 質量の無視できる糸の場合

前項 a. で回転角 ϕ の時間微分 $d\phi/dt$ を知ることができた．糸に質点を取り付けた場合，質点がどのような条件のときに円軌道から外れずに運動するかを説明する．

動径方向の運動方程式(2.115)から，拘束力の大きさ S は

$$S=ml\left(\frac{d\phi}{dt}\right)^2+mg\cos\phi \qquad (2.121)$$

と与えられる．運動方程式(2.117)から $(d\phi/dt)^2$ は

$$\left(\frac{d\phi}{dt}\right)^2=\frac{4g}{l}\left\{k^2-\sin^2\left(\frac{\phi}{2}\right)\right\}$$

と得られた．これらの関係から拘束力の大きさ S は

$$S=mg\cos\phi+4mg\left\{k^2-\sin^2\left(\frac{\phi}{2}\right)\right\}$$

と回転角 ϕ の関数として得られる．ここで，$k=(\omega_0/2)\sqrt{l/g}$ である．糸の場合の拘束力 $S>0$ で質点は軌道上を運動する．$S=0$ を満足する角度 ϕ で質点は軌道から外れる．質点がどのような条件のときに $r=l$ の軌道で運動するかを（i）$k<1$，（ii）$k>1$ の場合について考える．

（i）　$k=(\omega_0/2)\sqrt{l/g}<1$（単振り子）の場合

初期条件がどのような ω_0 のときに，質点が軌道から外れないで単振り子の運動をするか考えてみる．
拘束力の大きさ S は

$$S=4mg\left\{k^2-\sin^2\left(\frac{\phi}{2}\right)\right\}+mg\cos\phi$$

である．式(2.117)から，$(d\phi/dt)^2$ は ϕ と共に単調に減少し，$\phi=\alpha$ で $(d\phi/dt)_{\phi=\alpha}=0$ となることがわかる．また，拘束力の大きさ S は $\phi=\alpha$ で最小値 $S(\alpha)=mg\cos\alpha$ となる．$\phi=\alpha$ での拘束力 $S(\alpha)$ を k を用いて表すと，

$$S(\alpha)=mg\cos\alpha=mg(1-2k^2)$$

である．ここで，$k=\sin(\alpha/2)$ の関係を用いた．したがって，$S(\alpha)>0$ の条件を満足するとき，質点は $\phi<\alpha$ の範囲で軌道から外れない．したがって，$k<\sqrt{1/2}$ の条件を満足するとき，質点は軌道から外れずに単振り子の運動をする．また，$k=\sin(\alpha/2)=(\omega_0/2)\sqrt{l/g}$ の関係を用いれば，$\omega_0<\sqrt{2g/l}$ の関係を満足するとき単振り子の運動をすることがわかる．$k=\sin(\alpha/2)=\sqrt{1/2}$ を満足する振幅角は $\alpha=\pi/2$ である．これは質点が水平な位置（$\alpha=\pi/2$）より小さなとき円軌道から外れないで単振り子の運動をすることを意味する．

（ii）　$k=(\omega_0/2)\sqrt{l/g}>1$（一定方向に回転）の場合

S は回転角 ϕ とともに減少し，最高点での拘束力の大きさは

$$\begin{aligned}S(\pi)&=mg\cos\pi+4mg\left\{k^2-\sin^2\left(\frac{\pi}{2}\right)\right\}\\&=4mg\left(k^2-\frac{5}{4}\right)\end{aligned}$$

と与えられる．したがって，$k>\sqrt{5/4}$ の条件を満足する $\omega_0>\sqrt{5g/l}$ のとき糸がたるまずに円運動する．

2.4 節のまとめ

- **質点が曲面または曲線上で拘束され，外力 $\boldsymbol{F}$ のほかに拘束力 S が働く場合の質点の運動方程式**

$$m\frac{d^2\boldsymbol{r}}{dt^2} = \boldsymbol{F}+\boldsymbol{S}$$

方程式 $f(x, y, z)$ を満足する曲線上で摩擦がないときの拘束力は，$S = \lambda \,\mathrm{grad}\, f$ で与えられる．

拘束力 S は $df/dt = 0$，$d^2f/dt^2 = 0$ と運動方程式から求まり，摩擦がないときの拘束力は仕事をしない．

- **単振り子の運動**

単振り子の動径方向および方位角方向の運動方程式

$$-ml\left(\frac{d\phi}{dt}\right)^2 = mg\cos\phi - S, \quad ml\frac{d^2\phi}{dt^2} = -mg\sin\phi$$

2.5 相対運動

座標系が等速で動くとき，等加速度で動くとき，および回転座標系のとき，のそれぞれの座標系からみた運動を議論する．

2.5.1 ガリレイ変換と慣性座標系

ガリレイ変換によって関係づけられる座標系は慣性座標系であることを説明する．

座標系 Oxyz を慣性系とすれば，座標系 Oxyz でみた運動の第 2 法則（運動方程式）が成り立つ．座標系 O$'x'y'z'$ は座標系 Oxyz からみて等速直線運動しているとすると，図 2.51 に示すように，座標系 Oxyz からみた P 点の位置ベクトルを $\boldsymbol{r}$，座標系 O$'x'y'z'$ からみた P 点の位置ベクトルを $\boldsymbol{r}'$，座標系 Oxyz の原点から座標系 O$'x'y'z'$ の原点までのベクトルを $\boldsymbol{r}_0$ とおけば，$\boldsymbol{r} = \boldsymbol{r}_0+\boldsymbol{r}'$ である．慣性系からみて等速直線運動している座標系 O$'x'y'z'$ の原点の位置ベクトル $\boldsymbol{r}_0$ は $\boldsymbol{r}_0 = \boldsymbol{v}_0 t$ であり，$\boldsymbol{r}$ と $\boldsymbol{r}'$ には

$$\boldsymbol{r} = \boldsymbol{v}_0 t+\boldsymbol{r}' \tag{2.122}$$

の関係が得られる．式(2.122)による $\boldsymbol{r}$ から $\boldsymbol{r}'$ への変換をガリレイ変換（Galilean transformation）という．質点の質量を m，質点に働く力を $\boldsymbol{F}$ とすれば，慣性座標系 Oxyz での運動方程式は

$$m\frac{d^2\boldsymbol{r}}{dt^2} = \boldsymbol{F}$$

である．この運動方程式に $\boldsymbol{r} = \boldsymbol{v}_0 t+\boldsymbol{r}'$ を代入すれば，

$$m\frac{d^2\boldsymbol{r}}{dt^2} = m\frac{d^2}{dt^2}(\boldsymbol{v}_0 t+\boldsymbol{r}') = m\frac{d^2\boldsymbol{r}'}{dt^2} = \boldsymbol{F} \tag{2.123}$$

が得られる．式(2.123)から，ガリレイ変換によって関係づけられる座標系 O$'x'y'z'$ は慣性座標系 Oxyz と同様に慣性系であり，運動方程式が成り立つことがわかる．

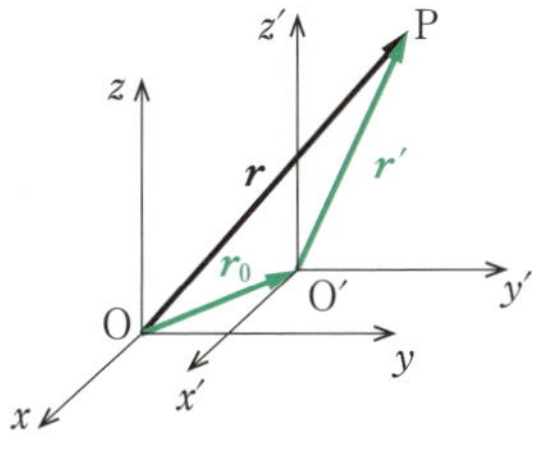

図 2.51 座標系 Oxyz，O$'x'y'z'$ での位置ベクトル

2.5.2 一定加速度をもつ座標系

加速度をもつ座標系から運動をみれば，質点に見かけの力が働くことを説明する．

加速度 $\boldsymbol{a}_0$ をもつ座標系 O$'x'y'z'$ からみた質点の運動を考える．$\boldsymbol{r} = \boldsymbol{r}_0+\boldsymbol{r}'$ の関係を用いれば，運動方程式は

ガリレオ・ガリレイ

イタリアの天文学者，物理学者，哲学者．振り子の等時性や落下の法則を発見した．自作の望遠鏡を使った天体観察など多くの業績を残す．地動説を唱えたことで有名．（1564-1642）

$$m\frac{d^2\boldsymbol{r}}{dt^2} = m\frac{d^2\boldsymbol{r}_0}{dt^2}+m\frac{d^2\boldsymbol{r}'}{dt^2} = m\boldsymbol{a}_0+m\frac{d^2\boldsymbol{r}'}{dt^2} = \boldsymbol{F}$$

である．座標系 $O'x'y'z'$ からみた運動方程式は

$$m\frac{d^2\boldsymbol{r}'}{dt^2} = \boldsymbol{F}-m\boldsymbol{a}_0 \tag{2.124}$$

で与えられる．座標系 $O'x'y'z'$ からみれば，式(2.124)の右辺の第 1 項の $\boldsymbol{F}$ は質点に実際に働く外力であり，第 2 項の $-m\boldsymbol{a}_0 = -m(d^2\boldsymbol{r}_0/dt^2)$ は座標系 $O'x'y'z'$ からみたときの**見かけの力（apparent force）**である．したがって，座標系 $O'x'y'z'$ からみたとき質点に余分の力 $-m\boldsymbol{a}_0$ が働いているように感じる．

例題 2-8

エレベーターが加速度 a_0 で運動している．エレベーター内部での質点の運動を考える．質点には，重力 $\boldsymbol{W} = m\boldsymbol{g}$ だけが働いているとする．エレベーター内部での運動方程式を求める．

図 2.52 に示したように，地面（慣性系）からみた質点の位置ベクトルを $\boldsymbol{r}$，地面（慣性系）からみたエレベーターのある固定点の位置ベクトルを $\boldsymbol{r}_0$，エレベーターの固定点からみた質点の位置ベクトルを $\boldsymbol{r}'$ とすれば，エレベーター内部からみた運動方程式は

$$m\frac{d^2\boldsymbol{r}'}{dt^2} = \boldsymbol{W}-m\frac{d^2\boldsymbol{r}_0}{dt^2} = m(\boldsymbol{g}-\boldsymbol{a}_0)$$

となる．ここで，$(d^2\boldsymbol{r}_0/dt^2) \equiv \boldsymbol{a}_0$ とおいた．質点に働く実際の力は重力 $m\boldsymbol{g}$ だけであるが，エレベーターが加速度 $\boldsymbol{a}_0$ で運動しているとき，エレベーター内からみた質点には重力があたかも $m(\boldsymbol{g}-\boldsymbol{a}_0)$ のように働く．

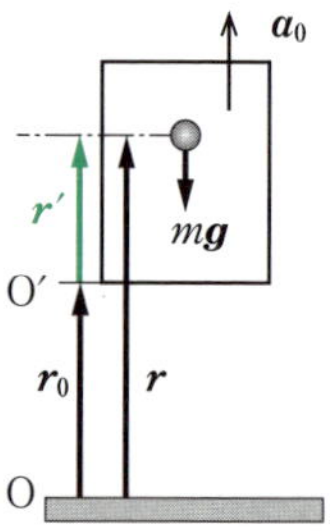

図 2.52　エレベーター内での落下運動

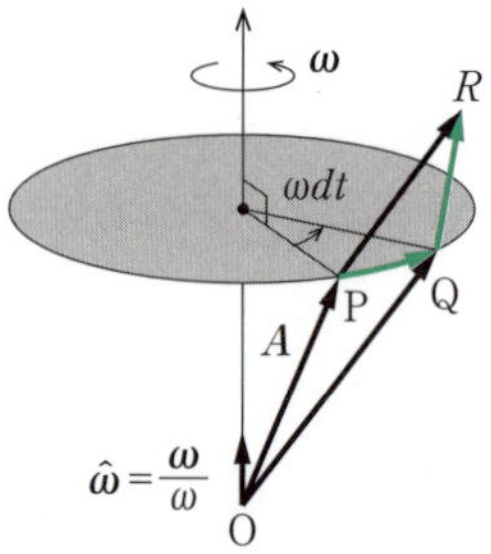

図 2.53　座標系 Oxyz，O′x′y′z′ での位置ベクトル

2.5.3　角速度をもつ回転座標系

回転座標系から質点の運動をみれば，見かけの力として，遠心力，コリオリの力が働く．さらに，回転する角速度に時間依存性があるときには，$d\boldsymbol{\omega}/dt$ に依存する見かけの力が働くことを説明する．

図 2.53 に示したように，時刻 t での任意のベクトル $\overrightarrow{\mathrm{OP}} = \boldsymbol{A}(t)$ が時刻（$t+dt$）で $\overrightarrow{\mathrm{OR}}$ に変化した．静止座標系からの変位ベクトル $\overrightarrow{\mathrm{PR}}$ を，図 2.53 に示した角速度 ω で回転する回転座標系からみたときを考える．ここで，角速度の単位ベクトルを $\hat{\boldsymbol{\omega}} = \boldsymbol{\omega}/\omega$ とする．回転座標系の原点および座標軸はどこに選んでもよい．問題は P 点が軸まわりの回転によって，どこに移るかである．静止座標系からみた任意のベクトル $\boldsymbol{A}$ が微小時間 dt の間での変位 $\overrightarrow{\mathrm{PR}}$ が回転座標系からみてどのように表されるかを考える．微小時間 dt での座標系の回転角は ωdt で，回転座標系の変化 $\overrightarrow{\mathrm{PQ}}$ は

$$\overrightarrow{\mathrm{PQ}} = (\hat{\boldsymbol{\omega}}\times\boldsymbol{A})\omega dt = (\boldsymbol{\omega}\times\boldsymbol{A})dt \tag{2.125}$$

である（式(2.56)）．慣性系からみた変位ベクトル $\overrightarrow{\mathrm{PR}}$ は

$$\overrightarrow{\mathrm{PR}} = \overrightarrow{\mathrm{PQ}}+\overrightarrow{\mathrm{QR}} \tag{2.126}$$

と表される．$\overrightarrow{\mathrm{PR}} \equiv d\boldsymbol{A}_{\mathrm{fs}}$，$\overrightarrow{\mathrm{QR}} \equiv d\boldsymbol{A}_{\mathrm{rs}}$ とおけば，式(2.126)は

$$d\boldsymbol{A}_{\mathrm{fs}} = (\boldsymbol{\omega}\times\boldsymbol{A})dt+d\boldsymbol{A}_{\mathrm{rs}} \tag{2.127}$$

と表される．式(2.127)は，静止座標系からみた変位 $d\boldsymbol{A}_{\mathrm{fs}}$ は回転による変化 $(\boldsymbol{\omega}\times\boldsymbol{A})dt$ と回転座標系からみた変位 $d\boldsymbol{A}_{\mathrm{rs}}$ とで表すことができることを意味する．また，単位時間あたりの変化量は式(2.127)から

$$\left(\frac{d\boldsymbol{A}}{dt}\right)_{\mathrm{fs}} = \left(\frac{d\boldsymbol{A}}{dt}\right)_{\mathrm{rs}}+\boldsymbol{\omega}\times\boldsymbol{A} \tag{2.128}$$

と表せる．$(d\boldsymbol{A}/dt)_{\mathrm{fs}}$ は静止座標系からみた任意ベクトル $\boldsymbol{A}$ の時間変化，$(d\boldsymbol{A}/dt)_{\mathrm{rs}}$ は回転座標系からみた任意ベクトル $\boldsymbol{A}$ の時間変化である．

式(2.128)は任意のベクトル $\boldsymbol{A}$ に対して成立するので，$\boldsymbol{A}$ を質点の位置ベクトル $\boldsymbol{r}$ とすると，

$$\left(\frac{d\boldsymbol{r}}{dt}\right)_{\mathrm{fs}} = \left(\frac{d\boldsymbol{r}}{dt}\right)_{\mathrm{rs}}+\boldsymbol{\omega}\times\boldsymbol{r} \tag{2.129}$$

が得られる．ここで，$(d\boldsymbol{r}/dt)_{\mathrm{fs}}$ は静止座標系からみ

た速度で $(d\boldsymbol{r}/dt)_{\rm fs} \equiv \boldsymbol{v}$ とおき，$(d\boldsymbol{r}/dt)_{\rm rs}$ は回転座標系からみた速度で $(d\boldsymbol{r}/dt)_{\rm rs} \equiv \boldsymbol{v}'$ とおけば，静止系での速度 $\boldsymbol{v}$ と回転座標系からみた速度 $\boldsymbol{v}'$ の関係

$$\boldsymbol{v} = \boldsymbol{v}' + \boldsymbol{\omega} \times \boldsymbol{r} \tag{2.130}$$

が得られる．次に，静止座標系からみた加速度が回転座標系でみたときどのようになるか考える．静止座標系からみた加速度 $\boldsymbol{a}$ は $(d\boldsymbol{v}/dt)_{\rm fs}$ で与えられ，

$$\begin{aligned}\boldsymbol{a} &= \left(\frac{d\boldsymbol{v}}{dt}\right)_{\rm fs} = \left[\frac{d}{dt}\{\boldsymbol{v}' + \boldsymbol{\omega} \times \boldsymbol{r}\}\right]_{\rm fs} \\ &= \left(\frac{d\boldsymbol{v}'}{dt}\right)_{\rm fs} + \left(\frac{d\boldsymbol{\omega}}{dt} \times \boldsymbol{r}\right)_{\rm fs} + \left(\boldsymbol{\omega} \times \frac{d\boldsymbol{r}}{dt}\right)_{\rm fs} \\ &= \left(\frac{d\boldsymbol{v}'}{dt}\right)_{\rm fs} + \left(\frac{d\boldsymbol{\omega}}{dt}\right)_{\rm fs} \times \boldsymbol{r} + \boldsymbol{\omega} \times \left(\frac{d\boldsymbol{r}}{dt}\right)_{\rm fs} \end{aligned} \tag{2.131}$$

となる．座標系の原点が同じであれば，ベクトル量は座標系に依存しない．式(2.131)において，右辺の第2項の $\boldsymbol{r}$，第3項の $\boldsymbol{\omega}$ は括弧の外に出すことができる．式(2.131)の右辺の第1項 $(d\boldsymbol{v}'/dt)_{\rm fs}$ は，任意のベクトル $\boldsymbol{A}$ に対して成り立つ式(2.128)の関係から，

$$\left(\frac{d\boldsymbol{v}'}{dt}\right)_{\rm fs} = \left(\frac{d\boldsymbol{v}'}{dt}\right)_{\rm rs} + \boldsymbol{\omega} \times \boldsymbol{v}' \equiv \boldsymbol{a}' + \boldsymbol{\omega} \times \boldsymbol{v}'$$

の関係が得られる．ここで，$(d\boldsymbol{v}'/dt)_{\rm rs}$ は回転座標系からみた加速度であり，$(d\boldsymbol{v}'/dt)_{\rm rs} \equiv \boldsymbol{a}'$ とおいた．また，$(d\boldsymbol{\omega}/dt)_{\rm fs}$ は

$$\left(\frac{d\boldsymbol{\omega}}{dt}\right)_{\rm fs} = \left(\frac{d\boldsymbol{\omega}}{dt}\right)_{\rm rs} + \boldsymbol{\omega} \times \boldsymbol{\omega} = \left(\frac{d\boldsymbol{\omega}}{dt}\right)_{\rm rs} = \frac{d\boldsymbol{\omega}}{dt}$$

となる．角速度 $\boldsymbol{\omega}$ の時間微分は座標系に依存しないことから $d\boldsymbol{\omega}/dt$ とおいた．第3項の $\boldsymbol{\omega} \times (d\boldsymbol{r}/dt)_{\rm fs}$ は

$$\begin{aligned}\boldsymbol{\omega} \times \left(\frac{d\boldsymbol{r}}{dt}\right)_{\rm fs} &= \boldsymbol{\omega} \times \left\{\left(\frac{d\boldsymbol{r}}{dt}\right)_{\rm rs} + \boldsymbol{\omega} \times \boldsymbol{r}\right\} \\ &= \boldsymbol{\omega} \times \boldsymbol{v}' + \boldsymbol{\omega} \times (\boldsymbol{\omega} \times \boldsymbol{r})\end{aligned}$$

である．上記の関係式を式(2.131)に代入すれば，静止座標系からみた加速度 $\boldsymbol{a}$ は

$$\boldsymbol{a} = \boldsymbol{a}' + 2\boldsymbol{\omega} \times \boldsymbol{v}' + \boldsymbol{\omega} \times (\boldsymbol{\omega} \times \boldsymbol{r}) + \frac{d\boldsymbol{\omega}}{dt} \times \boldsymbol{r} \tag{2.132}$$

と表せる．式(2.132)は静止座標系からみた加速度 $\boldsymbol{a}$ と回転座標系からみた加速度 $\boldsymbol{a}'$ の関係を示している．質点の質量を m，質点に働く外力を $\boldsymbol{F}$ とすれば，慣性系における運動方程式 $m\boldsymbol{a} = \boldsymbol{F}$ より，

$$m\boldsymbol{a}' + 2m\boldsymbol{\omega} \times \boldsymbol{v}' + m\boldsymbol{\omega} \times (\boldsymbol{\omega} \times \boldsymbol{r}) + m\frac{d\boldsymbol{\omega}}{dt} \times \boldsymbol{r} = \boldsymbol{F}$$

が成り立ち，回転座標系からみた運動方程式は

$$m\boldsymbol{a}' = \boldsymbol{F} - 2m\boldsymbol{\omega} \times \boldsymbol{v}' - m\boldsymbol{\omega} \times (\boldsymbol{\omega} \times \boldsymbol{r}) - m\frac{d\boldsymbol{\omega}}{dt} \times \boldsymbol{r} \tag{2.133}$$

となる．回転座標系からみたとき，実際に働いている力 $\boldsymbol{F}$ 以外に式(2.133)の第2，3，4項に示した見かけの力が働く．

a. コリオリの力

式(2.133)の第2項の見かけの力 $-2m\boldsymbol{\omega} \times \boldsymbol{v}'$ を**コリオリの力（Coriolis' force）**という．コリオリの力は，回転座標系からみた速度 $\boldsymbol{v}'$，角速度 $\boldsymbol{\omega}$ によって決まる．ベクトル $\boldsymbol{v}'$，$\boldsymbol{\omega}$ がつくる平面に垂直な向きにコリオリの力が働く．回転座標系からみて質点が動いているときにコリオリの力が現れる．

b. 遠心力

式(2.133)の第3項の見かけの力 $-m\boldsymbol{\omega} \times (\boldsymbol{\omega} \times \boldsymbol{r})$ を**遠心力（centrifugal force）**という．遠心力は，質点の位置ベクトル $\boldsymbol{r}$ と角速度 $\boldsymbol{\omega}$ によって決まる．遠心力の方向は $\boldsymbol{r}$ と回転軸を含む面内で，回転軸に垂直である．質点が静止していても回転座標系からみたときに遠心力が現れる．

c. $-m(d\boldsymbol{\omega}/dt) \times \boldsymbol{r}$

式(2.133)の第4項の見かけの力 $-m(d\boldsymbol{\omega}/dt) \times \boldsymbol{r}$ は $\boldsymbol{\omega}$ が一定のときに現れない．以下の議論では省略する．

2.5.4 地球の表面に固定した座標系で観測する運動

地球の表面に固定した座標系では，重力加速度 $\boldsymbol{g}$ は万有引力による重力加速度を $\boldsymbol{g}_0$ と見かけの力である遠心力の加速度 $-\boldsymbol{\omega} \times (\boldsymbol{\omega} \times \boldsymbol{r})$ との和として表せる．重力加速度 $\boldsymbol{g}$ を用いれば，運動方程式にはコリオリの力のみを考えればよいことを説明する．

図 2.54 に示すように，慣性座標系を Oxyz の原点は地球を半径 R の球とみなしたときの地球の中心 O とする．地球の北半球の表面 O′ に固定した座標系 O′$x'y'z'$ を考える．$\overrightarrow{\rm OO'}$ 方向に座標系 O′$x'y'z'$ の基本ベクトル $\hat{\boldsymbol{z}}'$ を選び，O′ から南向きに基本ベクトル $\hat{\boldsymbol{x}}'$ を選ぶ．基本ベクトル $\hat{\boldsymbol{y}}'$ は $\hat{\boldsymbol{y}}' = \hat{\boldsymbol{z}}' \times \hat{\boldsymbol{x}}'$ を満足する

ガスパール＝ギュスターヴ・コリオリ

フランスの物理学者・数学者・天文学者．回転座標系におけるコリオリの力を提唱．仕事・運動エネルギーの概念を形成した．(1792-1843)

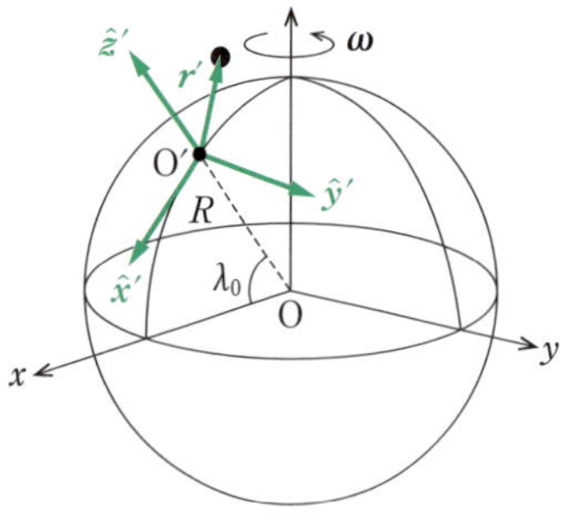

図 2.54 地軸まわりの回転座標系 O′x′y′z′

ように選ぶ．座標系 O′x′y′z′ は慣性座標系からみれば地軸まわりに一定角速度 $\boldsymbol{\omega}$ で回転する回転座標系である．質量 m の質点に外力 $\boldsymbol{F}$ が働いているとき，一定角速度 $\boldsymbol{\omega}$ で自転する回転座標系からみた運動方程式は

$$m\boldsymbol{a}' = \boldsymbol{F} - 2m\boldsymbol{\omega}\times\boldsymbol{v}' - m\boldsymbol{\omega}\times(\boldsymbol{\omega}\times\boldsymbol{r}) \tag{2.134}$$

である．ここで，地球の中心からの位置ベクトルを $\boldsymbol{r}$ とした．地球の表面 O′ に原点をとった回転座標系からみた位置ベクトルを $\boldsymbol{r}' = x'\hat{\boldsymbol{x}}' + y'\hat{\boldsymbol{y}}' + z'\hat{\boldsymbol{z}}'$ とすれば，

$$\boldsymbol{r} = R\hat{\boldsymbol{z}}' + \boldsymbol{r}' = x'\hat{\boldsymbol{x}}' + y'\hat{\boldsymbol{y}}' + (R+z')\hat{\boldsymbol{z}}'$$

である．慣性座標系 Oxyz の x 軸と回転座標系 O′x′y′z′ の z' 軸とのなす角を λ_0 とすれば，回転座標系での基本ベクトルを用いて表した地軸まわりの角速度は

$$\begin{aligned}\boldsymbol{\omega} &= (\boldsymbol{\omega}\cdot\hat{\boldsymbol{x}}')\hat{\boldsymbol{x}}' + (\boldsymbol{\omega}\cdot\hat{\boldsymbol{y}}')\hat{\boldsymbol{y}}' + (\boldsymbol{\omega}\cdot\hat{\boldsymbol{z}}')\hat{\boldsymbol{z}}' \\ &= -\omega\cos\lambda_0\hat{\boldsymbol{x}}' + \omega\sin\lambda_0\hat{\boldsymbol{z}}'\end{aligned}$$

である．遠心力 $-m\boldsymbol{\omega}\times(\boldsymbol{\omega}\times\boldsymbol{r})$ に上記で示した $\boldsymbol{r}$, $\boldsymbol{\omega}$ を代入すれば，遠心力は

$$\begin{aligned}&-m\boldsymbol{\omega}\times(\boldsymbol{\omega}\times\boldsymbol{r}) \\ &= m\omega^2\{\sin^2\lambda_0 x' + \sin\lambda_0\cos\lambda_0(R+z')\}\hat{\boldsymbol{x}}' \\ &\quad + m\omega^2 y'\hat{\boldsymbol{y}}' + m\omega^2\{\sin\lambda_0\cos\lambda_0 x' \\ &\quad + \cos^2\lambda_0(R+z')\}\hat{\boldsymbol{z}}'\end{aligned} \tag{2.135}$$

となり，地表に固定した回転座標系の基本ベクトル $\hat{\boldsymbol{x}}', \hat{\boldsymbol{y}}', \hat{\boldsymbol{z}}'$ を用いて表せる．地球の表面に固定した座標系からみたとき，質点には万有引力以外に見かけの力として遠心力が働く．地球の質量を M，比例定数を G とおけば，万有引力は

$$\begin{aligned}-\frac{GMm}{r^2}\frac{\boldsymbol{r}}{r} &= m\boldsymbol{g}_0 = -mg_0\frac{\boldsymbol{r}}{r} \\ &= -mg_0\frac{1}{r}\{x'\hat{\boldsymbol{x}}' + y'\hat{\boldsymbol{y}}' + (R+z')\hat{\boldsymbol{z}}'\}\end{aligned} \tag{2.136}$$

である．ここで，万有引力による重力加速度を $\boldsymbol{g}_0$ とした．地球の表面に固定した座標系からみたとき，万有引力による重力加速度 $\boldsymbol{g}_0$ 以外にも遠心力による加速度が生じる．したがって，質点の重力加速度 $\boldsymbol{g}$ は

$$\boldsymbol{g} = \boldsymbol{g}_0 - \boldsymbol{\omega}\times(\boldsymbol{\omega}\times\boldsymbol{r}) \tag{2.137}$$

となり，重力加速度 $\boldsymbol{g}$ には遠心力の加速度が含まれる．

a. 座標系の原点近くに質点がある場合の重力加速度

質点が地球の表面に固定した座標系の原点 O′ 付近にあり，地球の半径 R に比べて x', y', z' が無視できるほど小さいとすれば，式(2.135)の遠心力と式(2.136)の万有引力は，それぞれ

$$\begin{aligned}-m\boldsymbol{\omega}\times(\boldsymbol{\omega}\times\boldsymbol{r}) &\fallingdotseq m\omega^2 R\sin\lambda_0\cos\lambda_0\hat{\boldsymbol{x}}' \\ &\quad + m\omega^2 R\cos^2\lambda_0\hat{\boldsymbol{z}}'\end{aligned} \tag{2.138}$$

$$-\frac{GMm}{r^2}\frac{\boldsymbol{r}}{r} \fallingdotseq -mg_0\hat{\boldsymbol{z}}' \tag{2.139}$$

と近似できる．式(2.138)，式(2.139)の近似を用いれば，式(2.137)で示した重力加速度は

$$\begin{aligned}\boldsymbol{g} &\fallingdotseq \omega^2 R\sin\lambda_0\cos\lambda_0\hat{\boldsymbol{x}}' \\ &\quad + (-g_0 + \omega^2 R\cos^2\lambda_0)\hat{\boldsymbol{z}}'\end{aligned} \tag{2.140}$$

と近似できる．重力加速度の大きさ g は

$$\begin{aligned}g &= \sqrt{(\omega^2 R\sin\lambda_0\cos\lambda_0)^2 + (-g_0 + \omega^2 R\cos^2\lambda_0)^2} \\ &= g_0\sqrt{1 - 2\frac{\omega^2 R}{g_0}\cos^2\lambda_0 + \left(\frac{\omega^2 R}{g_0}\right)^2\cos^2\lambda_0} \\ &\fallingdotseq g_0 - \omega^2 R\cos^2\lambda_0\end{aligned} \tag{2.141}$$

である．ここで，$g_0 \gg \omega^2 R$（$\because \omega = 7.27\times10^{-5}\,\mathrm{s}^{-1}$, $R = 6.37\times10^6\,\mathrm{m}$）の関係を用いた．北極，南極では $\cos\lambda_0 = \cos(\pm\pi/2) = 0$ となり，遠心力が働かない．そのときの重力加速度の大きさ $g = g_0 = 9.83\,\mathrm{m\,s^{-2}}$ である．一方，赤道上では遠心力が存在する．そのときの重力加速度の大きさ g は $g = g_0 - \omega^2 R = (9.83 - 0.03)\mathrm{m\,s^{-2}} = 9.80\,\mathrm{m\,s^{-2}}$ である．

図 2.55 に示したように，万有引力 $m\boldsymbol{g}_0$ の働く方向と重力 $m\boldsymbol{g}$ の方向とのなす角を δ とする．式(2.140)から

$$\tan\delta = \frac{\omega^2 R\sin\lambda_0\cos\lambda_0}{|-g_0 + \omega^2 R\cos^2\lambda_0|} = \frac{\omega^2 R\sin\lambda_0\cos\lambda_0}{g_0 - \omega^2 R\cos^2\lambda_0}$$

と求めることができる．地理学上の緯度は $\lambda = \lambda_0 + \delta$ で与えられる．

b. 地球の表面に固定した座標系からみたコリオリの力

図 2.56 に示すように，重力と反対方向に z 軸を選

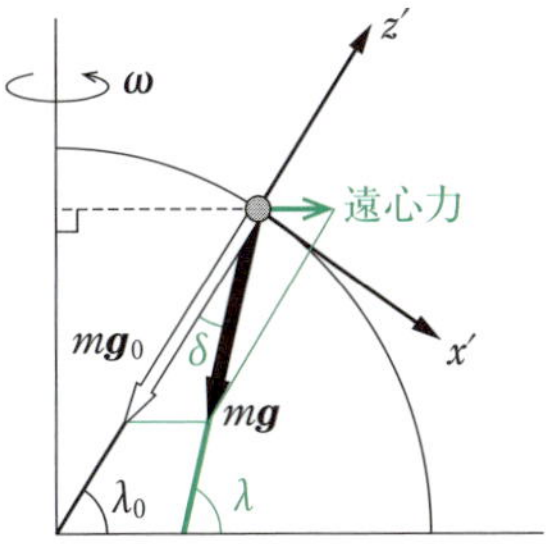

図 2.55 地理学上の緯度

び，地球の表面に固定した座標系を新たな座標系 Oxyz で考える．新たな座標系 Oxyz の基本ベクトルを $\hat{\boldsymbol{x}}, \hat{\boldsymbol{y}}, \hat{\boldsymbol{z}}$ とする．回転軸まわりの角速度 $\boldsymbol{\omega}$ は

$$\begin{aligned}\boldsymbol{\omega} &= (\boldsymbol{\omega}\cdot\hat{\boldsymbol{x}})\hat{\boldsymbol{x}}+(\boldsymbol{\omega}\cdot\hat{\boldsymbol{y}})\hat{\boldsymbol{y}}+(\boldsymbol{\omega}\cdot\hat{\boldsymbol{z}})\hat{\boldsymbol{z}}\\ &= -\omega\cos\lambda\hat{\boldsymbol{x}}+\omega\sin\lambda\hat{\boldsymbol{z}}\end{aligned}$$

である．新たな座標系を Oxyz での位置ベクトル $\boldsymbol{r}$ を

$$\boldsymbol{r} = x\hat{\boldsymbol{x}}+y\hat{\boldsymbol{y}}+z\hat{\boldsymbol{z}}$$

とする．コリオリの力は

$$\begin{aligned}&-2m\boldsymbol{\omega}\times\boldsymbol{v}\\ &\quad= 2m\omega\sin\lambda\frac{dy}{dt}\hat{\boldsymbol{x}}-2m\omega\left(\sin\lambda\frac{dx}{dt}+\cos\lambda\frac{dz}{dt}\right)\hat{\boldsymbol{y}}\\ &\qquad+2m\omega\cos\lambda\frac{dy}{dt}\hat{\boldsymbol{z}}\end{aligned}\tag{2.142}$$

と表せる．重力 $\boldsymbol{W} = m\boldsymbol{g} = -mg\hat{\boldsymbol{z}}$ にはすでに遠心力が含まれている．重力場での重力以外の外力を $\boldsymbol{F}'$ とすれば，地球の表面に固定した座標系での運動方程式は

$$m\boldsymbol{a}' = \boldsymbol{F}'+\boldsymbol{W}-2m\boldsymbol{\omega}\times\boldsymbol{v}\tag{2.143}$$

である．ここで，地球の表面に固定した座標系 Oxyz からみた加速度は

$$\boldsymbol{a}' = \frac{d^2x}{dt^2}\hat{\boldsymbol{x}}+\frac{d^2y}{dt^2}\hat{\boldsymbol{y}}+\frac{d^2z}{dt^2}\hat{\boldsymbol{z}}$$

である．さらに

$$\boldsymbol{F}' = F'_x\hat{\boldsymbol{x}}+F'_y\hat{\boldsymbol{y}}+F'_z\hat{\boldsymbol{z}}$$

と表せば，地球の表面に固定した座標系での運動方程式(2.143)は

$$\begin{aligned}&m\left(\frac{d^2x}{dt^2}\hat{\boldsymbol{x}}+\frac{d^2y}{dt^2}\hat{\boldsymbol{y}}+\frac{d^2z}{dt^2}\hat{\boldsymbol{z}}\right)\\ &\quad=\left(F'_x+2m\omega\sin\lambda\frac{dy}{dt}\right)\hat{\boldsymbol{x}}\\ &\qquad+\left\{F'_y-2m\omega\left(\sin\lambda\frac{dx}{dt}+\cos\lambda\frac{dz}{dt}\right)\right\}\hat{\boldsymbol{y}}\\ &\qquad+\left(F'_z-mg+2m\omega\cos\lambda\frac{dy}{dt}\right)\hat{\boldsymbol{z}}\end{aligned}\tag{2.144}$$

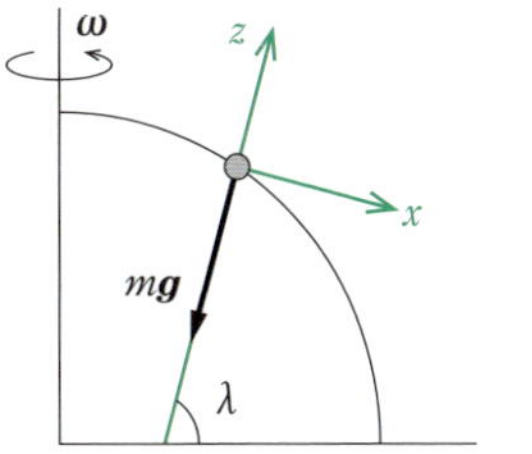

図 2.56 地球の表面に固定した座標系

と表せる．地球の表面に固定した座標系から質点の運動をみたとき，遠心力を重力加速度に含めることによって，見かけの力としてコリオリの力だけが働く運動方程式(2.143)，(2.144)が得られる．

例題 2-9

高い位置（高さ h）から質点を自由落下させたときの質点の軌道を求める．

図 2.56 に示したように，地球の表面に固定した座標系 Oxyz の原点を北半球におき，x 軸を南方向，y 軸を東方向，z 軸を鉛直上方に選ぶ．自由落下のときの x, y, z 方向の運動方程式は，式(2.144)より

$$\begin{aligned}m\frac{d^2x}{dt^2} &= 2m\omega\sin\lambda\frac{dy}{dt}\\ m\frac{d^2y}{dt^2} &= -2m\omega\left(\sin\lambda\frac{dx}{dt}+\cos\lambda\frac{dz}{dt}\right)\\ m\frac{d^2z}{dt^2} &= -mg+2m\omega\cos\lambda\frac{dy}{dt}\end{aligned}$$

である．質点を高さ $z = h$ から自由落下させたとき，dx/dt，dy/dt は dz/dt 比べ十分小さく無視できるとき，上記の質点の運動方程式は

$$\begin{aligned}\frac{d^2x}{dt^2} &\fallingdotseq 0\\ \frac{d^2y}{dt^2} &\fallingdotseq -2\omega\cos\lambda\frac{dz}{dt}\\ \frac{d^2z}{dt^2} &\fallingdotseq -g\end{aligned}$$

と近似できる．初期条件を $t = 0$ で，$x = 0$，$y = 0$，$z = h$，$dx/dt = 0$，$dy/dt = 0$，$dz/dt = 0$ とすれば，質点の軌道は

$$y = \frac{1}{3}\omega g\cos\lambda\left\{\frac{2(h-z)}{g}\right\}^{3/2}\tag{2.145}$$

と得られる．この関係式を**ナイルの放物線（Neil's parabola）**といい，自由落下するとき，地表に固定した座標系からみれば，座標系の原点の位置より東側に質点が落下することがわかる．$z = h$ の位置から質点を自由落下させたとき，地球の表面からみた軌道を図 2.57 に示した．

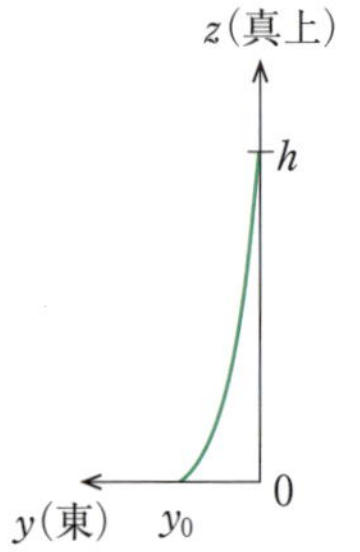

図 2.57　地表からみた自由落下の軌道

2.5.5　フーコーの振り子

地球の自転を考慮した単振り子の運動を調べることによって，地球の自転を実証できることを説明する．このときの単振り子を**フーコーの振り子（Foucault's pendulum）**という．

図 2.58 に示したように，地球の表面に原点 O を固定した座標系 Oxyz がある．x 軸を南向き，y 軸を東向き，z 軸を真上とする．点 $(0, 0, l)$ から長さ l の長い糸で質量 m のおもりを吊るす．重力を $m\boldsymbol{g}$，糸からの張力（拘束力）を $\boldsymbol{S}$ とする．地球の表面に固定した座標系で観測したときの運動方程式は

$$m\boldsymbol{a}' = \boldsymbol{m}\frac{d^2\boldsymbol{r}}{dt^2} = m\boldsymbol{g}+\boldsymbol{S}-2m\boldsymbol{\omega}\times\boldsymbol{v} \qquad (2.146)$$

である．円柱座標系 (s, ϕ, z) で考えると，位置ベクトル $\boldsymbol{r}$，拘束力 $\boldsymbol{S}$ は

$$\boldsymbol{r} = s\hat{\boldsymbol{s}}+z\hat{\boldsymbol{z}}, \quad \boldsymbol{S} = -S\frac{s}{l}\hat{\boldsymbol{s}}+S\frac{\sqrt{l^2-s^2}}{l}\hat{\boldsymbol{z}}$$

である．非常に長い糸の単振り子において，z 軸と糸のなす振幅角が非常に小さいときを考える．そのとき，円柱座標系の変数 z に関して z，dz/dt，d^2z/dt^2 は省略することができる．そこで，$z = 0$ の円柱座標系 (r, ϕ)，基本ベクトルを $\hat{\boldsymbol{r}}, \hat{\boldsymbol{\phi}}, \hat{\boldsymbol{z}}$ とする．おもりの位置ベクトル $\boldsymbol{r}$，拘束力 $\boldsymbol{S}$ は

$$\boldsymbol{r} \fallingdotseq r\hat{\boldsymbol{r}}, \quad \boldsymbol{S} \fallingdotseq -S\frac{r}{l}\hat{\boldsymbol{r}}+S\hat{\boldsymbol{z}}$$

と近似できる．質点に働く力 $m\boldsymbol{g}+\boldsymbol{S}$ は

ジャン・ベルナール・レオン・フーコー

フランスの物理学者．「フーコーの振り子」の実験から地球の自転を証明した．また，渦電流を発見したことで知られる．(1819-1868)

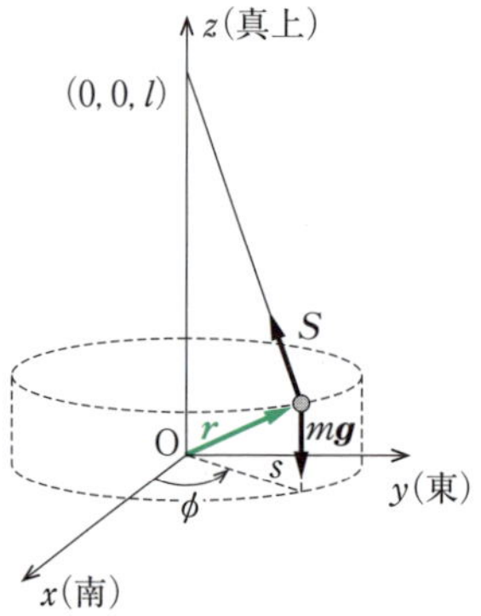

図 2.58　フーコーの振り子

$$m\boldsymbol{g}+\boldsymbol{S} = -S\frac{r}{l}\hat{\boldsymbol{r}}+(S-mg)\hat{\boldsymbol{z}} \qquad (2.147)$$

である．地軸まわりの角速度 $\boldsymbol{\omega}$ を円柱座標系で表すと

$$\begin{aligned}\boldsymbol{\omega} &= -\omega\cos\lambda\hat{\boldsymbol{x}}+\omega\sin\lambda\hat{\boldsymbol{z}} \\ &= -\omega\cos\lambda\cos\phi\hat{\boldsymbol{r}}+\omega\cos\lambda\sin\phi\hat{\boldsymbol{\phi}}+\omega\sin\lambda\hat{\boldsymbol{z}}\end{aligned}$$

である．ここで，$\hat{\boldsymbol{x}} = \cos\phi\hat{\boldsymbol{r}}-\sin\phi\hat{\boldsymbol{\phi}}$ の関係を用いた．地表からみた速度 $\boldsymbol{v}$ は

$$\boldsymbol{v} = \frac{d\boldsymbol{r}}{dt} = \frac{dr}{dt}\hat{\boldsymbol{r}}+r\frac{d\phi}{dt}\hat{\boldsymbol{\phi}}$$

である．コリオリの力は

$$\begin{aligned}&-2m\boldsymbol{\omega}\times\boldsymbol{v} \\ &= 2m\Big[\omega\sin\lambda r\frac{d\phi}{dt}\hat{\boldsymbol{r}}-\omega\sin\lambda\frac{dr}{dt}\hat{\boldsymbol{\phi}} \\ &\qquad +\Big\{\omega\cos\lambda\frac{d}{dt}(r\sin\phi)\Big\}\hat{\boldsymbol{z}}\Big] \qquad (2.148)\end{aligned}$$

と与えられる．また，加速度 $\boldsymbol{a}$ は，式(2.61)より

$$\boldsymbol{a} = \left\{\frac{d^2r}{dt^2}-r\left(\frac{d\phi}{dt}\right)^2\right\}\hat{\boldsymbol{r}}+\frac{1}{r}\left\{\frac{d}{dt}\left(r^2\frac{d\phi}{dt}\right)\right\}\hat{\boldsymbol{\phi}} \qquad (2.149)$$

である．式(2.147)，式(2.148)，式(2.149)を用いれば，式(2.146)の運動方程式は，

$$\begin{aligned}&m\left\{\frac{d^2r}{dt^2}-r\left(\frac{d\phi}{dt}\right)^2\right\}\hat{\boldsymbol{r}}+\frac{m}{r}\left\{\frac{d}{dt}\left(r^2\frac{d\phi}{dt}\right)\right\}\hat{\boldsymbol{\phi}} \\ &= \left(2m\omega\sin\lambda r\frac{d\phi}{dt}-S\frac{r}{l}\right)\hat{\boldsymbol{r}}-2m\omega\sin\lambda\frac{dr}{dt}\hat{\boldsymbol{\phi}} \\ &\qquad +\left\{(S-mg)+2m\omega\cos\lambda\frac{d}{dt}(r\sin\phi)\right\}\hat{\boldsymbol{z}} \\ &\qquad\qquad (2.150)\end{aligned}$$

と得られる．式(2.150)から張力の大きさ S は

$$S = mg-2m\omega\cos\lambda\frac{d}{dt}(r\sin\phi) \fallingdotseq mg \qquad (2.151)$$

と近似される．ここで，第 1 項に比べて第 2 項が非常

に小さく第2項は省略した．式(2.150)から動径方向および方位角方向の運動方程式は，それぞれ

$$m\left\{\frac{d^2r}{dt^2}-r\left(\frac{d\phi}{dt}\right)^2\right\}=\left(-\frac{mg}{l}r+2m\omega\sin\lambda r\frac{d\phi}{dt}\right) \tag{2.152}$$

$$\frac{m}{r}\frac{d}{dt}\left(r^2\frac{d\phi}{dt}\right)=-2m\omega\sin\lambda\frac{dr}{dt} \tag{2.153}$$

である．自転の角速度の大きさ ω および観測する地点での地理学上の緯度 λ は一定であるので，式(2.153)は

$$\frac{d}{dt}\left\{r^2\left(\frac{d\phi}{dt}+\omega\sin\lambda\right)\right\}=0$$

と表せることから，

$$r^2\left(\frac{d\phi}{dt}+\omega\sin\lambda\right)\equiv C \tag{2.154}$$

とおいた．ここで C は一定値である．ϕ の関数である $(d\phi/dt+\omega\sin\lambda)$ と任意の r との積が一定であるためには

$$\frac{d\phi}{dt}+\omega\sin\lambda=0 \tag{2.155}$$

でなければならない．したがって，式(2.155)は

$$\frac{d\phi}{dt}=-\omega\sin\lambda=\Omega \tag{2.156}$$

となる．ここで，$-\omega\sin\lambda\equiv\Omega$ とおいた．Ω は自転の角速度 ω および地理学上の緯度 λ で決まる一定値である．式(2.156)から方位角は

$$\phi=\Omega t+\phi_0 \tag{2.157}$$

である．ここで，初期条件として $t=0$ で $\phi(0)=\phi_0$ とした．(2.156)式を動径方向の運動方程式(2.152)に代入すると

$$\frac{d^2r}{dt^2}+\left(\frac{g}{l}+\Omega^2\right)r=0 \tag{2.158}$$

が得られる．式(2.158)の第2項の係数は ω と λ および糸の長さ l によって決まる正の定数であり，式(2.158)は単振動の微分方程式を示している．振幅を r_0 とすれば，式(2.158)の一般解 r は

$$r=r_0\sin\left(\sqrt{\frac{g}{l}+\Omega^2}\,t+\delta\right) \tag{2.159}$$

と得られる．ここで，初期位相を δ とした．r のとり得る領域は $-r_0\leq r\leq r_0$ である．

以上の結果から，図2.59に示した長い糸 l につながれたおもりの方位角 ϕ と動径 r は，式(2.157)，式(2.159)によって記述できる．

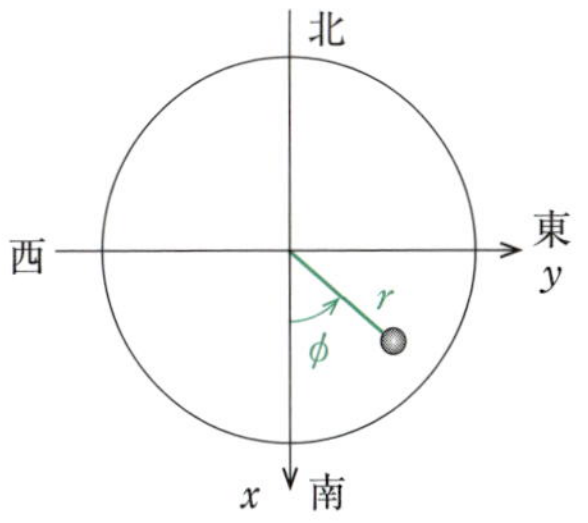

図2.59 フーコーの振り子の方位角 ϕ と動径 r

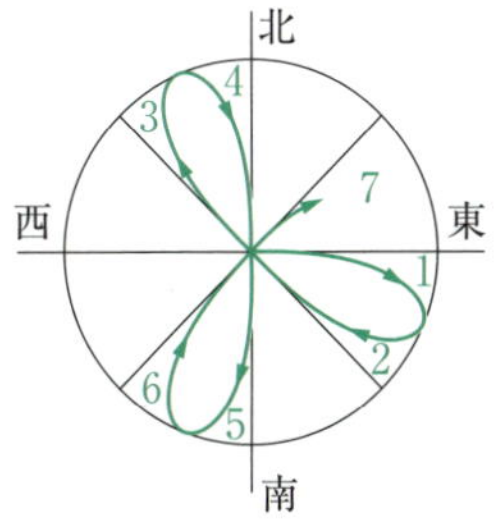

図2.60 北半球でのフーコーの振子の軌道

自転がない $(\omega=0)$ ときあるいは赤道上 $(\lambda=0)$ では，$\Omega=-\omega\sin\lambda=0$ となり，方位角 ϕ が一定で単振り子の運動をする．北半球での Ω は負 $(\Omega=-|\Omega|)$ となり，式(2.157)は

$$\phi=-|\Omega|t+\phi_0$$

で表され，時計回りに回転する．一方，南半球では，Ω は正 $(\Omega=|\Omega|)$ となり

$$\phi=|\Omega|t+\phi_0$$

で表され，反時計回りに回転する．図2.60は北半球でフーコーの振り子を上から観測したときの軌道を示した．北半球では，時計回りに回転しながら単振り子の運動をする．簡単のために，初期条件として，$\phi_0=\pi/2$，$\delta=0$ および l が非常に長いと仮定した軌道の例である．

フーコーの振り子の実験は通常数十メートルの糸で行われる．z 軸まわりに回転しながら単振り子をすることは，自転によるコリオリの力が働いているからである．この実験が地球の自転の直接的証明である．

以上をまとめれば，自転がない $(\omega=0)$ ときおよび赤道上 $(\lambda=0)$ では，$\Omega=-\omega\sin\lambda=0$ である．そのために，ϕ が一定で

$$r=r_0\sin\left(\sqrt{\frac{g}{l}}\,t+\delta\right)$$

の単振動を行う．しかし，北半球では，時間とともに

時計回りに式(2.157)で示した ϕ の変化を伴い，式 (2.159)で示した r で単振動する．

2.5 節のまとめ

- ガリレイ変換によって関係づけられる座標系は慣性座標系である．
- 慣性系に対して加速度 $\boldsymbol{a}_0$ をもつ座標系（位置ベクトル $\boldsymbol{r}'$）からみた質点の運動方程式

$$m\frac{d^2\boldsymbol{r}'}{dt^2}=\boldsymbol{F}-m\frac{d^2\boldsymbol{r}_0}{dt^2}=\boldsymbol{F}-m\boldsymbol{a}_0$$

- 慣性系に対して角速度をもつ回転座標系（位置ベクトル $\boldsymbol{r}'$）からみた質点の運動方程式

$$m\frac{d^2\boldsymbol{r}'}{dt^2}=\boldsymbol{F}-2m\boldsymbol{\omega}\times\boldsymbol{v}'-m\boldsymbol{\omega}\times(\boldsymbol{\omega}\times\boldsymbol{r})-m\frac{d\boldsymbol{\omega}}{dt}\times\boldsymbol{r}$$

$-2m\boldsymbol{\omega}\times\boldsymbol{v}'$：コリオリの力　$-m\boldsymbol{\omega}\times(\boldsymbol{\omega}\times\boldsymbol{r})$：遠心力

- 地球の表面に固定した座標系では，重力加速度 $\boldsymbol{g}$ は万有引力による重力加速度 $\boldsymbol{g}_0$ と遠心力の加速度が含まれる．
- 地球の自転を考慮した単振り子（フーコーの振り子）によって，地球の自転は実証される．

3. 質点系と剛体の運動

質点系の運動は質点での運動法則を用いて議論される．さらに，剛体は質点間の距離が不変である質点系と考えれば，質点系での運動の法則を拡張して議論できる．

3.1 質点系の運動

二つ以上の質点の集まりを一つの孤立系と考え，質点系という．質点系の運動は質点系の重心の運動と質点系の重心まわりの回転運動とに分離でき，それぞれ独立に取り扱うことができる．

3.1.1 質点系の運動方程式

質点系の運動は全質量が重心に集まったとする仮想質点の運動とみなせることを説明する．

質点系（system of particles）に働く力は，質点系の外から質点に働く**外力**（external force）と質点系内の質点間に働く**内力**（internal force）がある．図3.1に示すように，質点系内の i 番目の質点（質量 m_i）に質点系の外から働く外力を $\boldsymbol{F}_i$，質点系内の k 番目の質点から i 番目の質点に働く内力を $\boldsymbol{F}_{ki}$ とすれば，i 番目の質点の運動方程式は

$$m_i\frac{d^2\boldsymbol{r}_i}{dt^2} = \frac{d\boldsymbol{p}_i}{dt} = \boldsymbol{F}_i+\sum_k\boldsymbol{F}_{ki} \tag{3.1}$$

である．ここで，i 番目の質点の運動量を $\boldsymbol{p}_i$ とした．また，右辺の第2項は i 番目の質点に質点系内の i 番目以外の質点による内力の和である．質点系の運動方程式は質点系内のすべての質点の総和として考えられ，質点系の運動方程式は

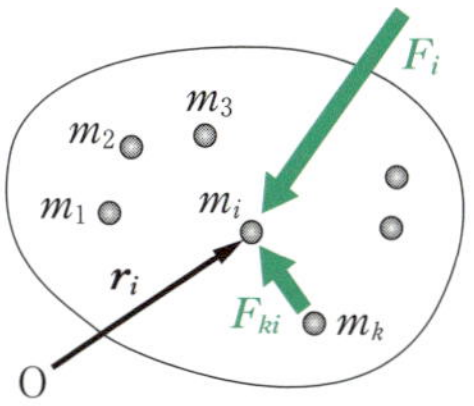

図3.1　質点系

$$\sum_i m_i\frac{d^2\boldsymbol{r}_i}{dt^2} = \frac{d^2}{dt^2}\Big(\sum_i m_i\boldsymbol{r}_i\Big) = \frac{d}{dt}\Big(\sum_i\boldsymbol{p}_i\Big) = \sum_i\boldsymbol{F}_i+\sum_i\sum_k\boldsymbol{F}_{ki} \tag{3.2}$$

と与えられる．式(3.2)の右辺の第2項は質点系内に働く内力の総和を表し，質点系の内力の総和である．質点系内の i と k とを入れ替えても内力の総和は同じである．また，質点系の内力は作用・反作用 $\boldsymbol{F}_{ki}+\boldsymbol{F}_{ik}=0$ が成り立つ．質点系の内力の総和は

$$\sum_i\sum_k\boldsymbol{F}_{ki} = \sum_i\sum_k\boldsymbol{F}_{ik} = \frac{1}{2}\sum_i\sum_k(\boldsymbol{F}_{ki}+\boldsymbol{F}_{ik}) = 0 \tag{3.3}$$

となる．したがって，質点系には内力が働くが，質点系の内力の総和はゼロである．

質点系内の質点の位置ベクトル $\boldsymbol{r}_i$ の位置に質量 m_i の重みで分布していると考えれば，質点系の**重心**（center of gravity）（あるいは質量中心）は

$$\boldsymbol{r}_G = \frac{m_1\boldsymbol{r}_1+\cdots+m_i\boldsymbol{r}_i+\cdots+m_n\boldsymbol{r}_n}{m_1+\cdots+m_i+\cdots+m_n} = \frac{\sum_i m_i\boldsymbol{r}_i}{\sum_i m_i} = \frac{\sum_i m_i\boldsymbol{r}_i}{M} \tag{3.4}$$

と定義される．ここで，$M=\sum_i m_i$ は質点系の全質量である．式(3.4)から

$$M\boldsymbol{r}_G = \sum_i m_i\boldsymbol{r}_i$$

の関係が得られる．重心の関係式(3.4)と質点系の内力の総和はゼロという式(3.3)を用いれば，質点系の運動方程式(3.2)は

$$M\frac{d^2\boldsymbol{r}_G}{dt^2} = \frac{d\boldsymbol{P}}{dt} = \sum_i\boldsymbol{F}_i \tag{3.5}$$

と表せる．ここで，$\boldsymbol{P}$ は質点系内の運動量の総和で，質点系の運動量を表している．質点系の運動方程式(3.5)は，系の全質量 M が質点系の重心 $\boldsymbol{r}_G$ に集まったと考えた仮想質点に外力の総和が働いていると考えることができ，質点系の内力に依存しない．また，質点系に働く外力 $\boldsymbol{F}_i$ のベクトル和がゼロであれば，質

点系において運動量保存の法則が成り立つ．

3.1.2　質点系の角運動量

質点系の角運動量の時間変化は外力のモーメントの総和に等しいことを説明する．

位置ベクトル $\boldsymbol{r}$ の質点に外力 $\boldsymbol{F}$ が働き，力のモーメントが $\boldsymbol{r}\times\boldsymbol{F}\neq 0$ であれば，方位角方向の運動変化を引き起こす．質点系の回転運動を考えるときに角運動量 $\boldsymbol{l}=\boldsymbol{r}\times\boldsymbol{p}$ の概念が重要になる．質点系の i 番目の質点の角運動量 $\boldsymbol{l}_i=\boldsymbol{r}_i\times\boldsymbol{p}_i$ の時間微分 $d\boldsymbol{l}_i/dt$ は，i 番目の質点の運動方程式(3.1)を用いて

$$\frac{d\boldsymbol{l}_i}{dt}=\frac{d}{dt}(\boldsymbol{r}_i\times\boldsymbol{p}_i)=\boldsymbol{r}_i\times\frac{d\boldsymbol{p}_i}{dt}=\boldsymbol{r}_i\times\left(\boldsymbol{F}_i+\sum_k\boldsymbol{F}_{ki}\right)$$
$$=\boldsymbol{r}_i\times\boldsymbol{F}_i+\sum_k\boldsymbol{r}_i\times\boldsymbol{F}_{ki}$$

が得られる．質点系全体について考えると

$$\sum_i\frac{d\boldsymbol{l}_i}{dt}=\frac{d}{dt}\left(\sum_i\boldsymbol{l}_i\right)$$
$$=\sum_i\boldsymbol{r}_i\times\boldsymbol{F}_i+\sum_i\sum_k\boldsymbol{r}_i\times\boldsymbol{F}_{ki} \tag{3.6}$$

である．式(3.6)の右辺の第 2 項は質点系の内力のモーメントの総和を表している．質点系内の i と k とを入れ替えても内力のモーメントの総和は同じである．また，質点系の内力は作用・反作用 $\boldsymbol{F}_{ki}+\boldsymbol{F}_{ik}=\boldsymbol{0}$ が成り立つ．さらに，内力 $\boldsymbol{F}_{ki}$ はベクトル $\boldsymbol{r}_i-\boldsymbol{r}_k$ の線分上にある．これらの関係を用いれば，質点系の内力のモーメントの総和は

$$\sum_i\sum_k\boldsymbol{r}_i\times\boldsymbol{F}_{ki}=\frac{1}{2}\sum_i\sum_k(\boldsymbol{r}_i\times\boldsymbol{F}_{ki}+\boldsymbol{r}_k\times\boldsymbol{F}_{ik})$$
$$=\frac{1}{2}\sum_i\sum_k(\boldsymbol{r}_i-\boldsymbol{r}_k)\times\boldsymbol{F}_{ki}=\boldsymbol{0} \tag{3.7}$$

となる．したがって，質点系の内力のモーメントの総和はゼロとなる．式(3.6)に式(3.7)を代入すれば，

$$\frac{d}{dt}\left(\sum_i\boldsymbol{l}_i\right)=\frac{d\boldsymbol{L}}{dt}=\sum_i\boldsymbol{r}_i\times\boldsymbol{F}_i=\sum_i\boldsymbol{N}_i\equiv\boldsymbol{N} \tag{3.8}$$

の関係が得られる．ここで，質点の角運動量の総和を $\boldsymbol{L}$，i 番目の質点の外力 $\boldsymbol{F}_i$ によるモーメントの総和を $\boldsymbol{N}$ とおいた．式(3.8)は質点系の角運動量に関する運動方程式である．質点系の角運動量 $\boldsymbol{L}$ の時間変化 $d\boldsymbol{L}/dt$ は外力のモーメントの総和 $\boldsymbol{N}$ に等しい．質点系に作用する外力のモーメントの総和がゼロのとき，質点系の角運動量 $\boldsymbol{L}$ は保存される．

3.1.3　質点系が重心まわりに回転するときの角運動量

質点系が重心まわりの回転を伴って運動するとき，質点系の角運動量は重心の角運動量と重心まわりの角運動量とに分離できることを説明する．

図 3.2 に示すように，質点系内の i 番目の質点（質量 m_i）の位置ベクトルを $\boldsymbol{r}_i$，質点系の重心 G（質量中心）の位置ベクトルを $\boldsymbol{r}_\mathrm{G}$ とする．i 番目の質点の重心からの相対位置ベクトルは $\boldsymbol{r}_i'=\boldsymbol{r}_i-\boldsymbol{r}_\mathrm{G}$ で表される．$m_i\boldsymbol{r}_i'$ の質点系全体の和は

$$\sum_i m_i\boldsymbol{r}_i'=\sum_i m_i(\boldsymbol{r}_i-\boldsymbol{r}_\mathrm{G})$$
$$=\sum_i m_i\boldsymbol{r}_i-\left(\sum_i m_i\right)\boldsymbol{r}_\mathrm{G}=\boldsymbol{0} \tag{3.9}$$

とゼロになる．また，重心からの相対速度は $\boldsymbol{v}_i'=d\boldsymbol{r}_i'/dt$ であることから，$m_i\boldsymbol{v}_i'$ の質点系全体の和も

$$\sum_i m_i\boldsymbol{v}_i'=\frac{d}{dt}\left(\sum_i m_i\boldsymbol{r}_i'\right)=\boldsymbol{0} \tag{3.10}$$

となる．i 番目の質点の速度 $\boldsymbol{v}_i$ は質点系の重心の速度 $\boldsymbol{v}_\mathrm{G}$ と重心からの相対速度 $\boldsymbol{v}_i'$ とから，$\boldsymbol{v}_i=\boldsymbol{v}_\mathrm{G}+\boldsymbol{v}_i'$ と与えられる．質点系の角運動量 $\boldsymbol{L}$ は，$\boldsymbol{r}_i=\boldsymbol{r}_\mathrm{G}+\boldsymbol{r}_i'$ と $\boldsymbol{v}_i=\boldsymbol{v}_\mathrm{G}+\boldsymbol{v}_i'$ を用いれば

$$\boldsymbol{L}=\sum_i\boldsymbol{l}_i=\sum_i\boldsymbol{r}_i\times\boldsymbol{p}_i=\sum_i\boldsymbol{r}_i\times m_i\boldsymbol{v}_i$$
$$=\sum_i(\boldsymbol{r}_\mathrm{G}+\boldsymbol{r}_i')\times m_i(\boldsymbol{v}_\mathrm{G}+\boldsymbol{v}_i')$$
$$=\boldsymbol{r}_\mathrm{G}\times M\boldsymbol{v}_\mathrm{G}+\sum_i\boldsymbol{r}_i'\times m_i\boldsymbol{v}_i' \tag{3.11}$$

と表される．ここで，式(3.9)と式(3.10)の関係を用いた．式(3.11)の第 1 項の $\boldsymbol{r}_\mathrm{G}\times M\boldsymbol{v}_\mathrm{G}$ は質点系の重心の角運動量を表している．式(3.11)の第 2 項

$$\sum_i\boldsymbol{r}_i'\times m_i\boldsymbol{v}_i'\equiv\boldsymbol{L}^\mathrm{G}$$

は重心まわりの質点系の角運動量であり，第 2 項を $\boldsymbol{L}^\mathrm{G}$ と表す．すなわち，質点系の角運動量は重心の角運動量と重心まわりの角運動量 $\boldsymbol{L}^\mathrm{G}$ に分離することが

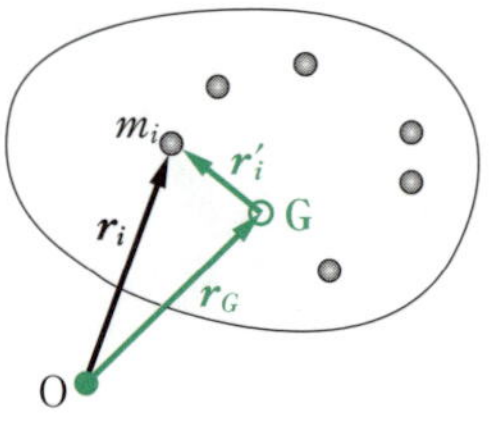

図 3.2　重心からの相対位置ベクトル $\boldsymbol{r}_i'$

できる．

式(3.11)の質点系の角運動量 $\boldsymbol{L}$ の時間微分 $d\boldsymbol{L}/dt$ は

$$\frac{d\boldsymbol{L}}{dt} = \frac{d}{dt}(\boldsymbol{r}_\mathrm{G}\times M\boldsymbol{v}_\mathrm{G}+\boldsymbol{L}^\mathrm{G}) = \boldsymbol{r}_\mathrm{G}\times\frac{d}{dt}(M\boldsymbol{v}_\mathrm{G})+\frac{d\boldsymbol{L}^\mathrm{G}}{dt}$$
$$= \boldsymbol{r}_\mathrm{G}\times\left(M\frac{d^2\boldsymbol{r}_\mathrm{G}}{dt^2}\right)+\frac{d\boldsymbol{L}^\mathrm{G}}{dt}$$

である．また，質点系の力のモーメント $\boldsymbol{N}$ は，$\boldsymbol{r}_i = \boldsymbol{r}_\mathrm{G}+\boldsymbol{r}'_i$ の関係を用いれば

$$\boldsymbol{N} = \sum_i \boldsymbol{r}_i\times\boldsymbol{F}_i = \sum_i(\boldsymbol{r}_\mathrm{G}+\boldsymbol{r}'_i)\times\boldsymbol{F}_i$$
$$= \boldsymbol{r}_\mathrm{G}\times\sum_i\boldsymbol{F}_i+\sum_i\boldsymbol{r}'_i\times\boldsymbol{F}_i$$

と表せる．$d\boldsymbol{L}/dt$ および $\boldsymbol{N}$ の関係式を式(3.8)を代入し，質点系の運動方程式(3.5)を考慮すれば，質点系が重心まわりに回転しているときの重心まわりの系の角運動量 $\boldsymbol{L}^\mathrm{G}$ の方程式は

$$\frac{d\boldsymbol{L}^\mathrm{G}}{dt} = \frac{d}{dt}\left\{\sum_i\boldsymbol{r}'_i\times m_i\boldsymbol{v}'_i\right\} = \sum_i\boldsymbol{r}'_i\times\boldsymbol{F}_i \qquad (3.12)$$

と得られる．重心まわりの角運動量の時間微分は，重心まわりの外力のモーメント和に等しい．

3.1.4 質点系の運動エネルギーと仕事

質点系の運動エネルギーの変化量は外力のする仕事と内力のする仕事の総和に等しい．また，質点系の運動エネルギーは質点系の全質量が重心にあるとした運動エネルギーと重心からみた運動エネルギーの和に分離できることを説明する．また，内力のする仕事についても説明する．

質点系の i 番目の質点の運動方程式(3.1)

$$m_i\frac{d^2\boldsymbol{r}_i}{dt^2} = \boldsymbol{F}_i+\sum_k\boldsymbol{F}_{ki}$$

の両辺に $d\boldsymbol{r}_i/dt$ との内積をとれば，質点系全体の和は

$$\sum_i m_i\frac{d^2\boldsymbol{r}_i}{dt^2}\cdot\frac{d\boldsymbol{r}_i}{dt} = \frac{d}{dt}\left\{\sum_i\frac{1}{2}m_i\left(\frac{d\boldsymbol{r}_i}{dt}\right)^2\right\}$$
$$= \sum_i\boldsymbol{F}_i\cdot\frac{d\boldsymbol{r}_i}{dt}+\sum_i\sum_k\boldsymbol{F}_{ki}\cdot\frac{d\boldsymbol{r}_i}{dt}$$

となる．時間 dt での変化量は

$$d\left\{\sum_i\frac{1}{2}m_i\left(\frac{d\boldsymbol{r}_i}{dt}\right)^2\right\} = \sum_i\boldsymbol{F}_i\cdot d\boldsymbol{r}_i+\sum_i\sum_k\boldsymbol{F}_{ki}\cdot d\boldsymbol{r}_i \qquad (3.13)$$

である．式(3.13)の左辺は質点系の運動エネルギーの変化量であり，質点系の運動エネルギーは

$$K = \sum_i\frac{1}{2}m_i\left(\frac{d\boldsymbol{r}_i}{dt}\right)^2$$

と与えられる．式(3.13)の右辺の第1項は外力が質点を微小変位 $d\boldsymbol{r}_i$ させたときの外力が質点系にする仕事である．また，第2項は内力が微小変位 $d\boldsymbol{r}_i$ させたときの内力が質点系にする仕事の変化量である．内力が質点系にする仕事を

$$\sum_i\sum_k\boldsymbol{F}_{ki}\cdot d\boldsymbol{r}_i \equiv dW^{(\mathrm{i})} \qquad (3.14)$$

とおく．したがって，質点系の運動エネルギーの変化量は外力のする仕事と内力のする仕事の和に等しい．

質点系の重心まわりの回転を伴って運動しているとき，質点系の運動エネルギー K を重心の速度 $\boldsymbol{v}_\mathrm{G}$ と重心からの相対速度 $\boldsymbol{v}'_i$ を用いて表す．質点系の運動エネルギーは

$$K = \sum_i\frac{1}{2}m_i\left(\frac{d\boldsymbol{r}_i}{dt}\right)^2 = \sum_i\frac{1}{2}m_i(\boldsymbol{v}_\mathrm{G}+\boldsymbol{v}'_i)^2$$
$$= \frac{1}{2}\left(\sum_i m_i\right)\boldsymbol{v}_\mathrm{G}{}^2+\sum_i\frac{1}{2}m_i\boldsymbol{v}'_i{}^2 = \frac{1}{2}M\boldsymbol{v}_\mathrm{G}{}^2+\sum_i\frac{1}{2}m_i\boldsymbol{v}'_i{}^2 \qquad (3.15)$$

と表される．ここで，式(3.10)の関係を用いた．式(3.15)の第1項は系の全質量が重心にあるとみなした運動エネルギーで，第2項は重心からみた質点系の運動エネルギーを意味する．したがって，質点系の運動エネルギーは重心の運動エネルギーと重心からみた運動エネルギーに分離することができる．

内力のする仕事

内力 $\boldsymbol{F}_{ki}$ が質点系にする仕事 $dW^{(\mathrm{i})}$ は式(3.14)で与えられる．図3.3に示した i 番目の質点と k 番目の質点との相対位置ベクトル $\boldsymbol{r}_{ki} = \boldsymbol{r}_i-\boldsymbol{r}_k$ が質点間に働く内力 $\boldsymbol{F}_{ki}$ よって $d\boldsymbol{r}_{ki}$ だけ変位されたとき，内力のする質点系の仕事 $dW^{(\mathrm{i})}$ を考える．式(3.14)に示した質点系の内力のする仕事は

$$dW^{(\mathrm{i})} = \sum_i\sum_k\boldsymbol{F}_{ki}\cdot d\boldsymbol{r}_i = \sum_i\sum_k\boldsymbol{F}_{ki}\cdot d(\boldsymbol{r}_k+\boldsymbol{r}_{ki})$$
$$= \sum_i\sum_k\boldsymbol{F}_{ki}\cdot d\boldsymbol{r}_k+\sum_i\sum_k\boldsymbol{F}_{ki}\cdot d\boldsymbol{r}_{ki}$$
$$= \sum_i\sum_k\boldsymbol{F}_{ik}\cdot d\boldsymbol{r}_i+\sum_i\sum_k\boldsymbol{F}_{ki}\cdot d\boldsymbol{r}_{ki}$$
$$= -\sum_i\sum_k\boldsymbol{F}_{ki}\cdot d\boldsymbol{r}_i+\sum_i\sum_k\boldsymbol{F}_{ki}\cdot d\boldsymbol{r}_{ki}$$

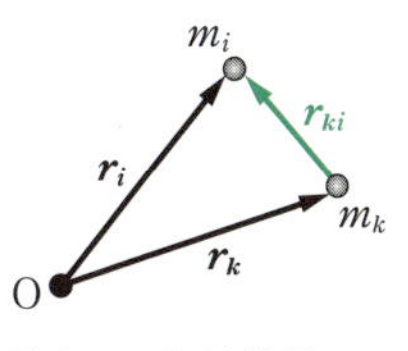

図3.3 質点間の相対位置ベクトル $\boldsymbol{r}_{ki}$

$$= -dW^{(\mathrm{i})} + \sum_i\sum_k \boldsymbol{F}_{ki}\cdot d\boldsymbol{r}_{ki}$$

となる．ここで，作用・反作用 $\boldsymbol{F}_{ki}+\boldsymbol{F}_{ik}=\boldsymbol{0}$ の関係を用いた．上式から，内力のする仕事は

$$dW^{(\mathrm{i})} = \sum_i\sum_k \boldsymbol{F}_{ki}\cdot d\boldsymbol{r}_i = \frac{1}{2}\sum_i\sum_k \boldsymbol{F}_{ki}\cdot d\boldsymbol{r}_{ki} \qquad (3.16)$$

と表すことができる．内力の質点系にする仕事 $dW^{(\mathrm{i})}$ は i 番目の質点の変位 dr_i あるいは i 番目と k 番目の相対変位 dr_{ik} のどちらを用いてもよい．また，相対変位 dr_{ik} を用いた内力の質点系にする仕事 $dW^{(\mathrm{i})}$ は

$$dW^{(\mathrm{i})} = \frac{1}{2}\sum_i\sum_k \boldsymbol{F}_{ki}\cdot d\boldsymbol{r}_{ki} = \sum_i\sum_{k>i} \boldsymbol{F}_{ki}\cdot d\boldsymbol{r}_{ki} \qquad (3.17)$$

とも表せる．

内力の仕事 $dW^{(i)}$ は仕事をする場合と仕事をしない場合がある．仕事をする場合でも，内力が保存力でありポテンシャルをもつとき（例題 3-1）と摩擦力のように保存力でないときがある．一方，特別な拘束条件のある場合には仕事をしない（例題 3-2, 3, 4）．

例題 3-1

質点系の内力 $\boldsymbol{F}_{ki}$ が二つの質点間の距離 $|\boldsymbol{r}_{ki}|=r_{ki}$ だけの関数とする場合は保存力である．そのときの質点系の運動エネルギーとポテンシャルの和の変化量を求める．

k 番目の質点からの i 番目の質点に働く内力 $\boldsymbol{F}_{ki}$ は保存力であり，$\boldsymbol{F}_{ki}$ はポテンシャル U_{ki} を用いて $\boldsymbol{F}_{ki}=-\mathrm{grad}\,U_{ki}$ と表せる．$\boldsymbol{F}_{ki}$ によって，k 番目の質点から i 番目の質点の相対位置ベクトルが $d\boldsymbol{r}_{ki}$ だけ変化したときの $\boldsymbol{F}_{ki}$ のする仕事は

$$\begin{aligned} dW_{ki} &= \boldsymbol{F}_{ki}\cdot d\boldsymbol{r}_{ki} = -\mathrm{grad}\,U_{ki}\cdot d\boldsymbol{r}_{ki} \\ &= -\left(\frac{dU_{ki}}{dr_{ki}}\hat{\boldsymbol{r}}_{ki}\right)\cdot d\boldsymbol{r}_{ki} \\ &= -\frac{dU_{ki}}{dr_{ki}}\frac{\boldsymbol{r}_{ki}}{r_{ki}}\cdot d\boldsymbol{r}_{ki} = -dU_{ki} \end{aligned}$$

である．内力が質点系にする仕事 $dW^{(\mathrm{i})}$ は

$$\begin{aligned} dW^{(\mathrm{i})} &= \frac{1}{2}\sum_i\sum_k \boldsymbol{F}_{ki}\cdot d\boldsymbol{r}_{ki} = -\frac{1}{2}\sum_i\sum_k dU_{ki} \\ &= -d\left(\frac{1}{2}\sum_i\sum_k U_{ki}\right) = -dU^{(\mathrm{i})} \end{aligned}$$

である．ここで，質点系の内部ポテンシャル $U^{(\mathrm{i})}$ を

$$dU^{(\mathrm{i})} = \frac{1}{2}\sum_i\sum_k U_{ki}$$

と定義した．また，式(3.13)を用いれば，質点系の運動量エネルギーの変化量 dK は

$$dK = \sum_i \boldsymbol{F}_i\cdot d\boldsymbol{r}_i + \sum_i\sum_k \boldsymbol{F}_{ki}\cdot d\boldsymbol{r}_i = \sum_i \boldsymbol{F}_i\cdot d\boldsymbol{r}_i - dU^{(\mathrm{i})}$$

と表され，

$$d(K+U^{(\mathrm{i})}) = \sum_i \boldsymbol{F}_i\cdot d\boldsymbol{r}_i$$

の関係が得られる．したがって，質点系の内力が保存されるとき，質点系の運動エネルギー K と質点系の内部ポテンシャル $U^{(\mathrm{i})}$ の和の変化量は外部から質点系に働く力の仕事になる．

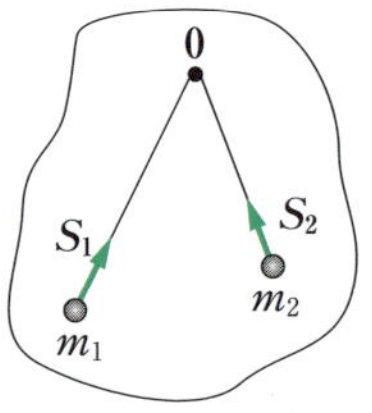

図 3.4　質点間の内力の仕事

例題 3-2

図 3.4 に示すように，二つの質点がなめらかな釘にかけた質量の無視できる糸で結ばれている．質点系の内力（張力）は仕事をしないことを示す．

二つの質点からなる質点系とする．座標の原点を釘の位置におき，質量 m_1 と質量 m_2 に働くそれぞれの拘束力（張力）を $\boldsymbol{S}_1, \boldsymbol{S}_2$ とする．また，それぞれの質点の位置ベクトルを $\boldsymbol{r}_1, \boldsymbol{r}_2$ とし，それらの変位を $d\boldsymbol{r}_1, d\boldsymbol{r}_2$ とする．この質点系の内力がする仕事 $dW^{(\mathrm{i})}$ は

$$\begin{aligned} dW^{(\mathrm{i})} &= \boldsymbol{S}_1\cdot d\boldsymbol{r}_1 + \boldsymbol{S}_2\cdot d\boldsymbol{r}_2 \\ &= \left(-S_1\frac{\boldsymbol{r}_1}{r_1}\cdot d\boldsymbol{r}_1\right)+\left(-S_2\frac{\boldsymbol{r}_2}{r_2}\cdot d\boldsymbol{r}_1\right) \\ &= -S_1dr_1 - S_2dr_2 = Sd(r_1+r_2) \end{aligned}$$

である．ここで，$-S_1=-S_2\equiv S$ とおいた．また，糸は伸び縮みしないので $d(r_1+r_2)=0$ の関係を満たし，$dW^{(\mathrm{i})}=0$ が得られる．したがって，このような拘束条件では内力（張力）は仕事をしない．

例題 3-3

自由に動ける台の上で物体が台の斜面を滑らかに運動する．台と物体とを質点系とみなして，質点系の内力は仕事をしないことを示す．

図 3.5 に示すように，台の斜面のある点を点 P_2 とする．時刻 t で点 P_2 と接触している物体のある点の位置を点 P_1 とする．物体が台から受ける拘束力（抗力）を $\boldsymbol{S}_1$，台が物体から受ける拘束力を $\boldsymbol{S}_2$ とする．時間 dt で台が $d\boldsymbol{r}_2$ だけ任意方向に動いたとき点 P_2 の変位も $d\boldsymbol{r}_2$ である．物体は台の斜面を滑り点 P_1 の変位が $d\boldsymbol{r}_1$ とすれば，内力のする仕事 $dW^{(\mathrm{i})}$ は

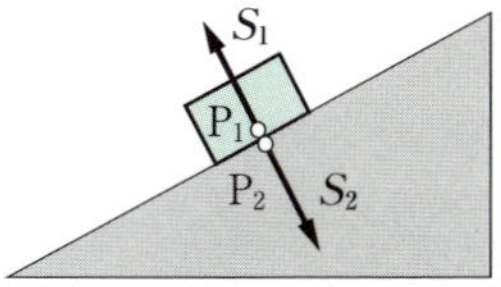

図 3.5　滑らかに運動するときの内力の仕事

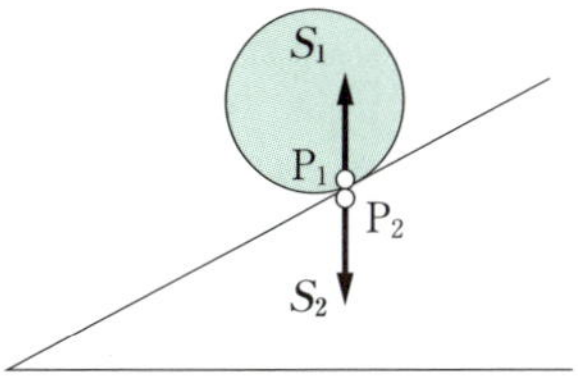

図 3.6　転がるときの内力の仕事

$$dW^{(\mathrm{i})} = \boldsymbol{S}_1\cdot d\boldsymbol{r}_1 + \boldsymbol{S}_2\cdot d\boldsymbol{r}_2 = \boldsymbol{S}_1\cdot d(\boldsymbol{r}_1 - \boldsymbol{r}_2)$$

である．ここで，作用・反作用 $\boldsymbol{S}_1+\boldsymbol{S}_2 = \boldsymbol{0}$ の関係を用いた．滑らかに物体が運動するときは摩擦力が働かない．点 $\mathrm{P}_1, \mathrm{P}_2$ との相対変位 $d(\boldsymbol{r}_1-\boldsymbol{r}_2)$ は拘束力 $\boldsymbol{S}_1$，$\boldsymbol{S}_2$ に垂直であり，内力のする仕事 $dW^{(\mathrm{i})}$ は

$$dW^{(\mathrm{i})} = \boldsymbol{S}_1\cdot d(\boldsymbol{r}_1 - \boldsymbol{r}_2) = 0$$

となる．滑らかな台を物体が滑るとき，質点系の内力は仕事をしない．

例題 3-4

自由に動ける台の上で球が粗い斜面を滑らないで転がる．台と球とを質点系とみなして質点系の内力（抗力）は仕事をしないことを示す．

図 3.6 に示すように，台の斜面のある点を点 P_2 する．時刻 t で点 P_2 と接触している球のある点の位置を点 P_1 とする．球が台から受ける拘束力（抗力）を $\boldsymbol{S}_1$，台が球から受ける拘束力を $\boldsymbol{S}_2$ とする．時間 dt で台が $d\boldsymbol{r}_2$ だけ任意方向に動いたとき点 P_2 の変位も $d\boldsymbol{r}_2$ である．球は台の斜面を滑らずに転がり点 P_1 の変位が $d\boldsymbol{r}_1$ とすれば，内力の仕事は

$$dW^{(\mathrm{i})} = \boldsymbol{S}_1\cdot d\boldsymbol{r}_1 + \boldsymbol{S}_2\cdot d\boldsymbol{r}_2 = \boldsymbol{S}_1\cdot d(\boldsymbol{r}_1 - \boldsymbol{r}_2)$$

である．ここで，作用・反作用 $\boldsymbol{S}_1+\boldsymbol{S}_2 = \boldsymbol{0}$ の関係を用いた．滑らずに回転するとき点 P_1 と点 P_2 の変位は同じである．そのため，相対変位 $d(\boldsymbol{r}_1-\boldsymbol{r}_2)$ はゼロである．内力のする仕事 $dW^{(i)}$ は

$$dW^{(i)} = \boldsymbol{S}_1\cdot d(\boldsymbol{r}_1 - \boldsymbol{r}_2) = \boldsymbol{S}_1\cdot\boldsymbol{0} = 0$$

となる．粗い面を滑らずに球が転がるとき，質点系の内力は仕事をしない．また，時間 dt での相対変位は $d(\boldsymbol{r}_1-\boldsymbol{r}_2)$ であり，その時間変化は $d(\boldsymbol{r}_1-\boldsymbol{r}_2)/dt = \boldsymbol{v}_1 - \boldsymbol{v}_2 = 0$ が成り立つ．粗い面を滑らずに球が転がる条件は相対速度がゼロでもある．

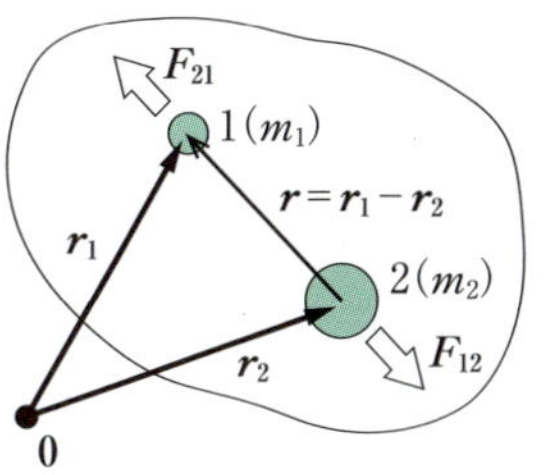

図 3.7　2 つの質点からなる質点系

3.1.5　2 体問題

中心力が働く二つの質点からなる質点系に外力が働いていない場合の運動は，重心と質点間の相対距離によって記述できることを説明する．

図 3.7 に示すように，二つの質点 1, 2 の位置ベクトルを $\boldsymbol{r}_1, \boldsymbol{r}_2$ とし，質点 2 から質点 1 までの相対位置ベクトルを $\boldsymbol{r}_1-\boldsymbol{r}_2 \equiv \boldsymbol{r}$ とする．二つの質点 1，2（質量 m_1，m_2）が中心力 $f(r)$ で作用しているとき，質点 2 から質点 1 に働く力 $\boldsymbol{F}_{21}$ および質点 1 から質点 2 に働く力 $\boldsymbol{F}_{12}$ は，それぞれ

$$\boldsymbol{F}_{21} = f(r)\frac{\boldsymbol{r}_1-\boldsymbol{r}_2}{|\boldsymbol{r}_1-\boldsymbol{r}_2|} = \frac{f(r)}{r}(\boldsymbol{r}_1-\boldsymbol{r}_2)$$

$$\boldsymbol{F}_{12} = f(r)\frac{\boldsymbol{r}_2-\boldsymbol{r}_1}{|\boldsymbol{r}_2-\boldsymbol{r}_1|} = \frac{f(r)}{r}(\boldsymbol{r}_2-\boldsymbol{r}_1)$$

で表される．ここで，$f(r) > 0$ のとき，質点間に働く力は斥力，$f(r) < 0$ のとき引力を表す．質点 1（質量 m_1）および質点 2（質量 m_2）の運動方程式は，それぞれ

$$m_1\frac{d^2\boldsymbol{r}_1}{dt^2} = \boldsymbol{F}_{21} = \frac{f(r)}{r}(\boldsymbol{r}_1-\boldsymbol{r}_2)$$

$$m_2\frac{d^2\boldsymbol{r}_2}{dt^2} = \boldsymbol{F}_{12} = \frac{f(r)}{r}(\boldsymbol{r}_2-\boldsymbol{r}_1) \tag{3.18}$$

で与えられる．式(3.18)を質点系の重心 $\boldsymbol{r}_{\mathrm{G}}$ と相対位置ベクトル $\boldsymbol{r}$ を用いて表すことを考える．質点系の重心の位置ベクトル $\boldsymbol{r}_{\mathrm{G}}$

$$\boldsymbol{r}_{\mathrm{G}} = \frac{m_1\boldsymbol{r}_1 + m_2\boldsymbol{r}_2}{m_1+m_2} \tag{3.19}$$

と相対位置ベクトル $\boldsymbol{r} = \boldsymbol{r}_1-\boldsymbol{r}_2$ を用いて，質点 1，2 の位置ベクトル $\boldsymbol{r}_1, \boldsymbol{r}_2$ は

$$\boldsymbol{r}_1 = \boldsymbol{r}_{\mathrm{G}} + \frac{m_2}{m_1+m_2}\boldsymbol{r}, \quad \boldsymbol{r}_2 = \boldsymbol{r}_{\mathrm{G}} - \frac{m_1}{m_1+m_2}\boldsymbol{r} \tag{3.20}$$

となる．質点 1 および質点 2 の運動方程式(3.18)に式(3.20)を代入すれば，運動方程式は

$$m_1\frac{d^2}{dt^2}\left\{\boldsymbol{r}_{\mathrm{G}}+\frac{m_2}{m_1+m_2}\boldsymbol{r}\right\}=\frac{f(r)}{r}\boldsymbol{r}$$
$$m_2\frac{d^2}{dt^2}\left\{\boldsymbol{r}_{\mathrm{G}}-\frac{m_1}{m_1+m_2}\boldsymbol{r}\right\}=-\frac{f(r)}{r}\boldsymbol{r}$$

と表される．上式から，重心 $\boldsymbol{r}_{\mathrm{G}}$ および相対位置ベクトル $\boldsymbol{r}$ に関する運動方程式

$$(m_1+m_2)\frac{d^2\boldsymbol{r}_{\mathrm{G}}}{dt^2}=\boldsymbol{0} \tag{3.21}$$
$$\mu\frac{d^2\boldsymbol{r}}{dt^2}=\frac{f(r)}{r}\boldsymbol{r} \tag{3.22}$$

が得られる．ここで

$$\frac{1}{m_1}+\frac{1}{m_2}=\frac{1}{\mu}$$

とおいた．この μ を**換算質量（reduced mass）**という．式(3.21)は質点系の重心 $\boldsymbol{r}_{\mathrm{G}}$ に全質点が凝縮されたとみなした仮想質点に外力が働かないときの運動方程式である．また，式(3.22)は換算質量 μ の質点の相対位置ベクトル $\boldsymbol{r}$ に関する中心力の運動方程式とみなせる．

つぎに，2 質点からなる質点系の角運動量 $\boldsymbol{L}$ と運動エネルギー K を示す．$\boldsymbol{r}_{\mathrm{G}}$ および $\boldsymbol{r}$ で表した質点系の角運動量 $\boldsymbol{L}$ は，式(3.20)を用いて

$$\begin{aligned}\boldsymbol{L}&=\boldsymbol{r}_1\times\boldsymbol{p}_1+\boldsymbol{r}_2\times\boldsymbol{p}_2\\&=\left(\boldsymbol{r}_{\mathrm{G}}+\frac{m_2}{m_1+m_2}\boldsymbol{r}\right)\times\left\{m_1\left(\frac{d\boldsymbol{r}_{\mathrm{G}}}{dt}+\frac{m_2}{m_1+m_2}\frac{d\boldsymbol{r}}{dt}\right)\right\}\\&\quad+\left(\boldsymbol{r}_{\mathrm{G}}-\frac{m_1}{m_1+m_2}\boldsymbol{r}\right)\times\left\{m_2\left(\frac{d\boldsymbol{r}_{\mathrm{G}}}{dt}-\frac{m_1}{m_1+m_2}\frac{d\boldsymbol{r}}{dt}\right)\right\}\\&=\left\{\boldsymbol{r}_{\mathrm{G}}\times(m_1+m_2)\frac{d\boldsymbol{r}_{\mathrm{G}}}{dt}\right\}+\boldsymbol{r}\times\mu\frac{d\boldsymbol{r}}{dt}\end{aligned}$$

と与えられる．質点系の角運動量 $\boldsymbol{L}$ は，重心に全質点が凝縮したとみなした質点系の角運動量と換算質量 μ の質点の相対位置ベクトル $\boldsymbol{r}$ に関する角運動量に分離できる．また，質点系の運動エネルギー K は

$$\begin{aligned}K&=\frac{1}{2}m_1\left(\frac{d\boldsymbol{r}_1}{dt}\right)^2+\frac{1}{2}m_2\left(\frac{d\boldsymbol{r}_2}{dt}\right)^2\\&=\frac{1}{2}m_1\left(\frac{d\boldsymbol{r}_{\mathrm{G}}}{dt}+\frac{m_2}{m_1+m_2}\frac{d\boldsymbol{r}}{dt}\right)^2\\&\quad+\frac{1}{2}m_2\left(\frac{d\boldsymbol{r}_{\mathrm{G}}}{dt}-\frac{m_1}{m_1+m_2}\frac{d\boldsymbol{r}}{dt}\right)^2\\&=\frac{1}{2}(m_1+m_2)\left(\frac{d\boldsymbol{r}_{\mathrm{G}}}{dt}\right)^2+\frac{1}{2}\mu\left(\frac{d\boldsymbol{r}}{dt}\right)^2\end{aligned} \tag{3.23}$$

と与えられる．質点系の運動エネルギーは，重心の運動エネルギーと換算質量 μ の質点の運動エネルギーとに分離できる．

3.1.6　衝突

衝突が起こる前後で質点系の重心の速度は変化せず，運動エネルギーの変化量は換算質量 μ の相対速度のみに依存する．また，非弾性衝突では，内力が仕事をされる結果としてエネルギー損失が生じることを説明する．

質点系の質点同士が**衝突（collision）**するとき質点間に撃力が働く．この撃力は内力であり，質点系の内力の和はゼロである．質点 1（質量 m_1），質点 2（質量 m_2）の衝突前の速度をそれぞれ $\boldsymbol{v}_1, \boldsymbol{v}_2$，衝突後の速度をそれぞれ $\boldsymbol{v}_1', \boldsymbol{v}_2'$ とする．衝突前後の質点 2 からみた質点 1 の相対速度を，それぞれ $\boldsymbol{v}\equiv\boldsymbol{v}_1-\boldsymbol{v}_2$，$\boldsymbol{v}'\equiv\boldsymbol{v}_1'-\boldsymbol{v}_2'$ とする．さらに，衝突前後の質点系の重心の速度を，それぞれ $\boldsymbol{v}_{\mathrm{G}}, \boldsymbol{v}_{\mathrm{G}}'$ とする．質点 1，2 の衝突前後の運動量 $\boldsymbol{p}_1, \boldsymbol{p}_2$ および $\boldsymbol{p}_1', \boldsymbol{p}_2'$ は，重心の速度と相対速度を用いて

$$\begin{aligned}\boldsymbol{p}_1&=m_1\boldsymbol{v}_1=m_1\boldsymbol{v}_{\mathrm{G}}+\mu\boldsymbol{v}\\\boldsymbol{p}_2&=m_2\boldsymbol{v}_2=m_2\boldsymbol{v}_{\mathrm{G}}-\mu\boldsymbol{v}\\\boldsymbol{p}_1'&=m_1\boldsymbol{v}_1'=m_1\boldsymbol{v}_{\mathrm{G}}'+\mu\boldsymbol{v}'\\\boldsymbol{p}_2'&=m_2\boldsymbol{v}_2'=m_2\boldsymbol{v}_{\mathrm{G}}'-\mu\boldsymbol{v}'\end{aligned}$$

と表せる．ここで，式(3.20)を微分することによって得られる速度の関係式，換算質量 $\mu=m_1m_2/(m_1+m_2)$ を用いた．衝突前後での質点系の運動量 $\boldsymbol{P}, \boldsymbol{P}'$ は

$$\begin{aligned}\boldsymbol{P}&=\boldsymbol{p}_1+\boldsymbol{p}_2=(m_1+m_2)\boldsymbol{v}_{\mathrm{G}}\\\boldsymbol{P}'&=\boldsymbol{p}_1'+\boldsymbol{p}_2'=(m_1+m_2)\boldsymbol{v}_{\mathrm{G}}'\end{aligned}$$

である．質点系に外力が働かなければ，衝突前後での質点系の運動量は保存され（$\boldsymbol{P}=\boldsymbol{P}'$），衝突前後での質点系の重心の速度は変化しない（$\boldsymbol{v}_{\mathrm{G}}=\boldsymbol{v}_{\mathrm{G}}'$）．

衝突する際の撃力によって，撃力の作用線方向の相対速度成分は衝突の前後で符号が変わり，その比は材質に依存する一定である．直線運動のように撃力の作用線上で運動するとき，$\boldsymbol{v}$ と $\boldsymbol{v}'$ の関係は

$$\boldsymbol{v}'=-e\boldsymbol{v} \tag{3.24}$$

と定義される．この比例定数 e は**反発係数（coefficient of restitution）**あるいは**はねかえり係数（coefficient of rebound）**とよばれ，式(3.24)を**ニュートンの衝突の法則（Newton's law of collision）**という．$e=1$ のときを**弾性衝突（elastic collision）**，$0<e<1$ のときを**非弾性衝突（inelastic collision）**という．

重心の速度は衝突によって変化しないことから，重心の運動エネルギーは変化しない．すなわち，衝突前後の運動エネルギーの変化量 ΔK は相対速度のみを

考えればよい．したがって，衝突による ΔK は

$$\Delta K = \frac{1}{2}\mu \boldsymbol{v}'^2 - \frac{1}{2}\mu \boldsymbol{v}^2 = -\frac{1}{2}\mu(1-e^2)\boldsymbol{v}^2 \quad (3.25)$$

である．ここで，式(3.24)を用いた．$e=1$ の弾性衝突では衝突前後の質点系の運動エネルギーが保存され，$0<e<1$ の非弾性衝突では衝突によって質点系の運動エネルギーの一部が失われることがわかる．さらに，$e=0$ の場合には，衝突後の相対速度 $\boldsymbol{v}'$ がゼロとなり，相対運動の全エネルギーが失われる．

図 3.8 に示すように，速度 $\boldsymbol{v}_1$ の質点 1（質量 m_1）と同じ速度 $\boldsymbol{v}_2=\boldsymbol{v}_1$ の質点 2（質量 m_2）に内力が働いている 2 質点系がある．この 2 質点系の重心の速度 $\boldsymbol{v}_G$ は $\boldsymbol{v}_G=\boldsymbol{v}_1=\boldsymbol{v}_2$ である．この 2 質点系の質点 1 に速度 $\boldsymbol{v}_0$ の質点（質量 M）が弾性衝突（$e=1$）したときを考える．このとき，2 質点系と質量 M とからなる質点系とみなせる．弾性衝突後の質点 1 の速度を $\boldsymbol{v}_1'$，質量 M の速度を $\boldsymbol{v}_0'$ とおく．衝突前後の運動量保存則とニュートンの衝突の法則は

$$\begin{aligned} M\boldsymbol{v}_0'+m_1\boldsymbol{v}_1' &= M\boldsymbol{v}_0+m_1\boldsymbol{v}_1 \\ \boldsymbol{v}_0'-\boldsymbol{v}_1' &= -(\boldsymbol{v}_0-\boldsymbol{v}_1) \end{aligned} \quad (3.26)$$

と与えられる．式(3.26)から衝突後の $\boldsymbol{v}_0', \boldsymbol{v}_1'$ は

$$\begin{aligned} \boldsymbol{v}_0' &= \frac{M\boldsymbol{v}_0+m_1\boldsymbol{v}_1}{M+m_1}-\frac{m_1(\boldsymbol{v}_0-\boldsymbol{v}_1)}{M+m_1} \\ &= \boldsymbol{v}_0-\frac{2m_1(\boldsymbol{v}_0-\boldsymbol{v}_1)}{M+m_1} \\ \boldsymbol{v}_1' &= \frac{M\boldsymbol{v}_0+m_1\boldsymbol{v}_1}{M+m_1}+\frac{M(\boldsymbol{v}_0-\boldsymbol{v}_1)}{M+m_1} = \boldsymbol{v}_1+\frac{2M(\boldsymbol{v}_0-\boldsymbol{v}_1)}{M+m_1} \end{aligned} \quad (3.27)$$

と表せる．式(3.27)を用いれば，衝突後の質量 M の質点と質点 1 の重心の速度 $(M\boldsymbol{v}_0'+m_1\boldsymbol{v}_1')/(M+m_1)$ は衝突前と変化しないことがわかる．また，衝突後の運動エネルギー $(1/2)M\boldsymbol{v}_0'^2+(1/2)m_1\boldsymbol{v}_1'^2$ も変化しない．

衝突後の 2 質点系を一つの物体とみなしたときの 2 質点系の重心の速度 $\boldsymbol{v}_G'$ は

$$\boldsymbol{v}_G' = \frac{m_1\boldsymbol{v}_1'+m_2\boldsymbol{v}_2}{m_1+m_2} = \boldsymbol{v}_G+\frac{2Mm_1(\boldsymbol{v}_0-\boldsymbol{v}_G)}{(m_1+m_2)(M+m_1)} \quad (3.28)$$

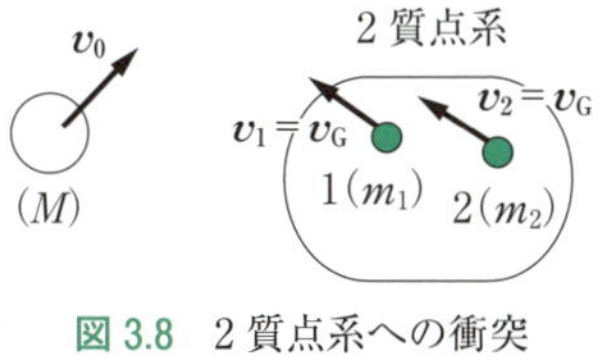

図 3.8　2 質点系への衝突

となる．ここで，$\boldsymbol{v}_1=\boldsymbol{v}_2=\boldsymbol{v}_G$ の関係を用いた．すなわち，質量 M の質点（速度 $\boldsymbol{v}_0$）が重心の速度 $\boldsymbol{v}_G$ の 2 質点系に衝突することによって 2 質点系の重心の速度が $\boldsymbol{v}_G'$ になった．衝突後の 2 質点系の重心速度 $\boldsymbol{v}_G'$ からみた質量 M の質点の相対速度 $\boldsymbol{v}_0'-\boldsymbol{v}_G'$ は

$$\boldsymbol{v}_0'-\boldsymbol{v}_G' = -\left\{1-\frac{2m_2M}{(m_1+m_2)(M+m_1)}\right\}(\boldsymbol{v}_0-\boldsymbol{v}_G)$$

となる．質量 M の質点が 2 質点系に衝突したときのニュートンの衝突の法則 $\boldsymbol{v}_0'-\boldsymbol{v}_G'=-e(\boldsymbol{v}_0-\boldsymbol{v}_G)$ から，反発係数 e は

$$e = 1-\frac{2m_2M}{(m_1+m_2)(M+m_1)} < 1 \quad (3.29)$$

と得られる．式(3.29)は 2 質点系の質点 1 に弾性衝突をしても 2 質点系から見れば非弾性衝突であることを意味する．衝突後の 2 質点系の重心の速度 $\boldsymbol{v}_G'=(m_1\boldsymbol{v}_1'+m_2\boldsymbol{v}_2)/(m_1+m_2)$ と質点 2 からの質点 1 の相対速度を $\boldsymbol{v}_1'-\boldsymbol{v}_2\equiv\boldsymbol{v}$ とすれば，$\boldsymbol{v}_1', \boldsymbol{v}_2$ はそれぞれ

$$\begin{aligned} \boldsymbol{v}_1' &= \boldsymbol{v}_G'+\frac{m_2\boldsymbol{v}}{m_1+m_2} \\ \boldsymbol{v}_2 &= \boldsymbol{v}_G'-\frac{m_1\boldsymbol{v}}{m_1+m_2} \end{aligned}$$

と表され，衝突後の 2 質点系の運動エネルギーは

$$\begin{aligned} &\frac{1}{2}m_1\boldsymbol{v}_1'^2+\frac{1}{2}m_2\boldsymbol{v}_2^2 \\ &= \frac{1}{2}m_1\left\{\boldsymbol{v}_G'+\frac{m_2\boldsymbol{v}}{m_1+m_2}\right\}^2+\frac{1}{2}m_2\left\{\boldsymbol{v}_G'-\frac{m_1\boldsymbol{v}}{m_1+m_2}\right\}^2 \\ &= \frac{1}{2}(m_1+m_2)\boldsymbol{v}_G'^2+\frac{1}{2}\frac{m_1m_2}{m_1+m_2}\boldsymbol{v}^2 \end{aligned}$$

である．第 1 項は 2 質点系を一つの物体とみなしたときの運動エネルギーであり，第 2 項は 2 質点系の相対運動の運動エネルギーを与えている．したがって，2 質点系の物体とみなした衝突において，運動エネルギーの変化量は

$$\begin{aligned} \Delta K &= -\frac{1}{2}\frac{m_1m_2}{m_1+m_2}\boldsymbol{v}^2 = -\frac{1}{2}\frac{m_1m_2}{m_1+m_2}(\boldsymbol{v}_1'-\boldsymbol{v}_2)^2 \\ &= -\frac{2m_1m_2M^2}{(m_1+m_2)(M+m_1)^2}(\boldsymbol{v}_0-\boldsymbol{v}_1)^2 \end{aligned} \quad (3.30)$$

である．ここで，$\boldsymbol{v}_1=\boldsymbol{v}_2$ を用いた．また，式(3.30)に式(3.27)，(3.28)の関係および式(3.29)を用いれば，運動エネルギーの変化量 ΔK は

$$\begin{aligned} \Delta K &= \frac{1}{2}\mu'\{(\boldsymbol{v}_0'-\boldsymbol{v}_G')^2-(\boldsymbol{v}_0-\boldsymbol{v}_G)^2\} \\ &= -\frac{1}{2}\mu'(1-e^2)(\boldsymbol{v}_0-\boldsymbol{v}_1)^2 \end{aligned} \quad (3.31)$$

と表すことができる．ここで，μ' は質量 M の質点と

質量 (m_1+m_2) の 2 質点系との換算質量 $\mu' \equiv (m_1+m_2)M/(M+m_1+m_2)$ である．式(3.31)から，質量 M の質点と質量 (m_1+m_2) の 2 質点系との衝突における運動エネルギーの変化量は衝突前後での相対速度のみに依存することがわかる．また，$e \neq 1$ では内力が仕事をされた結果としてエネルギーは損失される．この結果は 2 質点間の衝突の場合の式(3.25)と一致する．

3.1 節のまとめ

- **i 番目の質点の運動方程式**　$m_i \dfrac{d^2\boldsymbol{r}_i}{dt^2} = \dfrac{d\boldsymbol{p}_i}{dt} = \boldsymbol{F}_i + \sum_k \boldsymbol{F}_{ki}$
- **質点系の内力の和**　$\sum_i\sum_k \boldsymbol{F}_{ki} = 0$，**質点系の内力のモーメント和** $\sum_i\sum_k \boldsymbol{r}_i \times \boldsymbol{F}_{ki} = \boldsymbol{0}$
- **質点系の運動方程式**　$M\dfrac{d^2\boldsymbol{r}_G}{dt^2} = \dfrac{d\boldsymbol{P}}{dt} = \sum_i \boldsymbol{F}_i$
- **質点系の角運動量 $\boldsymbol{L}$ に関する運動方程式**　$\dfrac{d\boldsymbol{L}}{dt} = \sum_i \boldsymbol{r}_i \times \boldsymbol{F}_i = \sum_i \boldsymbol{N}_i$
- **質点系の角運動量** $\boldsymbol{L} = \boldsymbol{r}_G \times M\boldsymbol{v}_G + \sum_i \boldsymbol{r}'_i \times m_i \boldsymbol{v}'_i = \boldsymbol{r}_G \times M\boldsymbol{v}_G + \boldsymbol{L}^G$
- **重心まわりの角運動量の時間変化**　$\dfrac{d\boldsymbol{L}^G}{dt} = \dfrac{d}{dt}\left\{\sum_i \boldsymbol{r}'_i \times m_i \boldsymbol{v}'_i\right\} = \sum_i \boldsymbol{r}'_i \times \boldsymbol{F}_i$
- **運動エネルギー**　$K = \sum_i \dfrac{1}{2} m_i \left(\dfrac{d\boldsymbol{r}_i}{dt}\right)^2 = \dfrac{1}{2}M\boldsymbol{v}_G^2 + \sum_i \dfrac{1}{2} m_i \boldsymbol{v}'^2_i$
- **質点系の内力のする仕事の変化量**　$dW^{(i)} = \sum_i\sum_k \boldsymbol{F}_{ki}\cdot d\boldsymbol{r}_i = \dfrac{1}{2}\sum_i\sum_k \boldsymbol{F}_{ki}\cdot d\boldsymbol{r}_{ki} = \sum_i \sum_{k>i} \boldsymbol{F}_{ki}\cdot d\boldsymbol{r}_{ki}$
- **衝突による運動エネルギー変化**　$\Delta K = -\dfrac{1}{2}\mu(1-e^2)\boldsymbol{v}^2$　（e：**反発係数**，$\boldsymbol{v}$：**衝突前の相対速度**）

3.2　角運動量，慣性モーメント，剛体の運動方程式

剛体は質点の集まりで，質点間の距離が不変であると考える．剛体の回転運動は慣性モーメントを用いた角運動量で議論できる．この節では剛体の運動方程式を示す．また，剛体の慣性モーメントの性質も説明する．

3.2.1　剛体の角運動量と慣性モーメント

角運動量と角速度との関係は慣性モーメント・慣性乗積を用いて表すことができ，慣性モーメント・慣性乗積は剛体の形状，質量の分布状態，剛体と座標軸との相対位置だけで決まることを説明する．

図 3.9 に示すように，質量の無視できる長さ R の棒の先に質量 m の質点が取り付けられている．点 N を支点として z 軸まわりに角速度 $\boldsymbol{\omega}$ で回転したときの質点の角運動量 $\boldsymbol{l}$ は

$$\boldsymbol{l} = \boldsymbol{r} \times m(\boldsymbol{\omega} \times \boldsymbol{r}) = (mR^2)\boldsymbol{\omega} \tag{3.32}$$

である．式(3.32)は棒と質点を一つの剛体と考えれば，この剛体が角速度 $\boldsymbol{\omega}$ で回転しているときの角運動量 $\boldsymbol{l}$ は質点の位置，言い換えると，剛体の形状，質量分布に依存することを示している．回転軸から距離 R に質点があるとき，この剛体の (mR^2) を z 軸まわりの慣性モーメント I_{zz} という．一定の角速度で回転しているとき，慣性モーメントが大きければ角運動量も大きくなる．図 3.10 に示すように，質量 m の質点が任意の方向の回転軸まわりに角速度 $\boldsymbol{\omega}$ で運動しているとき，質点の角運動量は

$$\boldsymbol{l} = \boldsymbol{r} \times m(\boldsymbol{\omega} \times \boldsymbol{r}) = m\{(\boldsymbol{r}^2)\boldsymbol{\omega} - (\boldsymbol{r}\cdot\boldsymbol{\omega})\boldsymbol{r}\} \tag{3.33}$$

である．位置ベクトルを $\boldsymbol{r} = x\hat{\boldsymbol{x}} + y\hat{\boldsymbol{y}} + z\hat{\boldsymbol{z}}$，角速度を

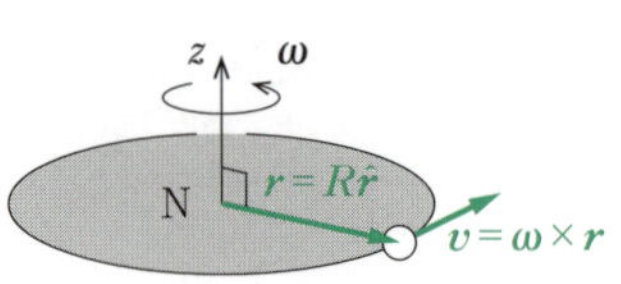

図 3.9　角運動量と慣性モーメント

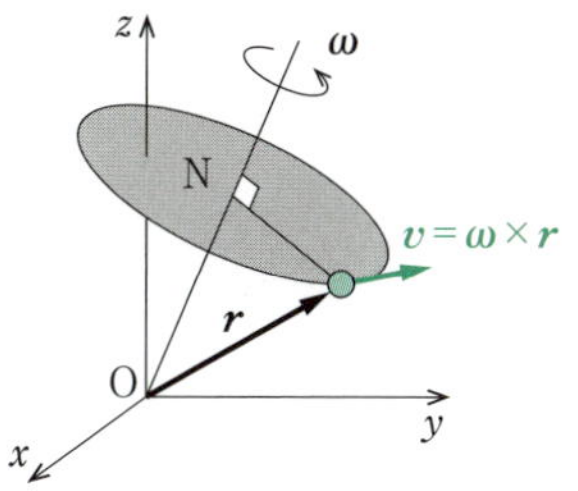

図 3.10　任意の軸まわりの角運動量と慣性モーメント

$\boldsymbol{\omega} = \omega_x\hat{\boldsymbol{x}} + \omega_y\hat{\boldsymbol{y}} + \omega_z\hat{\boldsymbol{z}}$ とすれば，式(3.33)の角運動量 $\boldsymbol{l}$ の x 成分は

$$\begin{aligned} l_x &= m\{(\boldsymbol{r}^2)\boldsymbol{\omega} - (\boldsymbol{r}\cdot\boldsymbol{\omega})\boldsymbol{r}\}_x \\ &= m\{(x^2+y^2+z^2)\omega_x - (x\omega_x + y\omega_y + z\omega_z)x\} \\ &= \{m(y^2+z^2)\}\omega_x + (-mxy)\omega_y + (-mxz)\omega_z \end{aligned}$$

と表せる．剛体を質点の集まりと考える．質点系の i 番目の質点の質量を m_i，座標を $(x_i,\ y_i,\ z_i)$ とおけば，剛体の角運動量 $\boldsymbol{L}$ の x 成分 L_x は

$$\begin{aligned} L_x &= \sum l_{x_i} \\ &= \sum\{m_i({y_i}^2+{z_i}^2)\}\omega_x + \sum(-m_i x_i y_i)\omega_y \\ &\quad + \sum(-m_i x_i z_i)\omega_z \\ &= I_{xx}\omega_x + I_{xy}\omega_y + I_{xz}\omega_z \end{aligned} \tag{3.34}$$

と表せる．ここで，

$$I_{xx} \equiv \sum_i m_i({y_i}^2+{z_i}^2),$$

$$I_{xy} \equiv -\sum_i m_i x_i y_i, \quad I_{xz} \equiv -\sum_i m_i x_i z_i$$

とおいた．同様に，

$$I_{yy} \equiv \sum_i m_i({x_i}^2+{z_i}^2), \quad I_{zz} \equiv \sum_i m_i({x_i}^2+{y_i}^2)$$

$$I_{yx} \equiv -\sum_i m_i y_i x_i, \quad I_{yz} \equiv -\sum_i m_i y_i z_i$$

$$I_{zx} \equiv -\sum_i m_i z_i x_i, \quad I_{zy} \equiv -\sum_i m_i z_i y_i$$

とおけば，角運動量 $\boldsymbol{L}$ の y，z 成分 L_y，L_zは

$$L_y = I_{yx}\omega_x + I_{yy}\omega_y + I_{yz}\omega_z \tag{3.35}$$

$$L_z = I_{zx}\omega_x + I_{zy}\omega_y + I_{zz}\omega_z \tag{3.36}$$

と表すことができる．ここで，$I_{xy} = I_{yx}$，$I_{yz} = I_{zy}$，$I_{xz} = I_{zx}$ を満足する．以上の結果から，剛体の角運動量は

$$\begin{aligned} \boldsymbol{L} = &(I_{xx}\omega_x + I_{xy}\omega_y + I_{xz}\omega_z)\hat{\boldsymbol{x}} \\ &+ (I_{yx}\omega_x + I_{yy}\omega_y + I_{yz}\omega_z)\hat{\boldsymbol{y}} \\ &+ (I_{zx}\omega_x + I_{zy}\omega_y + I_{zz}\omega_z)\hat{\boldsymbol{z}} \end{aligned}$$

と表すことができる．$I_{xx}, I_{xy}, I_{xz}, \cdots, I_{zz}$ を**慣性テンソル（tensor of inertia）**という．剛体の角運動量 $\boldsymbol{L}$ を

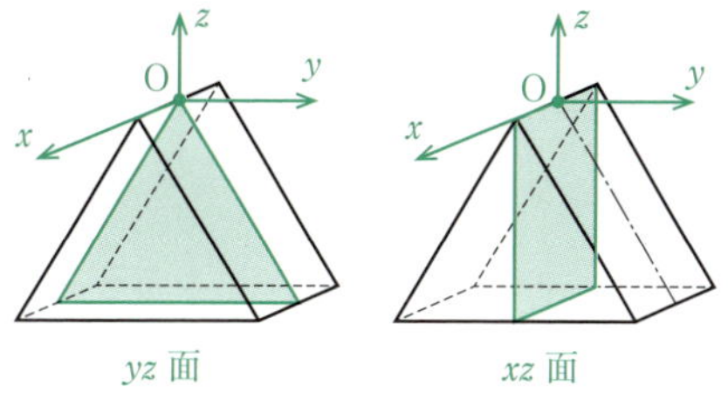

図 3.11　二つの対称面をもつ三角柱

$\boldsymbol{L} = L_x\hat{\boldsymbol{x}} + L_y\hat{\boldsymbol{y}} + L_z\hat{\boldsymbol{z}}$ とする．$\boldsymbol{L}$ の成分 (L_x, L_y, L_z) と角速度 $\boldsymbol{\omega}$ の成分 $(\omega_x, \omega_y, \omega_z)$ との関係は，行列表示を用いて

$$\begin{bmatrix} L_x \\ L_y \\ L_z \end{bmatrix} = \begin{bmatrix} I_{xx} & I_{xy} & I_{xz} \\ I_{yx} & I_{yy} & I_{yz} \\ I_{zx} & I_{zy} & I_{zz} \end{bmatrix} \begin{bmatrix} \omega_x \\ \omega_y \\ \omega_z \end{bmatrix}$$

と表すことができる．I_{xx}, I_{yy}, I_{zz} はそれぞれ x, y, z 軸に関する**慣性モーメント（moment of inertia）**という．$-I_{xy}, -I_{yz}, -I_{zx}$ はそれぞれ x, y；y, z；z, x の軸に関する**慣性乗積（product of inertia）**という．慣性モーメント・慣性乗積は，剛体の形状，質量の分布状態，剛体と座標軸との相対位置だけで決まる．剛体に固定した座標系であれば，剛体が運動しても慣性テンソルは不変量である．空間に固定した座標系であれば，一般に剛体の運動とともにその値は変化する．

慣性乗積 $-I_{kl}$ について

三角柱の慣性乗積を考える．x 軸に垂直な断面は一様である．Oxyz 座標系の原点を図 3.11 に示した位置におく．Oxyz 座標系からみれば，$x > 0$ と $x < 0$ の領域での三角柱の形状は同じになるようにした．そのとき，$x = 0$ での yz 面を対称な面であるという．そのときの慣性乗積 $-I_{xy}$ は

$$-I_{xy} = \sum_i m_i x_i y_i = \sum_{x_i>0} m_i|x_i|y_i + \sum_{x_i<0} m_i(-|x_i|)y_i = 0$$

であり，また

$$-I_{xz} = \sum_i m_i x_i z_i = \sum_{x_i>0} m_i|x_i|z_i + \sum_{x_i<0} m_i(-|x_i|)z_i = 0$$

が成り立ち，$-I_{xy} = -I_{xz} = 0$ を満足する．同様に，$y = 0$ での対称な xz 面が存在するときも $-I_{xy} = -I_{yz} = 0$ である．さらに，$I_{kl} = I_{lk}$ $(k \neq l)$ の関係より，任意の $k \neq l$ に対して，常に $I_{kl} = 0$ が成り立つ．すなわち，二つの軸を含む対称な面が二つ以上あるように座標軸を選べば，慣性乗積は $-I_{kl} = 0$ $(k \neq l)$ となり，角運動量は

$$\begin{bmatrix} L_x \\ L_y \\ L_z \end{bmatrix} = \begin{bmatrix} I_{xx} & 0 & 0 \\ 0 & I_{yy} & 0 \\ 0 & 0 & I_{zz} \end{bmatrix} \begin{bmatrix} \omega_x \\ \omega_y \\ \omega_z \end{bmatrix} = \begin{bmatrix} I_{xx}\omega_x \\ I_{yy}\omega_y \\ I_{zz}\omega_z \end{bmatrix}$$

となる．すべての慣性乗積がゼロになるとき，I_{xx}, I_{yy}, I_{zz} を**主慣性モーメント（principal moment of inertia）**といい，そのときの座標軸を**慣性主軸（princiapal axes of inertia）**という．

3.2.2 剛体の運動方程式

剛体の運動方程式は剛体の重心の運動方程式と角運動量に関する方程式をそれぞれ独立に扱えることを説明する．

a. 固定点まわりの運動

図 3.12 に示すように，剛体が剛体内の固定点まわりに運動するとき，固定点を原点 O にとる．剛体の運動方程式は，質点系と同じ

$$\frac{d\boldsymbol{P}}{dt} = M\frac{d^2\boldsymbol{r}_{\mathrm{G}}}{dt^2} = \sum_i \boldsymbol{F}_i \tag{3.37}$$

$$\frac{d\boldsymbol{L}}{dt} = \sum_i \boldsymbol{r}_i \times \boldsymbol{F}_i = \sum_i \boldsymbol{N}_i \tag{3.38}$$

である．式(3.37)は重心の運動方程式，式(3.38)は固定点まわりの角運動量の方程式を与える．角運動量 $\boldsymbol{L}$ は固定した座標系からみた慣性モーメント，慣性乗積を用いて

$$\begin{bmatrix} L_x \\ L_y \\ L_z \end{bmatrix} = \begin{bmatrix} I_{xx} & I_{xy} & I_{xz} \\ I_{yx} & I_{yy} & I_{yz} \\ I_{zx} & I_{zy} & I_{zz} \end{bmatrix} \begin{bmatrix} \omega_x \\ \omega_y \\ \omega_z \end{bmatrix}$$

と表す．

b. 重心まわりの回転を伴う運動

図 3.13 に示すように，剛体が重心まわりの回転を伴なって運動するとき，剛体の運動方程式は，質点系と同じ

$$\frac{d\boldsymbol{P}}{dt} = M\frac{d^2\boldsymbol{r}_{\mathrm{G}}}{dt^2} = \sum_i \boldsymbol{F}_i \tag{3.39}$$

$$\frac{d\boldsymbol{L}^G}{dt} = \sum_i \boldsymbol{r}_i' \times \boldsymbol{F}_i = \sum_i \boldsymbol{N}_i \tag{3.40}$$

で与えられる．重心の運動方程式(3.39)と重心からみた角運動量の方程式(3.40)を調べればよい．ここで，$\boldsymbol{r}_i'$ は剛体の重心からの相対位置ベクトルであり，重

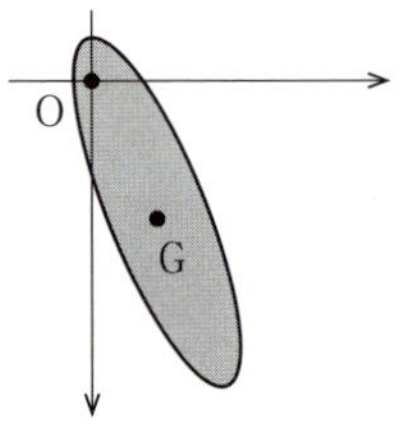

図 3.12　剛体内の固定点まわりの運動

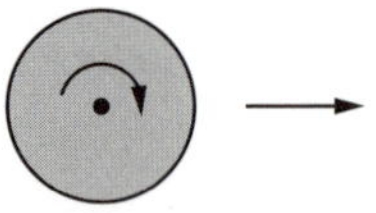

図 3.13　重心まわりの回転を伴う運動

心からみた角運動量 $\boldsymbol{L}^{\mathrm{G}}$ は

$$\boldsymbol{L}^{\mathrm{G}} = \sum_i \boldsymbol{r}_i' \times m_i \boldsymbol{v}_i'$$

で与えられる．重心を通る空間に固定した座標系からみた慣性テンソル I_{ij}^G を用いれば，重心まわりの角運動量 $\boldsymbol{L}^{\mathrm{G}}$は，行列を用いて表すと

$$\begin{bmatrix} L_x^G \\ L_y^G \\ L_z^G \end{bmatrix} = \begin{bmatrix} I_{xx}^G & I_{xy}^G & I_{xz}^G \\ I_{yx}^G & I_{yy}^G & I_{yz}^G \\ I_{zx}^G & I_{zy}^G & I_{zz}^G \end{bmatrix} \begin{bmatrix} \omega_x \\ \omega_y \\ \omega_z \end{bmatrix}$$

と表される．重心を原点とした座標系を慣性主軸に選び，z 軸まわりに角速度 $\boldsymbol{\omega} = \omega\hat{\boldsymbol{z}}$ で回転するとき，

$$\begin{bmatrix} L_x^G \\ L_y^G \\ L_z^G \end{bmatrix} = \begin{bmatrix} I_{xx}^G & 0 & 0 \\ 0 & I_{yy}^G & 0 \\ 0 & 0 & I_{zz}^G \end{bmatrix} \begin{bmatrix} 0 \\ 0 \\ \omega \end{bmatrix} = \begin{bmatrix} 0 \\ 0 \\ I_{zz}^G\omega \end{bmatrix}$$

となる．この結果，重心まわりの角運動量 $\boldsymbol{L}^{\mathrm{G}}$ は $\boldsymbol{L}^{\mathrm{G}} = I_{zz}^G\omega\hat{\boldsymbol{z}}$ と得られる．

3.2.3 剛体の運動エネルギー

質点系の運動エネルギーは

$$K = \sum_i \frac{1}{2}m_i\left(\frac{d\boldsymbol{r}_i}{dt}\right)^2 = \sum_i \frac{1}{2}m_i v_i^2$$

と与えられる．剛体が角速度 $\boldsymbol{\omega}$ で回転しているとき，この運動エネルギー K は角速度 $\boldsymbol{\omega}$ と角運動量 $\boldsymbol{L}$ を用いて表されることを説明する．

a. 固定点まわりに回転する剛体の運動エネルギー

剛体が固定点まわりに角速度 $\boldsymbol{\omega}$ で回転するとき，質点系の i 番目の質点も $\boldsymbol{\omega}$ で回転する．i 番目の質点の速度 $\boldsymbol{v}_i$ は $\boldsymbol{v}_i = \boldsymbol{\omega} \times \boldsymbol{r}_i$ で表され，剛体の運動エネルギーは

$$K=\sum_i\frac{1}{2}m_i\boldsymbol{v}_i^2=\sum_i\frac{1}{2}m_i\boldsymbol{v}_i\cdot\boldsymbol{v}_i=\sum_i\frac{1}{2}m_i\boldsymbol{v}_i\cdot(\boldsymbol{\omega}\times\boldsymbol{r}_i)$$
$$=\frac{1}{2}\boldsymbol{\omega}\cdot\left(\sum_i\boldsymbol{r}_i\times m_i\boldsymbol{v}_i\right)=\frac{1}{2}\boldsymbol{\omega}\cdot\boldsymbol{L} \qquad (3.41)$$

なり，剛体の運動エネルギーは角運動量 $\boldsymbol{L}$ と角速度 $\boldsymbol{\omega}$ を用いて表される．

b. 重心まわりの回転を伴う剛体の運動エネルギー

重心まわりの回転を伴う場合，質点系の i 番目の質点は重心まわりの角速度 $\boldsymbol{\omega}$ で回転する．i 番目の質点の速度は $\boldsymbol{v}_i=\boldsymbol{v}_{\mathrm{G}}+\boldsymbol{v}_i'$ で表される．ここで，$\boldsymbol{v}_{\mathrm{G}}$ は質点系の重心の速度，$\boldsymbol{v}_i'$ は重心からの相対速度である．運動エネルギーは

$$K=\sum_i\frac{1}{2}m_i\boldsymbol{v}_i^2=\sum_i\frac{1}{2}m_i(\boldsymbol{v}_{\mathrm{G}}+\boldsymbol{v}_i')^2$$
$$=\frac{1}{2}M\boldsymbol{v}_{\mathrm{G}}^2+\frac{1}{2}\sum_i m_i\boldsymbol{v}_i'^2$$

と表される．ここで，$\sum m_i\boldsymbol{v}_i'=\mathbf{0}$，の関係を用いた．また，$(1/2)\sum m_i\boldsymbol{v}_i'^2$ は重心まわりの運動エネルギーであり，第 2 項は

$$\frac{1}{2}\sum_i m_i\boldsymbol{v}_i'^2=\frac{1}{2}\boldsymbol{\omega}\cdot\left(\sum_i\boldsymbol{r}_i'\times m_i\boldsymbol{v}_i'\right)=\frac{1}{2}\boldsymbol{\omega}\cdot\boldsymbol{L}^{\mathrm{G}}$$

と与えられる．したがって，重心まわりの回転を伴う場合の運動エネルギーは

$$K=\frac{1}{2}M\boldsymbol{v}_{\mathrm{G}}^2+\frac{1}{2}\boldsymbol{\omega}\cdot\boldsymbol{L}^{\mathrm{G}} \qquad (3.42)$$

と与えられる．K は重心の運動エネルギーと重心まわりの運動エネルギーの和で与えられ，重心まわりの運動エネルギーは角運動量 $\boldsymbol{L}^{\mathrm{G}}$ と角速度 $\boldsymbol{\omega}$ を用いて表される．剛体の重心を原点とする慣性主軸を選んだとき，角運動量を $\boldsymbol{L}^{\mathrm{G}}=I_{xx}^G\omega_x\hat{\boldsymbol{x}}+I_{yy}^G\omega_y\hat{\boldsymbol{y}}+I_{zz}^G\omega_z\hat{\boldsymbol{z}}$ とおけば，重心まわりの運動エネルギーは

$$\frac{1}{2}\boldsymbol{\omega}\cdot\boldsymbol{L}^{\mathrm{G}}=\frac{1}{2}(I_{xx}^G\omega_x^2+I_{yy}^G\omega_y^2+I_{zz}^G\omega_z^2)$$

となる．さらに，剛体が球の場合（$I_{xx}^G=I_{yy}^G=I_{zz}^G=I^G$）の運動エネルギーは

$$\frac{1}{2}\boldsymbol{\omega}\cdot\boldsymbol{L}^{\mathrm{G}}=\frac{1}{2}I^G(\omega_x^2+\omega_y^2+\omega_z^2)=\frac{1}{2}I^G\omega^2$$

となる．

3.2.4 主慣性モーメントの例

慣性モーメントの例として，長方体，円柱，球の場合の慣性モーメントを求める．また，慣性モーメントに関する慣性モーメントの和の定理，平行軸の定理についても説明する．

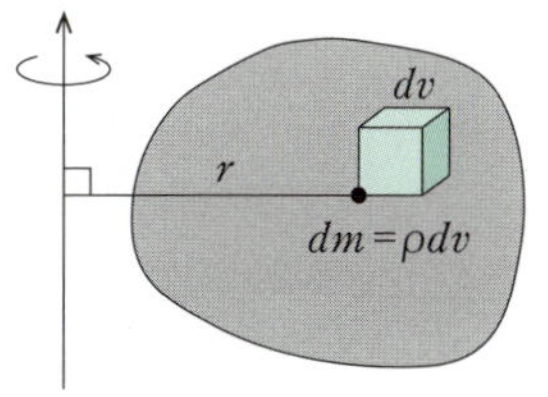

図 3.14 慣性モーメントと体積素片 dv

剛体を連続した質点の集合とみなし，そのときの体積素片（微小体積）dv の質量 dm は，ρ を密度とすると

$$dm=\rho dv$$

と表せる．この体積素片 dv を，デカルト座標系の (dx,dy,dz)，円柱座標系の $(ds,d\phi,dz)$，極座標系の $(dr,d\theta,d\phi)$ で表せば，

$$dv=dxdydz \qquad \text{（デカルト座標系）}$$
$$=sdsd\phi dz \qquad \text{（円柱座標系）}$$
$$=r^2\sin\theta drd\theta d\phi \qquad \text{（極座標系）}$$

である．一様な密度である剛体の質量 M は

$$M=\int dm=\rho\int dv$$

と表される．ある軸から距離 r_i の位置に質量 m_i の質点があるとき，軸まわりの質点系の慣性モーメントは $I=\sum_i m_ir_i^2$ である．剛体を連続した質点の集合とみなし，図 3.14 に示す軸から距離 r の位置に質量 dm の剛体があるとすれば，軸まわりの慣性モーメントは

$$I=\int r^2dm=\rho\int r^2dv \qquad (3.43)$$

で求まる．

例題 3-5 長方体の主慣性モーメント

図 3.15 に示した辺の長さ a,b,c の長方体（質量 M）の重心を通る主慣性モーメント I_{xx},I_{yy},I_{zz} を求める．

x,y,z の領域を $-a/2\le x\le a/2$，$-b/2\le y\le b/2$，$-c/2\le z\le c/2$ とする．x と $x+dx$，y と $y+dy$ および z と $z+dz$ にある密度 ρ の長方体の質量は $dm=\rho dxdydz$ である．剛体の質量は

$$M=\int dm=\rho\iiint dxdydz$$
$$=\rho\left(\int_{-a/2}^{a/2}dx\right)\left(\int_{-b/2}^{b/2}dy\right)\left(\int_{-c/2}^{c/2}dz\right)=\rho abc$$

である．長方体の主慣性モーメント I_{xx} は

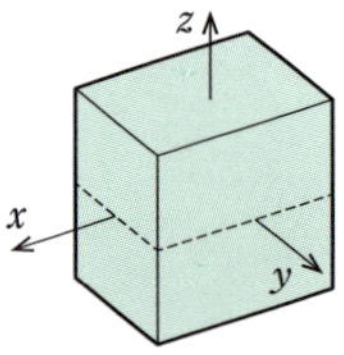

図 3.15　長方体の主慣性モーメント

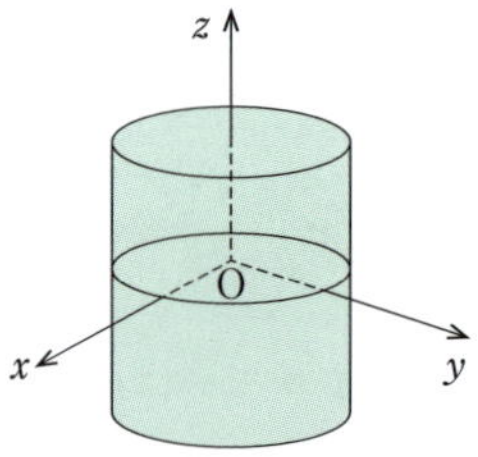

図 3.16　直円柱の主慣性モーメント

$$I_{xx} = \int (y^2+z^2)dm = \rho\iiint (y^2+z^2)\,dxdydz$$
$$= \rho\left(\int_{-a/2}^{a/2}dx\right)\left(\int_{-b/2}^{b/2}y^2dy\right)\left(\int_{-c/2}^{c/2}dz\right)$$
$$+\rho\left(\int_{-a/2}^{a/2}dx\right)\left(\int_{-b/2}^{b/2}dy\right)\left(\int_{-c/2}^{c/2}z^2dz\right)$$
$$= \frac{b^2+c^2}{12}(\rho abc) = \frac{b^2+c^2}{12}M$$

である．同様に I_{yy}，I_{zz} を計算すれば，

$$I_{yy} = \int (z^2+x^2)\,dm$$
$$= \rho\iiint (z^2+x^2)\,dxdydz = \frac{c^2+a^2}{12}M,$$
$$I_{zz} = \int (x^2+y^2)\,dm$$
$$= \rho\iiint (x^2+y^2)\,dxdydz = \frac{a^2+b^2}{12}M$$

である．

例題 3-6　直円柱の主慣性モーメント

図 3.16 に示した半径 a，高さ l の直円柱（質量 M）の重心を通る主慣性モーメント I_{xx}, I_{yy}, I_{zz} を求める．

円柱座標系で考える．s,ϕ,z の領域を $0\le s\le a$，$0\le\phi\le 2\pi$，$-l/2\le z\le l/2$ とする．s と $s+ds$，ϕ と $\phi+d\phi$ および r と $z+dz$ にある密度 ρ の直円柱の質量は $dm=\rho s ds d\phi dz$ である．剛体の質量は

$$M = \int dm = \rho\iiint s\,dsd\phi dz$$
$$= \rho\left(\int_0^a sds\right)\left(\int_0^{2\pi}d\phi\right)\left(\int_{-l/2}^{l/2}dz\right) = \rho\pi a^2 l$$

である．直円柱の主慣性モーメント I_{xx}, I_{yy}, I_{zz} の定義は

$$I_{xx} = \int (y^2+z^2)\,dm = \int y^2dm+\int z^2dm,$$
$$I_{yy} = \int (x^2+z^2)\,dm = \int x^2dm+\int z^2dm,$$
$$I_{zz} = \int s^2dm = \int (x^2+y^2)\,dm$$

で与えられる．I_{xx} と I_{yy} の和は

$$I_{xx}+I_{yy} = \int y^2dm+\int x^2dm+2\int z^2dm$$

である．直円柱のときに $I_{xx}=I_{yy}$ であるので，主慣性モーメント I_{xx}, I_{yy} と I_{zz} には

$$I_{xx} = I_{yy} = \frac{1}{2}I_{zz}+\int z^2dm$$

の関係が成立する．主慣性モーメント I_{zz} は

$$I_{zz} = \int s^2dm = \rho\iiint s^3dsd\phi dz$$
$$= \rho\left(\int_0^a s^3ds\right)\left(\int_0^{2\pi}d\phi\right)\left(\int_{-l/2}^{l/2}dz\right)$$
$$= \left(\frac{1}{2}a^2\right)(\rho\pi a^2 l) = \frac{a^2}{2}M$$

である．また，

$$\int z^2dm = \rho\iiint z^2s\,dsd\phi dz$$
$$= \rho\left(\int_0^a sds\right)\left(\int_0^{2\pi}d\phi\right)\left(\int_{-l/2}^{l/2}z^2dz\right) = \frac{l^2}{12}M$$

が得られる．以上の結果から I_{xx}, I_{yy} は

$$I_{xx} = I_{yy} = \frac{1}{2}I_{zz}+\int z^2dm = \left(\frac{a^2}{4}+\frac{l^2}{12}\right)M$$

である．

例題 3-7　球の主慣性モーメント

図 3.17 に示した半径 a の球（質量 M）の重心を通る主慣性モーメント I を求める．

極座標系で考える．r,θ,ϕ の領域を $0\le r\le a$，$0\le\theta\le\pi$，$0\le\phi\le 2\pi$ とする．体積素片は $dv=r^2\sin\theta drd\theta d\phi$ である．球は等方的であり，すべての軸に関する主慣性モーメントは等しい．r と $r+dr$ で囲まれた微小体積は $dv=4\pi r^2dr$ で，密度を ρ とすると $dm=\rho(4\pi r^2dr)$ である．球の質量は

$$M = \int dm = \rho\int_0^a 4\pi r^2dr = \rho\frac{4\pi}{3}a^3$$

である．x,y,z 軸まわりの主慣性モーメント I_{xx}, I_{yy}, I_{zz} は

$$I_{xx} = \int (y^2+z^2)dm,\quad I_{yy} = \int (x^2+z^2)dm,$$
$$I_{zz} = \int (x^2+y^2)dm$$

と定義される．I_{xx}, I_{yy}, I_{zz} の和をとれば，

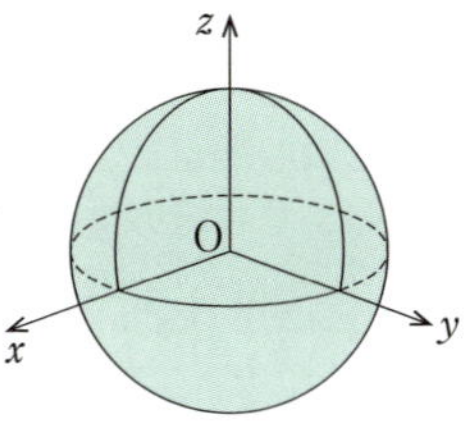

図 3.17 球の主慣性モーメント

$$I_{xx}+I_{yy}+I_{zz}=2\int(x^2+y^2+z^2)dm=2\int_0^a r^2dm$$

の関係がある．球は等方性であることから，I_{xx}, I_{yy}, I_{zz} の慣性モーメントは $I_{xx}=I_{yy}=I_{zz}$ である．すなわち，球の重心を通る任意の軸まわりの主慣性モーメントは軸の方向に依存しない．主慣性モーメント I_{xx}, I_{yy}, I_{zz} の定義および球の等方性を考慮すれば，重心を通る任意の軸まわりの主慣性モーメント I は

$$I=\frac{2}{3}\int_0^a r^2dm=\frac{2}{3}\rho\int_0^a r^2(4\pi r^2dr)=\frac{2}{3}\rho\int_0^a 4\pi r^4dr$$
$$=\frac{2}{5}a^2\left(\frac{4\pi}{3}a^3\rho\right)=\frac{2}{5}a^2M$$

となる．

a. 慣性モーメントの和の定理

剛体をいくつかの領域に分割し，それぞれの領域での微小体積 dv を $dv_1, dv_2, \cdots$ とすると，式(3.43)で与えられる剛体の慣性モーメント I は

$$I=\rho\int r^2dv=\rho\int r^2dv_1+\rho\int r^2dv_2+\cdots$$

と積分領域を分けて求めることができる．ここで，

$$\rho\int r^2dv_1\equiv I_1,\quad \rho\int r^2dv_2\equiv I_2,\quad \cdots$$

とおけば，慣性モーメント I は

$$I=I_1+I_2+\cdots \tag{3.44}$$

と表される．すなわち，剛体をいくつかに分割したとき，剛体全体の慣性モーメントはそれぞれの慣性モーメントの総和として表すことができる．ただし，軸は同一のときのみである．

b. 平行軸の定理

図 3.18 に示すような Oxyz 座標系の z 軸まわりの剛体（質量 M）の慣性モーメント $I_{zz}=\int(x^2+y^2)dm$ を考える．剛体の重心 G(x_G, y_G, z_G) からみた質点の相対位置 x', y', z' を用いれば，位置ベクトルの成分（x, y, z）は

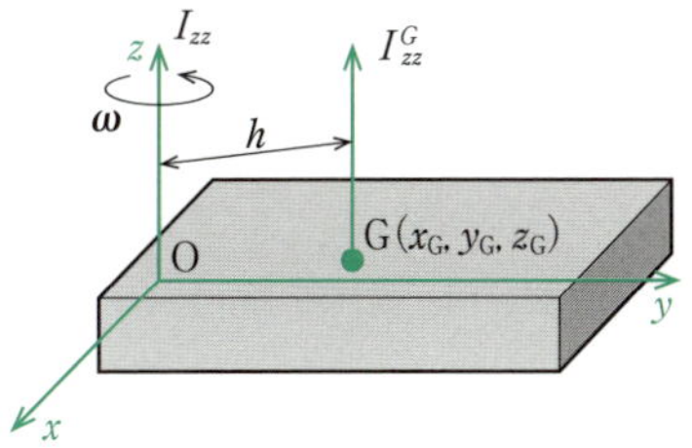

図 3.18 慣性モーメント I_{zz} と I_{zz}^G の関係

$$x=x_G+x',\quad y=y_G+y',\quad z=z_G+z'$$

である．剛体の重心 G(x_G, y_G, z_G) を通り，z 軸から h だけ離れている軸を考えたとき，$x_G^2+y_G^2=h^2$ である．z 軸まわりの剛体の慣性モーメント I_{zz} は

$$I_{zz}=\int(x^2+y^2)dm=\int\{(x_G+x')^2+(y_G+y')^2\}dm$$
$$=\int(x_G^2+y_G^2)dm+\int(x'^2+y'^2)dm$$
$$=Mh^2+\int(x'^2+y'^2)dm\equiv Mh^2+I_{zz}^G \tag{3.45}$$

で与えられる．ここで，$\int x'dm=0$，$\int y'dm=0$ の関係を用いた．I_{zz}^G は重心を通り z 軸に平行な軸まわりの慣性モーメントである．したがって，剛体の慣性モーメントは重心を通る軸まわりの慣性モーメント I_{zz}^G が最も小さく，h だけ離れた平行な軸まわりの慣性モーメント I_{zz} は式(3.45)に従って大きくなる．この式(3.45)を**平行軸の定理（theorem parallel axis）**という．

例題 3-8 慣性モーメントの和の定理の応用

図 3.19 に示したように，半径 a の円板の縁に接するように半径（$a/2$）の円板部分が切り抜かれた剛体（質量 M）がある．半径 a の円板の重心 G を通り，平面に垂直な軸まわりの剛体の慣性モーメント I を求める．

図 3.19 に示した剛体の慣性モーメント I を直接計算するのは複雑であるが，式(3.44)で示した和の定理と式(3.45)で示した平行軸の定理を用いて計算すれば容易に求まる．図 3.20 に示したように，半径 a の円板を，求めたい剛体と半径（$a/2$）の円板に分離して考える．すべての剛体の軸は半径 a の円板の重心 G を通るとする．半径 a の円板の慣性モーメントを I_1，求めたい剛体の慣性モーメントを I，半径（$a/2$）の円板の慣性モーメントを I_2 とする．半径 a の円板の重心 G を通る慣性モーメント I_1 は

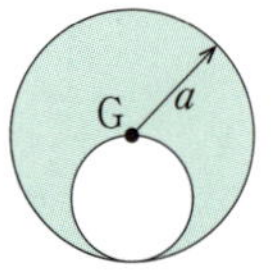

図 3.19　慣性モーメント

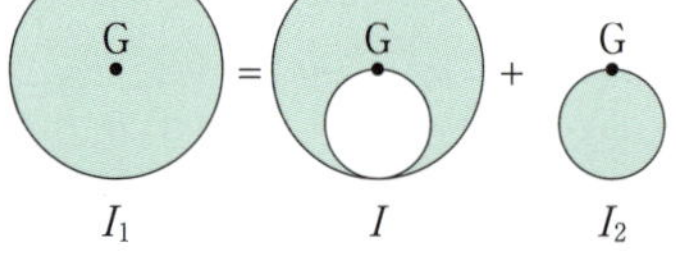

図 3.20　慣性モーメントの和の定理

$$I_1 = \int s^2 dm = \rho \iiint s^3 ds d\phi\, dz = \frac{1}{2}a^2(\rho\pi a^2 z)$$

である．また，同じ軸の半径 $a/2$ の円板の慣性モーメント I_2 は，式(3.45)の平行軸の定理の関係を用いて

$$I_2 = \left(\frac{a}{2}\right)^2\left\{\rho\pi\left(\frac{a}{2}\right)^2 z\right\} + \int s^2 dm$$
$$= \frac{1}{16}a^2(\rho\pi a^2 z) + \frac{1}{2}\left(\frac{a}{2}\right)^2\left\{\rho\pi\left(\frac{a}{2}\right)^2 z\right\}$$
$$= \frac{3}{32}a^2(\rho\pi a^2 z)$$

が得られる．慣性モーメントの和の定理を用いれば，求めたい剛体の慣性モーメント I は

$$I = I_1 - I_2 = \frac{1}{2}a^2(\rho\pi a^2 z) - \frac{3}{32}a^2(\rho\pi a^2 z)$$
$$= \frac{13}{32}a^2(\rho\pi a^2 z) = \frac{13}{32}a^2\left(\frac{4}{3}M\right) = \frac{13}{24}a^2 M$$

となる．ここで，剛体の質量 $M = (3/4)(\rho\pi a^2 z)$ を用いた．

3.2 節のまとめ

- **剛体の角運動量**　$\boldsymbol{L} = (I_{xx}\omega_x + I_{xy}\omega_y + I_{xz}\omega_z)\hat{\boldsymbol{x}} + (I_{yx}\omega_x + I_{yy}\omega_y + I_{yz}\omega_z)\hat{\boldsymbol{y}} + (I_{zx}\omega_x + I_{zy}\omega_y + I_{zz}\omega_z)\hat{\boldsymbol{z}}$
- **慣性モーメント**　$I_{xx} = \sum_i m_i({y_i}^2 + {z_i}^2)$,　$I_{yy} = \sum_i m_i({x_i}^2 + {z_i}^2)$,　$I_{zz} = \sum_i m_i({x_i}^2 + {y_i}^2)$
- **慣性乗積**　$-I_{xy} = \sum_i m_i x_i y_i$,　$-I_{xz} = \sum_i m_i x_i z_i$,　$\cdots$
- **固定点まわりの運動**　$\dfrac{d\boldsymbol{P}}{dt} = M\dfrac{d^2\boldsymbol{r}_{\mathrm{G}}}{dt^2} = \sum_i \boldsymbol{F}_i$,　$\dfrac{d\boldsymbol{L}}{dt} = \sum_i \boldsymbol{r}_i \times \boldsymbol{F}_i = \sum_i \boldsymbol{N}_i$
- **重心まわりの回転を伴う運動**　$\dfrac{d\boldsymbol{P}}{dt} = M\dfrac{d^2\boldsymbol{r}_{\mathrm{G}}}{dt^2} = \sum_i \boldsymbol{F}_i$,　$\dfrac{d\boldsymbol{L}^{\mathrm{G}}}{dt} = \sum_i \boldsymbol{r}_i' \times \boldsymbol{F}_i = \sum_i \boldsymbol{N}_i$
- **固定点まわりに回転する剛体の運動エネルギー**　$K = \dfrac{1}{2}\boldsymbol{\omega}\cdot\boldsymbol{L}$
- **重心まわりの回転を伴う剛体の運動エネルギー**　$K = \dfrac{1}{2}M\boldsymbol{v}_{\mathrm{G}}^2 + \dfrac{1}{2}\boldsymbol{\omega}\cdot\boldsymbol{L}^{\mathrm{G}}$
- **回転軸まわりの慣性モーメント**　$I = \int r^2 dm = \rho\int r^2 dv$
- **平行軸の定理**　$I_{zz} = Mh^2 + I_{zz}^{\mathrm{G}}$

3.3　剛体の平面運動

空間に固定された座標系からみた剛体の慣性テンソルは，一般に，剛体の運動と共に変化する．剛体の回転軸が剛体に固定した慣性主軸と同じか，あるいはそれに平行な軸である場合の平面運動を考える．そのような軸のまわりの慣性モーメントは時間に依存しない．この節では具体的な剛体の平面運動を例に説明する．

3.3.1　慣性主軸まわりの慣性モーメント

図 3.21 に示すような剛体に固定した $\mathrm{O}\xi\eta z$ 座標系からみた主慣性テンソル $I_{\xi\xi}, I_{\eta\eta}, I_{zz}$ は剛体が運動しても変わらない．一方，空間に固定した $\mathrm{O}xyz$ 座標系では，一般に慣性テンソルは剛体が運動すれば変化する．剛体に固定した慣性主軸の一つである z 軸が，

空間に固定した座標系 Oxyz の z 軸と共通である場合を考える．慣性モーメント I_{xx}, I_{yy} は運動に伴って変化する．しかし，(x^2+y^2) は z 軸からの dm をもつ微小体積までの距離の 2 乗である．そのため，z 軸まわりの慣性モーメント I_{zz}

$$I_{zz} = \int (x^2+y^2)dm = \int r^2 dm$$

は剛体が回転運動しても変化しない．z 軸に垂直な対称な xy 面が存在する場合には，慣性乗積 $-I_{xz} = -I_{zx}$ および $-I_{yz} = -I_{zy}$ などの z 成分が含まれる慣性乗積はゼロである（3.2.1 項）．一方，慣性乗積 $-I_{xy} = -I_{yx}$ は剛体の運動に伴って変化する．したがって，空間に固定した Oxyz 座標系でみたときの慣性テンソルは

$$\begin{bmatrix} I_{xx} & I_{xy} & 0 \\ I_{yx} & I_{yy} & 0 \\ 0 & 0 & I_{zz} \end{bmatrix}$$

と表せる．これらの慣性テンソルで，I_{zz} のみが時間に依存しない．角運動量を $\boldsymbol{L} = L_x\hat{\boldsymbol{x}}+L_y\hat{\boldsymbol{y}}+L_z\hat{\boldsymbol{z}}$ とし，剛体が z 軸まわりの回転をもつ角速度 $\boldsymbol{\omega} = \omega\boldsymbol{k}$ で運動するとき，角運動量 $\boldsymbol{L}$ は

$$\begin{bmatrix} L_x \\ L_y \\ L_z \end{bmatrix} = \begin{bmatrix} I_{xx} & I_{xy} & 0 \\ I_{yx} & I_{yy} & 0 \\ 0 & 0 & I_{zz} \end{bmatrix} \begin{bmatrix} 0 \\ 0 \\ \omega \end{bmatrix} = \begin{bmatrix} 0 \\ 0 \\ I_{zz}\omega \end{bmatrix}$$

で与えられ，

$$\boldsymbol{L} = L_z\hat{\boldsymbol{z}} = I_{zz}\omega\hat{\boldsymbol{z}}$$

である．したがって，回転軸が剛体に固定した慣性主軸の一つの軸と同じか，それに平行な軸のとき，剛体の角運動量 $\boldsymbol{L}$ は剛体に固定した時間に依存しない慣性モーメントを用いて表すことができる．

3.3.2 剛体の平面運動

剛体の質量を M，剛体の重心の位置ベクトルを r_G，剛体の運動量を $\boldsymbol{P}$ とする．剛体に力が働くときの剛体の重心の運動方程式は，式(3.37)

$$\frac{d\boldsymbol{P}}{dt} = M\frac{d^2\boldsymbol{r}_G}{dt^2} = M\frac{d\boldsymbol{v}_G}{dt} = \sum_i \boldsymbol{F}_i$$

で与えられる．剛体に外力 $\boldsymbol{F}_i$ が作用する位置を回転軸上にある原点からの位置ベクトル $\boldsymbol{r}_i$ とすると，剛体の角運動量 $\boldsymbol{L}$ に関する方程式は，式(3.38)

$$\frac{d\boldsymbol{L}}{dt} = \sum_i \boldsymbol{r}_i\times\boldsymbol{F}_i = \sum_i \boldsymbol{N}_i$$

で与えられる．一方，剛体が重心まわりの回転を伴って運動するとき，剛体に外力 $\boldsymbol{F}_i$ が作用する位置を重心からの相対位置ベクトル $\boldsymbol{r}'$ とする．重心まわりの角運動量 $\boldsymbol{L}^G$ に関する方程式は，式(3.40)

$$\frac{d\boldsymbol{L}^G}{dt} = \sum_i \boldsymbol{r}'_i\times\boldsymbol{F}_i$$

で与えられる．

a. 固定軸まわりの運動

固定軸上に拘束されて回転運動するときの剛体の運動方程式は，拘束力 $\boldsymbol{S}$ および拘束力 $\boldsymbol{S}$ によるモーメント和 $\boldsymbol{Q}$ を考慮し，

$$\frac{d\boldsymbol{P}}{dt} = M\frac{d^2\boldsymbol{r}_G}{dt^2} = \sum_i \boldsymbol{F}_i+\boldsymbol{S} \qquad (3.46)$$

$$\frac{d\boldsymbol{L}}{dt} = \sum_i \boldsymbol{r}_i\times\boldsymbol{F}_i+\boldsymbol{Q} \qquad (3.47)$$

で与えられる．ここで，$\boldsymbol{r}_i$ は回転軸上の原点から外力 $\boldsymbol{F}_i$ が働く点までの位置ベクトルである．

図 3.22 に示すような剛体が座標系 Oxyz の z 軸まわりに回転するときを考える．剛体は回転軸に拘束されて回転運動し，回転軸上の点 $\boldsymbol{r}_i = z_i\hat{\boldsymbol{z}}$ に拘束力 $\boldsymbol{S}_i$ が働いているとすれば，回転軸上における拘束力は $\boldsymbol{S} = \sum\boldsymbol{S}_i$ である．回転軸に垂直な方向の外力 $\boldsymbol{F}_i$ のみが働いていれば，剛体は z 軸方向に運動せず，$\boldsymbol{S}$ は回転軸に垂直である．回転軸上における拘束力のモーメントは

$$\boldsymbol{Q} = \sum_i \boldsymbol{Q}_i = \sum_i \boldsymbol{r}_i\times\boldsymbol{S}_i = \sum_i (z_i\hat{\boldsymbol{z}})\times\boldsymbol{S}_i = \hat{\boldsymbol{z}}\times\left(\sum_i z_i S_i\right) \qquad (3.48)$$

と与えられる．拘束力によるモーメント $\boldsymbol{Q}$ は常に回転軸に垂直であるが，$\boldsymbol{Q}$ は一般にゼロでない．座標

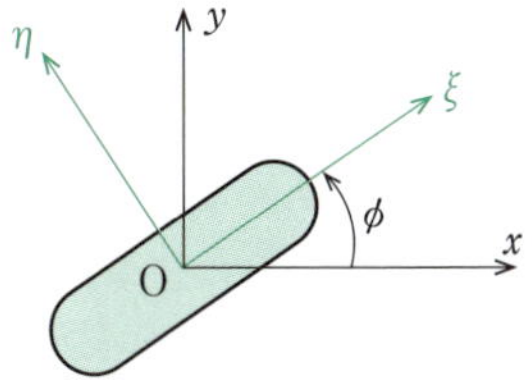

図 3.21 z 軸まわりの剛体の回転運動

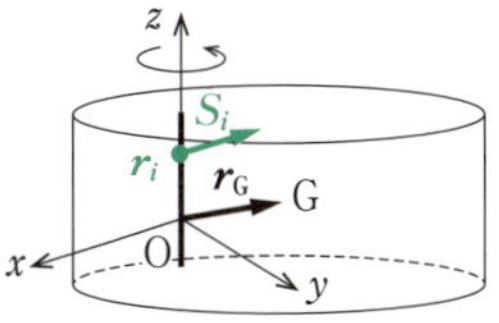

図 3.22 回転軸上に働く拘束力

系 Oxyz の原点が回転軸の中点にあり，$\boldsymbol{S}$ が一様に回転軸に働いているとき，$\sum z_i\boldsymbol{S}_i = \boldsymbol{0}$ となり拘束力のモーメントは $\boldsymbol{Q} = \boldsymbol{0}$ である．また，そのような座標系では慣性乗積 $-I_{xz} = -I_{yz} = 0$ となり，角運動量は $\boldsymbol{L} = I_{zz}\omega\hat{\boldsymbol{z}}$ で与えられる．一方，座標系 Oxyz の原点が回転軸の中点にないときは $\sum z_i\boldsymbol{S}_i \neq \boldsymbol{0}$ となり，$\boldsymbol{Q}$ はゼロでなく回転軸に垂直な成分をもつ．そのとき，慣性乗積は $-I_{xz} \neq 0$，$-I_{yz} \neq 0$ となり角速度 $\boldsymbol{\omega} = \omega\hat{\boldsymbol{z}}$ で回転運動するときの角運動量 $\boldsymbol{L}$ は

$$\boldsymbol{L} = I_{xz}\omega\hat{\boldsymbol{x}} + I_{yz}\omega\hat{\boldsymbol{y}} + I_{zz}\omega\hat{\boldsymbol{z}}$$

となり，回転軸に垂直な成分をもつ．また，回転軸まわりに回転する剛体の運動エネルギーは，式(3.41)

$$K = \frac{1}{2}\boldsymbol{\omega}\cdot\boldsymbol{L}$$

で与えられる．

例題 3-9　物理振り子

図 3.23 に示すように，剛体が水平な固定軸（z 軸）まわりに重力の作用を受け鉛直面内で振り子運動をしている．その運動を**物理振り子（physical pendulum）**（あるいは**複振り子（compound pendulum）**）という．物理振り子の運動を空間に固定された Oxyz 座標系で考える．

座標系 Oxyz の原点が回転軸の中点とする．剛体の質量を M，重心を通り z 軸から h だけ離れた平行な軸を慣性主軸の一つとし，その軸に関する慣性モーメントを I_{zz}^{G} とする．重心の位置ベクトル $\boldsymbol{r}_{\mathrm{G}}$ と x 軸とのなす角を ϕ とする．重心に関する運動方程式は

$$\frac{d\boldsymbol{P}}{dt} = M\frac{d^2\boldsymbol{r}_{\mathrm{G}}}{dt^2} = \sum_i m_i\boldsymbol{g} + \boldsymbol{S} \qquad (3.49)$$

で与えられる．空間に固定し座標系 Oxyz の基本ベクトルを $\hat{\boldsymbol{x}}, \hat{\boldsymbol{y}}, \hat{\boldsymbol{z}}$ とする．$\hat{\boldsymbol{z}} = \hat{\boldsymbol{x}}\times\hat{\boldsymbol{y}}$ は紙面からこちら向きとする．角速度 $\boldsymbol{\omega}$ は $\boldsymbol{\omega} = (d\theta/dt)\hat{\boldsymbol{z}}$ である．重心の位置ベクトル $\boldsymbol{r}_{\mathrm{G}}$，重力 $\boldsymbol{W}$ および拘束力 $\boldsymbol{S}$ は

$$\boldsymbol{r}_{\mathrm{G}} = h\cos\phi\hat{\boldsymbol{x}} + h\sin\phi\hat{\boldsymbol{y}}$$
$$\boldsymbol{W} = \sum_i m_i\boldsymbol{g} = M\boldsymbol{g} = Mg\hat{\boldsymbol{x}}$$
$$\boldsymbol{S} = S_x\hat{\boldsymbol{x}} + S_y\hat{\boldsymbol{y}}$$

となる．ここで，重力が z 軸に垂直であるので $S_z = 0$ とした．これらの関係を式(3.49)に代入すれば，重心の位置ベクトル $\boldsymbol{r}_{\mathrm{G}}$ に関する運動方程式の x，y 方向成分は

$$-M\left\{\frac{d^2\phi}{dt^2}\sin\phi + \left(\frac{d\phi}{dt}\right)^2\cos\phi\right\}h = Mg + S_x \qquad (3.50)$$

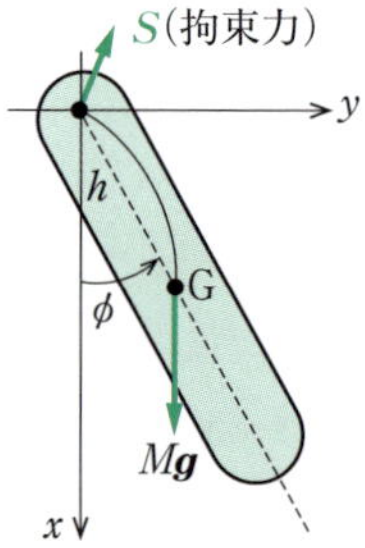

図 3.23　物理振り子（複振り子）

$$M\left\{\frac{d^2\phi}{dt^2}\cos\phi - \left(\frac{d\phi}{dt}\right)^2\sin\phi\right\}h = S_y \qquad (3.51)$$

である．物理振り子の回転に関する $(d\phi/dt)$，$(d^2\phi/dt^2)$ がわかれば S_x, S_y が ϕ の関数として決定される．

次に，回転軸まわりの角運動量 $\boldsymbol{L}$ の方程式

$$\frac{d\boldsymbol{L}}{dt} = \sum_i \boldsymbol{r}_i\times m_i\boldsymbol{g} + \boldsymbol{Q} \qquad (3.52)$$

を考える．角運動量を $\boldsymbol{L} = L_x\hat{\boldsymbol{x}} + L_y\hat{\boldsymbol{y}} + L_z\hat{\boldsymbol{z}}$ とすると

$$\begin{bmatrix} L_x \\ L_y \\ L_z \end{bmatrix} = \begin{bmatrix} I_{xx} & I_{xy} & 0 \\ I_{yx} & I_{yy} & 0 \\ 0 & 0 & I_{zz} \end{bmatrix}\begin{bmatrix} 0 \\ 0 \\ \omega \end{bmatrix} = \begin{bmatrix} 0 \\ 0 \\ I_{zz}\omega \end{bmatrix}$$

で与えられ，

$$\boldsymbol{L} = L_z\hat{\boldsymbol{z}} = I_{zz}\omega\hat{\boldsymbol{z}} = I_{zz}\frac{d\phi}{dt}\hat{\boldsymbol{z}}$$

である．ここで，$I_{zz} = h^2M + I_{zz}^{\mathrm{G}}$ である（式(3.45)参照）．すなわち，座標系 Oxyz の原点が回転軸の中点にあり，z 軸まわりの回転であるとき，$\boldsymbol{L} = I_{zz}\omega\hat{\boldsymbol{z}}$ となり z 成分のみである．また，重力のモーメントは

$$\sum_i \boldsymbol{r}_i\times m_i\boldsymbol{g} = \left(\sum_i m_i\boldsymbol{r}_i\right)\times\boldsymbol{g} = M\boldsymbol{r}_{\mathrm{G}}\times\boldsymbol{g}$$
$$= -Mgh\sin\phi\hat{\boldsymbol{z}}$$

である．外力は z 軸に垂直な重力のみであり，拘束力によるモーメント $\boldsymbol{Q}$ は回転軸に垂直であるので $\boldsymbol{Q}$ を

$$\boldsymbol{Q} = Q_x\hat{\boldsymbol{x}} + Q_y\hat{\boldsymbol{y}}$$

とおく．これらの関係を式(3.52)に代入すれば，剛体の回転運動に関する方程式は

$$\frac{d^2\phi}{dt^2} = -\frac{Mh}{I_{zz}}g\sin\phi$$
$$Q_x = Q_y = 0 \qquad (3.53)$$

と得られる．$Q_x = Q_y = 0$ の結果は，Oxyz 座標系の原点を回転軸の中点（対称な xy 面が存在）に選んだことに起因する．$I_{zz}/Mh \equiv l$ とおけば，式(3.53)は

$$\frac{d^2\phi}{dt^2} = -\frac{g}{l}\sin\phi \tag{3.54}$$

となる．式(3.54)は長さ l の単振り子の運動に対応している（式(2.116)参照）．したがって，

$$l = \frac{I_{zz}}{Mh} = \frac{Mh^2+I_{zz}^{\mathrm{G}}}{Mh} = h+\frac{I_{zz}^{\mathrm{G}}}{Mh}$$

の関係から，物理振り子の運動は重心から I_{zz}^{G}/Mh だけ離れた位置に質点がある単振り子とみなせる．物理振り子の振幅角を α とすれば，式(3.53)の解

$$\left(\frac{d\phi}{dt}\right)^2 = \frac{2Mgh}{I_{zz}}(\cos\phi-\cos\alpha) \tag{3.55}$$

が得られる．式(3.54)，式(3.55)の $(d^2\phi/dt^2)$，$(d\phi/dt)^2$ を式(3.50)，式(3.51)に代入することによって拘束力 $\boldsymbol{S}$ の x, y 軸成分 S_x, S_y が ϕ の関数として

$$S_x = -Mg\left\{1-\frac{Mh^2}{I_{zz}}\sin^2\phi + \frac{2Mh^2}{I_{zz}}(\cos\phi-\cos\alpha)\cos\phi\right\}$$

$$S_y = -Mg\left\{\frac{Mh^2}{I_{zz}}\sin\phi\cos\phi + \frac{2Mh^2}{I_{zz}}(\cos\phi-\cos\alpha)\sin\phi\right\}$$

と得られる．

剛体が固定軸まわりに角速度 $\boldsymbol{\omega}$ で回転するときの剛体の運動エネルギーは

$$K = \frac{1}{2}\boldsymbol{\omega}\cdot\boldsymbol{L} = \frac{1}{2}\left(\frac{d\phi}{dt}\hat{\boldsymbol{z}}\right)\cdot\left(I_{zz}\frac{d\phi}{dt}\hat{\boldsymbol{z}}\right) = \frac{1}{2}\left(\frac{d\phi}{dt}\right)^2 I_{zz}$$

と表され，振幅角 α のとき

$$K = \frac{1}{2}\left(\frac{d\phi}{dt}\right)^2 I_{zz} = Mgh(\cos\phi-\cos\alpha)$$

となる．物理振り子の運動エネルギー K は慣性モーメントに依存せず，物理振り子の振れ角 ϕ と振幅角 α で決まる．

回転軸が滑らかで拘束力が仕事をしないとき，$\phi=\pi/2$ をポテンシャルの基準点とすれば，物理振り子のポテンシャルは

$$\begin{aligned} U &= -\int\left(\sum_i m_i\boldsymbol{g}\right)\cdot d\boldsymbol{r}_i = -\int d\left\{\boldsymbol{g}\cdot\left(\sum_i m_i\boldsymbol{r}_i\right)\right\} \\ &= -\int d(\boldsymbol{g}\cdot M\boldsymbol{r}_{\mathrm{G}}) = -Mgh\int_{\phi=\pi/2}^{\phi} d(\cos\phi) \\ &= -Mgh\cos\phi \end{aligned}$$

となる．したがって，力学的エネルギー E は

$$E = K+U = -Mgh\cos\alpha$$

と得られ，力学的エネルギー E は物理振り子の振幅角 α で与えられる．

b. 重心まわりの回転を伴う場合の運動

剛体が曲面あるいは曲線上で拘束され，重心まわりの回転を伴って運動するときの剛体の運動方程式は，拘束力 $\boldsymbol{S}$ および $\boldsymbol{S}$ によるモーメント和 $\boldsymbol{Q}$ を考慮し，

$$\frac{d\boldsymbol{P}}{dt} = M\frac{d^2\boldsymbol{r}_{\mathrm{G}}}{dt^2} = \sum_i \boldsymbol{F}_i+\boldsymbol{S} \tag{3.56}$$

$$\frac{d\boldsymbol{L}^{\mathrm{G}}}{dt} = \sum_i(\boldsymbol{r}_i'\times\boldsymbol{F}_i)+\boldsymbol{Q} \tag{3.57}$$

で与えられる．ここで，$\boldsymbol{r}_i'$ は剛体の重心から外力 $\boldsymbol{F}_i$ が働く点までの相対位置ベクトルである．重心に関する角運動量 $\boldsymbol{L}^{\mathrm{G}}$ は

$$\begin{bmatrix} L_x^{\mathrm{G}} \\ L_y^{\mathrm{G}} \\ L_z^{\mathrm{G}} \end{bmatrix} = \begin{bmatrix} I_{xx}^{\mathrm{G}} & I_{xy}^{\mathrm{G}} & I_{xz}^{\mathrm{G}} \\ I_{yx}^{\mathrm{G}} & I_{yy}^{\mathrm{G}} & I_{yz}^{\mathrm{G}} \\ I_{zx}^{\mathrm{G}} & I_{zy}^{\mathrm{G}} & I_{zz}^{\mathrm{G}} \end{bmatrix}\begin{bmatrix} \omega_x \\ \omega_y \\ \omega_z \end{bmatrix} \tag{3.58}$$

で与えられる．また，重心まわりの回転を伴う場合の剛体の運動エネルギーは

$$K = \frac{1}{2}M\boldsymbol{v}_{\mathrm{G}}^2+\frac{1}{2}\boldsymbol{\omega}\cdot\boldsymbol{L}^{\mathrm{G}} \tag{3.59}$$

で与えられる．

例題 3-10　粗い斜面を転がる円柱の運動

図 3.24 に示すように，半径 a の円柱が斜面の角度 α が小さな一様に粗い斜面を滑らないで転がる．円柱が粗い斜面を滑らずに転がる運動を調べる．

座標系 Oxyz の原点は斜面から円柱の半径 a の位置で，剛体の重心を含む xy 面にあるとする（$\boldsymbol{r}_{\mathrm{G}}\cdot\hat{\boldsymbol{z}}=0$）．基本ベクトルを図 3.24 に示したようにとる．$\hat{\boldsymbol{z}}=\hat{\boldsymbol{x}}\times\hat{\boldsymbol{y}}$ は紙面からこちら向きである．図 3.24 のように円柱が重心まわりに回転しているとき，角速度は $\boldsymbol{\omega}=\omega\hat{\boldsymbol{z}}$ である．剛体の重心に関する運動方程式は

$$M\frac{d\boldsymbol{v}_{\mathrm{G}}}{dt} = \sum_i m_i\boldsymbol{g}+\boldsymbol{S} = M\boldsymbol{g}+\boldsymbol{S} \tag{3.60}$$

と与えられる．ここで，$\boldsymbol{v}_{\mathrm{G}}$ は重心の速度である．剛体の重力 $M\boldsymbol{g}$ および点 P での拘束力 $\boldsymbol{S}$ はそれぞれ

$$M\boldsymbol{g} = Mg(-\cos\alpha\hat{\boldsymbol{x}}+\sin\alpha\hat{\boldsymbol{y}})$$

$$\boldsymbol{S} = \boldsymbol{N}+\boldsymbol{F}_{\mathrm{r}} = N\hat{\boldsymbol{x}}-F_{\mathrm{r}}\hat{\boldsymbol{y}}$$

である．ここで，N は垂直抗力の大きさ，F_{r} は摩擦力の大きさである．式(3.60)に上記の関係を代入すれば，重心の運動方程式の基本ベクトル x, y 方向成分は

$$0 = -Mg\cos\alpha+N \tag{3.61}$$

$$M\frac{dv_{\mathrm{G}}}{dt} = Mg\sin\alpha-F_{\mathrm{r}} \tag{3.62}$$

である．式(3.61)から垂直抗力の大きさは $N=Mg\cos\alpha$ と得られる．摩擦力の大きさ F_{r} は重心の加速

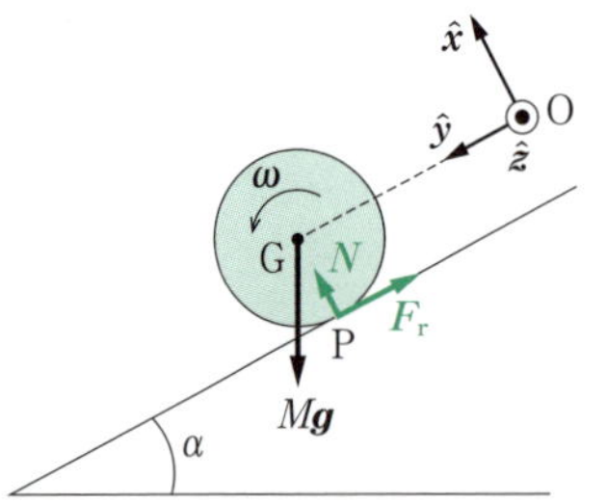

図 3.24　斜面を転がる円柱の運動

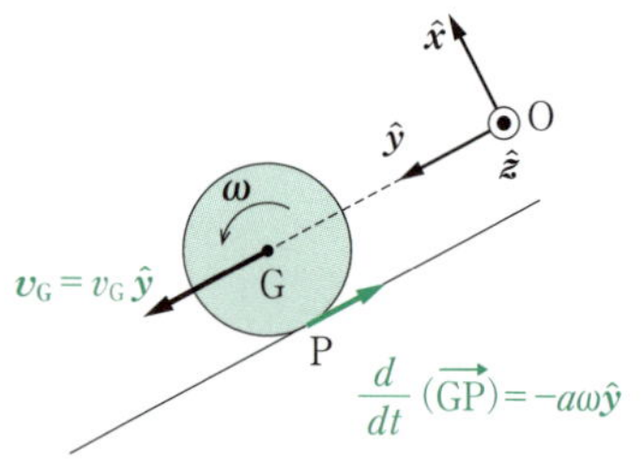

図 3.25　円柱が斜面で滑らずに転がる条件

度の大きさ（dv_{G}/dt）がわかれば，式(3.62)から決定される．そこで，剛体の重心まわりの角運動量の方程式

$$\frac{d\boldsymbol{L}^{\mathrm{G}}}{dt} = \sum_i (\boldsymbol{r}_i' \times m_i \boldsymbol{g}) + \boldsymbol{Q} \tag{3.63}$$

を考える．Oxyz 座標系の原点 O を剛体の重心 G に平行移動した座標系の x, y, z 軸は慣性主軸である．剛体が角速度 $\boldsymbol{\omega} = \omega\hat{\boldsymbol{z}}$ で回転しているとすると，重心まわりの剛体の角運動量 $\boldsymbol{L}^{\mathrm{G}}$ は

$$\begin{bmatrix} L_x^G \\ L_y^G \\ L_z^G \end{bmatrix} = \begin{bmatrix} I_{xx}^G & 0 & 0 \\ 0 & I_{yy}^G & 0 \\ 0 & 0 & I_{zz}^G \end{bmatrix} \begin{bmatrix} 0 \\ 0 \\ \omega \end{bmatrix} = \begin{bmatrix} 0 \\ 0 \\ I_{zz}^G \omega \end{bmatrix}$$

で与えられ，角運動量 $\boldsymbol{L}$ は

$$\boldsymbol{L}^{\mathrm{G}} = L_z^G \hat{\boldsymbol{z}} = I_{zz}^G \omega \hat{\boldsymbol{z}}$$

である．式(3.63)の右辺の第 1 項の重心まわりの重力のモーメント和および第 2 項の斜面上に働く重心まわりの束縛力 $\boldsymbol{S}$ のモーメント $\boldsymbol{Q}$ は，それぞれ

$$\sum_i (\boldsymbol{r}_i' \times m_i \boldsymbol{g}) = \sum_i (m_i \boldsymbol{r}_i') \times \boldsymbol{g} = \boldsymbol{0}$$

$$\boldsymbol{Q} = \overrightarrow{\mathrm{GP}} \times \boldsymbol{S} = (-a\hat{\boldsymbol{x}}) \times (N\hat{\boldsymbol{x}} - F_{\mathrm{r}}\hat{\boldsymbol{y}}) = aF_{\mathrm{r}}\hat{\boldsymbol{z}}$$

である．ここで，$\overrightarrow{\mathrm{GP}}$ は剛体の重心からの斜面上の接点 P までのベクトルである．以上の関係式を重心まわりの角運動の方程式(3.63)に代入すれば，剛体の回転運動に関する方程式は

$$I_{zz}^G \frac{d\omega}{dt} = aF_r \tag{3.64}$$

と得られる．次に，重心の速度 $\boldsymbol{v}_{\mathrm{G}}$ と角速度 $\boldsymbol{\omega}$ との関係を知るために，剛体が滑らずに転がる条件を考える．斜面と接触する剛体の点 P の位置ベクトル $\boldsymbol{r}_{\mathrm{p}}$ は，重心の位置ベクトル $\boldsymbol{r}_{\mathrm{G}}$ を用いれば，$\boldsymbol{r}_{\mathrm{p}} = \boldsymbol{r}_{\mathrm{G}} + \overrightarrow{\mathrm{GP}}$ と与えられる．剛体が斜面を滑らないとき，剛体の点 P の位置ベクトルの微小変位が $d\boldsymbol{r}_{\mathrm{p}} = \boldsymbol{0}$ であるので，剛体の点 P の速度が $\boldsymbol{v}_{\mathrm{p}} = \boldsymbol{0}$ であることから，

$$\boldsymbol{v}_{\mathrm{p}} = \boldsymbol{v}_{\mathrm{G}} + \frac{d}{dt}(\overrightarrow{\mathrm{GP}}) = v_{\mathrm{G}}\hat{\boldsymbol{y}} + (\omega\hat{\boldsymbol{z}}) \times (-a\hat{\boldsymbol{x}})$$

$$= (v_{\mathrm{G}} - a\omega)\hat{\boldsymbol{y}} = \boldsymbol{0}$$

が得られる（図 3.25）．$v_{\mathrm{G}} = a\omega$ の条件を満足するとき，剛体が滑らないで転がり，重心の速さ v_{G} と回転の角速度の大きさ ω との関係が与えられる．

摩擦力の大きさ F_{r} は，重心の運動方程式より得られる式(3.62)と滑らないで転がる条件 $v_{\mathrm{G}} = a\omega$ および重心まわりの運動方程式より得られる $I_{zz}^G(d\omega/dt) = aF_{\mathrm{r}}$ を用いることによって求めることができる．以上の関係式より

$$F_{\mathrm{r}} = Mg\sin\alpha - M\frac{dv_{\mathrm{G}}}{dt} = Mg\sin\alpha - Ma\frac{d\omega}{dt}$$

$$= Mg\sin\alpha - Ma\left(\frac{aF_r}{I_{zz}^G}\right) = Mg\sin\alpha - \frac{a^2M}{I_{zz}^G}F_r$$

が得られ，摩擦力の大きさ F_r は

$$F_{\mathrm{r}} = \frac{I_{zz}^G}{a^2M + I_{zz}^G} Mg\sin\alpha$$

となる．円柱の重心を通る z 軸まわりの慣性モーメント I_{zz}^G は $I_{zz}^G = a^2M/2$ であるので，円柱の場合の摩擦力の大きさ F_{r} は

$$F_{\mathrm{r}} = \frac{1}{3}Mg\sin\alpha$$

である．また，剛体が半径 a の球の場合，球の重心を通る慣性モーメントは $I^{\mathrm{G}} = 2a^2M/5$ であるので，半径 a の球が粗い斜面の上を滑らずに転がる場合の球の場合の摩擦力の大きさは $F_{\mathrm{r}} = (2/7)Mg\sin\alpha$ である．

重心まわりの回転を伴う場合の剛体の運動エネルギーは式(3.59)で与えられる．半径 a の円柱あるいは半径 a の球が粗い斜面を滑らずに転がる場合の運動エネルギー K は，滑らないで転がる条件 $v_{\mathrm{G}} = a\omega$ を用いることによって

$$K = \frac{1}{2}M\boldsymbol{v}_G^2 + \frac{1}{2}\boldsymbol{\omega}\cdot\boldsymbol{L}^{\mathrm{G}} = \frac{1}{2}Mv_G^2 + \frac{1}{2}\omega^2 I^{\mathrm{G}}$$

$$= \frac{1}{2}Mv_G^2 + \frac{1}{2}\left(\frac{v_{\mathrm{G}}}{a}\right)^2 I^{\mathrm{G}} = \frac{1}{2}\left(1 + \frac{I^{\mathrm{G}}}{a^2M}\right)Mv_G^2$$

と得られる．円柱の場合の運動エネルギーは $K =$

$(3/4)Mv_G^2$であり，球の場合の運動エネルギーは$K = (7/10)Mv_G^2$となる．円柱あるいは球が粗い斜面を滑らずに転がる場合の運動エネルギーKは重心の速度v_Gと慣性モーメントに依存する．

3.3.3　剛体に働く撃力

撃力は，剛体に働く大きな外力が非常に短い間に働いたときの外力の時間積分で表される．撃力を与えた直後の剛体の運動量$\boldsymbol{P}$と角運動量$\boldsymbol{L}$の初期条件を与える．運動量の変化量は撃力に等しく，角運動量の変化量は撃力のモーメントで与えられることを説明する．

剛体に力$\boldsymbol{F}_i$が働いているときの重心の運動方程式は

$$\frac{d\boldsymbol{P}}{dt} = M\frac{dv_G}{dt} = \sum_i \boldsymbol{F}_i \tag{3.65}$$

で与えられる．ここで，右辺は非常に短い時間τに剛体に与えた外力$\boldsymbol{F}_i$の総和である．力を与える前後の運動量変化$\Delta\boldsymbol{P}$は式(3.65)を$t=0$から$t=\tau$の領域で時間積分することによって，

$$\Delta\boldsymbol{P} = \int_0^\tau \frac{d\boldsymbol{P}}{dt}dt = \int_0^\tau M\frac{d\boldsymbol{v}_G}{dt}dt = \int_0^\tau\left(\sum_i \boldsymbol{F}_i\right)dt$$
$$= \sum_i \int_0^\tau \boldsymbol{F}_i dt = \sum_i \overline{\boldsymbol{F}_i}$$

である．ここで，$\boldsymbol{F}_i$の時間積分$\overline{\boldsymbol{F}_i}$は撃力である（2.1.2 項参照）．運動量変化$\Delta\boldsymbol{P}$と撃力$\overline{\boldsymbol{F}_i}$の関係は

$$\Delta\boldsymbol{P} = \boldsymbol{P} - \boldsymbol{P}_0 = \sum_i \overline{\boldsymbol{F}_i}$$

と与えられる．ここで，$\boldsymbol{P}_0$は撃力を与える前の剛体の運動量，$\boldsymbol{P}$は撃力を与えた直後の剛体の運動量である．剛体に撃力を与えた後の運動の初期条件として運動量$\boldsymbol{P}$が与えられる．力$\boldsymbol{F}_i$の時間変化は複雑で，作用する時間も不明であるから，$\overline{\boldsymbol{F}_i}$は直接与えることができない．したがって，運動量の不連続的変化から撃力の効果を知るのが普通である．

剛体に力$\boldsymbol{F}_i$が働いていたときの剛体の角運動量$\boldsymbol{L}$の方程式は

$$\frac{d\boldsymbol{L}}{dt} = \sum_i \boldsymbol{r}_i \times \boldsymbol{F}_i = \sum_i \boldsymbol{N}_i \tag{3.66}$$

である．力を与える前後の角運動量変化$\Delta\boldsymbol{L}$は式(3.66)を$t=0$から$t=\tau$の領域で時間積分することによって，

$$\Delta\boldsymbol{L} = \int_0^\tau \frac{d\boldsymbol{L}}{dt}dt = \int_0^\tau\left(\sum_i \boldsymbol{r}_i \times \boldsymbol{F}_i\right)dt$$
$$= \sum_i \boldsymbol{r}_i \times \int_0^\tau \boldsymbol{F}_i dt = \sum_i \boldsymbol{r}_i \times \overline{\boldsymbol{F}_i}$$

である．ここで，撃力の働いている時間は非常に短く，撃力を与える前後の$\boldsymbol{r}_i$は変化しないとした．運動量変化$\Delta\boldsymbol{L}$と撃力のモーメントの関係は

$$\Delta\boldsymbol{L} = \boldsymbol{L} - \boldsymbol{L}_0 = \sum_i \boldsymbol{r}_i \times \overline{\boldsymbol{F}_i}$$

で与えられる．ここで，$\boldsymbol{L}_0$は撃力を与える前の剛体の角運動量，$\boldsymbol{L}$は撃力を与えた直後の剛体の角運動量である．剛体に撃力を与えた後の運動の初期条件として角運動量$\boldsymbol{L}$が与えられる．

例題 3-11　撃力を剛体に与えた運動

図 3.26 に示すように，滑らかな床の上に静止している剛体上に重心 G からhだけ離れた剛体上の点 P にy軸の正方向に撃力$\overline{\boldsymbol{F}}$を与えた．剛体の質量を$M$，重心を通る$z$軸まわりの慣性モーメントを$I^G$として，撃力を与えた直後の運動エネルギー$K$を求める．また，撃力を与えた直後の点$\boldsymbol{r}_x = x\hat{\boldsymbol{x}}$での速度$\boldsymbol{v}_x$も調べる．

基本ベクトル$\hat{\boldsymbol{x}}, \hat{\boldsymbol{y}}, \hat{\boldsymbol{z}}$を図 3.26 に示したように選ぶ．剛体は静止していたので，撃力$\overline{\boldsymbol{F}}$を与える前の剛体の運動量$\boldsymbol{P}_0$，角運動量$\boldsymbol{L}_0$はともにゼロである．重心から$\boldsymbol{r}_h = h\hat{\boldsymbol{x}}$の点に撃力$\overline{\boldsymbol{F}}$を与えた直後の剛体の重心の速度を$\boldsymbol{v}_G$，重心を通る$z$軸まわりの角速度を$\boldsymbol{\omega} = \omega\hat{\boldsymbol{z}}$とおく．撃力$\overline{\boldsymbol{F}}$を与えた直後の剛体の運動量$\boldsymbol{P}$は$\boldsymbol{P} = M\boldsymbol{v}_G$，角運動量$\boldsymbol{L}$は$\boldsymbol{L} = \omega I^G\hat{\boldsymbol{z}}$で与えられる．

剛体への撃力$\overline{\boldsymbol{F}}$によって生じる運動量変化は$\Delta\boldsymbol{P} = M\boldsymbol{v}_G$であるので，$\Delta\boldsymbol{P} = M\boldsymbol{v}_G = \overline{\boldsymbol{F}} = \overline{F}\hat{\boldsymbol{y}}$より，剛体の重心の速度は

$$\boldsymbol{v}_G = \frac{\overline{\boldsymbol{F}}}{M} = \frac{\overline{F}}{M}\hat{\boldsymbol{y}}$$

と得られる．剛体への撃力$\overline{\boldsymbol{F}}$のモーメントは

$$\boldsymbol{r}_h \times \overline{\boldsymbol{F}} = (h\hat{\boldsymbol{x}}) \times (\overline{F}\hat{\boldsymbol{y}}) = h\overline{F}\hat{\boldsymbol{z}}$$

である．撃力$\overline{\boldsymbol{F}}$のモーメントによって生じる角運動量変化は$\Delta\boldsymbol{L} = \omega I^G\hat{\boldsymbol{z}}$であるので，$\Delta\boldsymbol{L} = \omega I^G\hat{\boldsymbol{z}} = h\overline{F}\hat{\boldsymbol{z}}$より，剛体の重心まわりの角速度の大きさは

$$\omega = \frac{h\overline{F}}{I^G}$$

と得られる．得られた剛体の重心の速さ$v_G = \overline{F}/M$および角速度の大きさ$\omega = h\overline{F}/I^G$を用いることによって，撃力を与えた直後の剛体の運動エネルギーは

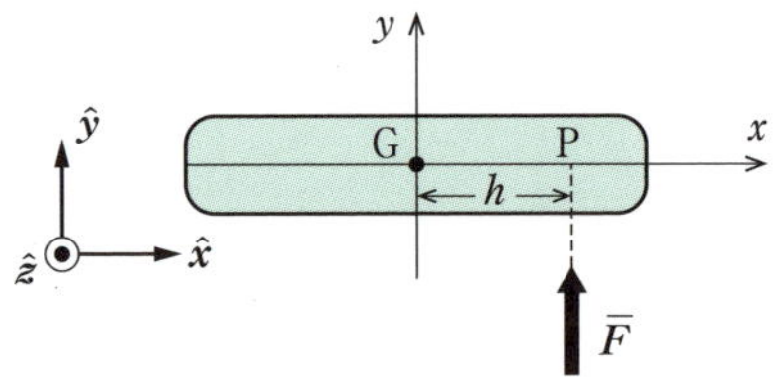

図 3.26　撃力 $\overline{F}$ を剛体に与えた運動

$$K = \frac{1}{2}Mv_G^2 + \frac{1}{2}\boldsymbol{\omega}\cdot\boldsymbol{L}^G = \frac{1}{2}Mv_G^2 + \frac{1}{2}\omega^2 I^G$$
$$= \frac{1}{2}M\left(\frac{\overline{F}}{M}\right)^2 + \frac{1}{2}\left(\frac{h\overline{F}}{I^G}\right)^2 I^G = \frac{1}{2}\left(1+\frac{h^2M}{I^G}\right)\frac{\overline{F}^2}{M}$$

と得られる．次に，撃力を与えた直後の点 $\boldsymbol{r}_x = x\hat{\boldsymbol{x}}$ での速度 $\boldsymbol{v}_x$ を調べる．点 $\boldsymbol{r}_x$ での速度 $\boldsymbol{v}_x$ は重心の速度 $\boldsymbol{v}_G$ と重心まわりに剛体が回転することによる速度 $\boldsymbol{\omega}\times\boldsymbol{r}_x$ の和で与えられるので，

$$v_x = \boldsymbol{v}_G + \boldsymbol{\omega}\times\boldsymbol{r}_x = \frac{\overline{F}}{M}\hat{\boldsymbol{y}} + \left(\frac{h\overline{F}}{I^G}\hat{\boldsymbol{z}}\right)\times(x\hat{\boldsymbol{x}})$$
$$= \left(\frac{1}{M}+\frac{hx}{I^G}\right)\overline{F}\hat{\boldsymbol{y}}$$

と与えられる．この結果は $x = -(I^G/hM)$ の点で速度がゼロとなり，この点を中心とする回転が起こる．

3.3 節のまとめ

- **固定軸上に拘束されて回転運動するとき**

$$\frac{d\boldsymbol{P}}{dt} = M\frac{d^2\boldsymbol{r}_G}{dt^2} = \sum_i \boldsymbol{F}_i + \boldsymbol{S},\quad \frac{d\boldsymbol{L}}{dt} = \sum_i \boldsymbol{r}_i\times\boldsymbol{F}_i + \boldsymbol{Q}$$

- **拘束され重心まわりの回転を伴って運動するとき**

$$\frac{d\boldsymbol{P}}{dt} = M\frac{d^2\boldsymbol{r}_G}{dt^2} = \sum_i \boldsymbol{F}_i + \boldsymbol{S},\quad \frac{d\boldsymbol{L}^G}{dt} = \sum_i (\boldsymbol{r}_i'\times\boldsymbol{F}_i) + \boldsymbol{Q}$$

- **剛体に撃力が働く場合**

$$\Delta\boldsymbol{P} = \boldsymbol{P}-\boldsymbol{P}_0 = \sum_i \overline{\boldsymbol{F}_i},\quad \Delta\boldsymbol{L} = \boldsymbol{L}-\boldsymbol{L}_0 = \sum_i \boldsymbol{r}_i\times\overline{\boldsymbol{F}_i}$$

3.4　固定点まわりの剛体の運動

剛体に固定した座標系での慣性テンソルは時間に依存しないが，角運動量 $\boldsymbol{L}$ は角速度 $\boldsymbol{\omega}$ で回転する座標系から観測することになる．座標系を剛体に固定したときの剛体の角運動量の方程式をオイラーの運動方程式という．また，自由回転する剛体に対する運動および“こま”の運動を説明する．

3.4.1　オイラーの運動方程式

空間に固定した座標系 Oxyz からみた剛体の角運動量は

$$\boldsymbol{L} = L_x\hat{\boldsymbol{x}} + L_y\hat{\boldsymbol{y}} + L_z\hat{\boldsymbol{z}}$$

である．ここで，$\hat{\boldsymbol{x}}, \hat{\boldsymbol{y}}, \hat{\boldsymbol{z}}$ は座標系 Oxyz の基本ベクトルである．角運動量 $\boldsymbol{L}$ の x, y, z 成分 L_x, L_y, L_z を慣性テンソルと角速度 $\boldsymbol{\omega}$ の x, y, z 成分 $\omega_x, \omega_y, \omega_z$ の関係を，行列表示を用いれば

$$\begin{bmatrix} L_x \\ L_y \\ L_z \end{bmatrix} = \begin{bmatrix} I_{xx} & I_{xy} & I_{xz} \\ I_{yx} & I_{yy} & I_{yz} \\ I_{zx} & I_{zy} & I_{zz} \end{bmatrix}\begin{bmatrix} \omega_x \\ \omega_y \\ \omega_z \end{bmatrix}$$

と表される．空間に固定した座標系での慣性テンソルは，一般に，剛体の運動とともに変化する．図 3.27 に示した剛体に固定した座標系 O$\xi\eta\zeta$ でみた剛体の角運動量を

$$\boldsymbol{L}' = L_\xi\hat{\boldsymbol{\xi}} + L_\eta\hat{\boldsymbol{\eta}} + L_\zeta\hat{\boldsymbol{\zeta}}$$

と表す．ここで，$\hat{\boldsymbol{\xi}}, \hat{\boldsymbol{\eta}}, \hat{\boldsymbol{\zeta}}$ は座標系 O$\xi\eta\zeta$ の基本ベクトル，角運動量 $\boldsymbol{L}$ の ξ, η, ζ 成分を L_ξ, L_η, L_ζ とした．また，座標系 Oxyz と座標系 O$\xi\eta\zeta$ との原点が同じであれば $\boldsymbol{L} = \boldsymbol{L}'$ であるが，便宜上，それぞれの座標系による角運動量を $\boldsymbol{L}$ と $\boldsymbol{L}'$ とで区別した．角速度 $\boldsymbol{\omega}$ の ξ, η, ζ 成分を $\omega_1, \omega_2, \omega_3$ とする．座標系 Oxyz と座標系 O$\xi\eta\zeta$ で角速度 $\boldsymbol{\omega}$ を表すと

$$\boldsymbol{\omega} = \omega_x\hat{\boldsymbol{x}} + \omega_y\hat{\boldsymbol{y}} + \omega_z\hat{\boldsymbol{z}} = \omega_1\hat{\boldsymbol{\xi}} + \omega_2\hat{\boldsymbol{\eta}} + \omega_3\hat{\boldsymbol{\zeta}}$$

である．剛体が回転軸まわりに $\boldsymbol{\omega}$ で回転していると

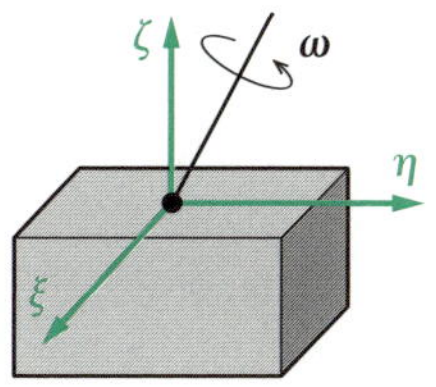

図 3.27　剛体に固定した座標系からみた回転運動

き，空間に固定した座標系 Oxyz からみた剛体の $\boldsymbol{L}$ の時間変化を $(d\boldsymbol{L}/dt)$，剛体に固定した座標系 O$\xi\eta\zeta$ からみた角運動量 $\boldsymbol{L}'$ の時間変化を $(d\boldsymbol{L}'/dt)$ とおくと，

$$\left(\frac{d\boldsymbol{L}}{dt}\right)=\left(\frac{d\boldsymbol{L}'}{dt}\right)+\boldsymbol{\omega}\times\boldsymbol{L}' \qquad (3.67)$$

の関係が成り立つ（2.5.3 項参照）．ここで，$(d\boldsymbol{L}/dt)$ と $(d\boldsymbol{L}'/dt)$ はそれぞれ

$$\frac{d\boldsymbol{L}}{dt}=\frac{dL_x}{dt}\hat{\boldsymbol{x}}+\frac{dL_y}{dt}\hat{\boldsymbol{y}}+\frac{dL_z}{dt}\hat{\boldsymbol{z}}$$

$$\frac{d\boldsymbol{L}'}{dt}=\frac{dL_\xi}{dt}\hat{\boldsymbol{\xi}}+\frac{dL_\eta}{dt}\hat{\boldsymbol{\eta}}+\frac{dL_\zeta}{dt}\hat{\boldsymbol{\zeta}}$$

である．外部から剛体の位置 $\boldsymbol{r}_i$ に働く力 $\boldsymbol{F}_i$ のモーメント和を $\boldsymbol{N}$ とおけば

$$\boldsymbol{N}=\sum\boldsymbol{r}_i\times\boldsymbol{F}_i$$

である．空間に固定した座標系 Oxyz からみた $(d\boldsymbol{L}/dt)$ と外力のモーメント和との関係は，式(3.38)

$$\frac{d\boldsymbol{L}}{dt}=\sum\boldsymbol{r}_i\times\boldsymbol{F}_i=\boldsymbol{N}$$

である．図 3.27 で示した剛体に固定した座標系 O$\xi\eta\zeta$ から見た $(d\boldsymbol{L}'/dt)$ と外力のモーメント和の関係は

$$\frac{d\boldsymbol{L}'}{dt}+\boldsymbol{\omega}\times\boldsymbol{L}'=\sum\boldsymbol{r}_i\times\boldsymbol{F}_i=\boldsymbol{N} \qquad (3.68)$$

で与えられる．剛体に固定した座標系 O$\xi\eta\zeta$ で表したときの方程式(3.68)を**オイラーの運動方程式（Euler's equation of motion）**とよぶ．剛体に固定した座標系でみた角運動量 $\boldsymbol{L}'$ の成分 L_ξ, L_η, L_ζ を慣性テンソルと角速度 $\boldsymbol{\omega}$ の成分 $\omega_1, \omega_2, \omega_3$ の関係を，行列表示を用いれば

$$\begin{bmatrix}L_\xi\\L_\eta\\L_\zeta\end{bmatrix}=\begin{bmatrix}I_{\xi\xi}&I_{\xi\eta}&I_{\xi\zeta}\\I_{\eta\xi}&I_{\eta\eta}&I_{\eta\zeta}\\I_{\zeta\xi}&I_{\zeta\eta}&I_{\zeta\zeta}\end{bmatrix}\begin{bmatrix}\omega_1\\\omega_2\\\omega_3\end{bmatrix}$$

と表される．空間に固定した座標系 Oxyz での慣性テンソルは運動とともに変化するのに対して，剛体に固定した座標系 O$\xi\eta\zeta$ からみた慣性テンソルは剛体の運動に依存しない．角運動量の ξ, η, ζ 方向の成分は

$$L_\xi=I_{\xi\xi}\omega_1+I_{\xi\eta}\omega_2+I_{\xi\zeta}\omega_3$$
$$L_\eta=I_{\eta\xi}\omega_1+I_{\eta\eta}\omega_2+I_{\eta\zeta}\omega_3$$
$$L_\zeta=I_{\zeta\xi}\omega_1+I_{\zeta\eta}\omega_2+I_{\zeta\zeta}\omega_3$$

である．剛体に固定した座標系 O$\xi\eta\zeta$ での慣性テンソルを用いた運動エネルギー K は

$$K=\frac{1}{2}\boldsymbol{\omega}\cdot\boldsymbol{L}'$$
$$=\frac{1}{2}(\omega_1\hat{\boldsymbol{\xi}}+\omega_2\hat{\boldsymbol{\eta}}+\omega_3\hat{\boldsymbol{\zeta}})\cdot(L_\xi\hat{\boldsymbol{\xi}}+L_\eta\hat{\boldsymbol{\eta}}+L_\eta\hat{\boldsymbol{\zeta}})$$

と表される．

座標系 O$\xi\eta\zeta$ での回転に関する運動方程式は，オイラーの運動方程式(3.68)で与えられる．特別な場合として，

a. ξ, η, ζ 軸を剛体に固定した慣性主軸に選ぶとき

b. $\boldsymbol{\omega}\times\boldsymbol{L}'=\boldsymbol{0}$ のとき

c. 外力によるモーメント和が $\boldsymbol{N}=\boldsymbol{0}$ のとき

について説明する．

a. ξ, η, ζ 軸を剛体に固定した慣性主軸に選んだ場合のオイラーの運動方程式

ξ, η, ζ 軸を剛体に固定した慣性主軸に選んだときの角運動量 $\boldsymbol{L}'$ の行列表示は

$$\begin{bmatrix}L_\xi\\L_\eta\\L_\zeta\end{bmatrix}=\begin{bmatrix}I_{\xi\xi}&0&0\\0&I_{\eta\eta}&0\\0&0&I_{\zeta\zeta}\end{bmatrix}\begin{bmatrix}\omega_1\\\omega_2\\\omega_3\end{bmatrix}=\begin{bmatrix}I_{\xi\xi}\omega_1\\I_{\eta\eta}\omega_2\\I_{\zeta\zeta}\omega_3\end{bmatrix}$$

である．角運動量は $\boldsymbol{L}'=L_\xi\hat{\boldsymbol{\xi}}+L_\eta\hat{\boldsymbol{\eta}}+L_\zeta\hat{\boldsymbol{\zeta}}=I_{\xi\xi}\omega_1\hat{\boldsymbol{\xi}}+I_{\eta\eta}\omega_2\hat{\boldsymbol{\eta}}+I_{\zeta\zeta}\omega_3\hat{\boldsymbol{\zeta}}$ となる．一般に，座標系 O$\xi\eta\zeta$ での角速度 $\boldsymbol{\omega}$ の成分 $\omega_1, \omega_2, \omega_3$ は時間依存性がある．

座標系 O$\xi\eta\zeta$ からみた力のモーメント和 $\boldsymbol{N}$ の ξ, η, ζ 成分を N_ξ, N_η, N_ζ とすると，$\boldsymbol{N}=N_\xi\hat{\boldsymbol{\xi}}+N_\eta\hat{\boldsymbol{\eta}}+N_\zeta\hat{\boldsymbol{\zeta}}$ と表せる．ξ, η, ζ 軸を剛体に固定した慣性主軸に選んだ場合のオイラーの運動方程式(3.68)の ξ, η, ζ 方向成分は

$$I_{\xi\xi}\frac{d\omega_1}{dt}-(I_{\eta\eta}-I_{\zeta\zeta})\omega_2\omega_3=N_\xi$$
$$I_{\eta\eta}\frac{d\omega_2}{dt}-(I_{\zeta\zeta}-I_{\xi\xi})\omega_3\omega_1=N_\eta$$
$$I_{\zeta\zeta}\frac{d\omega_3}{dt}-(I_{\xi\xi}-I_{\eta\eta})\omega_1\omega_2=N_\zeta \qquad (3.69)$$

と与えられる．

b. オイラーの運動方程式の特別な ω × L′ = 0 の場合

（i）　$\boldsymbol{\omega}$ が剛体に固定した慣性主軸の一つかそれに平行な軸まわりに回転するとき，例えば，$\boldsymbol{\omega}=\omega_3\hat{\boldsymbol{\zeta}}$

（$\omega_1 = \omega_2 = 0$）の場合の角運動量は

$$\boldsymbol{L}' = L_\zeta \hat{\boldsymbol{\zeta}} = I_{\zeta\zeta}\omega_3 \hat{\boldsymbol{\zeta}}$$

である．そのとき，$\boldsymbol{\omega}\times\boldsymbol{L}' = \boldsymbol{0}$ を満足し，オイラーの運動方程式は

$$I_{\zeta\zeta}\frac{d\omega_3}{dt} = N_\zeta \tag{3.70}$$

で与えられる．このとき，力のモーメント和 $\boldsymbol{N}$ の ξ, η 成分 N_ξ, N_η はゼロである．また，運動エネルギーは

$$K = \frac{1}{2}\boldsymbol{\omega}\cdot\boldsymbol{L}' = \frac{1}{2}(\omega_3\hat{\boldsymbol{\zeta}})\cdot(I_{\zeta\zeta}\omega_3\hat{\boldsymbol{\zeta}}) = \frac{1}{2}I_{\zeta\zeta}{\omega_3}^2$$

となる．

（ii）　剛体が球あるいは立方体のときの主慣性モーメントは剛体の重心を通る慣性主軸を選べば，$I_{\xi\xi} = I_{\eta\eta} = I_{\zeta\zeta} \equiv I^{\mathrm{G}}$ であるので角運動量は

$$\boldsymbol{L}' = I^{\mathrm{G}}\omega_1\hat{\boldsymbol{\xi}} + I^{\mathrm{G}}\omega_2\hat{\boldsymbol{\eta}} + I^{\mathrm{G}}\omega_3\hat{\boldsymbol{\zeta}} = I^{\mathrm{G}}\boldsymbol{\omega}$$

である．$\boldsymbol{\omega}\times\boldsymbol{L}' = \boldsymbol{0}$ を満足するとき

$$\begin{aligned}\frac{d\boldsymbol{L}'}{dt} &= I^{\mathrm{G}}\frac{d\omega_1}{dt}\hat{\boldsymbol{\xi}} + I^{\mathrm{G}}\frac{d\omega_2}{dt}\hat{\boldsymbol{\eta}} + I^{\mathrm{G}}\frac{d\omega_3}{dt}\hat{\boldsymbol{\zeta}} \\ &= N_\xi\hat{\boldsymbol{\xi}} + N_\eta\hat{\boldsymbol{\eta}} + N_\zeta\hat{\boldsymbol{\zeta}}\end{aligned}$$

である．剛体が球あるいは立方体のときのオイラーの運動方程式の ξ, η, ζ 方向成分は

$$\begin{aligned} I^{\mathrm{G}}\frac{d\omega_1}{dt} &= N_\xi \\ I^{\mathrm{G}}\frac{d\omega_2}{dt} &= N_\eta \\ I^{\mathrm{G}}\frac{d\omega_3}{dt} &= N_\zeta \end{aligned} \tag{3.71}$$

で与えられる．また，運動エネルギーは

$$K = \frac{1}{2}\boldsymbol{\omega}\cdot\boldsymbol{L}' = \frac{1}{2}\boldsymbol{\omega}\cdot(I^{\mathrm{G}}\boldsymbol{\omega}) = \frac{1}{2}I^{\mathrm{G}}\omega^2$$

である．

c. 外力によるモーメント和 $\boldsymbol{N}$ が $\boldsymbol{N} = \boldsymbol{0}$ のとき

外力によるモーメント和が $\boldsymbol{N} = \boldsymbol{0}$ のときのオイラーの運動方程式は

$$\frac{d\boldsymbol{L}'}{dt} + \boldsymbol{\omega}\times\boldsymbol{L}' = \boldsymbol{0} \tag{3.72}$$

と与えられる．剛体に固定した慣性主軸を選べば，

$$\begin{bmatrix} L_\xi \\ L_\eta \\ L_\zeta \end{bmatrix} = \begin{bmatrix} I_{\xi\xi} & 0 & 0 \\ 0 & I_{\eta\eta} & 0 \\ 0 & 0 & I_{\zeta\zeta} \end{bmatrix}\begin{bmatrix} \omega_1 \\ \omega_2 \\ \omega_3 \end{bmatrix} = \begin{bmatrix} I_{\xi\xi}\omega_1 \\ I_{\eta\eta}\omega_2 \\ I_{\zeta\zeta}\omega_3 \end{bmatrix}$$

である．角運動量は

$$\boldsymbol{L}' = I_{\xi\xi}\omega_1\hat{\boldsymbol{\xi}} + I_{\eta\eta}\omega_2\hat{\boldsymbol{\eta}} + I_{\zeta\zeta}\omega_3\hat{\boldsymbol{\zeta}}$$

となる．また

$$\begin{aligned}&\boldsymbol{\omega}\times\boldsymbol{L}' \\ &\quad = -(I_{\eta\eta} - I_{\zeta\zeta})\omega_2\omega_3\hat{\boldsymbol{\xi}} - (I_{\zeta\zeta} - I_{\xi\xi})\omega_3\omega_1\hat{\boldsymbol{\eta}} \\ &\qquad - (I_{\xi\xi} - I_{\eta\eta})\omega_1\omega_2\hat{\boldsymbol{\zeta}}\end{aligned}$$

である．以上から，外力によるモーメント和 $\boldsymbol{N}$ がゼロで，剛体に固定した慣性主軸を選んだときのオイラーの運動方程式の ξ, η, ζ 方向成分は

$$I_{\xi\xi}\frac{d\omega_1}{dt} - (I_{\eta\eta} - I_{\zeta\zeta})\omega_2\omega_3 = 0 \tag{3.73}$$

$$I_{\eta\eta}\frac{d\omega_2}{dt} - (I_{\zeta\zeta} - I_{\xi\xi})\omega_3\omega_1 = 0 \tag{3.74}$$

$$I_{\zeta\zeta}\frac{d\omega_3}{dt} - (I_{\xi\xi} - I_{\eta\eta})\omega_1\omega_2 = 0 \tag{3.75}$$

である．また，運動エネルギーは

$$\begin{aligned}K &= \frac{1}{2}\boldsymbol{\omega}\cdot\boldsymbol{L}' \\ &= \frac{1}{2}(\omega_1\hat{\boldsymbol{\xi}} + \omega_2\hat{\boldsymbol{\eta}} + \omega_3\hat{\boldsymbol{\zeta}})\cdot(I_{\xi\xi}\omega_1\hat{\boldsymbol{\xi}} + I_{\eta\eta}\omega_2\hat{\boldsymbol{\eta}} + I_{\zeta\zeta}\omega_3\hat{\boldsymbol{\zeta}}) \\ &= \frac{1}{2}(I_{\xi\xi}{\omega_1}^2 + I_{\eta\eta}{\omega_2}^2 + I_{\zeta\zeta}{\omega_3}^2)\end{aligned}$$

となる．

式(3.73)，式(3.74)，式(3.75)にそれぞれ $\omega_1, \omega_2, \omega_3$ をかけて加えると

$$\frac{d}{dt}\left\{\frac{1}{2}(I_{\xi\xi}{\omega_1}^2 + I_{\eta\eta}{\omega_2}^2 + I_{\zeta\zeta}{\omega_3}^2)\right\} = \frac{dK}{dt} = 0 \tag{3.76}$$

が得られる．式(3.76)は，外力によるモーメント和がゼロのとき，運動エネルギー K は保存されることを示している．

つぎに，式(3.73)，式(3.74)，式(3.75)にそれぞれ $I_{\xi\xi}\omega_1$，$I_{\eta\eta}\omega_2$，$I_{\zeta\zeta}\omega_3$ をかけて加えると

$$\begin{aligned}\frac{1}{2}\frac{d}{dt}({I_{\xi\xi}}^2{\omega_1}^2 + {I_{\eta\eta}}^2{\omega_2}^2 + {I_{\zeta\zeta}}^2{\omega_3}^2) &= \frac{1}{2}\frac{dL^2}{dt} \\ &= L\frac{dL}{dt} = 0\end{aligned} \tag{3.77}$$

が得られる．式(3.77)は，外力によるモーメント和がゼロのとき，座標系 $\mathrm{O}\xi\eta\zeta$ からみれば，角運動量の大きさ L は保存されることを示している．

一方，空間に固定した慣性系からみれば，

$$\frac{d\boldsymbol{L}}{dt} = \boldsymbol{0} \tag{3.78}$$

の関係から，外力によるモーメント和がゼロのとき空間に固定した座標系 $\mathrm{O}xyz$ からみれば $\boldsymbol{L}$ は方向も大きさも保存される．

例題 3-12 物理振り子

例題 3-9 では物理振り子を空間に固定した座標系 Oxyz で取り扱った．ここでは，剛体に固定した座標系 O$\xi\eta\zeta$ で考える．**図 3.28** で示したように，剛体（質量 M）に固定した座標系 O$\xi\eta\zeta$ の基本ベクトルを $\hat{\xi}, \hat{\eta}, \hat{\zeta}$（$=\hat{\xi}\times\hat{\eta}$）とする．回転軸から重心までの距離を h，重心の位置ベクトル $\boldsymbol{r}_{\mathrm{G}}$ が鉛直下向きとなす角を ϕ とする．

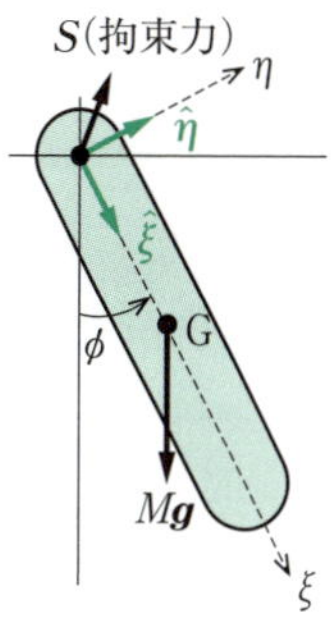

図 3.28 物理振り子

座標系 O$\xi\eta\zeta$ からみた運動として取り扱う（2.5.3 参照）．重心の位置ベクトルは $\boldsymbol{r}_{\mathrm{G}}=h\hat{\boldsymbol{\xi}}$ である．剛体に固定した座標系 O$\xi\eta\zeta$ での速度 $\boldsymbol{v}'_{\mathrm{G}}$ および加速度 $\boldsymbol{a}'_{\mathrm{G}}$ は

$$\boldsymbol{v}'_{\mathrm{G}}=\frac{d\boldsymbol{r}_{\mathrm{G}}}{dt}=\frac{d}{dt}(h\hat{\boldsymbol{\xi}})=0,\quad \boldsymbol{a}'_{\mathrm{G}}=\frac{d\boldsymbol{v}'_{\mathrm{G}}}{dt}=\boldsymbol{0}$$

である．座標系 O$\xi\eta\zeta$ からみた速度 $\boldsymbol{v}'_{\mathrm{G}}$ がゼロであるので，見かけの力であるコリオリの力は $-2M\boldsymbol{\omega}\times\boldsymbol{v}'_{\mathrm{G}}$ は現れない．遠心力 $-M\boldsymbol{\omega}\times(\boldsymbol{\omega}\times\boldsymbol{r}_{\mathrm{G}})$ は

$$\begin{aligned}-M\boldsymbol{\omega}\times(\boldsymbol{\omega}\times\boldsymbol{r}_{\mathrm{G}})&=-M\left(\frac{d\phi}{dt}\hat{\zeta}\right)\times\left\{\left(\frac{d\phi}{dt}\hat{\zeta}\right)\times(h\hat{\boldsymbol{\xi}})\right\}\\&=Mh\left(\frac{d\phi}{dt}\right)^2\hat{\boldsymbol{\xi}}\end{aligned}$$

である．また，剛体の角速度 $\boldsymbol{\omega}=(d\phi/dt)\hat{\boldsymbol{\zeta}}$ は時間に依存するため，見かけの力である $-M(d\boldsymbol{\omega}/dt)\times\boldsymbol{r}_{\mathrm{G}}$ は

$$\begin{aligned}-M\left(\frac{d\boldsymbol{\omega}}{dt}\right)\times\boldsymbol{r}_{\mathrm{G}}&=-M\left(\frac{d^2\phi}{dt^2}\hat{\boldsymbol{z}}'\right)\times(h\hat{\boldsymbol{\xi}})\\&=-Mh\frac{d^2\phi}{dt^t}\hat{\boldsymbol{\eta}}\end{aligned}$$

である．剛体の重力は

$$M\boldsymbol{g}=Mg(\cos\phi\hat{\boldsymbol{\xi}}-\sin\phi\hat{\boldsymbol{\eta}})$$

である．剛体は回転軸に拘束されて，外力は回転軸に垂直な重力だけであるので，回転軸上での拘束力を

$$\boldsymbol{S}=S_\xi\hat{\boldsymbol{\xi}}+S_\eta\hat{\boldsymbol{\eta}}$$

とおいた．以上の結果，剛体に固定した座標系 O$\xi\eta\zeta$ からみた重心の運動方程式は

$$\begin{aligned}\boldsymbol{0}&=M\boldsymbol{g}+\boldsymbol{S}-M\boldsymbol{\omega}\times(\boldsymbol{\omega}\times\boldsymbol{r}_{\mathrm{G}})-M\left(\frac{d\boldsymbol{\omega}}{dt}\right)\times\boldsymbol{r}_{\mathrm{G}}\\&=\left\{Mg\cos\phi+S_\xi+Mh\left(\frac{d\phi}{dt}\right)^2\right\}\hat{\boldsymbol{\xi}}\\&\quad+\left\{-Mg\sin\phi+S_\eta-Mh\frac{d^2\phi}{dt^t}\right\}\hat{\boldsymbol{\eta}}\end{aligned}$$

である．この結果，拘束力 $\boldsymbol{S}$ の ξ，η 成分 S_ξ，S_η は

$$S_\xi=-Mg\cos\phi-Mh\left(\frac{d\phi}{dt}\right)^2$$

$$S_\eta=Mg\sin\phi+Mh\frac{d^2\phi}{dt^2}$$

となる．拘束力 $\boldsymbol{S}$ の ξ 成分 S_ξ は重力の ξ 成分と遠心力に依存する．また拘束力の η 成分 S_η は重力の η 成分と角速度の時間依存性に関与することがわかる．（$d\phi/dt$）と（$d^2\phi/dt^2$）がわかれば S_ξ, S_η が ϕ の関数として決定される．

次に，剛体に固定した座標系 O$\xi\eta\zeta$ からみた角運動量の方程式（オイラーの運動方程式）について考える．

剛体に固定した座標系 O$\xi\eta\zeta$ の原点が ζ 軸に垂直な対称な（$\xi\eta$0）面上にあるとする．また，η 軸に垂直な対称な（ξ0ζ）面が存在するとする．したがって，座標系 O$\xi\eta\zeta$ の軸は慣性主軸となっている．座標系 O$\xi\eta\zeta$ での角運動量 $\boldsymbol{L}'$ は

$$\begin{bmatrix}L_\xi\\L_\eta\\L_\zeta\end{bmatrix}=\begin{bmatrix}I_{\xi\xi}&0&0\\0&I_{\eta\eta}&0\\0&0&I_{\zeta\zeta}\end{bmatrix}\begin{bmatrix}0\\0\\\omega\end{bmatrix}=\begin{bmatrix}0\\0\\I_{\zeta\zeta}\omega\end{bmatrix}$$

であり，

$$\boldsymbol{L}'=L_\zeta\hat{\boldsymbol{\zeta}}=I_{\zeta\zeta}\omega\hat{\boldsymbol{\zeta}}=I_{\zeta\zeta}\frac{d\phi}{dt}\hat{\boldsymbol{\zeta}}$$

である．ζ 軸に垂直な対称な（$\xi\eta$0）面に O$\xi\eta\zeta$ 座標系の原点をおいたので，回転軸上の拘束力のモーメント $\boldsymbol{Q}$ はゼロである（例題 3-1 を参照）．また，剛体に固定した慣性主軸に平行な軸まわりに回転するとき，$\boldsymbol{\omega}\times\boldsymbol{L}'=\boldsymbol{0}$ である（3.4.1 項 b.（i）参照）．したがって，剛体に固定した座標系 O$\xi\eta\zeta$ からみたオイラーの運動方程式は

$$\begin{aligned}\frac{d\boldsymbol{L}'}{dt}&=\sum\boldsymbol{r}_i\times\boldsymbol{F}_i=\boldsymbol{r}_{\mathrm{G}}\times M\boldsymbol{g}\\&=(h\hat{\boldsymbol{\xi}})\times\{Mg(\cos\phi\hat{\boldsymbol{\xi}}-\sin\phi\hat{\boldsymbol{\eta}})\}\\&=-Mgh\sin\phi\hat{\boldsymbol{\zeta}}\end{aligned}$$

である．ここで，$\boldsymbol{\omega}\times\boldsymbol{L}'=\boldsymbol{0}$ および $\boldsymbol{Q}=\boldsymbol{0}$ の関係を用いた．この角運動量の運動方程式に $\boldsymbol{L}'=I_{\zeta\zeta}(d\phi/dt)\hat{\boldsymbol{\zeta}}$ の関係を代入すれば，座標系 O$\xi\eta\zeta$ から

みた角運動量の方程式は

$$I_{\zeta\zeta}\frac{d^2\phi}{dt^2}\hat{\zeta} = -Mgh\sin\phi\hat{\boldsymbol{\zeta}}$$

と得られる．また，この方程式から初期条件を $t=0$ で，$\phi=\alpha$（α；物理振り子の振幅角），$(d\phi/dt)_{t=0}=0$ としたとき，

$$\left(\frac{d\phi}{dt}\right)^2 = \frac{2Mgh}{I_{\zeta\zeta}}(\cos\phi-\cos\alpha)$$

と得られ，これらの関係を S_ξ, S_η を代入すれば，S_ξ, S_η が ϕ の関数として得られる．

また，剛体の運動エネルギーは

$$K = \frac{1}{2}\boldsymbol{\omega}\cdot\boldsymbol{L}' = \frac{1}{2}\left(\frac{d\phi}{dt}\hat{\zeta}\right)\cdot I_{\zeta\zeta}\frac{d\phi}{dt}\hat{\zeta} = \frac{1}{2}\left(\frac{d\phi}{dt}\right)^2 I_{\zeta\zeta}$$
$$= Mgh(\cos\phi-\cos\alpha)$$

である．

3.4.2 自由回転する剛体の運動

空間に固定された座標系 Oxyz の基本ベクトル $\hat{\boldsymbol{x}}, \hat{\boldsymbol{y}}, \hat{\boldsymbol{z}}$ と剛体に固定した座標系 O$\xi\eta\zeta$ の基本ベクトル $\hat{\xi}, \hat{\boldsymbol{\eta}}, \hat{\zeta}$ との関係はオイラー角を用いて表現でき，また，角速度 $\boldsymbol{\omega}$ もオイラー角を用いて表すことができる．

デカルト座標系の基本ベクトル $\hat{\boldsymbol{x}}, \hat{\boldsymbol{y}}, \hat{\boldsymbol{z}}$ と極座標系の基本ベクトル $\hat{\boldsymbol{r}}, \hat{\boldsymbol{\theta}}, \hat{\boldsymbol{\phi}}$ との関係（1.2.5 項参照）は

$$\begin{aligned}
\hat{\boldsymbol{r}} &= \sin\theta\cos\phi\hat{\boldsymbol{x}}+\sin\theta\sin\phi\hat{\boldsymbol{y}}+\cos\theta\hat{\boldsymbol{z}}\\
\hat{\boldsymbol{\theta}} &= \cos\theta\cos\phi\hat{\boldsymbol{x}}+\cos\theta\sin\phi\hat{\boldsymbol{y}}-\sin\theta\hat{\boldsymbol{z}}\\
\hat{\boldsymbol{\phi}} &= -\sin\phi\hat{\boldsymbol{x}}+\cos\phi\hat{\boldsymbol{y}}
\end{aligned} \tag{3.79}$$

で与えられる．

図 3.29 に示したデカルト座標系の基本ベクトル $\hat{\boldsymbol{x}}, \hat{\boldsymbol{y}}, \hat{\boldsymbol{z}}$ から極座標系の基本ベクトル $\hat{\boldsymbol{r}}, \hat{\boldsymbol{\theta}}, \hat{\boldsymbol{\phi}}$ への変換は，① 基本ベクトル $\hat{\boldsymbol{z}}$ まわりに角度 ϕ だけ回転させ，さらに，② 基本ベクトル $\hat{\boldsymbol{\phi}}$ まわりに角度 θ だけ回転させたと考えられる．このとき $\hat{\boldsymbol{\phi}}$ は xy 平面上にある．剛体に固定した座標系を考えるとき，極座標での $\hat{\boldsymbol{\phi}}$ が xy 平面上にない場合をも考える必要がある．そこで，図 3.29 に示した基本ベクトル $\hat{\boldsymbol{r}}, \hat{\boldsymbol{\theta}}, \hat{\boldsymbol{\phi}}$ を，図 3.30 に示した，③ 基本ベクトル $\hat{\boldsymbol{r}}$ まわりに角度 ψ だけ回転したときの基本ベクトルを $\hat{\xi}, \hat{\eta}, \hat{\zeta}$ とする．この基本ベクトル $\hat{\xi}, \hat{\eta}, \hat{\zeta}$ を剛体に固定した直交座標系 O$\xi\eta\zeta$ の基本ベクトルとすると，

$$\begin{aligned}
\hat{\zeta} &= \hat{\boldsymbol{r}}\\
\hat{\xi} &= \cos\psi\hat{\boldsymbol{\theta}}+\sin\psi\hat{\boldsymbol{\phi}}\\
\hat{\boldsymbol{\eta}} &= -\sin\psi\hat{\boldsymbol{\theta}}+\cos\psi\hat{\boldsymbol{\phi}}
\end{aligned} \tag{3.80}$$

が得られる．式(3.79)，式(3.80)から，$\hat{\xi}, \hat{\boldsymbol{\eta}}, \hat{\zeta}$ は

$$\begin{aligned}
\hat{\xi} &= (\cos\psi\cos\theta\cos\phi-\sin\psi\sin\phi)\hat{\boldsymbol{x}}\\
&\quad+(\cos\psi\cos\theta\sin\phi+\sin\psi\cos\phi)\hat{\boldsymbol{y}}-\cos\psi\sin\theta\hat{\boldsymbol{z}}\\
\hat{\boldsymbol{\eta}} &= -(\sin\psi\cos\theta\cos\phi+\cos\psi\sin\phi)\hat{\boldsymbol{x}}\\
&\quad+(-\sin\psi\cos\theta\sin\phi+\cos\psi\cos\phi)\hat{\boldsymbol{y}}\\
&\quad+\sin\psi\sin\theta\hat{\boldsymbol{z}}\\
\hat{\zeta} &= \sin\theta\cos\phi\hat{\boldsymbol{x}}+\sin\theta\sin\phi\hat{\boldsymbol{y}}+\cos\theta\hat{\boldsymbol{z}}
\end{aligned} \tag{3.81}$$

となり，$\hat{\boldsymbol{x}}, \hat{\boldsymbol{y}}, \hat{\boldsymbol{z}}$ を用いて表される．また，$\hat{\boldsymbol{x}}, \hat{\boldsymbol{y}}, \hat{\boldsymbol{z}}$ は

$$\begin{aligned}
\hat{\boldsymbol{x}} &= (\cos\psi\cos\theta\cos\phi-\sin\psi\sin\phi)\hat{\xi}\\
&\quad-(\sin\psi\cos\theta\cos\phi+\cos\psi\sin\phi)\hat{\boldsymbol{\eta}}\\
&\quad+\sin\theta\cos\phi\hat{\zeta}\\
\hat{\boldsymbol{y}} &= (\cos\psi\cos\theta\sin\phi+\sin\psi\cos\phi)\hat{\xi}\\
&\quad+(-\sin\psi\cos\theta\sin\phi+\cos\psi\cos\phi)\hat{\boldsymbol{\eta}}\\
&\quad+\sin\theta\sin\phi\hat{\zeta}\\
\hat{\boldsymbol{z}} &= -\cos\psi\sin\theta\hat{\xi}+\sin\psi\sin\theta\hat{\boldsymbol{\eta}}+\cos\theta\hat{\zeta}
\end{aligned} \tag{3.82}$$

となり，$\hat{\xi}, \hat{\boldsymbol{\eta}}, \hat{\zeta}$ を用いて表される．ここで用いた ϕ, θ, ψ を**オイラー角（Eulerian angle）**という．

オイラー角 ϕ, θ, ψ が時刻 t から $t+dt$ の間に非常に小さな変化量 $d\phi, d\theta, d\psi$ が生じたとする．そのときの角度変化は，① 基本ベクトル $\hat{\boldsymbol{z}}$ まわりに回転角度

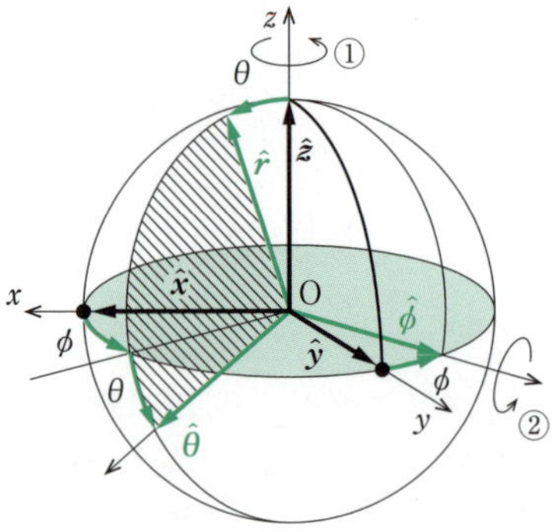

図 3.29　デカルト座標系，極座標系

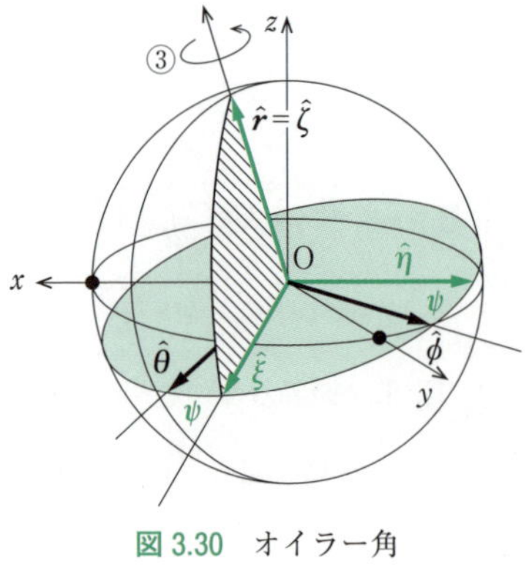

図 3.30　オイラー角

$d\phi$, ②基本ベクトル $\hat{\boldsymbol{\phi}}$ まわりに回転角度 $d\theta$, ③基本ベクトル $\hat{\boldsymbol{\zeta}}\,(=\hat{\boldsymbol{r}})$ まわりに回転角度 $d\psi$ が生じたことになり，角速度は

$$\boldsymbol{\omega} = \frac{d\phi}{dt}\hat{\boldsymbol{z}} + \frac{d\theta}{dt}\hat{\boldsymbol{\phi}} + \frac{d\psi}{dt}\hat{\boldsymbol{\zeta}} \tag{3.83}$$

と表せる．式(3.83)に式(3.79)～(3.82)を用いれば，剛体に固定した座標系 O$\xi\eta\zeta$ からみた角速度は

$$\begin{aligned}\boldsymbol{\omega} &= \left(\frac{d\theta}{dt}\sin\psi - \frac{d\phi}{dt}\cos\psi\sin\theta\right)\hat{\boldsymbol{\xi}}\\ &+\left(\frac{d\theta}{dt}\cos\psi + \frac{d\phi}{dt}\sin\psi\sin\theta\right)\hat{\boldsymbol{\eta}}\\ &+\left(\frac{d\phi}{dt}\cos\theta + \frac{d\psi}{dt}\right)\hat{\boldsymbol{\zeta}}\end{aligned}$$

と表される．剛体に固定した座標系 O$\xi\eta\zeta$ での角速度 $\boldsymbol{\omega}$ の ξ, η, ζ 方向成分 $\omega_1, \omega_2, \omega_3$ は，オイラー角 ϕ, θ, ψ を用いて

$$\begin{aligned}\omega_1 &= \frac{d\theta}{dt}\sin\psi - \frac{d\phi}{dt}\cos\psi\sin\theta\\ \omega_2 &= \frac{d\theta}{dt}\cos\psi + \frac{d\phi}{dt}\sin\psi\sin\theta\\ \omega_3 &= \frac{d\phi}{dt}\cos\theta + \frac{d\psi}{dt}\end{aligned} \tag{3.84}$$

と表すことができる．また，空間に固定した座標系 Oxyz での角速度 $\boldsymbol{\omega} = \omega_x\hat{\boldsymbol{x}} + \omega_y\hat{\boldsymbol{y}} + \omega_z\hat{\boldsymbol{z}}$ を，オイラー角 ϕ, θ, ψ を用いて表すと

$$\begin{aligned}\boldsymbol{\omega} &= \left(-\frac{d\theta}{dt}\sin\phi + \frac{d\psi}{dt}\sin\theta\cos\phi\right)\hat{\boldsymbol{x}}\\ &+\left(\frac{d\theta}{dt}\cos\phi + \frac{d\psi}{dt}\sin\theta\sin\phi\right)\hat{\boldsymbol{y}}\\ &+\left(\frac{d\phi}{dt} + \frac{d\psi}{dt}\cos\theta\right)\hat{\boldsymbol{z}}\end{aligned}$$

である．角速度 $\boldsymbol{\omega}$ の x, y, z 方向成分 $\omega_x, \omega_y, \omega_z$ はオイラー角 ϕ, θ, ψ を用いて

$$\begin{aligned}\omega_x &= -\frac{d\theta}{dt}\sin\phi + \frac{d\psi}{dt}\sin\theta\cos\phi\\ \omega_y &= \frac{d\theta}{dt}\cos\phi + \frac{d\psi}{dt}\sin\theta\sin\phi\\ \omega_z &= \frac{d\phi}{dt} + \frac{d\psi}{dt}\cos\theta\end{aligned} \tag{3.85}$$

と表すことができる．

3.4.3　こまの運動

固定点まわりの回転運動の例として，こまの運動を説明する．

空間に固定した座標系 Oxyz からみたこまの角運動量を $\boldsymbol{L} = L_x\hat{\boldsymbol{x}} + L_y\hat{\boldsymbol{y}} + L_z\hat{\boldsymbol{z}}$，力のモーメントを $\boldsymbol{N} = N_x\hat{\boldsymbol{x}} + N_y\hat{\boldsymbol{y}} + N_z\hat{\boldsymbol{z}}$ とおく．

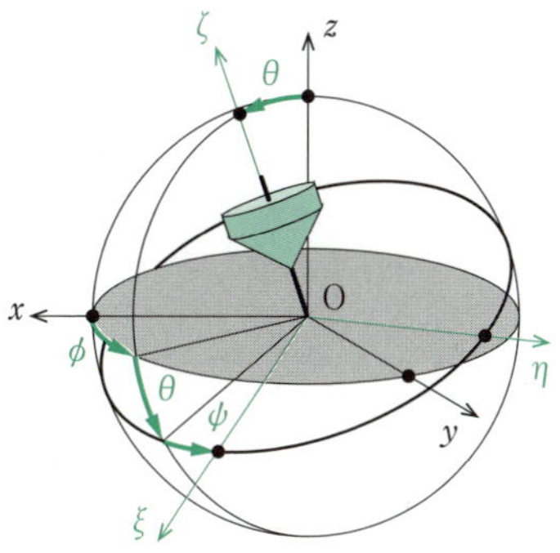

図 3.31　こまの運動

ここで，座標系 Oxyz の基本ベクトルを $\hat{\boldsymbol{x}}, \hat{\boldsymbol{y}}, \hat{\boldsymbol{z}}$ とした．空間に固定した座標系 Oxyz での角運動量に関する方程式の x, y, z 方向成分は

$$\begin{aligned}\frac{dL_x}{dt} &= N_x\\ \frac{dL_y}{dt} &= N_y\\ \frac{dL_z}{dt} &= N_z\end{aligned} \tag{3.86}$$

である．図 3.31 に示すように，こまの回転軸を ζ 軸，こまの尖端を通る ζ 軸に垂直な 2 軸を ξ，η 軸とし，座標系 O$\xi\eta\zeta$ の基本ベクトルを $\hat{\boldsymbol{\xi}}, \hat{\boldsymbol{\eta}}, \hat{\boldsymbol{\zeta}}$ $(=\hat{\boldsymbol{\xi}}\times\hat{\boldsymbol{\eta}})$ とした．ξ, η, ζ 軸をこまに固定した慣性主軸に選び，$I_{\xi\xi} = I_{\eta\eta} \equiv A$，$I_{\zeta\zeta} \equiv C$ とおく．こまに固定した座標系 O$\xi\eta\zeta$ からみたこまの角運動量は

$$\boldsymbol{L}' = L_\xi\hat{\boldsymbol{\xi}} + L_\eta\hat{\boldsymbol{\eta}} + L_\zeta\hat{\boldsymbol{\zeta}} = A\omega_1\hat{\boldsymbol{\xi}} + A\omega_2\hat{\boldsymbol{\eta}} + C\omega_3\hat{\boldsymbol{\zeta}}$$

である．力のモーメントを $\boldsymbol{N} = N_\xi\hat{\boldsymbol{\xi}} + N_\eta\hat{\boldsymbol{\eta}} + N_\zeta\hat{\boldsymbol{\zeta}}$ とおく．こまに固定した座標系 O$\xi\eta\zeta$ での角運動量に関するオイラーの運動方程式の ξ, η, ζ 方向成分は

$$\begin{aligned}A\frac{d\omega_1}{dt} - (A-C)\omega_2\omega_3 &= N_\xi\\ A\frac{d\omega_2}{dt} - (C-A)\omega_3\omega_1 &= N_\eta\\ C\frac{d\omega_3}{dt} &= N_\zeta\end{aligned} \tag{3.87}$$

である．質量 M のこまの重心の位置ベクトルを $\boldsymbol{r}_G = h\hat{\boldsymbol{\zeta}}$ とおけば，原点まわりの重力のモーメントは

$$\boldsymbol{N} = \boldsymbol{r}_G \times M\boldsymbol{g} = (h\hat{\boldsymbol{\zeta}}) \times Mg\hat{\boldsymbol{z}} = Mgh(\hat{\boldsymbol{\zeta}} \times \hat{\boldsymbol{z}})$$

である．この関係式から，重力のモーメント $\boldsymbol{N}$ は $\hat{\boldsymbol{z}}$ および $\hat{\boldsymbol{\zeta}}$ に垂直であり，$N_z = 0$，$N_\zeta = 0$ である．式(3.86)の z 成分，角運動量に関する方程式(3.87)の ζ 成分は，それぞれ

$$\frac{dL_z}{dt} = N_z = 0, \quad C\frac{d\omega_3}{dt} = N_\zeta = 0$$

である．したがって，空間に固定した座標系 Oxyz でみた角運動量の z 成分 L_z およびこまに固定した座標系 O$\xi\eta\zeta$ でみた角速度の ζ 成分 ω_3 は一定であることがわかる．

$$L_x\hat{\boldsymbol{x}}+L_y\hat{\boldsymbol{y}}+L_z\hat{\boldsymbol{z}} = A\omega_1\hat{\boldsymbol{\xi}}+A\omega_2\hat{\boldsymbol{\eta}}+C\omega_3\hat{\boldsymbol{\zeta}}$$

より，角運動量 $\boldsymbol{L}$ の z 成分 L_z は

$$L_z = A\omega_1(\hat{\boldsymbol{z}}\cdot\hat{\boldsymbol{\xi}})+A\omega_2(\hat{\boldsymbol{z}}\cdot\hat{\boldsymbol{\eta}})+C\omega_3(\hat{\boldsymbol{z}}\cdot\hat{\boldsymbol{\zeta}})$$

と与えられ，式(3.82)と式(3.84)を用いれば，

$$L_z = A\sin^2\theta\frac{d\phi}{dt}+C\omega_3\cos\theta \tag{3.88}$$

となり，L_z はオイラー角 (ϕ, θ) と主慣性モーメントの関数として表される．また，式(3.84)で示した ω_3 とオイラー角 ϕ, θ, ψ との関係式は

$$\omega_3 = \cos\theta\frac{d\phi}{dt}+\frac{d\psi}{dt} \tag{3.89}$$

である．こまの運動エネルギーは

$$K = \frac{1}{2}\boldsymbol{\omega}\cdot\boldsymbol{L}' = \frac{A}{2}({\omega_1}^2+{\omega_2}^2)+\frac{C}{2}{\omega_3}^2$$
$$= \frac{A}{2}\left\{\left(\frac{d\theta}{dt}\right)^2+\sin^2\theta\left(\frac{d\phi}{dt}\right)^2\right\}+\frac{C}{2}{\omega_3}^2$$

である．$\theta = \pi/2$ を基準としたポテンシャルは $U = Mgh\cos\theta$ である．したがって，力学的エネルギー $E = K+U$ は

$$E = \frac{A}{2}\left\{\left(\frac{d\theta}{dt}\right)^2+\sin^2\theta\left(\frac{d\phi}{dt}\right)^2\right\}+\frac{C}{2}{\omega_3}^2+Mgh\cos\theta \tag{3.90}$$

となり，力学的エネルギー E はオイラー角 (ϕ, θ) と主慣性モーメントの関数として表される．

以上の L_z, ω_3, E は一定値である．そこで，式(3.88)，式(3.89)，式(3.90)を，それぞれ

$$\sin^2\theta\frac{d\phi}{dt}+b\cos\theta = \beta \tag{3.88$'$}$$

$$\cos\theta\frac{d\phi}{dt}+\frac{d\psi}{dt} = n \tag{3.89$'$}$$

$$\left(\frac{d\theta}{dt}\right)^2+\sin^2\theta\left(\frac{d\phi}{dt}\right)^2+a\cos\theta = \alpha \tag{3.90$'$}$$

と表す．ここで，$\omega_3 \equiv n$，$L_z/A \equiv \beta$，$(2E-Cn^2)/A \equiv \alpha$，$2Mgh/A \equiv a$，$nC/A \equiv b$ とおいた．a はこまの幾何学的構造から決まる定数で，他の α，β，b は運動の初期条件から定まる定数である．式(3.88)$'$，式(3.90)$'$ から $d\phi/dt$ を消去すれば，ζ 軸と z 軸とのなす角度 θ のみの関数

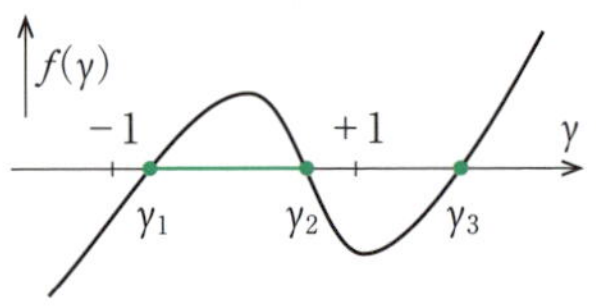

図 3.32　関数 $f(\gamma)$

$$\sin^2\theta\left(\frac{d\theta}{dt}\right)^2 = (\alpha-a\cos\theta)\sin^2\theta-(\beta-b\cos\theta)^2 \tag{3.91}$$

が得られる．$\cos\theta \equiv \gamma$ とおけば，式(3.91)は

$$f(\gamma) \equiv \left(\frac{d\gamma}{dt}\right)^2 = (\alpha-a\gamma)(1-\gamma^2)-(\beta-b\gamma)^2 \tag{3.92}$$

と表される．$(d\gamma/dt)^2 > 0$ のとき運動が可能であり，関数 $f(\gamma)$ は $-1 \leq \gamma = \cos\theta \leq 1$ の範囲内で $f(\gamma) > 0$ を満足する解が存在しなければならない．関数 $f(\gamma)$ は γ の 3 次関数であり，$\gamma = \pm 1$，$\gamma = \pm\infty$ での関数 $f(\gamma)$ が

$$f(\pm 1) = -(\beta\mp b)^2 < 0, \quad f(\pm\infty) = \pm\infty$$

であることから $f(\gamma) = 0$ を満足する解 γ が図 3.32 に示したように三つ存在しなければならない．そのときの解を $\gamma = \gamma_1, \gamma_2, \gamma_3$ $(\gamma_1 \leq \gamma_2 \leq \gamma_3)$ とすると，$\gamma_1 \leq \gamma \leq \gamma_2$ で運動が可能であり，周期運動することがわかる．次に，式(3.88)$'$，式(3.89)$'$ に $\cos\theta = \gamma$ を代入すれば

$$(1-\gamma)\frac{d\phi}{dt} = \frac{\beta-b\gamma}{(1+\gamma)}, \quad \gamma\frac{d\phi}{dt}+\frac{d\psi}{dt} = n$$

となり，

$$\frac{d}{dt}(\phi+\psi) = n+\frac{\beta-b\gamma}{(1+\gamma)} \tag{3.93}$$

の関係が得られる．式(3.93)は $\cos\theta = \gamma$ の変化に伴って，$d(\phi+\psi)/dt$ が決まることを示している．すなわち，上下振動をするとともに，鉛直軸まわりに回転することを意味している．初期条件に応じて図 3.33 のような運動をする．

a. 常に $n+(\beta-b\gamma)/(1+\gamma) > 0$ のとき

図 3.33(a)に示すように，$\gamma_1 \leq \gamma \leq \gamma_2$ の範囲で $d(\phi+\psi)/dt > 0$ となるとき，$(\phi+\psi)$ は時間とともに単調に増加する．

b. γ の大きな領域で $n+(\beta-b\gamma)/(1+\gamma) < 0$ が存在するとき

$n+(\beta-b\gamma)/(1+\gamma) = 0$ を満足する γ を $\gamma = \gamma_0$ と

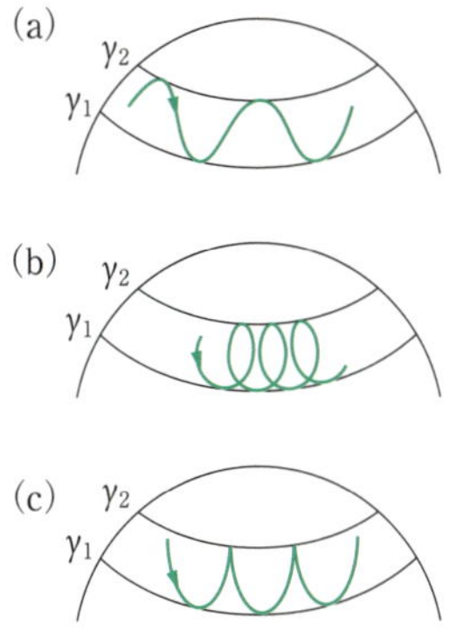

図 3.33　こまの回転軸の軌道

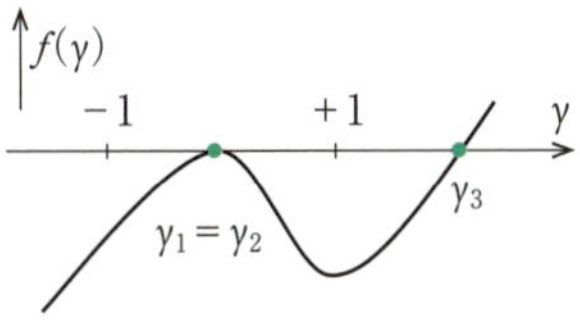

図 3.34　重根がある場合の関数 $f(\gamma)$

おけば，図 3.33 (b) に示すように，$\gamma_1 \leq \gamma \leq \gamma_0$ で $(\phi+\psi)$ は増大し，$\gamma_0 \leq \gamma \leq \gamma_2$ で $(\phi+\psi)$ は減少し反対方向に運動する．

c. $\gamma = \gamma_2$ で $n+(\beta-b\gamma)/(1+\gamma) = 0$ を満足するとき

図 3.33 (c) に示すように，$\gamma_0 \leq \gamma < \gamma_2$ の範囲で $(\phi+\psi)$ は増大するが，$\gamma = \gamma_2$ で $d(\phi+\psi)/dt = 0$ となり，$\gamma = \gamma_2$ で変曲点をもつ．

d. $\gamma = \gamma_1 = \gamma_2$　(重根がある場合)

図 3.34 に示すように γ が重根をもつとき，$\gamma = \gamma_1 = \gamma_2$ の値のみ $f(\gamma) = 0$ を満足し，式(3.93)は

$$\frac{d}{dt}(\phi+\psi) = n+\frac{\beta-b\gamma}{(1+\gamma)} = 一定$$

となる．鉛直上向きからこまの回転軸のなす角度 θ が一定値を保ちながら，図 3.35 に示したように，一定の角速度で回転する．この定常運動をこまの**正則歳差運動（regular precession）**という．

e. $\omega_3 = n \gg \omega_1, \omega_2$ のとき

こまの運動エネルギーは

$$K = \frac{1}{2}\boldsymbol{\omega}\cdot\boldsymbol{L}' = \frac{A}{2}({\omega_1}^2+{\omega_2}^2)+\frac{C}{2}{\omega_3}^2$$

である．$\omega_3 = n \gg \omega_1, \omega_2$ のとき，運動エネルギーは $K \fallingdotseq (C/2){\omega_3}^2 = (C/2)n^2$ と近似できる．したがって，$\omega_3 = n \gg \omega_1, \omega_2$ のときの力学的エネルギーは

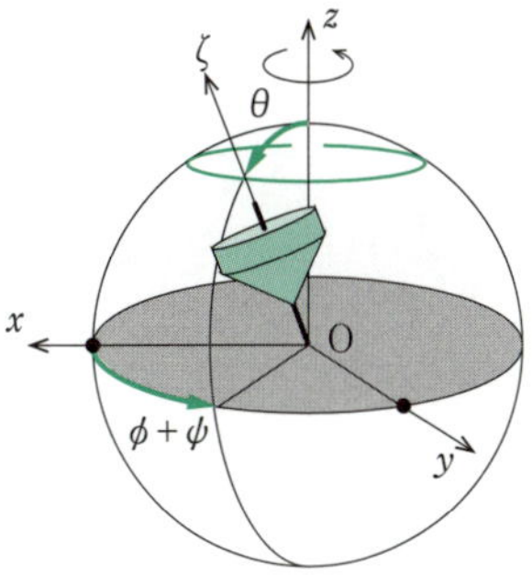

図 3.35　重根がある場合のこまの運動

$$E = \frac{1}{2}Cn^2+Mgh\cos\theta$$

である．この関係式に $\gamma = \cos\theta$，$(2E-Cn^2)/A = \alpha$，$2Mgh/A = a$ の関係を用いれば，$\gamma = \cos\theta$ は

$$\gamma = \frac{\alpha}{a} \tag{3.94}$$

と与えられる．a はこまの幾何学的構造から決まる定数で，α は力学的エネルギーおよび角速度 $\omega_3 = n$ の初期条件から定まる定数である．したがって，$\gamma = \cos\theta$ は初期条件で与えられる一定値をもつ．すなわち，γ は重根をもつ．また，このときの式(3.92)

$$f(\gamma) = \left(\frac{d\gamma}{dt}\right)^2 = (\alpha-a\gamma)(1-\gamma^2)-(\beta-b\gamma)^2$$

は，$(\alpha-a\gamma) = 0$，$(d\gamma/dt) = 0$ より

$$f(\gamma) = \left(\frac{d\gamma}{dt}\right)^2 = -(\beta-b\gamma)^2 = 0$$

となる．この関係式から $\beta-b\gamma = 0$ が得られる．

また，

$$\frac{df(\gamma)}{d\gamma} = -a(1-\gamma^2)-2\gamma(\alpha-a\gamma)+2b(\beta-b\gamma) = 0$$

である．$\beta-b\gamma = 0$ および $\alpha-a\gamma = 0$ を上式に代入すれば，$df(\gamma)/d\gamma = 0$ は

$$\frac{df(\gamma)}{d\gamma} = -a(1-\gamma^2) = 0$$

を満足しなければならない．したがって，$\gamma = 1$ $(\theta = 0)$ であることがわかる．このとき，式(3.93)

$$\frac{d}{dt}(\phi+\psi) = n+\frac{\beta-b\gamma}{(1+\gamma)}$$

において，$\beta-b\gamma = 0$ を満足するので，$d(\phi+\psi)/dt$ は

$$\frac{d}{dt}(\phi+\psi) = n = \omega_3$$

となる．このとき，図 3.36 に示すように，こまの軸

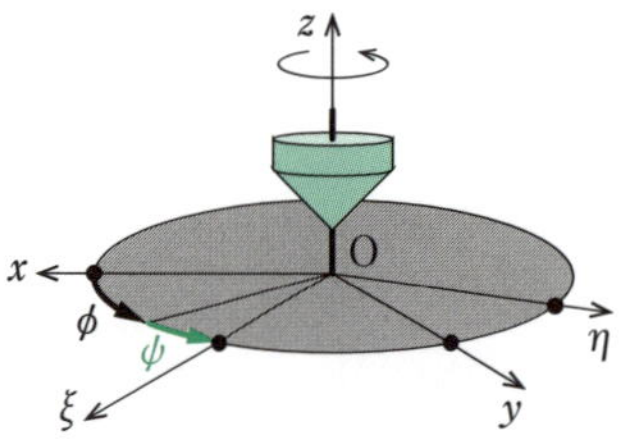

図 3.36 $\omega_3 \gg \omega_1$, ω_2 の場合の眠りごま

は鉛直を保ちながら，一定の角速度で回転する．この定常運動を**眠りごま（sleeping top）**という．

3.4 節のまとめ

- **オイラーの運動方程式** $\dfrac{d\boldsymbol{L}'}{dt}+\boldsymbol{\omega}\times\boldsymbol{L}' = \sum \boldsymbol{r}_i\times\boldsymbol{F}_i = \boldsymbol{N}$
- **慣性主軸を選んだときの運動エネルギー** $K = \dfrac{1}{2}\boldsymbol{\omega}\cdot\boldsymbol{L}' = \dfrac{1}{2}(I_{\xi\xi}{\omega_1}^2+I_{\eta\eta}{\omega_2}^2+I_{\zeta\zeta}{\omega_3}^2)$
- **外力によるモーメント和がゼロとき，**
  剛体固定した座標系からみれば角運動量の大きさ L は保存される．
  空間に固定した慣性系からみれば角運動量は大きさも方向も保存される
- **剛体に固定した座標系での角速度 $\boldsymbol{\omega}$ の ξ, η, ζ 方向成分 $\omega_1, \omega_2, \omega_3$ とオイラー角 ϕ, θ, ψ の関係**

$$\omega_1 = \frac{d\theta}{dt}\sin\psi - \frac{d\phi}{dt}\cos\psi\sin\theta,\quad \omega_2 = \frac{d\theta}{dt}\cos\psi + \frac{d\phi}{dt}\sin\psi\sin\theta,\quad \omega_3 = \frac{d\phi}{dt}\cos\theta + \frac{d\psi}{dt}$$

4. 解析力学

ニュートンの運動の三法則によって扱われる力学では，力・運動量などベクトルの概念を幾何学的に扱った．この章の解析学の方法はニュートン力学に比べ，一般的な形に拡張し，力学の統一的な見方を与えている．解析力学は，エネルギー・ポテンシャルなどのスカラー量を用いて一般化した表式で力学の問題を取り扱う．

4.1 仮想仕事の原理，ダランベールの原理，ラグランジュの運動方程式

平衡状態を仮想仕事の原理で表現し，質点が運動しているときの見かけの力（慣性力）を導入したダランベールの原理を仮想仕事の原理に適用させる．これらの手法からラグランジュの運動方程式を導く．

4.1.1 仮想変位と仮想仕事の原理

質点系の「平衡状態」と仮想変位の概念を導入した「仮想仕事の原理」が等価であることを説明する．

N 個の質点からなる質点系に拘束力が働いていなければ，質点系の質点の位置を決定するのに $3N$ 個の座標（$x_1, y_1, z_1, \cdots, x_N, y_N, z_N$）が必要である．幾何学的に何らかの h 個の拘束がある場合には座標間に制約がある．座標の拘束を表すのに，h 個の式

$$f_l(x_1, y_1, z_1, \cdots, x_N, y_N, z_N) = 0 \tag{4.1}$$

で表すことができる．この式を**拘束条件（condition of constraint）**という．ここで，$l = 1, 2, \cdots, h$ である．i 番目の質点が拘束条件を満足し，座標が x_i, y_i, z_i から $x_i+\delta x_i$，$y_i+\delta y_i$，$z_i+\delta z_i$ に変位したときも拘束条件を満足するとする．このとき，無限小 $\delta x_i, \delta y_i, \delta z_i$ は 1 階の微小量だけを考慮すれば，f_l の変化量 δf_l は $\delta f_l = 0$ より，

$$\frac{\partial f_l}{\partial x_i}\delta x_i+\frac{\partial f_l}{\partial y_i}\delta y_i+\frac{\partial f_l}{\partial z_i}\delta z_i = 0 \tag{4.2}$$

を満足する．質点系の全質点が変位したとすると，

$$\sum_{i=1}^{N}\left(\frac{\partial f_l}{\partial x_i}\delta x_i+\frac{\partial f_l}{\partial y_i}\delta y_i+\frac{\partial f_l}{\partial z_i}\delta z_i\right) = \sum_{i=1}^{N}\mathrm{grad}\, f_l\cdot\delta \boldsymbol{r}_i = 0 \tag{4.3}$$

の関係式が得られる．拘束条件を満足するように選んだ微小変位 $\delta\boldsymbol{r}_i = \hat{\boldsymbol{x}}\delta x_i+\hat{\boldsymbol{y}}\delta y_i+\hat{\boldsymbol{z}}\delta z_i$ は実際に起こる微小変位 $d\boldsymbol{r}_i = \hat{\boldsymbol{x}}dx_i+\hat{\boldsymbol{y}}dy_i+\hat{\boldsymbol{z}}dz_i$ と異なり，仮想的にとり得る微小変位である．そのために，$\delta\boldsymbol{r}_i$ は**仮想変位（virtual displacement）**とよばれる．一般に仮想変位 $\delta\boldsymbol{r}_i$ は拘束条件を満足していなくてもよいが，拘束条件を満足している場合を考えることにする．拘束条件に時刻 t が陽に含まれていなければ，実際の質点の変位 $d\boldsymbol{r}_i$ は仮想変位 $\delta\boldsymbol{r}_i$ の中の一つに含まれる．拘束条件を満足しているときの各質点の仮想変位 $\delta\boldsymbol{r}_i$ ($i = 1, 2, \cdots, N$) は式(4.3)で示した h 個の式を満足する．質点系の i 番目の質点に外力 $\boldsymbol{F}_i$，拘束力 $\boldsymbol{S}_i$ が働き，質点系が平衡状態にあり静止している場合の N 個の運動方程式は

$$\boldsymbol{F}_i+\boldsymbol{S}_i = 0 \tag{4.4}$$

と与えられる．ここで，$i = 1, 2, \cdots, N$ である．平衡状態にある i 番目の質点の平衡位置から仮想的に $\delta\boldsymbol{r}_i$ という微小変位を与えたとすると，仮想変位 $\delta\boldsymbol{r}_i$ による仕事を $\delta W'$ とおけば，

$$\delta W' = \sum_{i=1}^{N}(\boldsymbol{F}_i+\boldsymbol{S}_i)\cdot\delta\boldsymbol{r}_i = 0 \tag{4.5}$$

になるとする．式(4.5)は任意の仮想変位 $\delta\boldsymbol{r}_i$ を起こしても仕事はゼロであることを意味している．これを**仮想仕事の原理（principle of virtual work）**という．i 番目の質点が仮に式(4.4)を満足せずに平衡状態でなければ $\boldsymbol{F}_i+\boldsymbol{S}_i \neq 0$ であり，そのとき i 番目の質点の変位は $\boldsymbol{F}_i+\boldsymbol{S}_i$ 方向に働き，$\delta W' > 0$ となってしまう．また，$\delta\boldsymbol{r}_i$ に対し式(4.5)を満足せずに $\delta W' \neq 0$ であったとすれば，質点は運動し平衡状態でなくなる．以上のことから，式(4.4)の平衡状態 $\boldsymbol{F}_i+\boldsymbol{S}_i = 0$ と式(4.5)の $\delta W' = 0$ とが等価であることがわかる．この仮想仕事の概念は解析力学の基礎となる重要な概念で

ある．仮想変位 $\delta \boldsymbol{r}_i$ に式(4.3)で示した h 個の拘束があるために，任意に選ぶことのできる仮想変位の数は $f=(3N-h)$ であり，この数 f を**自由度（degree of freedom）**という．

質点が滑らかな曲面上を運動する場合

2.4 節で示したように，質点が滑らかな曲面上を動くとき，拘束力 $\boldsymbol{S}$ は曲面に垂直である．滑らかな曲面上を運動するとき，i 番目の質点に働く拘束力 $\boldsymbol{S}_i$ と拘束条件 $f_l(x_i, y_i, z_i)$ との関係は

$$\boldsymbol{S}_i=\sum_{l=1}^{h}\lambda_l \,\mathrm{grad}\, f_l=\sum_{l=1}^{h}\lambda_l\left(\hat{\boldsymbol{x}}\frac{\partial f_l}{\partial x_i}+\hat{\boldsymbol{y}}\frac{\partial f_l}{\partial y_i}+\hat{\boldsymbol{z}}\frac{\partial f_l}{\partial z_i}\right)$$

と与えられ，任意定数 λ_l を未定乗数という．仮想変位 $\delta \boldsymbol{r}_i$ を滑らかな曲面上に選べば，拘束力 $\boldsymbol{S}_i$ の仮想変位 $\delta \boldsymbol{r}_i$ に対する系全体の仕事は

$$\sum_{i=1}^{N}\boldsymbol{S}_i\cdot\delta\boldsymbol{r}_i=\sum_{i=1}^{N}\left[\sum_{l=1}^{h}\lambda_l\left(\hat{\boldsymbol{x}}\frac{\partial f_l}{\partial x_i}+\hat{\boldsymbol{y}}\frac{\partial f_l}{\partial y_i}+\hat{\boldsymbol{z}}\frac{\partial f_l}{\partial z_i}\right)\right]\cdot\delta\boldsymbol{r}_i$$
$$=\sum_{l=1}^{h}\lambda_l\left[\sum_{i=1}^{N}\left(\frac{\partial f_l}{\partial x_i}\delta x_i+\frac{\partial f_l}{\partial y_i}\delta y_i+\frac{\partial f_l}{\partial z_i}\delta z_i\right)\right]=0 \tag{4.6}$$

と与えられる．拘束力は滑らかな曲面上の仮想変位に対して仕事をしない．平衡状態にある各質点に仮想変位 $\delta \boldsymbol{r}_i\,(i=1,2,\cdots,N)$ を与えると，仮想仕事 $\delta W'$ は

$$\delta W'=\sum_{i=1}^{N}(\boldsymbol{F}_i+\boldsymbol{S}_i)\cdot\delta\boldsymbol{r}_i=\sum_{i=1}^{N}\boldsymbol{F}_i\cdot\delta\boldsymbol{r}_i+\sum_{i=1}^{N}\boldsymbol{S}_i\cdot\delta\boldsymbol{r}_i$$
$$=\sum_{i=1}^{N}\boldsymbol{F}_i\cdot\delta\boldsymbol{r}_i=0 \tag{4.7}$$

である．滑らかな曲面上を動く場合には拘束力を考える必要がなく，拘束条件を満足する仮想変位を考慮した平衡の問題として取り扱える．ただし，仮想変位 $\delta \boldsymbol{r}_i$ と拘束条件に関する式(4.3)を考慮する必要がある．

4.1.2　ダランベールの原理

質点系が運動しているとき，慣性力の概念を導入したダランベールの原理を仮想仕事の原理に適用できることを説明する．

N 個の質点からなる質点系の i 番目の質点（質量 m_i）の位置ベクトルを $\boldsymbol{r}_i$，質点に作用する力を $\boldsymbol{F}_i$，拘束力を $\boldsymbol{S}_i$とすると，i 番目の質点の運動方程式は

$$m_i\frac{d^2\boldsymbol{r}_i}{dt^2}=\boldsymbol{F}_i+\boldsymbol{S}_i \quad (i=1,2,\cdots,N)$$

である．また，

$$\boldsymbol{F}_i+\boldsymbol{S}_i-m_i\frac{d^2\boldsymbol{r}_i}{dt^2}=0 \tag{4.8}$$

と表すことができる．ここで，$i=1,2,\cdots,N$ である．このとき，$-m(d^2\boldsymbol{r}_i/dt^2)$ を**慣性力（inertial force）**という見かけの力とみなせば，式(4.8)は式(4.4)と同様に各質点が平衡状態にあると解釈できる．この式(4.8)を**ダランベールの原理（d'Alembert's principle）**といい，運動している質点系を平衡状態の問題として考えることができる．ダランベールの原理を仮想仕事の原理に適用すれば，仮想仕事 $\delta W'$ は

$$\delta W'=\sum_{i=1}^{N}\left(\boldsymbol{F}_i+\boldsymbol{S}_i-m_i\frac{d^2\boldsymbol{r}_i}{dt^2}\right)\cdot\delta\boldsymbol{r}_i=0 \tag{4.9}$$

と表すことができる．

4.1.3　第 1 種ラグランジュの運動方程式

ラグランジュの消去法を用いて，仮想仕事の原理から第 1 種ラグランジュの運動方程式が得られることを説明する．

系全体での拘束力の仮想変位に対する仕事は式(4.6)

$$\sum_{i=1}^{N}\boldsymbol{S}_i\cdot\delta\boldsymbol{r}_i=\sum_{l=1}^{h}\lambda_l\left[\sum_{i=1}^{N}\left(\frac{\partial f_l}{\partial x_i}\delta x_i+\frac{\partial f_l}{\partial y_i}\delta y_i+\frac{\partial f_l}{\partial z_i}\delta z_i\right)\right]=0$$

で与えられる．この関係式をダランベールの原理を仮想仕事の原理に適用した式(4.9)に代入すれば，仮想仕事の原理 $\delta W'$ は

$$\delta W'=\sum_{i=1}^{N}\left(\boldsymbol{F}_i-m_i\frac{d^2\boldsymbol{r}_i}{dt^2}\right)\cdot\delta\boldsymbol{r}_i$$
$$+\sum_{l=1}^{h}\lambda_l\left[\sum_{i=1}^{N}\left(\frac{\partial f_l}{\partial x_i}\delta x_i+\frac{\partial f_l}{\partial y_i}\delta y_i+\frac{\partial f_l}{\partial z_i}\delta z_i\right)\right]=0 \tag{4.10}$$

と表される．i 番目の質点の位置ベクトルを $\boldsymbol{r}_i=x_i\hat{\boldsymbol{x}}+y_i\hat{\boldsymbol{y}}+z_i\hat{\boldsymbol{z}}$，力を $\boldsymbol{F}_i=F_{ix}\hat{\boldsymbol{x}}+F_{iy}\hat{\boldsymbol{y}}+F_{iz}\hat{\boldsymbol{z}}$ とおけば，式(4.10)の第 1 項は

$$\sum_{i=1}^{N}\left(\boldsymbol{F}_i-m_i\frac{d^2\boldsymbol{r}_i}{dt^2}\right)\cdot\delta\boldsymbol{r}_i$$
$$=\sum_{i=1}^{N}\Big\{(F_{ix}\delta x_i+F_{iy}\delta y_i+F_{iz}\delta z_i)$$

ジャン・ル・ロン・ダランベール

フランスの哲学者，数学者，物理学者．著書「動力学論」においてダランベールの原理を発見．(1717-1783)

$$-m_i\left(\frac{d^2x_i}{dt^2}\delta x_i+\frac{d^2y_i}{dt^2}\delta y_i+\frac{d^2z_i}{dt^2}\delta z_i\right)\Bigg\}$$

と表される．式(4.10)の仮想仕事の原理は

$$\begin{aligned}\delta W' = \sum_{i=1}^{N}\Bigg\{&\left(F_{ix}-m_i\frac{d^2x_i}{dt^2}+\sum_{l=1}^{h}\lambda_l\frac{\partial f_l}{\partial x_i}\right)\delta x_i\\ &+\left(F_{iy}-m_i\frac{d^2y_i}{dt^2}+\sum_{l=1}^{h}\lambda_l\frac{\partial f_l}{\partial y_i}\right)\delta y_i\\ &+\left(F_{iz}-m_i\frac{d^2z_i}{dt^2}+\sum_{l=1}^{h}\lambda_l\frac{\partial f_l}{\partial z_i}\right)\delta z_i\Bigg\} = 0\end{aligned} \tag{4.11}$$

と表すことができる．式(4.11)は $3N$ 個の仮想変位 $\delta x_i, \delta y_i, \delta z_i$ に対して h 個の拘束条件が存在している．この式(4.11)を解くために，まず，$3N$ 個の仮想変位 $\delta x_i, \delta y_i, \delta z_i(i=1,2,\cdots,N)$ の係数の中から任意の h 個の係数が

$$F_{jk}-m_j\frac{d^2k_j}{dt^2}+\left(\lambda_1\frac{\partial f_1}{\partial k_j}+\lambda_2\frac{\partial f_2}{\partial k_j}+\cdots+\lambda_h\frac{\partial f_h}{\partial k_j}\right)=0$$

となるように選ぶ．ここで，j を $i=1,2,\cdots,N$ から，k を x, y, z から，任意の h 個の k_j の組合せを選べば，h 個の未定乗数 $\lambda_l\,(l=1,2,\cdots,h)$ は $F_{jk}, m_j(d^2k_j/dt^2)$, $(\partial f_1/\partial k_j), \cdots, (\partial f_h/\partial k_j)$ の関数として表すことができる．それらの関係式を式(4.11)に代入すれば $(3N-h)$ 個の仮想変位によって表すことができる．このとき，$(3N-h)$ 個の仮想変位は独立変数であるので $(3N-h)$ 個の仮想変位の係数がゼロでなければならない．したがって，すべての仮想変位 $\delta x_i, \delta y_i, \delta z_i$ $(i=1,2,\cdots,N)$ の係数がゼロになる

$$\begin{aligned}F_{ix}-m_i\frac{d^2x_i}{dt^2}+\sum_{l=1}^{h}\lambda_l\frac{\partial f_l}{\partial x_i}&=0\\ F_{iy}-m_i\frac{d^2y_i}{dt^2}+\sum_{l=1}^{h}\lambda_l\frac{\partial f_l}{\partial y_i}&=0\\ F_{iz}-m_i\frac{d^2z_i}{dt^2}+\sum_{l=1}^{h}\lambda_l\frac{\partial f_l}{\partial z_i}&=0\end{aligned} \tag{4.12}$$

の関係式が得られる．この方法をラグランジュの消去法といい，式(4.12)を**第1種ラグランジュの運動方程式（Lagrange's equation of motion of the first kind）**という．

ジョゼフ＝ルイ・ラグランジュ

フランスの数学者．物理学への多くの業績がある．著書「解析力学」により物理学への寄与は著しい．(1736-1813)

4.1.4　一般座標とラグランジュの運動方程式

第1種ラグランジュの運動方程式を一般座標で表すことができる．一般座標で表したラグランジュ関数およびラグランジュの運動方程式を説明する．

N 個の質点からなる質点系の i 番目の質点の座標 x_i, y_i, z_i を x_1^i, x_2^i, x_3^i と書き直すと，$x_\sigma^i\,(i=1,2,\cdots, N;\sigma=1,2,3)$ は $3N$ 個の座標で表すことができる．この座標 x_σ^i を変数 $q_1, q_2, \cdots, q_n, t$ の関数として

$$x_\sigma^i = x_\sigma^i(q_1, q_2, \cdots, q_n, t) \tag{4.13}$$

と表すことができる．ここで，$n=3N$ である．q_j はデカルト座標系の座標 x, y, z でも極座標系の r, θ, ϕ でも変数であればよい．このような変数 q_j を**一般座標（generalized coordinates）**という．また，一般座標 q_j の時間微分 dq_j/dt を**一般速度（generalized velocity）**という．極座標系での速度 $\boldsymbol{v}$ の $\hat{\boldsymbol{r}}, \hat{\boldsymbol{\theta}}, \hat{\boldsymbol{\phi}}$ 方向成分 v_r, v_θ, v_ϕ はそれぞれ，$v_r = dr/dt$，$v_\theta = r(d\theta/dt)$，$v_\phi = r\sin\theta(d\phi/dt)$ である．しかしながら，r, θ, ϕ の一般速度は dr/dt，$d\theta/dt$，$d\phi/dt$ と定義される．x_σ^i の微小変位は，一般座標 q_j の微小変位 δq_j を用いて

$$\delta x_\sigma^i = \sum_{j=1}^{n}\frac{\partial x_\sigma^i}{\partial q_j}\delta q_j \tag{4.14}$$

と表せる．ここで，時間微分の表式の簡略化を行い，dx_σ^i/dt，dq_j/dt のそれぞれを $\dot{x}_\sigma^i, \dot{q}_j$ と表す．式(4.13)の x_σ^i の時間微分 $\dot{x}_\sigma^i$ は

$$\dot{x}_\sigma^i = \sum_{j=1}^{n}\frac{\partial x_\sigma^i}{\partial q_j}\dot{q}_j+\frac{\partial x_\sigma^i}{\partial t} \tag{4.15}$$

である．また，$\dot{q}_j$ の係数 $\partial x_\sigma^i/\partial q_j$ は

$$\frac{\partial \dot{x}_\sigma^i}{\partial \dot{q}_j} = \frac{\partial x_\sigma^i}{\partial q_j} \tag{4.16}$$

の関係がある．式(4.13)からわかるように，$\partial x_\sigma^i/\partial q_j$ は $q_k(k=1,2,\cdots,n)$，t の関数である．また，式(4.16)で示した $(\partial \dot{x}_\sigma^i/\partial \dot{q}_j)$ の時間微分 $d(\partial \dot{x}_\sigma^i/\partial \dot{q}_j)/dt$ は

$$\begin{aligned}\frac{d}{dt}\left(\frac{\partial \dot{x}_\sigma^i}{\partial \dot{q}_j}\right) = \frac{d}{dt}\left(\frac{\partial x_\sigma^i}{\partial q_j}\right) &= \sum_{k=1}^{n}\left\{\frac{\partial}{\partial q_k}\left(\frac{\partial x_\sigma^i}{\partial q_j}\right)\right\}\dot{q}_k+\frac{\partial}{\partial t}\left(\frac{\partial x_\sigma^i}{\partial q_j}\right)\\ &= \frac{\partial}{\partial q_j}\left(\sum_{k=1}^{n}\frac{\partial x_\sigma^i}{\partial q_k}\dot{q}_k+\frac{\partial x_\sigma^i}{\partial t}\right) = \frac{\partial \dot{x}_\sigma^i}{\partial q_j}\end{aligned}$$

となる．ここで，式(4.15)の関係を用いた．以上から

$$\frac{d}{dt}\left(\frac{\partial \dot{x}_\sigma^i}{\partial \dot{q}_j}\right) = \frac{d}{dt}\left(\frac{\partial x_\sigma^i}{\partial q_j}\right) = \frac{\partial \dot{x}_\sigma^i}{\partial q_j} \tag{4.17}$$

の関係が得られる．

式(4.9)で示した仮想仕事の原理

$$\delta W' = \sum_{i=1}^{N}\left(\boldsymbol{F}_i+\boldsymbol{S}_i-m_i\frac{d^2\boldsymbol{r}_i}{dt^2}\right)\cdot\delta\boldsymbol{r}_i$$
$$= \sum_{i=1}^{N}\boldsymbol{F}_i\cdot\delta\boldsymbol{r}_i+\sum_{i=1}^{N}\boldsymbol{S}_i\cdot\delta\boldsymbol{r}_i-\sum_{i=1}^{N}m_i\frac{d^2\boldsymbol{r}_i}{dt^2}\cdot\delta\boldsymbol{r}_i = 0 \tag{4.18}$$

を一般座標で表すことにする．このとき，i 番目の質点に働く力 $\boldsymbol{F}_i$ の成分を $F_\sigma^i(i=1,\cdots,N\,;\sigma=1,2,3)$ と表すと，式(4.18)の第1項は，式(4.14)の関係を用いれば

$$\sum_{i=1}^{N}\boldsymbol{F}_i\cdot\delta\boldsymbol{r}_i = \sum_{i=1}^{N}\sum_{\sigma=1}^{3}F_\sigma^i\delta x_\sigma^i = \sum_{i=1}^{N}\sum_{\sigma=1}^{3}F_\sigma^i\left(\sum_{j=1}^{n}\frac{\partial x_\sigma^i}{\partial q_j}\delta q_j\right)$$
$$= \sum_{j=1}^{n}\left(\sum_{i=1}^{N}\sum_{\sigma=1}^{3}F_\sigma^i\frac{\partial x_\sigma^i}{\partial q_j}\right)\delta q_j = \sum_{j=1}^{n}Q_j\delta q_j \tag{4.19}$$

と表せる．ここで

$$\sum_{i=1}^{N}\sum_{\sigma=1}^{3}F_\sigma^i\frac{\partial x_\sigma^i}{\partial q_j} \equiv Q_j$$

とおき，Q_j を**一般化された力 (generalized force)** という．式(4.18)の第2項

$$\sum_{i=1}^{N}\boldsymbol{S}_i\cdot\delta\boldsymbol{r}_i = \sum_{l=1}^{h}\lambda_l\left[\sum_{i=1}^{N}\sum_{\sigma=1}^{3}\frac{\partial f_l}{\partial x_\sigma^i}\delta x_\sigma^i\right]$$
$$= \sum_{l=1}^{h}\lambda_l\left[\sum_{i=1}^{N}\sum_{\sigma=1}^{3}\frac{\partial f_l}{\partial x_\sigma^i}\left(\sum_{j=1}^{n}\frac{\partial x_\sigma^i}{\partial q_j}\delta q_j\right)\right]$$
$$= \sum_{l=1}^{h}\sum_{j=1}^{n}\lambda_l\left(\sum_{i=1}^{N}\sum_{\sigma=1}^{3}\frac{\partial f_l}{\partial x_\sigma^i}\frac{\partial x_\sigma^i}{\partial q_j}\right)\delta q_j$$
$$= \sum_{l=1}^{h}\sum_{j=1}^{n}\lambda_l\left(\frac{\partial g_l}{\partial q_j}\right)\delta q_j \tag{4.20}$$

と表せる．ここで，式(4.6)，(4.14)の関係を用いた．g_l は一般座標 $q_1,\cdots,q_n$ を変数とした拘束条件 $g_l(q_1,\cdots,q_n)=0$ である．変数 q_i の $g_l(q_1,\cdots,q_n)=0$ と変数 x_σ^i の拘束条件 $f_l(x_1^1,x_2^1,x_3^1,\cdots,x_1^N,x_2^N,x_3^N)=0$ には

$$\sum_{i=1}^{N}\sum_{\sigma=1}^{3}\frac{\partial f_l}{\partial x_\sigma^i}\frac{\partial x_\sigma^i}{\partial q_j} = \frac{\partial g_l}{\partial q_j}$$

の関係が成り立つ．式(4.18)の第3項は

$$\sum_{i=1}^{N}m_i\frac{d^2\boldsymbol{r}_i}{dt^2}\cdot\delta\boldsymbol{r}_i = \sum_{i=1}^{N}\sum_{\sigma=1}^{3}m_i\frac{d^2x_\sigma^i}{dt^2}\delta x_\sigma^i$$
$$= \sum_{i=1}^{N}\sum_{\sigma=1}^{3}m_i\frac{d^2x_\sigma^i}{dt^2}\left(\sum_{j=1}^{n}\frac{\partial x_\sigma^i}{\partial q_j}\delta q_j\right)$$
$$= \sum_{j=1}^{n}\left(\sum_{i=1}^{N}\sum_{\sigma=1}^{3}m_i\frac{d^2x_\sigma^i}{dt^2}\frac{\partial \dot{x}_\sigma^i}{\partial \dot{q}_j}\right)\delta q_j$$
$$= \sum_{j=1}^{n}\left\{\frac{d}{dt}\left(\sum_{i=1}^{N}\sum_{\sigma=1}^{3}m_i\dot{x}_\sigma^i\frac{\partial \dot{x}_\sigma^i}{\partial \dot{q}_j}\right)\right.$$
$$\left.-\sum_{i=1}^{N}\sum_{\sigma=1}^{3}m_i\dot{x}_\sigma^i\frac{\partial \dot{x}_\sigma^i}{\partial q_j}\right\}\delta q_j$$

と表される．ここで，式(4.14)，(4.16)，(4.17)を用いた．一方，質点系の運動エネルギーは

$$K = \sum_{i=1}^{N}\frac{1}{2}m_i\left(\frac{d\boldsymbol{r}_i}{dt}\right)^2 = \sum_{i=1}^{N}\sum_{\sigma=1}^{3}\frac{1}{2}m_i\dot{x}_\sigma^{i2}$$

である．K の $\dot{q}_j$ および q_j の偏微分係数 $\partial K/\partial\dot{q}_j$, $\partial K/\partial q_j$ は，それぞれ

$$\frac{\partial K}{\partial \dot{q}_j} = \frac{\partial}{\partial \dot{q}_j}\left(\sum_{i=1}^{N}\sum_{\sigma=1}^{3}\frac{1}{2}m_i\dot{x}_\sigma^{i2}\right) = \sum_{i=1}^{N}\sum_{\sigma=1}^{3}m_i\dot{x}_\sigma^i\frac{\partial \dot{x}_\sigma^i}{\partial \dot{q}_j}$$
$$\frac{\partial K}{\partial q_j} = \frac{\partial}{\partial q_j}\left(\sum_{i=1}^{N}\sum_{\sigma=1}^{3}\frac{1}{2}m_i\dot{x}_\sigma^{i2}\right) = \sum_{i=1}^{N}\sum_{\sigma=1}^{3}m_i\dot{x}_\sigma^i\frac{\partial \dot{x}_\sigma^i}{\partial q_j}$$

である．これらの関係を用いれば，式(4.18)の第3項は

$$\sum_{i=1}^{N}m_i\frac{d^2\boldsymbol{r}_i}{dt^2}\cdot\delta\boldsymbol{r}_i$$
$$= \sum_{j=1}^{n}\left\{\frac{d}{dt}\left(\sum_{i=1}^{N}\sum_{\sigma=1}^{3}m_i\dot{x}_\sigma^i\frac{\partial \dot{x}_\sigma^i}{\partial \dot{q}_j}\right)-\sum_{i=1}^{N}\sum_{\sigma=1}^{3}m_i\dot{x}_\sigma^i\frac{\partial \dot{x}_\sigma^i}{\partial q_j}\right\}\delta q_j$$
$$= \sum_{j=1}^{n}\left\{\frac{d}{dt}\left(\frac{\partial K}{\partial \dot{q}_j}\right)-\frac{\partial K}{\partial q_j}\right\}\delta q_j \tag{4.21}$$

と得られ，運動エネルギー K を用いて表せる．以上の結果から，ダランベールの原理を考慮した仮想仕事の原理(4.18)は，一般座標 q_j，一般化された力 Q_j および運動エネルギー K を用いて

$$\delta W' = \sum_{i=1}^{N}\left(\boldsymbol{F}_i+\boldsymbol{S}_i-m_i\frac{d^2\boldsymbol{r}_i}{dt^2}\right)\cdot\delta\boldsymbol{r}_i$$
$$= \sum_{j=1}^{n}\left[Q_j+\sum_{l=1}^{h}\lambda_l\left(\frac{\partial g_l}{\partial q_j}\right)-\left\{\frac{d}{dt}\left(\frac{\partial K}{\partial \dot{q}_j}\right)-\frac{\partial K}{\partial q_j}\right\}\right]\delta q_j$$
$$= 0 \tag{4.22}$$

と表すことができる．また，未定乗数法で表される第1種ラグランジュの運動方程式を一般座標 q_j，一般化された力 Q_j，運動エネルギー K を用いて

$$\frac{d}{dt}\left(\frac{\partial K}{\partial \dot{q}_j}\right)-\frac{\partial K}{\partial q_j} = Q_j+\sum_{l=1}^{h}\lambda_l\left(\frac{\partial g_l}{\partial q_j}\right) \tag{4.23}$$

と表すことができる．式(4.23)は第1種ラグランジュの運動方程式(4.12)の一般座標での表現となっている．

力 $\boldsymbol{F}$ が保存力の場合

力 $\boldsymbol{F}$ が保存力の場合は $F_\sigma^i = -(\partial U/\partial x_\sigma^i)$ で与えられる．一般化された力は

$$Q_j = \sum_{i=1}^{N}\sum_{\sigma=1}^{3}F_\sigma^i\frac{\partial x_\sigma^i}{\partial q_j} = \sum_{i=1}^{N}\sum_{\sigma=1}^{3}\left(-\frac{\partial U}{\partial x_\sigma^i}\right)\frac{\partial x_\sigma^i}{\partial q_j} = -\frac{\partial U}{\partial q_j}$$

で与えられる．ここで，$j=1,2,\cdots,n$ である．力が

保存力のとき，$Q_j = -\partial U/\partial q_j$ で与えられる．極座標系での力 $\boldsymbol{F}$ の $\hat{\boldsymbol{r}}, \hat{\boldsymbol{\theta}}, \hat{\boldsymbol{\phi}}$ 成分 F_r, F_θ, F_ϕ はそれぞれ $F_r = -\partial U/\partial r$，$F_\theta = -(1/r)(\partial U/\partial \theta)$，$F_\phi = -(1/r \sin\theta)(\partial U/\partial \phi)$ であるが，一般化された変数を r, θ, ϕ と選べば，一般化された力は $Q_r = -\partial U/\partial r$，$Q_\theta = -\partial U/\partial \theta$，$F_\phi = -\partial U/\partial \phi$ である．力が保存力のとき，第1種ラグランジュの運動方程式(4.23)は

$$\frac{d}{dt}\left(\frac{\partial K}{\partial \dot{q}_j}\right) - \frac{\partial (K-U)}{\partial q_j} = \sum_{l=1}^{h} \lambda_l \left(\frac{\partial g_l}{\partial q_j}\right) \tag{4.24}$$

と与えられる．ここで，$j = 1, \cdots, n$ である．そこで

$$L(q_1, \cdots, q_n; \dot{q}_1, \cdots, \dot{q}_n) = K(\dot{q}_1, \cdots, \dot{q}_n) - U(q_1, \cdots, q_n) \tag{4.25}$$

と定義し，L を**ラグランジュ関数（Lagrangian function）**とよぶ．ポテンシャル $U(q_1, q_2, \cdots, q_n)$ に $\dot{q}_j$ が依存しないことから $\partial K/\partial \dot{q}_j = \partial L/\partial \dot{q}_j$ とおくことができ，式(4.24)は L を用いて

$$\frac{d}{dt}\left(\frac{\partial L}{\partial \dot{q}_j}\right) - \frac{\partial L}{\partial q_j} = \sum_{l=1}^{h} \lambda_l \left(\frac{\partial g_l}{\partial q_j}\right) \tag{4.26}$$

と表せる．ここで，$j = 1, 2, \cdots, n$ である．保存力の場合，ラグランジュ関数 L を用いて表した式(4.26)を**第2種ラグランジュの運動方程式（Lagrange's equation of motion of the second kind）**という．

拘束条件のない場合には，N 個の質点からなる $n = 3N$ 個の独立な変数が存在し，n 個の運動方程式

$$\frac{d}{dt}\left(\frac{\partial L}{\partial \dot{q}_j}\right) - \frac{\partial L}{\partial q_j} = 0 \quad (j = 1, 2, \cdots, n)$$

から運動が決まる．また，h 個の拘束条件 $g_l = 0$ $(l = 1, 2, \cdots, h)$ がある場合には，h 個の変数が一定になるように h 個の拘束条件を選べば，$f = n - h$ 個の独立な変数に対して

$$\frac{d}{dt}\left(\frac{\partial L}{\partial \dot{q}_j}\right) - \frac{\partial L}{\partial q_j} = 0 \quad (j = 1, 2, \cdots, \ f = n - h) \tag{4.27}$$

と表される．このように拘束条件を含まない式(4.27)を**ラグランジュの運動方程式（Lagrange's equation of motion）**という．

例題 4-1 単振り子

図 4.1 に示した質量 m のおもりを長さ l の糸で吊るした単振り子がある．次の方法によって運動を議論する．ここで，単振り子の運動は $z = 0$ の面とする．

（i） 第1種ラグランジュの運動方程式を用いる．

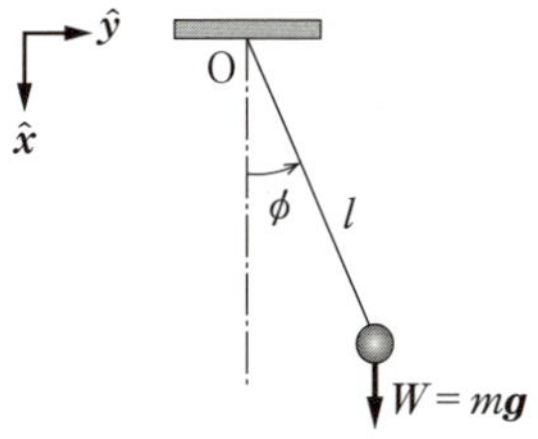

図 4.1 単振り子

（ii） 第2種ラグランジュの運動方程式を用いる．

（iii） ラグランジュの運動方程式を用いる．

（i） 第1種ラグランジュの運動方程式

変数をデカルト座標系の (x, y, z) とし，拘束条件は糸の長さ l が一定，単振り子の運動は $z = 0$ の面とすると，二つの拘束条件は

$$f_1 = x^2 + y^2 - l^2 = 0$$
$$f_2 = z = 0$$

となる．ダランベールの原理が成り立つときの仮想仕事の原理(4.11)は

$$\begin{aligned}\delta W' = &\left(mg - m\frac{d^2x}{dt^2} + \sum_{l=1}^{2} \lambda_l \frac{\partial f_l}{\partial x}\right)\delta x \\ &+ \left(-m\frac{d^2y}{dt^2} + \sum_{l=1}^{2} \lambda_l \frac{\partial f_l}{\partial y}\right)\delta y \\ &+ \left(-m\frac{d^2z}{dt^2} + \sum_{l=1}^{2} \lambda_l \frac{\partial f_l}{\partial z}\right)\delta z \\ = &\ 0\end{aligned}$$

である．また，$\partial f_1/\partial x = 2x$，$\partial f_1/\partial y = 2y$，$\partial f_1/\partial z = 0$，$\partial f_2/\partial x = \partial f_2/\partial y = 0$，$\partial f_2/\partial z = 1$ である．式(4.12)で示した第1種のラグランジュの運動方程式は

$$mg - m\frac{d^2x}{dt^2} + 2x\lambda_1 = 0$$
$$-m\frac{d^2y}{dt^2} + 2y\lambda_1 = 0$$
$$-m\frac{d^2z}{dt^2} + \lambda_2 = 0$$

である．仮想変位は $\delta x, \delta y, \delta z$ の3個，拘束条件は2個であるので，自由度は $f = 3 - 2 = 1$ である．まず，上式の $\delta y, \delta z$ に関する式から，未定乗数 λ_l $(l = 1, 2)$ は

$$\lambda_1 = \frac{m}{2y}\frac{d^2y}{dt^2}, \quad \lambda_2 = m\frac{d^2z}{dt^2} = 0$$

と得られる．ここで，$z = 0$ を用いた．変数 y で表される λ_1 を δx に関する式に代入すれば，第1種ラグランジュの運動方程式から

$$yg - y\frac{d^2x}{dt^2} + x\frac{d^2y}{dt^2} = 0$$

が得られる．

（ii）　第2種ラグランジュの運動方程式

（i）の場合と同様に，変数をデカルト座標系の（x, y, z）とすると拘束条件も同じである．基準点を原点にとるとポテンシャル U および運動エネルギー K は

$$U = -mgx$$

$$K = \frac{1}{2}m(\dot{x}^2 + \dot{y}^2 + \dot{z}^2)$$

であり．ラグランジュ関数は

$$L = K - U = \frac{m}{2}(\dot{x}^2 + \dot{y}^2 + \dot{z}^2) + mgx$$

である．第2種ラグランジュの運動方程式(4.26)から

$$\frac{d}{dt}\left(\frac{\partial L}{\partial \dot{x}}\right) - \frac{\partial L}{\partial x} = \lambda_1\left(\frac{\partial f_1}{\partial x}\right) + \lambda_2\left(\frac{\partial f_l}{\partial x}\right)$$

$$\frac{d}{dt}\left(\frac{\partial L}{\partial \dot{y}}\right) - \frac{\partial L}{\partial y} = \lambda_1\left(\frac{\partial g_l}{\partial y}\right) + \lambda_2\left(\frac{\partial g_l}{\partial y}\right)$$

$$\frac{d}{dt}\left(\frac{\partial L}{\partial \dot{z}}\right) - \frac{\partial L}{\partial z} = \lambda_1\left(\frac{\partial g_l}{\partial z}\right) + \lambda_2\left(\frac{\partial g_l}{\partial z}\right)$$

を計算すれば，単振り子の第2種ラグランジュの運動方程式は

$$m\ddot{x} - mg = 2\lambda_1 x$$

$$m\ddot{y} = 2\lambda_1 y$$

$$m\ddot{z} = 2\lambda_2$$

である．ここで，x, y, z の時間の2階微分を $\ddot{x}, \ddot{y}, \ddot{z}$ とした．$z = 0$ の面内で振動をするので $\lambda_2 = 0, \lambda_1$ を消去すれば

$$\ddot{x}y - gy - x\ddot{y} = 0$$

が得られる．この運動では座標を表す変数は3個，拘束条件は2個であるので，自由度は $f = 3 - 2 = 1$ である．座標を表す変数 x, y の数と自由度 f の数が等しくないこのような場合を**非ホロノーム系（non-holonomic system）**という．

（iii）　ラグランジュの運動方程式

変数を円柱座標系の（s, ϕ, z）とし，拘束条件は糸の長さが l の $g_1 = s - l = 0$ と運動面が $z = 0$ 面の $g_2 = z = 0$ の二つであることを考慮すれば，(s, ϕ, z) の変数のうち ϕ の1個だけが独立変数である．$\phi = \pi/2$ を基準とした U および K は

$$U = -mgl\cos\phi$$

$$K = \frac{1}{2}m(l^2\dot{\phi}^2)$$

であり，ラグランジュ関数 L は

$$L = K - U = \frac{m}{2}l^2\dot{\phi}^2 + mgl\cos\phi$$

である．ラグランジュの運動方程式(4.27)から

$$\frac{d}{dt}\left(\frac{\partial L}{\partial \dot{\phi}}\right) - \frac{\partial L}{\partial \phi} = 0$$

を計算すれば，

$$l\ddot{\phi} + g\sin\phi = 0$$

が得られる．この場合，座標を表す変数の数は ϕ の1個で，自由度 $f = 3 - 2 = 1$ と等しい．このような場合を**ホロノーム系（holonomic system）**という．

4.1 節のまとめ

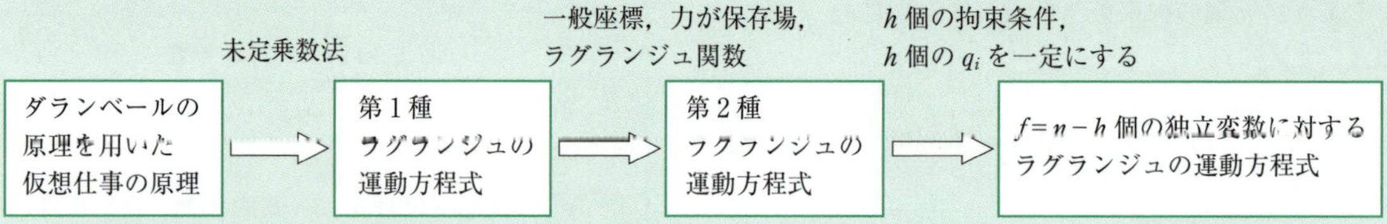

- **仮想仕事の原理**　$\delta W' = \sum_{i=1}^{N}(\boldsymbol{F}_i + \boldsymbol{S}_i)\cdot\delta\boldsymbol{r}_i = 0$
- **ダランベールの原理**　$F_i + \boldsymbol{S}_i - m_i\frac{d^2\boldsymbol{r}_i}{dt^2} = 0 \quad (i = 1, 2, \cdots, N)$
- **第1種ラグランジュの運動方程式**

$$F_{ix} - m_i\frac{d^2x_i}{dt^2} + \sum_{l=1}^{h}\lambda_l\frac{\partial f_l}{\partial x_i} = 0,\quad F_{iy} - m_i\frac{d^2y_i}{dt^2} + \sum_{l=1}^{h}\lambda_l\frac{\partial f_l}{\partial y_i} = 0,\quad F_{iz} - m_i\frac{d^2z_i}{dt^2} + \sum_{l=1}^{h}\lambda_l\frac{\partial f_l}{\partial z_i} = 0$$

- **第2種ラグランジュの運動方程式**　$\frac{d}{dt}\left(\frac{\partial L}{\partial \dot{q}_j}\right) - \frac{\partial L}{\partial q_j} = \sum_{l=1}^{h}\lambda_l\left(\frac{\partial g_l}{\partial q_j}\right) \quad (j = 1, 2, \cdots, n)$

• **ラグランジュの運動方程式**　$\dfrac{d}{dt}\left(\dfrac{\partial L}{\partial \dot{q}_j}\right)-\dfrac{\partial L}{\partial q_j}=0\quad(j=1,2,\cdots,f=n-h)$

4.2　変分法とハミルトンの原理

変分法によってオイラーの微分方程式を導き，仮想仕事の原理を時間積分することによってハミルトンの原理が導かれる．変分法を利用することによってオイラーの微分方程式に対応するラグランジュの運動方程式が得られることを説明する．

4.2.1　変分法

汎関数 $I[y]$ が任意の変数 δy に対して極値をとる条件としてオイラーの微分方程式が成り立つことを説明する．

独立変数を x とし，x の関数を $y=y(x)$, $y(x)$ の x に関する微分係数を $y'=dy/dx$ とする．x, y, y' を変数とする関数 $f(x, y, y')$ を $a<x<b$ の領域で積分すると

$$I[y]=\int_a^b f(x, y, y')dx \tag{4.28}$$

と表せる．このとき，$x=a, b$ で y を固定させ，$a<x<b$ の領域のみ y を変えることができるとする．この積分 I は $y(x)$ に依存し，$I[y]$ を $y(x)$ の**汎関数 (functional)** という．y の関数を少し変えても $I[y]$ の値が変わらない $y(x)$ はどのようなものかを考える．図 4.2 に示した実線上の点 P の y を $y(x)$ とし，点 P から点 P′ までのずれを δy とすると，$f(x, y, y')$ の変分 $\delta f(x, y, y')$ は

$$\delta f(x, y, y') \fallingdotseq \frac{\partial f}{\partial y}\delta y+\frac{\partial f}{\partial y'}\delta y'$$

と近似される．ここで，x は固定されているときを考える．関数 y を少し変えても $I[y]$ の値が変わらない，すなわち，$I[y]$ が極値をもち，δy による $I[y]$ の値の

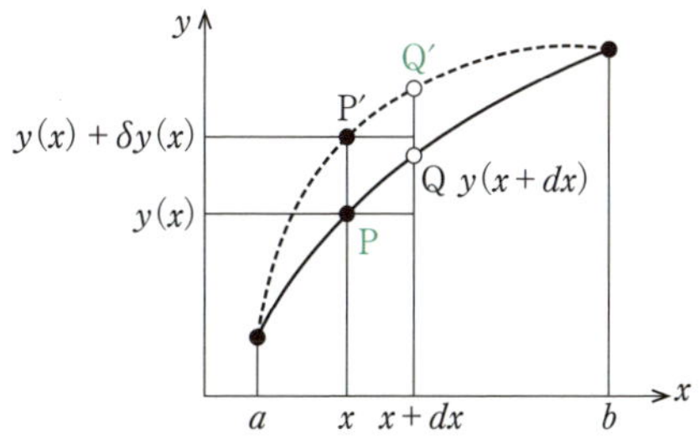

図 4.2　変分原理

変分 $\delta I[y]$ はゼロになるとき，以下のように表すことができる．

$$\delta I[y]=\delta\int_a^b f(x, y, y')dx=\int_a^b \delta f(x, y, y')dx$$
$$=\int_a^b\left(\frac{\partial f}{\partial y}\delta y+\frac{\partial f}{\partial y'}\delta y'\right)dx=0 \tag{4.29}$$

式(4.29)に含まれている $\delta y'$ と δy とには

$$\delta y'=\frac{d(\delta y)}{dx} \tag{4.30}$$

の関係が成り立つ．まず式(4.30)を導出して，式(4.29)の $\delta I[y]$ を考えることにする．関係式(4.30)を以下の方法で求める．図 4.2 に示した点 P の関数 $y(x)$ を基準として，点 Q′ での値を 2 通りの方法で求める．

（i）点 Q での $y(x+dx)$ から変分 $\delta\{y(x+dx)\}$ を用いて点 Q′ での y の値を求めれば

$$\begin{aligned}&y(x+dx)+\delta\{y(x+dx)\}\\&=y(x)+\frac{dy}{dx}dx+\delta\left\{y(x)+\frac{dy}{dx}dx\right\}\\&=y(x)+\frac{dy}{dx}dx+\delta y(x)+\delta\left(\frac{dy}{dx}dx\right)\\&=y(x)+\frac{dy}{dx}dx+\delta y(x)+(\delta y')dx\end{aligned}$$

となる．ここで，y の変化量に対して考えているので $\delta\{(dy/dx)dx\}=(\delta y')dx$ の関係を用いた．

（ii）点 P′ の $\{y(x)+\delta y(x)\}$ の変化 dx による点 Q′ での y の値を求めれば

$$\begin{aligned}&\{y(x)+\delta y(x)\}+\left[\frac{d}{dx}\{y(x)+\delta y(x)\}\right]dx\\&=y(x)+\delta y(x)+\frac{dy}{dx}dx+\frac{d(\delta y)}{dx}dx\end{aligned}$$

である．これらの結果を比較すれば，式(4.30)が得られる．式(4.30)を式(4.29)に代入し，さらに部分積分を用いれば，変分 $\delta I[y]$ は

$$\begin{aligned}\delta I[y]&=\delta\int_a^b f(x, y, y')dx\\&=\int_a^b\left(\frac{\partial f}{\partial y}\delta y+\frac{\partial f}{\partial y'}\frac{d(\delta y)}{dx}\right)dx\\&=\int_a^b\left(\frac{\partial f}{\partial y}\delta y\right)dx+\left[\frac{\partial f}{\partial y'}\delta y\right]_a^b-\int_a^b\left\{\frac{d}{dx}\left(\frac{\partial f}{\partial y'}\right)\right\}\delta y dx\\&=\int_a^b\left\{\frac{\partial f}{\partial y}-\frac{d}{dx}\left(\frac{\partial f}{\partial y'}\right)\right\}\delta y dx=0\end{aligned} \tag{4.31}$$

が得られる．ここで，$\delta y(a) = \delta y(b) = 0$ の関係を用いた．汎関数 $I[y]$ が任意の変数 δy に対して常に極値をもつ条件として

$$\frac{\partial f}{\partial y} - \frac{d}{dx}\left(\frac{\partial f}{\partial y'}\right) = 0 \tag{4.32}$$

の関係を満足しなければならない．この式を**オイラーの微分方程式（Euler's differential equation）**という．

a. $f(x, y, y')$ に x が陽に含まないとき

$f(x, y, y')$ に x が陽に含まない $f(y, y')$ であるとき，汎関数 $I[y]$ が極値をとる y と $f(y, y')$ にはどのような関係があるかを調べる．

x, y, y' を変数とする関数 $f(x, y, y')$ の x での微分 df/dx は

$$\frac{df}{dx} = \frac{\partial f}{\partial y}y' + \frac{\partial f}{\partial y'}\frac{dy'}{dx} + \frac{\partial f}{\partial x} \tag{4.33}$$

である．式(4.32)に y' を掛けた式に，式(4.33)を用いれば

$$\frac{d}{dx}\left(y'\frac{\partial f}{\partial y'} - f\right) = -\frac{\partial f}{\partial x} \tag{4.34}$$

の関係が得られる．式(4.34)は関数 f に x が陽に含まれない $\partial f/\partial x = 0$，すなわち $f(y,\ y')$ に対して

$$E \equiv y'\left(\frac{\partial f}{\partial y'}\right) - f \tag{4.35}$$

で定義される E は $dE/dx = 0$ となり，E は x に依存せず一定であることを意味している．

b. 拘束があるときのオイラーの微分方程式

$f(x, y, y')$ を x で積分した関数 $I[y]$ が極値をもつとき，f に関するオイラーの微分方程式(4.32)が成り立つ．拘束があるときの $\delta I[y]$ を考える．いま，拘束条件を

$$\int_a^b g(x, y, y')dx = k \tag{4.36}$$

と表す．ここで，y を $y+\delta y$ に変えても与えられた定数 k は不変であり，

$$\delta\int_a^b g(x, y, y')dx = 0 \tag{4.37}$$

となる．そこで，$I[y]$ が極値をもつときの $\delta I[y] = 0$ の関係に未定乗数 λ を掛けた式(4.37)を加えると

$$\delta\int_a^b \{f(x, y, y') + \lambda g(x, y, y')\}dx = 0 \tag{4.38}$$

と表すことができる．このとき，

$$F(x, y, y') \equiv f(x, y, y') + \lambda g(x, y, y')$$

で定義された F に関するオイラーの微分方程式は

$$\frac{\partial F}{\partial y} - \frac{d}{dx}\left(\frac{\partial F}{\partial y'}\right) = 0 \tag{4.39}$$

と表すこともできる．この方程式(4.39)の解 y は λ が含まれた $y = y(x, \lambda)$ である．この λ を消去するために，拘束条件と境界条件などを用いて，$y = y(x)$ を決定する必要がある．

例題 4-2

図 4.3 に示したように，質点が点 O から曲線に沿って落下し，$x = a$，$y = b$ の点 Q で水平方向に飛び出した．点 Q に達するまでの時間が最も短くなる曲線の形状を求める．ここで，重力加速度の大きさを g とする．

曲線の長さの要素を ds とすれば，ds は

$$ds = \sqrt{(dx)^2 + (dy)^2} = \sqrt{1 + y'^2}\,dx$$

である．$\mathrm{P}(x, y)$ での速さ v はエネルギー保存則から

$$v = \sqrt{2gy}$$

である．点 O から点 Q に達するまでの時間 T は

$$T = \int_0^Q \frac{ds}{v} = \frac{1}{\sqrt{2g}}\int_0^a \sqrt{\frac{1+y'^2}{y}}\,dx$$

である．ここで，x の積分領域は $0 \leq x \leq a$ である．T が極小値をとるとき

$$f(y, y') \equiv \sqrt{\frac{1+y'^2}{y}}$$

とおけば，関数 $f(y, y')$ に関するオイラーの微分方程式が成立する．さらに，$f(y, y')$ は x が陽に含まれない．そのとき式(4.35)が成り立ち，一定値である E は

$$E = y'\frac{\partial}{\partial y'}\left(\sqrt{\frac{1+y'^2}{y}}\right) - \sqrt{\frac{1+y'^2}{y}} = -\frac{1}{\sqrt{y(1+y'^2)}}$$

と得られ，

$$\frac{dy}{dx} = \sqrt{\frac{1}{E^2 y} - 1}$$

と与えられる．$y = b$ の点 Q で $dy/dx = 0$ の条件から $1/E^2 = b$ が得られ，dy/dx は

$$\frac{dy}{dx} = \sqrt{\frac{b-y}{y}}$$

と表せる．y のとり得る領域は $0 \leq y \leq b$ である．そこで

$$y \equiv \frac{b}{2}(1 - \cos\theta)$$

とおき，y を θ の関数として表す．$0 \leq y \leq b$ の領域の y は $0 \leq \theta \leq \pi$ の領域の θ に対応する．$dy(\theta)/dx$ は

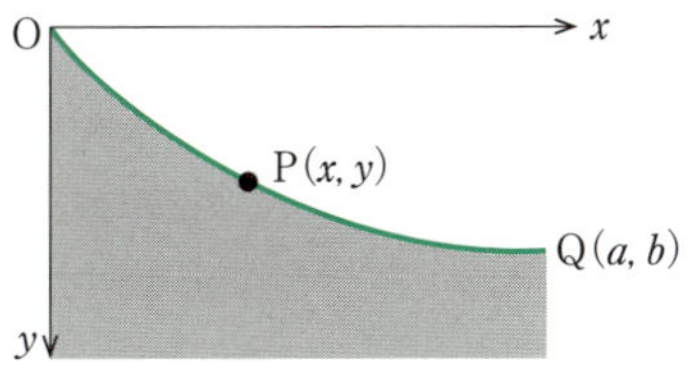

図 4.3　曲面上の落下

$$\frac{dy}{dx}=\frac{dy}{d\theta}\frac{d\theta}{dx}=\frac{b}{2}\sin\theta\,\frac{d\theta}{dx}=\sqrt{\frac{b-y}{y}}$$
$$=\sqrt{\frac{1+\cos\theta}{1-\cos\theta}}$$

となり，

$$dx=b\sin^2\frac{\theta}{2}d\theta=\frac{b}{2}(1-\cos\theta)d\theta$$

と表される．$\theta=0$（$y=0$）のとき $x=0$ の初期条件を用いて積分すれば

$$x=\frac{b}{2}(\theta-\sin\theta)$$

となる．以上の結果から，x, y は変数 θ を用いて，

$$x=\frac{b}{2}(\theta-\sin\theta)$$
$$y=\frac{b}{2}(1-\cos\theta)$$

で表される曲線が得られる．この曲線は，円が直線上を転がるときの円周上の定点が描く軌道であるサイクロイドと同じである．

4.2.2　ハミルトンの原理

ダランベールの原理を適応させた仮想仕事の原理を時間積分することによって，ラグランジュ関数の時間積分が極値をもつことを意味するハミルトンの原理が導かれ，ハミルトンの原理からラグランジュの運動方程式が得られることを説明する．

拘束があり，一般座標で表したダランベールの原理を考慮した仮想仕事の原理は式(4.22)である．この式を時刻 t_1 から t_2 まで積分すると

$$\int_{t_1}^{t_2}\delta W'dt=\int_{t_1}^{t_2}\sum_{j=1}^{n}Q_j\delta q_jdt+\int_{t_1}^{t_2}\sum_{j=1}^{n}\sum_{l=1}^{h}\lambda_l\left(\frac{\partial g_l}{\partial q_j}\right)\delta q_jdt$$
$$-\int_{t_1}^{t_2}\sum_{j=1}^{n}\left\{\frac{d}{dt}\left(\frac{\partial K}{\partial\dot{q}_j}\right)-\frac{\partial K}{\partial q_j}\right\}\delta q_jdt=0 \tag{4.40}$$

である．力 Q_j が保存力の場合には $Q_j=-(dU/dq_j)$ の関係があり，式(4.40)の第 1 項は

$$\int_{t_1}^{t_2}\sum_{j=1}^{n}Q_j\delta q_jdt=-\int_{t_1}^{t_2}\sum_{j=1}^{n}\frac{dU}{dq_j}\delta q_jdt=-\int_{t_1}^{t_2}\delta Udt$$
$$=-\delta\int_{t_1}^{t_2}Udt$$

である．拘束条件 g_l に関する式(4.40)の第 2 項は

$$\int_{t_1}^{t_2}\sum_{j=1}^{n}\sum_{l=1}^{h}\lambda_l\left(\frac{\partial g_l}{\partial q_j}\right)\delta q_jdt=\int_{t_1}^{t_2}\sum_{l=1}^{h}\lambda_l\delta g_ldt$$
$$=\delta\int_{t_1}^{t_2}\sum_{l=1}^{h}\lambda_lg_ldt$$

である．見かけの力に関する式(4.40)の第 3 項は

$$-\int_{t_1}^{t_2}\sum_{j=1}^{n}\left\{\frac{d}{dt}\left(\frac{\partial K}{\partial\dot{q}_j}\right)-\frac{\partial K}{\partial q_j}\right\}\delta q_jdt$$
$$=-\int_{t_1}^{t_2}\sum_{j=1}^{n}\left\{\frac{d}{dt}\left(\frac{\partial K}{\partial\dot{q}_j}\right)\right\}\delta q_jdt+\int_{t_1}^{t_2}\sum_{j=1}^{n}\frac{\partial K}{\partial q_j}\delta q_jdt$$
$$=-\left[\sum_{j=1}^{n}\left(\frac{\partial K}{\partial\dot{q}_j}\right)\delta q_j\right]_{t_1}^{t_2}+\int_{t_1}^{t_2}\delta Kdt=\delta\int_{t_1}^{t_2}Kdt$$

である．ここで，δq_j は仮想変位で時間に依存しないが，時刻 $t=t_1=t_2$ で仮想変位 δq_j は $\delta q_j=0$ とした．これらの関係を式(4.40)に代入すれば，仮想仕事の時間積分は

$$\int_{t_1}^{t_2}\delta W'dt=\delta\int_{t_1}^{t_2}\left(K-U+\sum_{l=1}^{h}\lambda_lg_l\right)dt$$
$$=\delta\int_{t_1}^{t_2}\left(L+\sum_{l=1}^{h}\lambda_lg_l\right)dt=0 \tag{4.41}$$

と得られる．ここで，式(4.25)で定義したラグランジュ関数 $L=K-U$ を用いた．拘束条件が h 個あるとき，h 個の一般座標が一定になるように拘束条件を選べば，自由度 $f=n-h$ 個の独立な一般座標 $q_1, \cdots, q_f$ が得られる．そのとき，式(4.41)は

$$\int_{t_1}^{t_2}\delta W'dt=\delta\int_{t_1}^{t_2}L(q_1,\cdots,q_f,\dot{q}_1,\cdots,\dot{q}_f,t)dt$$
$$=0 \tag{4.42}$$

と表される．この式(4.42)を**ハミルトンの原理(Hamilton' principle)**という．この式はラグランジュ関数の時間積分は極値をもつことを意味している．

4.2.1 項の変分法で取り扱った関数 $f(x, y, y')$ の変数 x, y, y' を変数 $t, q_i, \dot{q}_i$ に対応させたラグランジュ関数 $L(q, \dot{q}, t)$ はハミルトンの原理が成り立つ．拘束があるときの仮想仕事の時間積分はラグランジュ関数

ウィリアム・ローワン・ハミルトン

アイルランドの理論物理学者．1834 年にハミルトンの原理を発見．正準方程式を作り，解析力学の基礎を確立した．(1805-1865)

$L(q, \dot{q}, t)$ と拘束条件 $g(q)$ を用いて式(4.41)で表される．すなわち，仮想仕事が零のとき，

$$F = L(q_1, \cdots, q_n, \dot{q}_1, \cdots, \dot{q}_n, t) + \sum_{l=1}^{h} \lambda_l g_l(q_1, \cdots, q_n) \tag{4.43}$$

とおく．この F に関する $\partial F/\partial q_i$ および $d(\partial F/\partial \dot{q}_i)/dt$ は，それぞれ

$$\frac{\partial F}{\partial q_i} = \frac{\partial}{\partial q_i}\left\{L + \sum_{l=1}^{h} \lambda_l g_l\right\} = \frac{\partial L}{\partial q_i} + \sum_{l=1}^{h} \lambda_l \frac{\partial g_l}{\partial q_i}$$

$$\frac{d}{dt}\left(\frac{\partial F}{\partial \dot{q}_i}\right) = \frac{d}{dt}\left\{\frac{\partial}{\partial \dot{q}_i}\left(L + \sum_{l=1}^{h} \lambda_l g_l\right)\right\} = \frac{d}{dt}\left(\frac{\partial L}{\partial \dot{q}_i}\right)$$

である．これらの関係式を F に関するオイラーの微分方程式(4.39)に代入すれば，拘束条件のある場合のラグランジュの運動方程式

$$\frac{d}{dt}\left(\frac{\partial L}{\partial \dot{q}_i}\right) - \frac{\partial L}{\partial q_i} = \sum_{l=1}^{h} \lambda_l \frac{\partial g_l}{\partial q_i} \tag{4.44}$$

が得られる．ここで，$i = 1, 2, \cdots, n$ である．また，h 個の拘束条件 $g_l = 0\ (l = 1, 2, \cdots, h)$ がある場合には，h 個の一般座標が一定になるように拘束条件を選べば，$f = n - h$ 個の独立な変数に対して，ラグランジュの運動方程式

$$\frac{d}{dt}\left(\frac{\partial L}{\partial \dot{q}_i}\right) - \frac{\partial L}{\partial q_i} = 0 \quad (i = 1, 2, \cdots, f) \tag{4.45}$$

が得られる．以上の結果から，ダランベールの原理を適応させた仮想仕事の原理からハミルトンの原理が導かれ，さらに，ハミルトンの原理からラグランジュの運動方程式が得られる．

例題 4-3　単振り子

図 4.4 に示した質量 m のおもりを長さ l の糸で吊るした単振り子がある．単振り子の運動をハミルトンの原理からラグランジュの運動方程式で考える．

拘束条件が二つであることを考慮すれば，円柱座標系（s, ϕ, z）の変数のうち ϕ の1個だけが独立変数である．基準点を $\phi = \pi/2$ とするとポテンシャル U および運動エネルギー K はそれぞれ

$$U = -mgl\cos\phi$$

$$K = \frac{1}{2}m(l^2\dot{\phi}^2)$$

である．ラグランジュ関数 $L = K - U$ は

$$L = K - U = \frac{m}{2}l^2\dot{\phi}^2 + mgl\cos\phi$$

と得られる．時刻 t_1 と t_2 での $\phi(t_1)$ と $\phi(t_2)$ を固定させ，$\delta\phi$ を任意にとれるとする．時刻 t_1 から t_2 で L を時間積分したときの汎関数 S

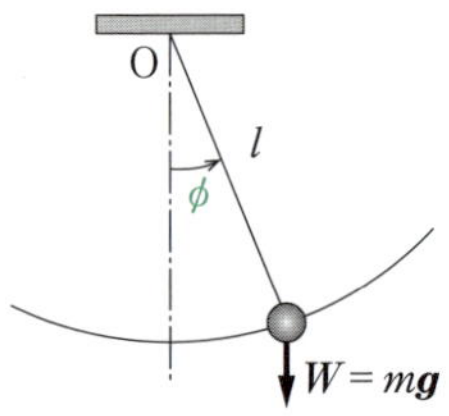

図 4.4　単振り子

$$S = \int_{t_1}^{t_2} L(\phi, \dot{\phi})dt$$

は**作用積分（action integral）**とよばれ，汎関数 S が極小をとる変分問題となる．言い換えると任意の $\delta\phi$ に対して常に

$$\delta S = \delta\int_{t_1}^{t_2} L(\phi, \dot{\phi})dt = 0$$

を満足するとき，ラグランジュの運動方程式

$$\frac{d}{dt}\left(\frac{\partial L}{\partial \dot{\phi}}\right) - \frac{\partial L}{\partial \phi} = 0$$

の関係を満足しなければならない．ラグランジュの運動方程式に $L(\phi, \dot{\phi})$ を代入すれば，

$$l\ddot{\phi} + g\sin\phi = 0$$

が得られる．

例題 4-4　二重振り子

図 4.5 に示したように，質量を無視できる長さ l_1, l_2 のひもの先に質量 m_1, m_2 のおもりを取り付け，鉛直面内で運動するものを**二重振り子（double pendulum）**という．この二重振り子の運動をラグランジュの運動方程式で考える．

二重振り子を円柱座標系（s, ϕ, z）で考える．質量 m_1 の質点の座標（s_1, ϕ_1, z_1），質量 m_2 の質点を座標（s_1, ϕ_1, z_1）からの相対位置として図のように（s_2, ϕ_2, z_2）と表す．二つの質点がともに自由運動をするときの変数は6個である．糸がたるまずに鉛直面内で運動するとき，拘束条件は以下の4個存在する．

$$g_1 = s_1 - l_1 = 0, \quad g_2 = z_1 = 0$$

$$g_3 = s_2 - l_2 = 0, \quad g_4 = z_2 = 0$$

二重振り子の自由度は $f = 3\times2-4 = 2$ の2個である．したがって，二重振り子の運動に関与する独立変数の数は2個である．その独立変数である角度を図中の ϕ_1, ϕ_2 とする．二重振り子の運動エネルギーは

$$K = \frac{1}{2}(m_1+m_2)l_1{}^2\dot{\phi}_1{}^2 + \frac{1}{2}m_2 l_2{}^2\dot{\phi}_2{}^2 + m_2 l_1 l_2\cos(\phi_2-\phi_1)\dot{\phi}_1\dot{\phi}_2$$

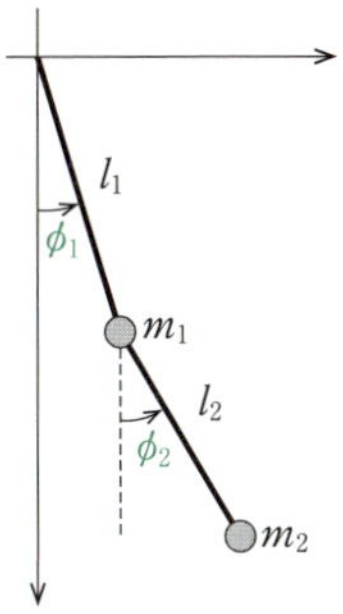

図 4.5 二重振り子

である．基準点を鉛直に垂れた位置 $\phi_1 = \phi_2 = 0$ としたポテンシャルは

$$U = -m_1 g l_1 (1-\cos\phi_1) \\ -m_2 g\{l_1(1-\cos\phi_1)+l_2(1-\cos\phi_2)\}$$

である．二重振り子の振動が微小振動のとき，角度 ϕ_1，ϕ_2 は $\cos(\phi_2-\phi_1) \fallingdotseq 1$，$\cos\phi_1 \fallingdotseq 1-(1/2){\phi_1}^2$，$\cos\phi_2 \fallingdotseq 1-(1/2){\phi_2}^2$ と近似できる．そのときの K と U は，それぞれ

$$K \fallingdotseq \frac{1}{2}(m_1+m_2){l_1}^2{\dot{\phi}_1}^2+\frac{1}{2}m_2{l_2}^2{\dot{\phi}_2}^2+m_2 l_1 l_2 \dot{\phi}_1\dot{\phi}_2$$

$$U \fallingdotseq \frac{1}{2}(m_1+m_2)g l_1{\phi_1}^2+\frac{1}{2}m_2 g l_2{\phi_2}^2$$

と近似できる．微小振動での二重振り子のラグランジュ関数は

$$L = K-U = \frac{1}{2}(m_1+m_2){l_1}^2{\dot{\phi}_1}^2+\frac{1}{2}m_2{l_2}^2{\dot{\phi}_2}^2 \\ +m_2 l_1 l_2\dot{\phi}_1\dot{\phi}_2-\frac{1}{2}(m_1+m_2)g l_1{\phi_1}^2-\frac{1}{2}m_2 g l_2{\phi_2}^2$$

と得られる．微小振動での二重振り子の ϕ_1 および ϕ_2 に関するラグランジュの運動方程式

$$\frac{d}{dt}\left(\frac{\partial L}{\partial\dot{\phi}_1}\right)-\frac{\partial L}{\partial\phi_1} = 0,\quad \frac{d}{dt}\left(\frac{\partial L}{\partial\dot{\phi}_2}\right)-\frac{\partial L}{\partial\phi_2} = 0$$

に，得られたラグランジュ関数 L を代入すれば，

$$(m_1+m_2){l_1}^2\ddot{\phi}_1+m_2 l_1 l_2\ddot{\phi}_2+(m_1+m_2)g l_1\phi_1 = 0 \\ m_2 l_1 l_2\ddot{\phi}_1+m_2{l_2}^2\ddot{\phi}_2+m_2 g l_2\phi_2 = 0$$

が得られる．簡単のため，これらの運動方程式を二つの質点の角度 ϕ_1, ϕ_2 が同じ角周波数 ω で微小振動しているとして考える．ϕ_1, ϕ_2 を

$$\phi_1 = A_1\cos(\omega t+\delta_1),\quad \phi_2 = A_2\cos(\omega t+\delta_2)$$

とおき，上式の運動方程式に代入すれば

$$(m_1+m_2)(g-l_1\omega^2)\phi_1-m_2 l_2\omega^2\phi_2 = 0 \\ -l_1\omega^2\phi_1+(g-l_2\omega^2)\phi_2 = 0$$

となる．ϕ_1，ϕ_2が同時にゼロでない解をもつ必要十分条件は，つぎの行列式がゼロになるときである．

$$\begin{vmatrix}(m_1+m_2)(g-l_1\omega^2) & -m_2 l_2\omega^2 \\ -l_1\omega^2 & (g-l_2\omega^2)\end{vmatrix} = 0$$

この行列式から，ω が解をもつ条件

$$m_1 l_1 l_2\omega^4-(m_1+m_2)g(l_1+l_2)\omega^2+(m_1+m_2)g^2 = 0$$

が得られる．ω^2 の解は

$$\omega_{\pm}{}^2 = \frac{g(m_1+m_2)}{2m_1}\frac{(l_1+l_2)}{l_1 l_2} \\ \pm\frac{g\sqrt{(m_1+m_2)}}{2m_1 l_1 l_2}\sqrt{(m_1+m_2)(l_1+l_2)^2-4m_1 l_1 l_2}$$

となる．ここで，符号±に対応する角振動数を $\omega_{\pm}$ とおいた．角振動数 ω_+，ω_- は基準角振動数であり，基準角振動数をもつ基準振動が現れる．$m_1 = m_2 = m$，$l_1 = l_2 = l$ の場合を考えると，基準振動の 2 乗は

$$\omega_+^2 = (2+\sqrt{2})\frac{g}{l},\quad \omega_-^2 = (2-\sqrt{2})\frac{g}{l}$$

となる．$\omega_+^2 = (2+\sqrt{2})g/l$ の基準振動のとき，角度 ϕ_1, ϕ_2 の比は

$$\frac{\phi_2}{\phi_1} = \frac{l\omega_+^2}{g-l\omega_+^2} = -\sqrt{2}$$

となり，逆位相で振動する．一方，$\omega_-^2 = (2-\sqrt{2})g/l$ の基準振動のとき，ϕ_1, ϕ_2 の比 ϕ_2/ϕ_1 は

$$\frac{\phi_2}{\phi_1} = \frac{l\omega_+^2}{g-l\omega_+^2} = \sqrt{2}$$

となり，同位相で振動する．

例題 4-5　連成振動

図 4.6 のように等しい質量 m の 2 個の質点 1，2 が 3 本のばねにつながれている．両端のばねの端は壁に固定されている．両端の 2 本のばねのばね定数は k，真中のばね定数は κ とする．2 個の質点はおのおの平衡位置のまわりで振動する．ラグランジュの運動方程式を用いてばねの振動を調べる．

図 4.6 の左側のばねは q_1 だけ伸び，真中のばねは (q_2-q_1) だけ伸び，右側のばねは q_2 だけ縮んだとする．平衡位置を基準としたポテンシャル U および運動エネルギー K はそれぞれ

$$U = \frac{1}{2}k{q_1}^2+\frac{1}{2}\kappa(q_2-q_1)^2+\frac{1}{2}k{q_2}^2 \\ = \frac{1}{2}(k+\kappa){q_1}^2-\kappa q_1 q_2+\frac{1}{2}(k+\kappa){q_2}^2$$

$$K = \frac{1}{2}m(\dot{q}_1+\dot{q}_2)$$

である．ラグランジュ関数は

$$L = K-U = \frac{1}{2}m(\dot{q}_1+\dot{q}_2)$$

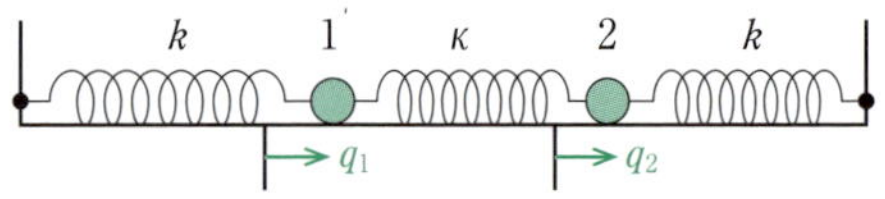

図 4.6　連成振動

$$-\frac{1}{2}(k+\kappa){q_1}^2+\kappa q_1 q_2-\frac{1}{2}(k+\kappa){q_2}^2$$

と得られる．ラグランジュの運動方程式

$$\frac{d}{dt}\left(\frac{\partial L}{\partial \dot{q}_1}\right)-\frac{\partial L}{\partial q_1}=0$$

$$\frac{d}{dt}\left(\frac{\partial L}{\partial \dot{q}_2}\right)-\frac{\partial L}{\partial q_2}=0$$

に，ラグランジュ関数 L を代入すれば

$$m\ddot{q}_1+(k+\kappa)q_1-\kappa q_2=0$$

$$m\ddot{q}_2+(k+\kappa)q_2-\kappa q_1=0$$

が得られ，この式を (q_1+q_2)，(q_2-q_1) で表すと

$$m(\ddot{q}_1+\ddot{q}_2)+k(q_1+q_2)=0$$

$$m(\ddot{q}_2-\ddot{q}_1)+(k+2\kappa)(q_2-q_1)=0$$

となる．この力学系を考えるために，つぎの座標変換

$$Q_1=\frac{1}{\sqrt{2}}(q_1+q_2)$$

$$Q_2=\frac{1}{\sqrt{2}}(-q_1+q_2)$$

を行うと，Q_1, Q_2 に関する運動方程式

$$m\ddot{Q}_1+kQ_1=0$$

$$m\ddot{Q}_2+(k+2\kappa)Q_2=0$$

が得られる．この運動方程式は座標 Q_1, Q_2 に関する独立な二つの単振動である．この独立な単振動の座標 Q_1, Q_2 を**基準座標（normal coordinates）**，それらの角振動数を**基準振動数（normal vibration）**という．Q_1 および Q_2 の解は，それぞれ

$$Q_1=A\sin\left(\sqrt{\frac{k}{m}}t+\delta_1\right),\quad Q_2=B\sin\left(\sqrt{\frac{k+2\kappa}{m}}t+\delta_2\right)$$

と得られる．ここで，A, B, δ_1, δ_2 は未知定数で，それぞの基準振動数 ω_1, ω_1 は

$$\omega_1=\sqrt{\frac{k}{m}},\quad \omega_2=\sqrt{\frac{k+2\kappa}{m}}$$

である．Q_1, Q_2 の関係を

（i）$Q_1\neq 0$，$Q_2=0$，（ii）$Q_1=0$，$Q_2\neq 0$，

（iii）$Q_1\neq 0$，$Q_2\neq 0$

の三つの場合について考える．

（i）$Q_1\neq 0$，$Q_2=0$ の場合 のq_1，q_2 の解は

$$q_1=\frac{1}{\sqrt{2}}(Q_1-Q_2)=\frac{1}{\sqrt{2}}Q_1$$

$$q_2=\frac{1}{\sqrt{2}}(Q_1+Q_2)=\frac{1}{\sqrt{2}}Q_1$$

となり，

$$q_1=q_2=\frac{A}{\sqrt{2}}\sin\left(\sqrt{\frac{k}{m}}t+\delta_1\right)$$

が得られる．二つの質点が $\omega_1=\sqrt{k/m}$ の基準振動，同位相で運動をする．

（ii）$Q_1=0$，$Q_2\neq 0$ の場合の q_1，q_2 の解は

$$-q_1=q_2=\frac{B}{\sqrt{2}}\sin\left(\sqrt{\frac{(k+2\kappa)}{m}}t+\delta_1\right)$$

となり，二つの質点が $\omega_2=\sqrt{(k+2\kappa)/m}$ の基準振動，逆位相で運動をする．

（iii）$Q_1\neq 0$，$Q_2\neq 0$ の場合の q_1，q_2 の解は

$$q_1=\frac{1}{\sqrt{2}}(Q_1-Q_2)$$

$$=\frac{A}{\sqrt{2}}A\sin\left(\sqrt{\frac{k}{m}}t+\delta_1\right)-\frac{B}{\sqrt{2}}\sin\left(\sqrt{\frac{(k+2\kappa)}{m}}t+\delta_2\right)$$

$$q_2=\frac{1}{\sqrt{2}}(Q_1+Q_2)$$

$$=\frac{A}{\sqrt{2}}A\sin\left(\sqrt{\frac{k}{m}}t+\delta_1\right)+\frac{B}{\sqrt{2}}\sin\left(\sqrt{\frac{(k+2\kappa)}{m}}t+\delta_2\right)$$

となり，二つの基準振動の合成として得られる．

4.2 節のまとめ

変分法		力学の変分原理
$f(x, y, y')$	⇒	ラグランジュ関数 $L(q_1, \cdots, q_f, \dot{q}_1, \cdots, \dot{q}_f, t)$
$I[y]$が極値 $\delta I[y] = \delta\int_a^b f(x, y, y')\,dx = 0$	⇒	ハミルトンの原理 $\delta S = \int_{t_1}^{t_2} \delta W' dt = \delta\int_{t_1}^{t_2} L(q_1, \cdots, q_f, \dot{q}_1, \cdots, \dot{q}_f, t)\,dt = 0$
オイラーの微分方程式 $\frac{\partial f}{\partial y} - \frac{d}{dx}\left(\frac{\partial f}{\partial y'}\right) = 0$	⇒	ラグランジュの運動方程式 $\frac{d}{dt}\left(\frac{\partial L}{\partial \dot{q}_t}\right) - \frac{\partial L}{\partial q_t} = 0 \quad (= 1, 2, \cdots, f)$

ハミルトンの原理：自由度 $f = n - h$ 個の独立な一般座標 $q_1, q_2, \cdots, q_f$ が得られたときの，ラグランジュ関数の時間積分，すなわち作用積分

$$S = \int_{t_1}^{t_2} L(q_1, q_2, \cdots, q_f, \dot{q}_1, \dot{q}_2, \cdots, \dot{q}_f, t)dt$$

は極小値をとり，$\delta S = 0$ である．このとき，ラグランジュの運動方程式を満足する．

$$\frac{d}{dt}\left(\frac{\partial L}{\partial \dot{q}_i}\right) - \frac{\partial L}{\partial q_i} = 0 \quad (i = 1, 2, \cdots, f)$$

4.3 ハミルトン関数の正準方程式

一般座標 q_i に対して，一般速度を $\dot{q}_i$ と定義してラグランジュ関数 $L(q_i, \dot{q}_i, t)$ を考えたが，新しい概念として一般運動量 p_i を導入し，変数 q_i, p_i で表したハミルトン関数 $H = H(q_i, p_i, t)$ を導き，運動を変数 q_i, p_i で表す正準運動方程式を説明する．

4.3.1 ハミルトン関数および正準運動方程式

ラグランジュ関数 $L = L(q_i, \dot{q}_i, t)$ は変数が $q_i, \dot{q}_i, t$ である．ルジャンドル変換を施し，変数が q_i, p_i で記述されるハミルトン関数 $H = H(q_i, p_i, t)$ を求める．さらに，正準運動方程式を導く．

自由度 $f = n - h$ のラグランジュ関数 $L = L(q_i, \dot{q}_i, t)$ のラグランジュの運動方程式(4.27)は

$$\frac{d}{dt}\left(\frac{\partial L}{\partial \dot{q}_i}\right) - \frac{\partial L}{\partial q_i} = 0 \quad (i = 1, 2, \cdots, f = n - h)$$

である．ここでの $q_i, \dot{q}_i$ はそれぞれ 4.1.4 項で定義した一般座標，一般速度である．ラグランジュ関数 L の $\dot{q}_j$ に関する偏微分係数 $\partial L/\partial \dot{q}_i$ を

$$p_i \equiv \frac{\partial L}{\partial \dot{q}_i} \quad (i = 1, 2, \cdots, f) \qquad (4.46)$$

と定義し，この新たな変数 p_i を**一般運動量（generalized momentum）**という．また，一般運動量の時間微分 $dp_i/dt = \dot{p}_i$ はラグランジュの運動方程式から

$$\dot{p}_i = \frac{\partial L}{\partial q_i} \qquad (4.47)$$

と表すことができる．ラグランジュ関数 L の全微分 dL は

$$dL = \sum_{i=1}^{f}\left(\frac{\partial L}{\partial q_i}dq_i + \frac{\partial L}{\partial \dot{q}_i}d\dot{q}_i\right) + \frac{\partial L}{\partial t}dt$$
$$= \sum_{i=1}^{f}(\dot{p}_i dq_i + p_i d\dot{q}_i) + \frac{\partial L}{\partial t}dt \qquad (4.48)$$

と表され，L の独立変数は $q_i, \dot{q}_i, t$ である．一般座標 q_i と一般運動量 p_i を独立変数とした q_i, p_i である関数を求めるために，以下の**ルジャンドル変換（Legendre transformation）**を用いる．関数 H を

$$H \equiv \sum_{i=1}^{f} p_i \dot{q}_i - L(q_1, \cdots, q_f,\ \dot{q}_1, \cdots, \dot{q}_f, t) \qquad (4.49)$$

とおけば，関数 H の全微分 dH は，式(4.48)を用いて

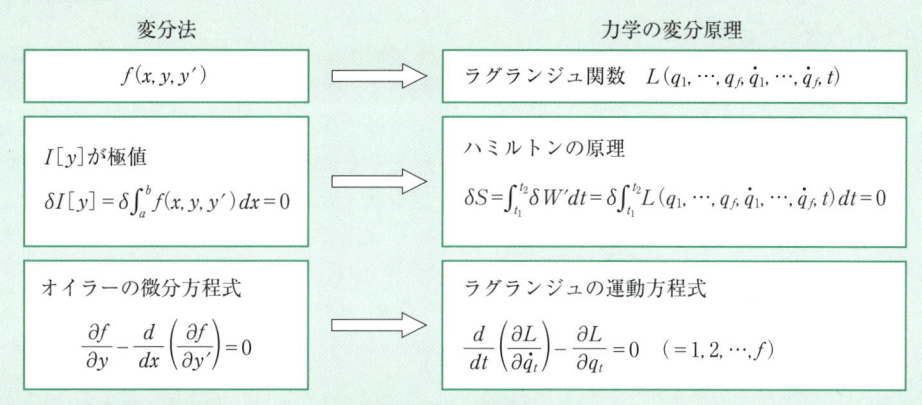

$$dH = \sum_{i=1}^{f}(p_i d\dot{q}_i + \dot{q}_i dp_i) - \left(\sum_{i=1}^{f}(\dot{p}_i dq_i + p_i d\dot{q}_i) + \frac{\partial L}{\partial t}dt\right)$$
$$= \sum_{i=1}^{f}(\dot{q}_i dp_i - \dot{p}_i dq_i) - \frac{\partial L}{\partial t}dt \qquad (4.50)$$

と表すことができる．その結果，H の独立変数は q_i, p_i, t であることがわかる．したがって，H は

$$H = H(q_1, \cdots, q_f, p_1, \cdots, p_f, t) \qquad (4.51)$$

と表せる．この関数を**ハミルトン関数（Hamiltonian function）**という．一方，独立変数 q_i, p_i, t の関数である式(4.51)のハミルトン関数 H の全微分は

$$dH = \sum_{i=1}^{f}\left(\frac{\partial H}{\partial q_i}dq_i + \frac{\partial H}{\partial p_i}dp_i\right) + \frac{\partial H}{\partial t}dt \qquad (4.52)$$

である．式(4.50)と式(4.52)を比較することによって，一般座標 q_i と一般運動量 p_i の時間微分 $\dot{q}_i, \dot{p}_i$ は

$$\dot{q}_i = \frac{\partial H}{\partial p_i}$$
$$\dot{p}_i = -\frac{\partial H}{\partial q_i} \qquad (4.53)$$

と与えられ，ハミルトン関数 H から求まる．ここで，$i = 1, 2, \cdots, f$ である．また，

$$\frac{\partial H}{\partial t} = -\frac{\partial L}{\partial t} \qquad (4.54)$$

の関係も得られる．式(4.53)を**正準運動方程式（canonical equation of motion）**あるいは**ハミルトンの運動方程式（Hamilton's equation of motion）**という．式(4.53)は $2f$ 個の独立変数（$q_1, \cdots, q_f, p_1, \cdots, p_f$）が時間とともにどのように変化するかを示している．**図 4.7** に示したように，これら $2f$ 個の独立変数を直交軸とする $2f$ 次元空間を考える．曲線上の各点は一般座標および一般運動量を示し，時間とともに矢印方向に点が経過する質点系の運動状態を表す．この空間を**位相空間（phase space）**とよぶ．質点系の運動の時間経過はこの空間での点の軌道で表される．また，正準運動方程式はハミルトン関数 H に関し，独立変数 q_i, p_i は互いに共役となっている，このときの q_i, p_i を**正準変数（canonical variables）**とよぶ．

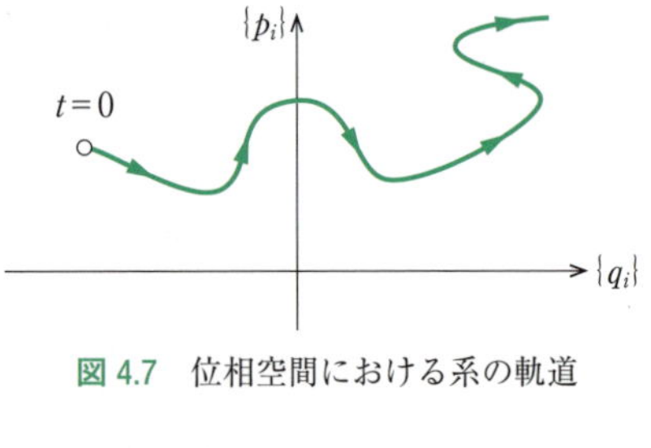

図 4.7　位相空間における系の軌道

式(4.49)で定義されるハミルトン関数 H は運動エネルギー K とポテンシャル U の和として表されることを説明する．まず，質点系の K を考える．デカルト座標系の座標 $x_\sigma^i\,(i = 1, 2, \cdots, N\,;\sigma = 1, 2, 3)$ は $3N$ 個の座標で表せる．拘束条件がない自由度 $n = 3N$ の場合や h 個の拘束条件がある場合の自由度 $f = n-h$ 個の独立変数である一般座標 $q_j\,(j = 1, 2, \cdots, f)$ で議論する．そのときの変数間の関係は式(4.13)の $x_\sigma^i = x_\sigma^i(q_1, q_2, \cdots, q_f, t)$ であり，x_σ^i の時間微分 $dx_\sigma^i/dt = \dot{x}_\sigma^i$ は式(4.15)

$$\frac{dx_\sigma^i}{dt} = \dot{x}_\sigma^i = \sum_{j=1}^{n}\frac{\partial x_\sigma^i}{\partial q_j}\dot{q}_j + \frac{\partial x_\sigma^i}{\partial t}$$

である．質点系の K は

$$K = \frac{1}{2}\sum_{i=1}^{N}\sum_{\sigma=1}^{3}m_i\left(\frac{dx_\sigma^i}{dt}\right)^2$$
$$= \frac{1}{2}\sum_{i=1}^{N}\sum_{\sigma=1}^{3}m_i\left(\sum_{j=1}^{f}\frac{\partial x_\sigma^i}{\partial q_j}\dot{q}_j + \frac{\partial x_\sigma^i}{\partial t}\right)\left(\sum_{k=1}^{f}\frac{\partial x_\sigma^i}{\partial q_k}\dot{q}_k + \frac{\partial x_\sigma^i}{\partial t}\right)$$
$$= \frac{1}{2}\sum_{j,k=1}^{f}\left\{\sum_{i=1}^{N}\sum_{\sigma=1}^{3}m_i\frac{\partial x_\sigma^i}{\partial q_j}\frac{\partial x_\sigma^i}{\partial q_k}\right\}\dot{q}_j\dot{q}_k$$
$$+ \sum_{j=1}^{f}\left(\sum_{i=1}^{N}\sum_{\sigma=1}^{3}m_i\frac{\partial x_\sigma^i}{\partial q_j}\frac{\partial x_\sigma^i}{\partial t}\right)\dot{q}_j + \frac{1}{2}\sum_{i=1}^{N}\sum_{\sigma=1}^{3}m_i\left(\frac{\partial x_\sigma^i}{\partial t}\right)^2$$

である．x_σ^i に時間 t が陽に含まない $x_\sigma^i = x_\sigma^i(q_1, q_2, \cdots, q_f)$ のときは $\partial x_\sigma^i/\partial t = 0$ となる．そのときの質点系の運動エネルギーは

$$K = \frac{1}{2}\sum_{j,k=1}^{f}\left\{\sum_{i=1}^{N}\sum_{\sigma=1}^{3}m_i\frac{\partial x_\sigma^i}{\partial q_j}\frac{\partial x_\sigma^i}{\partial q_k}\right\}\dot{q}_j\dot{q}_k \equiv \frac{1}{2}\sum_{j,k=1}^{f}a_{j,k}\dot{q}_j\dot{q}_k$$

と簡略化される．ここで，$a_{j,k}(= a_{k,j})$ は一般座標に依存する係数である．この運動エネルギー K は一般速度の 2 次形式で表される．U に $\dot{q}_i$ が含まれないことを考慮すれば，一般運動量 p_i は定義式(4.46)より，

$$p_i = \frac{\partial L}{\partial \dot{q}_i} = \frac{\partial(K-U)}{\partial \dot{q}_i} = \frac{\partial K}{\partial \dot{q}_i} = \frac{\partial}{\partial \dot{q}_i}\left(\frac{1}{2}\sum_{j,k=1}^{f}a_{j,k}\dot{q}_j\dot{q}_k\right)$$
$$= \frac{1}{2}\sum_{k=1}^{f}a_{i,k}\dot{q}_k + \frac{1}{2}\sum_{j=1}^{f}a_{j,i}\dot{q}_j = \sum_{j=1}^{f}a_{i,j}\dot{q}_j$$

と得られる．また，ハミルトン関数 H の式(4.49)の第 1 項は

$$\sum_{i=1}^{f}p_i\dot{q}_i = \sum_{i=1}^{f}\left(\sum_{j=1}^{f}a_{i,j}\dot{q}_j\right)\dot{q}_i = \sum_{j,k=1}^{f}a_{j,k}\dot{q}_j\dot{q}_k = 2K$$

となり，運動エネルギー K の 2 倍であることがわかる．したがって，求めたいハミルトン関数 H は

$$H = \sum_{i=1}^{f}p_i\dot{q}_i - L = 2K - (K-U) = K+U \qquad (4.55)$$

と与えられる．H の時間微分 dH/dt は，式(4.52)より

$$\frac{dH}{dt} = \sum_{i=1}^{f}\left(\frac{\partial H}{\partial q_i}\dot{q}_i + \frac{\partial H}{\partial p_i}\dot{p}_i\right) + \frac{\partial H}{\partial t}$$

で与えられる．さらにハミルトンの運動方程式(4.53)の $\dot{q}_i = \partial H/\partial p_i$, $\dot{p}_i = -\partial H/\partial q_i$ および式(4.53) $\partial H/\partial t = -\partial L/\partial t$ の関係を用いれば，dH/dt は

$$\frac{dH}{dt} = \sum_{i=1}^{f}\left(\frac{\partial H}{\partial q_i}\frac{\partial H}{\partial p_i} - \frac{\partial H}{\partial p_i}\frac{\partial H}{\partial q_i}\right) + \frac{\partial H}{\partial t}$$
$$= \frac{\partial H}{\partial t} = -\frac{\partial L}{\partial t} \tag{4.56}$$

と得られる．式(4.56)はラグランジュ関数 L に時間 t が陽に含まれないとき，ハミルトン関数 H は時間に依存せず一定であることを意味している．

例題 4-6

角振動数 ω での質点（質量 m）の 1 次元調和振動子のハミルトン関数 H を求め，位相空間における軌道を求める．

1 次元調和振動子の独立変数を $q, \dot{q}$ とするラグランジュ関数 $L(q, \dot{q})$ は

$$L = L(q, \dot{q}) = K - U = \frac{1}{2}m\dot{q}^2 - \frac{1}{2}m\omega^2 q^2$$

で与えられる．一般運動量 p は

$$p = \frac{\partial L}{\partial \dot{q}} = \frac{\partial}{\partial \dot{q}}\left(\frac{1}{2}m\dot{q}^2 - \frac{1}{2}m\omega^2 q^2\right) = m\dot{q}$$

である．そのときのハミルトン関数 H は

$$H = p\dot{q} - L = m\dot{q}^2 - \left(\frac{1}{2}m\dot{q}^2 - \frac{1}{2}m\omega^2 q^2\right)$$
$$= \frac{1}{2}m\left(\frac{p}{m}\right)^2 + \frac{1}{2}m\omega^2 q^2 = \frac{p^2}{2m} + \frac{1}{2}m\omega^2 q^2$$

と表せる．L に時間 t が陽に含まれないとき，H は時間に依存せず一定であり，力学的エネルギー E である．力学エネルギー E と独立変数 q, p の関係は

$$\frac{q^2}{2E/m\omega^2} + \frac{p^2}{2mE} = 1$$

と得られる．また，ハミルトンの運動方程式

$$\dot{q} = \frac{\partial H}{\partial p} = \frac{p}{m}$$
$$\dot{p} = -\frac{\partial H}{\partial q} = -m\omega^2 q$$

より，図 4.8 に示したように，$p \geq 0$ のとき $\dot{q} \geq 0$ を満足するような位相点は矢印方向に動く．

4.3.2 ハミルトンの原理および正準運動方程式

ハミルトン関数 H を 4.2.2 項で示したハミルトンの原理に適用させ，ハミルトンの運動方程式を導く．

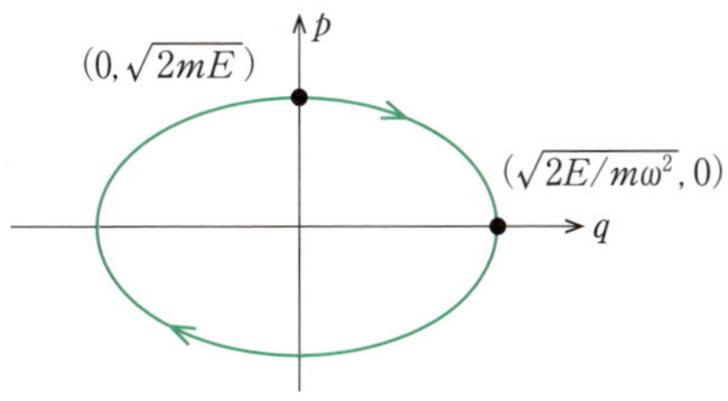

図 4.8 1 次元調和振動子の軌道

h 個の一般座標が一定になるように拘束条件を決め，力が保存力であれば $f = n - h$ 個の一般座標に対してハミルトンの原理

$$\delta S = \int_{t_1}^{t_2} \delta W' dt$$
$$= \delta\int_{t_1}^{t_2} L(q_1, \cdots, q_f, \dot{q}_1, \cdots, \dot{q}_f, t)dt = 0$$

が成り立つ．ラグランジュ関数 L に時刻 t が陽に含まれていない場合を考える．そのときの L と H との関係は定義式(4.49)

$$H(q_1, \cdots, q_f, p_1, \cdots, p_f)$$
$$= \sum_{i=1}^{f} p_i\dot{q}_i - L(q_1, \cdots, q_f, \dot{q}_1, \cdots, \dot{q}_f)$$

で表せる．この関係をハミルトンの原理(4.42)に適用させれば

$$\delta S = \int_{t_1}^{t_2}\left\{\delta\left(\sum_{i=1}^{f} p_i\dot{q}_i\right) - \delta H(q_1, \cdots, q_f, p_1, \cdots, p_f)\right\}dt$$
$$= \int_{t_1}^{t_2}\sum_{i=1}^{f}\left(\dot{q}_i\delta p_i + p_i\delta\dot{q}_i - \frac{\partial H}{\partial q_i}\delta q_i - \frac{\partial H}{\partial p_i}\delta p_i\right)dt = 0$$

を得る．ここで，括弧内の第 2 項の $p_i\delta\dot{q}_i$ は

$$p_i\delta\dot{q}_i = p_i\frac{d(\delta q_i)}{dt} = \frac{d}{dt}(p_i\delta q_i) - \dot{p}_i\delta q_i$$

と表すことができ，ハミルトン関数 H を用いたハミルトンの原理が

$$\delta S = \int_{t_1}^{t_2}\sum_{i=1}^{f}\left\{\left(\dot{q}_i - \frac{\partial H}{\partial p_i}\right)_q \delta p_i - \left(\dot{p}_i + \frac{\partial H}{\partial q_i}\right)_p \delta q_i\right\}dt = 0 \tag{4.57}$$

と表せる．ここで，$t = t_1 = t_2$ で仮想変位 $\delta q_i = 0$ の条件を考慮した．変分法では変分 δq_i を任意にとることによって考えた．式(4.57)での δp_i の係数に含まれる $\partial H/\partial p_i$ について考える．ルジャンドル変換を施せば

$$\left(\frac{\partial H}{\partial p_i}\right)_q = \frac{\partial}{\partial p_i}\left(\sum_{j=1}^{f} p_j\dot{q}_j - L\right)$$
$$= \dot{q}_i + \sum_{j=1}^{f} p_j\left(\frac{\partial \dot{q}_j}{\partial p_i}\right)_q - \left(\frac{\partial L}{\partial p_i}\right)_q \tag{4.58}$$

と表すことができる．しかし，一般座標 p_i は独立変数ではなく，

$$p_i = p_i(q_1, \cdots, q_f, \dot{q}_1, \cdots, \dot{q}_f)$$
$$\dot{q}_i = \dot{q}_i(q_1, \cdots, q_f, p_1, \cdots, p_f)$$

の関係を満足している．これらの関係を考慮すると，$L(q_1, \cdots, q_f, \dot{q}_1, \cdots, \dot{q}_f)$ の p_i に関する偏微分係数 $(\partial L/\partial p_i)_q$ は

$$\left(\frac{\partial L}{\partial p_i}\right)_q = \sum_{j=1}^{f}\left(\frac{\partial L}{\partial \dot{q}_j}\right)_q\left(\frac{\partial \dot{q}_j}{\partial p_i}\right)_q = \sum_{j=1}^{f} p_j\left(\frac{\partial \dot{q}_j}{\partial p_i}\right)_q \tag{4.59}$$

と表せる．ここで，式(4.46)で与えられる $p_i = \partial L/\partial \dot{q}_i$ の定義式を用いた．式(4.58)と式(4.59)から

$$\left(\frac{\partial H}{\partial p_i}\right)_q = \dot{q}_i \tag{4.60}$$

が得られる．ハミルトンの原理(4.57)に式(4.60)を代入すると，

$$\delta S = -\int_{t_1}^{t_2}\sum_{i=1}^{f}\left(\dot{p}_i + \frac{\partial H}{\partial q_i}\right)\delta q_i dt = 0 \tag{4.61}$$

を得る．独立な仮想変位 δq_i に対して式(4.61)が常に成り立つためには

$$\dot{p}_i = -\frac{\partial H}{\partial q_i} \tag{4.62}$$

でなければならない．以上の結果からハミルトンの運動方程式

$$\left.\begin{aligned}\frac{dq_i}{dt} &= \dot{q}_i = \frac{\partial H}{\partial p_i}\\ \frac{dp_i}{dt} &= \dot{p}_i = -\frac{\partial H}{\partial q_i}\end{aligned}\right\}\quad (i = 1, 2, \cdots, f)$$

が得られる．一方，位相空間内の軌道を変化させ，$\delta q_i(t)$ と $\delta p_i(t)$ とが互いに独立として変分計算する極値問題とみなすこともできる．

4.3.3　ポアソン括弧式

ポアソン括弧式を導入することによって，ハミルトン関数 H が時間に陽に依存しないとき H は保存され，力学的エネルギー保存の法則が成り立つことを説明し，また，一般座標 q_i と一般運動量 p_i のポアソン括弧式を求める．

正準変数の二つの関数 A と B をそれぞれ $A = A(q_1, \cdots, q_f, p_1, \cdots, p_f)$ と $B = B(q_1, \cdots, q_f, p_1, \cdots, p_f)$ としたとき，

$$\{A, B\} = \sum_{i=1}^{f}\left(\frac{\partial A}{\partial q_i}\frac{\partial B}{\partial p_i} - \frac{\partial A}{\partial p_i}\frac{\partial B}{\partial q_i}\right) \tag{4.63}$$

で定義される $\{A, B\}$ を**ポアソン括弧式（Poisson bracket）**という．定義からわかるように，A と B を交換した $\{B, A\}$ は $\{B, A\} = -\{A, B\}$ となり，交換則が成り立たない．運動エネルギー K，ポテンシャル U，角運動量 L などは，自由度 f の力学系の状態を示す正準変数（$q_1, \cdots, q_f, p_1, \cdots, p_f$）および時間の関数である．任意の力学量を $F = F(q_1, \cdots, q_f, p_1, \cdots, p_f, t)$ で表せば，

$$\frac{dF}{dt} = \sum_{i=1}^{f}\left(\frac{\partial F}{\partial q_i}\dot{q}_i + \frac{\partial F}{\partial p_i}\dot{p}_i\right) + \frac{\partial F}{\partial t}$$

である．上式にハミルトンの運動方程式 $\dot{q}_i = \partial H/\partial p_i$, $\dot{p}_i = -\partial H/\partial q_i (i = 1, 2, \cdots, f)$ を適用すると，

$$\frac{dF}{dt} = \sum_{i=1}^{f}\left(\frac{\partial F}{\partial q_i}\frac{\partial H}{\partial p_i} - \frac{\partial F}{\partial p_i}\frac{\partial H}{\partial q_i}\right) + \frac{\partial F}{\partial t} = \{F, H\} + \frac{\partial F}{\partial t}$$

となり，dF/dt はポアソン括弧式を用いて表すことができる．この関係式から F が時間に陽に依存しない（$\partial F/\partial t = 0$）とき

$$\frac{dF}{dt} = \{F, H\}$$

の関係が成り立つ．さらに，$\{F, H\} = 0$ であるとき力学量 F は保存される．F がハミルトン関数 H のとき，$\{H, H\} = 0$ であり，$dH/dt = \partial H/\partial t$ となる．以上のことから，ハミルトン関数 H が時間に陽に依存しないとき，H は時間に依存しない．すなわち，H が力学的エネルギー保存の法則が成り立つ．

正準変数の三つの関数 A, B と C において，関数 $A+B$ と関数 C とのポアソン括弧式は

$$\begin{aligned}\{A+B, C\} &= \sum_{i=1}^{f}\left\{\frac{\partial(A+B)}{\partial q_i}\frac{\partial C}{\partial p_i} - \frac{\partial(A+B)}{\partial p_i}\frac{\partial C}{\partial q_i}\right\}\\ &= \sum_{i=1}^{f}\left(\frac{\partial A}{\partial q_i}\frac{\partial C}{\partial p_i} - \frac{\partial A}{\partial p_i}\frac{\partial C}{\partial q_i}\right)\\ &\quad + \sum_{i=1}^{f}\left(\frac{\partial B}{\partial q_i}\frac{\partial C}{\partial p_i} - \frac{\partial B}{\partial p_i}\frac{\partial C}{\partial q_i}\right)\\ &= \{A, C\} + \{B, C\}\end{aligned}$$

となり，$\{A+B, C\} = \{A, C\} + \{B, C\}$ の関係が得られる．ポアソン括弧式には分配法則が成り立つ．つぎに，関数 A と関数 BC とのポアソン括弧式 $\{A, BC\}$ は

$$\begin{aligned}\{A, BC\} &= \sum_{i=1}^{f}\left\{\frac{\partial A}{\partial q_i}\frac{\partial(BC)}{\partial p_i} - \frac{\partial A}{\partial p_i}\frac{\partial(BC)}{\partial q_i}\right\}\\ &= B\sum_{i=1}^{f}\left(\frac{\partial A}{\partial q_i}\frac{\partial C}{\partial p_i} - \frac{\partial A}{\partial p_i}\frac{\partial C}{\partial q_i}\right)\\ &\quad + \sum_{i=1}^{f}\left(\frac{\partial A}{\partial q_i}\frac{\partial B}{\partial p_i} - \frac{\partial A}{\partial p_i}\frac{\partial B}{\partial q_i}\right)C\\ &= B\{A, C\} + \{A, B\}C\end{aligned}$$

となり，$\{A, BC\} = B\{A, C\} + \{A, B\}C$ の関係が得ら

れる．

例題 4-7

一般座標の q_i と一般運動量の $p_i(i, j = 1, 2, 3)$ においてのポアソン括弧式 $\{q_i, q_j\}$，$\{p_i, p_j\}$，$\{q_i, p_j\}$ を求める．

$$\{q_i, q_j\} = \sum_{k=1}^{3}\left(\frac{\partial q_i}{\partial q_k}\frac{\partial q_j}{\partial p_k} - \frac{\partial q_i}{\partial p_k}\frac{\partial q_j}{\partial q_k}\right) = 0$$

$$\{p_i, p_j\} = \sum_{k=1}^{3}\left(\frac{\partial p_i}{\partial q_k}\frac{\partial p_j}{\partial p_k} - \frac{\partial p_i}{\partial p_k}\frac{\partial p_j}{\partial q_k}\right) = 0$$

$$\{q_i, p_j\} = \sum_{k=1}^{3}\left(\frac{\partial q_i}{\partial q_k}\frac{\partial p_j}{\partial p_k} - \frac{\partial q_i}{\partial p_k}\frac{\partial p_j}{\partial q_k}\right) = \delta_{ij}$$

の関係が成り立つ．したがって，一般座標 q_i 間および一般運動量 p_i 間のポアソン括弧式はゼロになるが，一般座標 q_i と一般運動量 p_i 間には $\{q_i, p_j\} = \delta_{ij}$ の関係が存在する．

例題 4-8

角運動量の z 成分 $L_z = xp_y - yp_x$ と x, y, z とのポアソン括弧式 $\{x, L_z\}$，$\{y, L_z\}$，$\{z, L_z\}$ を求める．

$$\begin{aligned}\{x, L_z\} &= \{x, (xp_y - yp_x)\} = \{x, xp_y\} - \{x, yp_x\} \\ &= [x\{x, p_y\} + \{x, x\}p_y] \\ &\quad - [y\{x, p_x\} + \{x, y\}p_x] = -y\end{aligned}$$

ここで，$\{x, p_y\} = \{x, x\} = \{x, y\} = 0$ および $\{x, p_x\} = 1$ の関係を用いた．同様に $\{y, L_z\}$，$\{z, L_z\}$ を計算すれば，

$$\{y, L_z\} = \{y, (xp_y - yp_x)\} = \{y, xp_y\} - \{y, yp_x\} = x$$

$$\{z, L_z\} = \{z, (xp_y - yp_x)\} = \{z, xp_y\} - \{z, yp_x\} = 0$$

の関係が成り立つ．したがって，z と L_z とのポアソン括弧式は $\{z, L_z\} = 0$ であるが，x, y と L_z とのポアソン括弧式は $\{x, L_z\} = -y, \{y, L_z\} = x$ とゼロでない．

4.3 節のまとめ

- **ラグランジュ関数 L とハミルトン関数 H の関係式**　$H(q_1, \cdots, q_f, p_1, \cdots, p_f, t) \equiv \sum_{i=1}^{f} p_i\dot{q}_i - L(q_1, \cdots, q_f, \dot{q}_1, \cdots, \dot{q}_f, t)$
- **ハミルトン関数 H に時刻 t が陽に含まれないとき，H は力学的エネルギーである．**

$$H(q_1, \cdots, q_f, p_1, \cdots, p_f) = K + U$$

- **ポアソン括弧式の定義**　$\{A, B\} = \sum_{i=1}^{f}\left(\frac{\partial A}{\partial q_i}\frac{\partial B}{\partial p_i} - \frac{\partial A}{\partial p_i}\frac{\partial B}{\partial q_i}\right)$

第 II 部

電　磁　気　学

1. 電磁気学の基礎数学

第2章で概観するように，電磁気現象は**電場**や**磁場**といった**ベクトル場（vector field）**によって記述される．ベクトル場は空間の1点にベクトル量が対応したベクトル値関数であり，電場や磁場といったそのベクトル量は空間の1点を指し示す位置ベクトル $\boldsymbol{r}$ が少し動くと，その方向と大きさが（特別な場合を除いて）連続的に変化する．そのようなベクトル場の空間変化を記述するには，そのベクトル量の成分の座標変数についての微分（例えば，デカルト座標で表示されたベクトル場 $\boldsymbol{F} = F_x(x, y, z)\hat{\boldsymbol{x}} + F_y(x, y, z)\hat{\boldsymbol{y}} + F_z(x, y, z)\hat{\boldsymbol{z}}$，に対して $\partial F_x/\partial x$，$\partial F_x/\partial y$，$\cdots \partial F_z/\partial z$ の9個）およびその高階微分があれば原理的にはよいように思えるが，これらの微分係数を組み合わせてベクトル場のあり方を端的に捉えることができるようにした**発散**や**回転**とよばれる特別な「ベクトル場の微分」が有効であり，特に流体力学のような分野での必要性から**ベクトル解析（vector analysis）**とよばれる数学分野に発展した．この章では，電磁気学を扱ううえで必要最低限のベクトル解析について述べる．なお，前提となるベクトルの内積と外積，座標系と座標変換については第I部1章「力学の基礎数学」を参照すること．

1.1 ベクトル場の線積分と面積分

ベクトル場 $\boldsymbol{F}(\boldsymbol{r})$ を捉えるためには，ある経路に沿った**線積分（line integral）**，および，ある曲面にわたる**面積分（surface integral）**とよばれる2種類の積分が必要になる．

1.1.1 線積分

ベクトル場 $\boldsymbol{F}(\boldsymbol{r})$ の中に始点 $\boldsymbol{a}$ から終点 $\boldsymbol{b}$ までの経路を表す空間曲線を考え，ベクトル線素 $d\boldsymbol{l}$ とベクトル量 $\boldsymbol{F}$ との内積 $\boldsymbol{F}\cdot d\boldsymbol{l}$ を，その経路に沿って連続的に集めたものを

$$\int_a^b \boldsymbol{F}\cdot d\boldsymbol{l}$$

により，線積分と定義する．ここでベクトル線素 $d\boldsymbol{l}$ は空間曲線に接する向きをもち，その大きさが位置ベクトルの微小変位量であるベクトルである．第I部の力学で登場した仕事は，力場 $\boldsymbol{F}$ における線積分の例にほかならない．もし，その経路が $\boldsymbol{b} = \boldsymbol{a}$ であり閉じた閉曲線 C なら，

$$\oint_C \boldsymbol{F}\cdot d\boldsymbol{l}$$

のように積分記号に○を付けて**周回積分（contour integral）**とよび，その積分値を**循環（circulation）**とよぶ．

位置ベクトル $\boldsymbol{r}$ が1つの変数 u によって

$$\boldsymbol{r} = \boldsymbol{r}(u),\ (\boldsymbol{b} = \boldsymbol{r}(u_b),\ \boldsymbol{a} = \boldsymbol{r}(u_a))$$

のようにパラメータ記述されているとき，これは始点 $\boldsymbol{a}$ から終点 $\boldsymbol{b}$ までの空間曲線を表し，そのベクトル線素は $d\boldsymbol{l} = (d\boldsymbol{r}/du)du$ となるので，線積分は

$$\int_{u_a}^{u_b} \boldsymbol{F}(\boldsymbol{r}(u))\cdot\frac{d\boldsymbol{r}}{du}\,du$$

のようにパラメータ変数についての積分として求めることができる．

具体的な計算例として，図1.1に示したように，C を定数としたベクトル場 $\boldsymbol{F} = 0\hat{\boldsymbol{x}} + Cx\hat{\boldsymbol{y}} + 0\hat{\boldsymbol{z}}$ のもとで，点 (x_0, y_0, z_0) を中心にした（その法線ベクトルが $\hat{\boldsymbol{z}}$ である）半径 R の円周に沿った周回積分を考えてみよう．この経路を表す空間曲線はパラメータ $(0 \leq u \leq 2\pi)$ を用いて

$$\boldsymbol{r}(u) = (x_0 + R\cos(u))\hat{\boldsymbol{x}} + (y_0 + R\sin(u))\hat{\boldsymbol{y}} + z_0\hat{\boldsymbol{z}}$$

と書け，経路上のベクトル線素は

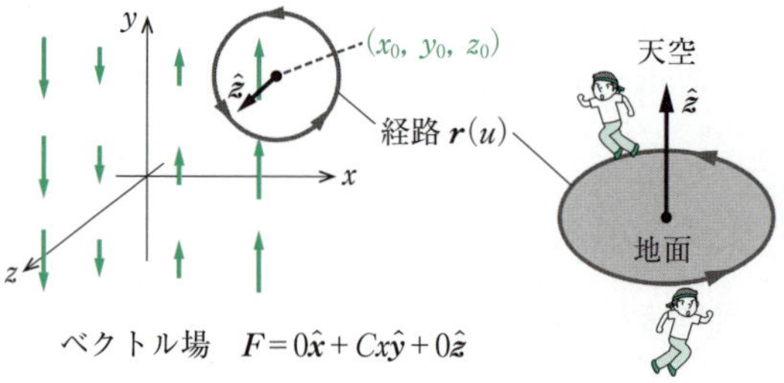

図1.1　線積分の例

$$d\boldsymbol{l} = \frac{d\boldsymbol{r}}{du}du = (-R\sin(u)\hat{\boldsymbol{x}} + R\cos(u)\hat{\boldsymbol{y}} + 0\hat{\boldsymbol{z}})du$$

であり，経路に沿ったベクトル量が

$$\boldsymbol{F}(\boldsymbol{r}(u)) = 0\hat{\boldsymbol{x}} + C(x_0 + R\cos(u))\hat{\boldsymbol{y}} + 0\hat{\boldsymbol{z}}$$

となるので，周回積分は

$$\begin{aligned}\oint \boldsymbol{F}\cdot d\boldsymbol{l} &= \int_0^{2\pi} \boldsymbol{F}(\boldsymbol{r}(u))\cdot\frac{d\boldsymbol{r}}{du}\,du \\ &= Cx_0R\int_0^{2\pi}\cos(u)du \\ &\quad + CR^2\int_0^{2\pi}\cos^2(u)\,du = C\pi R^2 \quad (1.1)\end{aligned}$$

という点 (x_0, y_0, z_0) の座標に依存しない一定値となる（この u パラメータの設定における閉曲線に沿った周回積分の向きを陸上競技の左回りのトラック１周に見立てると，トラックの地面から天空に向かう方向がその縁を周回する半径 R の円板の法線方向 $\hat{\boldsymbol{z}}$ になっていることに注意）.

1.1.2　面積分

ベクトル場 $\boldsymbol{F}(\boldsymbol{r})$ の中に空間曲面を考え，ベクトル面素 $d\boldsymbol{a}$ とベクトル量 $\boldsymbol{F}$ との内積 $\boldsymbol{F}\cdot d\boldsymbol{a}$ を，指定された曲面 S に沿って連続的に集めたものを

$$\int_S \boldsymbol{F}\cdot d\boldsymbol{a}$$

により，面積分と定義する．ここでベクトル面素 $d\boldsymbol{a}$ [m^2] は空間曲面に垂直な向きをもち，その大きさが微小面積量 da であるベクトルである．もし $\boldsymbol{F}$ が単位時間・単位面積あたりの電荷の流れを表す電流密度の場 $\boldsymbol{J}(\boldsymbol{r})$ [$\mathrm{C/(m^2\,s)}$] なら，その面積分は曲面 S を単位時間あたりに通過する電荷量である電流 I [C/s] を表す．

$$I = \int_S \boldsymbol{J}\cdot d\boldsymbol{a}$$

流体力学においては，流体の空間の各点における単位時間・単位面積あたりの流量とその流れの方向を表す「流量ベクトル場」を考えるが，曲面 S にわたる流量ベクトル場の面積分は，まさに S を単位時間に通過する流体の総流量を表す．一般に，面積分は積分対象であるベクトル量の次元に依存して流量とは異なる次元を当然もつが，このような事情から流れに語源をもつフラックス（flux）の前に，面積分の積分対象であるベクトル量の名前をつけて○○フラックスとよび，その面積分の値として言及されることがある．ベクトル場として電場を考えると何も流れているわけではないが，本書では電場における面積分を**電場フラックス**とよぶことにする（磁場についての面積分である**磁場フラックス**には高等学校ですでに**磁束**として出合っている．なお，磁場についての面積分を「磁束」とよぶなら電場についての面積分を「電束」とよびたいところであるが，電束は７章で物質中の静電場を扱う際に登場する補助場 $\boldsymbol{D}$（電気変位，電束密度）の面積分として名前に先約があるので，本書では「電場フラックス」とよぶことを注意しておく）．

線積分のときと同様に，もし曲面 S が風船のように閉じている場合には

$$\oint_S \boldsymbol{F}\cdot d\boldsymbol{a}$$

のように積分記号に○を付けることにする．一般には面に垂直なベクトル面素 $d\boldsymbol{a}$ の方向は二つあるが，慣習として閉曲面の内側から外側に向かう方向を正であると決める．開いた面に対しては，面積分の符号は本来あいまいであるので，$d\boldsymbol{a}$ が向いている面の表と裏を定義する必要がある．

位置ベクトル $\boldsymbol{r}$ が二つの変数 u, v によって

$$\boldsymbol{r} = \boldsymbol{r}(u, v)$$

のようにパラメータ記述されているとき，これは空間曲面を表し，そのベクトル面素 $d\boldsymbol{a}$ は「v が一定の曲線（v-curve）に沿った du の変化に対応するベクトル線素 $(\partial\boldsymbol{r}/\partial u)du$」と「$u$ が一定の曲線（u-curve）に沿った dv の変化に対応するベクトル線素 $(\partial\boldsymbol{r}/\partial v)dv$」との外積により

$$d\boldsymbol{a} = \frac{\partial\boldsymbol{r}}{\partial u}du \times \frac{\partial\boldsymbol{r}}{\partial v}dv$$

と表されるので，面積分は

$$\int_S \boldsymbol{F}(\boldsymbol{r}(u, v))\cdot\left(\frac{\partial\boldsymbol{r}}{\partial u}\times\frac{\partial\boldsymbol{r}}{\partial v}\right)dudv$$

のようにパラメータ変数についての２重積分として求めることができる．

具体的な計算例として，図 1.2 に示したように，C を定数としたベクトル場 $\boldsymbol{F}(\boldsymbol{r}) = Cx\hat{\boldsymbol{x}} + 0\hat{\boldsymbol{y}} + 0\hat{\boldsymbol{z}}$，のもとで点 (x_0, y_0, z_0) を中心にした半径 R の球の表面

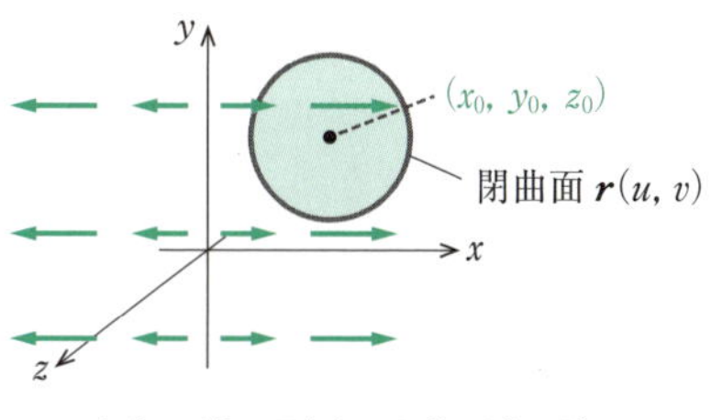

ベクトル場　$\boldsymbol{F}(\boldsymbol{r}) = Cx\hat{\boldsymbol{x}} + 0\hat{\boldsymbol{y}} + 0\hat{\boldsymbol{z}}$

図 1.2　面積分の例

全体にわたる面積分を考えてみよう．この閉曲面を表す空間曲面はパラメータ（$0 \le \theta \le \pi$，$0 \le \phi \le 2\pi$）を用いて

$$\begin{aligned}\boldsymbol{r}(\theta, \phi) = &(x_0 + R\sin\theta\cos\phi)\hat{\boldsymbol{x}} \\ &+(y_0 + R\sin\theta\sin\phi)\hat{\boldsymbol{y}} \\ &+(z_0 + R\cos\theta)\hat{\boldsymbol{z}}\end{aligned}$$

と書けベクトル面素は

$$\begin{aligned}d\boldsymbol{a} &= \frac{\partial \boldsymbol{r}}{\partial \theta} d\theta \times \frac{\partial \boldsymbol{r}}{\partial \phi} d\phi \\ &= R^2 \sin\theta \, d\theta \, d\phi (\sin\theta\cos\phi\hat{\boldsymbol{x}} + \sin\theta\sin\phi\hat{\boldsymbol{y}} \\ &\quad + \cos\theta\hat{\boldsymbol{z}})\end{aligned}$$

となり空間曲面上におけるベクトル量が

$$\boldsymbol{F}(\boldsymbol{r}(\theta, \phi)) = C(x_0 + R\sin\theta\cos\phi)\hat{\boldsymbol{x}} + 0\hat{\boldsymbol{y}} + 0\hat{\boldsymbol{z}}$$

となるので，面積分は

$$\begin{aligned}\oint_S \boldsymbol{F}\cdot d\boldsymbol{a} &= Cx_0R^2\int_0^{\pi} \sin^2\theta \, d\theta \int_0^{2\pi} \cos\phi \, d\phi \\ &\quad + CR^3 \int_0^{\pi} \sin^3\theta \, d\theta \int_0^{2\pi} \cos^2\phi \, d\phi \\ &= \frac{4}{3}\pi R^3 C \end{aligned} \qquad (1.2)$$

という点（x_0, y_0, z_0）の座標に依存しない一定値となる（この u, v パラメータの設定においてはベクトル面素 $d\boldsymbol{a}$ は半径 R の球の内側から外側に向かう方向になっていることに注意）．

1.1 節のまとめ

- **ベクトル場 $\boldsymbol{F}(\boldsymbol{r})$ における曲線 C に沿った線積分は，曲線 C に沿ったベクトル線素 $d\boldsymbol{l}$ と $\boldsymbol{F}$ との内積 $\boldsymbol{F}\cdot d\boldsymbol{l}$ を，曲線 C という経路に沿って連続的に集めたものであり，その曲線 C が一つの変数 u によって $\boldsymbol{r} = \boldsymbol{r}(u)$ のようにパラメータ記述されているときには，**

$$\int_C \boldsymbol{F}(\boldsymbol{r}(u))\cdot \frac{d\boldsymbol{r}}{du} \, du$$

により計算される．

- **ベクトル場 $\boldsymbol{F}(\boldsymbol{r})$ における曲面 S に沿った面積分は，曲面 S に垂直な向きをもつベクトル面素 $d\boldsymbol{a}$ と $\boldsymbol{F}$ との内積 $\boldsymbol{F}\cdot d\boldsymbol{a}$ を，曲面 S にわたって連続的に集めたものであり，その曲面 S が二つの変数 u, v によって $\boldsymbol{r} = \boldsymbol{r}(u, v)$ のようにパラメータ記述されているときには，**

$$\int_S \boldsymbol{F}(\boldsymbol{r}(u,\ v))\cdot\left(\frac{\partial \boldsymbol{r}}{\partial u} \times \frac{\partial \boldsymbol{r}}{\partial v}\right) dudv$$

により計算される．なお，開いた面に対しては，面積分の符号は本来あいまいであるので，ベクトル面素 $d\boldsymbol{a}$ が向いている面の表と裏を定義する必要がある．

1.2　ベクトル場の微分

1.2.1　勾配ベクトル場

ベクトル値関数であるベクトル場の空間変化を考える前に，温度や密度といったスカラー量が空間の 1 点に対応しているスカラー値関数である**スカラー場（scalar field）**の空間変化を考えることにする．スカラー場の関数値を考える位置が $\boldsymbol{r}$ からわずかに $d\boldsymbol{r}$ だけ動いたときに，位置 $\boldsymbol{r}$ におけるスカラー場の関数値 $f(\boldsymbol{r})$ がどれだけ変化するかを表す変化量 df は，微積分学で学習したように，デカルト座標では

$$df = f(\boldsymbol{r} + d\boldsymbol{r}) - f(\boldsymbol{r}) = \frac{\partial f}{\partial x}dx + \frac{\partial f}{\partial y}dy + \frac{\partial f}{\partial z}dz$$

のように全微分の形で表すことができる．ナブラ演算子とよばれる微分演算子を成分にもつベクトル演算子

$$\nabla \equiv \hat{\boldsymbol{x}}\frac{\partial}{\partial x} + \hat{\boldsymbol{y}}\frac{\partial}{\partial y} + \hat{\boldsymbol{z}}\frac{\partial}{\partial z} \qquad (1.3)$$

を定義し

$$\hat{\boldsymbol{x}}\frac{\partial f}{\partial x} + \hat{\boldsymbol{y}}\frac{\partial f}{\partial y} + \hat{\boldsymbol{z}}\frac{\partial f}{\partial z}$$

なる「スカラー場 $f(\boldsymbol{r})$ の**勾配（gradient）**」というスカラー場 $f(\boldsymbol{r})$ から生成されるベクトル場を $\nabla f(\boldsymbol{r})$ と表記すると，デカルト座標では空間座標の変化量が

$d\boldsymbol{r} = dx\hat{\boldsymbol{x}} + dy\hat{\boldsymbol{y}} + dz\hat{\boldsymbol{z}}$ と書けるので，スカラー場 $f(\boldsymbol{r})$ の関数値の変化量 df は

$$df = \nabla f(\boldsymbol{r})\cdot d\boldsymbol{r} \qquad (1.4)$$

のように，勾配ベクトル場 $\nabla f(\boldsymbol{r})$ と空間座標の変化量 $d\boldsymbol{r}$ との内積で書くことができる．この式(1.4)を改めて「スカラー場 f の**勾配**ベクトル場」の座標系によらない定義とする．例えば，球座標 (r, θ, ϕ) での勾配の表式について考えると，式(1.4)の左辺の全微分が

$$df(r, \theta, \phi) = \frac{\partial f}{\partial r}dr + \frac{\partial f}{\partial \theta}d\theta + \frac{\partial f}{\partial \phi}d\phi$$

であること，および，右辺の空間座標の微小変化量が

$$d\boldsymbol{r} = dr\hat{\boldsymbol{r}} + rd\theta\hat{\boldsymbol{\theta}} + r\sin\theta\, d\phi\hat{\boldsymbol{\phi}}$$

であることに注意して両者を比較すると $\nabla f(\boldsymbol{r})$ の球座標での表式は容易に

$$\nabla f(\boldsymbol{r}) = \frac{\partial f}{\partial r}\hat{\boldsymbol{r}} + \frac{1}{r}\frac{\partial f}{\partial \theta}\hat{\boldsymbol{\theta}} + \frac{1}{r\sin\theta}\frac{\partial f}{\partial \phi}\hat{\boldsymbol{\phi}} \qquad (1.5)$$

と求めることができる．円柱座標 (s, ϕ, z) においても同様な計算を行うことにより，勾配の公式(1.18)を得ることができ，**1.2 節のまとめ**に結果を示す．

この勾配ベクトル場は二つの重要な性質をもつ．

（i） 勾配ベクトル $\nabla f(\boldsymbol{r})$ は，スカラー関数値が等しい等位面に垂直な方向を向いている．

（ii） 勾配ベクトル $\nabla f(\boldsymbol{r})$ はスカラー場 $f(\boldsymbol{r})$ の最大変化の方向（最急勾配の方向）を向いている．

1.2.2 ベクトル場の発散

図 1.3 に示したように，点 P におけるベクトル場 $\boldsymbol{F}(\boldsymbol{r})$ の（発散とよばれる）属性を考えるために，点 P を包む閉曲面 S にわたる面積分 $\oint_S \boldsymbol{F}\cdot d\boldsymbol{a}$ を考える．ベクトル場のようすを表す力線に沿ったベクトル関数値とベクトル面素の内積 $\boldsymbol{F}(\boldsymbol{r})\cdot d\boldsymbol{a}$ を閉曲面に沿って連続的に集めることになるが，それらは ⊖ では負の値，⊕ では正の値をとる．このベクトル場が流体の単位時間あたりの流量を表す流量場であれば，⊖ は閉曲面の内側に流れ込んでいる流量の寄与があり，逆に ⊕ は閉曲面の外側に流れて出る流量の寄与があることを表しており，面積分全体は閉曲面 S から流れ出る合計の流量（全フラックス）を表す．つまり S にわたる面積分値がゼロならば正味の流れの出入りはないが，負であれば正味として S で囲まれる領域に流れ込むことになる．

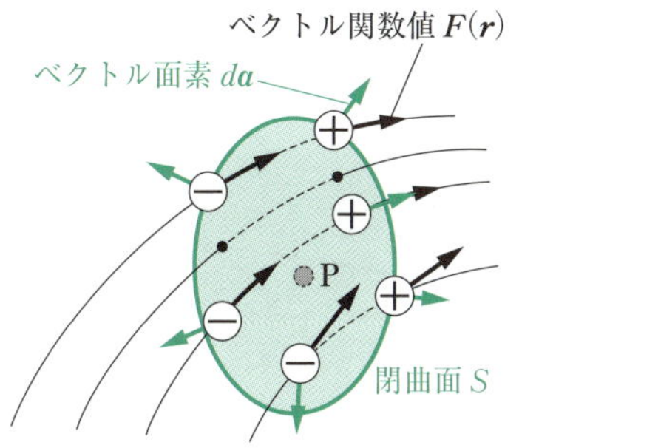

図 1.3 点 P のまわりの閉曲面 S についての面積分

ベクトル場として電場を考えると何も流れているわけではないが，流体の流れとのアナロジーを考えれば，どのくらい強い電場が閉曲面 S にどのように突き刺さり閉曲面 S から出ていくのかを，この全フラックスが表していることはイメージしやすいだろう．

さて，この閉曲面 S を点 P のまわりに小さくして，S のもつ微小体積 $\Delta\tau$ をゼロにする極限を考えると，全フラックスの値自身はゼロになってしまうが，これと微小体積 $\Delta\tau$ との比を考えると有限の極限値をもち，点 P におけるベクトル場の属性を表す．

$$\nabla\cdot\boldsymbol{F} \equiv \lim_{\Delta\tau\to 0}\frac{\oint_S \boldsymbol{F}\cdot d\boldsymbol{a}}{\Delta\tau} \qquad (1.6)$$

この極限値によりベクトル場の点 P における**発散 (divergence)** を定義する．よってベクトル場の発散は単位体積あたりの全フラックスであるので一言では「フラックス体積密度」といえる．すぐ後にその理由を説明するように，ナブラ演算子をベクトル関数 $\boldsymbol{F}$ に内積した $\nabla\cdot\boldsymbol{F}$ を，発散を表すシンボルとして用いる．次項で導入されるベクトル場の**回転**がベクトル場であることと対照的に，ベクトル場の発散は**スカラー場**であることを注意しておく．

実際にこの定義に従い，前節で扱ったベクトル場 $\boldsymbol{F}(\boldsymbol{r}) = Cx\hat{\boldsymbol{x}} + 0\hat{\boldsymbol{y}} + 0\hat{\boldsymbol{z}}$ の発散を計算してみよう．すでに式(1.2)で計算したように，点 P としてとるべき点 (x_0, y_0, z_0) を中心とした半径 R の球の表面全体にわたる面積分は $C(4/3)\pi R^3$ となり，球の体積 $(4/3)\pi R^3$ との比をとると $R\to 0$ の極限操作をするまでもなく，発散は点 P の座標 (x_0, y_0, z_0) によらず，すべての場所で定数 C と計算される．

しかしながら，フラックス体積密度の定義に従う計算はいささか面倒である．高校数学で関数の微分を思い出してみる．例えば x^n の微分はその定義に従えば

$$\lim_{\Delta x\to 0}\frac{(x+\Delta x)^n - (x)^n}{\Delta x}$$

により計算することになるが，一度 $(x^n)' = nx^{n-1}$ と

いう公式を得てしまえば微分の定義に戻ることなくこの公式を実際の計算に用いることができた．同様にして，デカルト座標，球座標（極座標），円柱座標といったよく用いられる座標系におけるベクトル場の成分の表式が与えられているときに，これらの空間座標の微分としてベクトル場の発散を表現するいわば公式を導くことができれば，実際の計算には便利である．

以下ではデカルト座標においてベクトル場の成分が $\boldsymbol{F} = F_x(x, y, z)\hat{\boldsymbol{x}} + F_y(x, y, z)\hat{\boldsymbol{y}} + F_z(x, y, z)\hat{\boldsymbol{z}}$ のように与えられている場合の公式を，図 1.4 に示したように，ベクトル場の発散を計算したい点 P の座標（x_0, y_0, z_0 を角にもつ一辺の長さが dx, dy, dz の微小直方体を考えて，フラックス体積密度の定義に従い求めてみよう．

微小直方体の 6 面にわたって面積分を計算するが，最初に①，②と番号を振った x 軸方向に沿って向き合う二つの面について考える．面①についてはベクトル面素が $-\hat{\boldsymbol{x}}\,dydz$ であることに注意すると，その面積分は

$$\boldsymbol{F}(x_0, y_0, z_0)\cdot(-\hat{\boldsymbol{x}})dy\,dz = -F_x(x_0, y_0, z_0)dy\,dz$$

となり，面②についてはベクトル面素が $+\hat{\boldsymbol{x}}dydz$ であることおよびベクトル関数値が $\boldsymbol{F}(x_0+dx, y_0, z_0)$ であることに注意すると，その面積分は

$$\begin{aligned}&\boldsymbol{F}(x_0+dx, y_0, z_0)\cdot\hat{\boldsymbol{x}}dydz\\&\quad= F_x(x_0+dx, y_0, z_0)dydz\\&\quad\approx\left(F_x(x_0, y_0, z_0)+\left.\frac{\partial F_x}{\partial x}\right|_{(x_0, y_0, z_0)}dx\right)dydz\end{aligned}$$

となり，面①面②の面積分の和は

$$\frac{\partial F_x}{\partial x}dxdydz$$

となる．y 軸に沿って向き合う 2 面，z 軸に沿って向き合う 2 面について同様に面積分の計算を行うと，それぞれ

$$\frac{\partial F_y}{\partial y}dxdydz,\quad \frac{\partial F_z}{\partial z}dxdydz$$

となり，式(1.6)の発散の定義に従い，6 面にわたる面積分 $\oint_S \boldsymbol{F}\cdot d\boldsymbol{a}$ を直方体の体積 $\Delta\tau = dxdydz$ で割り算して計算をすると，発散を与える表式

$$\nabla\cdot\boldsymbol{F} = \frac{\partial F_x}{\partial x}+\frac{\partial F_y}{\partial y}+\frac{\partial F_z}{\partial z} \tag{1.7}$$

に至る．この表式はデカルト座標におけるナブラ演算子（式(1.3)）をベクトル関数 $\boldsymbol{F}$ に内積した形をしているので，先に言及したように $\nabla\cdot\boldsymbol{F}$ がベクトル場の発散を表すシンボルとして用いられる．フラックス体積密度の定義に従い上記で計算したベクトル場 $\boldsymbol{F}(\boldsymbol{r}) = Cx\hat{\boldsymbol{x}}+0\hat{\boldsymbol{y}}+0\hat{\boldsymbol{z}}$ の発散を，この公式(1.7)を用いて改めて計算してみると，確かに点 P の座標（x_0, y_0, z_0）によらず，すべての場所で定数 C という同じ結果を得ることがわかる．

さて，デカルト座標（x, y, z）以外の，円柱座標（s, ϕ, z），球座標（r, θ, ϕ）においても同様な計算を行うことにより，発散の公式を得ることができ，1.2 節のまとめに結果のみを示す．

1.2.3　ベクトル場の回転

図 1.5 に示したように，点 P におけるベクトル場 $\boldsymbol{F}(\boldsymbol{r})$ の（回転とよばれる）属性を考えるために，点 P を含み法線ベクトル $\hat{\boldsymbol{n}}$ をもつ面積が ΔS の微小平面の縁である閉曲線 C に沿った周回積分 $\oint_C \boldsymbol{F}\cdot d\boldsymbol{l}$ を考える．ここで周回積分の向きは，式(1.1)の計算の直後に言及したように，周回積分の向きを陸上競技の左回りのトラック 1 周に見立てると，トラックの地面から天空に向かう方向がその縁を周回する微小平面の法線方向 $\hat{\boldsymbol{n}}$ になっている．ベクトル場のようすを表す力線に沿ったベクトル関数値とベクトル線素の内積 $\boldsymbol{F}(\boldsymbol{r})\cdot d\boldsymbol{l}$ を C に沿って連続的に集めることになるが，それらは ⊖ では負の値，⊕ では正の値をとる．このベクトル場が力場であれば，⊖ の場所では力場による負の仕事があり，逆に ⊕ の場所は力場による正の

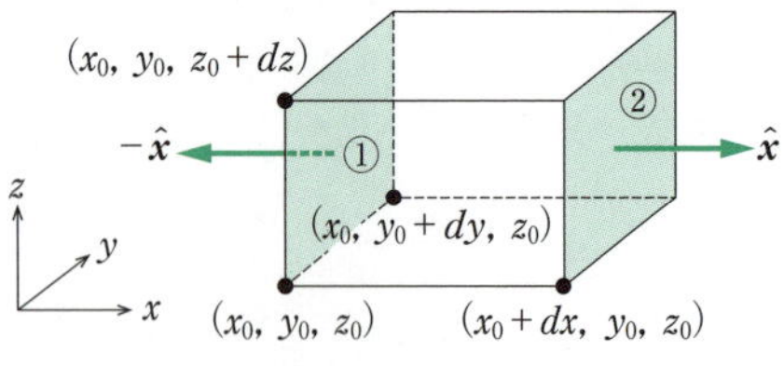

図 1.4　点 P を含む閉曲面 S についての面積分

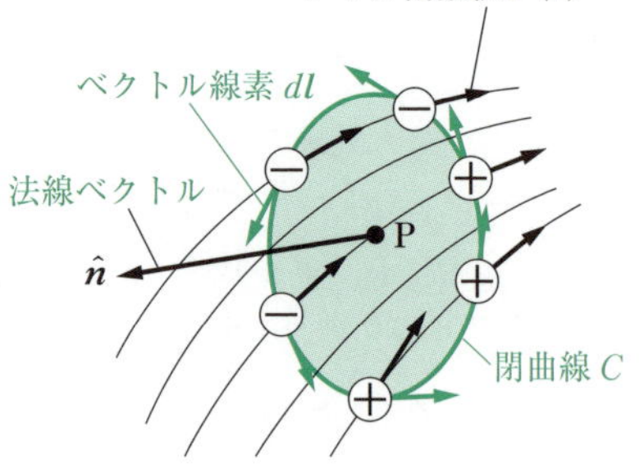

図 1.5　点 P を含む微小平面の縁に沿った周回積分

仕事があることを表しており，周回積分全体は C に沿って力場がなした正味の仕事を表す．

例えばベクトル場として磁場を考えると磁場がする仕事を周回積分の値（循環）が表しているわけではないが，1 周にわたってどのくらい強い磁場がどのように閉曲線 C に沿っているかを循環が表していることはわかるだろう．さて，この C を点 P のまわりに小さくして，C を縁にもつ微小平面の面積 ΔS をゼロにする極限を考えると，循環の値自身はゼロになってしまうが，これと面積 ΔS との比を考えると有限の極限値をもち，点 P におけるベクトル場の属性を表す．

$$\hat{\boldsymbol{n}}\cdot\nabla\times\boldsymbol{F}\equiv\lim_{\Delta S\to 0}\frac{\oint_C \boldsymbol{F}\cdot d\boldsymbol{l}}{\Delta S} \tag{1.8}$$

この極限値により，ベクトル場の点 P における**回転 (rotation)** の $\hat{\boldsymbol{n}}$ 方向の成分を定義する．よってベクトル場の回転は単位面積あたりの循環であるので一言では「循環面密度」といえる．$\hat{\boldsymbol{n}}$ 方向は例えばデカルト座標では，$\hat{\boldsymbol{x}}, \hat{\boldsymbol{y}}, \hat{\boldsymbol{z}}$ の三つをとり，それゆえ回転は三つの成分をもつベクトル量である．すぐ後にその理由を説明するように，ナブラ演算子をベクトル関数 $\boldsymbol{F}$ に外積した $\nabla\times\boldsymbol{F}$ を回転を表すシンボルとして用いる．前項でベクトル場の発散がスカラー場であったことと対照的に，ベクトル場の回転はベクトル場であることを注意しておく．

実際にこの定義に従い，前節で扱ったベクトル場 $\boldsymbol{F}(\boldsymbol{r})=0\hat{\boldsymbol{x}}+Cx\hat{\boldsymbol{y}}+0\hat{\boldsymbol{z}}$ の回転を計算してみよう．すでに式(1.1)で計算したように，点 P としてとるべき点 (x_0, y_0, z_0) を中心とした半径 R の円の縁にわたる周回積分は $C\pi R^2$ となり，円の面積 πR^2 との比を取ると $\Delta S\to 0$ の極限操作をするまでもなく，回転の z 成分は点 P の座標 (x_0, y_0, z_0) によらずすべての場所で定数 C と計算される．回転の x 成分，y 成分については同様にその法線ベクトルが $\hat{\boldsymbol{x}}, \hat{\boldsymbol{y}}$ であるような点 P を中心とした半径 R の円を考え，その縁にわたる循環を計算する必要があるが，ともにゼロの値をもつ．

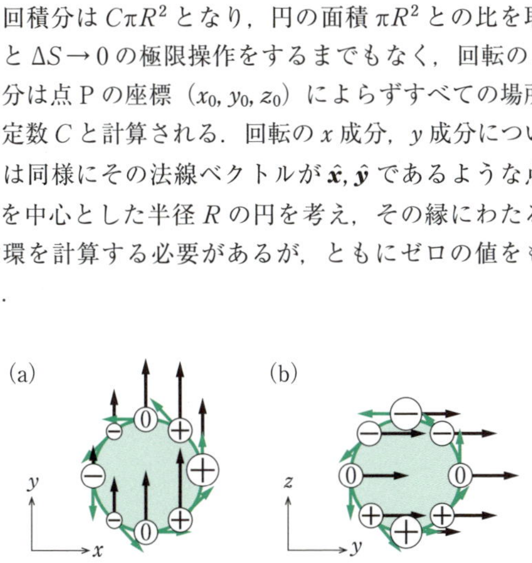

図 1.6　各点における循環への寄与

これらを図 1.5 と同様に図で考えてみると，図 1.6 に示したように，円弧の各点における循環への寄与の総和が $\hat{\boldsymbol{z}}$ を法線ベクトルにもつ場合（図 1.6(a)）は有限の正の値が残るが，$\hat{\boldsymbol{x}}$ を法線ベクトルにもつ場合（図 1.6(b)）は相殺されてゼロになる（$\hat{\boldsymbol{y}}$ を法線ベクトルにもつ場合も同様である）．

発散の場合と同様に，循環面密度の定義に従う計算はいささか面倒であり，デカルト座標，球座標，円柱座標といったよく用いられる座標系におけるベクトル場の成分の表式が与えられているときに，これらの空間座標の微分としてベクトル場の回転を表現するいわば公式を導くことができれば，実際の計算には便利である．以下ではデカルト座標においてベクトル場の成分が $\boldsymbol{F}=F_x(x,y,z)\hat{\boldsymbol{x}}+F_y(x,y,z)\hat{\boldsymbol{y}}+F_z(x,y,z)\hat{\boldsymbol{z}}$ のように与えられている場合の公式を，図 1.7 に示したように，ベクトル場の回転を計算したい点 P の座標 (x_0, y_0, z_0) を角にもつ一辺の長さが dx, dy, dz の微小直方体を考えて，循環面密度の定義に従い求めてみる．回転の三つの成分に対応して $\hat{\boldsymbol{x}}, \hat{\boldsymbol{y}}, \hat{\boldsymbol{z}}$ をそれぞれ法線ベクトルにもつ閉曲線を考える必要があるが，まずは $\hat{\boldsymbol{z}}$ を法線ベクトルにもつ①，②，③，④と番号を振った経路からなる閉曲線を考えて循環を計算しよう．

最初に①，③の y 軸方向に沿って向き合う二つの経路について考えて，経路①についてはベクトル線素が $\hat{\boldsymbol{x}}dx$ であることに注意すると，その線積分は

$$\boldsymbol{F}(x_0, y_0, z_0)\cdot\hat{\boldsymbol{x}}dx=F_x(x_0, y_0, z_0)dx$$

となり，経路③についてはベクトル線素が $-\hat{\boldsymbol{x}}dx$ でありベクトル関数値が $\boldsymbol{F}(x_0, y_0+dy, z_0)$ であることに注意すると，その線積分は

$$\begin{aligned}&\boldsymbol{F}(x_0, y_0+dy, z_0)\cdot(-\hat{\boldsymbol{x}}dx)\\&\quad=-F_x(x_0, y_0+dy, z_0)dx\\&\quad\approx-\left(F_x(x_0, y_0, z_0)+\left.\frac{\partial F_x}{\partial y}\right|_{(x_0, y_0, z_0)}dy\right)dx\end{aligned}$$

となり，経路①経路②の線積分の和は

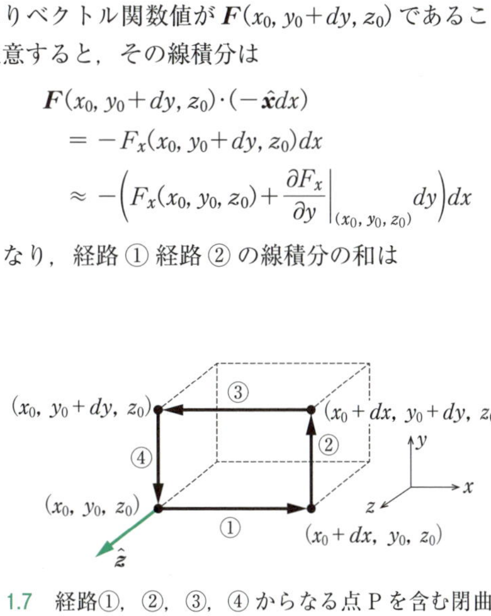

図 1.7　経路①，②，③，④からなる点 P を含む閉曲線についての線積分

$$-\frac{\partial F_x}{\partial y}dxdy$$

となる．④，②の x 軸方向に沿って向き合う二つの経路について同様に線積分の計算を行うと，

$$\frac{\partial F_y}{\partial x}dxdy$$

となり，式(1.8)の回転の定義に従い，$\hat{\boldsymbol{z}}$ を法線ベクトルにもつ経路①，②，③，④にわたる線積分 $\oint_S \boldsymbol{F}\cdot d\boldsymbol{l}$ を経路の面積 $\Delta S = dxdy$ で割り算して計算をすると，回転の z 成分を与える表式

$$\frac{\partial F_y}{\partial x}-\frac{\partial F_x}{\partial y}$$

に至る．回転の x 成分，y 成分についても同様な線積分を計算し循環面密度を求めることにより，それぞれ

$$\frac{\partial F_z}{\partial y}-\frac{\partial F_y}{\partial z},\quad \frac{\partial F_x}{\partial z}-\frac{\partial F_z}{\partial x}$$

となり，これらをまとめると

$$\nabla\times\boldsymbol{F}=\left(\frac{\partial F_z}{\partial y}-\frac{\partial F_y}{\partial z}\right)\hat{\boldsymbol{x}}+\left(\frac{\partial F_x}{\partial z}-\frac{\partial F_z}{\partial x}\right)\hat{\boldsymbol{y}}+\left(\frac{\partial F_y}{\partial x}-\frac{\partial F_x}{\partial y}\right)\hat{\boldsymbol{z}} \tag{1.9}$$

の表式を得る．

この表式はデカルト座標におけるナブラ演算子（式(1.3)）をベクトル関数 $\boldsymbol{F}$ に外積した形をしているので，先に言及したように $\nabla\times\boldsymbol{F}$ がベクトル場の回転を表すシンボルとして用いられる（第Ⅰ部 力学で用いられたように，$\mathrm{rot}\,\boldsymbol{F}$ とも表わされる）．循環面密度の定義に従い上記で計算したベクトル場 $\boldsymbol{F}(\boldsymbol{r})=0\hat{\boldsymbol{x}}+Cx\hat{\boldsymbol{y}}+0\hat{\boldsymbol{z}}$ の回転を，この公式（式(1.9)）を用いて改めて計算してみると，確かに点 P の座標 (x_0, y_0, z_0) によらず $\nabla\times\boldsymbol{F}=0\hat{\boldsymbol{x}}+0\hat{\boldsymbol{y}}+C\hat{\boldsymbol{z}}$ という同じ結果を得ることがわかる．さて，デカルト座標 (x, y, z) 以外の，円柱座標 (s, ϕ, z)，球座標 (r, θ, ϕ) においても同様な計算を行うことにより，回転の公式を得ることができ，**1.2 節のまとめ**に結果のみを示す．

ここまで，ベクトル値関数であるベクトル場の空間変化を記述するやり方として，フラックス体積密度および循環面密度という幾何学的な定義に沿って発散と回転を導入しその座標微分による表現を式(1.7)および式(1.9)のように求め，それらが式(1.3)で表されるデカルト座標におけるナブラ演算子をベクトル値関数に内積および外積した形をしているので，$\nabla\cdot\boldsymbol{F}$ および $\nabla\times\boldsymbol{F}$ をそれぞれ発散と回転を表す**シンボルとして扱う**と説明した．しかしながらシンボルに留まらずデカルト座標以外の円柱座標，球座標などの座標系においても**適切に**内積および外積の計算を行うことにより正しい表式を得ることができる．例えば，式(1.5)をみると球座標におけるナブラ演算子の表現が

$$\nabla=\hat{\boldsymbol{r}}\frac{\partial}{\partial r}+\hat{\boldsymbol{\theta}}\frac{1}{r}\frac{\partial}{\partial\theta}+\hat{\boldsymbol{\phi}}\frac{1}{r\sin\theta}\frac{\partial}{\partial\phi}$$

であることがわかるが，これを球座標におけるベクトル値関数 $\boldsymbol{F}=F_r\hat{\boldsymbol{r}}+F_\theta\hat{\boldsymbol{\theta}}+F_\phi\hat{\boldsymbol{\phi}}$ に作用させて内積を計算すると，式(1.15)にある球座標における発散の表式に至る．ただし $\hat{\boldsymbol{r}}, \hat{\boldsymbol{\theta}}, \hat{\boldsymbol{\phi}}$ らは場の量を考えている点を表す位置ベクトルが動くとそれに伴い，その方向が変化する動基底ベクトルであるので，ナブラ演算子による微分演算の対象になり

$$\frac{\partial\hat{\boldsymbol{\theta}}}{\partial\theta}=-\hat{\boldsymbol{r}},\quad \frac{\partial\hat{\boldsymbol{\phi}}}{\partial r}=\sin\theta\,\hat{\boldsymbol{\phi}}$$

などを踏まえて注意深く計算する必要がある．

1.2.4　ベクトル場の微分公式

スカラー値関数およびベクトル値関数からなる合成関数に対する勾配，発散，回転の微分則を，その導出は省略し結果のみ **1.2 節のまとめ**の式(1.22)～(1.27)に列挙しておく．また勾配，発散，回転からなる2階微分について重要なものを式(1.28)～(1.30)に列挙しておく．スカラー値関数 f の勾配である ∇f はベクトル値関数であり，その発散 $\nabla\cdot(\nabla f)$ はスカラー値関数であるが，波動方程式，熱伝導方程式などに頻繁に登場するためこれをスカラー値関数 f の**ラプラシアン（laplacian）**とよび，$\nabla^2 f$ のシンボルを用いる．デカルト座標 (x, y, z)，円柱座標 (s, ϕ, z)，球座標 (r, θ, ϕ) におけるラプラシアンの表式についても **1.2 節のまとめ**に結果のみを記載した．なお，式(1.30)には $\nabla^2\boldsymbol{A}$ のようにベクトル値関数にラプラシアンが作用しているようにみえる項が現れるが，これはデカルト座標における $\boldsymbol{A}$ の各成分のスカラー値関数にラプラシアンが作用している，つまり $\nabla^2\boldsymbol{A}\equiv(\nabla^2 A_x)\hat{\boldsymbol{x}}+(\nabla^2 A_y)\hat{\boldsymbol{y}}+(\nabla^2 A_z)\hat{\boldsymbol{z}}$ であることを注意する．

1.2 節のまとめ

• **デカルト座標における勾配/発散/回転/ラプラシアンの表式**

$$\nabla f = \frac{\partial f}{\partial x}\hat{\boldsymbol{x}} + \frac{\partial f}{\partial y}\hat{\boldsymbol{y}} + \frac{\partial f}{\partial z}\hat{\boldsymbol{z}} \tag{1.10}$$

$$\nabla \cdot \boldsymbol{F} = \frac{\partial F_x}{\partial x} + \frac{\partial F_y}{\partial y} + \frac{\partial F_z}{\partial z} \tag{1.11}$$

$$\nabla \times \boldsymbol{F} = \left(\frac{\partial F_z}{\partial y} - \frac{\partial F_y}{\partial z}\right)\hat{\boldsymbol{x}} + \left(\frac{\partial F_x}{\partial z} - \frac{\partial F_z}{\partial x}\right)\hat{\boldsymbol{y}} + \left(\frac{\partial F_y}{\partial x} - \frac{\partial F_x}{\partial y}\right)\hat{\boldsymbol{z}} \tag{1.12}$$

$$\nabla^2 f = \frac{\partial^2 f}{\partial x^2} + \frac{\partial^2 f}{\partial y^2} + \frac{\partial^2 f}{\partial z^2} \tag{1.13}$$

• **球座標における勾配/発散/回転/ラプラシアンの表式**

$$\nabla f = \frac{\partial f}{\partial r}\hat{\boldsymbol{r}} + \frac{1}{r}\frac{\partial f}{\partial \theta}\hat{\boldsymbol{\theta}} + \frac{1}{r\sin\theta}\frac{\partial f}{\partial \phi}\hat{\boldsymbol{\phi}} \tag{1.14}$$

$$\nabla \cdot \boldsymbol{F} = \frac{1}{r^2}\frac{\partial}{\partial r}(r^2 F_r) + \frac{1}{r\sin\theta}\frac{\partial}{\partial \theta}(\sin\theta\, F_\theta) + \frac{1}{r\sin\theta}\frac{\partial F_\phi}{\partial \phi} \tag{1.15}$$

$$\nabla \times \boldsymbol{F} = \frac{1}{r\sin\theta}\left[\frac{\partial}{\partial \theta}(\sin\theta\, F_\phi) - \frac{\partial F_\theta}{\partial \phi}\right]\hat{\boldsymbol{r}} + \frac{1}{r}\left[\frac{1}{\sin\theta}\frac{\partial F_r}{\partial \phi} - \frac{\partial}{\partial r}(rF_\phi)\right]\hat{\boldsymbol{\theta}} + \frac{1}{r}\left[\frac{\partial}{\partial r}(rF_\theta) - \frac{\partial F_r}{\partial \theta}\right]\hat{\boldsymbol{\phi}} \tag{1.16}$$

$$\nabla^2 f = \frac{1}{r^2}\frac{\partial}{\partial r}\left(r^2\frac{\partial f}{\partial r}\right) + \frac{1}{r^2\sin\theta}\frac{\partial}{\partial \theta}\left(\sin\theta\frac{\partial f}{\partial \theta}\right) + \frac{1}{r^2\sin^2\theta}\frac{\partial^2 f}{\partial \phi^2} \tag{1.17}$$

• **円柱座標における勾配/発散/回転/ラプラシアンの表式**

$$\nabla f = \frac{\partial f}{\partial s}\hat{\boldsymbol{s}} + \frac{1}{s}\frac{\partial f}{\partial \phi}\hat{\boldsymbol{\phi}} + \frac{\partial f}{\partial z}\hat{\boldsymbol{z}} \tag{1.18}$$

$$\nabla \cdot \boldsymbol{F} = \frac{1}{s}\frac{\partial}{\partial s}(sF_s) + \frac{1}{s}\frac{\partial F_\phi}{\partial \phi} + \frac{\partial F_z}{\partial z} \tag{1.19}$$

$$\nabla \times \boldsymbol{F} = \left[\frac{1}{s}\frac{\partial F_z}{\partial \phi} - \frac{\partial F_\phi}{\partial z}\right]\hat{\boldsymbol{s}} + \left[\frac{\partial F_s}{\partial z} - \frac{\partial F_z}{\partial s}\right]\hat{\boldsymbol{\phi}} + \frac{1}{s}\left[\frac{\partial}{\partial s}(sF_\phi) - \frac{\partial F_s}{\partial \phi}\right]\hat{\boldsymbol{z}} \tag{1.20}$$

$$\nabla^2 f = \frac{1}{s}\frac{\partial}{\partial s}\left(s\frac{\partial f}{\partial s}\right) + \frac{1}{s^2}\frac{\partial^2 f}{\partial \phi^2} + \frac{\partial^2 f}{\partial z^2} \tag{1.21}$$

• **合成関数の微分公式と高階微分**

$$\nabla(fg) = f\nabla g + g\nabla f \tag{1.22}$$

$$\nabla(\boldsymbol{A}\cdot\boldsymbol{B}) = \boldsymbol{A}\times(\nabla\times\boldsymbol{B}) + \boldsymbol{B}\times(\nabla\times\boldsymbol{A}) + (\boldsymbol{A}\cdot\nabla)\boldsymbol{B} + (\boldsymbol{B}\cdot\nabla)\boldsymbol{A} \tag{1.23}$$

$$\nabla\cdot(f\boldsymbol{A}) = f(\nabla\cdot\boldsymbol{A}) + \boldsymbol{A}\cdot(\nabla f) \tag{1.24}$$

$$\nabla\cdot(\boldsymbol{A}\times\boldsymbol{B}) = \boldsymbol{B}\cdot(\nabla\times\boldsymbol{A}) - \boldsymbol{A}\cdot(\nabla\times\boldsymbol{B}) \tag{1.25}$$

$$\nabla\times(f\boldsymbol{A}) = f(\nabla\times\boldsymbol{A}) - \boldsymbol{A}\times(\nabla f) \tag{1.26}$$

$$\nabla\times(\boldsymbol{A}\times\boldsymbol{B}) = (\boldsymbol{B}\cdot\nabla)\boldsymbol{A} - (\boldsymbol{A}\cdot\nabla)\boldsymbol{B} + \boldsymbol{A}(\nabla\cdot\boldsymbol{B}) - \boldsymbol{B}(\nabla\cdot\boldsymbol{A}) \tag{1.27}$$

$$\nabla\cdot(\nabla\times\boldsymbol{A}) = 0 \tag{1.28}$$

$$\nabla\times(\nabla f) = 0 \tag{1.29}$$

$$\nabla\times(\nabla\times\boldsymbol{A}) = \nabla(\nabla\cdot\boldsymbol{A}) - \nabla^2\boldsymbol{A} \tag{1.30}$$

1.3 ベクトル場の積分定理

1.3.1 勾配定理

前節ではスカラー場 $f(\boldsymbol{r})$ の関数値の変化量 df を求めるためのデバイスとして勾配ベクトル場 $\nabla f(\boldsymbol{r})$ を式(1.4)により導入した．この勾配ベクトル場の中に始点 $\boldsymbol{a}$ から終点 $\boldsymbol{b}$ までの経路を表す空間曲線を考え，その経路に沿った線積分を考えると，式(1.4)により

$$\int_{a}^{b} df = \int_{a}^{b} \nabla f(\boldsymbol{r}) \cdot d\boldsymbol{l}$$

となるので，**勾配定理（gradient theorem）**とよばれる

$$f(\boldsymbol{b}) - f(\boldsymbol{a}) = \int_{a}^{b} (\nabla f(\boldsymbol{r})) \cdot d\boldsymbol{l} \tag{1.31}$$

の関係式を得る．勾配ベクトル場 $\nabla f(\boldsymbol{r})$ の線積分は，空間曲線の端点におけるスカラー値関数 $f(\boldsymbol{r})$ の値だけで決まっていること，それゆえ線積分の値は経路には依存しないことを注意しておく．

1.3.2 ストークスの定理

前節ではベクトル場 $\boldsymbol{F}(\boldsymbol{r})$ の回転ベクトル場 $\nabla \times \boldsymbol{F}(\boldsymbol{r})$ を循環面密度として式(1.8)により導入した．図 1.8 に示したように，閉曲線 C を縁にもつ**任意の**曲面 S について $\nabla \times \boldsymbol{F}(\boldsymbol{r})$ の面積分を考えてみよう．面積分のための曲面 S を面素片へ分割すると，ベクトル面素 $d\boldsymbol{a}$ をもつ面素片に式(1.8)を適用することができ，

$$(\nabla \times \boldsymbol{F}) \cdot d\boldsymbol{a} = \oint_{\text{面素片}} \boldsymbol{F} \cdot d\boldsymbol{l}$$

となるので，これを曲面 S にわたり集めると

$$\int_{S} (\nabla \times \boldsymbol{F}) \cdot d\boldsymbol{a} = \sum_{\text{すべての面素片}} \oint_{\text{面素片}} \boldsymbol{F} \cdot d\boldsymbol{l}$$

のように，面素片の縁にわたる線積分を計算し，それをすべての面素片にわたって和を求めることになる．

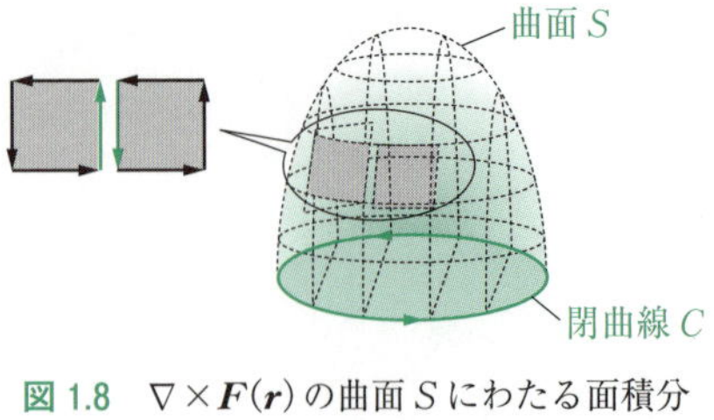

図 1.8　$\nabla \times \boldsymbol{F}(\boldsymbol{r})$ の曲面 S にわたる面積分

しかしながら，隣接した二つの面素片の接する（図の緑色の）線についての線積分を考えると，ベクトル線素 $d\boldsymbol{l}$ は逆方向を向いているので，線積分 $\boldsymbol{F} \cdot d\boldsymbol{l}$ は隣接した線に対しては大きさは同じであるが反対の符号をもち，それらの寄与は相殺されてしまう．よってすべての面素片を足し上げたときには，曲面 S の縁である閉曲線 C についての線積分だけが残ることになる．こうして得られた結果

$$\oint_{C} \boldsymbol{F} \cdot d\boldsymbol{l} = \int_{S} (\nabla \times \boldsymbol{F}) \cdot d\boldsymbol{a} \tag{1.32}$$

は**ストークスの定理（Stokes' theorem）**とよばれ，「左辺のベクトル場の閉曲線 C にわたる**線積分**」と，「右辺の閉曲線 C を端線としてもつ**任意の**曲面 S についての回転ベクトル場の**面積分**」を結びつける積分定理といえる．本書ではこの積分定理を使う際に，変換の方向を明示するために必要に応じて「ストークスの定理（$C \rightarrow S$）」あるいは「ストークスの定理（$C \leftarrow S$）」と表記する．

1.3.3 ガウスの発散定理

前節ではベクトル場 $\boldsymbol{F}(\boldsymbol{r})$ の発散というスカラー場 $\nabla \cdot \boldsymbol{F}(\boldsymbol{r})$ をフラックス体積密度として式(1.6)により導入した．図 1.9 に示したように，閉曲面 S により囲まれた領域 V について $\nabla \cdot \boldsymbol{F}(\boldsymbol{r})$ の体積積分を考えてみよう．体積積分のために領域 V を体積素片へ分割すると，体積素 $d\tau$ をもつ体積素片に式(1.6)を適応す

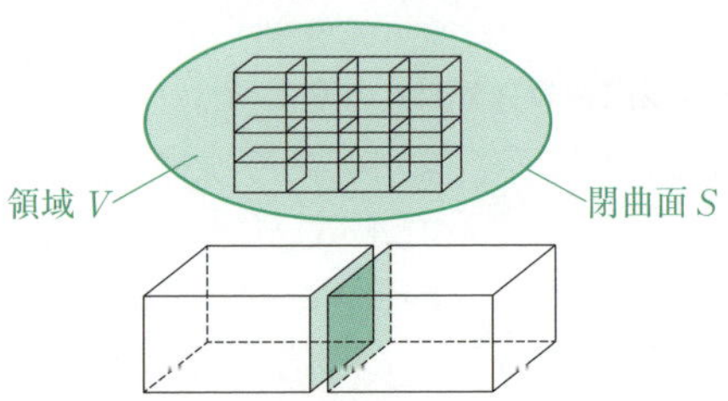

図 1.9　$\nabla \cdot \boldsymbol{F}(\boldsymbol{r})$ の領域 V にわたる体積積分

ジョージ・ガブリエル・ストークス

アイルランドの数学者，物理学者．ストークスの法則やベクトル解析におけるストークスの定理など，流体力学，工学，数学の分野での貢献は大きい．ケンブリッジ大学のルーカス教授職や王立協会の会長も務めた．（1819-1903）

ることができ，

$$(\nabla\cdot\boldsymbol{F})\,d\tau=\oint_{\text{体積素片}}\boldsymbol{F}\cdot d\boldsymbol{a}$$

となるので，これを領域 V にわたり集めると

$$\int_V(\nabla\cdot\boldsymbol{F})\,d\tau=\sum_{\text{すべての体積素片}}\oint_{\text{体積素片}}\boldsymbol{F}\cdot d\boldsymbol{a}$$

のように，体積素片の表面にわたる面積分を計算し，それをすべての体積素片にわたって和を求めることになる．

しかしながら，隣接した体積素片の接する（図の緑色の）面についての面積分を考えると，ベクトル面素 $d\boldsymbol{a}$ は各体積素片の外側を向くため，面積分 $\boldsymbol{F}\cdot d\boldsymbol{a}$ は隣接した面に対しては大きさは同じであるが反対の符号をもち，それらの寄与は相殺されてしまう．よってすべての体積素片を足し上げたときには，領域 V を囲む表面 S についての面積分だけが残ることになる．

こうして得られた結果

$$\oint_S\boldsymbol{F}\cdot d\boldsymbol{a}=\int_V(\nabla\cdot\boldsymbol{F})\,d\tau \tag{1.33}$$

は**ガウスの発散定理（Gauss's divergence theorem）**とよばれ，「左辺のベクトル場の閉曲面 S にわたる**面積分**」と，「右辺の閉曲面 S により囲まれた領域 V についてのベクトル場の発散というスカラー場の**体積積分**」を結びつける積分定理といえる．本書ではこの積分定理を使う際に，変換の方向を明示するために必要に応じて「ガウスの発散定理（$S\to V$）」あるいは「ガウスの発散定理（$S\leftarrow V$）」と表記することにする．

ガウスの発散定理とストークスの定理から誘導されるその他の積分定理とベクトル場の部分積分で有用なものを証明なしに**1.3 節のまとめ**に掲載した．

1.3 節のまとめ

- **勾配定理（点 ⇄ 線積分）**

$$f(\boldsymbol{b})-f(\boldsymbol{a})=\int_a^b(\nabla f(\boldsymbol{r}))\cdot d\boldsymbol{l} \tag{1.34}$$

- **ストークスの定理（線（curve）積分 ⇄ 面（surface）積分）**

$$\oint_C\boldsymbol{F}\cdot d\boldsymbol{l}=\int_S(\nabla\times\boldsymbol{F})\cdot d\boldsymbol{a} \tag{1.35}$$

- **ガウスの発散定理（面（surface）積分 ⇄ 体積（volume）積分）**

$$\oint_S\boldsymbol{F}\cdot d\boldsymbol{a}=\int_V(\nabla\cdot\boldsymbol{F})d\tau \tag{1.36}$$

- **部分積分公式（微分公式(1.24)を体積積分し，左辺に対してガウスの発散定理（$S\leftarrow V$）を用いる）**

$$\int_V f(\nabla\cdot\boldsymbol{A})d\tau=-\int_V\boldsymbol{A}\cdot(\nabla f)\,d\tau+\oint_S f\boldsymbol{A}\cdot d\boldsymbol{a} \tag{1.37}$$

- **その他の積分定理 1（定数ベクトル $\boldsymbol{c}$ からなるベクトル場（$\boldsymbol{A}\times\boldsymbol{c}$）に対してガウスの発散定理を用いる）**

$$-\oint_S\boldsymbol{A}\times d\boldsymbol{a}=\int_V(\nabla\times\boldsymbol{A})d\tau \tag{1.38}$$

- **その他の積分定理 2（定数ベクトル $\boldsymbol{c}$ からなるベクトル場（$\boldsymbol{c}f$）に対してストークスの定理を用いる）**

$$-\oint_C f d\boldsymbol{l}=\int_S(\nabla f)\times d\boldsymbol{a} \tag{1.39}$$

1.4　渦なしベクトル場と管状ベクトル場

ベクトル場 $\boldsymbol{F}(\boldsymbol{r})$ はその回転と発散により特徴付けられるが，その回転がすべての場所で常にゼロである場合，このベクトル場は**渦なしベクトル場（irrotational field）**とよばれ，逆にその発散がすべての場所で常にゼロである場合には，このベクトル場は**管状ベクトル場（solenoidal field）**とよばれ，以下に列挙する特徴的な性質をそれぞれもち，性質(ｉ)から(iv)までの四つのうちの一つがいえると必要十分に他の性質が満足される．

1.4.1 渦なしベクトル場

（ⅰ） その回転がすべての場所で常にゼロである．

$$\nabla \times \boldsymbol{F} = 0 \tag{1.40}$$

（ⅱ） スカラー場の勾配として表すことができる．

$$\boldsymbol{F}(\boldsymbol{r}) = -\nabla V(\boldsymbol{r}) \tag{1.41}$$

このスカラー場 $V(\boldsymbol{r})$ を**スカラーポテンシャル**とよび，ベクトル場 $\boldsymbol{F}(\boldsymbol{r})$ はスカラーポテンシャル $V(\boldsymbol{r})$ から勾配という演算により引き出されたと表現する（マイナス符号は 3.4 節で述べるように単に便宜上のものである）．

（ⅲ） 任意の経路にわたる周回積分は常にゼロとなる．

$$\oint \boldsymbol{F} \cdot d\boldsymbol{l} = 0 \tag{1.42}$$

（ⅳ） 始点と終点を固定した線積分

$$\int_{\boldsymbol{r}_A}^{\boldsymbol{r}_B} \boldsymbol{F} \cdot d\boldsymbol{l} \tag{1.43}$$

はその経路に依存しない．

さて，（ⅰ）↔（ⅲ）についてはストークスの定理（$C \leftrightarrow S$）を用いれば，また（ⅱ）→（ⅳ）については勾配定理を用いれば，それぞれ自明であろう．また（ⅱ）→（ⅲ）についても勾配定理（式(1.34)）において始点 $\boldsymbol{a}$ と終点 $\boldsymbol{b}$ を一致させれば自明であろう．（ⅱ）→（ⅰ）については $\nabla V(\boldsymbol{r})$ の回転の計算を，座標系によらない循環面密度という回転の幾何学的な定義（式(1.8)）に従って考えることになるが，式(1.8)の分子に現れる循環が（ⅲ）のように任意の経路でゼロであるため，$\nabla \times (\nabla V(\boldsymbol{r})) = \boldsymbol{0}$ となる．これは先に挙げた，任意のスカラー値関数の勾配ベクトル場の回転は**恒等的にゼロ**になるという公式(1.29)にほかならない．なお，第Ⅰ部の力学で現れた保存場はまさにこの渦なし場そのものである．

1.4.2 管状ベクトル場

（ⅰ） その発散がすべての場所で常にゼロである．

$$\nabla \cdot \boldsymbol{F} = 0 \tag{1.44}$$

（ⅱ） ベクトル場の回転として表すことができる．

$$\boldsymbol{F}(\boldsymbol{r}) = \nabla \times \boldsymbol{A}(\boldsymbol{r}) \tag{1.45}$$

このベクトル場 $\boldsymbol{A}(\boldsymbol{r})$ を**ベクトルポテンシャル**とよび，ベクトル場 $\boldsymbol{F}(\boldsymbol{r})$ はベクトルポテンシャル $\boldsymbol{A}(\boldsymbol{r})$ から回転という演算により引き出されたと表現する．

（ⅲ） 任意の閉曲面に対する面積分は常にゼロとなる．

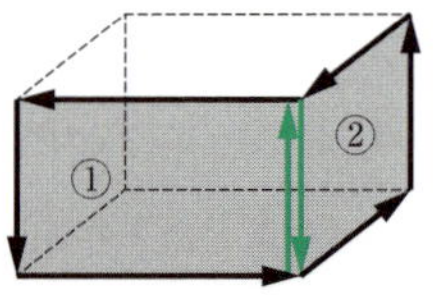

図 1.10　$\nabla \cdot (\nabla \times \boldsymbol{A}) = \boldsymbol{0}$ の説明

$$\oint \boldsymbol{F} \cdot d\boldsymbol{a} = 0 \tag{1.46}$$

（ⅳ） 与えられた任意のループに対して，面積分

$$\int \boldsymbol{F} \cdot d\boldsymbol{a} \tag{1.47}$$

はそのループを端にもつ曲面に依存しない．

（ⅲ）↔（ⅰ）についてはガウスの発散定理（$S \leftrightarrow V$）を用いれば，また（ⅱ）→（ⅳ）についてはストークスの定理（$C \leftarrow S$）を用いれば，それぞれ自明であろう．（ⅱ）→（ⅰ）については $\nabla \times \boldsymbol{A}(\boldsymbol{r})$ の発散の計算を，座標系によらないフラックス体積密度という発散の幾何学的な定義（式(1.6)）に従って考えると，図 1.10 にあるように微小直方体を考え，その 6 面にわたって $\nabla \times \boldsymbol{A}$ の面積分を計算することになるが，式(1.8)を適用するとその面積分は面素片の縁にわたる周回積分に帰着する．図のように隣接する面素片①と②がもつ縁のうち，接する部分についての（図の緑色の線に沿った）線積分は，1.3.2 項でストークスの定理を説明した場合と同じように相殺されてしまう．6 面の面素片にわたって総和をとればすべて線積分が相殺されることになり，式(1.6)の発散の幾何学的な定義の分子にある微小直方体の 6 面にわたる面積分はゼロになるため，$\nabla \cdot (\nabla \times \boldsymbol{A}) = \boldsymbol{0}$ となる．これは先に挙げた，任意のベクトル値関数の回転ベクトル場の発散は**恒等的にゼロ**になるという公式(1.28)にほかならない．

1.4.3 電磁気学に現れる特徴的なベクトル場

3 章の静電場で現れる原点におかれた点電荷の作る電場は

$$\boldsymbol{F}(\boldsymbol{r}) = \frac{1}{r^2}\hat{\boldsymbol{r}} \tag{1.48}$$

のように原点から放射状に向きその大きさが距離の逆 2 乗則で変化するが，この場の発散を極座標における公式(1.15)を用いて計算すると，

$$\frac{1}{r^2}\frac{\partial\left(\dfrac{1}{r^2}r^2\right)}{\partial r} = 0 \quad (r \neq 0)$$

のように原点を除いてはすべての場所でゼロになるという特徴的な場になっていることがわかる．原点における発散については式(1.6)のフラックス体積密度の定義に従い，発散を求めたい原点の周りに半径 R の球をとりその球面 S にわたり全フラックスを

$$\begin{aligned}\oint_S \boldsymbol{F}\cdot d\boldsymbol{a} &= \oint_S \frac{1}{R^2}\hat{r}\cdot\{\hat{r}R^2\sin\theta\, d\theta d\phi\} \\ &= \left\{\int_0^{2\pi} d\phi \int_0^{\pi} \sin\theta\, d\theta\right\} \\ &= 4\pi \end{aligned} \tag{1.49}$$

のように計算して，球の体積 $\Delta\tau = (4/3)\pi R^3$ で割り算して $R \to 0$ の極限をとると

$$\lim_{\Delta\tau\to 0} \frac{\oint_S \boldsymbol{F}\cdot d\boldsymbol{a}}{\Delta\tau} = \lim_{R\to 0} \frac{4\pi}{\dfrac{4\pi R^3}{3}} \to \infty \tag{1.50}$$

のように無限大になる．まとめると，$\nabla\cdot\boldsymbol{F}$ は原点においては無限大であるがそれ以外の点ではゼロであり，さらに原点を包んで積分すると（半径 R という）積分範囲にかかわらず 4π になるというかなり変わった振る舞いをすることがわかる．このような振る舞いをする電磁気学における身近な物理量として原点におかれた電荷量 q をもつ点電荷の体積電荷密度 $\rho(\boldsymbol{r})$ が挙げられる．原点における ρ は（大きさがゼロの点に有限の電荷量が集中しているため）無限大であるが，それ以外の場所ではゼロであり点電荷を包んで積分すると

$$\int \rho(\boldsymbol{r}) d\tau = q$$

となりその電荷量 q を与える．物理学ではこのようにスパイク状にある1点だけに値が集中している状況を表すために**ディラックのデルタ関数（delta function）** $\delta^3(\boldsymbol{r})$ を用いる（1.4節のまとめ参照）．これにより点電荷分布については

$$\rho(\boldsymbol{r}) = q\delta^3(\boldsymbol{r})$$

のように，また原点から放射状に向きその大きさが距離の逆2乗則で変化する場の**発散**については

$$\nabla\cdot\left(\frac{\hat{\boldsymbol{r}}}{r^2}\right) = 4\pi\delta^3(\boldsymbol{r}) \tag{1.51}$$

のように，それぞれデルタ関数を用いて表現できる．

この場の**回転**についても，球座標における公式(1.16)を用いて計算すると，中心力場（$\propto \hat{\boldsymbol{r}}$）であるため

$$\nabla\times\left(\frac{\hat{\boldsymbol{r}}}{r^2}\right) = \boldsymbol{0} \tag{1.52}$$

のようにすべての場所でゼロになる．よって式(1.48)の場は**渦なしベクトル場**である．

電磁気学に現れる特徴的なベクトル場のもう一つの例を考えてみよう．4章の静磁場で現れる円柱座標 (s, ϕ, z) で z 軸に走る直線電流の作る磁場は

$$\boldsymbol{F}(\boldsymbol{r}) = \frac{1}{s}\hat{\boldsymbol{\phi}} \tag{1.53}$$

のように z 軸のまわりを周回する $\hat{\boldsymbol{\phi}}$ 方向を向き，その大きさが z 軸からの垂直距離 s の逆数で変化するが，この場の**回転**を円柱座標における公式(1.20)を用いて計算すると，

$$\frac{1}{s}\frac{\partial\left(\dfrac{1}{s}s\right)}{\partial s}\hat{\boldsymbol{z}} = \boldsymbol{0} \quad (s \neq 0)$$

のように z 軸上を除いてはすべての場所でゼロになるという特徴的な場になっていることがわかる．$s = 0$ の z 軸上における場の回転については，同様に循環面密度の定義に戻って考えてみてほしい．結果として

$$\nabla\times\left(\frac{1}{s}\hat{\boldsymbol{\phi}}\right) = 2\pi\delta^2(s\hat{\boldsymbol{s}})\hat{\boldsymbol{z}} \tag{1.54}$$

となる．この場の**発散**についても，円柱座標における公式(1.19)を用いて計算すると，

$$\nabla\cdot\left(\frac{1}{s}\hat{\boldsymbol{\phi}}\right) = 0 \tag{1.55}$$

のようにすべての場所でゼロになる．よって式(1.53)の場は**管状ベクトル場**である．

1.4 節のまとめ

- ベクトル場の回転がすべての場所で常にゼロであるようなベクトル場は渦なしベクトル場とよばれ，式(1.40)～(1.43)で表される性質をもつ．
- ベクトル場の発散がすべての場所で常にゼロであるようなベクトル場は管状ベクトル場とよばれ，式(1.44)～(1.47)で表される性質をもつ．
- 物理学ではスパイク状にある1点だけに値が集中している状況を表すためにディラックのデルタ関数を用いる．1次元（1変数）のデルタ関数の定義は

$$\int_{a\text{を含む積分領域}} f(x)\delta(x-a)\,dx = f(a) \tag{1.56}$$

のように δ 関数のスパイクの場所における関数 f の値をとり出すという形で与えられる．するとその値が

$$\delta(x-a) = \begin{cases} 0 & (x \neq a) \\ \infty & (x = a) \end{cases}$$

のように $x=a$ の 1 点に集中しているが，その 1 点をまたいで積分すると

$$\int_{a\text{を含む積分領域}} \delta(x-a)dx = 1$$

のように 1 になるという本文で述べた δ 関数の性質が表現できることになる．3 次元のデルタ関数 $\delta^3(\boldsymbol{r})$ としてはデカルト座標で

$$\delta^3(\boldsymbol{r}) = \delta(x)\delta(y)\delta(z) \tag{1.57}$$

と拡張され，同様に δ 関数のスパイクの場所における関数 f の値を引き出す

$$\int_{a\text{を含む積分領域}} f(\boldsymbol{r})\delta^3(\boldsymbol{r}-\boldsymbol{a})d\tau = f(\boldsymbol{a}) \tag{1.58}$$

という形で定義される．

- 原点から放射状に向き，その大きさが距離の逆 2 乗則で変化する場 $(1/r^2)\hat{\boldsymbol{r}}$ の発散は，デルタ関数 $\delta^3(\boldsymbol{r})$ を用いて

$$\nabla\cdot\left(\frac{\hat{\boldsymbol{r}}}{r^2}\right) = 4\pi\delta^3(\boldsymbol{r}) \tag{1.59}$$

と表せ，その回転は放射状に向くという中心力場であるという特性により

$$\nabla\times\left(\frac{\hat{\boldsymbol{r}}}{r^2}\right) = \boldsymbol{0} \tag{1.60}$$

となる渦なしベクトル場である．

2. 序　論

電磁気学は場の概念を用いて，多彩な電磁気現象を電場・磁場についての4組の連立偏微分方程式であるマクスウェル方程式で記述する理論体系であり，物理学の基礎4本柱（力学，電磁気学，熱統計力学，量子力学）の一つである．前章で学んだ必要最低限のベクトル解析を前提として，3章以降に各論を展開していく前に，この章では簡単にそのアウトラインについて述べる．

2.1 場による電磁気学現象の定式化とマクスウェル方程式

電荷の間に働く電磁力を，一方の電荷が場を作り，その場からもう一方の電荷が力を受けるという場を用いた近接作用によって記述することが，電磁気学の基本的な考え方である．その相互作用を仲介する場としては電場 $\boldsymbol{E}(\boldsymbol{r}, t)$ と磁場 $\boldsymbol{B}(\boldsymbol{r}, t)$ がある．測定しようとする場に及ぼす影響が無視できる十分小さい Q の点電荷を試験電荷とよび，これに働く力（**ローレンツ力**）

$$\boldsymbol{F}=Q(\boldsymbol{E}+\boldsymbol{v}\times\boldsymbol{B}) \tag{2.1}$$

により場を定義する．静止している電荷に働く力 $Q\boldsymbol{E}$ を測定すれば電場を決めることができ，速度 $\boldsymbol{v}$ を与えてさらに電荷に働く力 $Q\boldsymbol{v}\times\boldsymbol{B}$ を測定すれば磁場を決めることができる．

一方，相互作用を仲介する場は電荷とその移動である電流により作り出され，電荷の局所的な保存を表す**連続の方程式** $\partial\rho/\partial t+\nabla\cdot\boldsymbol{J}=0$ を満たす電荷密度分布 ρ と電流密度分布 $\boldsymbol{J}$ を場の源として電場 $\boldsymbol{E}$ と磁場 $\boldsymbol{B}$ がどのように作られるかを**マクスウェル方程式**とよばれる4組の連立偏微分方程式

$$\nabla\cdot\boldsymbol{E}=\frac{\rho}{\varepsilon_0} \tag{2.2}$$

$$\nabla\cdot\boldsymbol{B}=0 \tag{2.3}$$

$$\nabla\times\boldsymbol{E}+\frac{\partial\boldsymbol{B}}{\partial t}=\boldsymbol{0} \tag{2.4}$$

$$\nabla\times\boldsymbol{B}-\mu_0\varepsilon_0\frac{\partial\boldsymbol{E}}{\partial t}=\mu_0\boldsymbol{J} \tag{2.5}$$

が定めている．これらの方程式は空間の1点の同時刻において，電荷密度 ρ および電流密度 $\boldsymbol{J}$ が，場の発散や回転といった特徴的な空間変化および時間変化とどのように**局所的**に結びついているかを表している場の方程式の構造をもっている．例えば式(2.4)は5章で扱う電磁誘導現象におけるファラデーの法則を表しているが，電場の回転で特徴づけられる空間分布が磁場の時間変化を作り出すのか？　磁場の時間変化が電場を作るのか？　といった明確な因果律をここに求めることはできず，空間の1点において電場の回転と磁場の時間変化の関係を記述しているに過ぎない．また式(2.5)の $\varepsilon_0(\partial\boldsymbol{E}/\partial t)$ は連続の方程式を満たすようにマクスウェルにより理論的に導入され，歴史的経緯から変位電流とよばれるため，電流密度と同等に場の源として誤解されやすいが，式(2.4)の $\partial\boldsymbol{B}/\partial t$ がファラデー項とよばれることと同様に，マクスウェル項とよばれるべきであり，場の源ではない．さらにマクスウェル方程式は場を作る源としての電荷およびその移動である電流ばかりでなく**磁荷**（磁気単極子）およびその移動である**磁流**も受け入れられる構造をもっているが，現在まで磁荷は見つかっていない．

電荷の間に働く電磁力が，電荷密度 ρ および電流密度 $\boldsymbol{J}$ が周囲の真空の空間に場を作りそれが有限の速さで空間を次々と変化させていく場による近接作用であることを，同時刻の関係を記述する場の方程式を超えて，明示するにはどうしたらよいだろうか？　$\boldsymbol{r}'$ に位置する場の源が $\mathscr{r}=|\boldsymbol{\mathscr{r}}|=|\boldsymbol{r}-\boldsymbol{r}'|$ だけ離れた $\boldsymbol{r}$ の位置の**場の点**（点P）に，どのような場を作り出すかを，電磁信号が有限の速さ（光速 c）で遅延を伴い伝わることを踏まえて，マクスウェル方程式の解として**大域的**に積分表示したものが，ジェフィメンコ方程式

$$\boldsymbol{E}(\boldsymbol{r}, t)=\frac{1}{4\pi\varepsilon_0}\times\int\left[\frac{\rho(\boldsymbol{r}', t_r)}{\mathscr{r}^2}\hat{\boldsymbol{\mathscr{r}}}+\frac{\dot{\rho}(\boldsymbol{r}', t_r)}{c\mathscr{r}}\hat{\boldsymbol{\mathscr{r}}}-\frac{\dot{\boldsymbol{J}}(\boldsymbol{r}', t_r)}{c^2\mathscr{r}}\right]d\tau',$$

$$\boldsymbol{B}(\boldsymbol{r}, t)=\frac{\mu_0}{4\pi}\int\left[\frac{\boldsymbol{J}(\boldsymbol{r}', t_r)}{\mathscr{r}^2}+\frac{\dot{\boldsymbol{J}}(\boldsymbol{r}', t_r)}{c\mathscr{r}}\right]\times\hat{\boldsymbol{\mathscr{r}}}d\tau'$$

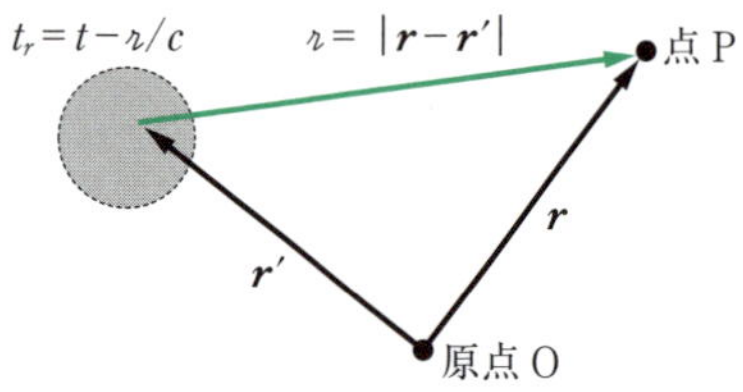

図 2.1　遅延を伴った場の生成

として知られている．驚くべきことに $\boldsymbol{r}$ の場所における場は，電磁信号が有限の速度で発せられる $\boldsymbol{r}'$ の場所の過去の時刻 $t_r=t-\mathscr{r}/c$ における電荷密度 ρ および電流密度 $\boldsymbol{J}$ の値ばかりでなくその時間微分にも依存している．また，時間変化がない場合は，電場の表式では［　］の中の第 2 項目と 3 項目が消失し遅延がない静的な**クーロンの法則**（式(3.14)）に帰着し，磁場の表式では［　］の中の第 2 項目が消失し遅延がない静的な**ビオ・サバールの法則**（式(4.13)）に帰着する．これらの時間変化がない場合に消失する項は，クーロンの法則の $\mathscr{r}^{-2}$ より緩やかに減衰する $\mathscr{r}^{-1}$ 依存性をもち，場の源から遠方まで伝搬する**電磁波の放射**を表している．

2.2　第 II 部の構成

電磁気現象は物質を含めるとより多彩になるが，まずは導体，誘電体，磁性体といった物質がないいわば「真空の電磁気学」を前半でまとめ，「物質中の電磁気学」を後半で扱う．

2.2.1　真空中の電磁気学（3〜5 章）

電荷密度および電流密度が時間変化しない静的な場合には，マクスウェル方程式は

$$\nabla\cdot\boldsymbol{E}=\frac{1}{\varepsilon_0}\rho,\quad \nabla\times\boldsymbol{E}=\boldsymbol{0} \tag{2.6}$$

$$\nabla\cdot\boldsymbol{B}=0,\quad \nabla\times\boldsymbol{B}=\mu_0\boldsymbol{J} \tag{2.7}$$

のように，電気的量（$\boldsymbol{E}$ と ρ）と磁気的な量（$\boldsymbol{B}$ と $\boldsymbol{J}$）がそれぞれ式(2.6)および式(2.7)という別々の方程式の組を満たしていて，相互に混じり合わないかたちに分離する．またベクトル解析の立場からはそれぞれ，回転がゼロである「渦なしベクトル場」と発散がゼロである「管状ベクトル場」として特徴づけられるので，場を引き出す中間ステップとしてスカラーポテンシャルとベクトルポテンシャルをもち，**静電気学**と**静磁気学**が対をなすことになる．3 章では実験事実であるクーロンの法則と重ね合わせの原理からスタートして，電荷密度分布がどのような電場を作るかという文脈に沿って静電気学を展開し，場の源である電荷分布が高い空間対称性を呈する場合に有効な**ガウスの法則（積分型）**の活用を経て式(2.6)の場の方程式に至る．4 章では実験事実であるビオ・サバールの法則と重ね合わせの原理からスタートして，電流密度分布がどのような磁場を作るかという文脈に沿って静磁気学を展開し，場の源である定常電流分布が高い空間対称性を呈する場合に有効な**アンペールの法則（積分型）**の活用を経て式(2.7)の場の方程式に至る．続く 5 章では電磁誘導といった電場と磁場が絡む現象から始めて，電場と磁場が局所的に満たす場の方程式であるマクスウェル方程式の成り立ちを経て，電磁場自身がもつエネルギーが空間を移動する現象である電磁波の伝搬までを述べる．

本来ならこれらに加え，電磁場は物理的実在としてエネルギーばかりでなく運動量や角運動量をもつこと，さらには電場と磁場は絶対的な意味をもつわけではなく，どの座標系でみるかにより電場と磁場の現れかたが異なり特殊相対性理論と深い関係にあることなどについても述べるべきであるが紙面の関係で省略した．

2.2.2　物質中の電磁気学（6〜9 章）

後半では，導体，誘電体および磁性体という特徴的な物質のもとでは，電磁場はどのような影響を受けるのか？　さらにそれらをどのように扱い定式化するのかについて解説する．まず 6 章では静電遮蔽や静電誘導といった外電場に対して特異な性質を示す導体を扱い，ラプラス方程式で表される**境界値問題**に対する解法として鏡像法や変数分離法などについて述べる．7 章では物質内の電気双極子モーメントの空間分布密度である分極 $\boldsymbol{P}$ ならびに補助場 $\boldsymbol{D}\equiv\varepsilon_0\boldsymbol{E}+\boldsymbol{P}$ を導入して**誘電体を含む系の静電気学**について，8 章では磁気双極子モーメントの空間分布密度である磁化 $\boldsymbol{M}$ ならびに補助場 $\boldsymbol{H}\equiv\boldsymbol{B}/\mu_0-\boldsymbol{M}$ を導入して**磁性体を含む系の静磁気学**について述べる．最後の 9 章ではそれらの物質を含んだ時間変化する場を扱うマクスウェル方程式を整理して，**物質中でのさまざまな電磁波の伝搬現象**を扱う．

2.2.3　単位系

SI 単位系を用いる．長さ［m］，質量［kg］，時間［s］の単位をもつ力学的な量に，平行電流間に働く力（4.3.3 項を参照）により電流［A］の単位を新たに加

表 2.1 物理量と SI 単位

物理量	記号	SI 単位	SI 基本単位による表現
長さ	l	m（メートル）	m
質量	m	kg（キログラム）	kg
時間	t	s（秒）	s
電流	I	A（アンペア）	A
電荷	q, Q	C（クーロン）	s A
電場	$\boldsymbol{E}$	V/m	$\mathrm{m\,kg\,s^{-3}\,A^{-1}}$
磁場（磁束密度）	$\boldsymbol{B}$	T（テスラ）	$\mathrm{kg\,s^{-2}\,A^{-1}}$
電位	V	V（ボルト）	$\mathrm{m^2\,kg\,s^{-3}\,A^{-1}}$
磁束	Φ	Wb（ウェーバ）	$\mathrm{m^2\,kg\,s^{-2}\,A^{-1}}$
電気容量	C	F（ファラド）	$\mathrm{m^{-2}\,kg^{-1}\,s^4\,A^2}$
インダクタンス	L	H（ヘンリー）	$\mathrm{m^2\,kg\,s^{-2}\,A^{-2}}$
抵抗	R	Ω（オーム）	$\mathrm{m^2\,kg\,s^{-3}\,A^{-2}}$
電気伝導率	σ	S（ジーメンス）	$\mathrm{m^{-2}\,kg^{-1}\,s^3\,A^2}$
電気双極子モーメント	$\boldsymbol{p}$	C m	m s A
磁気双極子モーメント	$\boldsymbol{m}$	$\mathrm{A\,m^2}$	$\mathrm{m^2\,A}$
分極	$\boldsymbol{P}$	$\mathrm{C/m^2}$	$\mathrm{m^{-1}\,s\,A}$
磁化	$\boldsymbol{M}$	A/m	$\mathrm{m^{-1}\,A}$
補助場 $\boldsymbol{D}$（電気変位，電束密度）	$\boldsymbol{D}$	$\mathrm{C/m^2}$	$\mathrm{m^{-2}\,s\,A}$
補助場 $\boldsymbol{H}$（磁場の強さ）	$\boldsymbol{H}$	A/m	$\mathrm{m^{-1}\,A}$
力	F	N（ニュートン）	$\mathrm{m\,kg\,s^{-2}}$
仕事	W	J（ジュール）	$\mathrm{m^2\,kg\,s^{-2}}$

えて，四つの単位を組み合わせることにより，すべての電磁気学量の単位を記述できる．よって表 2.1 の「SI 基本単位による表現」にあるように，たとえば磁場 $\boldsymbol{B}$ の単位は［$\mathrm{kg\,s^{-2}\,A^{-1}}$］のように表されるが別途［T］（テスラ）が与えられているように，出現頻度の高い物理量については，それ固有の単位記号と単位名称が与えられている．なお $\boldsymbol{B}$ については磁束密度が SI 単位系における正式な名称ではあるが，電場と並んで基本的な量であることを強調する近年の電磁気学テキストの動向に沿って，本書でも**磁場**とよぶことにする．

表 2.2 物理定数

物理定数	記号	値
素電荷	e	$1.60\times10^{-19}\,\mathrm{C}$
光速	c	$3.00\times10^{8}\,\mathrm{m\,s^{-1}}$
真空の透磁率	μ_0	$4\pi\times10^{-7}\,\mathrm{N\,A^{-2}}$
真空の誘電率	$\varepsilon_0=1/\mu_0c^2$	$8.85\times10^{-12}\,\mathrm{C^2\,N^{-1}\,m^{-2}}$
電子質量	m	$9.11\times10^{-31}\,\mathrm{kg}$

3. 静電場 1

2章で概観したように，電荷密度分布と電流密度分布を源とする電場と磁場が局所的に満たす場の方程式であるマクスウェル方程式は，電荷密度および電流密度が時間変化しない静的な場合には，電気的量と磁気的な量がそれぞれ別の（しかしながら，対をなす）方程式を満たしていて，相互に混じり合わないかたちに分離する．その分離した静電場 $\boldsymbol{E}$ の発散と回転を与える場の方程式は $\nabla\cdot\boldsymbol{E}=\rho/\varepsilon_0$ および $\nabla\times\boldsymbol{E}=\boldsymbol{0}$ となり，すべての場所でその回転がゼロであるため，1章で述べたようにベクトル解析の立場からは**渦なしベクトル場**として知られる特異な性質を示す．この章では，実験事実である**重ね合わせの原理**と**クーロンの法則**から出発して，静電場 $\boldsymbol{E}$ について最低限知っておくべきトピックを整理する．

3.1 クーロンの法則といろいろな電荷分布が作る電場

クーロンの法則として知られる点電荷が作る電場を重ね合わせることにより，直線電荷分布，平面電荷分布，球殻電荷分布といったいろいろな連続電荷分布が示す特徴的な電場の距離依存性を求め，続く3.2節でその背後にある距離の逆2乗則の理解を深めるための前準備とする．

3.1.1 クーロンの法則と重ね合わせの原理

図 3.1 のように，静止している1個の点電荷 q が，距離 $\mathscr{r}$ だけ離れている試験電荷 Q に及ぼす力 $\boldsymbol{F}$ は

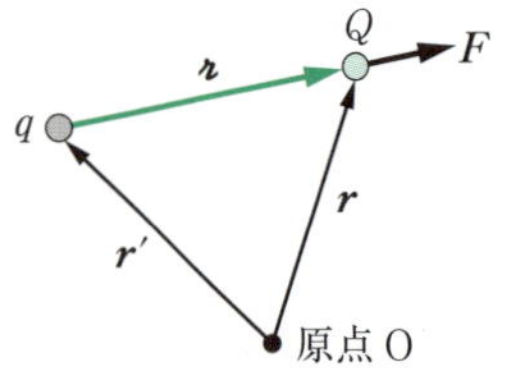

図 3.1 電場の源になる電荷 q が試験電荷 Q に及ぼす力 F

$$\boldsymbol{F}=\frac{1}{4\pi\varepsilon_0}\frac{qQ}{\mathscr{r}^2}\hat{\boldsymbol{\mathscr{r}}} \tag{3.1}$$

により与えられ**クーロンの法則（Coulomb's law）**として知られている．ここで定数 ε_0 は**真空の誘電率（permittivity of free space）**とよばれ，SI単位系では

$$\varepsilon_0=8.85\times10^{-12}\frac{\mathrm{C}^2}{\mathrm{N\,m}^2}$$

となる．

この力はそれらの電荷の積 qQ に比例し，間隔距離 $\mathscr{r}$ の2乗に逆比例する．ここで，$\boldsymbol{\mathscr{r}}$ は電場の源になる電荷 q の位置 $\boldsymbol{r}'$ から試験電荷 Q の位置 $\boldsymbol{r}$ に向かうベクトル $\boldsymbol{\mathscr{r}}=\boldsymbol{r}-\boldsymbol{r}'$ であり，このベクトルを本書では**間隔ベクトル（separation vector）**とよび，以降の各章で引き続きこの表記を使うことにする．$\hat{\boldsymbol{\mathscr{r}}}$ はその単位ベクトルである．力は q から Q への直線に沿った方向を向き，もし q と Q が同符号なら斥力に，異符号なら引力になる．

試験電荷 Q に働く力 $\boldsymbol{F}=Q\boldsymbol{E}$ による電場 $\boldsymbol{E}$ の定義（式(2.1)参照）から，点電荷 q の作る電場は

$$\boldsymbol{E}(\boldsymbol{r})=\frac{1}{4\pi\varepsilon_0}\frac{q}{\mathscr{r}^2}\hat{\boldsymbol{\mathscr{r}}} \tag{3.2}$$

となる．**図 3.2** のように，複数の点電荷 $q_1, q_2, \ldots, q_n$ が，位置ベクトル $\boldsymbol{r}$ により指し示される**場の点（field point）** P から $\mathscr{r}_1, \mathscr{r}_2, \ldots, \mathscr{r}_n$ の距離に存在する場合には，

$$\boldsymbol{E}(\boldsymbol{r})\equiv\frac{1}{4\pi\varepsilon_0}\sum_{i=1}^{n}\frac{q_i}{\mathscr{r}_i^{\,2}}\hat{\boldsymbol{\mathscr{r}}}_i \tag{3.3}$$

のように，それらが作る電場は「ある一つの点電荷が

シャルル-オーギュスタン・ド・クーロン

フランスの土木技術者，物理学者．陸軍で建築技師として従事する傍ら研究を行い，自ら発明したねじれ秤を用いて，電気的・磁気的引力と斥力の逆2乗則（クーロンの法則）を発見した．電荷の単位クーロン（C）は彼の名にちなむ．（1736-1806）

電場を生成する際に，その電場は他の点電荷の状態（大きさや位置）に依存しない」という**重ね合わせの原理（superposition principle）**により，各点電荷の作る電場のベクトル和として表現される．重ね合わせの原理は，あたりまえのように思えてしまうかもしれないが，論理的必然性はまったくなく，実験事実であることを強調しておく．

さらに図 3.3 のように，ある領域にわたって電荷が連続的に分布している場合，離散的な点電荷 q_i の集合に対する電場の式(3.3)における和は，式(3.4)のように積分に変わる．

$$\boldsymbol{E}(\boldsymbol{r}) = \frac{1}{4\pi\varepsilon_0}\int \frac{1}{\mathscr{r}^2}\hat{\boldsymbol{\mathscr{r}}}dq \tag{3.4}$$

ここで式(3.3)において $\hat{\boldsymbol{\mathscr{r}}}_i$ は電場の源になる電荷 q_i の場所から場の点に向かう単位ベクトルを表していたが，対応して式(3.4)における $\hat{\boldsymbol{\mathscr{r}}}$ は，$\boldsymbol{r}'$ により指定される dq から，$\boldsymbol{r}$ により指定される**場の点**（点 P）へ向かう単位ベクトルを表している．

連続的な電荷分布を，点電荷とみなせる（電荷量 dq をもつ）電荷素片に分割して，その電荷素片が作る電場の寄与を連続的な和である積分により計算することになるが，微少量を足し上げる電荷分布の領域（境界）の形に合わせて，（円盤電荷分布には円柱座標を用いるといったように）適切な座標系を設定して積分を実行することがポイントになる．一方で，単位ベクトル $\hat{\boldsymbol{\mathscr{r}}}$ の方向は $\boldsymbol{r}'$ に依存するため一定ではなく，式(3.4)の積分計算の外に出すことはできない．よって円柱座標や球座標といった曲線座標系を電荷素片を指し示すために用いている場合でも，その基底 $\hat{\boldsymbol{x}}, \hat{\boldsymbol{y}}, \hat{\boldsymbol{z}}$ が動かず積分の外に出せるデカルト座標系の各成分ごとに電場 $\boldsymbol{E}$ の積分計算をしなければならない．

3.1.2　有限長 L の線電荷分布

電荷が図 3.4 のように空間曲線に沿って線電荷密度 λ（単位長さあたりの電荷量）で分布している場合には，$dq = \lambda dl'$ となり（ここで dl' は空間曲線に沿ったスカラー線素である），線電荷分布の作る電場は

$$\boldsymbol{E}(\boldsymbol{r}) = \frac{1}{4\pi\varepsilon_0}\int \frac{\lambda(\boldsymbol{r}')}{\mathscr{r}^2}\hat{\boldsymbol{\mathscr{r}}}dl' \tag{3.5}$$

となる．

具体的な例として，図 3.5 のように λ の一様な線電荷分布をもつ長さ $2L$ の直線の中央点から距離 z だけ離れた場所での電場を考える．

$$\boldsymbol{r} = z\hat{\boldsymbol{z}}, \quad \boldsymbol{r}' = x\hat{\boldsymbol{x}}, \quad dl' = dx, \quad \mathscr{r} = \sqrt{z^2+x^2}$$

$$\hat{\boldsymbol{z}}\cdot\hat{\boldsymbol{\mathscr{r}}} = \frac{z}{\sqrt{z^2+x^2}}, \quad \hat{\boldsymbol{x}}\cdot\hat{\boldsymbol{\mathscr{r}}} = \frac{-x}{\sqrt{z^2+x^2}}$$

であることに注意すると

$$\begin{aligned} E_z = \hat{\boldsymbol{z}}\cdot\boldsymbol{E} &= \frac{1}{4\pi\varepsilon_0}\int_{-L}^{L}\frac{\lambda}{z^2+x^2}\hat{\boldsymbol{z}}\cdot\hat{\boldsymbol{\mathscr{r}}}dx \\ &= \frac{\lambda}{4\pi\varepsilon_0}\left[z\int_{-L}^{L}\frac{1}{(z^2+x^2)^{3/2}}dx\right] \\ &= \frac{\lambda}{4\pi\varepsilon_0}\left[z\left(\frac{x}{z^2\sqrt{z^2+x^2}}\right)\Bigg|_{-L}^{L}\right] \\ &= \frac{1}{4\pi\varepsilon_0}\frac{2\lambda L}{z\sqrt{z^2+L^2}} \end{aligned}$$

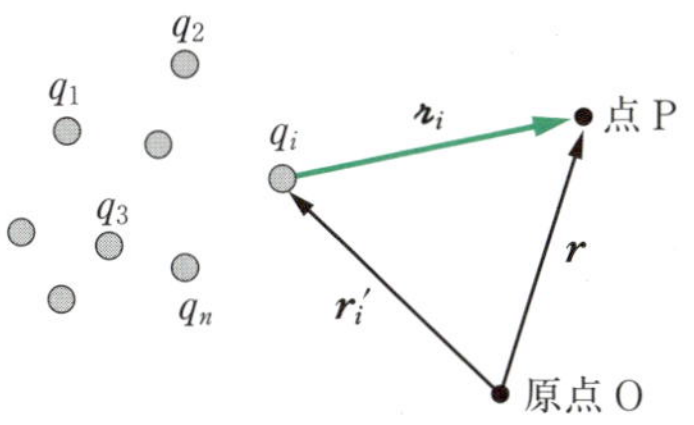

図 3.2　複数の点電荷と場の点 P

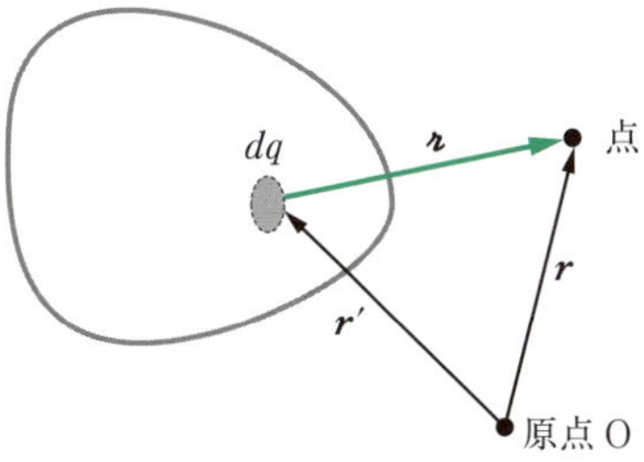

図 3.3　連続電荷分布と場の点 P

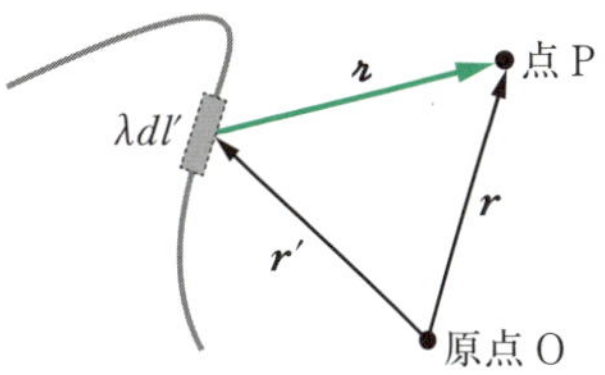

図 3.4　線電荷分布と場の点 P

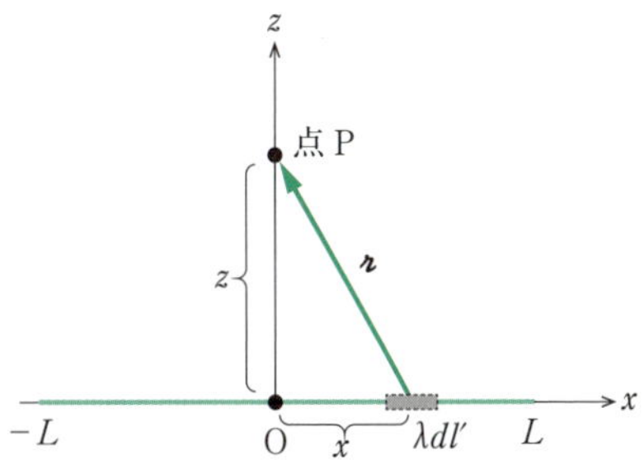

図 3.5　長さ $2L$ の線電荷分布

$$E_x = \hat{\boldsymbol{x}}\cdot\boldsymbol{E} = \frac{1}{4\pi\varepsilon_0}\int_{-L}^{L}\frac{\lambda}{z^2+x^2}\hat{\boldsymbol{x}}\cdot\hat{\boldsymbol{\imath}}dx$$
$$= \frac{\lambda}{4\pi\varepsilon_0}\left[\int_{-L}^{L}\frac{-x}{(z^2+x^2)^{3/2}}dx\right]$$
$$= \frac{\lambda}{4\pi\varepsilon_0}\left[\left(\frac{1}{\sqrt{z^2+x^2}}\right)\Bigg|_{-L}^{L}\right] = 0$$

を得る．電場の x 成分がゼロになることは，被積分関数が奇関数であることから自明であるが，中央から左右に等距離にある二つの電荷素片の作る微小電場ベクトルの x 成分が対称性から打ち消しあうと理解できる．なお通常は電場の源になる電荷素片の位置 $\boldsymbol{r}'$ を表す座標にはプライム ′ 記号を付けるべきであるが，特に混乱がない場合には表記を簡素化するために，以後プライム ′ 記号を除くことにする．

つぎに，求められた電場の大きさの距離 z 依存性の特徴をつかむために，この表式を

$$E_z\Big/\left(\frac{1}{4\pi\varepsilon_0}\frac{2\lambda L}{L^2}\right) = \frac{1}{\left(\frac{z}{L}\right)\sqrt{1+\left(\frac{z}{L}\right)^2}} \tag{3.6}$$

のように，線電荷分布からの垂直距離 z を線電荷の特徴的な長さ L でスケールした z/L を用いて無次元化して両対数グラフにプロットしてみると（図 3.6），L を固定して z を変化させたとき，$z/L\sim1$ を境にしてその振る舞いが異なっていることに気がつく．線電荷分布から離れた場の点（領域①（$z\gg L$））では，傾き -2 の直線に漸近することがみてとれるが，これは

$$\frac{1}{\left(\frac{z}{L}\right)\sqrt{1+\left(\frac{z}{L}\right)^2}} \cong \frac{1}{\left(\frac{z}{L}\right)^2}$$

となり，

$$E_z \cong \frac{1}{4\pi\varepsilon_0}\frac{2\lambda L}{z^2}$$

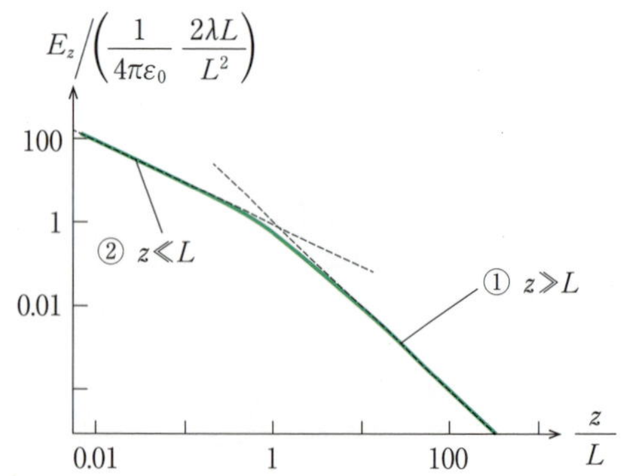

図 3.6　式(3.6)の両対数プロット

のように漸近評価されることに対応し，有限の長さ $2L$ の線電荷分布は十分遠方では，その全電荷量 $q=2\lambda L$ が1点に集中した点電荷にみえることを意味する．

逆に，線電荷分布に十分近づいた場の点（領域②（$L\gg z$））では，傾き -1 の直線に漸近することがみてとれるが，これは

$$\frac{1}{\left(\frac{z}{L}\right)\sqrt{1+\left(\frac{z}{L}\right)^2}} \cong \frac{1}{\left(\frac{z}{L}\right)}$$

となり，

$$E_z \cong \frac{1}{4\pi\varepsilon_0}\frac{2\lambda}{z}$$

のように漸近評価されることに対応する．この式において線電荷の特徴的な長さ L が消えていることに注意しよう．

z を固定し $L\to\infty$ の極限をとった**無限長**の線電荷分布の作る電場の式

$$E_z = \frac{\lambda}{2\pi\varepsilon_0}\frac{1}{z} \tag{3.7}$$

に領域②で漸近することは，有限長の線電荷分布でも十分に近づけば無限長の線電荷分布にみえることを意味している．

3.1.3　有限半径 R の円盤電荷分布

電荷が図 3.7 のように空間曲面に沿って面電荷密度 $\sigma(\boldsymbol{r}')$（単位面積あたりの電荷量）で分布している場合には，$dq=\sigma\,da'$ となり（ここで da' は空間曲面上のスカラー面素である），電場は

$$\boldsymbol{E}(\boldsymbol{r}) = \frac{1}{4\pi\varepsilon_0}\int\frac{\sigma(\boldsymbol{r}')}{\imath^2}\hat{\boldsymbol{\imath}}da' \tag{3.8}$$

により計算される．

具体的な例として，図 3.8 のように一様な面電荷密度 σ をもつ半径 R の円盤の中心から垂直に距離 z だけ離れた点 P での電場を考える．

場の点である点 P を指し示す座標 $\boldsymbol{r}$ としてデカル

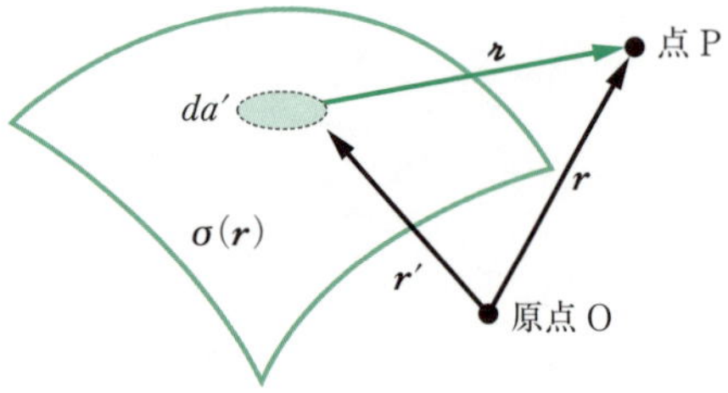

図 3.7　表面電荷分布と場の点 P

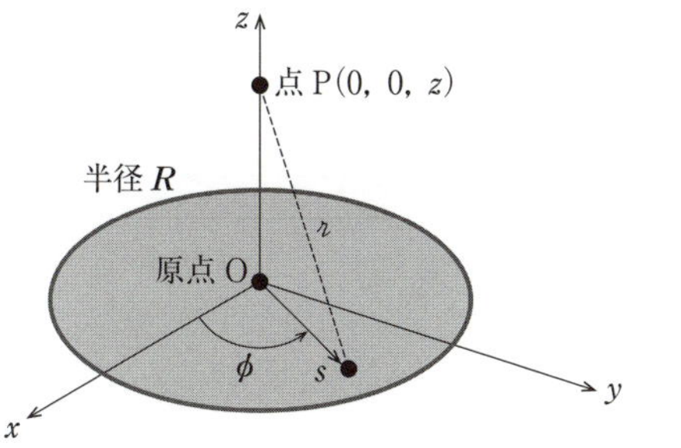

図 3.8　円盤電荷分布

ト座標をとり，円盤上の電荷素片の位置を指し示す座標 $\boldsymbol{r}'$ として円柱座標 $(s, \phi, 0)$ をとる．

$$\boldsymbol{r} = z\hat{\boldsymbol{z}}, \quad \boldsymbol{r}' = s\hat{\boldsymbol{s}}, \quad da' = sdsd\phi, \quad \mathscr{r} = \sqrt{z^2+s^2}$$

$$\hat{\boldsymbol{z}}\cdot\hat{\boldsymbol{\mathscr{r}}} = \frac{z}{\sqrt{z^2+s^2}}$$

であることに注意すると

$$\begin{aligned} E_z = \hat{\boldsymbol{z}}\cdot\boldsymbol{E} &= \frac{1}{4\pi\varepsilon_0}\int_0^{2\pi} d\phi \int_0^R \frac{\sigma s}{z^2+s^2}\hat{\boldsymbol{z}}\cdot\hat{\boldsymbol{\mathscr{r}}}ds \\ &= \frac{\sigma z}{4\pi\varepsilon_0}\left[2\pi\int_0^R \frac{s}{(z^2+s^2)^{3/2}}\, ds\right] \\ &= \frac{\sigma}{2\varepsilon_0}\left(1-\frac{z}{\sqrt{R^2+z^2}}\right) \end{aligned}$$

を得る．ゼロになる電場の x 成分，y 成分についての計算は記さないが，s を固定して ϕ についての積分を実行する際に，偏角 ϕ と偏角 $\phi+\pi$ で指定される二つの電荷素片の作る微小電場ベクトルの xy 面内成分が対称性から打ち消しあうと理解できる．

次に，求められた電場の大きさの距離 z 依存性の特徴をつかむために，この式を

$$E_z\Big/\left(\frac{\sigma}{2\varepsilon_0}\right) = 1-\frac{\dfrac{z}{R}}{\sqrt{1+\left(\dfrac{z}{R}\right)^2}} \tag{3.9}$$

のように，円盤電荷分布からの垂直距離 z を円盤電荷の特徴的な長さ R でスケールした z/R を用いて無次元化して両対数グラフにプロットすると，図 3.9 となる．

R を固定して z を変化させたとき，$z/R\sim1$ を境にしてその振る舞いが異なっていることに気がつく．円盤電荷分布から十分離れた場の点（領域 ① ($z \gg R$)）では，3.1.2 項の有限長の線電荷分布の場合と同様に，傾き -2 の直線に漸近することがみてとれるが，これは

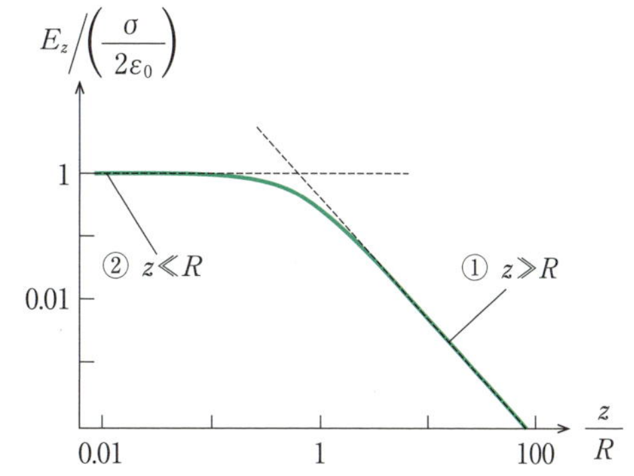

図 3.9　式(3.9)の両対数プロット

$$\begin{aligned} E_z\Big/\left(\frac{\sigma}{2\varepsilon_0}\right) &= 1-\frac{\dfrac{z}{R}}{\sqrt{1+\left(\dfrac{z}{R}\right)^2}} = 1-\frac{1}{\sqrt{\left(\dfrac{R}{z}\right)^2+1}} \\ &\cong 1-\left(1-\frac{1}{2}\left(\frac{R}{z}\right)^2\cdots\right) \cong \frac{1}{2}\left(\frac{R}{z}\right)^2 \end{aligned}$$

となり，

$$E_z \cong \frac{1}{4\pi\varepsilon_0}\frac{\pi R^2\sigma}{z^2}$$

のように漸近評価されることに対応し，半径 R の円盤電荷分布の全電荷量が 1 点に集中した $q = (\pi R^2)\sigma$ の点電荷分布にみえることを意味する．

逆に，円盤電荷分布に十分近づいた場の点（領域 ② ($R \gg z$)）では，傾き 0 の直線に漸近することがみてとれるが，これは

$$1-\frac{\dfrac{z}{R}}{\sqrt{1+\left(\dfrac{z}{R}\right)^2}} \cong 1$$

となり，

$$E_z \cong \frac{\sigma}{2\varepsilon_0}$$

のように漸近評価されることに対応する．この式において円盤電荷の特徴的な長さ R が消えていることに注意しよう．z を固定し $R\to\infty$ の極限をとった**無限平面**電荷分布の式

$$E_z = \frac{\sigma}{2\varepsilon_0} \tag{3.10}$$

に領域 ② で漸近することは，有限半径の円盤電荷分布でも十分に近づけば無限平面の電荷分布にみえることを意味している．

最後に式(3.9)を円盤の表と裏側にわたりグラフにプロットしてみると，$z = 0$ の平面を境にして表面電

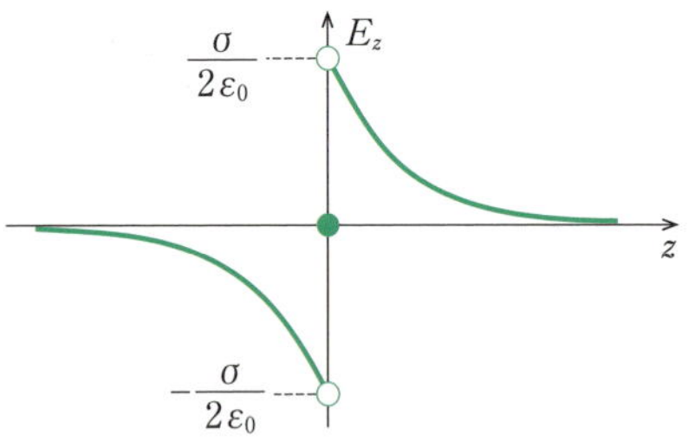

図 3.10　円盤電荷分布の作る $E(z)$

荷密度 σ を越えるときに電場が大きさ σ/ε_0 の不連続性を呈することがわかる（図 3.10）．なお $z=0$ での電場は対称性から自明なようにゼロである．

3.1.4　球殻電荷分布

3.1.3 項と同じく面電荷分布であるが，高い対称性を呈する別の例として図 3.11 のように一様な面電荷密度 σ をもつ半径 R の球殻電荷分布が，中心から距離 z の位置の点 P に作る電場を考える．場の点である点 P を指し示す座標 $\boldsymbol{r}$ としてデカルト座標をとり，半径 R の球殻上の電荷素片の位置を指し示す座標として球座標 (r,θ,ϕ) をとる．図 3.11 では球座標の z 軸上に点 P をとっているが一般性は失われていないことを注意しておく．

$\boldsymbol{r}=z\hat{\boldsymbol{z}}$，$\boldsymbol{r}'=R\hat{\boldsymbol{r}}$，$da'=R^2\sin\theta\,d\theta d\phi$，$\hat{\boldsymbol{z}}\cdot\hat{\boldsymbol{\mathscr{r}}}=\cos\psi$

であることに注意すると

$$E_z=\hat{\boldsymbol{z}}\cdot\boldsymbol{E}=\frac{1}{4\pi\varepsilon_0}\int\frac{\sigma}{\mathscr{r}^2}(\hat{\boldsymbol{z}}\cdot\hat{\boldsymbol{\mathscr{r}}})\,da'$$
$$=\frac{\sigma}{4\pi\varepsilon_0}\int_0^{2\pi}d\phi\int_0^{\pi}\frac{\cos\psi(\theta)}{\mathscr{r}(\theta)^2}R^2\sin\theta\,d\theta$$

を得る．

いくらか技巧的であるが，被積分関数の中にある $\psi(\theta)$ および $\mathscr{r}(\theta)$ は θ の関数であることに注意して，図 3.11 から取り出した三角形（図 3.12）に注目して得られる余弦定理 $R^2=\mathscr{r}^2+z^2-2\mathscr{r}z\cos\psi(\theta)$ の両辺を $2z\mathscr{r}^3$ で割り算し，さらに別の余弦定理 $\mathscr{r}(\theta)^2=R^2+z^2-2Rz\cos\theta$ の両辺を θ について微分すると，それぞれ

$$\frac{\cos\psi(\theta)}{\mathscr{r}(\theta)^2}=\frac{1}{2z}\left(\frac{1}{\mathscr{r}}+\frac{z^2}{\mathscr{r}^3}-\frac{R^2}{\mathscr{r}^3}\right),\quad \sin\theta\,d\theta=\frac{\mathscr{r}}{Rz}d\mathscr{r}$$

を得る．これらを用いて θ についての積分を間隔ベクトルの大きさ $\mathscr{r}$ にわたる最小値 $\mathscr{r}_{\min}$ から最大値 $\mathscr{r}_{\max}$ までの積分に焼き直すことができ，

$$E_z=\frac{\sigma}{2\varepsilon_0}\int_0^{\pi}\frac{\cos\psi(\theta)}{\mathscr{r}(\theta)^2}R^2\sin\theta\,d\theta$$

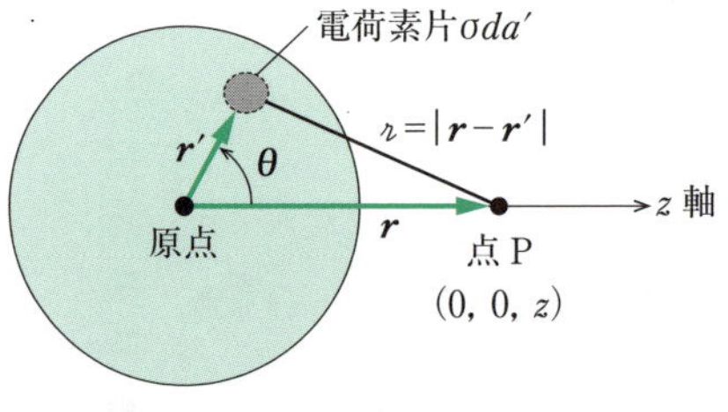

図 3.11　球殻電荷分布と場の点 P

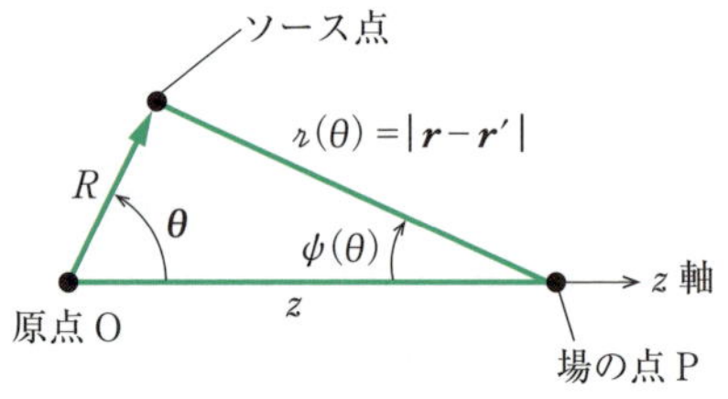

図 3.12　図 3.11 から取り出した三角形

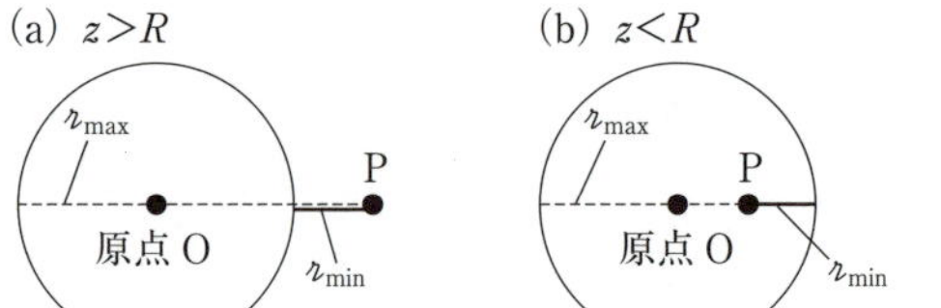

図 3.13　点 P の位置による場合分け

$$=\frac{\sigma R}{4\varepsilon_0 z^2}\int_{\mathscr{r}_{\min}}^{\mathscr{r}_{\max}}\left(1+\frac{z^2}{\mathscr{r}^2}-\frac{R^2}{\mathscr{r}^2}\right)d\mathscr{r}$$

を得ることができる．

点 P が球殻の外側にある場合（$z>R$）は図 3.13(a)のように，$\mathscr{r}_{\min}=z-R$，$\mathscr{r}_{\max}=z+R$ となり，点 P が球殻の内側にある場合（$z<R$）は図 3.13(b)のように，$\mathscr{r}_{\min}=R-z$，$\mathscr{r}_{\max}=z+R$ となること，さらに点 P が球殻上にある場合（$z=R$）は $\mathscr{r}_{\min}=0$，$\mathscr{r}_{\max}=2R$ であることに注意すると

$$E_z=\begin{cases}\dfrac{\sigma(4\pi R^2)}{4\pi\varepsilon_0}\dfrac{1}{z^2} & (z>R)\\[2mm] \dfrac{\sigma}{2\varepsilon_0} & (z=R)\\[2mm] 0 & (z<R)\end{cases}\tag{3.11}$$

の結果を得る．一方で技巧的な方法に頼らず，θ に関する積分の部分を $u\equiv\cos(\theta)$ と変数変換し $\cos\psi(\theta)=(z-R\cos(\theta))/\mathscr{r}(\theta)$ に気をつけて，

$$I=\int_0^{\pi}\frac{(z-R\cos(\theta))\sin(\theta)}{(R^2+z^2-2Rz\cos(\theta))^{\frac{3}{2}}}d\theta$$
$$=\int_{+1}^{-1}\frac{(z-Ru)}{(R^2+z^2-2Rzu)^{\frac{3}{2}}}(-du)$$

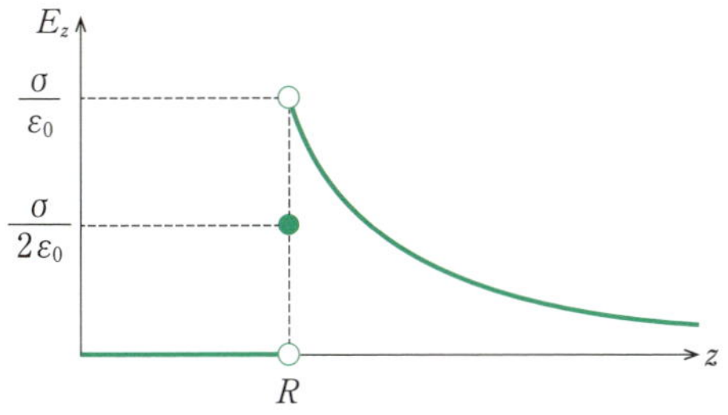

図 3.14 球殻電荷分布の作る電場 $E(z)$

$$=\left[\frac{1}{z^2}\frac{(zu-R)}{(R^2+z^2-2Rzu)^{\frac{1}{2}}}\right]_{-1}^{1}$$

のように素直に積分計算を実行することもできる．ただし，最後の場合分けの際には $(R^2+z^2-2Rz)^{\frac{1}{2}}=|R-z|$ に注意する必要がある．

これらをグラフ（図 3.14）にプロットする．球殻の外側ではあたかも原点に全電荷量 $\sigma(4\pi R^2)$ が集中しているかのように見なせる電場が作られ，球殻の内側では電場はどこでもゼロになるという特異な空間分布を示すことがわかる．球殻を境にして表面電荷 σ を越えるときに電場が大きさ σ/ε_0 の不連続性を呈することは先にみた円盤電荷分布と同様であるが，この点については 3.2 節で再考する．

3.1.5 球電荷分布

電荷が図 3.15 のように 3 次元の領域にわたって単位体積あたりの電荷（体積電荷密度 ρ）で分布している場合には，$dq=\rho d\tau'$ となり（ここで $d\tau'$ は体積素である），電場は

$$\boldsymbol{E}(\boldsymbol{r})=\frac{1}{4\pi\varepsilon_0}\int\frac{\rho(\boldsymbol{r}')}{\mathscr{r}^2}\hat{\mathscr{r}}\,d\tau' \qquad (3.12)$$

により計算される．

具体的な例として，一様な体積電荷密度 ρ をもつ半径 R の球の中心から距離 z だけ離れた点 P での電場を考える．式 (3.12) に従えば，先の例題の球殻電荷分布で行った角度 θ, ϕ についての積分に加え，さらに動径方向の長さ r についての積分を加えて 3 重積分を実行することになるが，ここでは球電荷分布を「玉ねぎ」のように半径の異なる球殻電荷分布の和として考えて，すでに求めた球殻電荷分布の示す特異な電場の結果を用いて計算してみる．

図 3.16 (a) のように電場を考える P 点が半径 R の球電荷分布の外側にある場合（$z>R$），「玉ねぎ」状に分解されたすべての球殻電荷が，原点に点電荷として集中したように電場に寄与する．よって

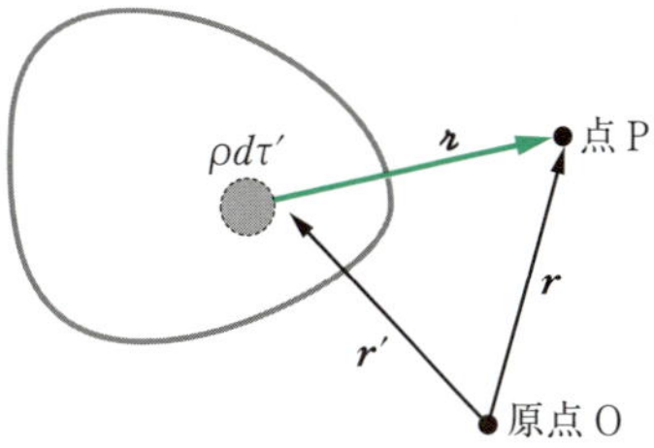

図 3.15 体積電荷分布と場の点 P

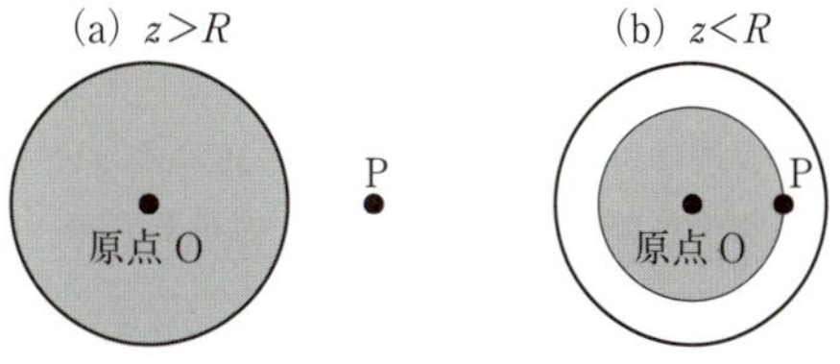

図 3.16 点 P に場を作る有効な電荷

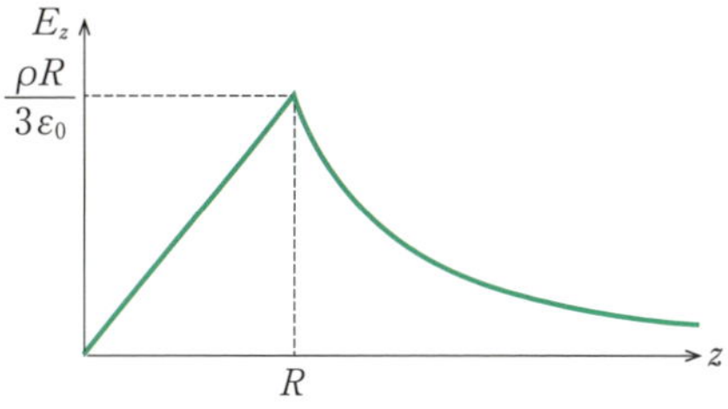

図 3.17 球電荷分布の作る電場 $E(z)$

$$E_z=\frac{\frac{4}{3}\pi R^3\rho}{4\pi\varepsilon_0}\frac{1}{z^2}=\frac{\rho R^3}{3\varepsilon_0}\frac{1}{z^2}$$

を得る．一方，図 3.16 (b) のように，電場を考える点 P が半径 R の球電荷分布の内側にある場合（$z<R$），点 P より外側にある「玉ねぎ」状に分解された球殻電荷は電場には寄与しないが，点 P より内側にある「玉ねぎ」状に分解された球殻電荷は原点に点電荷として集中したように電場に寄与する．よって

$$E_z=\frac{\frac{4}{3}\pi z^3\rho}{4\pi\varepsilon_0}\frac{1}{z^2}=\frac{\rho}{3\varepsilon_0}z$$

を得る．なお「玉ねぎ」の和を考える際に，球殻電荷分布の作る電場がその半径の位置にもつ不連続性は，無限小の厚さの範囲にしか存在しないために問題とはならない．

$$E_z=\begin{cases}\dfrac{\rho R^3}{3\varepsilon_0}\dfrac{1}{z^2} & (z>R)\\[2ex] \dfrac{\rho}{3\varepsilon_0}z & (z<R)\end{cases} \qquad (3.13)$$

電荷分布が存在する場所の電場の大きさが有限値に

留まっていることに違和感をもつかもしれない．例えば点電荷に近づくと電場の大きさは距離の逆 2 乗則で大きくなり点電荷の位置では発散するからである．しかしながら，その発散は有限の電荷量が大きさのない点に存在するために点電荷の電荷密度が無限大になってしまうこと ($\rho(\boldsymbol{r}) = q\delta^3(\boldsymbol{r})$) による．この球電荷分布の場合は球内の電荷密度は有限値に留まっているため，電荷分布が存在する場所でも電場の大きさは発散せず有限値に留まることになる．この点電荷のもつ特異性については3.5節の「静電場のエネルギー」で再考する．

3.1 節まとめ

- 線電荷密度 λ，面電荷密度 σ，体積電荷密度 ρ の連続電荷分布が与える電場は，それぞれ式(3.5)，式(3.8)，式(3.12)で与えられる表式にあるように，点電荷とみなせる電荷素片に分割して，その電荷素片が作るクーロン電場の寄与を連続的な和である積分を実行することにより求めることができる．特に 3 番目の体積電荷密度 ρ の与える電場の式

$$\boldsymbol{E}(\boldsymbol{r}) = \frac{1}{4\pi\varepsilon_0}\int \frac{\rho(\boldsymbol{r}')}{\mathscr{r}^2}\hat{\boldsymbol{\mathscr{r}}}d\tau' \tag{3.14}$$

は最も一般的な形であり，本書ではこの表式を「広義のクーロンの法則」として参照する．

- 有限の電荷分布（長さ $2L$ の線電荷分布や半径 R の円盤電荷分布など）は，それらの電荷分布の特徴的な長さより十分遠方では，全電荷量が 1 点に集中した点電荷として振舞う（計算で求められた電場の表式の計算チェックに使える）．
- 無限長の一様な線電荷分布（線電荷密度 λ）は

$$E_z = \frac{\lambda}{2\pi\varepsilon_0}\frac{1}{z} \tag{3.15}$$

のように垂直距離 z の逆数で変化する電場を与える．

- 無限に広い一様な平面電荷分布（面電荷密度 σ）は

$$E_z = \frac{\sigma}{2\varepsilon_0}\frac{z}{|z|} \tag{3.16}$$

のように面からの垂直距離 z に依存しない一定の電場を与える．

- 一様な半径 R の球殻電荷分布（面電荷密度 σ）では，

$$E_z = \begin{cases} \dfrac{\sigma(4\pi R^2)}{4\pi\varepsilon_0}\dfrac{1}{z^2} & (z > R) \\ \dfrac{\sigma}{2\varepsilon_0} & (z = R) \\ 0 & (z < R) \end{cases} \tag{3.17}$$

のように，球殻の外側ではあたかも原点に全電荷量 $\sigma(4\pi R^2)$ が集中した点電荷のようにみなせる電場が与えられ，球殻の内側では電場はどこでもゼロになるという特異な空間分布を示す．

- 一様な半径 R の球電荷分布（体積電荷密度 ρ）は，

$$E_z = \begin{cases} \dfrac{\rho R^3}{3\varepsilon_0}\dfrac{1}{z^2} & (z > R) \\ \dfrac{\rho}{3\varepsilon_0}z & (z < R) \end{cases} \tag{3.18}$$

の電場を与える．

- 円盤電荷分布および球殻電荷分布の例題でみたように，表面電荷 σ を越えるときに電場が大きさ σ/ε_0 の不連続性を呈する．

3.2 ガウスの法則

前節では与えられた電荷分布の作る電場を求めるために，式(3.14)に代表されるように電荷分布の微小部分が作る電場への寄与をベクトル的に足し算する（積分する）方法を学んだが，本節ではガウスの法則（積分型）とよばれる，電荷分布がもつ高い空間対称性を活用してエレガントに電場を計算する別の方法について学ぶ．さらにこの過程でクーロンの法則が示す距離の逆 2 乗則の理解を深める．

3.2.1 ガウスの法則（積分型）の導出

原点におかれた電荷 q の点電荷が作る電場の中で，閉曲面 S についての面積分を考える．式(1.59)からその電場の発散は

$$\nabla\cdot\left(\frac{q}{4\pi\varepsilon_0}\frac{\hat{\boldsymbol{r}}}{r^2}\right)=\frac{q}{4\pi\varepsilon_0}4\pi\delta(\boldsymbol{r}) \tag{3.19}$$

となるので，両辺を閉曲面 S で囲まれる領域 V について体積積分し，左辺についてガウスの発散定理（$S\leftarrow V$）を用いると

$$\oint_S\left(\frac{q}{4\pi\varepsilon_0}\frac{\hat{\boldsymbol{r}}}{r^2}\right)\cdot d\boldsymbol{a}=\frac{q}{\varepsilon_0}\int_V\delta(\boldsymbol{r})\,d\tau$$

を得る．ここで右辺のデルタ関数を含む積分は，閉曲面が点電荷のおかれた原点を含んでいる場合は 1 となるが，含んでいない場合にはゼロになり，まとめると，点電荷の作る電場 $\boldsymbol{E}$ に対して，**どのような形の閉曲面**をとっても

$$\oint_S\boldsymbol{E}\cdot d\boldsymbol{a}=\frac{1}{\varepsilon_0}\begin{cases}q & (S\text{ が }q\text{ を含む})\\ 0 & (S\text{ が }q\text{ を含まない})\end{cases} \tag{3.20}$$

となる．

複数の点電荷 $q_1, q_2, q_3, \cdots$ があるときは，

$$\boldsymbol{E}=\boldsymbol{E}_1+\boldsymbol{E}_2+\boldsymbol{E}_3+\cdots$$

のように，それぞれの電荷の作る電場の**重ね合わせ**で，点電荷分布の作る電場が定まり，図 3.18 のように閉曲面 S（**ガウス面**）の内側にある電荷だけが電場フラックスに寄与することになる．このようにして得られた関係式

$$\oint_{ガウス面}\boldsymbol{E}\cdot d\boldsymbol{a}=\frac{1}{\varepsilon_0}Q_{\text{enc}} \tag{3.21}$$

は**ガウスの法則（積分型）(Gauss' law)** とよばれ，「電荷分布が作る電場に対して，ガウス面として任意の閉曲面を考えて電場フラックスを計算すると，その閉曲面（ガウス面）に含まれる総電荷量 Q_{enc} を ε_0 で割ったものに等しい」ことを表している．体積電荷密度 $\rho(\boldsymbol{r})$ をもつ連続電荷分布の場合の右辺の総電荷量 Q_{enc} については，閉曲面 S が囲む領域 V にわたって $\rho(\boldsymbol{r})$ を

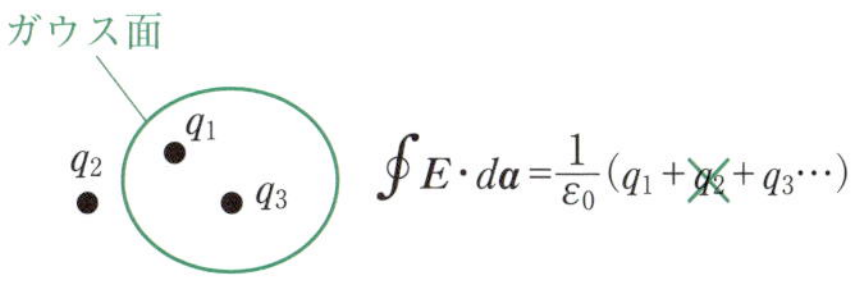

図 3.18 点電荷の作る電場の面積分

$$Q_{\text{enc}}=\int_V\rho(\boldsymbol{r})\,d\tau \tag{3.22}$$

のように体積積分したものと考えればよい．

さて，このようにして導出したガウスの法則（積分型）は任意の電荷分布に対して常に正しいが，いつも有用であるわけではない．本節の冒頭で述べたように電場を担っている電荷分布が高い空間対称性をもち，その結果として電場が（球対称性/円柱対称性/平面対称性といった）高い空間対称性をもつ場合には，前節 3.1 において積分により求めた結果を，続く以下の例題でみるように，極めて簡単に得ることができる．なお，ガウスの法則（積分型）は後に出てくるガウスの法則（微分型）と区別するために（積分型）と表記しているが，特に断らない限り，以後，「ガウスの法則」とよぶ．

3.2.2 無限長線電荷分布と無限長円柱電荷分布

では最初に，式(3.15)で表される一様な線電荷密度 λ をもつ無限長の線電荷分布の作る電場を，その手続きをステップを追いながら，ガウスの法則で再考してみよう．

ステップ 1：「与えられた電荷分布を勘案し，適切な座標系を選ぶ」この問題では図 3.19(a)のように，線電荷分布のもつ円柱対称性を表現できるように，線電荷分布を z 軸にとるような円柱座標 (s, ϕ, z) を選ぶ．

ステップ 2：「電荷分布のもつ空間対称性から電場の満たすべき空間対称性を引き出し，電場の方向と大きさの座標変数依存性を導く」この問題では以下のよ

カール・フリードリヒ・ガウス

ドイツの数学者，天文学者，物理学者．幼少より神童とよばれ，数学の諸分野に大きな功績を残した．ガウス関数や磁場の単位に名を残す．(1777–1855)

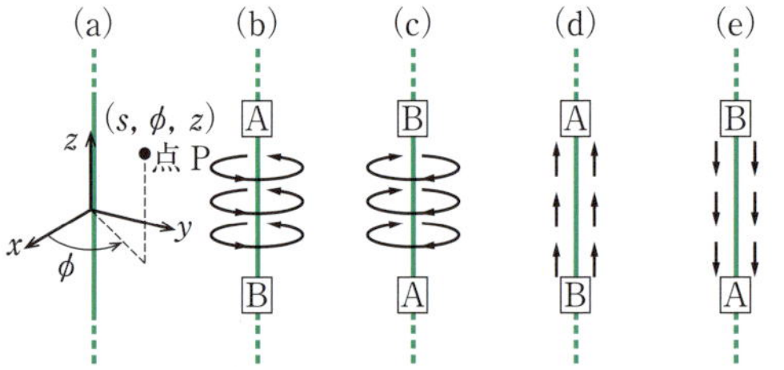

図 3.19　線電荷の作る電場の方向の考察

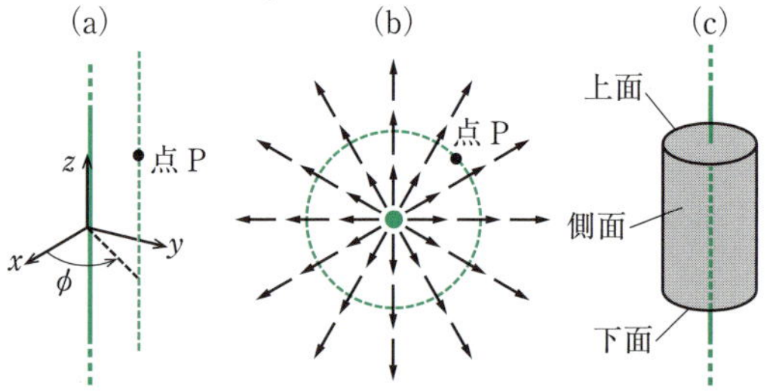

図 3.20　線電荷の作る電場の大きさの座標依存性の考察

うに $\boldsymbol{E}(\boldsymbol{r}) = E(s)\hat{\boldsymbol{s}}$ であることがわかる．まず電場の方向については，仮に図 3.19(b)のように $\hat{\phi}$ 方向であるとして，電荷分布を上下反転した図 3.19(c)の状況を考える．対称性より電荷分布はこの操作に対して不変であるが，電場の向きは $\hat{\phi}$ 方向から $-\hat{\phi}$ 方向に逆転しており，両者の電場が等しくなる必要があるため $\hat{\phi}$ 方向の電場の大きさはゼロであり，電場は $\hat{\phi}$ 方向を向いていないことがわかる．同様に，仮に図 3.19(d)のように電場の方向が $\hat{\boldsymbol{z}}$ 方向であるとして，電荷分布を上下反転した図 3.19(e)の状況を考えてみると，電場は $\hat{\boldsymbol{z}}$ 方向を向いていないことがわかる．よって電場は $\hat{\boldsymbol{s}}$ 方向に放射状に向いて $\boldsymbol{E}(\boldsymbol{r}) = E\hat{\boldsymbol{s}}$ であることが結論される．次にその大きさ $E(s, \phi, z)$ の座標変数依存性であるが，図 3.20(a)のように電場を考える場の点（点 P）を s, ϕ を一定に保ち，z 方向に変化させても，点 P からみえる電荷分布のあり方は変わらず，電場の大きさは座標変数 z に依存しないことがわかる．同様に，図 3.20(b)のように場の点（点 P）を s, z を一定に保ち，ϕ 方向に変化させても点 P からみえる電荷分布のあり方は変わらず，電場の大きさは座標変数 ϕ に依存しないことがわかる．残る座標変数 s 依存性であるが，これは電荷分布からの距離が変わるため一般には依存することになり，最終的に電荷分布のもつ空間対称性から電場について $\boldsymbol{E}(\boldsymbol{r}) = E(s)\hat{\boldsymbol{s}}$ であることがわかる．

ステップ 3：「ガウスの法則の左辺の面積分を行う適切な「賢いガウス面」を選択する」ステップ 1 および 2 を踏まえると式(3.21)のガウスの法則は

$$\oint_{\text{ガウス面}} E(s)\hat{\boldsymbol{s}}\cdot d\boldsymbol{a} = \frac{1}{\varepsilon_0}Q_{\text{enc}} \tag{3.23}$$

となるが $E(s)$ 自身はこれから求めたい未知関数であり，積分の外に出せない限り計算は先に進まない．ここでいう賢いガウス面とは，(ⅰ)空間座標変数依存性が未知である電場の大きさを表す関数が積分するガウス面上で一定になり，積分の外に出せるもの，さらには(ⅱ)逆にそのベクトル面素 $d\boldsymbol{a}$ が電場ベクトルとガウス面上で常に直交し面積分の寄与がないもの，からなる閉曲面を意味する．ここでは図 3.20(c)のように，z 軸を中心軸にもつ半径 s，長さ L の円柱をガウス面として選ぶとよいことがわかる．式(3.23)の左辺の面積分のうち円柱の側面に関しては，未知関数 $E(s)$ の値が側面上で一定であるため積分の外に出すことができ，ベクトル面素 $d\boldsymbol{a}$ が $sd\phi dz\hat{\boldsymbol{s}}$ であるので

$$E(s)\int_{\text{側面}} \hat{\boldsymbol{s}}\cdot\hat{\boldsymbol{s}}s\, d\phi dz = 2\pi sLE(s)$$

となる．一方，式(3.23)の左辺の面積分のうち円柱の上面と下面についてはベクトル面素 $d\boldsymbol{a}$ が $\hat{\boldsymbol{z}}$ 方向を向いていて電場ベクトルの方向 $\hat{\boldsymbol{s}}$ と直交するため寄与しないことがわかる．

$$\int_{\text{上面，下面}} E(s)\hat{\boldsymbol{s}}\cdot d\boldsymbol{a} = 0$$

ステップ 4：「ガウスの法則の左辺と右辺が等しいことを要求して，電場を求める」ガウスの法則の左辺はステップ 3 を踏まえると $2\pi sLE(s)$ となり，ガウスの法則の右辺のガウス面に含まれる総電荷量 Q_{enc} は λL であり，両者を等しいとおいた

$$2\pi sLE(s) = \frac{1}{\varepsilon_0}\lambda L$$

から，未知関数であった $E(s)$ が求まり

$$\boldsymbol{E}(\boldsymbol{r}) = \frac{\lambda}{2\pi\varepsilon_0}\frac{1}{s}\hat{\boldsymbol{s}} \tag{3.24}$$

を得る．これは（電荷分布からの垂直距離を s ではなく z ととっているが）いくらか面倒な積分計算を必要とした式(3.15)そのものである．簡単に電場の式を求めることができたことに驚くかもしれないが，それは電場の呈する空間対称性を利用できたためであることを強調したい．一方で，式(3.6)によって与えられる長さが $2L$ の有限長の場合は，前提としている対称性が満たされていないため，ガウスの法則は**有用ではない**ことを注意しておく．

次に図 3.21 に示したように，無限長線電荷分布と同じく円柱対称性をもち，一様な体積電荷密度 ρ で

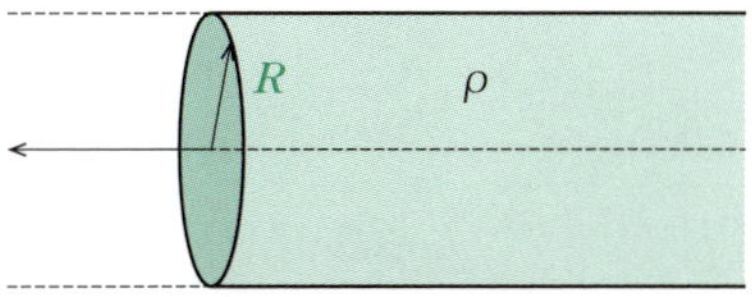

図 3.21 無限長円柱電荷分布の作る電場

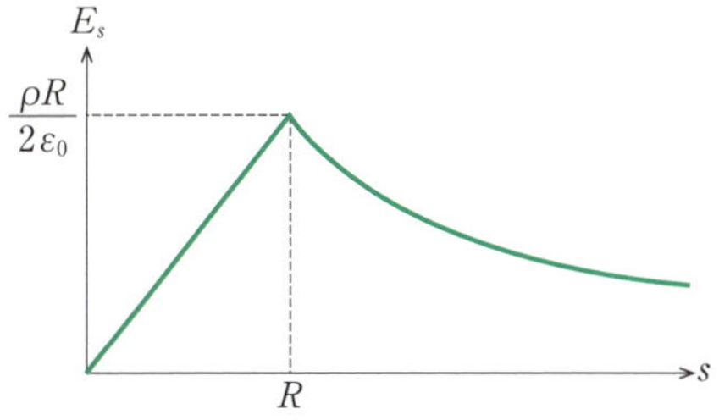

図 3.22 円柱電荷分布の作る電場

半径 R の太さをもった無限長円柱電荷分布の作る電場についてガウスの法則を用いて考えよう．実は電荷分布が同じ円柱対称性もつために，ステップ 1 からステップ 3 までは全く同じになる．よってステップ 4 から始めると，式(3.21)のガウスの法則の左辺は先ほどと同じく $2\pi sLE(s)$ となる．右辺のガウス面に含まれる総電荷量 Q_{enc} については場合分けが必要で，

$$Q_{\mathrm{enc}} = \begin{cases} \rho(\pi s^2)L & (s < R) \\ \rho(\pi R^2)L & (s > R) \end{cases}$$

であることに注意すると，

$$\boldsymbol{E}(\boldsymbol{r}) = \begin{cases} \dfrac{\rho}{2\varepsilon_0} s\hat{\boldsymbol{s}} & (s < R) \\ \dfrac{\rho(\pi R^2)}{2\pi\varepsilon_0}\dfrac{1}{s}\hat{\boldsymbol{s}} & (s > R) \end{cases}$$

の結果を得る．これらをグラフ（図 3.22）にプロットする．円柱電荷分布の外側（$s > R$）では $\lambda_{\mathrm{eff}} = \rho(\pi R^2)$ という有効線電荷密度をもつ太さのない無限長線電荷分布のように振る舞う点は，3.1.5 項の球電荷分布の場合にあたかも原点に全電荷が点電荷として集中したように振る舞うことと同様である．

3.2.3 球殻電荷分布と球電荷分布

3.1.4 項および 3.1.5 項でその電場の表式を求めた球殻電荷分布と球電荷分布についてガウスの法則を用いて再考する．これらの電荷分布は球対称性をもつためステップ 1 として球座標（r, θ, ϕ）を選び，ステップ 2 で電荷分布のもつ空間対称性から電場について $\boldsymbol{E}(\boldsymbol{r}) = E(r)\hat{\boldsymbol{r}}$ であることがわかる．よって，ステップ 3 ではガウス面として，半径 r の球面を選ぶことになる．ベクトル面素 $d\boldsymbol{a}$ が $r^2\sin(\theta)\, d\theta d\phi\hat{\boldsymbol{r}}$ であるのでガウスの法則（式(3.21)）の左辺は

$$E(r)\oint_{\text{球面}} \hat{\boldsymbol{r}}\cdot\hat{\boldsymbol{r}}r^2\sin(\theta)\, d\theta d\phi = 4\pi r^2 E(r)$$

となる．ここまでは球対称性をもつ球殻電荷分布と球電荷分布に共通の議論となる．ステップ 4 としてガウスの法則の右辺のガウス面に含まれる総電荷量 Q_{enc} を求めてみると球殻電荷分布の場合は

$$Q_{\mathrm{enc}} = \begin{cases} 0 & (r < R) \\ \sigma(4\pi R^2) & (r > R) \end{cases}$$

となり，球電荷分布の場合は

$$Q_{\mathrm{enc}} = \begin{cases} \rho\left(\dfrac{4\pi}{3}r^3\right) & (s < R) \\ \rho\left(\dfrac{4\pi}{3}R^3\right) & (s > R) \end{cases}$$

となる．ガウスの法則の左辺と右辺が等しいことを要求して，電場を求めると，（原点からの距離を r ではなく z ととっているが）球殻電荷分布の場合は式(3.17)に，球電荷分布の場合は式(3.18)に，それぞれ至る．かなり面倒な積分計算を経てこれらが求められたことを思い出すと，改めてガウスの法則は強力であることが認識できるだろう．さて，球殻電荷分布の場合 $r = R$ の場合については式(3.17)をみると，$Q_{\mathrm{enc}} = (1/2)\sigma(4\pi R^2)$ であることを意味していることになる．これは，球殻電荷密度分布を動経 r 方向にみていくと $r = R$ のところでスパイク状にデルタ関数的な振る舞いを示すことになり，$\varDelta$ を正として，スパイクをまたいで積分すると

$$\int_{R-\varDelta}^{R+\varDelta} \delta(r-R)\, dr = 1$$

であるが，スパイクの頂点までの積分だと

$$\int_{R-\varDelta}^{R} \delta(r-R)\, dr = \frac{1}{2}$$

であるという算術に対応していることになる．

3.2.4 無限平面電荷分布

式(3.16)で表わされる「一様な面電荷密度 σ をもつ無限平面電荷分布の作る電場」をガウスの法則で再考する．図 3.23 にあるように，この電荷分布は平面対称性をもつためステップ 1 としては面に垂直な方向に z 軸をとれば十分である．ステップ 2 では電荷分布のもつ平面対称性から電場について $\boldsymbol{E}(\boldsymbol{r}) = E(z)\hat{\boldsymbol{z}}$ であり，$E(z) = E(-z)$ であることがわかる．

よってステップ 3 では，賢いガウス面として図のように（断面はどんな形でもよいが）例えば断面積が A で長さが $2z$ の円柱を考える．ただし円柱の上面の位

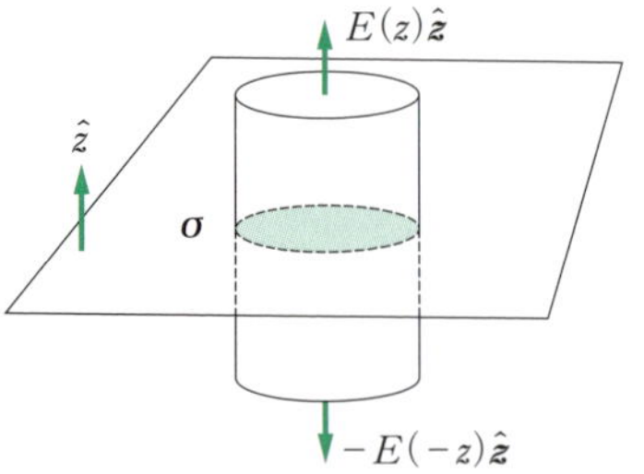

図 3.23　無限平面電荷分布が作る電場

置と下面の位置が無限平面電荷分布から同じ距離 z になるようにとることがポイントとなる．この円柱の表面にわたる面積分のうち円柱の側面に関してはベクトル面素 $d\boldsymbol{a}$ が電場の方向である $\hat{\boldsymbol{z}}$ と直交するため寄与しない．一方で，円柱の上面および下面に関しては，未知関数 $E(z)$ の値がそれらの面上では一定であるため積分の外に出すことができ，$d\boldsymbol{a}$ が上面では $da\hat{\boldsymbol{z}}$ で下面では $-da\hat{\boldsymbol{z}}$ なので面積分への寄与は

$$E(z)\int_{\text{上面}}\hat{\boldsymbol{z}}\cdot\hat{\boldsymbol{z}}\,da+E(-z)\int_{\text{下面}}(-\hat{\boldsymbol{z}})\cdot(-\hat{\boldsymbol{z}})\,da=2E(z)A$$

となる．ステップ 4 としてガウスの法則の右辺のガウス面に含まれる総電荷量 Q_{enc} を求めてみると，図 3.23 から明らかなように σA となる．ガウスの法則の左辺と右辺が等しいことを要求して，電場を求めると平面からの距離によらないという式(3.16)に至る．球殻電荷分布と球電荷分布ほどではないが，面倒な積分計算を経て式(3.16)が求められたことを思い出すと，やはりガウスの法則は強力であるといえる．

3.2.5　点，線，面電荷分布の作る電場の距離依存性を再考する

3.1 節ではいろいろな電荷分布の作る電場を考察してきたが，電荷分布からの距離を z として電場の大きさの z 依存性を眺めてみると，点電荷（0 次元電荷分布）の場合は式(3.2)のように z^{-2} であり，無限長の線電荷分布（1 次元電荷分布）の場合は式(3.15)のように z^{-1} であり，さらに無限に広い平面電荷分布（2 次元電荷分布）の場合は式(3.16)のように z^0 であり，電荷分布の空間次元と電場の大きさの距離 z 依存性に系統的な対応関係があることがわかる．これを以下のように理解してみよう．

まず，図 3.24 に示したように，同じ頂角をもち高さが 1 と z の円錐を考える．同じ小さな頂角（正確には同じ微小**立体角（solid angle）**）によって見込まれる円錐の底面にある電荷が，円錐の頂点（観測点）に作る微小電場の大きさ $dE(z)$ は，クーロンの法則により

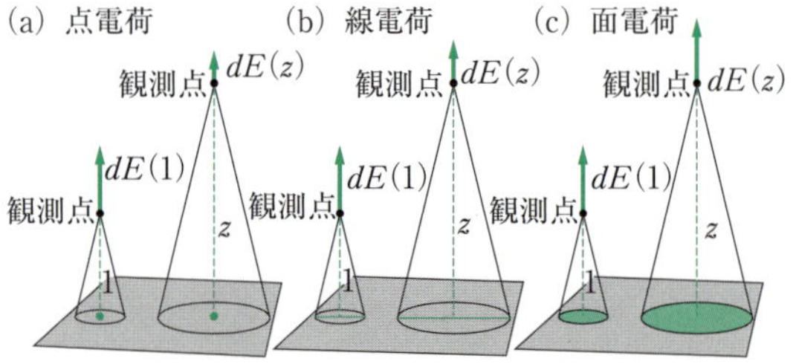

図 3.24　立体角による考察

$$dE(z)=\frac{1}{4\pi\varepsilon_0}\frac{\text{見込まれる電荷量}}{z^2}$$

と表される．ここで円錐の高さが 1 から z に変わると微小電場の大きさがどのような z 依存性を示すか，点電荷，線電荷，面電荷の順に考えてみよう．まず(a)点電荷の場合は高さが z 倍に変わっても，微小立体角により「見込まれる電荷量」は点のままであり変化せず z^0 倍になる．よって

$$dE(z)\sim\frac{z^0}{z^2}\sim z^{-2}$$

の z 依存性を示す．次に(b)線電荷の場合は高さが z 倍に変わると，微小立体角により「見込まれる電荷量」は線の長さが伸びるため z^1 倍になる．よって

$$dE(z)\sim\frac{z^1}{z^2}\sim z^{-1}$$

の z 依存性を式(3.15)のように示すことがわかる．さらに(c)面電荷の場合は高さが z 倍に変わると，微小立体角により「見込まれる電荷量」は面の面積が広がるため z^2 倍になる．よって

$$dE(z)\sim\frac{z^2}{z^2}\sim z^0$$

の z 依存性を式(3.16)のように示すことがわかる．つまり，面電荷分布が距離に依存しない電場を作ることは，「距離が離れてもクーロンの法則がもつ逆 2 乗則による電場強度の減少を有効な電荷量の増加が補っている」と理解できる．

さて，せっかく立体角という数学量が出てきたのでそれを少し補足し，3.1.4 項でみた「球殻電荷分布の内側では電場はどこでもゼロになる」という特異な性質がクーロンの法則がもつ逆 2 乗則に起因していることを立体角を用いて説明してみる．

図 3.25 にあるように，ベクトル面素 $d\boldsymbol{a}$ をもつ対象物の観測点（原点）からの見え方（いい換えれば，観測者の視界をどれだけ占めるか）は，（i）観測点からどのくらいの距離 r に対象物があるか，ばかりでなく，（ii）ベクトル面素 $d\boldsymbol{a}$ が観測点からの視線方向を

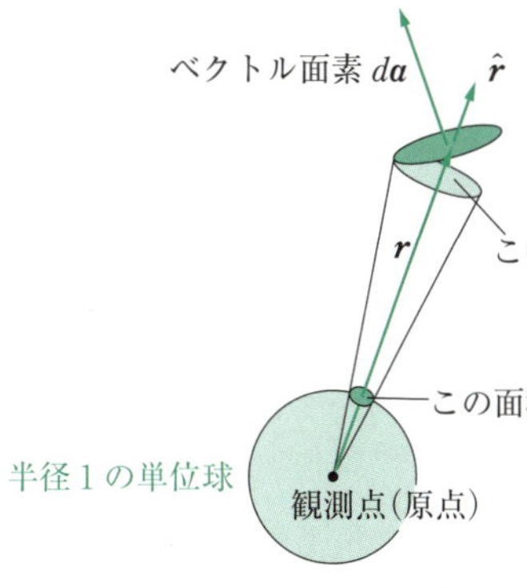

図 3.25　立体角

表す単位ベクトル $\hat{\boldsymbol{r}}$ に対してどれだけ傾いているか，により定まる．観測者の視界をどれだけ占めるかを表すために，観測点（原点）のまわりに半径 1 の単位球を考え，それが対象物によって切り取られる面積により，微小立体角 $d\Omega$ を定義する．容易に $d\Omega:\hat{\boldsymbol{r}}\cdot d\boldsymbol{a}=1:r^2$ の幾何学的関係があることがわかるので，微小立体角の表式

$$d\Omega=\frac{\hat{\boldsymbol{r}}\cdot d\boldsymbol{a}}{r^2}$$

を得る．さてここで「球殻電荷分布の内側では電場はどこでもゼロになる」の議論に戻ろう．

図 3.26 に示したように電場を考える観測点を頂点とする同じ $d\Omega$ をもつ円錐の組を考えて，それぞれの円錐の底面にある球殻電荷素片が観測点に作る電場を考えてみる．同じ $d\Omega$ をもつので

$$\frac{\hat{\boldsymbol{r}}_2\cdot d\boldsymbol{a}_2}{{r_2}^2}=d\Omega=\frac{\hat{\boldsymbol{r}}_1\cdot d\boldsymbol{a}_1}{{r_1}^2}$$

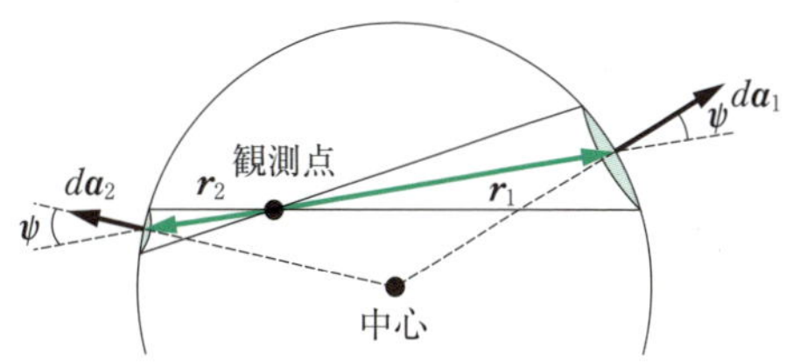

図 3.26　球殻電荷分布の内側では電場はどこでもゼロ

の関係式を得るが，球がもつ高い対称性のため $\boldsymbol{r}_1$ が $d\boldsymbol{a}_1$ となす角度 ψ は，$\boldsymbol{r}_2$ が $d\boldsymbol{a}_2$ となす角度に常に等しい．よって

$$\frac{\cos(\psi)da_2}{{r_2}^2}=d\Omega=\frac{\cos(\psi)da_1}{{r_1}^2}$$

$$\frac{1}{4\pi\varepsilon_0}\frac{\sigma da_2}{{r_2}^2}=\frac{1}{4\pi\varepsilon_0}\frac{\sigma da_1}{{r_1}^2}$$

と変形でき，左辺の $\boldsymbol{r}_2$ ベクトルが指し示す電荷量 σda_2 の電荷素片が観測点に作る電場の大きさは，右辺の $\boldsymbol{r}_1$ ベクトルが指し示す電荷量 σda_1 の電荷素片が観測点に作る電場の大きさと等しく相殺されるため，この円錐の組で球内を埋め尽くせば，球殻電荷分布の内側では電場はどこでもゼロになることがわかる．これも先ほどの面電荷分布の距離 z 依存性の議論と同じように，観測点からの距離が離れてもクーロンの法則がもつ逆 2 乗則による電場強度の減少を 2 乗則により増える有効な電荷量の増加が補っているといえる．本書ではガウスの法則（物理法則）をクーロンの法則とガウスの発散定理（数学定理）の組合せにより導出したが，立体角を用いても同様に（デルタ関数に戸惑うことなく）ガウスの法則を導出できる．

3.2 節まとめ

- **ガウスの法則（積分型）**

$$\oint_{\text{ガウス面}}\boldsymbol{E}\cdot d\boldsymbol{a}=\frac{1}{\varepsilon_0}Q_{\mathrm{enc}} \tag{3.25}$$

は，「電荷分布が作る電場に対して任意の閉曲面（ガウス面）を考えて，電場フラックスを計算するとその閉曲面（ガウス面）に含まれる総電荷量 Q_{enc} を ε_0 で割ったものに等しい」ことを表しており常に正しい．しかしながら有用なのは，3.2.2 項から 3.2.4 項にわたるいくつかの例で示したように，電場を担っている電荷密度分布が高い空間対称性をもつ場合だけである．その場合，電場の空間分布が（球対称性/円柱対称性/平面対称性といった）高い空間対称性をもつために極めて簡単に電場の表式を得ることができる．

- **点電荷（0 次元），線電荷分布（1 次元），面電荷分布（2 次元）の作る電場の大きさが示す距離 z の -2 乗，-1 乗，0 乗といった特徴的な距離依存性は，同じ立体角により見込まれる電荷量の変化を考えることにより理解できる．**

3.3 静電場の満たす場の方程式

2章で概観した電場と磁場が満たすマクスウェル方程式は，「場を特徴づけるその**発散**と**回転**」を「場の源である電荷密度および電流密度」と局所的に結びつける場の方程式の構造をもっているが，本節では電荷密度が時間変化しない場合の静電場の満たす場の方程式を，実験事実である重ね合わせの原理とクーロンの法則から出発して3.1節，3.2節を経てきたこの時点で求めてみる．

3.3.1 電場の発散

式(3.21)により表されるガウスの法則（積分型）

$$\oint_{\text{ガウス面}} \boldsymbol{E}\cdot d\boldsymbol{a} = \frac{1}{\varepsilon_0}Q_{\text{enc}}$$

から出発する．左辺をガウスの発散定理（$S \to V$）を用いて変形し，右辺の Q_{enc} を式(3.22)を用いて電荷密度の体積積分の形に変えると，

$$\int_V (\nabla\cdot\boldsymbol{E})\,d\tau = \frac{1}{\varepsilon_0}\int_V \rho(\boldsymbol{r})\,d\tau$$

を得るが，これを整理した

$$\int_V \left(\nabla\cdot\boldsymbol{E} - \frac{1}{\varepsilon_0}\rho(\boldsymbol{r})\right)d\tau = 0$$

は任意のガウス面で囲まれた領域 V で成り立つ必要があり，この体積積分の被積分関数が常にゼロである必要がある．よって静電場の満たす場の方程式の一つであり，空間座標のある1点で静電場のフラックス体積密度と電荷密度を結びつける

$$\nabla\cdot\boldsymbol{E} = \frac{1}{\varepsilon_0}\rho(\boldsymbol{r}) \tag{3.26}$$

を得る．これはガウスの法則（積分型）から導出したため**ガウスの法則（微分型）**とよばれる．

3.3.2 電場の回転

原点におかれた電荷 q の点電荷が作る電場の回転を考える．式(1.52)からその電場の回転は

$$\nabla\times\left(\frac{q}{4\pi\varepsilon_0}\frac{\hat{\boldsymbol{r}}}{r^2}\right) = \boldsymbol{0} \tag{3.27}$$

となる．複数の点電荷 $q_1, q_2, q_3, \cdots$ があるときは，

$$\boldsymbol{E} = \boldsymbol{E}_1 + \boldsymbol{E}_2 + \boldsymbol{E}_3 + \cdots$$

のように，それぞれの電荷の作る電場の**重ね合わせ**で，点電荷分布の作る電場が定まり，

$$\nabla\times\boldsymbol{E} = \boldsymbol{0} \tag{3.28}$$

という，静電場の循環面密度がすべての場所でゼロであるという場の方程式を得る．なお，簡単のために点電荷分布をあげて説明したが，連続電荷分布に対してもまったく同様である．

よって，静電場はその**回転**がすべての場所で常にゼロである**渦なしベクトル場**であり，1.4節で示したように，式(1.40)～(1.43)で表される特徴的な性質をもつ．

3.3.3 静電場の境界条件

静電場では与えられた体積電荷分布 $\rho(\boldsymbol{r})$ が作る電場を考えるが，厚さのない表面電荷分布 $\sigma(\boldsymbol{r})$ があると，円盤電荷分布（3.1.3項）および球殻電荷分布（3.1.4項）でみたように，表面電荷密度 σ を超えるときに（それが示すデルタ関数的な振る舞いのために）電場が大きさ σ/ε_0 の不連続性を呈する．ここでは，図3.27のように $\rho(\boldsymbol{r})$ に加え表面電荷密度分布 $\sigma(\boldsymbol{r})$ があるときにその表面の直上と直下での電場 $\boldsymbol{E}_{\text{直上}}$, $\boldsymbol{E}_{\text{直下}}$ が満たす境界条件について整理しておく．

まずは図3.27(a)のように表面電荷分布に垂直な $\hat{\boldsymbol{n}}$ 方向に図3.23のような断面積が A の円柱を考える．もし表面が曲がっていたり $\sigma(\boldsymbol{r})$ が場所により変化しているなら，σ が一定で曲面が平面にみえるまで小さい円柱を考えればよい．そうするとこの円柱をガウス面としてガウスの法則を適用することができ，円柱の高さをゼロにする操作をすれば円柱側面の電場フラックスの寄与がないため，

$$\boldsymbol{E}_{\text{直上}}\cdot\hat{\boldsymbol{n}}A + \boldsymbol{E}_{\text{直下}}\cdot(-\hat{\boldsymbol{n}})A = \frac{1}{\varepsilon_0}\sigma A$$

となり，その**垂直成分**についての条件

$$E^{\perp}_{\text{直上}} - E^{\perp}_{\text{直下}} = \frac{1}{\varepsilon_0}\sigma \tag{3.29}$$

が得られる．ここで電場 $\boldsymbol{E}_{\text{直上}}$, $\boldsymbol{E}_{\text{直下}}$ は $\rho(\boldsymbol{r})$ および $\sigma(\boldsymbol{r})$ の両者により作られるので，その向きは $\rho(\boldsymbol{r})$ だけによって作られる電場の力線の方向を向いているわけではないことを注意しておく．

次にその面内の平行成分についての条件を考えてみる．静電場が渦なしベクトル場であり「任意の経路に

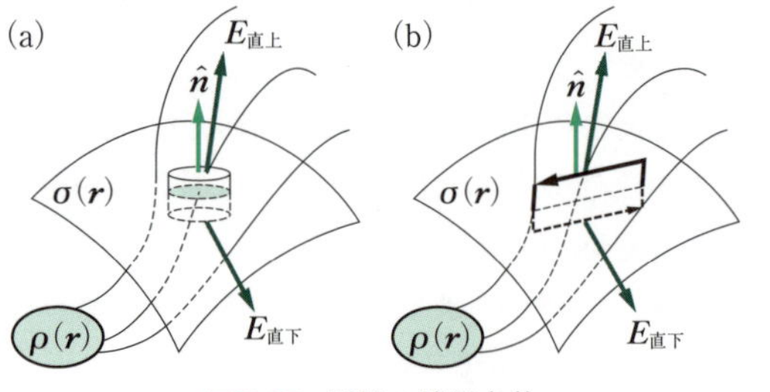

図3.27　電場の境界条件

わたる周回積分は常にゼロになる（式(1.42)）」

$$\oint \boldsymbol{E}\cdot d\boldsymbol{l} = 0$$

が成り立っていることを踏まえ，図 3.27(b)のように経路を取り，経路の垂直方向の厚さをゼロにする操作をすれば，**平行成分**についての条件

$$E^{\parallel}_{直上} = E^{\parallel}_{直下} \tag{3.30}$$

を得る．

3.3 節まとめ

- **静電場の場の方程式**
  静電場は空間座標のある 1 点で静電場のフラックス体積密度と電荷密度を結びつけるガウスの法則（微分型）とよばれる

$$\nabla\cdot\boldsymbol{E} = \frac{1}{\varepsilon_0}\rho(\boldsymbol{r}) \tag{3.31}$$

  および，静電場の循環面密度がすべての場所でゼロであるという

$$\nabla\times\boldsymbol{E} = \boldsymbol{0} \tag{3.32}$$

  の二つの場の方程式により表される．よって静電場は渦なしベクトル場であり，1.4 節で述べたように，式(1.40)〜(1.43)で表される特徴的な性質をもつ．
- **静電場の境界条件**
  表面電荷密度分布 σ を越えるときは，電場 $\boldsymbol{E}$ の面に垂直成分は大きさ σ/ε_0 の飛びがあり不連続である（式(3.29)）一方，面に平行成分は連続である（式(3.30)）．

3.4　静電ポテンシャル（電位）

前節で，静電場は渦なしベクトル場（$\nabla\times\boldsymbol{E} = \boldsymbol{0}$）であることを確かめたが，それゆえ 1.4.1 項で述べたように，スカラーポテンシャルとよばれるスカラー値関数の勾配として

$$\boldsymbol{E}(\boldsymbol{r}) = -\nabla V(\boldsymbol{r}) \tag{3.33}$$

のように静電場が表現できることになる．本節では電荷分布によって作られる電場をスカラーポテンシャルを通して眺めてみる．

3.4.1　静電ポテンシャル（電位）の導入

本書で広義のクーロンの法則として参照している式(3.14)から出発して，スカラーポテンシャル $V(\boldsymbol{r})$ の表式を求めてみる．その準備として，球座標における変数 r だけに依存する $1/r$ というスカラー値関数の勾配を式(1.14)により求めてみると，変数 r について微分したものだけが残るため，

$$\nabla\left(\frac{1}{r}\right) = -\frac{\hat{\boldsymbol{r}}}{r^2}$$

を得る．この右辺は 1.4.3 項で扱った原点におかれた点電荷の作る電場と同じ空間変化を表している．点電荷の位置を原点ではなく一般的に座標 $\boldsymbol{r}'$ に移して，そこから電場を調べる点 P の座標 $\boldsymbol{r}$ までの間隔ベクトルを $\boldsymbol{\mathscr{r}} = \boldsymbol{r}-\boldsymbol{r}'$ とし，その単位ベクトルを $\hat{\boldsymbol{\mathscr{r}}}$ とすると（図 3.15），

$$\nabla\left(\frac{1}{\mathscr{r}}\right) = -\frac{\hat{\boldsymbol{\mathscr{r}}}}{\mathscr{r}^2} \tag{3.34}$$

の関係式を得る（ただし，勾配の微分演算をする変数は場の点である点 P の座標 $\boldsymbol{r}$ についてであり，場の源の点の座標 $\boldsymbol{r}'$ ではないことを注意しておく）．

式(3.14)から出発して式(3.34)を用いると

$$\boldsymbol{E}(\boldsymbol{r}) = \frac{1}{4\pi\varepsilon_0}\int\frac{\rho(\boldsymbol{r}')}{\mathscr{r}^2}\hat{\boldsymbol{\mathscr{r}}}d\tau' = -\frac{1}{4\pi\varepsilon_0}\int\nabla\left(\frac{1}{\mathscr{r}}\right)\rho(\boldsymbol{r}')d\tau'$$
$$= -\nabla\left(\frac{1}{4\pi\varepsilon_0}\int\frac{\rho(\boldsymbol{r}')}{\mathscr{r}}d\tau'\right)$$

となり，**静電ポテンシャル（あるいは電位）**とよばれるスカラーポテンシャル

$$V(\boldsymbol{r}) = \frac{1}{4\pi\varepsilon_0}\int\frac{\rho(\boldsymbol{r}')}{\mathscr{r}}d\tau' \tag{3.35}$$

の表式を得る．つまり「電荷分布 $\rho(\boldsymbol{r}')$ が与えられると式(3.35)に従いスカラー量の積分をして，その勾配

を式(3.33)により計算することにより電場を求める」というベクトル問題をスカラー問題に還元する**ポテンシャルによる定式化**ができたことになる．このスカラー量の積分を式(3.14)の（単位ベクトル $\hat{\boldsymbol{\imath}}$ が積分中に動いてしまう）ベクトル量の積分と比較してみると計算が非常に簡単になっていることがわかる．なぜ3成分のベクトル量の計算を1成分のスカラー量の計算で担うことができるのかと疑問に思うかもしれないが，積分をして求めようとする静電場は渦なしベクトル場であり，$\nabla\times\boldsymbol{E}=\boldsymbol{0}$ を，例えばデカルト座標で成分表示してみると，

$$\frac{\partial E_x}{\partial y}=\frac{\partial E_y}{\partial x},\quad \frac{\partial E_z}{\partial y}=\frac{\partial E_y}{\partial z},\quad \frac{\partial E_x}{\partial z}=\frac{\partial E_z}{\partial x}$$

のように各成分の間には相互に強い関連があり，三つの成分は独立ではないからである．

ここまでの説明では静電ポテンシャル $V(\boldsymbol{r})$ はポテンシャルによる定式化ためのデバイスに過ぎないと思えるが，その物理的な意味を考えるために，正の単位電荷を試験電荷として考え，それに電場が及ぼす力 $\boldsymbol{E}$ に抗して，力 $-\boldsymbol{E}$ を作用させながら点 $\boldsymbol{a}$ から点 $\boldsymbol{b}$ まで準静的に単位電荷を運ぶための仕事 W を勾配定理（式(1.34)）を用いて計算してみると

$$W=-\int_{\boldsymbol{a}}^{\boldsymbol{b}}\boldsymbol{E}(\boldsymbol{r})\cdot d\boldsymbol{l}=\int_{\boldsymbol{a}}^{\boldsymbol{b}}(\nabla V(\boldsymbol{r}))\cdot d\boldsymbol{l}$$
$$=V(\boldsymbol{b})-V(\boldsymbol{a})$$

のようになる．この得られた関係式を用いると，

$$V(\boldsymbol{r})-V(\textbf{基準点})=-\int_{\textbf{基準点}}^{r}\boldsymbol{E}(\boldsymbol{r}')\cdot d\boldsymbol{l}'$$

にあるように，場の点である点Pの座標 $\boldsymbol{r}$ における静電ポテンシャルを含んだ左辺は，（あらかじめ求められている電場を用いて）適当に選んだ基準点から静電ポテンシャルを考える点 $\boldsymbol{r}$ まで，電場に抗して正の単位電荷を運ぶために必要な**仕事**として表すことができる．ここで単位正電荷を運ぶ経路は勾配定理が教えるように**任意**であることを強調しておく．さて，V（**基準点**）は式(3.33)における勾配の微分演算時に落ちてしまうため求められる電場には影響を与えず原理的にはどのようにとっても構わない量であるが，$V(\boldsymbol{r})$ 自身が基準点から $\boldsymbol{r}$ まで電場に抗して正の単位電荷を運ぶために必要な仕事を表すようにするために，$V(\textbf{基準点})=0$ として，

$$V(\boldsymbol{r})=-\int_{\textbf{基準点}}^{r}\boldsymbol{E}(\boldsymbol{r}')\cdot d\boldsymbol{l}' \tag{3.36}$$

の表式を得る．基準点はどこにとっても構わないが，通常は無限遠方を選ぶ．例えば，先に求めた静電ポテンシャルの表式(3.35)では，電荷分布 $\rho(\boldsymbol{r}')$ が有限の領域にあれば $r\to\infty$ の遠方では点電荷とみなせるので $V\to 0$ となり，**無限遠方で $V=0$ となる基準**が選ばれていることになる．そのようにすれば，静電ポテンシャル $V(\boldsymbol{r})$ のもとで試験電荷 Q を無限遠方から $\boldsymbol{r}_0$ の位置まで運んでくるために必要な仕事は $QV(\boldsymbol{r}_0)$ となる．もちろん無限長線電荷分布や無限平面電荷分布の場合は電荷分布が有限の領域に留まっていないので「無限遠方」を基準点にすることはできない．この点については3.4.3項で述べる．

3.4.2　球電荷分布を例にしたポテンシャルの計算

ここでは，球電荷分布（3.1.5項）を例にとり，前項で述べた二つの方法によりそのポテンシャルを具体的に求めてみよう．

その1「式(3.36)に従い，あらかじめその表式が求められている電場を適当な**任意の**経路で基準点からポテンシャルを考える地点まで線積分して静電ポテンシャルを求める方法」基準点を $r\to\infty$ の無限遠方にとり，

$$V(\boldsymbol{r}_0)=-\int_{\infty}^{r_0}\boldsymbol{E}(\boldsymbol{r})\cdot d\boldsymbol{l}$$

となる．線積分する経路として原点から動径方向を向く直線を選び（$d\boldsymbol{l}=dr\hat{\boldsymbol{r}}$），あらかじめ求められている電場の表式（式(3.18)において，その全電荷量を $Q=\rho(4/3)\pi R^3$ とし，z を r に置き換えた）

$$\boldsymbol{E}(\boldsymbol{r})=\begin{cases}\dfrac{Q}{4\pi\varepsilon_0}\dfrac{1}{r^2}\hat{\boldsymbol{r}} & (r>R)\\[2mm] \dfrac{Q}{4\pi\varepsilon_0}\dfrac{r}{R^3}\hat{\boldsymbol{r}} & (r<R)\end{cases} \tag{3.37}$$

を踏まえて，ポテンシャルを求める座標 $\boldsymbol{r}_0$ が，球電荷分布の外側であるか，内側であるかにより場合分けをすると，$r_0>R$ の場合は

$$V(\boldsymbol{r}_0)=-\int_{\infty}^{r_0}\frac{Q}{4\pi\varepsilon_0}\frac{1}{r^2}\hat{\boldsymbol{r}}\cdot dr\,\hat{\boldsymbol{r}}=-\frac{Q}{4\pi\varepsilon_0}\int_{\infty}^{r_0}\frac{1}{r^2}\,dr$$
$$=\frac{Q}{4\pi\varepsilon_0}\frac{1}{r_0}$$

逆に $r_0<R$ の場合は

$$V(\boldsymbol{r}_0)=-\int_{\infty}^{R}\frac{Q}{4\pi\varepsilon_0}\frac{1}{r^2}\hat{\boldsymbol{r}}\cdot dr\,\hat{\boldsymbol{r}}-\int_{R}^{r_0}\frac{Q}{4\pi\varepsilon_0}\frac{r}{R^3}\hat{\boldsymbol{r}}\cdot dr\,\hat{\boldsymbol{r}}$$
$$=-\int_{\infty}^{R}\frac{Q}{4\pi\varepsilon_0}\frac{1}{r^2}\,dr-\int_{R}^{r_0}\frac{Q}{4\pi\varepsilon_0}\frac{r}{R^3}\,dr$$
$$=\frac{Q}{4\pi\varepsilon_0}\frac{1}{2R^3}(3R^2-{r_0}^2)$$

を得る．

その2「式(3.35)に従い，文字通り微小電荷量

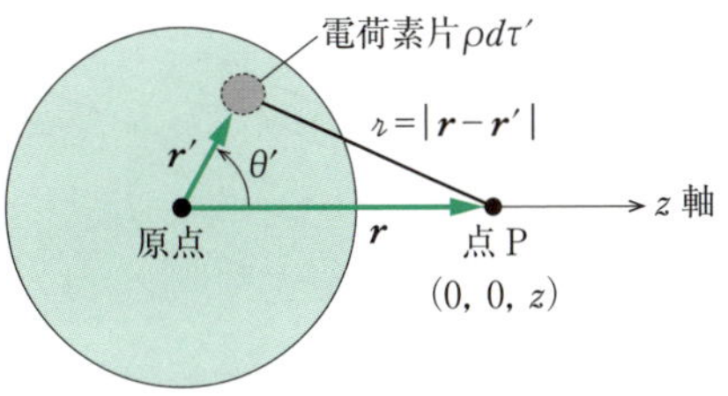

図 3.28　球電荷分布が作る静電ポテンシャル

$\rho(\boldsymbol{r}')d\tau'$ をもつ電荷素片のポテンシャルへの寄与を足し上げる方法」場の点である点 P を指し示す座標 $\boldsymbol{r}$ としてデカルト座標をとり，半径 R の球内の電荷素片の位置を指し示す $\boldsymbol{r}'$ の座標として球座標 $(r', 0a', \phi')$ をとる．図 3.28 では球座標の z 軸上に点 P をとっているが一般性は失われていないことを注意しておく．

$$\mathscr{r} = |\boldsymbol{r}-\boldsymbol{r}'| = \sqrt{z^2+r'^2-2zr'\cos(\theta')}$$

$$\rho d\tau' = \rho r'^2 \sin(\theta')d\phi' d\theta' dr'$$

に注意して計算を進めると

$$\begin{aligned} V(\boldsymbol{r}) &= \frac{1}{4\pi\varepsilon_0}\int \frac{\rho}{\mathscr{r}} d\tau' \\ &= \frac{\rho}{4\pi\varepsilon_0}\int_0^{2\pi} d\phi' \int_0^R dr' I(r') \end{aligned}$$

ここで θ' についての積分によって定まる $I(r')$ は

$$\begin{aligned} I(r') &= \int_0^{\pi} d\theta' \frac{r'^2\sin(\theta')}{\sqrt{z^2+r'^2-2zr'\cos(\theta')}} \\ &= \int_{-1}^{1} \frac{r'^2 du}{\sqrt{z^2+r'^2-2zr'u}} \\ &= \left[-\frac{r'\sqrt{z^2+r'^2-2zr'u}}{z}\right]_{-1}^{1} \\ &= \frac{r'}{z}(-|z-r'|+|z+r'|) \\ &= \begin{cases} 2\dfrac{r'^2}{z} & (r' < z) \\ 2\dfrac{r'}{z}z & (r' > z) \end{cases} \end{aligned}$$

となる（途中で $u \equiv \cos(\theta')$ と変数の置き換えをした）．よって残った変数 r' についての積分計算を進める際は，場の点 P が球電荷分布の外側（$z > R$）の場合は積分区間を区切ることなく（$0 \sim R$）の区間で積分すればよいが，場の点 P が球電荷分布の内側（$R > z$）の場合は r についての積分を（$0 \sim z$）の区間と（$z \sim R$）の区間に分けて行う必要がある．よって $z > R$ の場合は

$$V(\boldsymbol{r}) = \frac{\rho}{2\varepsilon_0}\int_0^R 2\frac{r'^2}{z}dr' = \frac{Q}{4\pi\varepsilon_0}\frac{1}{z}$$

逆に $z < R$ の場合は

$$\begin{aligned} V(\boldsymbol{r}) &= \frac{\rho}{2\varepsilon_0}\left(\int_0^z 2\frac{r'^2}{z}dr' + \int_z^R 2\frac{r'}{z}z\,dr'\right) \\ &= \frac{Q}{4\pi\varepsilon_0}\frac{1}{2R^3}(3R^2-z^2) \end{aligned}$$

を得るが，これは z を r_0 と読み替えれば，先に「その 1」の方法で導出したものと同じであり，確かに二つの方法で同じ結果を得ていることがわかる．

まとめると，球座標表示で

$$V(\boldsymbol{r}) = \begin{cases} \dfrac{Q}{4\pi\varepsilon_0}\dfrac{1}{r} & (r > R) \\ \dfrac{Q}{4\pi\varepsilon_0}\dfrac{1}{2R^3}(3R^2-r^2) & (r < R) \end{cases} \tag{3.38}$$

となる．

最後に静電ポテンシャルが局所的に満たす場の方程式を求めるために，静電場の満たす場の方程式（式(3.31)）に $\boldsymbol{E}(\boldsymbol{r}) = -\nabla V(\boldsymbol{r})$ を代入してみると

$$\nabla^2 V(\boldsymbol{r}) = -\frac{\rho(\boldsymbol{r})}{\varepsilon_0} \tag{3.39}$$

のようにラプラシアンを含んだ**ポアソン方程式**とよばれる $V(\boldsymbol{r})$ についての場の方程式を得る．

3.4.3 無限長線電荷分布と無限平面電荷分布

静電ポテンシャルの基準点に関して，無限長線電荷分布や無限平面電荷分布の場合は電荷分布が有限の領域に留まっていないので「無限遠方」を基準点にすることはできないことを 3.4.1 項で言及した．無限長線電荷分布についてこの事情をみてみよう．式(3.24)により与えられる無限長線電荷分布が作る電場の表式から式(3.36)により静電ポテンシャルを求めると

$$V(\boldsymbol{r}) = -\frac{\lambda}{2\pi\varepsilon_0}\ln(s) + V(\text{基準点})$$

となるが対数関数 ln は遠方ではゼロにならない関数であるので，適当な場所 $s = a$ を基準点として $V = 0$ となるように，

$$V(\boldsymbol{r}) = -\frac{\lambda}{2\pi\varepsilon_0}\ln\left(\frac{s}{a}\right)$$

が得られる．また無限平面電荷分布についても無限遠方ではなく平面電荷分布がある $z = 0$ を基準点として $V = 0$ となるように，

$$V(\boldsymbol{r}) = -\frac{\sigma}{2\varepsilon_0}|z|$$

が得られる．ちなみに無限遠方で $V = 0$ となる基準が前提となっている式(3.35)に従って，これらの静電

ポテンシャルを計算すると V（無限遠方）は発散してしまうことを注意しておく．

3.4.4 電気力線と等電位面（線）

静電ポテンシャル（電位）$V(\boldsymbol{r})$ とその勾配ベクトル場である静電場 $\boldsymbol{E}(\boldsymbol{r})$ のようすを端的に表す**等電位面（線）**と**電気力線（line of electric force）**についてまとめておく．電気力線はその接線の方向が各点における電場ベクトルの方向と一致するように連ねて描かれた曲線であり，電場の様子をつかむのには適した表示である．しかし，その一方で電場の強さの情報が接線を描く際に失われているように思うかもしれないが，実は電場の相対的な大きさの情報は電気力線の密度により示すことができる．このことを，図 3.29 のように電気力線を側面にもつようなチューブ（電気力管）を設定して考えてみよう．両端の微小断面が力線を垂直に切るように，いい換えれば，断面において一定とみなされる電場ベクトル $\boldsymbol{E}_1$ と $\boldsymbol{E}_2$ にそれぞれ平行になるように両端の面積ベクトル $d\boldsymbol{a}_1$ と $d\boldsymbol{a}_2$ をとり，これにガウスの法則を用いてみる．電気力管の中に電荷がないとすれば，ガウスの法則の右辺はゼロであり，左辺の面積分において側面は寄与しないため，

$$E_1 da_1 - E_2 da_2 = 0$$

を得る．これを整理すると，

$$\frac{E_2}{E_1} = \frac{\text{電気力線の数}/da_2}{\text{電気力線の数}/da_1} \tag{3.40}$$

となり，電荷がないことにより保存される電気力線の単位面積あたりの本数（電気力線の密度）で電場の強さが決まり，異なる場所における電気力線の相対的な密度の違いにより，相対的な電場の大きさの違いがわかることになる．

具体的な例として，大きさの異なる正の電荷 q_1 と負の電荷 q_2 の作る電場を描いてみると図 3.30 のようになる．

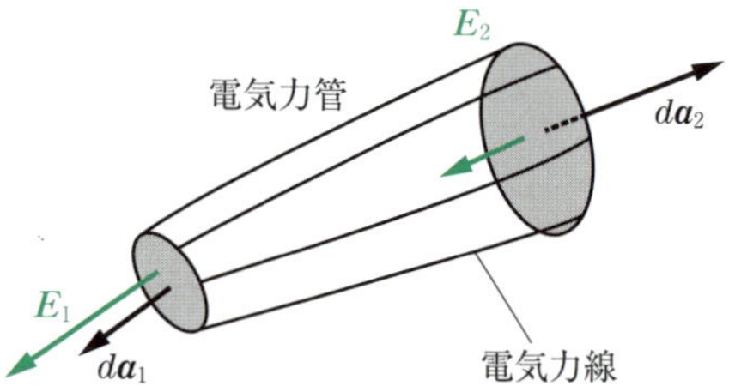

図 3.29　電気力管

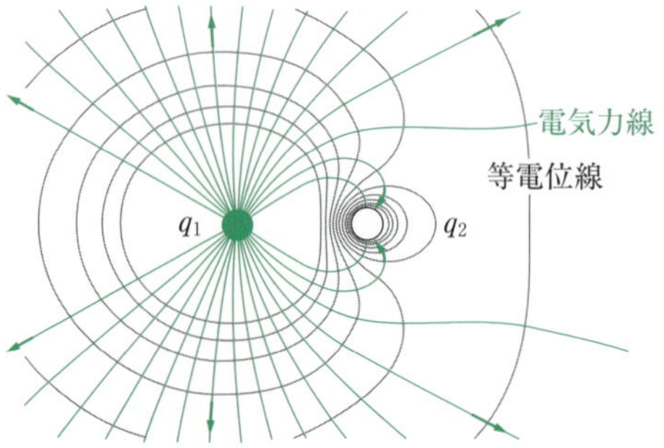

図 3.30　2 個の点電荷（$q_1 = 5$C，$q_2 = -1$C）の作る電場

静電ポテンシャルの値が等しいところを結んだ等電位面（線）と電場の方向を向く電気力線は，（1.2.1 項で勾配ベクトル場の示す重要な性質として言及したように）直交していることがわかる．ガウスの法則（微分型）$\varepsilon_0 \nabla \cdot \boldsymbol{E} = \rho$ が教えるように，正の発散を与える点電荷 q_1 だけから電気力線が湧き出していて，電荷の存在しない領域では電場の発散はゼロであるため電気力線の湧き出しも吸い込みもないようすが読み取れる．また q_1 から遠方に離れると電場が弱まることも，式(3.40)の示すように電気力線の密度の減少として明瞭にみられる．さらに q_1 から湧き出した電気力線は，（q_2 が負の発散を与えるが q_1 よりその絶対値が小さいために）点電荷 q_2 に**部分的に**吸い込まれて，残りがさらに右側遠方に伸びているようすがみえる．

3.4 節まとめ

- **電荷密度 $\rho(\boldsymbol{r})$，静電場 $\boldsymbol{E}(\boldsymbol{r})$，静電ポテンシャル（電位）$V(\boldsymbol{r})$ の相互関係**

  3 章では典型的な静電気学の問題として，電荷密度 $\rho(\boldsymbol{r})$ が与えられ，それが作り出す静電場 $\boldsymbol{E}(\boldsymbol{r})$ を求めることを，中間ステップとしての静電ポテンシャル（電位）$V(\boldsymbol{r})$ を含めて議論してきた．これらの基本的な三つの量が揃ったところで，それらが相互にどのように関係しているかを，これまで導出した関係式を並べて俯瞰し（代表的な電荷密度分布の一つである球電荷分布の場合を例にとって）整理しておく．

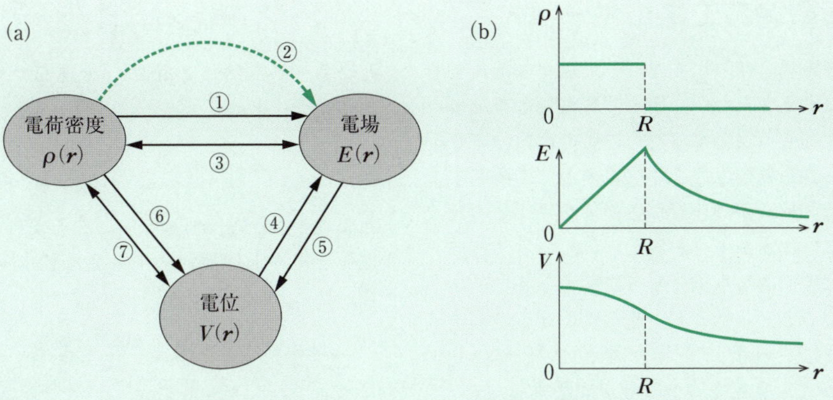

図 3.31 (a)相互関係図，(b)球電荷分布における ρ，E（式(3.37)），V（式(3.38)）の概形

図 3.31(a)において

① クーロンの法則 $\boldsymbol{E}(\boldsymbol{r}) = \dfrac{1}{4\pi\varepsilon_0}\displaystyle\int \frac{\rho(\boldsymbol{r}')}{\mathscr{r}^2}\hat{\boldsymbol{\mathscr{r}}}d\tau'$ (3.14)

② ガウスの法則（積分型） $\displaystyle\oint_{\text{ガウス面}} \boldsymbol{E}\cdot d\boldsymbol{a} = \frac{1}{\varepsilon_0}Q_{\mathrm{enc}}$ **（ρ の空間対称性が高い場合にのみ有効）** (3.25)

③ 静電場の場の方程式 $\nabla\cdot\boldsymbol{E} = \dfrac{1}{\varepsilon_0}\rho(\boldsymbol{r})$ (3.31)

$\nabla\times\boldsymbol{E} = \boldsymbol{0}$ (3.32)

④ 静電ポテンシャルの勾配として電場を求める $\boldsymbol{E}(\boldsymbol{r}) = -\nabla V(\boldsymbol{r})$ (3.33)

⑤ 電場を線積分して静電ポテンシャルを求める $V(\boldsymbol{r}) = -\displaystyle\int_{\text{基準点}}^{r} \boldsymbol{E}(\boldsymbol{r}')\cdot d\boldsymbol{l}'$ (3.36)

⑥ 電荷素片からの寄与を体積積分して静電ポテンシャルを求める $V(\boldsymbol{r}) = \dfrac{1}{4\pi\varepsilon_0}\displaystyle\int \frac{\rho(\boldsymbol{r}')}{\mathscr{r}}d\tau'$ (3.35)

⑦ ポアソン方程式 $\nabla^2 V = -\dfrac{\rho}{\varepsilon_0}$ (3.39)

に対応している．図 3.31(b)にその ρ，E（式(3.37)），V（式(3.38)）の概形を示した「球電荷分布」については，①は 3.1.5 項で，②は 3.2.3 項で，⑤は 3.4.2 項（その 1）で，⑥は 3.4.2 項（その 2）で計算済みなので，ここでは④，③，⑦について確認をしてみる．まず④は（式(1.14)）を用いて式(3.38)の勾配を計算すると確かに式(3.37)になることがわかる．③については（式(1.15)）を用いて式(3.37)の発散を計算すると確かに $r < R$ の領域のみで一定の値 $Q/((4/3)\pi R^3)$ をとる電荷密度 ρ になることがわかる．また逆に場の方程式を適切な境界条件を課して微分方程式として解くことにより，与えられた電荷分布から電場を求めることもできる．⑦についても（式(1.17)）を用いて式(3.38)のラプラシアンを計算すると③と同じ結果に至ることがわかる．また逆にポアソン方程式という場の方程式を適切な境界条件を課して微分方程式として解くことにより，与えられた電荷分布から静電ポテンシャルを求めることもできる．

- **電気力線**

電気力線はその接線の方向が各点における電場ベクトルの方向と一致するように連ねて描かれた曲線であり，電場のようすをつかむのには適した表示であり，電場の相対的な大きさの情報を電気力線の密度により表している．

3.5　静電場のエネルギー

これまでは静電場を作り出す源として色々な電荷密度分布を前提に考えてきたが，例えば球電荷分布を構成する電荷素片同士は反発するため，この電荷分布を何もないところから電荷素片を順次組み上げて構成するためには当然，何らかの仕事が必要であり，その意味で電荷分布にはエネルギーが蓄えられていることになる．本節では離散的な点電荷分布に蓄えられたエネルギーを考えることから始めて，連続電荷分布のエネルギーを考察し最終的に電場が単位体積あたり $\varepsilon_0 E^2/2$ のエネルギー密度をもつことを説明する．

3.5.1　点電荷分布のエネルギー

図 3.32 のように電荷を一つずつ無限遠方から運んできて，電荷量 q_i の点電荷が $\boldsymbol{r}_i$ に位置している点電荷分布（$i = 1, 2, \cdots, n$）全体を組み上げるために必要な仕事を考えてみよう．

最初に 1 番目の電荷 q_1 を無限遠方から $\boldsymbol{r}_1$ まで運ぶ際には，他の電荷はまだ登場していないので電荷 q_1 に働く電場はゼロであり必要な仕事 W_1 はゼロとなる．次に，2 番目の電荷 q_2 が無限遠方から運ばれてくる際には $\boldsymbol{r}_1$ にある電荷 q_1 の作る静電ポテンシャルを感じるため，3.4.1 項で説明した「静電ポテンシャル $V(\boldsymbol{r})$ のもとで試験電荷 Q を無限遠方から $\boldsymbol{r}_0$ の位置まで運んでくるために必要な仕事は $QV(\boldsymbol{r}_0)$ となる」を思い出せば，必要な仕事 W_2 は

$$W_2 = q_2 \frac{1}{4\pi\varepsilon_0}\left(\frac{q_1}{\mathscr{r}_{12}}\right)$$

となる（ここで，$\mathscr{r}_{12} \equiv |\boldsymbol{r}_1 - \boldsymbol{r}_2|$ は図 3.32 にあるように電荷 q_1 と電荷 q_2 が所定の場所におかれたときの電荷間の距離）．さらに，3 番目の電荷 q_3 が無限遠方から運ばれてくる際には，$\boldsymbol{r}_1$ にある電荷 q_1 および fr_2 にある電荷 q_2 の両者が作る静電ポテンシャルを感じるため，必要な仕事 W_3 は

$$W_3 = q_3 \frac{1}{4\pi\varepsilon_0}\left(\frac{q_1}{\mathscr{r}_{13}} + \frac{q_2}{\mathscr{r}_{23}}\right)$$

となる．同様にして電荷 q_4 を運んでくるためにさらに必要な仕事は

$$W_4 = q_4 \frac{1}{4\pi\varepsilon_0}\left(\frac{q_1}{\mathscr{r}_{14}} + \frac{q_2}{\mathscr{r}_{24}} + \frac{q_3}{\mathscr{r}_{34}}\right)$$

となる．よって，何もないところから 4 番目までの点電荷を組み上げるために必要な仕事 $W_1 + W_2 + W_3 + W_4$ は

$$\frac{1}{4\pi\varepsilon_0}\left(\frac{q_1q_2}{\mathscr{r}_{12}} + \frac{q_1q_3}{\mathscr{r}_{13}} + \frac{q_1q_4}{\mathscr{r}_{14}} + \frac{q_2q_3}{\mathscr{r}_{23}} + \frac{q_2q_4}{\mathscr{r}_{24}} + \frac{q_3q_4}{\mathscr{r}_{34}}\right)$$

となる．これらは一般的には図 3.33(a)の図のように条件 $j > i$ を満たしながら，2 個の電荷の組を選んで，その電荷の積 q_iq_j をその間隔距離 $\mathscr{r}_{ij}$ で割ったものを集めるという

$$W = \frac{1}{4\pi\varepsilon_0}\sum_{i=1}^{n}\sum_{j>i}^{n}\frac{q_iq_j}{\mathscr{r}_{ij}}$$

の形で書くことができる．

しかしながら条件 $j > i$ は（点電荷分布を組み上げる順番を想起させ）面倒であり，むしろ図 3.33(b)の図式のように意図的に電荷の組みを 2 回数えて後で半分にする，

$$W = \frac{1}{2}\frac{1}{4\pi\varepsilon_0}\sum_{i=1}^{n}\sum_{j\neq i}^{n}\frac{q_iq_j}{\mathscr{r}_{ij}}$$

の形が（もはや点電荷分布を組み上げる順番に関係なく）扱いやすい．なお，図 3.33 の図で $i = j$ に×が振られているように $i = j$ は和には含まれていないことを注意しておく．因子 q_i を前に出して

$$W = \frac{1}{2}\sum_{i=1}^{n} q_i\left(\sum_{j\neq i}^{n}\frac{1}{4\pi\varepsilon_0}\frac{q_j}{\mathscr{r}_{ij}}\right)$$

のように書くと，括弧の中はまさに電荷 q_i 以外の他のすべての電荷が $\boldsymbol{r}_i$ の位置に作る静電ポテンシャル $V(\boldsymbol{r}_i)$ であり，何もないところから点電荷分布を組み上げるために必要な仕事は最終的には，

$$W = \frac{1}{2}\sum_{i=1}^{n} q_i V(\boldsymbol{r}_i) \tag{3.41}$$

と書くことができ，この点電荷分布に蓄えられたエネ

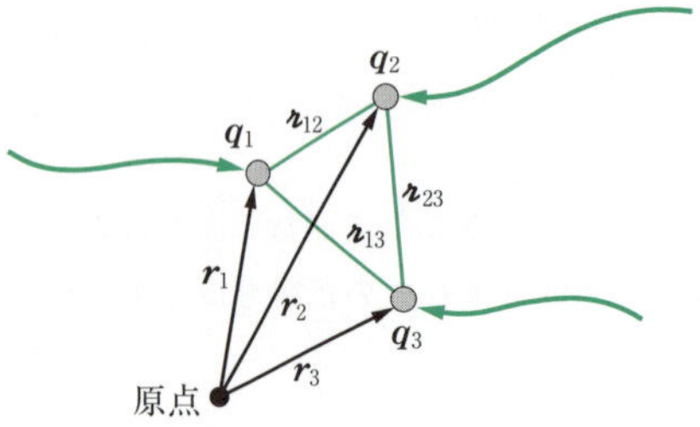

図 3.32　点電荷分布を作る

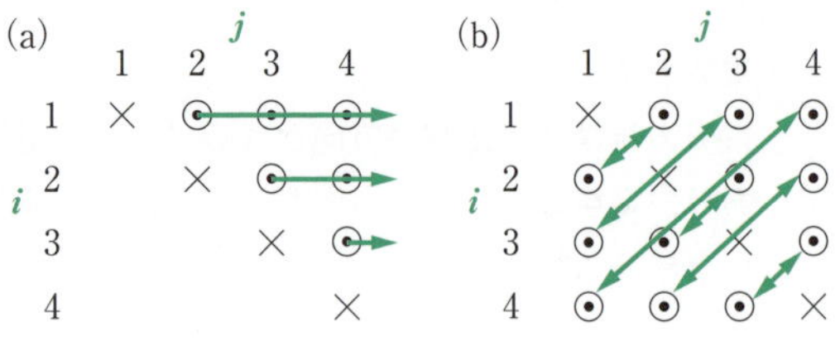

図 3.33　点電荷の組みの数え方

ルギーの表式を得る．

3.5.2　連続電荷分布のエネルギー

離散的な点電荷分布の場合を前項では扱ったが，体積電荷密度 $\rho(\boldsymbol{r})$ で表される連続電荷分布に対しては，式(3.41)を

$$W = \frac{1}{2}\int \rho(\boldsymbol{r})V(\boldsymbol{r})\,d\tau \tag{3.42}$$

とおき換えればよいだろう．この結果を電荷分布 ρ 自身ではなくそれらが作る電場 $\boldsymbol{E}$ を用いて表すことを考えてみる．まずはガウスの法則（微分型）$\rho = \varepsilon_0\nabla\cdot\boldsymbol{E}$ を用いて

$$W = \frac{\varepsilon_0}{2}\int(\nabla\cdot\boldsymbol{E})V\,d\tau$$

と変形し，部分積分公式（式(1.37)）を用いて

$$W = \frac{\varepsilon_0}{2}\left[-\int \boldsymbol{E}\cdot(\nabla V)d\tau + \oint V\boldsymbol{E}\cdot d\boldsymbol{a}\right]$$

と書き換え，さらに $\nabla V = -\boldsymbol{E}$ を用いて

$$W = \frac{\varepsilon_0}{2}\left(\int_V E^2 d\tau + \oint_S V\boldsymbol{E}\cdot d\boldsymbol{a}\right) \tag{3.43}$$

を得る．式(3.42)に立ち戻れば，この積分領域は電荷分布 $\rho(\boldsymbol{r})$ が存在する有限の領域であるが，その領域を電荷分布全体を包んでいるさらに大きい領域に拡張しても，電荷分布の外は $\rho = 0$ なので，式(3.43)が与えるエネルギー W は変わらないはずである．それを踏まえて，積分する領域を全空間に広げると式(3.43)の第 2 項目を構成する E は $1/r^2$ のように，V は $1/r$ のように，さらに表面積 S は r^2 のように変化し，第 2 項目の面積分全体は $1/r$ のように振る舞うので $r\to\infty$ では減衰し消えてしまい，電場 $\boldsymbol{E}$ だけで表される

$$W = \frac{\varepsilon_0}{2}\int_{\text{全空間}} E^2\,d\tau \tag{3.44}$$

に至る．これは式(3.42)を電場 $\boldsymbol{E}$ を用いて書き換えたに過ぎないが，エネルギーは電荷分布に蓄えられているのではなく電場そのものにエネルギー密度 $\varepsilon_0 E^2/2$ で蓄えられているとも解釈できる．もちろん静電気学の範囲ではこの点は区別がつかないが，5.4 節で学ぶ電磁波においては，電荷の存在しない真空中をエネルギーおよび運動量をもつ物理的実体として電磁場が光速度で移動することから，電場そのものにエネルギーが蓄えられていると解釈することが適切であることがわかる．

3.5.3　点電荷の自己エネルギー

球電荷分布の作る電場（式(3.37)）に蓄えられたエネルギーを，式(3.44)を用いて計算してみると

$$\begin{aligned} W &= \frac{\varepsilon_0}{2}4\pi\left(\int_0^R\left(\frac{Q}{4\pi\varepsilon_0}\frac{r}{R^3}\right)^2 r^2\,dr \right.\\ &\quad \left. + \int_R^\infty\left(\frac{Q}{4\pi\varepsilon_0}\frac{1}{r^2}\right)^2 r^2\,dr\right)\\ &= \frac{Q^2}{4\pi\varepsilon_0}\frac{3}{5R} \end{aligned}$$

を得る．電荷 Q の点電荷がもつエネルギーはまさにこの式で $R\to 0$ の極限をとればよいはずであるが，点電荷の極限をとると無限大に発散してしまう．点電荷という大きさがない 1 点に電荷が集中した特別な電荷分布のもつエネルギー（いい換えれば点電荷分布を生成するための自己エネルギー）は発散していることになる．一方，点電荷からなる離散的な電荷分布におけるエネルギーの式(3.41)に戻ってみると，点電荷を扱っているにもかかわらず，このような発散は現れなかった．式(3.41)の中の静電ポテンシャル $V(\boldsymbol{r}_i)$ には電荷 q_i の作るポテンシャルは入っていないが，式(3.42)の中の静電ポテンシャル $V(\boldsymbol{r})$ にはすべての寄与が入っている．さらには，$\boldsymbol{r}_1$ にある点電荷 q_1 と $\boldsymbol{r}_2$ にある点電荷 q_2 からなる電荷分布を考えると，式(3.41)によれば二つの点電荷の符号によりエネルギー

$$W = \frac{1}{4\pi\varepsilon_0}\frac{q_1 q_2}{\mathscr{r}_{12}} \tag{3.45}$$

は正にも負にもなりうるが，式(3.42)（あるいはそれと等価である式(3.44)）によれば（被積分関数が正であるため）常にエネルギーは正のはずであり整合性がないように思えてしまう．これらの事情を整理するために上記の二つの点電荷が作る電場

$$\boldsymbol{E}(\boldsymbol{r}) = \boldsymbol{E}_1 + \boldsymbol{E}_2 = \frac{q_1}{4\pi\varepsilon_0}\frac{\hat{\boldsymbol{\mathscr{r}}}_1}{\mathscr{r}_1{}^2} + \frac{q_2}{4\pi\varepsilon_0}\frac{\hat{\boldsymbol{\mathscr{r}}}_2}{\mathscr{r}_2{}^2}$$

について，式(3.44)によりエネルギーを計算してみると

$$\begin{aligned} W &= \frac{\varepsilon_0}{2}\int(\boldsymbol{E}_1+\boldsymbol{E}_2)^2 d\tau\\ &= \frac{\varepsilon_0}{2}\int(E_1)^2 d\tau + \frac{\varepsilon_0}{2}\int(E_2)^2\,d\tau\\ &\quad + \varepsilon_0\int(\boldsymbol{E}_1\cdot\boldsymbol{E}_2)\,d\tau \end{aligned}$$

となり，第 1 項目は電荷 q_1 の自己エネルギー，第 2 項目は電荷 q_2 の自己エネルギーであり，第 3 項目は（計算の詳細は省略するが）まさに上記の式(3.45)と

なることがわかる．つまり式(3.41)は，無限大の自己エネルギーをあらかじめ除く，点電荷を扱うにふさわしい方法になっていて，形式的なおき換えを行った式(3.41)と式(3.42)には質的な差があったといえる．その意味で式(3.41)から式(3.42)に移行する段階で，電荷分布を電荷素片に分割して電荷素片間のすべての相互作用を考えるため，電荷素片が作る静電ポテンシャルをその電荷素片自身が感じる，いわば電荷素片の自己エネルギーを自動的に含めることになる．電荷分布$\rho(\boldsymbol{r})$が点電荷を含まない文字通り連続電荷分布である場合は，その電荷素片の自己エネルギーは分割を小さくする極限でゼロとなるが，点電荷を含んでいる場合は上述の例のように発散する点電荷エネルギーを含むことになる．最後に，本章では静電場の定式化を極めて基本的であると思われる点電荷の作る電場（式(3.2)）から始めてきたが，実は点電荷はとても特別な電荷分布であることを強調しておきたい．

3.5 節まとめ

- **点電荷分布のエネルギー**

  点電荷分布に蓄えられているエネルギーの表式は，点電荷分布を構成するために必要な仕事から求められ，

$$W = \frac{1}{2}\sum_{i=1}^{n} q_i V(\boldsymbol{r}_i) \tag{3.46}$$

  となる．この表式では，点電荷の無限大に発散してしまう自己エネルギーをあらかじめ除いてあり，点電荷分布を扱うに相応しい表現になっている．

- **連続電荷分布のエネルギー**

  式(3.46)を連続電荷分布に拡張した式

$$W = \frac{1}{2}\int_{\text{電荷存在領域}} \rho(\boldsymbol{r})V(\boldsymbol{r})\,d\tau \tag{3.47}$$

  は，エネルギーが電荷分布に蓄えらていることを表しているが，それと等価である

$$W = \frac{\varepsilon_0}{2}\int_{\text{全空間}} E^2\,d\tau \tag{3.48}$$

  は電場そのものにエネルギーが蓄えられていると解釈できる．両者は静電気学の範囲では区別ができないが，5.4 節で学ぶように，電場そのものにエネルギーが蓄えられていると解釈することが適切であることがわかる．

4. 静磁場 1

2 章で概観したように，電荷密度と電流密度分布を源とする電場と磁場が局所的に満たす場の方程式であるマクスウェル方程式は，電荷密度および電流密度が時間変化しない静的な場合には，電気的量と磁気的な量がそれぞれ別の（しかしながら，対をなす）方程式を満たしていて，相互に混じり合わない形に分離する．その分離した静磁場 $\boldsymbol{B}$ の発散と回転を与える場の方程式は $\nabla\cdot\boldsymbol{B}=\boldsymbol{0}$ および $\nabla\times\boldsymbol{B}=\mu_0\boldsymbol{J}$ となり，静電場と異なり，すべての場所でその発散がゼロである．このため 1 章で述べたようにベクトル解析の立場からは管状ベクトル場として知られる性質を示す．この章では，静磁場 $\boldsymbol{B}$ について最低限知っておくべきトピックを整理する．

4.1 ローレンツ力

4.1.1 ローレンツ力を表す式

磁場中で運動をしている荷電粒子は磁場から力を受ける．この力 $\boldsymbol{F}_{\text{mag}}$ は次のような式で与えられることが知られている．

$$\boldsymbol{F}_{\text{mag}}=q(\boldsymbol{v}\times\boldsymbol{B}) \tag{4.1}$$

ここで $\boldsymbol{B}$ は磁場，$\boldsymbol{v}$ は荷電粒子の速度，q は荷電粒子の電荷である．この力に電場 $\boldsymbol{E}$ によって働く力を加えた

$$\boldsymbol{F}=q(\boldsymbol{E}+\boldsymbol{v}\times\boldsymbol{B}) \tag{4.2}$$

を（広義の）**ローレンツ力（Lorentz force）**という（磁場による力 $\boldsymbol{F}_{\text{mag}}=q(\boldsymbol{v}\times\boldsymbol{B})$ を（狭義の）ローレンツ力とよぶこともある）．電場中で，荷電粒子に働く力は電場の方向に平行であった．しかしながら，磁場による力は荷電粒子の速度と磁場のベクトル積で与えられるため，運動方向（つまり速度の方向）に垂直に力が働く．このため，次項で計算するように磁場中の荷電粒子は特徴的な運動を行う．さらに，力が運動方向に垂直なために磁場による力は仕事をしないという特徴をもつ．これは仕事率が $dW/dt=\boldsymbol{v}\cdot\boldsymbol{F}_{\text{mag}}=q\boldsymbol{v}\cdot(\boldsymbol{v}\times\boldsymbol{B})=0$ で与えられることから明らかである．

ヘンドリック・ローレンツ

オランダの物理学者．マクスウェルの電磁気論を発展させる研究に時間を費やした．1902 年に放射に対する磁場の影響に関する研究でゼーマンとともにノーベル物理学賞を受賞した．ローレンツ変換などにその名を残す．(1853-1928)

4.1.2 ローレンツ力を受けた荷電粒子の運動

ローレンツ力による代表的な荷電粒子の運動には以下の二つがある．

a. サイクロトロン運動

電場がゼロの一様な磁場中で，荷電粒子が磁場に垂直な面内において速度 $\boldsymbol{v}_\perp$ で運動する場合を考える（図 4.1）．この場合，磁場に垂直な面内で速度 $\boldsymbol{v}_\perp$ に直交する方向にローレンツ力が働き，この力は荷電粒子の運動の方向を変える役割のみを果たす．つまりローレンツ力は回転運動における中心力と同じ役割を果たしている．このため，静磁場中で荷電粒子は磁場に垂直な面内で円運動を行う．荷電粒子の電荷を q，質量を m，回転半径を R とすると，運動方程式は

$$qv_\perp B=m\frac{v_\perp^2}{R}$$

となり，回転半径は

$$R=\frac{mv_\perp}{qB}$$

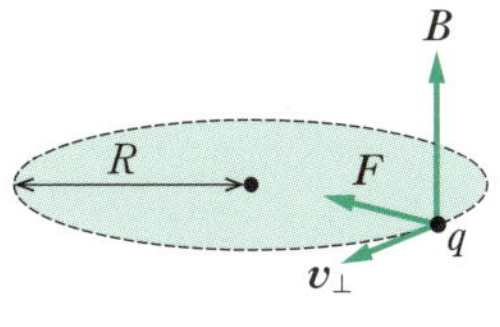

図 4.1　サイクロトロン運動

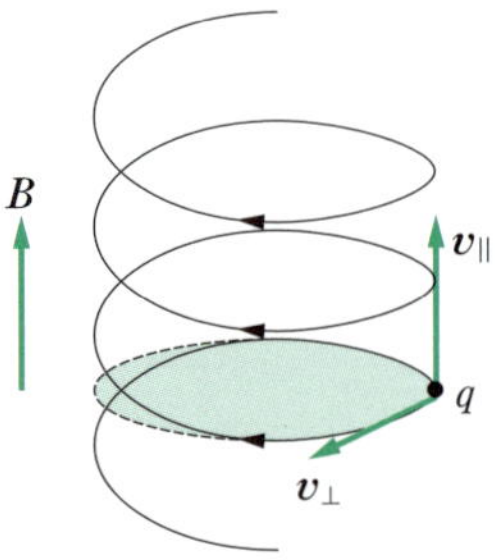

図 4.2　らせん運動

となる．このときの回転の角速度 ω_c は

$$\omega_c = \frac{v_\perp}{R} = \frac{qB}{m} \tag{4.3}$$

となり

$$f_c = \frac{\omega_c}{2\pi} = \frac{1}{2\pi}\frac{qB}{m}$$

は**サイクロトロン周波数（cyclotron frequency）**とよばれる．

磁場に平行な方向に速度成分 $v_\parallel$ がある場合は，この方向にローレンツ力が働かないので，磁場に平行な方向の速度は変化しない．このため磁場に垂直な方向には等速運動を行う（図 4.2）．結果，荷電粒子は磁場に平行な方向に**らせん運動（helical motion）**を行う．

b. サイクロイド運動

図 4.3 に示すように磁場 $\boldsymbol{B}$ だけでなく，直交する方向に電場 $\boldsymbol{E}$ が存在している場合の荷電粒子の運動を考える．初期状態として荷電粒子は静止していたとすると，

① 電場によって力が加わり電場方向に加速する．初期状態では，速度はゼロなので磁場によるローレンツ力は働かない．

② 電場によって，荷電粒子の速度が発生すると今度は磁場によりローレンツ力が働き，運動方向を変化させる．やがて荷電粒子の運動方向は電場と直交し，さらには電場と反対の方向を向く．

③ この速度は電場による力によって減速され，ある点で静止する．その後，またはじめから同じプロセスを繰り返す．

このように，荷電粒子は電場と磁場に垂直な方向に電場方向に振動しながら進行する運動をする．この軌跡が数学でいうサイクロイド曲線となるので，この運動は**サイクロイド運動（cycloid motion）**とよばれる．いま，図 4.3 のように x 軸方向に磁場 $\boldsymbol{B}$，z 軸方向に電場 $\boldsymbol{E}$ がある場合を考える．荷電粒子（質量 m，電荷 q）の位置は磁場に垂直な yz 平面内にあるので $\boldsymbol{r} = (0, y(t), z(t))$ とおける．すると運動方程式は

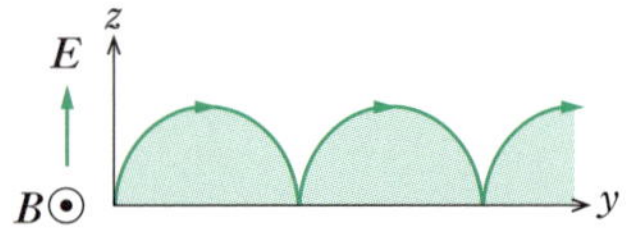

図 4.3　サイクロイド運動

$$\begin{aligned} m(\ddot{y}\hat{\boldsymbol{y}} + \ddot{z}\hat{\boldsymbol{z}}) &= q(\boldsymbol{E} + \boldsymbol{v}\times\boldsymbol{B}) \\ &= q(E\hat{\boldsymbol{z}} + B\dot{z}\hat{\boldsymbol{y}} - B\dot{y}\hat{\boldsymbol{z}}) \end{aligned}$$

となるので

$$qB\dot{z} = m\ddot{y}, \quad qE - qB\dot{y} = m\ddot{z}$$

を得る．これらの方程式は式(4.3)の ω_c を用いて

$$\ddot{y} = \omega_c \dot{z}, \quad \ddot{z} = \omega_c\left(\frac{E}{B} - \dot{y}\right)$$

となる．これらの一般的な解は，積分定数を C_1, C_2, C_3, C_4 として

$$\begin{aligned} y(t) &= C_1 \cos\omega_c t + C_2 \sin\omega_c t + (E/B)t + C_3 \\ z(t) &= C_2 \cos\omega_c t - C_1 \sin\omega_c t + C_4 \end{aligned}$$

となる．初期条件として $t = 0$ で粒子が原点 $(y(0) = z(0) = 0)$ にあり，初速度をゼロ（$\dot{y}(0) = \dot{z}(0) = 0$）とすると

$$y(t) = \frac{E}{\omega_c B}(\omega_c t - \sin\omega_c t),$$

$$z(t) = \frac{E}{\omega_c B}(1 - \cos\omega_c t)$$

を得る．この解は

$$\tilde{R} \equiv \frac{E}{\omega_c B}$$

とおくと

$$(y - \tilde{R}\omega_c t)^2 + (z - \tilde{R})^2 = \tilde{R}^2$$

と表すことができる．これは，一定の速度

$$\tilde{R}\omega_c = \frac{E}{B}$$

で中心（0，$\tilde{R}\omega_c t$，$\tilde{R}$）が y 軸方向に移動する半径 $\tilde{R}$ の円の方程式である．

4.1 節のまとめ

- **電場 E，磁場 B 中において，速度 v で運動する荷電粒子（電荷 q）にはローレンツ力**

$$\boldsymbol{F} = q(\boldsymbol{E}+\boldsymbol{v}\times\boldsymbol{B})$$

が働く．磁場による力は，進行方向に垂直に働くため仕事をしない．

4.2 電流と電流密度

前節で，運動している荷電粒子には磁場によりローレンツ力が働くことをみた．多数の荷電粒子の運動は，電流として定義することができる．この節ではいくつかの電流の表現，および抵抗体におけるオームの法則についてみていく．

4.2.1 電流，体積電流密度，表面電流密度

電流 I は単位時間あたりに導線の断面を移動する電荷量

$$I \equiv \frac{dQ}{dt}$$

で定義される．また導線の線電荷密度 λ，電荷の移動速度 $\boldsymbol{v}$ を用いて，ベクトルで

$$\boldsymbol{I} = \lambda \boldsymbol{v} \tag{4.4}$$

と表すことができる．この定義では導線の断面の形状や大きさは入ってこない．実際の電流は，有限の太さがある導線や表面を流れる．このために以下の量を定義するのが便利である．

a. 体積電流密度 J

電流 $\boldsymbol{I}$ が有限な太さがある導線を流れる場合，**体積電流密度（volume current density）**は次のように定義できる．

$$\boldsymbol{J} \equiv \frac{d\boldsymbol{I}}{da_\perp}$$

ここで $a_\perp$ は電流の流れに垂直な面積である（図 4.4）．逆に電流は体積電流密度を用いて

$$\boldsymbol{I} = \int \boldsymbol{J}\cdot d\boldsymbol{a} \tag{4.5}$$

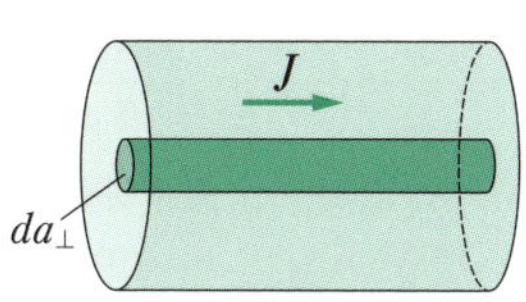

図 4.4 体積電流密度

と表すことができる．積分範囲は導線の断面である．

例えば，一様な体積電流密度（通常，単に電流密度とよばれる）が，断面積 S の導線を流れている場合，電流 I は

$$I = JS$$

となる．

また体積電荷密度 ρ を用いると体積電流密度は

$$\boldsymbol{J} = \rho \boldsymbol{v} \tag{4.6}$$

と表すことができる．

b. 表面電流密度 K

電流が物質の表面を流れる場合，**表面電流密度（surface current density）**は次のように定義できる．

$$\boldsymbol{K} \equiv \frac{d\boldsymbol{I}}{dl_\perp} \tag{4.7}$$

ここで $l_\perp$ は電流に垂直な長さである（図 4.5）．

また表面電荷密度 σ を用いると表面電流密度は

$$\boldsymbol{K} = \sigma \boldsymbol{v} \tag{4.8}$$

と表すことができる．

4.2.2 電荷保存と連続の式

電流は電荷の流れであり，電荷は素電荷とよばれる単位電荷の集まりである．素電荷は物質を構成する素粒子の属性であり，それ自身消失したり新たに発生するものではない．このため，ある領域を考えると，この領域内の全電荷量が変化するとしたならば，それはこの領域の境界からの電荷の出入りによるものに限られる．ここで図 4.6 のような領域に体積電荷密度 ρ で電荷が存在する場合を考える．領域の表面より電荷の出入りがなければこの領域の総電荷量 $\int \rho\, d\tau$ は保存

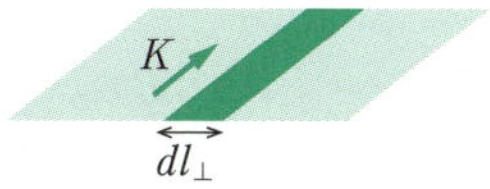

図 4.5 表面電流密度

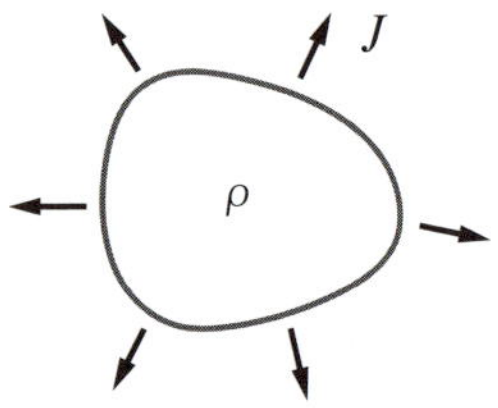

図 4.6　連続の式

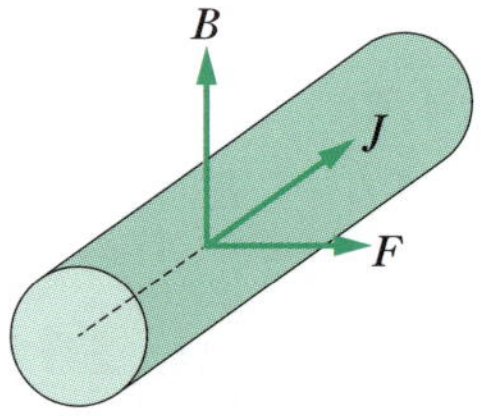

図 4.7　電流によるローレンツ力

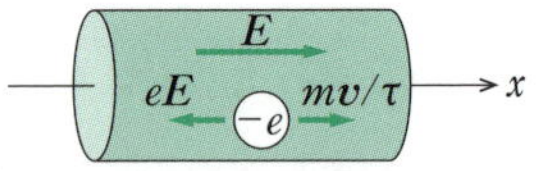

図 4.8　オームの法則

される．表面から流出する単位時間あたりの電荷量は，体積電流密度 $\boldsymbol{J}$ を用いて

$$-\oint_S \boldsymbol{J}\cdot d\boldsymbol{a}$$

と表すことができる．マイナスの符号は電荷が減ることを意味している．よってこの領域の電荷の変化は

$$\frac{d}{dt}\int_V \rho d\tau = -\oint_S \boldsymbol{J}\cdot d\boldsymbol{a}$$

と書くことができる．この式は電荷量が保存されることを意味しており，**連続の式（continuity equation）**とよばれる．右辺にガウスの発散定理(1.36)を用いると

$$\frac{d}{dt}\int_V \rho d\tau = -\int_V \nabla\cdot\boldsymbol{J}\, d\tau$$

となり，微分型での連続の式

$$\frac{\partial\rho}{\partial t} = -\nabla\cdot\boldsymbol{J} \tag{4.9}$$

を得る．

4.2.3　電流に働くローレンツ力

荷電粒子が磁場中で速度を有しているとローレンツ力が働く．このため荷電粒子の流れである電流には，磁場中でローレンツ力が働く（図 4.7）．電荷は体積電荷密度 ρ を用いて $dq = \rho\, d\tau$ と書けるので，ローレンツ力（4.1）は

$$\boldsymbol{F} = \int(\boldsymbol{v}\times\boldsymbol{B})\, dq = \int(\rho\boldsymbol{v}\times\boldsymbol{B})\, d\tau$$

と書くことができ，式(4.6)を用いて

$$\boldsymbol{F} = \int(\boldsymbol{J}\times\boldsymbol{B})\, d\tau$$

と表すことができる．また電荷は線電荷密度 λ を用いると $dq = \lambda dl$ と書けるので，式(4.4)の $\boldsymbol{I} = \lambda\boldsymbol{v}$ を用いて

$$\boldsymbol{F} = \int(\boldsymbol{v}\times\boldsymbol{B})\, dq = \int(\lambda\boldsymbol{v}\times\boldsymbol{B})dl = \int(\boldsymbol{I}\times\boldsymbol{B})\, dl \tag{4.10}$$

と電流 $\boldsymbol{I}$ を用いて書くこともできる．

4.2.4　オームの法則

金属などの伝導体中には自由に動くことができる**自由電子（free electron）**が数多く存在する．このような物質に電場を印加すると，自由電子は力を受け運動する．電場による力により電子は無限に加速しそうであるが，実際は物質を構成する陽イオンの振動によって散乱され，時間平均すると一定の速度で運動する．図 4.8 のように導体の軸方向に x 軸をとり，この軸方向に電場 $\boldsymbol{E}$ があるとき，質量 m，電荷 $-e$ の電子の座標 x は運動方程式

$$m\ddot{x} = -m\dot{x}/\tau - eE$$

に従う．ここで $-m\dot{x}/\tau$ は陽イオンの散乱による摩擦項である．τ は電子が陽イオンに散乱されるまでの平均時間を表し，$1/\tau$ は散乱確率（単位時間あたりの散乱回数）である（習慣的に体積 τ と同じ文字を使うが混同しないこと）．この方程式をみると，時間とともに電場による力のために電子が加速して速度が増加する．しかし，速度が増加すると摩擦力が増加し，やがて電場による力とつり合い，加速度がゼロになる速度（**終端速度（terminal velocity）**）に達する．このとき

$$0 = -m\dot{x}/\tau - eE$$

となるので，終端速度 v_∞ は

$$v_\infty = -\frac{e\tau}{m}E$$

となる．この速度を用いると体積電流密度は，電子数密度を n として

$$J = -env_\infty = \frac{ne^2\tau}{m}E$$

となり，電流密度は電場に比例する．

$$\boldsymbol{J} = \sigma\boldsymbol{E} \tag{4.11}$$

この関係式を**オームの法則（Ohm's Law）**とよび，比例定数 σ

$$\sigma = \frac{ne^2\tau}{m}$$

を**電気伝導率（electrical conductivity）**という．また電気伝導率の逆数

$$\rho = \frac{1}{\sigma}$$

を**電気抵抗率（electrical resistivity）**という（電気伝導率，電気抵抗率には習慣的に表面電荷密度，体積電荷密度と同じ文字 σ, ρ が用いられる．混同しないこと）．電気伝導率や電気抵抗率は，導体を構成している物質に固有の量である．

「導体」という言葉には注意が必要である．詳しくは6章で学ぶが，金属のような「導体」では電気伝導率が非常に大きく，事実上無限大として扱っても問題ない．このような「導体」は**完全導体（perfect conductor）**とよばれ，物質中の電場はゼロとなる．一方，炭化物（カーボン）や酸化物では，電流は流れるが有限の電気伝導率をもち，物質中の電場はゼロではない．このような導体は**抵抗体（resistor）**とよばれる．一般に単に「導体」という言葉は両方の意味で用いられている．

4.2.5　電気抵抗

オームの法則を用いて，具体的な形状の抵抗体について電気抵抗を計算する．

a.　一様な電気抵抗率をもつ導線

図 4.9 のように，電気伝導率 σ の材質で作られている断面積が A，長さが L の円柱状の抵抗体に，一様な電流密度 J の電流が流れている．それぞれの端における電位が面内で同じであり，両端の電位差が V である場合を考える．電場は抵抗体の中で一様であり，長さ方向に平行なので，電場 E の大きさは $V = EL$ より

$$E = \frac{V}{L}$$

となる．また電流密度 J は一様なので

$$J = \frac{I}{A}$$

である．これらの結果をオームの法則（4.11）に代入すると

$$\frac{I}{A} = \sigma\frac{V}{L}$$

となり，

$$V = \frac{A}{\sigma L}I$$

を得る．この式から電位差は電流に比例することがわかる．この比例係数を**電気抵抗（electrical resistance）**とよび R と書く．この場合，

$$R = \frac{1}{\sigma}\frac{A}{L} = \rho\frac{A}{L}$$

となる．このように電気抵抗は，抵抗体を作っている材質固有の電気伝導率 σ（または電気抵抗率 ρ）と抵抗体の形状（ここでは断面積 A と長さ L）で決まる量である．

b.　一様な電気抵抗率をもつ球殻

図 4.10 のように半径 a の導体球の外側に中心を同じくする内半径 b，外半径 c（$a < b < c$）の導体の球殻がある．この導体球と球殻の間（$a < r < b$）の部分が電気伝導率 σ の材質で埋められている．このときの導体球と球殻の間の電気抵抗を求める．

まず，導体球と球殻の間に電位差を与える．このとき，この導体球に現れる電荷を Q とすると，導体球と球殻の間の電場はガウスの法則より，中心からの距離を r として

$$\boldsymbol{E} = \frac{Q}{4\pi\varepsilon_0 r}\hat{\boldsymbol{r}}$$

で表される．このとき，導体球と球殻間の電位差は

$$V = -\int_b^a \boldsymbol{E}\cdot d\boldsymbol{r} = \frac{Q}{4\pi\varepsilon_0}\left(\frac{1}{a} - \frac{1}{b}\right)$$

と書ける．一方，導体球と球殻間を流れる電流は，オームの法則(4.11)より

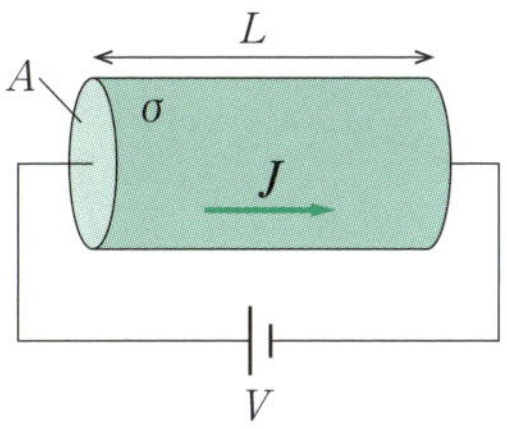

図 4.9　一様な電気抵抗率をもつ抵抗体

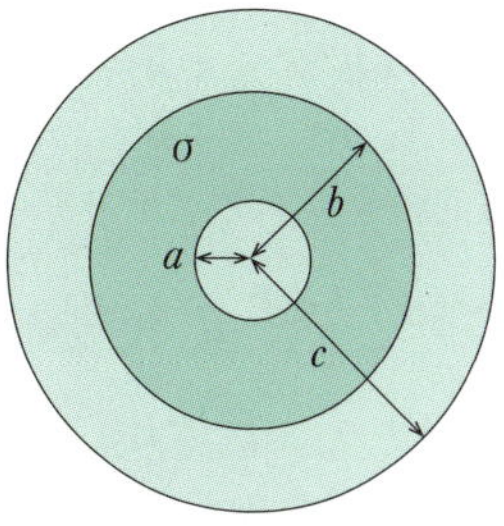

図 4.10　一様な電気抵抗率をもつ球殻の抵抗

$$I=\int \boldsymbol{J}\cdot d\boldsymbol{a}=\sigma\int \boldsymbol{E}\cdot d\boldsymbol{a}$$

と表すことができ，この右辺の積分はガウスの法則を用いることにより

$$\sigma\int \boldsymbol{E}\cdot d\boldsymbol{a}=\sigma\frac{Q}{\varepsilon_0}$$

となる．よって，電気抵抗 R は

$$R=\frac{V}{I}=\frac{1}{4\pi\sigma}\left(\frac{1}{a}-\frac{1}{b}\right)$$

と求まる．

4.2.6　ジュール熱

4.2.4 項でみたように，抵抗体中の自由電子は陽イオンによって散乱されることによって摩擦力を受ける．この摩擦力により電気抵抗が生じる．このため，電気抵抗があるときには，回路につないだ起電力によってなされた仕事は熱となって散逸する．抵抗体に電位差 V が与えられている場合，単位電荷あたりに働く仕事は V である．よって単位時間あたりの電荷の流れである電流 I が流れている場合の仕事は

$$P=VI=RI^2$$

で与えられ，これが熱となって散逸する．この熱を**ジュール熱（Joule heat）**という．

4.2 節のまとめ

- **電荷の流れを表現する方法には，単位時間あたりに移動する電荷量で定義される電流 I のほかに，単位面積あたりの電流を表す体積電流密度 $\boldsymbol{J}$，単位長さあたりの電流を表す表面電流密度 $\boldsymbol{K}$ がある．**
- **電荷は保存量であり，体積電荷密度と体積電流密度の間には連続の式**

$$\frac{\partial\rho}{\partial t}=-\nabla\cdot\boldsymbol{J}$$

の関係がある．

- **抵抗体においては，体積電流密度 $\boldsymbol{J}$ は電場 $\boldsymbol{E}$ に比例する．**

$$\boldsymbol{J}=\sigma\boldsymbol{E}$$

これをオームの法則という．比例定数 σ は電気伝導率とよばれ，抵抗体を構成する物質固有の量である．

4.3　ビオ・サバールの法則

静止している電荷は電場を作ることを 3 章でみた．一方，運動している電荷は磁場を作る．この節では，実験事実である**重ね合わせの原理**と**ビオ・サバールの法則**から出発して電流が作る磁場について考える．

4.3.1　ビオ・サバールの法則

微小な電流要素 $\boldsymbol{I}dl'$ を考えよう．この電流要素の位置を $\boldsymbol{r}'$ とすると，$\boldsymbol{r}$ におけるこの電流要素の作る磁場 $d\boldsymbol{B}$ は $\boldsymbol{\mathscr{r}}$ 方向の単位ベクトル $\hat{\boldsymbol{\mathscr{r}}}$ を用いて

$$d\boldsymbol{B}(\boldsymbol{r})=\frac{\mu_0}{4\pi}\frac{\boldsymbol{I}\times\hat{\boldsymbol{\mathscr{r}}}}{\mathscr{r}^2}\,dl'=\frac{\mu_0}{4\pi}I\frac{d\boldsymbol{l}'\times\hat{\boldsymbol{\mathscr{r}}}}{\mathscr{r}^2}$$

で与えられる（図 4.11）．最後の式への変形は，電流をスカラーとして微小変位をベクトルとした $\boldsymbol{I}dl'=Id\boldsymbol{l}'$ の関係を用いた．このため $\boldsymbol{r}$ における磁場は重ね合わせの原理より $d\boldsymbol{B}$ を積分して

$$\boldsymbol{B}(\boldsymbol{r})=\frac{\mu_0}{4\pi}\int\frac{\boldsymbol{I}\times\hat{\boldsymbol{\mathscr{r}}}}{\mathscr{r}^2}\,dl'=\frac{\mu_0}{4\pi}I\int\frac{d\boldsymbol{l}'\times\hat{\boldsymbol{\mathscr{r}}}}{\mathscr{r}^2}\qquad(4.12)$$

で与えられる．これを**ビオ・サバールの法則（Biot–Savart law）**とよぶ．この式で μ_0 は真空の透磁率

$$\mu_0=4\pi\times10^{-7}\ \mathrm{N\ A^{-2}}$$

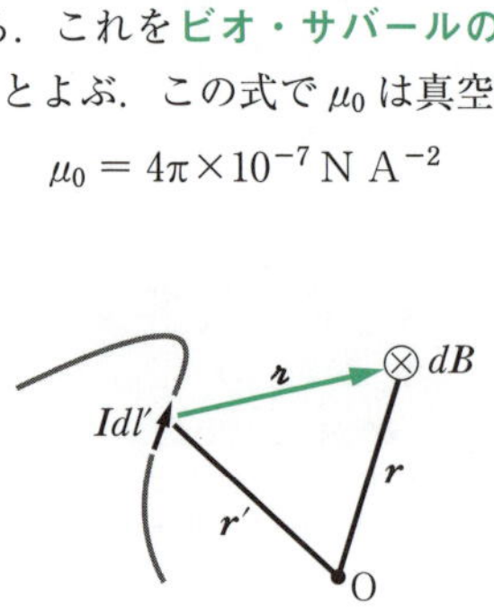

図 4.11　ビオ・サバールの法則

であり，磁場の単位は T（テスラ）で与えられる．ビオ・サバールの法則は，時間によらない**定常電流（steady current）**による時間に依存しない磁場を与える．

上記ビオ・サバールの法則（式(4.12)）は電流 $\boldsymbol{I}$ を用いたが，体積電流密度 $\boldsymbol{J}$，表面電流密度 $\boldsymbol{K}$ を用いて

$$\boldsymbol{B}(\boldsymbol{r}) = \frac{\mu_0}{4\pi}\int\frac{\boldsymbol{J}\times\hat{\boldsymbol{\mathscr{r}}}}{\mathscr{r}^2}\,d\tau' \qquad (4.13)$$

$$\boldsymbol{B}(\boldsymbol{r}) = \frac{\mu_0}{4\pi}\int\frac{\boldsymbol{K}\times\hat{\boldsymbol{\mathscr{r}}}}{\mathscr{r}^2}\,da' \qquad (4.14)$$

と書くこともできる．

4.3.2 ビオ・サバールの法則を用いた磁場の計算例

a. 直線電流による磁場

太さの無視できる直線状の導線に電流 I が流れている．この導線の一部分から距離 s だけ離れた点 P における磁場を求める（図 4.12）．

まず磁場の方向は $d\boldsymbol{l}'\times\hat{\boldsymbol{\mathscr{r}}}$ であるので，導線の上側では紙面上方を向き，導線を軸として回転する方向を向く（**右ねじの法則（right-handed screw law）**）．

次に磁場の大きさは以下のように求める．図 4.12 のように導線の中央を原点として直線電流方向に x 軸をとると $dl' = dx$ となり $\mathscr{r}$ は x と s を用いて

$$\mathscr{r} = \sqrt{x^2+s^2}$$

と表すことができる．さらに図のように x 軸と $\hat{\boldsymbol{\mathscr{r}}}$ のなす角を $\theta+\pi/2$ とおくと

$$\sin\left(\theta+\frac{\pi}{2}\right) = \cos\theta = \frac{s}{\sqrt{s^2+x^2}}$$

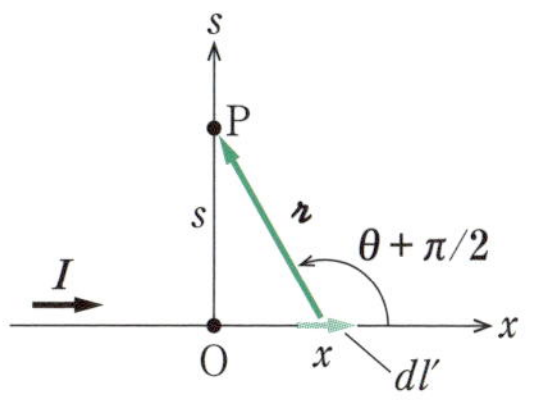

図 4.12　直線電流による磁場

であるので，

$$|d\boldsymbol{l}'\times\hat{\boldsymbol{\mathscr{r}}}| = dx\times 1\times\frac{s}{\sqrt{s^2+x^2}}$$

と表せる．よって x_1 から x_2 までの導線の部分による磁場の大きさは

$$B = \frac{\mu_0}{4\pi}I\int\frac{|d\boldsymbol{l}'\times\hat{\boldsymbol{\mathscr{r}}}|}{\mathscr{r}^2}$$
$$= \frac{\mu_0 I}{4\pi}\int_{x_1}^{x_2}\frac{s\,dx}{(s^2+x^2)^{\frac{3}{2}}}$$

となる．この積分は容易に計算でき，方向も併せて

$$\boldsymbol{B}(\boldsymbol{s}) = \frac{\mu_0 I}{4\pi s}\left[\frac{x_2}{\sqrt{s^2+{x_2}^2}}-\frac{x_1}{\sqrt{s^2+{x_1}^2}}\right]\hat{\boldsymbol{\phi}} \qquad (4.15)$$

となる．また x_1 を $-\infty$，x_2 を ∞ とすると，無限に長い直線電流による磁場

$$\boldsymbol{B} = \frac{\mu_0 I}{2\pi s}\hat{\boldsymbol{\phi}} \qquad (4.16)$$

を得る．

b. 環状電流による磁場

図 4.13 のような大きさ I，半径 R の環状電流の中心軸上（これを z 軸にとる）の磁場を考える．

まず，磁場の方向を考える．磁場の環状電流を含む面に平行な成分は，環状電流の対称性より打ち消され，磁場は z 軸に平行な成分のみ残る．図のように θ をとると

$$\boldsymbol{B} = \frac{\mu_0}{4\pi}I\int\frac{d\boldsymbol{l}'\times\hat{\boldsymbol{\mathscr{r}}}}{\mathscr{r}^2}$$
$$= \frac{\mu_0 I}{4\pi}\int\frac{\cos\theta}{\mathscr{r}^2}dl'\hat{\boldsymbol{z}}$$

であり $\mathscr{r}$ は z と R を用いて $\mathscr{r} = \sqrt{z^2+R^2}$ と表すことができ，また

$$\cos\theta = \frac{R}{\sqrt{z^2+R^2}}$$

である．ビオ・サバールの法則の積分は円周上であるが，被積分関数は円周上では一定である．このため，この円周上の積分は，被積分関数に単純に円周 $2\pi R$

ジャン＝バティスト・ビオ

フランスの物理学者，天文学者，数学者．電流と磁場の研究に従事し，ゲイ・リュサックとともに熱気球で磁場の測定を行った．また，光学活性の研究から偏光の技術が生まれた．（1774-1862）

フェリックス・サバール

フランスの物理学者．ビオとともに電流が流れた導線のまわりの磁場の研究を行った．音響学の研究を行い，可聴域を測定する装置や実験的なバイオリンを制作した．（1791-1841）

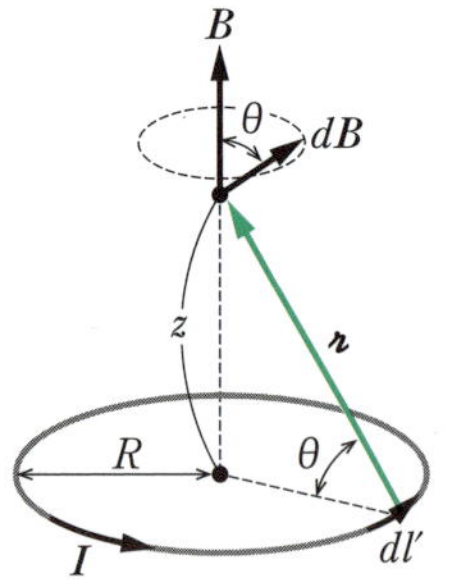

図 4.13　環状電流による磁場

を乗算すればよいことになる．よって求める磁場は方向も含めて

$$\begin{aligned}\boldsymbol{B} &= \frac{\mu_0 I}{4\pi}\int\frac{\cos\theta}{\mathscr{r}^2}dl'\hat{\boldsymbol{z}}\\ &= \frac{\mu_0 I}{4\pi}\frac{R}{\sqrt{z^2+R^2}}\frac{1}{z^2+R^2}2\pi R\hat{\boldsymbol{z}}\\ &= \frac{\mu_0 I}{2}\frac{R^2}{(z^2+R^2)^{\frac{3}{2}}}\hat{\boldsymbol{z}}\end{aligned}$$

と求まる．

4.3.3　電流間に働く力

4.2.3 項において，磁場が存在するときに，電荷の流れである電流に力が働くことをみた．またビオ・サバールの法則により電流が磁場を作ることをみた．このため，二つの電流の間には力が働く．いま距離が d だけ離れた平行な無限に長い 2 本の直線電流を考える（図 4.14）．それぞれの電流を I_1，I_2 とし，同じ方向に流れているものとする．電流 I_2 が電流 I_1 の場所に

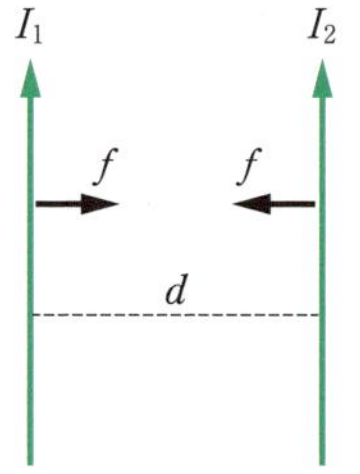

図 4.14　電流間に働く力

作る磁場は式(4.16)より

$$\boldsymbol{B} = \frac{\mu_0 I_2}{2\pi d}\hat{\boldsymbol{\phi}}$$

であるので，式(4.10)より電流 I_1 に働く力の向きは互いにひきつけあう方向であり，その大きさは

$$F = \int|\boldsymbol{I}\times\boldsymbol{B}|\,dl = \frac{\mu_0}{2\pi d}I_1 I_2\int dl$$

と求めることができる．よって単位長さあたりの力 f は

$$f = \frac{\mu_0}{2\pi d}I_1 I_2$$

となる．

この式は，電流と力を直接結びつけている．このため電流の単位 A（アンペア）と力の単位の N（ニュートン）を結びつけることができ，電流の単位の定義に用いられる．つまり，同じ大きさの平行電流を 1 m（メートル）離して流したときに，電流の間に働く力が 2×10^{-7} N になる電流の大きさを 1 A とする（このように A を基本単位として考えた単位系を SI 単位系という．2.2.3 項参照）．

4.3 節のまとめ

- **電流 I が作る磁場 B はビオ・サバールの法則**

$$\boldsymbol{B}(r) = \frac{\mu_0}{4\pi}\int\frac{\boldsymbol{I}\times\hat{\boldsymbol{\mathscr{r}}}}{\mathscr{r}^2}dl' = \frac{\mu_0}{4\pi}I\int\frac{\boldsymbol{dl'}\times\hat{\boldsymbol{\mathscr{r}}}}{\mathscr{r}^2}$$

によって記述される．

4.4　アンペールの法則

静電場を満たす場の方程式は 3 章でみたように $\nabla\cdot\boldsymbol{E} = \rho/\varepsilon_0$ と $\nabla\times\boldsymbol{E} = 0$ の場の発散と回転によって表すことができた．この節ではこれらの方程式に対応する静磁場を表す場の方程式を求める．

4.4.1　アンペールの法則

体積電流密度を用いた場合のビオ・サバールの法則は式(4.13)より

$$\boldsymbol{B}(\boldsymbol{r}) = \frac{\mu_0}{4\pi}\int\frac{\boldsymbol{J}(\boldsymbol{r}')\times\hat{\boldsymbol{\mathscr{r}}}}{\mathscr{r}^2}d\tau'$$

書くことができる．この式の回転をとると

$$\nabla\times\boldsymbol{B}(\boldsymbol{r})=\frac{\mu_0}{4\pi}\int\nabla\times\frac{\boldsymbol{J}(\boldsymbol{r}')\times\hat{\boldsymbol{\mathscr{r}}}}{\mathscr{r}^2}\,d\tau'$$

となり，右辺の被積分関数はベクトル解析の公式(1.27)を用いて

$$\left(\frac{\hat{\boldsymbol{\mathscr{r}}}}{\mathscr{r}^2}\nabla\right)\cdot\boldsymbol{J}(\boldsymbol{r}')-(\boldsymbol{J}(\boldsymbol{r}')\cdot\nabla)\frac{\hat{\boldsymbol{\mathscr{r}}}}{\mathscr{r}^2}$$
$$+\boldsymbol{J}(\boldsymbol{r}')\left(\nabla\cdot\frac{\hat{\boldsymbol{\mathscr{r}}}}{\mathscr{r}^2}\right)-\frac{\hat{\boldsymbol{\mathscr{r}}}}{\mathscr{r}^2}(\nabla\cdot\boldsymbol{J}(\boldsymbol{r}'))$$

と変形できる．$\boldsymbol{J}$ は $\boldsymbol{r}'$ の関数であって，$\boldsymbol{r}$ の関数ではないので，$\boldsymbol{r}$ で微分する ∇ による演算 $\nabla\cdot\boldsymbol{J}(\boldsymbol{r}')$ はゼロとなる．よって第1項と第4項はゼロとなる．また，ベクトル解析の公式(1.51)より

$$\nabla\cdot\left(\frac{\hat{\boldsymbol{\mathscr{r}}}}{\mathscr{r}^2}\right)=4\pi\delta^3(\boldsymbol{\mathscr{r}})$$

と書けるので $\nabla\times\boldsymbol{B}$ は

$$\nabla\times\boldsymbol{B}(\boldsymbol{r})=\frac{\mu_0}{4\pi}\left(4\pi\boldsymbol{J}(\boldsymbol{r})+\int(\boldsymbol{J}(\boldsymbol{r}')\cdot\nabla)\frac{\hat{\boldsymbol{\mathscr{r}}}}{\mathscr{r}^2}d\tau'\right)$$

となる．十分遠方で電流分布 $\boldsymbol{J}(\boldsymbol{r}')$ がゼロの場合，右辺第2項は積分範囲を十分大きくとるとゼロになる．よって

$$\nabla\times\boldsymbol{B}(\boldsymbol{r})=\mu_0\boldsymbol{J}(\boldsymbol{r}) \tag{4.17}$$

を得る．これを**アンペールの法則（微分型）（Ampere's law）**とよぶ．式(4.17)の両辺を閉曲線 C で囲まれる閉曲面 S で面積積分すると

$$\oint_S\nabla\times\boldsymbol{B}(\boldsymbol{r})\cdot d\boldsymbol{a}=\mu_0\int_S J\cdot d\boldsymbol{a}=\mu_0I_{\mathrm{enc}}$$

となる．I_{enc} は閉曲面 S を貫く全電流である．この式の左辺にストークスの定理(1.35)を用いることにより

$$\int_C\boldsymbol{B}\cdot d\boldsymbol{l}=\mu_0I_{\mathrm{enc}} \tag{4.18}$$

を得る．これを**アンペールの法則（積分型）**とよぶ．

アンペールの法則を用いると比較的容易に磁場を計算することができる．しかし，いくつかの注意が必要である．一つは，磁場の方向はビオ・サバールの法則，または右ねじの法則を用いて決める必要がある．

もう一つは，静電場におけるガウスの法則の場合と同じように，磁場を計算するときにすべての電流分布に対してアンペールの法則が有効なわけではない．対称性が高く，式(4.18)左辺の線積分が簡単になる場合に，その有効性を発揮する．以下では，いくつかの場合についてアンペールの法則を用いて磁場を計算する．

アンドレ＝マリ・アンペール

フランスの物理学者，数学者．ナポレオンに認められ，大学大系の総視学官を務め，電磁気学の数学的基礎を確立した．アンペールの法則を発見したことでも有名で．電流の単位のアンペアは彼の名からとられている．(1775-1836)

4.4.2 無限に長い直線電流が作る磁場

無限に長い直線電流が作る磁場を，アンペールの法則を用いて導出する．図4.15のように直線電流 I が流れているとすると，ビオ・サバールの法則より磁場の方向は電流を軸とした円柱座標の $\hat{\boldsymbol{\phi}}$ 方向である．またこの系は電流の軸に対して対称であるから，磁場の大きさは軸からの距離 s のみに依存し，z,ϕ に依存しない．この磁場 $B(s)$ を軸から半径 s の位置で軸の周りを1周積分して，式(4.18)を用いると

$$\oint_C B(s)\,dl=\mu_0I \tag{4.19}$$

を得る．磁場の大きさは積分路上で変わらないので，積分の前に出すことができ，線積分は単純に経路の長さ（円周の長さ）を掛け算すればよいことになる．

$$B(s)\oint dl=B(s)2\pi s=\mu_0I$$

よって，方向も含めて

$$B(s)=\frac{\mu_0I}{2\pi s}\hat{\boldsymbol{\phi}}$$

を得る．これは，前節でビオ・サバールの法則より得た結果(4.16)と一致する．

アンペールの法則で磁場を積分する経路は**アンペリアンループ（Amperian loop）**とよばれている．この場合では，軸から一定の距離の場所にアンペリアンループを設定した．この経路上では磁場は一定であり，式(4.18)の左辺の積分が容易になる．このように積分が容易になるようなアンペリアンループを見つけることにより，磁場を求めることが容易になる．

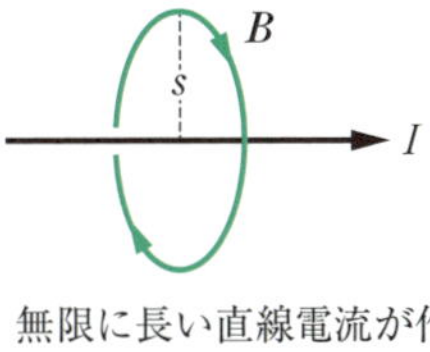

図4.15 無限に長い直線電流が作る磁場

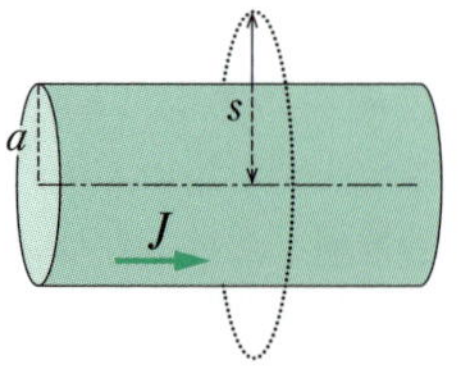

図 4.16　有限の太さの導線に流れる電流が作る磁場

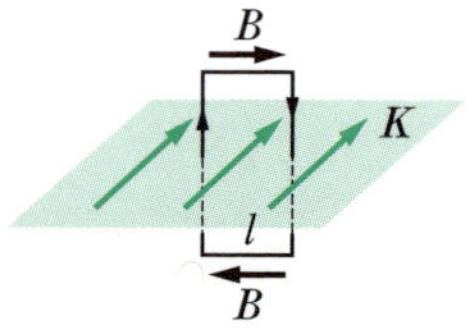

図 4.17　表面電流による磁場

4.4.3　有限の太さの導線に流れる電流が作る磁場

図 4.16 のように半径が a の十分に長い円柱状の導線に一様な電流密度 J で電流が流れている場合を考える．磁場の向きは，ビオ・サバールの法則により，電流を軸とした $\hat{\boldsymbol{\phi}}$ 方向である．また，磁場の大きさは軸対称であり，中心軸からの距離 s のみに依存する．アンペールの法則(4.18)は，積分路の内側を流れる電流のみが磁場に影響することを示しているので，$s < a$ の場合と $s > a$ の場合で分けて考える．

a. $s < a$ の場合

半径 s の円形の積分路を考えて

$$I_{\text{enc}} = \int_0^s \boldsymbol{J} \cdot d\boldsymbol{a} = J\pi s^2$$

であるので，

$$\oint B(s)\, dl = 2\pi s B(s) = \mu_0 J \pi s^2$$

となり，磁場の大きさは

$$B(s) = \frac{\mu_0 J \pi s^2}{2\pi s} = \frac{\mu_0 J s}{2}$$

と求まる．

b. $s > a$ の場合

$$I_{\text{enc}} = \int_0^a \boldsymbol{J} \cdot d\boldsymbol{a} = J\pi a^2$$

であるので

$$\oint B(s)\, dl = 2\pi s B(s) = \mu_0 J \pi a^2$$

となり，磁場の大きさは

$$B(s) = \frac{\mu_0 J \pi a^2}{2\pi s} = \frac{\mu_0 J a^2}{2s}$$

と求まる．

4.4.4　表面電流による磁場

図 4.17 のように十分に広い表面に，一様な表面電流密度 $\boldsymbol{K}$ で電流が流れている場合を考える．磁場の向きはビオ・サバールの法則により，表面に平行で，$\boldsymbol{K}$ に直交しており，図に示すように表面の上下で向きが異なる．図のような表面をまたいだ積分路を考えると，磁場は表面に平行なので，表面に垂直な部分からの寄与はゼロとなり，表面に平行な経路の積分のみ残る．表面に平行な積分経路の長さを l とすると

$$\oint \boldsymbol{B} \cdot d\boldsymbol{l} = 2lB$$

となる．また

$$I_{\text{enc}} = Kl$$

となるのでアンペールの法則(4.18)は

$$\oint \boldsymbol{B} \cdot d\boldsymbol{l} = B \cdot 2l = \mu_0 K l$$

と書ける．よって磁場の大きさは

$$B = \frac{\mu_0 K}{2}$$

と求まる．

4.4.5　ソレノイドコイルの作る磁場

図 4.18 のように電流 I が流れている，単位長さあたり n 回巻いてある十分長いソレノイドコイルの作る磁場を考える．ソレノイドコイルが十分長いため，対称性により内側，外側どちらにおいても，ソレノイドコイルに平行でないの磁場成分は打ち消され，作られる磁場は一様でソレノイドコイルに平行になる．また，図 4.18 のようにソレノイドコイルの内側では，上側と下側の反対向きに流れる電流によって作られる磁場が強め合う．一方，ソレノイドコイルの外側では磁場は互いに弱め合い，ゼロになることが予想される．実際にアンペールの法則から確かめてみる．図 4.19 のように，ソレノイドコイルの外側にある，軸方向の長さが l のループ 1 についてアンペールの法則(4.18)を考える．ループ 1 を貫いている電流がないので

$$\oint_{\text{ループ}1} \boldsymbol{B} \cdot d\boldsymbol{l} = \int_1^2 + \int_2^3 + \int_3^4 + \int_4^1 = 0$$

となる．磁場はソレノイドコイルに平行なので，1 から 2，3 から 4 への経路の積分はゼロになる．いま，ソレノイドコイルから遠い側の 4 から 1 への経路を無限遠に離すことを考える．ビオ・サバールの法則によれば電流から無限に離れた場所における磁場はゼロに

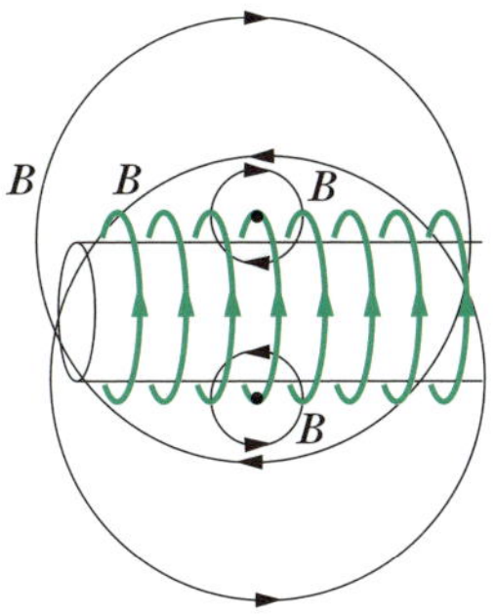

図 4.18　ソレノイドコイルの内側と外側の磁場

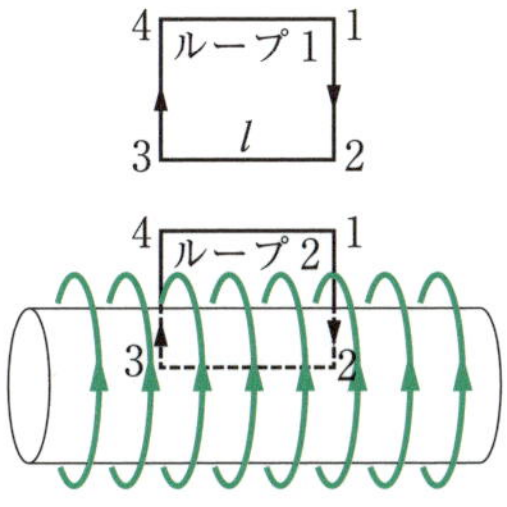

図 4.19　ソレノイドコイルの作る磁場

なる．よって無限遠の 4 から 1 への経路の積分もゼロとなる．以上より 2 から 3 への経路の積分はゼロになり，これはソレノイドコイルの外側の磁場はゼロであることを意味する．一方，一部分がソレノイドコイルの中に入っている図 4.19 のループ 2 には

$$I_{\mathrm{enc}} = nlI$$

の電流が貫いている．ソレノイドコイルの外側の磁場はゼロであり，またソレノイドコイルに垂直な磁場成分はゼロなので

$$\oint_{\text{ループ 2}} \boldsymbol{B}\cdot d\boldsymbol{l} = \int_2^3 \boldsymbol{B}\cdot d\boldsymbol{l} = Bl = \mu_0 nlI$$

となり，ソレノイドコイルの内側での磁場の大きさは

$$B = \mu_0 nI \tag{4.20}$$

と求まる．磁場の方向は右ねじの法則に従う．

4.4.6　磁場を表す場の方程式

ビオ・サバールの法則による磁場(4.13)の発散をとると

$$\nabla\cdot\boldsymbol{B} = \frac{\mu_0}{4\pi}\int \nabla\cdot\left(\boldsymbol{J}\times\frac{\hat{\boldsymbol{\mathscr{r}}}}{\mathscr{r}^2}\right)d\tau'$$

となる．被積分関数はベクトル解析の公式(1.25)を適用すると

$$\nabla\cdot\left(\boldsymbol{J}\times\frac{\hat{\boldsymbol{\mathscr{r}}}}{\mathscr{r}^2}\right) = \frac{\hat{\boldsymbol{\mathscr{r}}}}{\mathscr{r}^2}\cdot(\nabla\times\boldsymbol{J}) - \boldsymbol{J}\cdot\left(\nabla\times\frac{\hat{\boldsymbol{\mathscr{r}}}}{\mathscr{r}^2}\right)$$

となる．ここで $\boldsymbol{r}$ と $\boldsymbol{r}'$ はまったく独立の変数であるので，$\boldsymbol{r}$ で微分する ∇ による演算 $\nabla\times\boldsymbol{J}(\boldsymbol{r}')$ はゼロとなり，また(1.60)より $\nabla\times(\hat{\boldsymbol{\mathscr{r}}}/\mathscr{r}^2) \equiv \boldsymbol{0}$ なので

$$\nabla\cdot\boldsymbol{B} = 0 \tag{4.21}$$

となる．これは磁場の発散はゼロになることを表している．

この結果と 4.4.1 項でみたアンペールの法則を併せて磁場を表す場の方程式として

$$\nabla\cdot\boldsymbol{B} = 0$$
$$\nabla\times\boldsymbol{B} = \mu_0\boldsymbol{J}$$

を得る．

4.4 節のまとめ

- **アンペールの法則は，積分型で**

$$\oint \boldsymbol{B}\cdot d\boldsymbol{l} = \mu_0\int \boldsymbol{J}\cdot d\boldsymbol{a} = \mu_0 I_{\mathrm{enc}}$$

となる．

- **静磁場を表す場の方程式は**

$$\nabla\cdot\boldsymbol{B} = 0,\quad \nabla\times\boldsymbol{B} = \mu_0\boldsymbol{J}$$

であり，後者は微分型のアンペールの法則とよばれる．

4.5　ベクトルポテンシャル

4.5.1　ベクトルポテンシャルの定義

3 章でみたように，静電場 $\boldsymbol{E}$ は回転がゼロの渦なしベクトル場であったため，静電ポテンシャル V を用いて $\boldsymbol{E} = -\nabla V$ と表すことができた．発散がゼロの静磁場の場合でも，別のベクトル場を用いて静磁場 $\boldsymbol{B}$ を表すことができる．

1.4.2 項でみたように，発散がすべての場所でゼロである管状ベクトル場は，ベクトル場の回転として表すことができる．静磁場 $\boldsymbol{B}$ は，式(4.21)より管状ベクトル場なので，

$$\boldsymbol{B} = \nabla \times \boldsymbol{A} \tag{4.22}$$

のようにベクトル場 $\boldsymbol{A}$ を用いて表すことができる．このベクトル場 $\boldsymbol{A}$ を**ベクトルポテンシャル（vector potential）**とよぶ．

4.5.2　ベクトルポテンシャルの任意性

静電場を表す静電ポテンシャル V は $V+V_0$ のように定数 V_0 を加えても静電場は変わらない．つまり自由度は定数であった．ベクトルポテンシャルにも自由度がある．$\boldsymbol{A}_0 = \boldsymbol{A}+\nabla\lambda$ のように任意のスカラー関数 λ の勾配をベクトルポテンシャル $\boldsymbol{A}$ に加えてもベクトル解析の公式(1.29)より

$$\boldsymbol{B} = \nabla\times\boldsymbol{A}_0 = \nabla\times(\boldsymbol{A}+\nabla\lambda) = \nabla\times\boldsymbol{A}$$

となり，磁場は変化することはない．このため任意のスカラー関数の勾配が，ベクトルポテンシャルの自由度となる．この $\nabla\lambda$ の自由度の決め方を**ゲージ（guage）**という．$\nabla\lambda$ をどのように選ぶかは，解くべき問題が簡単になるように選ぶのがもっとも便利な方法である．

4.5.3　クーロンゲージ

アンペールの法則(4.17)において，磁場をベクトルポテンシャルを用いて表し，ベクトル解析の公式(1.30)を用いると，

$$\nabla\times\boldsymbol{B} = \nabla\times(\nabla\times\boldsymbol{A}) = \nabla(\nabla\cdot\boldsymbol{A}) - \nabla^2\boldsymbol{A} = \mu_0\boldsymbol{J}$$

となる．前節でみたように，ベクトルポテンシャルには任意のスカラー関数の勾配の自由度がある．そこで $\nabla\cdot\boldsymbol{A} = 0$ となるように $\nabla\lambda$ を決めると，ベクトルポテンシャルを用いて表したアンペールの法則は

$$\nabla^2\boldsymbol{A} = -\mu_0\boldsymbol{J} \tag{4.23}$$

と簡単にすることができる．このベクトルポテンシャルの自由度の決め方を**クーロンゲージ（Coulomb's gauge）**とよぶ．式(4.23)の微分方程式は，電荷分布が与えられたときの静電ポテンシャルを与えるポアソン方程式(3.39)

$$\nabla^2 V = -\frac{\rho}{\varepsilon_0}$$

と同じ形をしている．この方程式の解は体積積分を用いた式(3.35)

$$V = \frac{1}{4\pi\varepsilon_0}\int\frac{\rho(\boldsymbol{r}')}{\mathscr{r}}\,d\tau'$$

であるので，電流分布が与えられたときのベクトルポテンシャルは，同様に

$$\boldsymbol{A}(\boldsymbol{r}) = \frac{\mu_0}{4\pi}\int\frac{\boldsymbol{J}(\boldsymbol{r}')}{\mathscr{r}}\,d\tau' \tag{4.24}$$

と求められる．この式は電流 $\boldsymbol{I}$ を用いると

$$\boldsymbol{A}(\boldsymbol{r}) = \frac{\mu_0}{4\pi}\int\frac{\boldsymbol{I}(\boldsymbol{r}')}{\mathscr{r}}\,dl' \tag{4.25}$$

と書くことができる．

4.5.4　直線電流によるベクトルポテンシャル

z 軸上を流れている直線電流の一部分が作るベクトルポテンシャルを計算する（図 4.20）．まず，ベクトルポテンシャルの方向は式(4.25)より電流の方向と同じで方向であることがわかる．また，対称性よりベクトルポテンシャルの大きさは円柱座標の ϕ には依存せず直線電流からの距離 s および z の関数となる．$\mathscr{r}$ は z と s を用いて $\mathscr{r} = \sqrt{z^2+s^2}$ と表すことができるので，直線電流 I が z_1 から z_2 まで流れているとすると，直線電流から s だけ離れている点 P におけるベクトルポテンシャルの大きさは，

$$A = \frac{\mu_0}{4\pi}\int_{z_1}^{z_2}\frac{I}{\sqrt{z^2+s^2}}\,dz$$

となる．これは容易に積分することができ，方向も併せて

$$\boldsymbol{A}(\boldsymbol{r}) = \frac{\mu_0 I}{4\pi}\ln\frac{z_2+\sqrt{s^2+{z_2}^2}}{z_1+\sqrt{s^2+{z_1}^2}}\hat{\boldsymbol{z}}$$

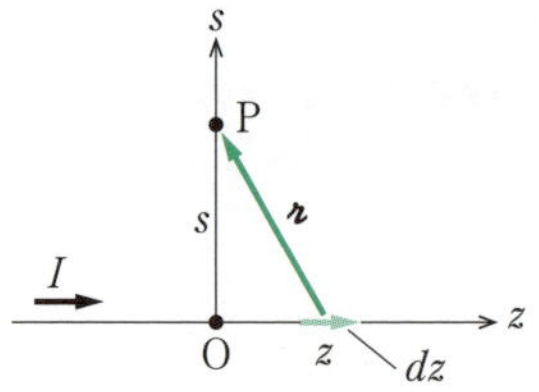

図 4.20　直線電流によるベクトルポテンシャル

と求めることができる．

得られたベクトルポテンシャルより，磁場 $\boldsymbol{B} = \nabla \times \boldsymbol{A}$ を求めてみる．ベクトルポテンシャルは z 軸に対して軸対称なので，円柱座標 (s, ϕ, z) を用いると計算が容易になる．円柱座標での回転は式(1.20)で与えられる．$\boldsymbol{A}$ は $\hat{\boldsymbol{z}}$ 成分しかなく，なおかつ s のみの関数であることに注意すると

$$\boldsymbol{B}(\boldsymbol{r}) = -\frac{\partial A_z}{\partial s}\hat{\boldsymbol{\phi}} = \frac{\mu_0 I}{4\pi s}\left[\frac{z_2}{\sqrt{s^2+{z_2}^2}} - \frac{z_1}{\sqrt{s^2+{z_1}^2}}\right]\hat{\boldsymbol{\phi}}$$

となる．この磁場は，ビオ・サバールの公式より求めた式(4.15)と一致する．

4.5 節のまとめ

- **磁場 $\boldsymbol{B}$ は管状ベクトル場であるので，ベクトルポテンシャル $\boldsymbol{A}$ を用いて**

$$\boldsymbol{B} = \nabla \times \boldsymbol{A}$$

と表すことができる．

- **ベクトルポテンシャル $\boldsymbol{A}$ には $\nabla\lambda$（λ は任意の関数）だけ自由度がある．この自由度は $\nabla\cdot\boldsymbol{A} = 0$ となるように選ぶのが便利である．この選び方をクーロンゲージとよぶ．**

4.6 磁場の境界条件

3 章において静電場において二つの領域を隔てる界面に電荷が存在すとき，電場の界面に垂直な方向成分が不連続になることをみた．ここでは静磁場を満たす場の方程式 $\nabla\cdot\boldsymbol{B} = 0$ および $\nabla\times\boldsymbol{B} = \mu_0\boldsymbol{J}$ から，界面に表面電流が流れている場合の磁場に関する境界条件を考える．

二つの領域を隔てる境界面に表面電流密度 $\boldsymbol{K}$ で電流が流れている場合を考える．図 4.21 のように界面をまたぐ小さな箱状の積分領域で $\nabla\cdot\boldsymbol{B} = 0$ の積分型 $\oint \boldsymbol{B}\cdot d\boldsymbol{a} = 0$ を評価する．この箱状の積分領域の界面に垂直な方向の高さをゼロに漸近させると，界面に垂直な面の面積はゼロになるので積分に寄与せず，界面に平行な面の面積分のみ残る．この面積を a とすると，表面積分は

$$B^{\perp}_{\text{直上}}a - B^{\perp}_{\text{直下}}a = 0$$

と書ける．ここで $B^{\perp}_{\text{直上}}$，$B^{\perp}_{\text{直下}}$ はそれぞれ，界面の上側と下側の界面に垂直な磁場成分である．この式より

$$B^{\perp}_{\text{直上}} = B^{\perp}_{\text{直下}} \tag{4.26}$$

という境界条件が得られる．

次に，図 4.22 のように表面電流密度 $\boldsymbol{K}$ に垂直な一辺の長さ l の積分路を用いて $\nabla\times\boldsymbol{B} = \mu_0\boldsymbol{J}$ の積分型 $\oint \boldsymbol{B}\cdot d\boldsymbol{l} = \mu_0 I_{\text{enc}}$ を評価する．この線積分の界面に垂直な方向の積分路の高さをゼロに漸近させると，界面に平行な方向の磁場の線積分のみ残る．このため

$$(B^{\parallel}_{\text{直上，直交}} - B^{\parallel}_{\text{直下，直交}})l = \mu_0 I_{\text{enc}} = \mu_0 K l$$

が成り立つ．ここで $B^{\parallel}_{\text{直上，直交}}$，$B^{\parallel}_{\text{直下，直交}}$ はそれぞれ，界面の上側と下側で，界面に平行で，かつ表面電流密度 $\boldsymbol{K}$ に直交する磁場成分である．よって境界条件は

$$B^{\parallel}_{\text{直上，直交}} - B^{\parallel}_{\text{直下，直交}} = \mu_0 K$$

となる．

一方，$\boldsymbol{K}$ に平行な積分路を用いることによって，$\boldsymbol{K}$ に平行な磁場成分 $B^{\parallel}_{\text{直上，平行}}$，$B^{\parallel}_{\text{直下，平行}}$ については

$$(B^{\parallel}_{\text{直上，平行}} - B^{\parallel}_{\text{直下，平行}})l = \mu_0 I_{\text{enc}} = 0$$

となり，連続となることがわかる．

以上より，磁場の界面に垂直方向成分および界面に平行で $\boldsymbol{K}$ に平行な成分は連続になるが，界面に平行で $\boldsymbol{K}$ に直交する成分は $\mu_0 K$ だけ不連続という境界条件が得られる．これらの結果をまとめると

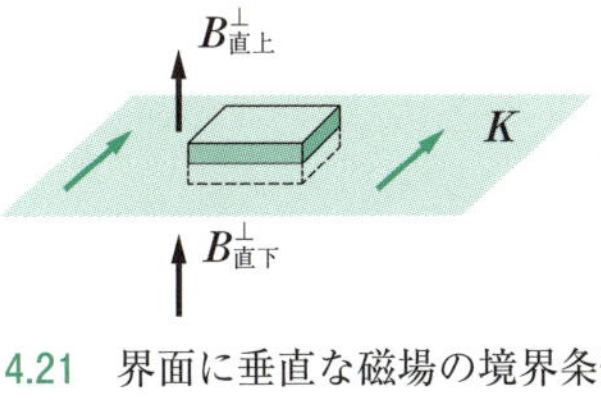

図 4.21 界面に垂直な磁場の境界条件

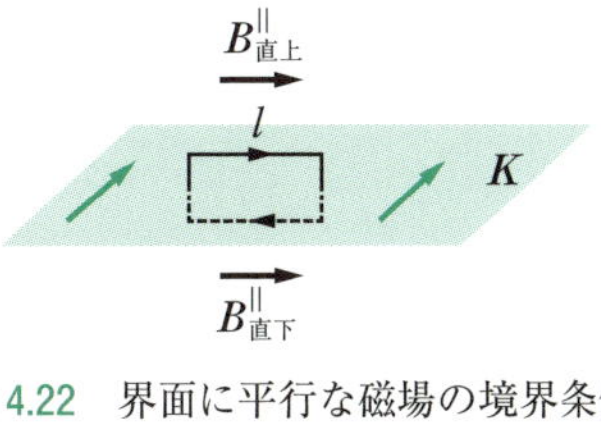

図 4.22 界面に平行な磁場の境界条件

$$\boldsymbol{B}_{\text{直上}} - \boldsymbol{B}_{\text{直下}} = \mu_0(\boldsymbol{K} \times \hat{\boldsymbol{n}})$$

と書くことができる．ここで $\hat{\boldsymbol{n}}$ は，界面に垂直な単位法線ベクトルである．

4.6 節のまとめ

- 表面電流密度 $\boldsymbol{K}$ で電流が流れている界面においては，磁場 $\boldsymbol{B}$ は界面に垂直な成分および界面に平行で $\boldsymbol{K}$ に平行な成分は連続であるが，界面に平行で $\boldsymbol{K}$ に直交する成分は不連続となる．界面に垂直な単位法線ベクトルを $\hat{\boldsymbol{n}}$ とし，界面の上下の磁場を $\boldsymbol{B}_{\text{直上}}$，$\boldsymbol{B}_{\text{直下}}$ とすると，磁場の境界条件は

$$\boldsymbol{B}_{\text{直上}} - \boldsymbol{B}_{\text{直下}} = \mu_0(\boldsymbol{K} \times \hat{\boldsymbol{n}})$$

  と書くことができる．

5. 変動する電磁場 1

電場と磁場が局所的に満たす場の方程式であるマクスウェル方程式は，静的な場合には，電気的な量と磁気的な量がそれぞれ別の方程式を満たしていて，相互に混じり合わない形に分離する．しかしながら，電場や磁場が時間変化する場合には，電場と磁場は密接に関係するようになる．この章では，変動する電磁場について最低限知っておくべきトピックを整理する．

5.1 電磁誘導

ファラデーは電場と磁場は独立ではなく，互いに関係があることを実験的に見出した．この節ではファラデーの見出した電磁誘導という現象をみていく．

5.1.1 起電力

閉回路に電流を流すためには，導線中の電荷を動かす駆動力がなければならない．この駆動力を**起電力**（electric motive force）とよぶ．起電力はさまざまな方法で発生させることができる．最も身近な起電力は化学反応を使って電荷を動かす電池によるものである．このほかにも発電機や太陽電池などによって起電力を発生することができる．これらの起電力は回路全体に分布しておらず局所的であることが多いが，一般には閉回路全体に分布していると考えて，起電力 ε を

$$\varepsilon \equiv \oint \boldsymbol{f}\cdot d\boldsymbol{l} \tag{5.1}$$

と定義する．ここで $\boldsymbol{f}$ は単位電荷あたりに働く力であり，$\boldsymbol{l}$ の方向は電荷の移動する方向である．積分は閉回路全体で行う．起電力は「力」ではない．例えば電場 $\boldsymbol{E}$ による電荷 q に働く力 $\boldsymbol{F}$ は $\boldsymbol{F}=q\boldsymbol{E}$ であり，単位電荷あたりの力は $\boldsymbol{f}=\boldsymbol{E}$ であるので

$$\varepsilon = \oint \boldsymbol{E}\cdot d\boldsymbol{l} = \oint \frac{\boldsymbol{F}\cdot d\boldsymbol{l}}{q}$$

となり，起電力は単位電荷が受け取るエネルギーを意味することがわかる．

5.1.2 ファラデーの法則

閉回路を磁場 $\boldsymbol{B}$ が貫くとき，**磁束**（magnetic flux）Φ は，閉回路が囲む面で磁場を面積分した

$$\Phi \equiv \int \boldsymbol{B}\cdot d\boldsymbol{a} \tag{5.2}$$

で定義される．この磁束が時間変化するとき，閉回路に起電力が生じる．

$$\varepsilon = -\frac{d\Phi}{dt} \tag{5.3}$$

これを**フラックス則**（flux rule）とよぶ．この式の意味を考えるために図 5.1 のような閉回路を考える．閉回路中の電荷に働く力としてローレンツ力(4.2)を用いると，フラックス則は

$$\varepsilon = \oint(\boldsymbol{E}+\boldsymbol{v}\times\boldsymbol{B})\cdot d\boldsymbol{l} = -\frac{d\Phi}{dt} = -\frac{d}{dt}\int \boldsymbol{B}\cdot d\boldsymbol{a}$$

となる．最後の項は，

$$-\frac{d}{dt}\int \boldsymbol{B}\cdot d\boldsymbol{a} = -\int\frac{\partial \boldsymbol{B}}{\partial t}\cdot d\boldsymbol{a} - \int \boldsymbol{B}\cdot\frac{d\boldsymbol{a}}{dt}$$

と二つの項に分けることができる．前者は磁場の変化による磁束の変化を表し，後者は閉回路の移動または変形により面積が変化することによる磁束の変化を表す．図 5.1 のように，閉回路が速度 $\boldsymbol{v}$ で移動する場合，時間 dt の間に微小な長さ $d\boldsymbol{l}$ は $da=|\boldsymbol{v}dt\times d\boldsymbol{l}|$ の面積だけ動く．このため

$$\frac{d\boldsymbol{a}}{dt} = \boldsymbol{v}\times d\boldsymbol{l}$$

と書けるので

$$\begin{aligned}-\int \boldsymbol{B}\cdot\frac{d\boldsymbol{a}}{dt} &= -\oint \boldsymbol{B}\cdot(\boldsymbol{v}\times d\boldsymbol{l})\\ &= -\oint d\boldsymbol{l}\cdot(\boldsymbol{B}\times\boldsymbol{v}) = \oint \boldsymbol{v}\times\boldsymbol{B}\cdot d\boldsymbol{l}\end{aligned}$$

と変形することができる．よってフラックス則(5.3)は

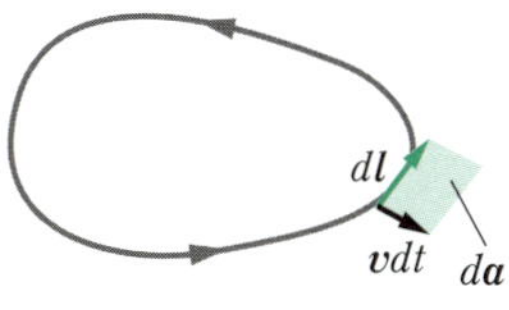

図 5.1 ファラデーの法則

$$\oint (\boldsymbol{E}+\boldsymbol{v}\times\boldsymbol{B})\cdot d\boldsymbol{l} = -\int \frac{\partial \boldsymbol{B}}{\partial t}\cdot d\boldsymbol{a} + \oint \boldsymbol{v}\times\boldsymbol{B}\cdot d\boldsymbol{l}$$

となり

$$\oint \boldsymbol{E}\cdot d\boldsymbol{l} = -\int \frac{\partial \boldsymbol{B}}{\partial t}\cdot d\boldsymbol{a} \tag{5.4}$$

を得る．この式は，磁場の時間変化が電場を誘起することを意味している．これを積分型の**ファラデーの法則（Faraday's law）**という．この式の左辺にストークスの定理(1.35)を用いると

$$\int \nabla\times\boldsymbol{E}\cdot d\boldsymbol{a} = -\int \frac{\partial \boldsymbol{B}}{\partial t}\cdot d\boldsymbol{a}$$

となり，

$$\nabla\times\boldsymbol{E} = -\frac{\partial \boldsymbol{B}}{\partial t} \tag{5.5}$$

を得る．これを微分型の**ファラデーの法則**という．

この法則は時間変化する磁場はもはや電場と独立ではなく，**誘導電場**を生成することを意味している．この現象を**電磁誘導（electromagnetic induction）**という．また，式(5.5)は起電力ではなく，電場および時間変化する磁場によって記述されているので，考えている系に導線や運動している荷電粒子がなくても，空間に存在する磁場が変化すれば，その位置において誘導電場が発生することを意味している．

静的な電荷分布から生じる電場 $\boldsymbol{E}_{\mathrm{s}}$ は $\nabla\times\boldsymbol{E}_{\mathrm{s}}=\boldsymbol{0}$ のような渦なし場であることを 3 章でみた．一方，磁場の変化によって生じた誘導電場 $\boldsymbol{E}_{\mathrm{d}}$ はファラデーの法則より

$$\nabla\times\boldsymbol{E}_{\mathrm{d}} = -\frac{\partial \boldsymbol{B}}{\partial t}$$

を満たす．このため，両者を足し合わせた全電場

$$\boldsymbol{E} = \boldsymbol{E}_{\mathrm{s}}+\boldsymbol{E}_{\mathrm{d}}$$

はファラデーの法則

$$\nabla\times\boldsymbol{E} = -\frac{\partial \boldsymbol{B}}{\partial t}$$

を満たす．つまり，ファラデーの法則は，静電場における $\nabla\times\boldsymbol{E}=\boldsymbol{0}$ という関係を，磁場が時間変化する場合に拡張した形になっている．

5.1.3　レンツの法則

ファラデーの法則(5.5)の右辺のマイナスは，「この法則によって生じる誘導電場は，原因となっている磁場の変化を妨げる方向に発生する」ということを意味している．これを**レンツの法則（Lenz's law）**という．レンツの法則は「起こる変化を妨げる」という意味で，この世界を安定化している．力学で考えると慣性のようなものである．

5.1.4　電場の一般表現

ファラデーの法則(5.5)は，ベクトルポテンシャル $\boldsymbol{A}$ を用いて

$$\nabla\times\boldsymbol{E} = -\frac{\partial \boldsymbol{B}}{\partial t} = -\nabla\times\frac{\partial \boldsymbol{A}}{\partial t}$$

と書くことができる．このため

$$\nabla\times\left(\boldsymbol{E}+\frac{\partial \boldsymbol{A}}{\partial t}\right) = 0$$

となる．1.4.1 項でみたように，一般に回転がゼロの場合にはそのベクトルはスカラー関数の勾配を用いて表すことができる．そこで

$$\boldsymbol{E}+\frac{\partial \boldsymbol{A}}{\partial t} = -\nabla V$$

と表すことができる．よって，電場の一般表現として

$$\boldsymbol{E} = -\nabla V-\frac{\partial \boldsymbol{A}}{\partial t}$$

を得る．

5.1.5　誘導電場の計算

以下でいくつかの例についてファラデーの法則から誘導電場を計算する．

a. 空間的に一様で時間とともに変化する磁場による誘導電場

半径 R の円形の領域内で空間的に一様な磁場 $\boldsymbol{B}$ が時間変化している場合を考える（図 5.2）．半径 $r\,(r<R)$ の円周上の誘導電場の大きさは対称性より同じであり，向きは円周を向く方向である．このため積分型のファラデーの法則(5.4)

$$\oint \boldsymbol{E}\cdot d\boldsymbol{l} = -\int \frac{\partial \boldsymbol{B}}{\partial t}\cdot d\boldsymbol{a}$$

の左辺において，電場の大きさは積分の外に出すことができ

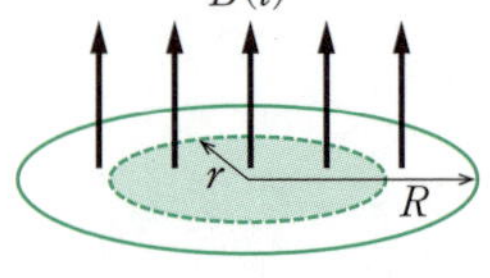

図 5.2　時間とともに変化する一様な磁場による誘導電場

$$\oint \boldsymbol{E}\cdot d\boldsymbol{l} = (2\pi r)E$$

となる．一方，右辺は磁束の時間変化であるので

$$-\int \frac{\partial \boldsymbol{B}}{\partial t}\cdot d\boldsymbol{a} = -\frac{\pi r^2 \partial(B(t))}{\partial t}$$

となる．よって誘導電場

$$\boldsymbol{E} = -\frac{r}{2}\frac{dB(t)}{dt}\hat{\boldsymbol{\phi}}$$

を得る．磁場が時間とともに増加する場合は，誘導電場はレンツの法則より，磁場を減少させる方向に発生する．磁場が上向きに増加する場合，仮想的に円周上に導線があったと考えて電流が（上からみて）時計回りに流れる向きに誘導電場が発生する．

上の例でみたように，ファラデーの法則を用いて具体的な誘導電場を求める計算は，対称性のよい場所にループを作って，そこで線積分を行う．これはアンペールの法則を用いて磁場を計算するときの方法と同様である．もちろん物理的内容は異なるが，これはファラデーの法則

$$\nabla\times\boldsymbol{E} = -\frac{\partial \boldsymbol{B}}{\partial t}$$

と，アンペールの法則

$$\nabla\times\boldsymbol{B} = \mu_0\boldsymbol{J}$$

の式の形の類似によるものである．

b. 平行導線に流れる時間変化する電流による誘導電場

図 5.3 のように半径 a の十分長い平行導線が導線の中心から中心までの間隔 d だけ離れておかれており，それぞれに電流 I が逆方向に流れている（十分遠方で電流が折り返している）．この電流が時間変化する場合を考える．ビオ・サバールの法則によると 1 本の直線電流の作る磁場は，導線の中心から $r\,(r>a)$ の場所では式(4.16)より

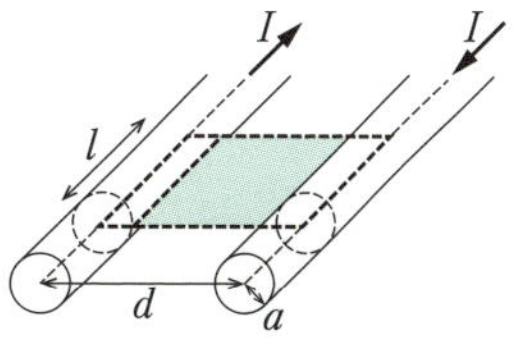

図 5.3　平行導線に流れる時間変化する電流による誘導電場

$$\boldsymbol{B} = \frac{\mu_0 I}{2\pi r}\hat{\boldsymbol{\phi}}$$

で与えられる．厳密には，ビオ・サバールの法則は定常電流による磁場を与えるもので時間変動する電流には用いることはできない．しかし，変動が十分ゆっくりであれば近似的にビオ・サバールの法則を用いることができる．これを**準静的近似（quasistatic approximation）**とよぶ．この近似を用いて 1 本の導線が作る磁場による磁束は，長さ l の導線で囲まれる部分を考えて

$$\begin{aligned}\Phi &= \int \boldsymbol{B}\cdot d\boldsymbol{a} = \int_a^{d-a} Bl\,dr \\ &= \frac{\mu_0 l}{2\pi}\log\frac{d-a}{a}I \end{aligned} \qquad (5.6)$$

と求まる．2 本の導線を流れる電流による磁束はこの 2 倍である．$l \gg d$ とすると

$$\oint \boldsymbol{E}\cdot d\boldsymbol{l} = 2lE$$

であるので，積分型のファラデーの法則(5.4)は

$$2lE = -\frac{\partial \Phi}{\partial t} = -\frac{\mu_0}{\pi}l\log\frac{d-a}{a}\frac{dI}{dt}$$

となり，誘導電場は

$$E = -\frac{\mu_0}{2\pi}\log\frac{d-a}{a}\frac{dI}{dt}$$

と求まる．誘導電場の方向は電流 I の変化を打ち消す方向である．

5.1 節のまとめ

- **時間変化する磁場は誘導電場を生成する．これを電磁誘導といい，ファラデーの法則により以下のように記述される．**

$$\oint \boldsymbol{E}\cdot d\boldsymbol{l} = -\int \frac{\partial \boldsymbol{B}}{\partial t}\cdot d\boldsymbol{a} \qquad \text{（積分型）}$$

$$\nabla\times\boldsymbol{E} = -\frac{\partial \boldsymbol{B}}{\partial t} \qquad \text{（微分型）}$$

- **誘導電場は原因となっている磁場の変化を妨げる方向に発生する．これをレンツの法則という．**

5.2 インダクタンスと過渡現象

5.2.1 自己インダクタンス

5.1.2, 5.1.3 項でみたように，閉回路を貫く磁束が変化すると，その変化を妨げるように誘導電場が発生する．いま図 5.4 のような閉回路を考える．この閉回路に電流 I が流れていると磁場が作られ，この磁場はその閉回路自身を貫く．磁場は電流に比例することから，この閉回路を貫く磁場による磁束は，比例定数を L として

$$\Phi = LI \tag{5.7}$$

と書ける．この電流 I が時間変化すると閉回路を貫く磁束が変化し

$$\varepsilon = -\frac{d\Phi}{dt} = -L\frac{dI}{dt}$$

の起電力が電流の変化を妨げる方向に発生する．この L を**自己インダクタンス**（**self inductance**，あるいは単に**インダクタンス**（**inductance**））という．以下いくつかの場合における自己インダクタンスを求める．

a. ソレノイドコイルの自己インダクタンス

十分に長い，単位長さあたり n 回巻いてあるソレノイドコイルに電流 I が流れている．このときソレノイドコイルの内部の磁場の大きさは式(4.20)より

$$B = \mu_0 nI$$

で与えられる．ソレノイドコイルの断面積を S とすると，長さ l あたりの磁束は，巻き数が nl になるので

$$\Phi = \mu_0 nI \times nlS = \mu_0 n^2 lSI$$

となる．このため式(5.7)と比較して，単位長さあたりの自己インダクタンス L は

$$L = \frac{\Phi}{lI} = \mu_0 n^2 S \tag{5.8}$$

と求まる．

b. 平行導線による自己インダクタンス

図 5.3 のように半径 a の十分長い平行導線が（導線の中心から中心までの）間隔 d だけ離れておかれており，それぞれに電流 I が逆方向に流れている場合を考える．式(5.6)より 2 本の直線電流が作る磁場による，長さ l の領域を貫く磁束は

$$\Phi = \frac{\mu_0}{\pi} l \log\frac{d-a}{a} I$$

であった．よって単位長さあたりの自己インダクタンス L は，式(5.7)と比較することによって

$$L = \frac{\Phi}{lI} = \frac{\mu_0}{\pi}\log\frac{d-a}{a}$$

となる．

5.2.2 相互インダクタンス

図 5.5 のように二つのループがある場合を考える．ループ 1 に電流 I_1 が流れているとき，この電流により作られた磁場はループ 1 を貫くとともに，一部はループ 2 を貫く．ループ 2 を貫く磁束を Φ_2 とすると，電流 I_1 によって作られた磁場 $\boldsymbol{B}_1$ は電流 I_1 に比例することより

$$\Phi_2 = M_{21} I_1$$

と書ける．この M_{21} を**相互インダクタンス**（**mutual inductance**）とよぶ．I_1 が時間変化するときループ 2 に発生する誘導起電力は

$$\varepsilon_2 = -\frac{d\Phi_2}{dt} = -M_{21}\frac{dI_1}{dt}$$

となる．

一般に多数のループがあるとき，j 番目のループを貫く磁束 Φ_j は，電流 I_i による j 番目のループを貫く磁束を Φ_{ji} として

$$\Phi_j = \sum_{i,\, i\neq j} \Phi_{ji}$$

と書くことができる．電流 I_i による j 番目のループを貫く磁場を $\boldsymbol{B}_{ji}$ と書くと，磁束 Φ_{ji} は

$$\Phi_{ji} = \int \boldsymbol{B}_{ji}\cdot d\boldsymbol{a}_j$$

と書ける．積分は j 番目のループにおける面積分を表

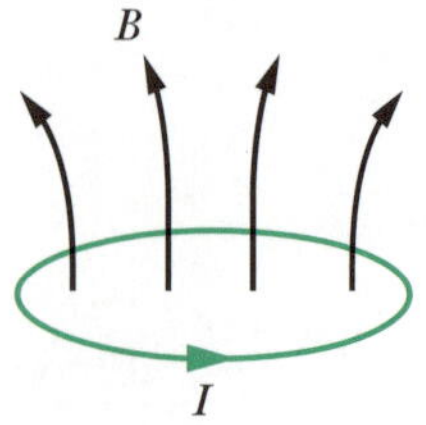

図 5.4　自己インダクタンス

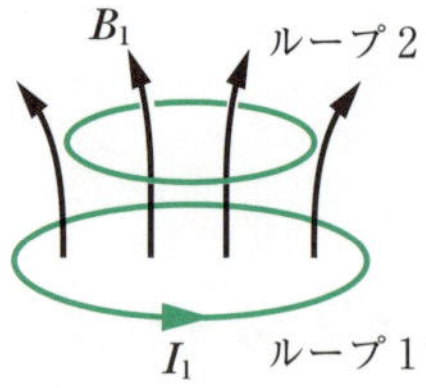

図 5.5　相互インダクタンス

す．さらに，この磁場の面積分は j 番目のループにおいて I_i が作るベクトルポテンシャル $\boldsymbol{A}_{ji}$ を用いると

$$\int \boldsymbol{B}_{ji}\cdot d\boldsymbol{a}_j = \int \nabla\times\boldsymbol{A}_{ji}\cdot d\boldsymbol{a}_j = \oint \boldsymbol{A}_{ji}\cdot d\boldsymbol{l}_j$$

と書ける．一方，ベクトルポテンシャル $\boldsymbol{A}_{ji}$ は式(4.25)より

$$\boldsymbol{A}_{ji} = \frac{\mu_0}{4\pi}\oint\frac{I_i d\boldsymbol{l}_i}{|\boldsymbol{r}_j - \boldsymbol{r}_i|}$$

と書けるので，

$$\Phi_{ji} = \frac{\mu_0}{4\pi}\oint\oint\frac{d\boldsymbol{l}_i\cdot d\boldsymbol{l}_j}{|\boldsymbol{r}_j - \boldsymbol{r}_i|}I_i$$

となる．よって $\Phi_{ji} \equiv M_{ji}I_i$ と M_{ji} を定義することによって

$$M_{ji} = \frac{\mu_0}{4\pi}\oint\oint\frac{d\boldsymbol{l}_i\cdot d\boldsymbol{l}_j}{|\boldsymbol{r}_j - \boldsymbol{r}_i|}$$

と相互インダクタンスの一般的な式を得る．これを**ノイマンの式（Neumann formula）**という．この式より，相互インダクタンスは

$$M_{ji} = M_{ij}$$

と i, j について対称となる．これを**相反定理（reciplocal theorem）**という．

5.2.3 過渡現象

図 5.6 のように電池（起電力 ε_0），スイッチ，電気抵抗（抵抗値 R），コイル（インダクタンス L）を含む RL 回路を考える．インダクタンスがなければ，スイッチを入れると同時に一定の電流

$$I_\infty = \frac{\varepsilon_0}{R}$$

が流れる．しかし，インダクタンスがある場合は

$$\varepsilon = -\frac{d\Phi}{dt} = -L\frac{dI}{dt}$$

の起電力が，電流の流れを妨げる方向に発生する．このため電流は直ちに I_∞ になれずに時間変化することになる．このような現象を**過渡現象（transient phenomena）**とよぶ．この時間変化する電流を求めるためには微分方程式

$$\varepsilon_0 - L\frac{dI}{dt} = IR$$

を解かなければならない．インダクタンスによる項 $-LdI/dt$ の位置に注意する．これは起電力であるので，左辺におかなければならない．この微分方程式は簡単に解けて，時刻 $t=0$ で $I(0)=0$ という初期条件のもとでは

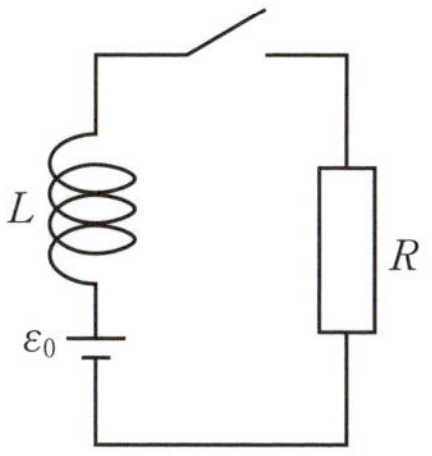

図 5.6　過渡現象

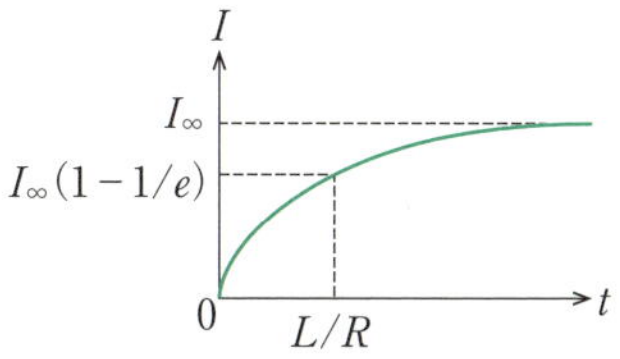

図 5.7　電流の時間変化

$$I(t) = I_\infty[1 - e^{-(R/L)t}]$$

と求まり，図 5.7 のように時間変化する．電流の増加する変化の度合いを決定しているのは時間の次元をもつ L/R であり，これは**時定数（time constant）**とよばれる．

5.2.4 磁場のエネルギー

前項の RL 回路における微分方程式

$$\varepsilon_0 - L\frac{dI}{dt} = IR$$

において，インダクタンスによる起電力の項を右辺に移項して，両辺に電流を掛けると

$$\varepsilon_0 I = LI\frac{dI}{dt} + I^2R$$

となる．この式の左辺は起電力×電流なので，電池が回路に単位時間あたりに供給しているエネルギーを表している．このため右辺は回路で消費または蓄えられるエネルギーを表すことになる．右辺第 2 項は抵抗によって消費される単位時間あたりのジュール熱を表している．第 1 項はインダクタンス L に比例しているので，コイルに蓄えられる単位時間あたりのエネルギーと考えられる．これを dW/dt と書くと

$$\frac{dW}{dt} = LI\frac{dI}{dt}$$

となり，時間で積分して

$$W = \int\frac{dW}{dt}dt = \int LIdI = \frac{1}{2}LI^2 \qquad (5.9)$$

を得る．

コイルが断面積 S，単位長さあたり n 回巻いてあるソレノイドコイルである場合を考える．式(5.8)より長さ l あたりのインダクタンスは $L = \mu_0 n^2 Sl$ であり，ソレノイドコイル内部の磁場は式(4.20)より $B = \mu_0 nI$ であった．これらの関係式よりソレノイドコイルに蓄えられるエネルギー W は，式(5.9)より

$$W = \frac{1}{2} \cdot \mu_0 n^2 Sl \cdot \left[\frac{B}{\mu_0 n}\right]^2 = \frac{1}{2\mu_0} nSlB^2$$

のように磁場 B を用いて表すことができる．この式は断面積 S，単位長さあたり n 回巻いてあるソレノイドコイルの長さ l あたりのエネルギーを表しているので，単位体積あたりのエネルギー w は，これを $nS \times l$ で割って

$$w = \frac{1}{2\mu_0} B^2$$

と書ける．この結果はソレノイドコイルの場合の結果であるが，一般の場合にも W は磁場 B で表すことができ

$$W = \int \frac{1}{2\mu_0} B^2 d\tau \qquad (5.10)$$

と書くことできる．これを**磁場のエネルギー（energy in magnetic field）**とよぶ．

5.2 節のまとめ

- **任意の閉回路において，自らに流れる電流が変化することにより，その変化を妨げる方向に誘導起電力 ε が発生する．誘導起電力は電流 I の時間変化に比例し，その比例係数を自己インダクタンス L（または単にインダクタンス）という．**

$$\varepsilon = -L \frac{dI}{dt}$$

- **複数の閉回路が存在する場合，j 番目の閉回路における電流変化により i 番目の閉回路に誘導起電力 ε_i が発生する．この比例係数を相互インダクタンス M_{ij} という．**

$$\varepsilon_i = -M_{ij} \frac{dI_j}{dt}$$

相互インダクタンスには相反定理が成り立ち，$M_{ij} = M_{ji}$ が成り立つ．

- **磁場のエネルギー W は**

$$W = \int \frac{1}{2\mu_0} B^2 d\tau$$

と書くことができる．

5.3　変動する電磁場の満たす方程式

これまでに求められた電場と磁場の満たす場の方程式は以下のようになる．

$$\nabla \cdot \boldsymbol{E} = \frac{\rho}{\varepsilon_0}$$
$$\nabla \times \boldsymbol{E} = -\frac{\partial \boldsymbol{B}}{\partial t}$$
$$\nabla \cdot \boldsymbol{B} = 0$$
$$\nabla \times \boldsymbol{B} = \mu_0 \boldsymbol{J}$$

これらの関係式には，いくつかの問題点がある．一つには，電場と磁場の間の対称性がない．2 番目の式，ファラデーの法則では時間変化する磁場は電場と関係づけられている．しかしながら逆に電場が時間変化したら磁場ができるような式が存在しない．もしそのような式が存在すれば，電場と磁場の対称性が保たれることになる．

もう一つには，ベクトル解析の公式(1.28)により，数学的に任意のベクトル $\boldsymbol{C}$ に対して

$$\nabla \cdot (\nabla \times \boldsymbol{C}) \equiv 0 \qquad (5.11)$$

が成り立つはずである．電場 $\boldsymbol{E}$ に対しては

$$\nabla \cdot (\nabla \times \boldsymbol{E}) = \nabla \cdot \left(-\frac{\partial \boldsymbol{B}}{\partial t}\right) = -\frac{\partial}{\partial t} \nabla \cdot \boldsymbol{B} = 0$$

であり，式(5.11)は確かに成り立っている．しかしながら磁場 $\boldsymbol{B}$ に対しては

$$\nabla \cdot (\nabla \times \boldsymbol{B}) = \mu_0 \nabla \cdot \boldsymbol{J}$$

となり，これは一般的にゼロでないので式(5.11)は成り立たないことになってしまう．これらの問題は以下

のようにマクスウェルによって解決された．

5.3.1　変位電流

図 5.8 のような面積 A，間隔 d の平行板コンデンサーに電池（起電力 V）をつないで充電する場合を考える（コンデンサーについては 6 章で学ぶが，ここでは高等学校で学んだ知識を用いることとする）．充電している間はコンデンサーの一つの極板には電池から電流 I が流れ込み（電荷が流れ込み），もう一つの極板からは電流 I が流れ出す（反対の符号の電荷が流れ込む）．しかしながら，電極間では電流は流れない．このような回路において，**図 5.8** のように導線を囲むループについて積分型のアンペールの法則を適用すると

$$\oint \boldsymbol{B}\cdot d\boldsymbol{l} = \mu_0 \int \boldsymbol{J}\cdot d\boldsymbol{a} \tag{5.12}$$

が成り立つ．表面 1 で右辺の面積分を行うと

$$\mu_0 \int_{\text{表面 }1} \boldsymbol{J}\cdot d\boldsymbol{a} = \mu_0 I$$

となる．しかし式(5.12)の右辺の面積分は左辺の線積分を行うループを境界とするような表面であれば，どのような表面を用いてもかまわない．このため，例えば，**図 5.8** のように平行板コンデンサーの極板間を通る表面 2 を用いて面積分することも可能である．しかし，この場合コンデンサーの極板間には電流は流れてないので

$$\mu_0 \int_{\text{表面 }2} \boldsymbol{J}\cdot d\boldsymbol{a} = 0$$

となってしまい，面積積分を行う場所によって式(5.12)は異なる結果を与えることになってしまう．

そこで，マクスウェルは**変位電流（displacement current）**という概念を導入した．導線に電流が流れている間，コンデンサーの電荷量が変化し極板間の電場は変化している．そこで変位電流 $\boldsymbol{J}_\mathrm{D}$ として

$$\boldsymbol{J}_\mathrm{D} \equiv \varepsilon_0 \frac{\partial \boldsymbol{E}}{\partial t} \tag{5.13}$$

を定義する．平行板コンデンサーでは $E = V/d$，$C = \varepsilon_0 A/d$ であるので $Q = CV$ の関係を用いると

$$J_\mathrm{D} = \varepsilon_0 \frac{\partial E}{\partial t} = \frac{\varepsilon_0}{d}\frac{\partial V}{\partial t} = \frac{\varepsilon_0}{Cd}\frac{\partial Q}{\partial t} = \frac{1}{A}\frac{\partial Q}{\partial t} = \frac{1}{A} I$$

となる．よって，表面 2 の場合でも式(5.12)は

$$\oint \boldsymbol{B}\cdot dl = \mu_0 \int \boldsymbol{J}_D\cdot d\boldsymbol{a} = \mu_0 I \int \frac{1}{A} da = \mu_0 I$$

となり，アンペールの法則が回復する．このように電荷の流れである電流に変位電流を加えた電流を考えることによって回路のどの部分においてもアンペールの法則が回復する．よって電場が時間変化する場合も含んだ**修正されたアンペールの法則（Ampere-Maxwell law）**は

$$\nabla \times \boldsymbol{B} = \mu_0(\boldsymbol{J} + \boldsymbol{J}_\mathrm{D}) = \mu_0 \boldsymbol{J} + \mu_0 \varepsilon_0 \frac{\partial \boldsymbol{E}}{\partial t} \tag{5.14}$$

となる．

変位電流について注意しなければならないことは，荷電粒子の流れである「電流」ではないということである．しかし，アンペールの法則に従って磁場を作ることができる．また，「変位電流」という名前ではあるが次元は「電流」ではなく体積電流密度である．「電流」を求めるためには変位電流を面積分しなければならない．

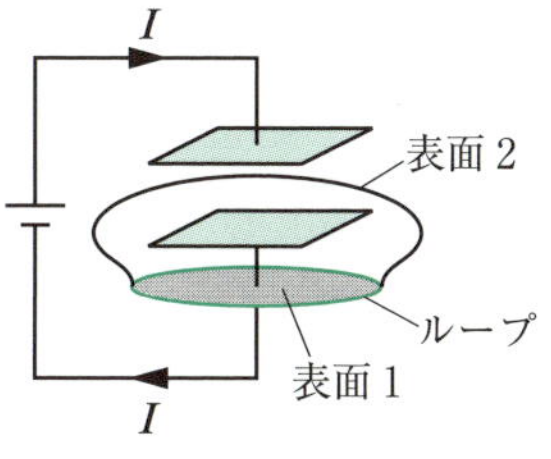

図 5.8　変位電流

5.3.2　マクスウェル方程式

前項でみたように，通常の電流の他に変位電流を加えると，電場が時間変化しているときでもアンペールの法則が回復する．このため時間とともに変動する場合も含む電場および磁場を表す場の方程式は

$$\nabla \cdot \boldsymbol{E} = \frac{\rho}{\varepsilon_0}$$

$$\nabla \cdot \boldsymbol{B} = 0$$

$$\nabla \times \boldsymbol{E} + \frac{\partial \boldsymbol{B}}{\partial t} = 0$$

$$\nabla \times \boldsymbol{B} - \mu_0 \varepsilon_0 \frac{\partial \boldsymbol{E}}{\partial t} = \mu_0 \boldsymbol{J}$$

ジェームズ・クラーク・マクスウェル

英国の物理学者．ファラデーの理論から方程式を導き，古典電磁気学を確立した．また電磁波の存在を予言し，その伝搬速度が光の速度に等しいことを証明した．多くの分野で功績を残し，19 世紀の偉大な物理学者の一人に数えられる．（1831-1879）

となる．この方程式の組を**マクスウェル方程式**（**Maxwell's equation**）とよぶ．マクスウェル方程式は電磁場の基本方程式である．

マクスウェルの修正以前の問題点が解決されているか調べてみる．磁場の回転の発散は

$$\nabla\cdot(\nabla\times\boldsymbol{B}) = \nabla\cdot\left(\mu_0\boldsymbol{J}+\mu_0\varepsilon_0\frac{\partial\boldsymbol{E}}{\partial t}\right)$$
$$= \mu_0\left(\nabla\cdot\boldsymbol{J}+\varepsilon_0\frac{\partial\nabla\cdot\boldsymbol{E}}{\partial t}\right)$$
$$= \mu_0\left(\nabla\cdot\boldsymbol{J}+\frac{\partial\rho}{\partial t}\right)$$

となる．この右辺は連続の式(4.9)

$$\frac{\partial\rho}{\partial t} = -\nabla\cdot\boldsymbol{J}$$

よりゼロになることが保証される．

また，変位電流の項の存在により電場の時間変化が磁場を生成すると考えることができ，電場と磁場の対称性が成り立つようになった．実際，電荷密度 ρ と電流 $\boldsymbol{J}$ が存在しない自由空間のマクスウェル方程式

$$\nabla\cdot\boldsymbol{E} = 0$$
$$\nabla\cdot\boldsymbol{B} = \boldsymbol{0}$$
$$\nabla\times\boldsymbol{E}+\frac{\partial\boldsymbol{B}}{\partial t} = 0$$
$$\nabla\times\boldsymbol{B}-\mu_0\varepsilon_0\frac{\partial\boldsymbol{E}}{\partial t} = 0$$

において，$\boldsymbol{E}$ を $\boldsymbol{B}$ に，$\boldsymbol{B}$ を $-\varepsilon_0\mu_0\boldsymbol{E}$ に変換しても，これらの方程式の組は不変である．

5.3 節のまとめ

- **荷電粒子の流れとしての電流がない場合でも，電場が時間変化する場合は変位電流 $\boldsymbol{J}_{\mathrm{D}}$**

$$\boldsymbol{J}_{\mathrm{D}} \equiv \varepsilon_0\frac{\partial\boldsymbol{E}}{\partial t}$$

を考えなければならない．

- **変動する電磁場はマクスウェル方程式**

$$\nabla\cdot\boldsymbol{E} = \frac{\rho}{\varepsilon_0}$$
$$\nabla\cdot\boldsymbol{B} = 0$$
$$\nabla\times\boldsymbol{E}+\frac{\partial\boldsymbol{B}}{\partial t} = 0$$
$$\nabla\times\boldsymbol{B}-\mu_0\varepsilon_0\frac{\partial\boldsymbol{E}}{\partial t} = \mu_0\boldsymbol{J}$$

で記述される．

5.4　電磁場のエネルギーとポインティングベクトル

5.4.1　マクスウェル方程式と電磁場のエネルギー

位置 $\boldsymbol{r}$ と時間 t によって変動することを明示的に表すと，マクスウェル方程式は次のように表現できる．

$$\nabla\cdot\boldsymbol{E}(\boldsymbol{r},t) = \frac{1}{\varepsilon_0}\rho(\boldsymbol{r},t) \tag{5.15}$$

$$\nabla\cdot\boldsymbol{B}(\boldsymbol{r},t) = 0 \tag{5.16}$$

$$\nabla\times\frac{1}{\mu_0}\boldsymbol{B}(\boldsymbol{r},t)-\varepsilon_0\frac{\partial\boldsymbol{E}(\boldsymbol{r},t)}{\partial t} = \boldsymbol{J}(\boldsymbol{r},t) \tag{5.17}$$

$$\nabla\times\boldsymbol{E}(\boldsymbol{r},t)+\frac{\partial\boldsymbol{B}(\boldsymbol{r},t)}{\partial t} = 0 \tag{5.18}$$

これを出発点として，電磁場のエネルギーを議論する．まず，式(5.17)と $\boldsymbol{E}$，式(5.18)と $\boldsymbol{B}/\mu_0$ のスカラー積を作ると，

$$\boldsymbol{E}\cdot\left(\nabla\times\frac{1}{\mu_0}\boldsymbol{B}-\varepsilon_0\frac{\partial\boldsymbol{E}}{\partial t}\right) = \boldsymbol{E}\cdot\boldsymbol{J}$$
$$\frac{1}{\mu_0}\boldsymbol{B}\cdot\left(\nabla\times\boldsymbol{E}+\frac{\partial\boldsymbol{B}}{\partial t}\right) = 0$$

を得る．両辺の差をとると，

$$\boldsymbol{E}\cdot\varepsilon_0\frac{\partial\boldsymbol{E}}{\partial t}+\frac{1}{\mu_0}\boldsymbol{B}\cdot\frac{\partial\boldsymbol{B}}{\partial t}-\boldsymbol{E}\cdot\left(\nabla\times\frac{1}{\mu_0}\boldsymbol{B}\right)+\frac{1}{\mu_0}\boldsymbol{B}\cdot(\nabla\times\boldsymbol{E}) = -\boldsymbol{E}\cdot\boldsymbol{J} \tag{5.19}$$

となり，左辺の第1項，第2項は

$$\boldsymbol{E}\cdot\varepsilon_0\frac{\partial \boldsymbol{E}}{\partial t}+\frac{\boldsymbol{B}}{\mu_0}\cdot\frac{\partial \boldsymbol{B}}{\partial t}=\frac{\partial}{\partial t}\left(\frac{1}{2}\varepsilon_0 E^2+\frac{1}{2\mu_0}B^2\right) \tag{5.20}$$

と変形できる．式(5.20)右辺の被微分関数は，**電場のエネルギー密度** $\varepsilon_0 E^2/2$ と**磁場のエネルギー密度** $B^2/2\mu_0$ を足した形になっている．また，左辺の第3項，第4項をベクトル解析の公式(1.25)を用いて整理すると，式(5.19)は

$$\frac{\partial}{\partial t}\left(\frac{\varepsilon_0}{2}\cdot\boldsymbol{E}\cdot\boldsymbol{E}+\frac{1}{2}\cdot\frac{1}{\mu_0}\cdot\boldsymbol{B}\cdot\boldsymbol{B}\right)+\nabla\cdot\frac{1}{\mu_0}(\boldsymbol{E}\times\boldsymbol{B})=-\boldsymbol{E}\cdot\boldsymbol{J} \tag{5.21}$$

となる．

5.4.2 エネルギー密度とポインティングベクトル

式(5.21)についてさらに考察する．この式の第1項のエネルギー密度の部分を $u(\boldsymbol{r},t)$ とおく．

$$u(\boldsymbol{r},t)=\frac{\varepsilon_0}{2}\boldsymbol{E}(\boldsymbol{r},t)\cdot\boldsymbol{E}(\boldsymbol{r},t)+\frac{1}{2\mu_0}\boldsymbol{B}(\boldsymbol{r},t)\cdot\boldsymbol{B}(\boldsymbol{r},t)$$

次に式(5.21)の左辺第2項を**ポインティングベクトル(Poynting vector)** $\boldsymbol{S}(\boldsymbol{r},t)$ と定義する．

$$\boldsymbol{S}(\boldsymbol{r},t)=\boldsymbol{E}(\boldsymbol{r},t)\times\frac{1}{\mu_0}\boldsymbol{B}(\boldsymbol{r},t)$$

一方，式(5.21)の右辺は，ジュール熱についての説明にあったように，荷電粒子がローレンツ力によって受ける単位時間あたり，単位体積あたりの仕事である．ローレンツ力は荷電粒子の運動方向に常に垂直であることから，静磁場が荷電粒子に仕事をすることはなく，電場から受ける仕事である．また，荷電粒子にする仕事とは，電磁場のエネルギーである．左辺の第2項のポインティングベクトル $\boldsymbol{S}(\boldsymbol{r},t)$ は**電磁場のエネルギーの流れ**を表していると考えることができる．すなわち，

$$\frac{\partial u(\boldsymbol{r},t)}{\partial t}+\nabla\cdot\boldsymbol{S}(\boldsymbol{r},t)=-\boldsymbol{E}(\boldsymbol{r},t)\cdot\boldsymbol{J}(\boldsymbol{r},t)$$

は電磁場のエネルギー保存則を表している．

5.4.3 ポインティングベクトルの大きさ

本項では，ポインティングベクトルの大きさについて考える．ポインティングベクトルの大きさは，例えばレーザー光の強さを議論するときなど，実用的な場面でも便利である．ここでは，一様な電場 $\boldsymbol{E}$ の中に，電場の向きに平行に導線を張り，電場の影響によって導線に強さ I の定常電流が流れる場合を例として考える．

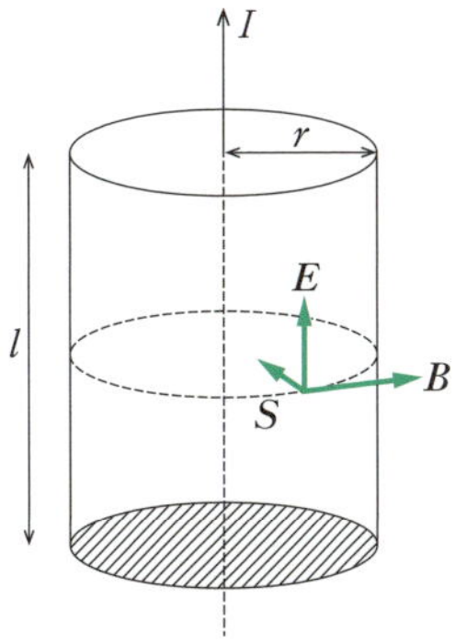

図 5.9 直線電流のまわりに生じる電磁場とポインティングベクトル

直線上の電流のまわりにできる磁場は，直線のまわりを回転する向きに生じ，電流からの距離が r の地点における磁場の大きさは，

$$B(r)=\frac{\mu_0 I}{2\pi r}$$

と書ける．電場 $\boldsymbol{E}$ は電流に平行なので，$\boldsymbol{E}$ と $\boldsymbol{B}$ の向きは常に垂直である．ポインティングベクトル $\boldsymbol{S}(\boldsymbol{r},t)$ は $\boldsymbol{E}$ と $\boldsymbol{B}/\mu_0$ のベクトル積なので，$\boldsymbol{S}(\boldsymbol{r},t)$ もこの両者に垂直な方向，すなわち電流に垂直に導線に向かう方向となる．このとき，ポインティングベクトルの大きさは，

$$S(r)=\left|\boldsymbol{E}\times\frac{1}{\mu_0}\boldsymbol{B}(\boldsymbol{r})\right|=E\frac{1}{\mu_0}B(r)=\frac{EI}{2\pi r}$$

である．電流に垂直な平面を考え，電流からの距離が r の地点に電流を囲む長さ l の円筒を描くと，円周が $2\pi r$ なので，単位時間あたり円筒に流れ込んでいるエネルギーは，

$$S(r)\times 2\pi rl=EIl$$

となる．単位長さでは，

$$S(r)\times 2\pi r=EI$$

である．エネルギーがどの程度になるか，具体的な数値を代入してみる．長さ $l=10\,\mathrm{cm}$，電流 $I=5\,\mathrm{A}$，電場の大きさ $E=500\,\mathrm{V\,m^{-1}}$ とすると，$S(r)$ は $r=1\,\mathrm{mm}$ のとき，$3.98\times10^5\,\mathrm{J\,m^{-2}\,s^{-1}}$，単位時間あたり円筒内に流れ込むエネルギーは $2.50\times10^2\,\mathrm{J\,s^{-1}}$ である．

では，半径 a，長さ l，抵抗 R の円柱の両端に電圧 V をかけた場合はどうなるだろうか．円柱内には一様な電流 I が流れているとする．このとき円柱の表面に生じるポインティングベクトルについて考える．

円柱に流れる電流はオームの法則から

$$I=\frac{V}{R} \tag{5.22}$$

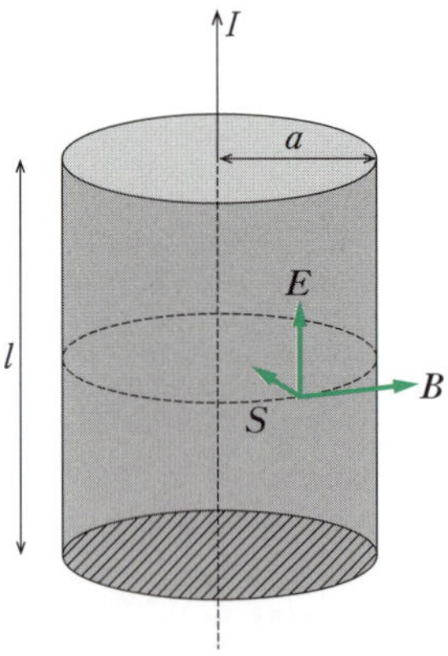

図 5.10　円柱に電圧をかけた場合

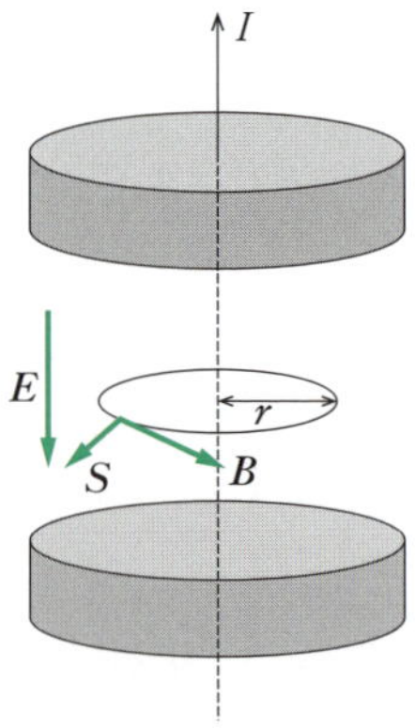

図 5.11　平行板コンデンサーに電荷を与えた場合

である．したがって，円柱の側面上に生じる電場 $\boldsymbol{E}$ は電流の向きと平行に生じ，その大きさは

$$E = \frac{V}{l} = \frac{RI}{l} \tag{5.23}$$

である．磁場 $\boldsymbol{B}$ は電流の向きに対し右ねじの方向に生じ，その大きさは

$$B = \frac{\mu_0 I}{2\pi a} \tag{5.24}$$

となる．

ポインティングベクトルは直線電流の場合と同様に円柱の内側に向かい，円柱内に流れ込む量は

$$S\times 2\pi al = E\frac{B}{\mu_0}\sin\frac{\pi}{2}\times 2\pi al = RI^2 \tag{5.25}$$

となる．ここで求めた $S\times 2\pi al$ の大きさは，円柱から単位時間あたりに発生するジュール熱と一致している．

例えば，半径 $a = 1\,\mathrm{mm}$，長さ $l = 10\,\mathrm{cm}$，抵抗 $R = 2\,\Omega$，電圧 $V = 10\,\mathrm{V}$ とすると，ポインティングベクトルの大きさは $8\times 10^4\,\mathrm{J\,m^{-2}\,s^{-1}}$，単位時間あたり円柱内に流れ込むエネルギーは $50\,\mathrm{J\,s^{-1}}$ である．

では，平行板コンデンサーの場合はどうだろうか．

極板は半径 a の円板状，極板間の距離を d とする．ある時刻 t における極板上の電荷を $\pm q(t)$ とすると，極板間の電場 $\boldsymbol{E}(t)$ は極板に垂直な向きで大きさは

$$E(t) = \frac{q(t)}{\pi\varepsilon_0 a^2} \tag{5.26}$$

である．中心軸から r の距離（$r < R$）にある点での磁場 $\boldsymbol{B}(\boldsymbol{r}, t)$ は円板のまわりを回転する方向に生じ，その大きさは

$$B(r, t) = \frac{dq(t)}{dt}\frac{\mu_0 r}{2\pi a^2} \tag{5.27}$$

である．このとき，ポインティングベクトル $\mathbf{S}(\boldsymbol{r}, t)$ はコンデンサーの中心軸から放射状に外向きに生じ，その大きさは

$$S(\boldsymbol{r}, t) = \frac{1}{\mu_0}E(t)B(r, t) = \frac{r}{4\pi^2\varepsilon_0 a^4}\frac{d\{q(t)\}^2}{dt} \tag{5.28}$$

である．

5.4 節のまとめ

- **電場と磁場が存在するとき，エネルギー密度は次のように表せる．**

$$u(\boldsymbol{r}, t) = \frac{\varepsilon_0}{2}\boldsymbol{E}(\boldsymbol{r}, t)\cdot\boldsymbol{E}(\boldsymbol{r}, t) + \frac{1}{2\mu_0}\boldsymbol{B}(\boldsymbol{r}, t)\cdot\boldsymbol{B}(\boldsymbol{r}, t)$$

- **マクスウェル方程式より次の関係式が導ける．**

$$\frac{\partial u(\boldsymbol{r}, t)}{\partial t} + \nabla\cdot\mathbf{S}(\boldsymbol{r}, t) = -\boldsymbol{E}(\boldsymbol{r}, t)\cdot\boldsymbol{J}(\boldsymbol{r}, t)$$

$$\mathbf{S}(\boldsymbol{r}, t) = \boldsymbol{E}(\boldsymbol{r}, t)\times\frac{1}{\mu_0}\boldsymbol{B}(\boldsymbol{r}, t)$$

$S(\boldsymbol{r}, t)$ をポインティングベクトルといい，エネルギーの流れの密度を示している．

5.5 真空中の電磁波

5.5.1 波動方程式

マクスウェル方程式を次のように変形すると波動方程式を得ることができる．ここでは電磁波について考えるため，式(5.15)右辺の電荷密度 $\rho(\boldsymbol{r},t)$，式(5.17)右辺の電流密度 $\boldsymbol{J}(\boldsymbol{r},t)$ は0とする．

まず，式(5.17)を t で微分すると

$$\nabla\times\left\{\frac{\partial\boldsymbol{B}(\boldsymbol{r},t)}{\partial t}\right\}=\varepsilon_0\mu_0\frac{\partial^2\boldsymbol{E}(\boldsymbol{r},t)}{\partial t^2} \tag{5.29}$$

となる．

次に，式(5.18)の回転をとる．

$$\nabla\times\{\nabla\times\boldsymbol{E}(\boldsymbol{r},t)\}+\nabla\times\left\{\frac{\partial\boldsymbol{B}(\boldsymbol{r},t)}{\partial t}\right\}=0$$

これは

$$-\nabla^2\boldsymbol{E}(\boldsymbol{r},t)+\nabla\{\nabla\cdot\boldsymbol{E}(\boldsymbol{r},t)\}+\nabla\times\left\{\frac{\partial\boldsymbol{B}(\boldsymbol{r},t)}{\partial t}\right\}=0$$

と整理でき，さらに左辺の第2項は，電荷がないときのガウスの法則により0だから，

$$-\nabla^2\boldsymbol{E}(\boldsymbol{r},t)+\nabla\times\left\{\frac{\partial\boldsymbol{B}(\boldsymbol{r},t)}{\partial t}\right\}=0 \tag{5.30}$$

式(5.29)と式(5.30)を合わせると，

$$\nabla^2\boldsymbol{E}(\boldsymbol{r},t)-\varepsilon_0\mu_0\frac{\partial^2\boldsymbol{E}(\boldsymbol{r},t)}{\partial t^2}=0 \tag{5.31}$$

が得られる．これが電磁波の波動方程式である．マクスウェル方程式を変形することで波動方程式が得られることがわかる．波動方程式の係数部分を

$$\varepsilon_0\mu_0=\frac{1}{c^2}$$

とおくと，実は c は真空中の光速である．真空の誘電率と透磁率を代入して計算すると，

$$c=3.00\times10^8\ \mathrm{m\ s^{-1}}$$

である．

5.5.2 マクスウェル方程式と波動方程式（平面波の場合）

次に，平面波の場合について考える．ここでも，電荷も電流もない真空中を想定し，z 方向にだけ空間変化している場合を考える．この場合，電場は $\boldsymbol{E}(z,t)$，磁場は $\boldsymbol{B}(z,t)$ とおくことができる．

まず，マクスウェル方程式の式(5.15)と式(5.16)をみると，$\boldsymbol{E}$ と $\boldsymbol{B}$ が x, y によらないことから，x または y で偏微分する項は0となり，したがって z の関数であるにもかかわらず，

$$\frac{\partial E_z(z,t)}{\partial z}=0,\quad \frac{\partial B_z(z,t)}{\partial z}=0 \tag{5.32}$$

となる．

次に，マクスウェル方程式(5.17)，(5.18)の各成分をみてみると，

$$\{\nabla\times\boldsymbol{B}(z,t)\}_x-\varepsilon_0\mu_0\frac{\partial E_x(z,t)}{\partial t}=0 \tag{5.33}$$

$$\{\nabla\times\boldsymbol{B}(z,t)\}_y-\varepsilon_0\mu_0\frac{\partial E_y(z,t)}{\partial t}=0 \tag{5.34}$$

$$\{\nabla\times\boldsymbol{B}(z,t)\}_z-\varepsilon_0\mu_0\frac{\partial E_z(z,t)}{\partial t}=0 \tag{5.35}$$

$$\{\nabla\times\boldsymbol{E}(z,t)\}_x+\frac{\partial B_x(z,t)}{\partial t}=0 \tag{5.36}$$

$$\{\nabla\times\boldsymbol{E}(z,t)\}_y+\frac{\partial B_y(z,t)}{\partial t}=0 \tag{5.37}$$

$$\{\nabla\times\boldsymbol{E}(z,t)\}_z+\frac{\partial B_z(z,t)}{\partial t}=0 \tag{5.38}$$

となる．左辺第1項については z および t で微分する項だけが残ることになるから，式(5.35)と式(5.38)は

$$\frac{\partial E_z(z,t)}{\partial t}=0,\quad \frac{\partial B_z(z,t)}{\partial t}=0$$

となる．したがって，E_z と B_z は時間によって変化しないことがわかる．続いて，式(5.33)，(5.34)，(5.36)，(5.37)を整理すると次のようになる．

$$-\frac{\partial B_y(z,t)}{\partial z}-\varepsilon_0\mu_0\frac{\partial E_x(z,t)}{\partial t}=0 \tag{5.39}$$

$$\frac{\partial B_x(z,t)}{\partial z}-\varepsilon_0\mu_0\frac{\partial E_y(z,t)}{\partial t}=0 \tag{5.40}$$

$$-\frac{\partial E_y(z,t)}{\partial z}+\frac{\partial B_x(z,t)}{\partial t}=0 \tag{5.41}$$

$$\frac{\partial E_x(z,t)}{\partial z}+\frac{\partial B_y(z,t)}{\partial t}=0 \tag{5.42}$$

さらに，式(5.39)を t で，式(5.42)を z で微分すると，

$$-\frac{\partial^2 B_y(z,t)}{\partial t\partial z}-\varepsilon_0\mu_0\frac{\partial^2 E_x(z,t)}{\partial t^2}=0$$

$$\frac{\partial^2 E_x(z,t)}{\partial z^2}+\frac{\partial^2 B_y(z,t)}{\partial z\partial t}=0$$

この2式を足すと，

$$\frac{\partial^2 E_x(z,t)}{\partial z^2}-\varepsilon_0\mu_0\frac{\partial^2 E_x(z,t)}{\partial t^2}=0 \tag{5.43}$$

となる．

同様に，式(5.39)を z で，式(5.42)を t で微分して

整理すれば，

$$\frac{\partial^2 B_y(z,t)}{\partial z^2} - \varepsilon_0\mu_0\frac{\partial^2 B_y(z,t)}{\partial t^2} = 0 \qquad (5.44)$$

が得られる．さらに，式(5.40)と式(5.41)で同様な式変形を行えば，次の 2 式が得られる．

$$\frac{\partial^2 E_y(z,t)}{\partial z^2} - \varepsilon_0\mu_0\frac{\partial^2 E_y(z,t)}{\partial t^2} = 0 \qquad (5.45)$$

$$\frac{\partial^2 B_x(z,t)}{\partial z^2} - \varepsilon_0\mu_0\frac{\partial^2 B_x(z,t)}{\partial t^2} = 0 \qquad (5.46)$$

こうして導かれた四つの式が平面波の波動方程式となっている．

5.5.3　波動方程式の解と電場・磁場の相関関係

波動方程式の解の典型の一つは，角振動数 ω で振動する正弦波であろう．そこで，例として，

$$E_x(z,t) = E_0\sin(kz \mp \omega t) \qquad (5.47)$$

という解について考えてみる．k は波数（位相 2π のなかに含まれる波の数）である．E_x を z と t とでそれぞれ 2 階微分してみると

$$\frac{\partial^2 E_x(z,t)}{\partial t^2} = -\omega^2 E_0\sin(kz \mp \omega t)$$

$$\frac{\partial^2 E_x(z,t)}{\partial z^2} = -k^2 E_0\sin(kz \mp \omega t)$$

このとき，

$$k = \frac{\omega}{c}$$

の関係があれば，これら 2 式から sin 関数を消去して式(5.43)を導くことができる．言い換えると，式(5.43)の解であるためには

$$E_x(z,t) = E_0\sin k(z \mp ct) \qquad (5.48)$$

でなければならない．

この波はどのように描けるだろうか．横軸に z，縦軸に E_x をとったグラフを図 5.12 に示した．

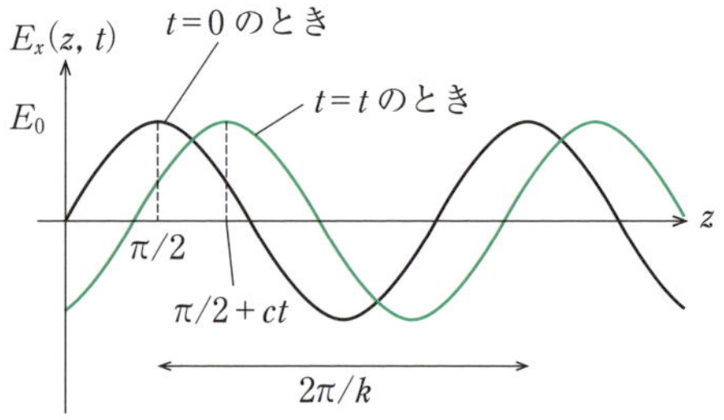

図 5.12　$E_x = E_0\sin k(z-ct)$ で表される正弦波

式(5.48)で表される波は，時刻 $t=0$ では $z=\pi/2$ のとき sin が 1 で最大値の E_0 となる．時刻 $t=t$ のときは，E_x が最大となるのは $z \mp ct = \pi/2$ のとき，つまり $z=\pi/2 \pm ct$ の地点である．これはつまり，波の速度が c ということである．この波の波長は $2\pi/k$ である．

同様に，磁場についても

$$B_y(z,t) = B_0\sin(kz \mp \omega t) \qquad (5.49)$$

を解と考えることができる．E_x と B_y の波の形を合わせて考えてみると，図 5.13 のように描くことができる．

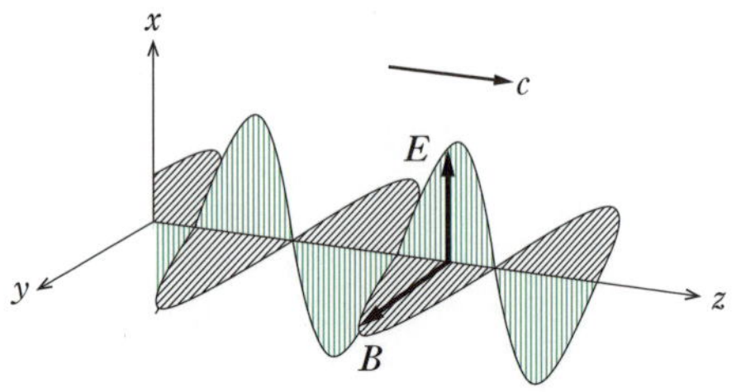

図 5.13　z 軸方向に進む電磁波

これらの解の場合には E_x が x 軸方向に，B_y が y 軸方向に生じて，同じように z 軸方向に進むことがわかる．当然ながら，

$$E_y(z,t) = E_0\sin(kz \mp \omega t) \qquad (5.50)$$

$$B_x(z,t) = B_0\sin(kz \mp \omega t) \qquad (5.51)$$

の場合は E が y 軸方向に，B が x 軸方向に生じることになる．

次に，式(5.47)を t で，式(5.49)を z で微分すると

$$\frac{\partial E_x(z,t)}{\partial t} = \mp\omega E_0\cos(kz \mp \omega t)$$

$$\frac{\partial B_y(z,t)}{\partial z} = kB_0\cos(kz \mp \omega t)$$

これらを式(5.39)に代入すると，

$$-kB_0\cos(kz \mp \omega t) - \varepsilon_0\mu_0 \times (\mp\omega E_0\cos(kz \mp \omega t)) = 0$$

これを整理すると，E_0 と B_0 には

$$B_0 = \pm\frac{E_0}{c} \qquad (5.52)$$

の関係があることがわかる．

なお，この関係は，E, B が正弦波でない場合にも成り立つ．すなわち

$$E_x(z,t) = f(z \mp ct)$$

とすると，

$$B_y(z,t) = \pm\frac{1}{c}f(z \mp ct)$$

となる．この場合，エネルギー密度については，

$$u(z,t)=\frac{1}{2}\varepsilon_0 E_x(z,t)^2+\frac{1}{2\mu_0}B_y(z,t)^2 \tag{5.53}$$
$$=\varepsilon_0 f(z\mp ct)^2$$

ポインティングベクトルについては，

$$S_z(z,t)=\frac{1}{\mu_0}E_x(z,t)B_y(z,t)$$
$$=\pm c\varepsilon_0 f(z\mp ct)^2$$
$$=\pm cu(z,t) \tag{5.54}$$

と書ける．

ここで

$$E_x(z,t)=f_1(z-ct)+g_1(z+ct) \tag{5.55}$$
$$E_y(z,t)=f_2(z-ct)+g_2(z+ct) \tag{5.56}$$

と表される電場を考えると，磁場は

$$B_x(z,t)=-\frac{1}{c}\{f_2(z-ct)-g_2(z+ct)\}$$

$$B_y(z,t)=\frac{1}{c}\{f_1(z-ct)-g_1(z+ct)\}$$

と表される．これらが平面波の波動方程式の一般解である．

電場が正弦波の場合のエネルギーについて考えてみよう．

$$E_x(z,t)=E_0\sin(kz-\omega t)$$

とすると，電磁波のエネルギー密度は式(5.53)により

$$u(z,t)=\varepsilon_0 E^2=\varepsilon_0 {E_0}^2\sin^2(kz-\omega t)$$

となる．一方，電場のエネルギー密度 $u_{\mathrm{e}}(z,t)$，磁場のエネルギー密度 $u_{\mathrm{m}}(z,t)$ はそれぞれ，

$$u_{\mathrm{e}}(z,t)=\frac{1}{2}\varepsilon_0 E^2=\frac{1}{2}\varepsilon_0 {E_0}^2\sin^2(kz-\omega t)$$

$$u_{\mathrm{m}}(z,t)=\frac{1}{2}\frac{1}{\mu_0}B^2=\frac{1}{2}\varepsilon_0 {E_0}^2\sin^2(kz-\omega t)=u_{\mathrm{e}}$$

で $u_{\mathrm{e}}(z,t)$ と $u_{\mathrm{m}}(z,t)$ は等しい．つまり，電場のエネルギーと磁場のエネルギーの比は1となる．また，ポインティングベクトルの大きさは

$$S(z,t)=E\frac{B}{\mu_0}\sin\frac{\pi}{2}=c\varepsilon_0 {E_0}^2\sin^2(kz-\omega t)$$

で，向きは電磁波の進む向きと同じである．

5.5 節のまとめ

- **マクスウェル方程式から波動方程式が導ける．**
- **球面波の波動方程式は，電場の場合，次のように書ける．磁場も同様である．**

$$\nabla^2\boldsymbol{E}(\boldsymbol{r},t)-\varepsilon_0\mu_0\frac{\partial^2\boldsymbol{E}(\boldsymbol{r},t)}{\partial t^2}=0$$

- **電場，磁場が x および y 座標に依存せず，z 方向に伝わる場合を平面波という．このとき，E_x および B_y に関する波動方程式は次のように書ける．**

$$\frac{\partial^2 E_x(z,t)}{\partial z^2}-\varepsilon_0\mu_0\frac{\partial^2 E_x(z,t)}{\partial t^2}=0$$

$$\frac{\partial^2 B_y(z,t)}{\partial z^2}-\varepsilon_0\mu_0\frac{\partial^2 B_y(z,t)}{\partial t^2}=0$$

- **平面波の場合，電場と磁場の振幅 E_0，B_0，エネルギー密度，ポインティングベクトルには次の関係がある．**

$$\frac{E_0}{B_0}=c$$

$$u(z,t)=\frac{1}{2}\varepsilon_0 E_x(z,t)^2+\frac{1}{2\mu_0}B_y(z,t)^2$$

$$S_z(z,t)=\frac{1}{\mu_0}E_x(z,t)B_y(z,t)$$

6. 静電場 2

6.1 導　体

6.1.1 導体における静電誘導と静電遮蔽

a. 導体の性質

4章で述べたように，導体内には自由に動き回れる荷電粒子（金属の場合は自由電子）が多数含まれている．この章では導体が存在する系の静電場を考える．ここで扱うのは理想的な導体（完全導体）であり，自由に動き回れる電荷が無制限に存在するものと仮定する．電気的に中性な導体に電場 $\boldsymbol{E}_0$ をかけると，導体中の自由電子が電場による力を受けて移動し，電荷分布に正負の偏りが生じる（図 6.1）．導体内の電荷分布の偏りによって生じる電場を $\boldsymbol{E}_1$ とすると，正味の電場は $\boldsymbol{E} = \boldsymbol{E}_0 + \boldsymbol{E}_1$ である．導体内で $\boldsymbol{E} \neq \boldsymbol{0}$ である限り導体内の自由電子は電場からの力を受けて移動し続け，導体内部の電場がゼロになるように，つまり $\boldsymbol{E}_1 = -\boldsymbol{E}_0$ となるように電荷分布が変化する．このような現象を**静電誘導（electrostatic induction）**という．理想的な導体の静電気学的性質は以下のようにまとめられる．

1. 導体内部では $\boldsymbol{E} = \boldsymbol{0}$ である．もしも仮に $\boldsymbol{E} \neq \boldsymbol{0}$ であったとすると，導体内の電荷は電場からの力を受けて移動するために導体内部の電荷分布が変化し，その結果として導体内部の電場も変化してしまう．したがって，静的な状態では導体内部の電場はゼロでなければならない．
2. 導体内部では $\rho = 0$ であり，正味の電荷は導体表面のみに存在できる．これはガウスの法則の微分型 $\nabla \cdot \boldsymbol{E} = \rho/\varepsilon_0$ において導体内いたるところで $\boldsymbol{E} = \boldsymbol{0}$ とすることにより即座に導かれる．導体表面では電場が不連続に変化し得るので，表面電荷密度が存在し得る．また，$\rho = 0$ は必ずしも導体内部に電荷が全く存在しないことを意味しない．多数の正電荷と負電荷が同じように分布して互いに打ち消し合い，正味の電荷密度をゼロにしている．
3. 導体中の各点は等電位である．例えば導体中の任意の 2 点 $\boldsymbol{r}_1$，$\boldsymbol{r}_2$ の間の電位差を考えると $V(\boldsymbol{r}_2) - V(\boldsymbol{r}_1) = \int_{\boldsymbol{r}_1}^{\boldsymbol{r}_2} \boldsymbol{E} \cdot d\boldsymbol{l}$ である．しかし導体内部では $\boldsymbol{E} = \boldsymbol{0}$ であるから右辺の積分は必ずゼロになり，$V(\boldsymbol{r}_1) = V(\boldsymbol{r}_2)$ である．
4. 導体表面上の電場は導体面に垂直である．もしも接線方向成分をもてば電荷がその方向に力を受けて導体表面上を移動する．最終的に電荷は接戦方向の電場を打ち消すように分布するはずである．

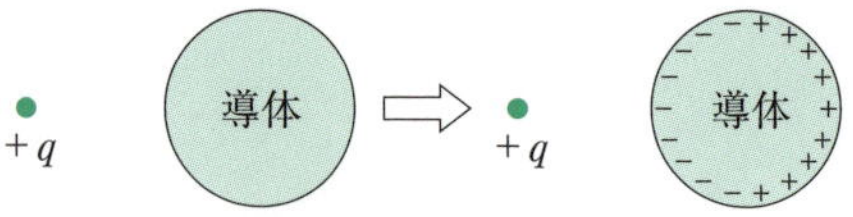

図 6.1　静電誘導

導体を静電ポテンシャルの基準点に接続して $V = 0$ に保つことを**接地（ground）**という．基準点と接地された導体の間で電荷の移動が起こることによって導体の電位が一定に保たれる．ここで，基準点は電荷の流入，流出によって電位が変化しない（常に $V = 0$）ものとする．

導体表面の電場 $\boldsymbol{E}$ と面電荷密度 σ の関係は，3.3.3 項で示した境界条件に導体内部で電場がゼロであることを用いると $E^{\perp} = \sigma/\varepsilon_0$ で与えられることがわかる．さらに導体表面上の電場が導体面に垂直であることから，$\hat{\boldsymbol{n}}$ を導体面の単位法線ベクトルとすると $\boldsymbol{E} = E^{\perp}\hat{\boldsymbol{n}}$ である．以上より

$$\boldsymbol{E} = \frac{\sigma}{\varepsilon_0}\hat{\boldsymbol{n}} \tag{6.1}$$

を得る．これを静電ポテンシャル V を用いて表すと

$$\sigma = -\varepsilon_0 \frac{\partial V}{\partial n} \quad \left(\frac{\partial V}{\partial n} = \nabla V \cdot \hat{\boldsymbol{n}} \right) \tag{6.2}$$

となる．$\partial V/\partial n$ は静電ポテンシャルの法線微分であり，例えば $\hat{\boldsymbol{n}} = \hat{\boldsymbol{x}}$ であれば $\partial V/\partial n = \partial V/\partial x$ である．

b. 静電遮蔽

導体中の空洞がある場合，空洞内部の電場はどうな

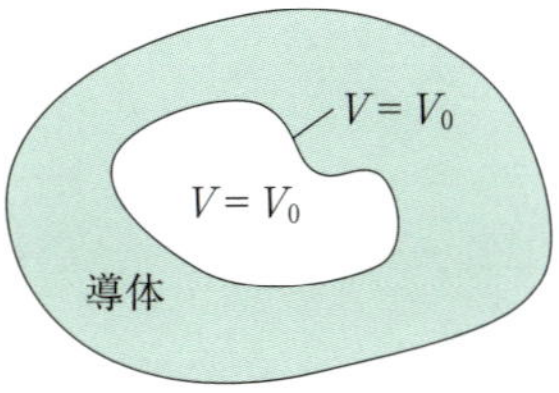

図 6.2 導体中の空洞内の電場

るだろうか．まず，導体内に電荷が存在しなければ空洞内部の静電ポテンシャルは必ず一定となり電場はゼロになること示そう．そのために積分 $\int_V \boldsymbol{E}^2 d\tau$ を考える．被積分関数を静電ポテンシャルで表すと

$$\boldsymbol{E}\cdot\boldsymbol{E} = -\nabla V\cdot\boldsymbol{E} = -\nabla\cdot(V\boldsymbol{E}) + V\nabla\cdot\boldsymbol{E} \quad (6.3)$$

であるが，空洞内部には電荷が存在しないので $\nabla\cdot\boldsymbol{E} = 0$ である．さらにガウスの発散定理（$S \leftarrow V$）を用いれば，考えている積分は

$$\int_V \boldsymbol{E}^2 d\tau = -V\oint_S \boldsymbol{E}\cdot d\boldsymbol{a} \quad (6.4)$$

となる．ただし，右辺では導体表面で静電ポテンシャルが一定であることから V を積分の外へ出した．右辺の面積積分は空洞内部の電荷が存在しないので，ガウスの法則よりゼロとなる．よって

$$\int_V \boldsymbol{E}^2 d\tau = 0 \quad (6.5)$$

を得る．左辺の被積分関数は決して負にならないので，積分がゼロであるためには被積分関数が恒等的にゼロでなければならない．以上より空洞内いたるところで $\boldsymbol{E} = \boldsymbol{0}$，つまり $V =$ 一定となる．

空洞内に電荷が存在する場合は空洞内にも電場が発生し，空洞表面に電荷が誘起される．図 6.3 のように導体が孤立している場合，空洞表面に誘起される電荷の総量は空洞内部の電荷の総量と同じ大きさで逆符号（図の場合は $-q$）になる．このことは，空洞を囲うように導体内部でガウス面（図 6.3 の点線）をとってガウスの法則を適用すると，導体内部で $\boldsymbol{E} = \boldsymbol{0}$ であることから直ちに示される．孤立した導体内の電荷の総和はゼロであるはずなので，導体の外側表面には空洞内の電荷の総量と等しい量の電荷（図では q）が誘起される．次に，図 6.3(b)のように導体が接地されている場合を考えよう．無限遠方で $V = 0$ であることを思い出すと（図では，このことを明確にするために外側に $V = 0$ の境界を示している）導体の外側は $V = 0$ の境界に囲まれているので，導体内部の空洞を考えたときと全く同様にして電場がゼロになること

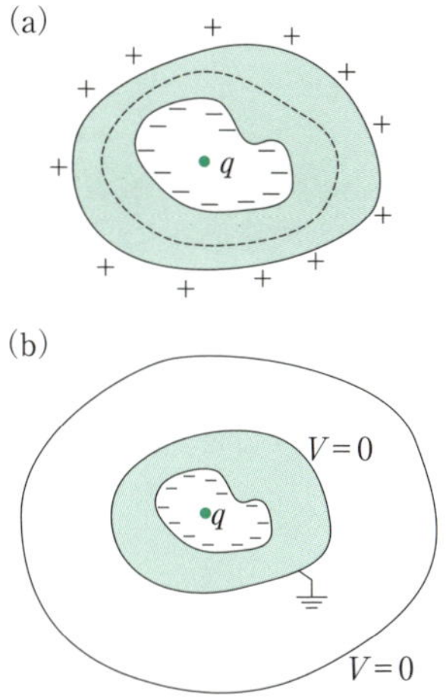

図 6.3 空洞内に電荷がある場合．(a)孤立した導体，(b)接地された導体

がわかる．また，導体外部表面には誘起電荷は存在しない．物理的には，図 6.3(a)の状況で導体外側表面に誘起された正電荷が，導体を接地することによってポテンシャル基準点に流れ込むことにより，電位をゼロに保っていると考えることができる．

以上の結果は導体全体の形状や導体外部の電場には無関係に成り立つ．これは，導体の空洞内部では導体外部の電場の影響を受けず，空洞の形状とその内部の電荷分布だけによって決まることを意味する．これを**静電遮蔽（electrostatic shielding）**という．

6.1.2 コンデンサーと静電容量

a. 導体系の静電容量と静電エネルギー

真空中に導体 $i = 1, 2, 3, \cdots$ が存在して，それぞれに電荷 Q_i を与えられているとき，i 番目の導体の電位 V_i は一般に

$$Q_i = \sum_j C_{ij} V_j \quad (6.6)$$

と表すことができる．上式が成り立つことは，6.2 節でラプラス方程式に対する一意性の定理を用いて示す．C_{ij} は各導体の形状，大きさ，および幾何学的配置によって決まる定数であり，**静電容量係数（coefficient of electrostatic capacity）**とよばれる．静電容量係数の単位はファラド［F］を用いる．特に C_{ii} は**静電容量（electrostatic capacitance）**とよばれ，孤立導体の電荷と電位の関係を与える定数である．一方，$C_{ij}\,(i \neq j)$ は誘導係数とよばれる．式(6.6)を逆に V_i について解いたものは

$$V_i = \sum_j P_{ij} Q_j \quad (6.7)$$

と書ける．P_{ij} は C_{ij} の逆行列で与えられ，**電位係数（coefficient of potential）** とよばれる．

C_{ij} と P_{ij} は対称行列であることが以下のように示される．i 番目の導体の電荷を微小変化させて $q_i \to q_i + dq_i$ としたときの，系の静電エネルギーの微小変化は

$$dW = \sum_i V_i dq_i = \sum_i \sum_j P_{ij} q_j dq_i \tag{6.8}$$

となる．これをエネルギーの全微分の表式 $dW = \sum_i (\partial U/\partial q_i) dq_i$ と比較すると

$$\frac{\partial W}{\partial q_i} = \sum_j P_{ij} q_j \tag{6.9}$$

さらに q_j で偏微分すると

$$\frac{\partial^2 W}{\partial q_j \partial q_i} = P_{ij} \tag{6.10}$$

を得る．偏微分の順序を入れ替えても結果は変わらないので，$P_{ij} = P_{ji}$ である．P_{ij} が対称行列であることから，その逆行列である C_{ij} もまた対称行列であり

$$C_{ij} = C_{ji} \tag{6.11}$$

が成り立つ．これを静電容量係数の**相反定理（reciprocity theorem）** とよぶ．また，各導体に電荷 Q_i が与えられているときの，導体系のエネルギーは式(3.41)に式(6.6)または式(6.7)を用いて

$$W = \sum_i \sum_j \frac{1}{2} C_{ij} V_i V_j = \sum_i \sum_j \frac{1}{2} P_{ij} Q_i Q_j \tag{6.12}$$

で与えられる．

b. コンデンサー

真空中に二つの導体 1，2 を近づけておき，それぞれに電荷 Q，$-Q$ を与えたとする．このような装置を**コンデンサー（capacitor）** とよぶ．このときの二つの導体の静電ポテンシャルをそれぞれ V_1, V_2 とすると，電位差 $V = V_1 - V_2$ は電荷 Q に比例し，

$$Q = CV \tag{6.13}$$

と書ける．ここで比例定数 C は二つの導体の幾何学的性質によって決まる定数でありこのコンデンサーの静電容量とよばれる．C は静電容量係数 C_{ij} を使って以下のように表すことができる．まず，それぞれの導体の容量は電位係数を使って

$$V_1 = (P_{11} - P_{12})Q, \quad V_2 = (P_{21} - P_{22})Q \tag{6.14}$$

で与えられる．よって導体間の電位差は

$$V = V_1 - V_2 = (P_{11} + P_{22} - 2P_{12})Q \tag{6.15}$$

で与えられる．これを式(6.13)と比較すると $C = 1/(P_{11} + P_{22} - 2P_{12})$ であることがわかる．さらにこれを静電容量係数を用いて書き直すと

$$C = \frac{C_{11}C_{22} - C_{12}{}^2}{C_{11} + C_{22} + 2C_{12}} \tag{6.16}$$

となる．コンデンサーの静電エネルギーは式(6.12)において $i, j = 1, 2$，$Q_1 = Q$，$Q_2 = -Q$ とおくと

$$W = \frac{1}{2}(P_{11} + P_{22} - 2P_{12})Q^2 = \frac{1}{2}\frac{Q^2}{C} = \frac{1}{2}CV^2 \tag{6.17}$$

となる．

c. 平行板コンデンサーの静電容量

図 6.4 のように，2 枚の導体板を平行に向かいあわせた平行板コンデンサーの静電容量を求めよう．導体板の面積が板間の間隔に比べて十分に大きければこの導体板は無限に広がっているとみなしてよいだろう．このとき，$\pm Q$ の電荷をそれぞれの導体板に与えたとき，電荷は導体上に一様な面密度 $\pm\sigma = \pm Q/A$ で分布するはずである．このときの導体板間の電場は一様となり，導体板外ではそれぞれの導体板が作る電場が打ち消しあうことにより電場がゼロとなる．ガウスの法則を用いて電場を求めるために，図 6.5 のようにガウス面の上面を上の極板内部に，底面を極板間にとる．上面，底面の面積を S とするとガウスの法則は $\varepsilon_0 ES = \sigma S$ となるので（極板内部では $\boldsymbol{E} = \mathbf{0}$ である）

$$E = \frac{\sigma}{\varepsilon_0} = \frac{Q}{\varepsilon_0 A} \tag{6.18}$$

となる．よって極板間の電位差は

$$V = Ed = \frac{Qd}{\varepsilon_0 A} \tag{6.19}$$

となり，平行板コンデンサーの静電容量 $C = Q/V$ は

$$C = \frac{\varepsilon_0 A}{d} \tag{6.20}$$

で与えられる．

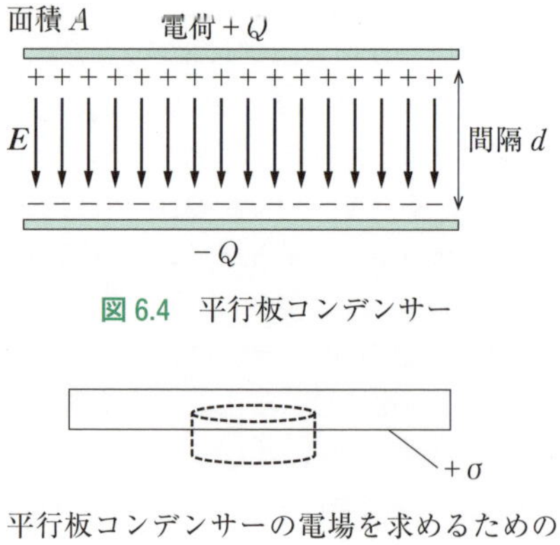

図 6.4　平行板コンデンサー

図 6.5　平行板コンデンサーの電場を求めるためのガウス曲面

6.1 節のまとめ

- 静電場中の導体の性質

1. 平衡状態における導体の内部では電場はゼロであり，導体表面は等電位である．
2. 静電場中の導体には静電誘導によって表面電荷が誘起される．そのときの面電荷密度と表面付近の静電ポテンシャルの関係は

$$\sigma = -\varepsilon_0 \frac{\partial V}{\partial n} \quad \left(\frac{\partial V}{\partial n} = \nabla V \cdot \hat{\boldsymbol{n}} \right) \tag{6.2}$$

で与えられる．ただし $\hat{\boldsymbol{n}}$ は導体表面の単位法線ベクトルである．

3. 導体内に空洞が存在する場合，空洞内部では導体外部の電場の影響を受けず，空洞の形状とその内部の電荷分布だけによって決まる．これを静電遮蔽という．

- 導体系の静電容量と静電エネルギー

1. 真空中に導体 $i = 1, 2, 3, \cdots$ が存在しているものとする．それぞれに電荷 Q_i を与えられているときの電位を V_i をすると，Q_i と V_i の関係は

$$Q_i = \sum_j C_{ij} V_j \tag{6.6}$$

$$V_i = \sum_j P_{ij} Q_j \tag{6.7}$$

で与えられる．C_{ij} は静電容量係数，P_{ij} は電位係数とよばれる．これらの係数には一般に相反定理 $P_{ij} = P_{ji}$，$C_{ij} = C_{ji}$ が成り立つ．

2. 導体系の静電エネルギーは

$$W = \sum_i \sum_j \frac{1}{2} C_{ij} V_i V_j = \sum_i \sum_j \frac{1}{2} P_{ij} Q_i Q_j \tag{6.12}$$

で与えられる．

- コンデンサー

1. 真空中に二つの導体を近づけておいて，それぞれに電荷 Q，$-Q$ を与えたものをコンデンサーとよぶ．二つの導体間の電位差 V と電荷 Q の関係は

$$Q = CV \tag{6.13}$$

で与えられる．ここで C は静電容量とよばれ，導体の形状と幾何学的配置のみによって決まる．

2. コンデンサーの静電エネルギーは

$$W = \frac{1}{2} C V^2 \tag{6.17}$$

で与えられる．

3. 面積 A の二つの導体板を距離 d だけ離して平行に向かい合せた平行板コンデンサーの静電容量は

$$C = \frac{\varepsilon_0 A}{d} \tag{6.20}$$

で与えられる．

6.2 ラプラス方程式とポアソン方程式

6.2.1 ラプラス方程式とポアソン方程式による静電場の基本法則の記述

静電気学における主要な問題の一つは，与えられた静的電荷分布に対して電場を求めることである．原理的には，電荷分布 $\rho(\boldsymbol{r})$ が与えられれば式(3.14)によって電場 $\boldsymbol{E}(\boldsymbol{r})$ を求めることができる．通常は，式(3.35)を用いて静電ポテンシャル V を計算して，後に $\boldsymbol{E} = -\nabla V$ により $\boldsymbol{E}$ を求める方が便利である．また，電荷分布が高い空間対称性をもつ場合はガウスの法則を利用して電場を求めることが可能である．以上のやり方は電荷分布 ρ が与えられていれば原理的には適用可能であるが，導体系の場合は，電荷分布 ρ を事前に知ることができない．なぜなら導体内部に電場があると電荷が移動し，内部の電場を打ち消すような電荷分布が実現するからである．そのため，直接制御できるのは各導体に帯電した電荷の総和のみである．静的な状態では，導体内部の電場は常にゼロであり，したがって導体の表面で静電ポテンシャルは一定になる．導体の外の電場を求めるためには，このような境界条件を満たすような電荷分布と電場を同時に求めなければならない．

導体系の電場を求める場合は，ガウスの法則の微分型を用いて問題を微分方程式の形に書き換えたポアソン方程式(3.39)

$$\nabla^2 V = -\frac{\rho}{\varepsilon_0} \tag{6.21}$$

を用いるのが便利である．実際には，電荷が存在しない（$\rho = 0$）領域における静電ポテンシャルを求めたいということが多い（これは空間の全領域で $\rho = 0$ であるという意味ではなく，あくまでも電荷がある場所における静電ポテンシャルには注目しないということである．もしも空間の全領域で $\rho = 0$ であれば当然，いたる所で $V = 0$ である）．この場合，ポアソン方程式は以下の**ラプラス方程式（Laplace equation）**

$$\nabla^2 V = 0 \tag{6.22}$$

に帰着する．

ラプラス方程式は線形微分方程式である．つまり，複数の独立な関数 $V_1, V_2, \cdots$ がラプラス方程式を満たすとき，それらの線形結合 $V = c_1V_1 + c_2V_2 + c_3V_3 + \cdots$（$c_1, c_2 \cdots$ は任意の定数）もまたラプラス方程式の解である．また，2 種類の異なる電荷分布 ρ_1，ρ_2 に対するポアソン方程式の解 V_1, V_2 が得られたとすると，それらの和 $V = V_1 + V_2$ は $\rho = \rho_1 + \rho_2$ に対するポアソン方程式の解である．

ラプラス方程式の解は**極大も極小ももたない**という特徴をもつ．このことは，以下のようにガウスの法則を用いて直感的に説明できる．もしも仮に静電ポテンシャルの極大点があったとする．その点の十分近くの閉曲面に対してガウスの法則を適用すると，電荷が存在しない空間を考えているので

$$\oint \boldsymbol{E} \cdot d\boldsymbol{a} = Q_{\text{enc}} = 0 \tag{6.23}$$

である．ところで，静電ポテンシャル極大の点のまわりの電場は必ず外向きに発生するので，必ず $\boldsymbol{E} \cdot d\boldsymbol{a} > 0$ である．しかしこれは式(6.23)と矛盾する．したがって，電荷が存在しないところでは静電ポテンシャルの極大点は存在しない．極小点についても同様に示せる．

正（負）電荷をもつ荷電粒子が静電場の中におかれていたとしよう．他の電荷によって生じた静電静電ポテンシャルが極小（大）値をもてば，その点で荷電粒子は安定に静止することができるが，上で示したように静電ポテンシャルは極値をもたない．そのため，荷電粒子は静電場による力によって安定なつり合いを保つことはできない．これを**アーンショウの定理（Earnshaw's theorem）**とよぶ．

6.2.2 一意性の定理

静電ポテンシャル V を一意に決めるためには，ポアソン方程式（またはラプラス方程式）に適当な境界条

シメオン・ドニ・ポアソン

フランスの数学者，物理学者．確率論（ポアソン分布）や熱力学（ポアソンの法則）など，多くの功績を残した科学者．エッフェル塔に名前の刻まれた科学者 72 人のうちの一人である．(1781-1840)

ピエール＝シモン・ラプラス

フランスの数学者，天文学者，物理学者．ダランベールに認められ，士官学校の数学教授を務めた．星雲説など天体力学のほか，解析学を確率論に応用する研究などで数学分野でも業績を残した．メートル法制定にも尽力した．(1749-1827)

件を課す必要がある．ポアソン方程式の解を一意に決めるための必要十分な境界条件は，以下の**一意性の定理（uniqueness theorem）**によって表すことができる．

一意性の定理
ある領域 V において，与えられた電荷分布 $\rho(\boldsymbol{r})$ に対するポアソン方程式の解は，境界面 S における静電ポテンシャル V を定めれば一意に決まる（図 6.6）．

a．一意性の定理の証明

電荷分布を ρ に対するポアソン方程式が同じ境界条件をもつ二つの解 V_1，V_2 をもつと仮定しよう．ポアソン方程式の解が一意に定まることを示すには，必ず $V_1 = V_2$ であることを示せばよい．まず，二つの解の差 $V_3 \equiv V_1 - V_2$ を考えると，これはラプラス方程式 $\nabla^2 V_3 = 0$ に従うことは容易にわかる．また，境界面上では $V_3 = 0$ である．6.1.1 項で示したように，等電位の閉曲面に囲まれた空間は電荷が存在しなければ等電位である．よって V_3 は V 内のいたるところで境界面と同じ一定値，すなわち $V_3 = 0$ をとる．以上より，与えられた電荷分布に対して同じ境界条件をもつ二つのポアソン方程式の解 V_1，V_2 に対しては必ず $V_1 = V_2$ であることが示された．

b．境界条件に対する重ね合わせの原理

静電場の重ね合わせの原理はラプラス方程式の境界値問題に関しても成り立つ．境界 S における境界条件が $V = V^{(1)}$ であるときのラプラス方程式の解を V_1，$V = V^{(2)}$ のときの解を V_2 とする．このとき $V_1 + V_2$ は明らかにラプラス方程式の解であり，境界 S では $V = V^{(1)} + V^{(2)}$ である．一意性の定理より，このような境界条件を満足する解はただ一つだけである．以上より，境界条件が（同一の境界面に対して）

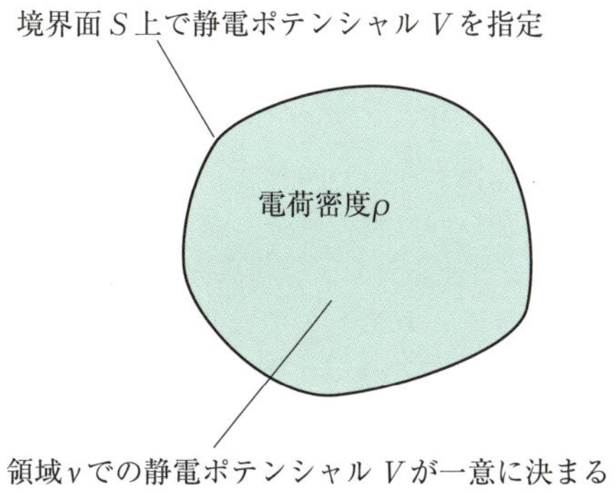

図 6.6　ポアソン方程式の解を一意に決めるための境界条件

異なる境界条件の重ね合わせで表されるとき，ラプラス方程式の解はそれぞれの境界条件に対する解の重ね合わせで与えられる．

c．導体系の電荷と電位の関係

ラプラス方程式に対する一意性の定理と重ね合わせの原理を用いて，導体系の電荷と電位の関係が式(6.6)の形で表されることを示そう．ここでは簡単のため，真空中に二つの導体 1，2 が存在する場合を考える．この導体系の静電場をラプラス方程式の境界値問題として考えると，二つの導体の電位がそれぞれ V_1, V_2 であるときの静電ポテンシャル $V(\boldsymbol{r})$ を求めればよいことになる（無限遠方では $V = 0$ とする）．静電ポテンシャル V が求まれば式(6.2)より導体表面における面電荷密度が与えられ，それを導体表面上で積分すれば導体の電荷 Q_1，Q_2 が与えられる．ここで，境界条件を図 6.7 のように二つの境界条件の重ね合わせとして考えよう．

状況 1（図 6.7(a)）では導体 1 の電位が V_1，導体 2 の電位が 0 であるような境界条件を考える．このときのラプラス方程式の解を $V^{(1)}$ とすると，導体の表面電荷密度は $\sigma^{(1)} = -\varepsilon_0(\partial V^{(1)}/\partial n)$ で与えられ，これを積分することによって導体の電荷が求まる．ここで α を定数として $V_1 \to \alpha V_1$ とした場合を考えよう．このとき明らかに $V = \alpha V^{(1)}$ はこの境界条件を満たす解であり，一意性の定理によりこれが唯一の解であることが保証される．このとき導体表面の電荷密度は

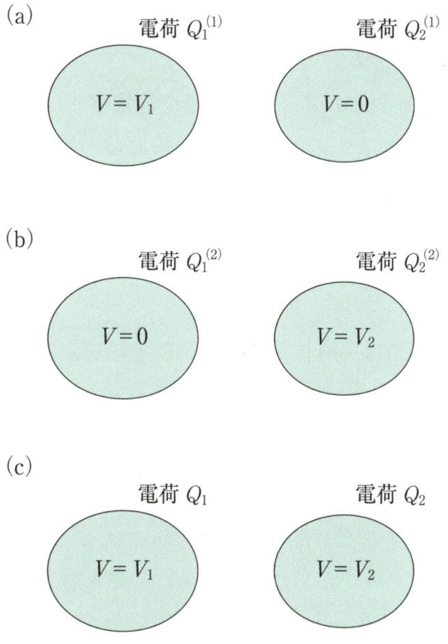

図 6.7　境界条件の重ね合わせ

$\sigma^{(1)} \to \alpha\sigma^{(1)}$ となり，したがって導体の電荷は $Q_1 \to \alpha Q_1$，$Q_2 \to \alpha Q_2$ となる．このことは，導体の電荷が V_1 に比例することを示している．よってこれを

$$Q_1^{(1)} = C_{11}V_1, \quad Q_2^{(1)} = C_{21}V_1 \tag{6.24}$$

と書くことにする．

状況 2(図 6.7(b))では導体 1 の電位が 0，導体 2 の電位が V_2 であるような境界条件を考え，このときのラプラス方程式の解を $V^{(2)}$ として，対応する導体上の面電荷密度を $\sigma^{(2)}$ とする．状況 1 のときと同様の考察により，導体の電荷は V_2 に比例することが示される．これを

$$Q_1^{(2)} = C_{21}V_2, \quad Q_2^{(2)} = C_{22}V_2 \tag{6.25}$$

と書くことにする．

最後に状況 1 と状況 2 の重ね合わせを考えると，このときのラプラス方程式の解は $V = V^{(1)} + V^{(2)}$ で与えられる．このときの導体上の面電荷密度は二つの状況の重ね合わせ $\sigma = \sigma^{(1)} + \sigma^{(2)}$ であるから，導体の電荷も重ね合わせ $Q_1 = Q_1^{(1)} + Q_1^{(2)}$，$Q_2 = Q_2^{(1)} + Q_2^{(2)}$ で与えられる．以上より，この導体系の電位と電荷の関係は

$$Q_1 = C_{11}V_1 + C_{12}V_2, \quad Q_2 = C_{21}V_1 + C_{22}V_2 \tag{6.26}$$

で与えられる．

以上の考察は容易に 3 個以上の導体からなる系の場合に拡張することができるので，一般に導体系の電荷と電位の関係が式(6.6)で与えられることがわかる．

6.2 節のまとめ

- **ポアソン方程式とラプラス方程式**
  電荷密度 ρ が与えられているとき，静電ポテンシャル V はポアソン方程式

$$\nabla^2 V = -\frac{\rho}{\varepsilon_0} \tag{6.21}$$

  に従う．特に，電荷が存在しない（$\rho = 0$）領域においては

$$\nabla^2 V = 0 \tag{6.22}$$

  となる．この方程式はラプラス方程式とよばれる．
- **アーンショウの定理**
  ラプラス方程式の解は極小も極大ももたない．したがって，電荷が存在しない領域における静電ポテンシャルの最小値または最大値は境界面上にのみ存在し得る．そのため，荷電粒子は静電場による力によって安定なつり合いを保つことはできない．
- **一意性の定理**
  ある閉じた領域の境界面で静電ポテンシャル V が指定されていれば，その領域内部でのポアソン方程式（またはラプラス方程式）の解は一意に定まる．

6.3 鏡 像 法

この節では，導体がある場合に電場を求める方法の一つとして，鏡像法について説明する．鏡像法を用いる典型的な具体例として導体平面がある場合の電場について考える．

図 6.8(a)に示すように，接地された，無限に大きい導体平面から距離 d の位置に点電荷 q（正電荷であると仮定する）がおかれている．このとき，導体平面より上の領域に生じる電場はどうなっているだろうか．

6.3.1 鏡像法による導体系の静電ポテンシャルの求め方

電荷 q は導体表面に負電荷を誘起するので，電場は点電荷 q からの直接の寄与と誘起された電荷からの寄与の和で与えられる．導体表面の誘起電荷分布はあらかじめ与えられるものではないため，単純に式(3.14)または(3.35)によって電場や静電ポテンシャルを計算することはできない．しかし，この問題を与えられた電荷分布に対してポアソン方程式を解く問題ととらえれば，解を求めたい領域を導体を含まない

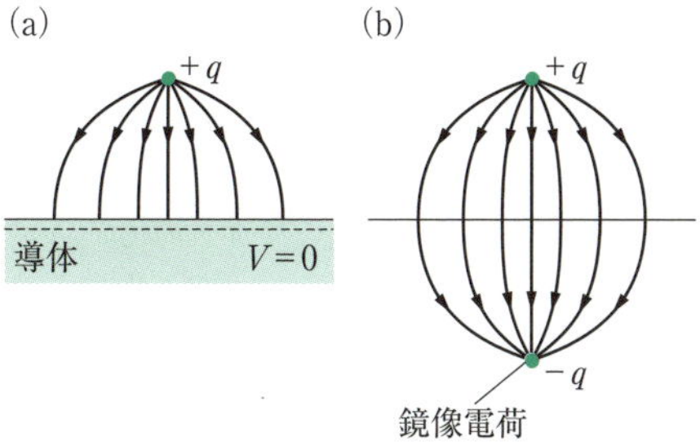

図 6.8 (a) 点電荷と導体平面の電場，(b) 等価な鏡像電荷系の電場

領域に限ってしまえば電荷密度は既知のものとできる．この問題の場合では，問題を $z>0$ の領域に限ってしまえば電荷密度はわかっていて，デルタ関数を用いて $\rho(\boldsymbol{r})=q\delta(x)\delta(y)\delta(z-d)$ と表すことができる．ポアソン方程式に対する境界条件は以下で与えられる．

1. 導体表面 $z=0$ において静電ポテンシャルは一定 $V=0$（導体平面が接地されているので静電ポテンシャルは 0 となる）．
2. 無限遠方で $V\to 0$

実際にこのような状況でポアソン方程式を直接解くことは困難である．しかし，もしも何らかの方法によって境界条件を満たすポアソン方程式の解を見つけることができれば，一意性の定理によってこの解がそれが求めるべき正しい解であることが保証される．

そこで，ポアソン方程式を直接解くのではなく，同じ境界条件を与え，しかも簡単に電場が求まる別の状況を考える．図 6.8 (b) のように，電荷 $+q$ が $(0,0,d)$ に，電荷 $-q$ が $(0,0,-d)$ におかれているものとして，導体平面は存在しないものとする．この状況では静電ポテンシャルを簡単に求めることができる．

$$V(x,y,z)=\frac{1}{4\pi\varepsilon_0}\left[\frac{q}{\sqrt{x^2+y^2+(z-d)^2}}-\frac{q}{\sqrt{x^2+y^2+(z+d)^2}}\right] \tag{6.27}$$

この問題では，$z>0$ の領域に存在する電荷は $(0,0,d)$ にある点電荷 $+q$ のみである．$-q$ の点電荷は，考えている領域の外にあるので，ポアソン方程式を考える上では関係しない．また，式 (6.27) は境界条件 1，2 を両方とも満たしている．したがって，一意性の定理により，図 6.8 (b) の状況における静電ポテンシャルはもともとの問題（図 6.8 (a)）での静電ポテンシャルと $z\geq 0$ の領域では一致する．もちろん，$z<0$ における静電ポテンシャルは二つの状況で全く異なっている．以上より，接地された導体平面上におかれた点電荷が作る静電ポテンシャルは $z\geq 0$ の領域では式 (6.27) で与えられる．

この例題で用いた方法では，導体平面を鏡に見立てたときの点電荷の像の位置に仮想的な点電荷を考えることによって，導体平面があるときと同じ境界条件を満たすような電場を求めている．このように，導体が存在する系の電場を求める問題を，仮想的な電荷による電場を求める問題に置き換えて解く方法を**鏡像法**とよび，仮想的な電荷を**鏡像電荷**という（図 6.8）．鏡像電荷は，もともとの問題と同じ境界条件を与えるように配置する．興味ある領域におけるポアソン方程式の解として，正しい境界条件を満足するものが得られたならば，それが唯一の解であることは一意性の定理によって保証されている．よって，鏡像法によって正しい解を得ることができる．

次に導体表面に誘起された電荷の分布を求めよう．これには式 (6.2) を用いればよい．ここで考えている導体平面の問題では，法線方向は z 方向であるから

$$\sigma=-\varepsilon_0\left.\frac{\partial V}{\partial z}\right|_{z=0} \tag{6.28}$$

である．式 (6.27) を用いて具体的に計算すると

$$\sigma(x,y)=\frac{-qd}{2\pi(x^2+y^2+d^2)^{3/2}} \tag{6.29}$$

となる．誘起された電荷は負（$q>0$ と仮定しているので）であり，電荷密度の絶対値は $x=y=0$ で最大となる．

6.3.2 表面誘起電荷

導体表面に誘起された全電荷は $Q=\int\sigma(x,y)dxdy$ で与えられる．2 次元極座標 $x=r\cos\phi$，$y=r\sin\phi$ を用いて積分を行うと $dxdy=rdrd\phi$ より

$$Q=\int_0^{2\pi}d\phi\int_0^{\infty}rdr\frac{-qd}{2\pi(r^2+d^2)^{3/2}}=\left[\frac{qd}{\sqrt{r^2+d^2}}\right]_0^{\infty}=-q \tag{6.30}$$

を得る．したがって導体表面上に誘起された電荷の総和は $-q$ となり，鏡像電荷と一致する．

6.3.3 力とエネルギー

導体表面には反対符号の電荷が誘起されているので，電荷 q には導体面に向かって引き寄せられる力が働く．表面誘起電荷によって点電荷近傍に作られる

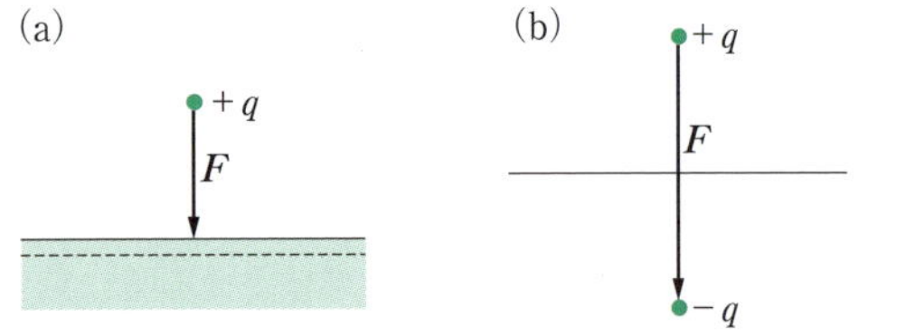

図 6.9　(a)導体から点電荷に働く力,(b)鏡像電荷から点電荷に働く力

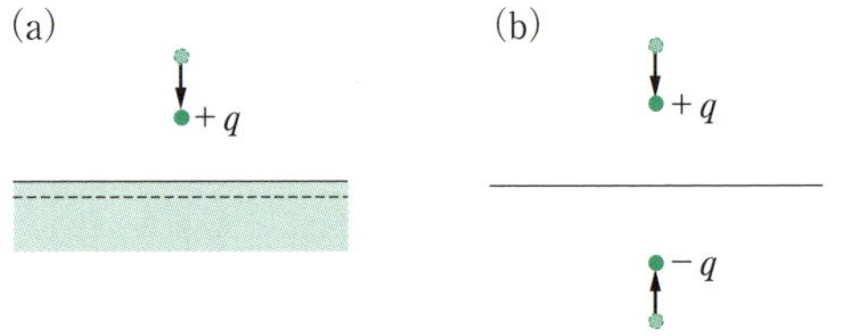

図 6.10　(a)導体系で点電荷 q を運ぶために必要な仕事,(b)点電荷と鏡像電荷を運ぶための仕事

電場は鏡像電荷が作る電場に等しいので,点電荷 q に働く力は鏡像電荷 $-q$ とのクーロン力に等しく,

$$\boldsymbol{F} = -\frac{1}{4\pi\varepsilon_0}\frac{q^2}{(2d)^2}\hat{\boldsymbol{z}} \tag{6.31}$$

となる.このように,静電ポテンシャルだけではなく電荷にかかる力も鏡像法によって正しく計算することができる.

次に,導体系の静電エネルギーを考えてみよう.そのためには,無限遠方におかれた電荷 q を導体平面から距離 d の位置まで運ぶのに必要な仕事を計算すればよい.電荷を運ぶ際に電荷に作用させなければならない力を $\boldsymbol{F}'$ とすると,電場による力に逆らって仕事をするので,$\boldsymbol{F}'$ は式(6.31)と同じ大きさで向きは逆向きである.したがって

$$W = \int_\infty^d \boldsymbol{F}' d\boldsymbol{l} = \frac{1}{4\pi\varepsilon_0}\int_\infty^d \frac{q^2}{4z^2}dz = -\frac{1}{4\pi\varepsilon_0}\frac{q^2}{4d} \tag{6.32}$$

となる.一方,点電荷と鏡像電荷からなる系の静電エネルギーは無限遠方におかれた二つの点電荷 $\pm q$ を最終的な,互いに距離 $2d$ 離れた位置まで運ぶために必要な仕事として定義され,

$$W = -\frac{1}{4\pi\varepsilon_0}\frac{q^2}{2d} \tag{6.33}$$

で与えられる.これは等価な導体系のエネルギー(式(6.32))の 2 倍である.導体系では,電荷 q を無限遠方から動かすと,それに伴って導体表面の誘起電荷も移動する.このとき導体表面における静電ポテンシャルは常に 0 であるから,誘起電荷を移動させるための仕事は 0 であり,電荷 q を動かすのに要する仕事のみを考えればよい(図 6.10(a)).一方,電荷 q と鏡像電荷 $-q$ を同時に動かす場合は両方に対して仕事をする必要がある(図 6.10(b)).よって,この場合の全仕事は 2 倍になるのである.

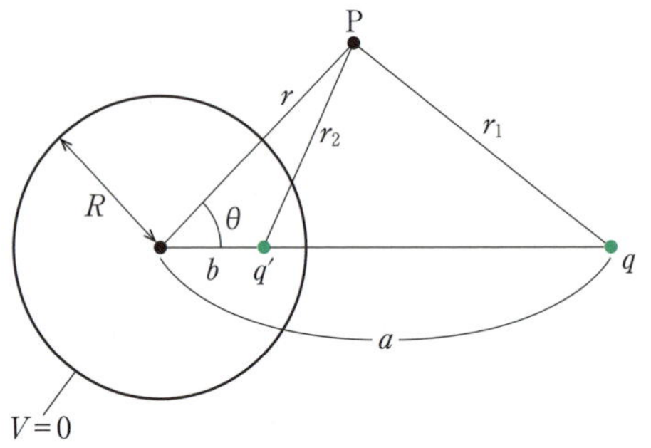

図 6.11　鏡像法

6.3.4　導体球と点電荷の系の鏡像法

鏡像法を用いる第 2 の例として,図 6.11 のように,接地された半径 R の導体球から距離 a の位置に点電荷 q がおかれているときの静電ポテンシャルを鏡像法を用いて求める.この場合は鏡像電荷 q' を図 6.11 のように配置する.ここで

$$q' = -\frac{R}{a}q, \quad b = \frac{R^2}{a} \tag{6.34}$$

とする.点電荷 q からの点 P までの距離を r_1,鏡像電荷 q' から点 P までの距離を r_2 とすると余弦定理より ${r_1}^2 = r^2+a^2-2ar\cos\theta$,${r_2}^2 = r^2+b^2-2br\cos\theta$ であるから,電荷配置によって点 P に作られる静電ポテンシャルは

$$V = \frac{q}{4\pi\varepsilon_0}\left[\frac{1}{\sqrt{r^2+a^2-2ar\cos\theta}} - \frac{1}{\sqrt{a^2r^2/R^2+R^2-2ar\cos\theta}}\right] \tag{6.35}$$

となる.この静電ポテンシャルは $r=R$ では角度 θ によらず $V=0$ となるので,導体球面上で静電ポテンシャルが 0 という境界条件を満たしている.したがって,求めるべき静電ポテンシャルは式(6.35)で与えられる.

この導体球の例では式(6.34)より必ず $b<R$ であることが保証されているので,鏡像電荷は常に導体球の

内側におかれることに注意されたい．一般に鏡像法では，静電ポテンシャルを求めたい領域内に鏡像電荷をおくことはできない．領域内に鏡像電荷をおいてしまうと，ポアソン方程式に現れる電荷分布も変わってしまって，正しい解が得られないからである．導体平面や導体球の場合は一つの鏡像電荷をおくことで同じ境界条件を満たす状況を作ることができる．しかし，導体の形状によっては複数の鏡像電荷が必要になる場合もあるし，鏡像法が適用できない場合もあり得る．

6.3 節のまとめ

- **導体系の静電ポテンシャル V を鏡像法によって求めるためには，導体表面上で $V=0$ となるような仮想的な電荷（鏡像電荷）の配置を考えて，この仮想的な系の静電ポテンシャルを計算すればよい．ただし，静電ポテンシャルを求めたり領域内に鏡像電荷をおいてはならない．**
- **導体系において電荷が導体から受ける力を求めるためには，鏡像電荷系において電荷が鏡像電荷から受けるクーロン力を計算すればよい．**
- **一般に，導体系の静電エネルギーと鏡像電荷系の静電エネルギーは等しくならない．導体系の静電エネルギーを正しく求めるためには，導体が存在する場合において最終的な電荷配置を実現するために必要な仕事を計算しなければならない．**

6.4　変数分離によるラプラス方程式の解法

この節では，境界面で静電ポテンシャル V または面電荷密度 σ が定められている境界条件のもとでラプラス方程式を解く際に有効な解法の一つである，変数分離法について説明する．変数分離法は一般に偏微分方程式の解法としてよく用いられる方法であり，多変数関数を 1 変数関数の積の形に求める．例えばデカルト座標 (x, y, z) では $V(x, y, z) = X(x)Y(y)Z(z)$，球座標 (r, θ, ϕ) では $V(r, \theta, \phi) = R(r)Y(\theta, \phi)$ という関数形を仮定することにより，偏微分方程式の問題を複数の常微分方程式の問題に帰着させる．以下では，具体的な例題に沿って変数分離法を説明する．6.4.1 項ではデカルト座標系での変数分離法について説明し，6.4.2 項では球座標系での変数分離法について説明する．

6.4.1　デカルト座標での変数分離法

ここでは具体的にデカルト座標を用いた変数分離によるラプラス方程式

$$\frac{\partial^2 V}{\partial x^2} + \frac{\partial^2 V}{\partial y^2} + \frac{\partial^2 V}{\partial z^2} = 0 \tag{6.36}$$

の解法を説明する．ひとまず境界条件のことは忘れて，ラプラス方程式の特解を変数分離形

$$V(x, y, z) = X(x)Y(y)Z(z) \tag{6.37}$$

に求めよう．式(6.41)をラプラス方程式(6.36)に代入して両辺を $V = XYZ$ で割ると

$$\frac{1}{X}\frac{d^2X}{dx^2} + \frac{1}{Y}\frac{d^2Y}{dy^2} + \frac{1}{Z}\frac{d^2Z}{dz^2} = 0 \tag{6.38}$$

を得る．上式の左辺第 1 項，第 2 項，第 3 項はそれぞれ x, y, z のみに依存する．この式が恒等的に成り立つためにはそれぞれの項がすべて定数でなければならないので，

$$\frac{1}{X}\frac{d^2X}{dx^2} = C_1, \quad \frac{1}{Y}\frac{d^2Y}{dy^2} = C_2, \quad \frac{1}{Z}\frac{d^2Z}{dz^2} = C_3$$
$$C_1 + C_2 + C_3 = 0 \tag{6.39}$$

を得る．このようにして，3 変数関数 V に対する偏微分方程式を三つの 1 変数関数 X, Y, Z に対する常微分方程式に書き換えることができた．これらの微分方程式の解は容易に求まるが，その関数形は定数 C_1, C_2, C_3 の符号に依存する．これらの定数の符号をどのように選ぶかは，問題の境界条件に依存する．そこで以下では具体例に沿って計算を進めていくことにする．

a.　2 次元ラプラス方程式の境界値問題

簡単な例として，z 方向に一様な境界条件の場合を考えよう．このような場合は，静電ポテンシャル V の z 依存性が無視できて x, y のみの 2 変数関数とみ

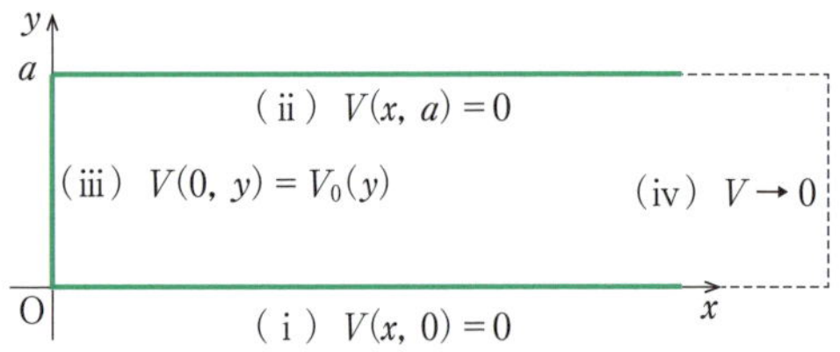

図 6.12　2 次元ラプラス方程式の境界値問題

なすことができる．具体的には，図 6.12 のような境界条件を考える．この境界条件を書き下すと以下のようになる．

$$
\begin{aligned}
&\text{(i)} && V=0 && (y=0)\\
&\text{(ii)} && V=0 && (y=a)\\
&\text{(iii)} && V=V_0(y) && (x=0)\\
&\text{(iv)} && V\to 0 && (x\to\infty)
\end{aligned}
\tag{6.40}
$$

このような境界条件のもとで，$x\geq 0$，$0\leq y\leq a$ の領域における静電ポテンシャルを求める．

境界条件のことはひとまず忘れて，ラプラス方程式の特解を**変数分離形**

$$V(x,y)=X(x)Y(y) \tag{6.41}$$

に求めよう．式(6.41)をラプラス方程式(6.36)に代入して両辺を $V=XY$ で割ると

$$\frac{1}{X}\frac{d^2X}{dx^2}+\frac{1}{Y}\frac{d^2Y}{dy^2}=0 \tag{6.42}$$

を得る．上式の左辺第 1 項は x のみに依存し，第 2 項は y のみに依存するので，この式が恒等的に成り立つためには第 1 項，第 2 項ともに定数でなければならない．したがって，

$$\frac{1}{X}\frac{d^2X}{dx^2}=C_1,\quad \frac{1}{Y}\frac{d^2Y}{dy^2}=C_2,\quad C_1+C_2=0 \tag{6.43}$$

を得る．定数 C_1, C_2 は，一方が正であれば他方は負である．後でわかるように，境界条件（i），（ii）を同時に満たすためには $C_1>0$，$C_2<0$ でなければならない．そこで $C_1=k^2=-C_2$（ただし $k>0$ とする）とおくと，

$$\frac{d^2X}{dx^2}=k^2X,\quad \frac{d^2Y}{dy^2}=-k^2Y \tag{6.44}$$

となる．このようにして 2 変数の偏微分方程式が二つの常微分方程式に置き換わったことになる．これらは初等的な常微分方程式であるから解は容易に見つけることができる．特に境界条件（i），（iv）を満たす解は

$$X(x)=Be^{-kx},\quad Y(x)=C\sin ky \tag{6.45}$$

で与えられる．さらに，境界条件（ii）より $Y(a)=C\sin ka=0$ であることから，定数 k に対する条件が

$$k=\frac{n\pi}{a}\quad (n=1,2,3,\cdots) \tag{6.46}$$

と与えられる．上で $n=0$ が除外されているのは，式(6.47)で $k=0$ とすると y によらず $V=0$ となってしまうからである．また，k を正にとっているので，負の n も除外される．以上によって解は（$BC\to C$ と定義しなおして）

$$V(x,y)=Ce^{-kx}\sin ky \tag{6.47}$$

と書け，k は式(6.46)で与えられる．ここで，式(6.43)において $C_1<0$，$C_2>0$ とした場合を考えてみよう．このときの微分方程式の解はそれぞれ，X が三角関数，Y が指数関数となる．しかしこの場合は（i），（ii），（iv）の条件を同時に満たすことが不可能であるのは明らかである．よって $C_1>0$，$C_2<0$ としなければならない．

以上によって，ラプラス方程式の解を変数分離形(6.47)に求めることができた．k は式(6.46)に従って無限個の値をとることができるので，式(6.47)は無限個の解からなる組

$$V_n(x,y)=e^{-n\pi x/a}\sin(n\pi y/a)\quad (n=1,2,3,\cdots) \tag{6.48}$$

を与える．これらの解の線形結合

$$V(x,y)=\sum_{n=1}^{\infty}C_ne^{-n\pi x/a}\sin(n\pi y/a) \tag{6.49}$$

により，境界条件（iii）を満たす解を構成することができる．式(6.49)が一般に境界条件（i），（ii），（iv）を満たすラプラス方程式の解であることは容易に確認できる．あとは係数 C_n を適当に選ぶことによって境界条件（iii）を満たすことができればよい．この条件を具体的に書き下すと

$$V(0,y)=\sum_{n=1}^{\infty}C_n\sin(n\pi y/a)=V_0(y) \tag{6.50}$$

となる．

与えられた境界条件に対して係数 C_n を決定するために，変数分離解が直交性をもつこと，すなわち

$$\int_0^a\sin(n\pi y/a)\sin(n'\pi y/a)dy=\frac{a}{2}\delta_{nn'} \tag{6.51}$$

を利用する．式(6.50)の両辺に $\sin(n'\pi y/a)$ を掛けて（n' は正の整数）0 から a まで積分し，式(6.51)を用いると

$$C_n=\frac{2}{a}\int_0^aV_0(y)\sin(n\pi y/a)dy \tag{6.52}$$

を得る．

以上によって，$V_0(y)$ が与えられたときのラプラス方程式の解の一般的な式を得ることができた．具体的な例として，V_0 が y に依存せず一定の場合を考えよう．これは $x=0$ に導体板がある場合に相当する（この導体板は上下の導体板からは絶縁されている）．この場合，式(6.52)の係数は

$$C_n = \frac{2V_0}{a}\int_0^a \sin(n\pi y/a)dy = \frac{2V_0}{n\pi}(1-\cos n\pi)$$
$$= \begin{cases} 0 & (n\text{ が偶数のとき}) \\ \dfrac{4V_0}{n\pi} & (n\text{ が奇数のとき}) \end{cases} \tag{6.53}$$

となる．これを式(6.49)に代入すると，

$$V(x, y) = \frac{4V_0}{\pi}\sum_{n=1,3,5,\cdots}\frac{1}{n}e^{-n\pi x/a}\sin(n\pi y/a) \tag{6.54}$$

を得る．図 6.13 は式(6.54)において $x=0$ として，フーリエ級数を有限項の和で止めたときの近似解を表している．線はそれぞれ，$n=1$ の項のみ，$n=5$ までの和，最初の 10 項の和，100 項目までの和を表している．

式(6.54)の和は以下のように解析的に実行できる．複素数 $z=e^{-\pi(x-iy)/a}$ を導入し，$\sin x = \mathrm{Im}(e^{ix})$ であることを用いると式(6.54)は

$$V(x, y) = \mathrm{Im}\left(\frac{4V_0}{\pi}\sum_{n=1,3,5,\cdots}\frac{z^n}{n}\right) \tag{6.55}$$

と表すことができる．ここで対数関数の展開式

$$\ln(1+z) = z - \frac{1}{2}z^2 + \frac{1}{3}z^2 + \cdots = \sum_{n=1}^{\infty}(-1)^{n+1}\frac{z^n}{n} \tag{6.56}$$

より

$$\sum_{n=1,3,5,\cdots}\frac{1}{n}z^n = \frac{1}{2}\ln\frac{1+z}{1-z} \tag{6.57}$$

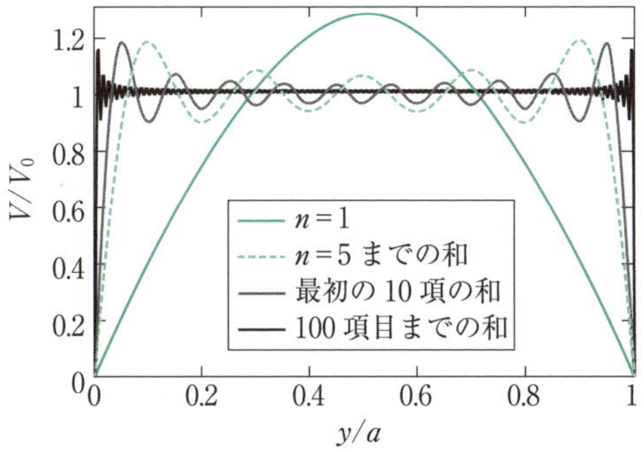

図 6.13 $V(0, y)$ をフーリエ級数の有限項の和で止めて求めた近似解

であるから，

$$V(x, y) = \mathrm{Im}\left(\frac{2V_0}{\pi}\ln\frac{1+z}{1-z}\right) \tag{6.58}$$

となる．ここで，u, v を実数とすると対数関数の虚部は $\mathrm{Im}[\ln(u+iv)] = \tan^{-1}(v/u)$ と書ける．また，

$$\frac{1+z}{1-z} = \frac{\sinh(\pi x/a) + i\sin(\pi x/a)}{\cosh(\pi x/a) - \cos(\pi y/a)} \tag{6.59}$$

であることから静電ポテンシャルの具体的表式を

$$V(x, y) = \frac{2V_0}{\pi}\tan^{-1}\left[\frac{\sin(\pi y/a)}{\sinh(\pi x/a)}\right] \tag{6.60}$$

と書き下すことができる．

6.4.2 球座標での変数分離法

境界条件が球面上で与えられる場合は，球座標（r, θ, ϕ）による変数分離が有効である．球座標でのラプラス方程式は

$$\nabla^2 V = \frac{1}{r^2}\frac{\partial}{\partial r}\left(r^2\frac{\partial V}{\partial r}\right) + \frac{1}{r^2\sin\theta}\frac{\partial}{\partial\theta}\left(\sin\theta\frac{\partial V}{\partial\theta}\right)$$
$$+ \frac{1}{r^2\sin^2\theta}\frac{\partial^2 V}{\partial\phi^2} = 0 \tag{6.61}$$

で与えられる．ここで解を変数分離形

$$V(r, \theta, \phi) = Y(\theta, \phi)R(r) \tag{6.62}$$

に仮定する．式(6.62)を式(6.61)に代入して両辺を V で割ると

$$\frac{1}{R}\frac{d}{dr}\left(r^2\frac{dR}{dr}\right)$$
$$+ \frac{1}{Y}\left[\frac{1}{\sin\theta}\frac{\partial}{\partial\theta}\left(\sin\theta\frac{\partial}{\partial\theta}\right) + \frac{1}{\sin^2\theta}\frac{\partial^2}{\partial\phi^2}\right]Y(\theta, \phi) = 0 \tag{6.63}$$

を得る．上式左辺の第 1 項は r のみに依存し第 2 項は θ, ϕ のみに依存するので，どちらも定数でなければならない．第 1 項の定数を後の便宜のために，$l(l+1)$ と書くことにすると動径関数 R に対する微分方程式（動径方程式）

$$\frac{1}{R}\frac{d}{dr}\left(r^2\frac{dR}{\partial r}\right) = l(l+1) \tag{6.64}$$

および角度関数 Y に対する偏微分方程式（角度方程式）

$$\left[\frac{1}{\sin\theta}\frac{\partial}{\partial\theta}\left(\sin\theta\frac{\partial}{\partial\theta}\right) + \frac{1}{\sin^2\theta}\frac{\partial^2 V}{\partial\phi^2}\right]Y(\theta, \phi)$$
$$= -l(l+1)Y(\theta, \phi) \tag{6.65}$$

を得る．

まず，動径方程式(6.64)の一般解は容易に

$$R = Ar^l + \frac{B}{r^{l+1}} \tag{6.66}$$

で与えられることがわかる．ただし A, B は任意の定数である．

次に，角度方程式(6.65)を考える．角度関数に対してさらに変数分離形

$$Y(\theta, \phi) = \Theta(\theta)\Phi(\phi) \tag{6.67}$$

を仮定すると

$$-\frac{1}{\Phi}\frac{d^2\Phi}{d\phi^2} = \frac{1}{\Theta}\sin\theta\frac{d}{d\theta}\left(\sin\theta\frac{d\Theta}{d\theta}\right) + l(l+1)\sin^2\theta \tag{6.68}$$

を得る．左辺は ϕ のみの関数，右辺は θ のみの関数であるから，両辺は定数でなければならない．この定数を便宜的に（後に便利なように）m^2 とおこう．こうして，Φ と Θ に対する二つの方程式を得る．

$$\frac{d^2\Phi}{d\phi^2} = -m^2\Phi(\phi) \tag{6.69}$$

$$\frac{1}{\sin\theta}\frac{d}{d\theta}\left(\sin\theta\frac{d\Theta}{d\theta}\right) + \left[l(l+1) - \frac{m^2}{\sin^2\theta}\right]\Theta = 0 \tag{6.70}$$

まず，Φ に対する解は容易に

$$\Phi(\phi) = e^{\pm im\phi} \tag{6.71}$$

であることがわかる．ここで Φ が ϕ の一価関数であるためには m は整数

$$m = 0, \pm 1, \pm 2, \cdots \tag{6.72}$$

でなければならない．

次に，Θ に対する解を求めるために変数を θ から $x = \cos\theta$ に変換し

$$\Theta(\theta) = P(\cos\theta) = P(x) \tag{6.73}$$

と記す．$dx = -\sin\theta d\theta$ より P に対する微分方程式は

$$\frac{d}{dx}\left[(1-x^2)\frac{dP}{dx}\right] + \left[l(l+1) - \frac{m^2}{1-x^2}\right]P = 0 \tag{6.74}$$

となる．この方程式は一般化されたルジャンドル方程式とよばれる．この方程式の解が物理的に意味のある静電ポテンシャルを表すためには，解は $-1 \leq x \leq 1$ の範囲で有限で連続な一価関数でなければならない．そのためには l は非負の整数であり $-l \leq m \leq l$ でなければならないことが知られている．このときの微分方程式(6.74)の解 $P_l^{|m|}(x)$ はルジャンドル陪多項式として知られている．以上によって得られる角度関数 $Y_l^m(\theta, \phi)$ は球面調和関数とよばれる．

これ以降は最も簡単な場合として $m = 0$，つまり角度関数が方位角依存性をもたない場合を考えよう．このときの微分方程式(6.74)の解は l 次の多項式によって与えられることが知られている．特に $x = 1$ のときに関数値 1 になるように規格化されたものを $P_l(x)$ と記して，**ルジャンドル多項式（Legendre polynomial）**とよぶ．ルジャンドル多項式の一般的な式は**ロドリゲスの公式（Rodorigues's formula）**

$$P_l(x) = \frac{1}{2^l l!}\left(\frac{d}{dx}\right)^l (x^2-1)^l \tag{6.75}$$

によって与えられる．また，l が偶数のとき $P_l(x)$ は偶数次の項のみを含み，l が奇数のときは奇数次の項のみを含む．式(6.75)の因子 $(1/2^l l!)$ は $P_l(1) = 1$ となるように選ばれている．ルジャンドル多項式 $P_l(x)$ は $-1 \leq x \leq 1$ で完全直交系を作り，以下の直交関係を満足する．

$$\int_{-1}^{1} P_l(x)P_{l'}(x)dx = \frac{2}{2l+1}\delta_{ll'} \tag{6.76}$$

この性質は境界条件を満たす解を構成するために利用される．

以上によって，軸対称な場合のラプラス方程式の変数分離解が

$$V(r, \theta) = \left(Ar^l + \frac{B}{r^{l+1}}\right)P_l(\cos\theta) \tag{6.77}$$

と求まった．デカルト座標のときと同様に，式(6.77)は無限個の解の組を与え，一般的な解はそれらの線形結合

$$V(r, \theta) = \sum_{l=0}^{\infty}\left(A_l r^l + \frac{B_l}{r^{l+1}}\right)P_l(\cos\theta) \tag{6.78}$$

で与えられる．係数 A_l, B_l は与えられた境界条件を満たすように定める．その際にはルジャンドル多項式の直交関係式(6.76)を利用する．

例 6-1 半径 R の球面上で静電ポテンシャルの角度依存性 $V_0(\theta)$ が指定されているとき，球の内部での静電ポテンシャルを求める．

原点に電荷が存在しなければ静電ポテンシャルは原点で有限でなければならないので，式(6.78)においてすべての l で $B_l = 0$ でなければならない．よって

$$V(r, \theta) = \sum_{l=0}^{\infty} A_l r^l P_l(\cos\theta) \tag{6.79}$$

である．このとき球面上での境界条件は

$$V(R, \theta) = \sum_{l=0}^{\infty} A_l R^l P_l(\cos\theta) = V_0(\theta) \tag{6.80}$$

となる．上述のようにルジャンドル多項式は完全系を作ることがわかっているので，係数 A_l を適当に選ぶことにより任意の $V_0(\theta)$ に対して境界条件を満たす解を作ることができる．式(6.80)の両辺に $P_{l'}(\cos\theta)\sin\theta$ をかけて θ で積分してルジャンドル多項式の直

交関係式(6.76)を使うと

$$A_l = \frac{2l+1}{2R^l}\int_0^{\pi} V_0(\theta)P_l(\cos\theta)\sin\theta d\theta \qquad (6.81)$$

を得る．これを式(6.79)に代入すれば解が得られる．

例 6-2 例 6-1 と同じ境界条件のもとで球の外側の静電ポテンシャルを求める．

考えている領域には（無限遠方まで）電荷が存在しないものとすると，無限遠方での静電ポテンシャルはゼロ（$r\to\infty$ で $V=0$）である．この条件を満たすためには，式(6.78)のすべての l に対して $A_l=0$ でなければならない．よって

$$V(r,\theta) = \sum_{l=0}^{\infty}\frac{B_l}{r^{l+1}}P_l(\cos\theta) \qquad (6.82)$$

である．球面上での境界条件は

$$V(R,\theta) = \sum_{l=0}^{\infty}\frac{B_l}{R^{l+1}}P_l(\cos\theta) = V_0(\theta) \qquad (6.83)$$

となる．係数 B_l を求めるために式(6.83)の両辺に $P_{l'}(\cos\theta)\sin\theta$ をかけて θ で積分して直交関係式(6.76)を使うと

$$B_l = \frac{2l+1}{2}R^{l+1}\int_0^{\pi} V_0(\theta)P_l(\cos\theta)\sin\theta d\theta \qquad (6.84)$$

を得る．これを式(6.82)に代入すれば解が得られる．

例 6-3 図 6.14 のように一様な電場 $\boldsymbol{E}=E_0\hat{\boldsymbol{z}}$ の中に帯電していない半径 R の導体球がおかれている．導体中の正電荷は電場による力を受け z の正の方向に移動し，負電荷は電場からの力によって z の負の方向に移動する．このようにして誘起された電荷は導体球周辺の電場を変形させる．このとき，導体球外部における電場を求める．

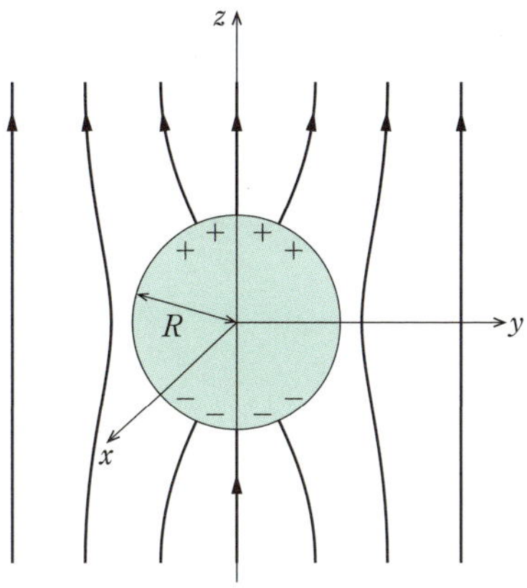

図 6.14 一様電場中におかれた導体球

まず境界条件を設定する．導体球面上は等電位であるから，$V(R,\theta)=V_0$ とする．また，導体球から遠く離れた場所では電場は一様で $\boldsymbol{E}=E_0\hat{\boldsymbol{z}}$ であるから $V\to -E_0 z$ となる．ただし xy 面内での無限遠方を静電ポテンシャルの基準点（$V=0$）とした．よって，この問題の境界条件は

（i） $V=V_0$ （$r=R$）

（ii） $V\to -E_0 r\cos\theta$ （$r\gg R$）

（iii） 導体球は帯電していない (6.85)

で与えられる．3 番目の条件は，任意定数として導入した V_0 を決定するために必要である．以上の境界を満たすように一般解（式(6.78)）の係数 A_l, B_l を求めよう．

まずはじめに境界条件（ii）を考える．r が大きければ B_l の項は無視できるので

$$\sum_{l=0}^{\infty}A_l r^l P_l(\cos\theta) = -E_0 r\cos\theta \qquad (6.86)$$

となる．ここで $P_1(\cos\theta)=\cos\theta$ であることから

$$A_1 = -E_0, \quad A_l = 0 \quad (l\neq 1) \qquad (6.87)$$

を得る．

次に境界条件（i）を具体的に書き下すと

$$V(R,\theta) = \sum_{l=0}^{\infty}\left(A_l R^l + \frac{B_l}{R^{l+1}}\right)P_l(\cos\theta) = V_0 \qquad (6.88)$$

となる．この式は，球面上 $r=R$ では $l=0$ 以外の成分が消えることを意味しており，

$$\frac{B_0}{R} = V_0, \quad A_l R^l + \frac{B_l}{R^{l+1}} = 0 \quad (l\neq 0) \qquad (6.89)$$

を得る．ただし，式(6.87)より $A_0=0$ であることを用いた．上式と式(6.87)より

$$B_0 = RV_0, \quad B_1 = -A_1R^3 = E_0R^3,$$
$$B_l = 0\,(l\neq 0,\ 1) \qquad (6.90)$$

を得る．式(6.87)，式(6.90)を式(6.78)に代入すると

$$V(r,\theta) = \frac{RV_0}{r} - E_0\left(r-\frac{R^3}{r^2}\right)\cos\theta \qquad (6.91)$$

を得る．

最後に条件（iii）より未定定数 V_0 を決める．導体球面上に誘起された電荷の密度分布は

$$\sigma(\theta) = -\varepsilon_0\left.\frac{\partial V}{\partial r}\right|_{r=R} = \varepsilon_0\frac{V_0}{R} + 3\varepsilon_0 E_0\cos\theta \qquad (6.92)$$

となる．これを球面上で積分すると $\int da = 2\pi R^2\times\int_0^{\pi}\sin\theta d\theta$ より式(6.92)第 2 項からの寄与は消えて，誘起電荷の総和は

$$Q = \int da\sigma = 4\pi R\varepsilon_0 V_0 \tag{6.93}$$

となる．条件 $Q = 0$ より，$V_0 = 0$ を得る．

以上をまとめると，静電ポテンシャルは

$$V(r, \theta) = -E_0\left(r - \frac{R^3}{r^2}\right)\cos\theta \tag{6.94}$$

で与えられる．また，表面誘起電荷密度は

$$\sigma(\theta) = 3\varepsilon_0 E_0 \cos\theta \tag{6.95}$$

で与えられる．これは上半球（$0 \leq \theta \leq \pi/2$）で正，下半球（$\pi/2 \leq \theta \leq \pi$）で負となる．静電ポテンシャル(6.94)を二つの寄与に分けて

$$V = V_{外場} + V_{導体球}$$

$$V_{外場} = -E_0 r\cos\theta, \quad V_{導体球} = E_0\frac{R^3}{r^2}\cos\theta \tag{6.96}$$

と書くと，$V_{外場}$ は外場からの寄与を表し $V_{導体球}$ は導体球面上に誘起された電荷からの寄与を表す．

もし仮に導体球が帯電していて，表面電荷の電荷の総和が Q であったとすると，式(6.91)は

$$V(r, \theta) = \frac{Q}{4\pi\varepsilon_0 r} - E_0\left(r - \frac{R^3}{r^2}\right)\cos\theta \tag{6.97}$$

となる．右辺第 1 項は原点に点電荷 Q がおかれたときの静電ポテンシャルを表している．

6.4 節のまとめ

- デカルト座標による変数分離 $V(x, y, z) = X(x)Y(y)Z(z)$ では，X, Y, Z に対する微分方程式が

$$\frac{1}{X}\frac{d^2X}{dx^2} = C_1, \quad \frac{1}{Y}\frac{d^2Y}{dy^2} = C_2, \quad \frac{1}{Z}\frac{d^2Z}{dz^2} = C_3$$
$$C_1 + C_2 + C_3 = 0 \tag{6.39}$$

　で与えられる．
- 一般的な境界条件に対するラプラス方程式の解は変数分離解の線形結合で与えられる．
- 球座標での変数分離法を用いると，境界条件が軸対称な場合（ϕ 依存性をもたない場合）の一般解が

$$V(r, \theta) = \sum_{l=0}^{\infty}\left(A_l r^l + \frac{B_l}{r^{l+1}}\right)P_l(\cos\theta) \tag{6.78}$$

　と求まる．ここで P_l はルジャンドル多項式である．係数 A_l, B_l を求めるためにはルジャンドル多項式の直交関係を用いる．

7. 静電場 3

この章では物質中の電場について説明する．静電気学的な性質を考えると，多くの物質は**導体（conductor）**か**絶縁体（insulator）**（または**誘電体（dielectric）**）に分類される．導体中では，電子は原子から離れて自由に動き回ることができるのに対して，絶縁体（または誘電体）では電子はすべて原子や分子に強く束縛されているために，原子，分子の内部である程度移動することができるが，物質中を自由に動き回ることはできない．このような電子のミクロな変位が積み重なって誘電体としてのマクロな性質をもたらすことになる．

7.1 電気双極子モーメント

物質中の電場を理解するためには，電子のミクロな変位によって作られる電場を理解する必要がある．そのためにこの節では局所的な電荷分布が遠方に作る近似的な静電ポテンシャルを考える．特に，静電ポテンシャルを距離の逆数で展開する多重極展開について学び，電気双極子モーメントの概念を導入する．

7.1.1 静電ポテンシャルの多重極展開

ここでは，任意の局所的な電荷分布に対する遠方での近似的な静電ポテンシャルを求める系統的な方法を考える．まず最初に，図 7.1(a)のように，z 軸上で原点からの距離 r' の場所におかれた点電荷 q が原点かららの距離 r の点 P（ただし，$r > r'$ とする）に作る静電ポテンシャルが，r と θ を使って

$$V(r,\theta) = \frac{q}{4\pi\varepsilon_0}\sum_{n=0}^{\infty}\frac{r'^n}{r^{n+1}}P_n(\cos\theta) \tag{7.1}$$

と書けることを示そう．静電ポテンシャルが z 軸まわりの角度（方位角）ϕ によらないことは明らかである．6.4.2 項の結果より，電荷が存在しない領域における静電ポテンシャル（つまりラプラス方程式の解）が球座標表示で ϕ によらない場合の一般的な関数形は式(6.78)で与えられる．点電荷が作る静電ポテンシャルは無限遠方で 0 でなければならないことから，この場合 $A_n = 0$ であり，したがって

$$V(r,\theta) = \sum_{n=0}^{\infty}\frac{B_n}{r^{n+1}}P_n(\cos\theta) \tag{7.2}$$

である．ここで係数 B_n を決めるために，点 P が z 軸上にある場合，つまり $\theta = 0$ を考える．ルジャンドル多項式は $P_n(1) = 1$ であるから，

$$V(r,0) = \sum_{n=0}^{\infty}\frac{B_n}{r^{n+1}} \tag{7.3}$$

となる．ところで，この場合の静電ポテンシャルは

$$V(r,0) = \frac{q}{4\pi\varepsilon_0}\frac{1}{r-r'} \tag{7.4}$$

である．ここで

$$\frac{1}{r-r'} = \frac{1}{r}\left(1-\frac{r'}{r}\right)^{-1} = \frac{1}{r}\sum_{n=0}^{\infty}\left(\frac{r'}{r}\right)^n \tag{7.5}$$

であることを使うと

$$V(r,0) = \frac{q}{4\pi\varepsilon_0 r}\sum_{n=0}^{\infty}\left(\frac{r'}{r}\right)^n \tag{7.6}$$

となる．式(7.6)を式(7.3)と比べると

$$B_n = \frac{qr'^n}{4\pi\varepsilon_0} \tag{7.7}$$

を得る．式(7.7)を式(7.3)に代入すると，一般の角度 θ についての静電ポテンシャルの式(7.1)を得る．

点電荷が z 軸上に限らず任意の場所にある場合について式(7.1)を拡張するのは容易である．図 7.2 のように，点 P の位置ベクトル $\boldsymbol{r}$ と点電荷 q の位置ベク

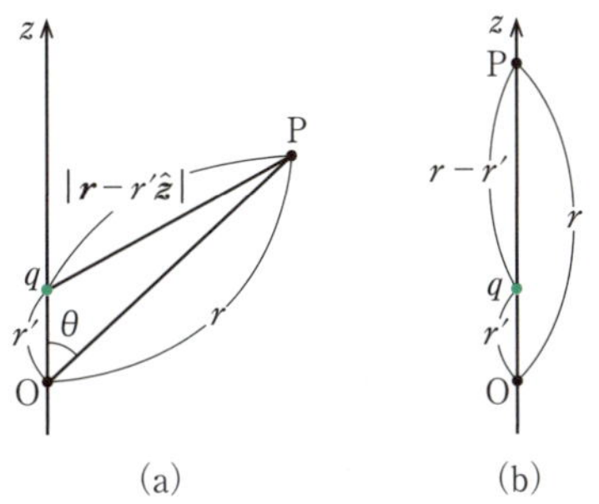

図 7.1　z 軸上におかれた点電荷 q が遠方に作る静電ポテンシャル

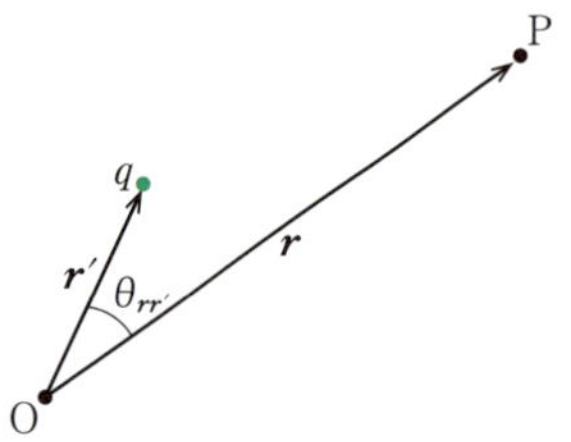

図 7.2　任意の場所におかれた点電荷 q が遠方に作る静電ポテンシャル

トル $\boldsymbol{r}'$ のなす角を $\theta_{\boldsymbol{rr}'}$ とすると，点 P における静電ポテンシャルは

$$V(\boldsymbol{r}) = \frac{q}{4\pi\varepsilon_0}\sum_{n=0}^{\infty}\frac{r'^n}{r^{n+1}}P_n(\cos\theta_{\boldsymbol{rr}'}) \tag{7.8}$$

となる．この式を

$$V(\boldsymbol{r}) = \frac{q}{4\pi\varepsilon_0}\frac{1}{|\boldsymbol{r}-\boldsymbol{r}'|} \tag{7.9}$$

と比較すると，$1/|\boldsymbol{r}-\boldsymbol{r}'|$ は $r > r'$ のとき

$$\frac{1}{|\boldsymbol{r}-\boldsymbol{r}'|} = \sum_{n=0}^{\infty}\frac{r'^n}{r^{n+1}}P_n(\cos\theta_{\boldsymbol{rr}'}) \tag{7.10}$$

のように展開できることがわかる．

電荷が分布関数 $\rho(\boldsymbol{r})$ に従って局所的に分布している場合を考えると，位置 $\boldsymbol{r}$ における静電ポテンシャルは

$$V(\boldsymbol{r}) = \frac{1}{4\pi\varepsilon_0}\int\frac{1}{|\boldsymbol{r}-\boldsymbol{r}'|}\rho(\boldsymbol{r}')d\tau' \tag{7.11}$$

で与えられる．ここで展開式(7.10)を使うと，

$$V(\boldsymbol{r}) = \frac{1}{4\pi\varepsilon_0}\sum_{n=0}^{\infty}\frac{1}{r^{n+1}}\int r'^n P_n(\cos\theta_{\boldsymbol{rr}'})\rho(\boldsymbol{r}')d\tau' \tag{7.12}$$

となる．このように，静電ポテンシャルを $1/r$ のべき級数に展開することを**多重極展開（multipole expansion）**とよぶ．

7.1.2　局所的な電荷分布が作る電気双極子モーメント

多重極展開式(7.12)の最初の数項を具体的に書き下すと

$$V(\boldsymbol{r}) = \frac{1}{4\pi\varepsilon_0}\left[\frac{1}{r}\int\rho(\boldsymbol{r}')d\tau' + \frac{1}{r^2}\int r'\cos\theta_{\boldsymbol{rr}'}\rho(\boldsymbol{r}')d\tau' + \frac{1}{r^3}\int r'^2\left(\frac{3}{2}\cos^2\theta_{\boldsymbol{rr}'}-\frac{1}{2}\right)\rho(\boldsymbol{r}')d\tau' + \cdots\right] \tag{7.13}$$

となる．第 1 項（$n=0$）は**単極子（monopole）**項，第 2 項（$n=1$）は**双極子（dipole）**項，第 3 項（$n=2$）は**四重極子（quadrupole）**項とよばれ，遠方でそれぞれ $1/r, 1/r^2, 1/r^3$ に従って減衰する．多重極展開の 0 でない最低次の項は遠方での近似的な静電ポテンシャルの式を与える．

電荷の総和がゼロでなければ，多重極展開式(7.12)の主要項は第 1 項の単極子項

$$V_{\text{単極子}}(\boldsymbol{r}) = \frac{1}{4\pi\varepsilon_0}\frac{Q}{r} \tag{7.14}$$

である．ここで $Q = \int\rho d\tau$ は配置された電荷の総和である．式(7.14)は物理的には，局所的な電荷分布が遠方からは点電荷とみなせることを意味する．

もしも電荷の総和が 0 であれば主要な項は（双極子項が 0 でなければ）第 2 項の双極子項

$$V_{\text{双極子}}(\boldsymbol{r}) = \frac{1}{4\pi\varepsilon_0}\frac{1}{r^2}\int r'\cos\theta_{\boldsymbol{rr}'}\rho(\boldsymbol{r}')d\tau' \tag{7.15}$$

となる．ここで $r'\cos\theta_{\boldsymbol{rr}'} = \hat{\boldsymbol{r}}\cdot\boldsymbol{r}'$ であることを用いると，双極子項は

$$V_{\text{双極子}}(\boldsymbol{r}) = \frac{1}{4\pi\varepsilon_0}\frac{\boldsymbol{p}\cdot\hat{\boldsymbol{r}}}{r^2} = \frac{1}{4\pi\varepsilon_0}\frac{\boldsymbol{p}\cdot\boldsymbol{r}}{r^3} \tag{7.16}$$

と書ける．ここで，

$$\boldsymbol{p} \equiv \int\boldsymbol{r}'\rho(\boldsymbol{r}')d\tau' \tag{7.17}$$

は**電気双極子モーメント（electric dipole moment）**とよばれ，電荷分布の正負の偏り具合を特徴づける．式(7.16)の静電ポテンシャルによる電場は

$$\boldsymbol{E}_{\text{双極子}} = -\nabla V_{\text{双極子}} = \frac{1}{4\pi\varepsilon_0}\frac{1}{r^3}[3(\boldsymbol{p}\cdot\hat{\boldsymbol{r}})\hat{\boldsymbol{r}}-\boldsymbol{p}] \tag{7.18}$$

で与えられる．

N 個の点電荷からなる系の場合，電荷密度は $\rho(\boldsymbol{r}) = \sum_{i=1}^{N}q_i\delta(\boldsymbol{r}-\boldsymbol{r}_i)$（$\boldsymbol{r}_i$ は i 番目の電荷の位置ベクトル）であるから，電気双極子モーメント式(7.17)は

$$\boldsymbol{p} = \sum_{i=1}^{N}q_i\boldsymbol{r}_i \tag{7.19}$$

となる．特に，図 7.3 のような $\pm q$ の二つの点電荷からなる電気双極子の場合，双極子モーメントは

$$\boldsymbol{p} = q\boldsymbol{d} \tag{7.20}$$

となる．ここで $\boldsymbol{d}$ は負電荷から正電荷へ向かうベクトルである．

電場の中におかれた電気双極子に働く力を考えよう．電気双極子を構成する電荷の分布が $\rho(\boldsymbol{r})$ で与えられているとする．ただし，電荷は原点（$\boldsymbol{r}=0$）付近に局在しているものとする．電気双極子に働く力は

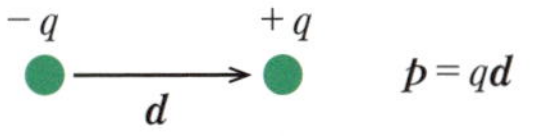

図 7.3 二つの点電荷からなる電気双極子

$$F = \int \rho(\boldsymbol{r})\boldsymbol{E}(\boldsymbol{r})d\tau \qquad (7.21)$$

と表すことができる．ここで，ρ が 0 でない領域では電場がゆるやかに変化すると仮定すると，$\boldsymbol{E}$ を原点付近で展開できて

$$\boldsymbol{E}(\boldsymbol{r}) \simeq \boldsymbol{E}(\boldsymbol{0}) + (\boldsymbol{r}\cdot\nabla)\boldsymbol{E} \qquad (7.22)$$

となる．これより

$$\begin{aligned}\boldsymbol{F} &= \boldsymbol{E}(\boldsymbol{0})\int\rho(\boldsymbol{r})d\tau + \left[\left(\int \boldsymbol{r}\rho(\boldsymbol{r})d\tau\right)\cdot\nabla\right]\boldsymbol{E}\\ &= Q\boldsymbol{E}(\boldsymbol{0}) + (\boldsymbol{p}\cdot\nabla)\boldsymbol{E} \qquad (7.23)\end{aligned}$$

となる．電荷の総和がゼロである場合，第 1 項が消えて双極子モーメントからの寄与のみが残り，$\boldsymbol{F} = (\boldsymbol{p}\cdot\nabla)\boldsymbol{E}$ となる．電場が一様なときは正電荷に働く力と負電荷に働く力が打ち消し合うので双極子に正味の力は働かない．

電場が一様な場合でも双極子にはトルク

$$\boldsymbol{N} = \int \boldsymbol{r}'\times\rho(\boldsymbol{r}')\boldsymbol{E}d\tau' = \boldsymbol{p}\times\boldsymbol{E} \qquad (7.24)$$

が働く．このトルク $\boldsymbol{N}$ は双極子モーメント $\boldsymbol{p}$ を電場 $\boldsymbol{E}$ の向きに揃えるように働く．したがって，自由に回転できる極性分子は電場がかかると電場の方向を向くのである．

外部電場 $\boldsymbol{E}(\boldsymbol{r})$ の中におかれた電気双極子のエネルギーを求めよう．静電ポテンシャル $V(\boldsymbol{r})$ のもとでの静電エネルギーは（双極子そのものを構成するために必要なエネルギーは含めないことにすると）

$$U = \int\rho(\boldsymbol{r})V(\boldsymbol{r})d\tau \qquad (7.25)$$

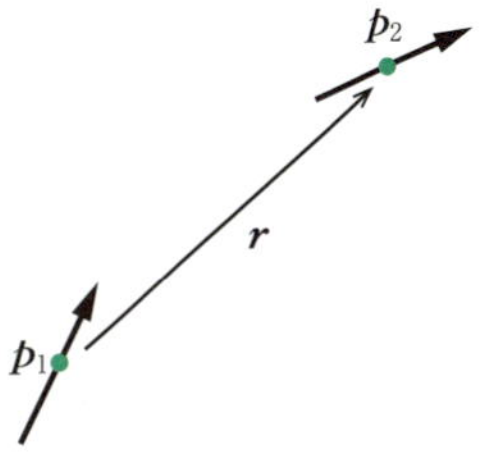

図 7.4 二つの双極子の相互作用

で与えられる．ここで，電荷が分布している領域で静電ポテンシャルがゆるやかに変化していると仮定して V を原点付近で展開すると

$$V(\boldsymbol{r}) \simeq V(\boldsymbol{0}) + \boldsymbol{r}\cdot\nabla V \qquad (7.26)$$

となるので

$$\begin{aligned}U &\simeq V(\boldsymbol{0})\int\rho(\boldsymbol{r})d\tau + \nabla V\cdot\int\boldsymbol{r}\rho(\boldsymbol{r})d\tau\\ &= QV(\boldsymbol{0}) - \boldsymbol{p}\cdot\boldsymbol{E}(\boldsymbol{0}) \qquad (7.27)\end{aligned}$$

を得る．ここで電荷の総和がゼロ（$Q = 0$）である場合を考えると，

$$U = -\boldsymbol{p}\cdot\boldsymbol{E} \qquad (7.28)$$

を得る．

図 7.4 のように二つの電気双極子 $\boldsymbol{p}_1$ と $\boldsymbol{p}_2$ が距離 r 離れておかれているときのエネルギーを求めよう．このとき双極子 $\boldsymbol{p}_1$ が双極子 $\boldsymbol{p}_2$ の位置に作る電場は式(7.18)より

$$\boldsymbol{E} = \frac{1}{4\pi\varepsilon_0}\frac{1}{r^3}[3(\boldsymbol{p}_1\cdot\hat{\boldsymbol{r}})\hat{\boldsymbol{r}} - \boldsymbol{p}_1] \qquad (7.29)$$

よって二つの双極子のエネルギーは式(7.28)より

$$U = \frac{1}{4\pi\varepsilon_0}\frac{1}{r^3}[\boldsymbol{p}_1\cdot\boldsymbol{p}_2 - 3(\boldsymbol{p}_1\cdot\hat{\boldsymbol{r}})(\boldsymbol{p}_2\cdot\hat{\boldsymbol{r}})] \qquad (7.30)$$

となる．これを双極子-双極子相互作用という．

7.1 節のまとめ

- **局所的な電荷分布 ρ が作る静電ポテンシャル V は，多重極展開**

$$V(\boldsymbol{r}) = \frac{1}{4\pi\varepsilon_0}\sum_{n=0}^{\infty}\frac{1}{r^{n+1}}\int r'^n P_n(\cos\theta_{\boldsymbol{rr}'})\rho(\boldsymbol{r}')d\tau' \qquad (7.12)$$

の形に表すことができる．

- **多重極展開の最初の二項を具体的に書き下すと**

$$V = V_{\text{単極子}} + V_{\text{双極子}}$$

$$V_{\text{単極子}} = \frac{Q}{4\pi\varepsilon_0 r} \quad \left(Q = \int\rho d\tau\right) \qquad (7.14)$$

$$V_{\text{双極子}} = \frac{1}{4\pi\varepsilon_0}\frac{\boldsymbol{p}\cdot\boldsymbol{r}}{r^3} \quad \left(\boldsymbol{p} = \int \boldsymbol{r}'\rho(\boldsymbol{r}')d\tau'\right) \tag{7.16}$$

となる．ここで $\boldsymbol{p}$ は電気双極子モーメントとよばれる．

- **双極子の電場は**

$$\boldsymbol{E}_{\text{双極子}} = \frac{1}{4\pi\varepsilon_0}\frac{3(\boldsymbol{p}\cdot\hat{\boldsymbol{r}})\hat{\boldsymbol{r}}-\boldsymbol{p}}{r^3} \tag{7.18}$$

で与えられる．

- **一様な電場 $\boldsymbol{E}$ の中におかれた電気双極子モーメント $\boldsymbol{p}$ にはトルク $\boldsymbol{N} = \boldsymbol{p}\times\boldsymbol{E}$ が働く．**

7.2　静電場中の物質に生じる分極と拘束電荷

7.2.1　分　極

電気的に中性な原子を電場 $\boldsymbol{E}$ の中におくと，正電荷をもつ原子核は電場の方向に力を受け，負電荷をもつ電子は反対向きに力を受ける．電子雲の中心と原子核の間のずれの大きさは電子と原子核の間の引力と電場による力のつり合いによって決まり，電場が弱ければ，誘起された双極子モーメントは電場に比例するだろう．原子はこのとき電場 $\boldsymbol{E}$ と同じ方向を向いた双極子モーメント $\boldsymbol{p}$ をもつ．

$$\boldsymbol{p} = \alpha\boldsymbol{E} \tag{7.31}$$

定数 α を**原子分極率（atomic polarizability）**という．分極率は原子の詳細な構造に依存する．このように原子が双極子モーメントをもつ現象を**原子分極（atomic polarization）**という．ここで考えている中性原子はもともとは双極子モーメントをもたず，$\boldsymbol{p}$ は外部電場によって誘起されたものと仮定している．しかし，分子がはじめから双極子モーメントをもっている場合もある．このような分子を**極性分子（polar moleculde）**とよぶ．極性分子を電場中におくと 6.5.3 項で解説したようにトルクを受ける．このトルクによって極性分子の双極子モーメントは電場と同じ方向を向こうとする．

それでは，多数の原子や分子から構成される誘電体を電場の中におくと，何が起こるだろうか．まず，物質が電気的に中性な原子から構成されている場合を考える（図 7.5）．電場がなければ，もともと個々の原子は双極子モーメントをもっていない．電場は各々の原子に小さな同じ向きの双極子モーメントを誘起する．次に誘電体が極性分子から構成されている場合を考える（図 7.6）．物質中では分子は無秩序な熱運動をしているから，電場がかかっていないときは双極子モーメントの向きは互いにばらばらであり，平均すると打ち消し合う．そこに電場がかかると，トルクによって双極子は電場の向きに揃う傾向を示す．

いずれの場合でも，物質中では多数の微視的な電気双極子が同じ方向に揃って存在する．このような状況を**分極（polarization）**という．この効果を特徴づける指標として**分極ベクトル（polarization vector）**

$$\boldsymbol{P} \equiv \begin{array}{l}\text{単位体積あたりの}\\ \text{電気双極子モーメント}\end{array} \tag{7.32}$$

を定義する．原子や分子の分極と区別するために，**誘電分極（dielectric polarization）**とよぶこともある．N 個の電気双極子モーメント $\boldsymbol{p}_i\,(i = 1, 2, \cdots, N)$ が体積 ΔV 中に存在するとき，分極 $\boldsymbol{P}$ は

$$\boldsymbol{P} = \frac{\sum_{i=1}^{N}\boldsymbol{p}_i}{\Delta V} \tag{7.33}$$

で与えられる．今後は，物質に分極が発生するメカニズムの詳細は問わないことにする．

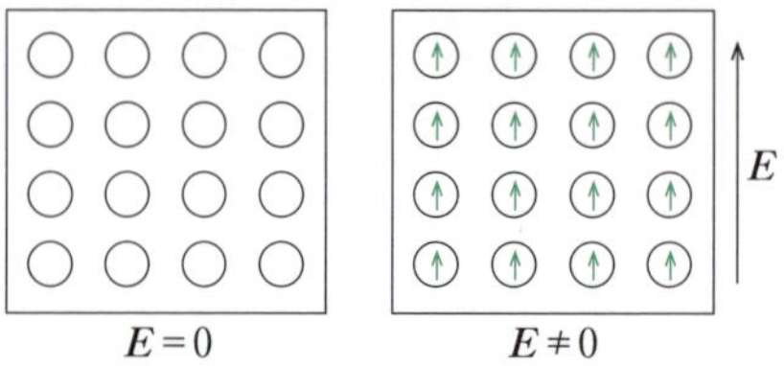

図 7.5　中性原子から構成される誘電体に対する外部電場の効果

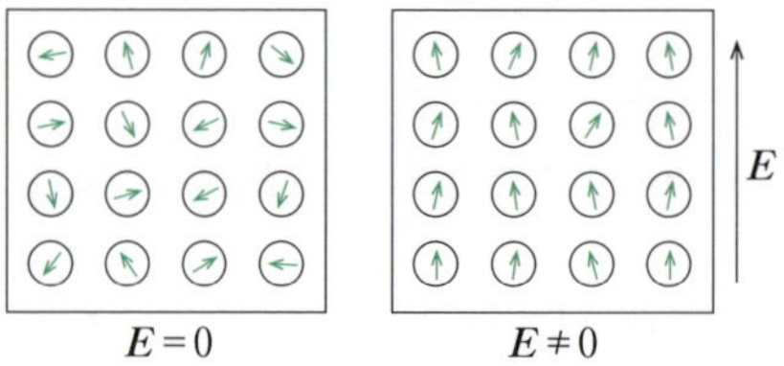

図 7.6　極性分子から構成される誘電体に対する外部電場の効果

7.2.2　拘束電荷

分極した物質によって作られる電場を求めよう．式(7.16) より，位置 $\boldsymbol{r}'$ におかれた一つの双極子 $\boldsymbol{p}$ が位置 $\boldsymbol{r}$ に作る静電ポテンシャルは

$$V(\boldsymbol{r}) = \frac{1}{4\pi\varepsilon_0}\frac{(\boldsymbol{r}-\boldsymbol{r}')\cdot\boldsymbol{p}}{|\boldsymbol{r}-\boldsymbol{r}'|^3} \tag{7.34}$$

である（図 7.7）．分極した物質中では，微小体積要素 $d\tau'$ 中の双極子モーメントは $\boldsymbol{p} = \boldsymbol{P}d\tau'$ であるから，全双極子モーメントから作られる静電ポテンシャルは

$$V(\boldsymbol{r}) = \frac{1}{4\pi\varepsilon_0}\int_V \frac{(\boldsymbol{r}-\boldsymbol{r}')\cdot\boldsymbol{P}}{|\boldsymbol{r}-\boldsymbol{r}'|^3}d\tau' \tag{7.35}$$

となる．式(7.35)の被積分関数が

$$\frac{(\boldsymbol{r}-\boldsymbol{r}')\cdot\boldsymbol{P}}{|\boldsymbol{r}-\boldsymbol{r}'|^3} = \nabla'\cdot\left(\frac{\boldsymbol{P}}{|\boldsymbol{r}-\boldsymbol{r}'|}\right)-\left(\frac{1}{|\boldsymbol{r}-\boldsymbol{r}'|}\right)\nabla'\cdot\boldsymbol{P}$$
$$\left(\nabla' \equiv \hat{\boldsymbol{x}}\frac{\partial}{\partial x'}+\hat{\boldsymbol{y}}\frac{\partial}{\partial y'}+\hat{\boldsymbol{z}}\frac{\partial}{\partial z'}\right) \tag{7.36}$$

と書けることを利用して，さらに第 1 項の積分にガウスの発散定理（$S \leftarrow V$）を使うと式(7.35)を

$$V(\boldsymbol{r}) = \frac{1}{4\pi\varepsilon_0}\oint_S \frac{\sigma_\mathrm{b}}{|\boldsymbol{r}-\boldsymbol{r}'|}da' + \frac{1}{4\pi\varepsilon_0}\int_V \frac{\rho_\mathrm{b}}{|\boldsymbol{r}-\boldsymbol{r}'|}d\tau'$$
$$\sigma_\mathrm{b} = \boldsymbol{P}\cdot\hat{\boldsymbol{n}} \quad \text{（表面拘束電荷密度）}$$
$$\rho_\mathrm{b} = -\nabla\cdot\boldsymbol{P} \quad \text{（体積拘束電荷密度）} \tag{7.37}$$

と表すことができる．式(7.37)は表面電荷密度 σ_b と体積電荷密度 ρ_b によって作られる静電ポテンシャルの形をしている．これらの電荷を**拘束電荷（bound charge）**または**分極電荷（polarization charge）**とよぶ．

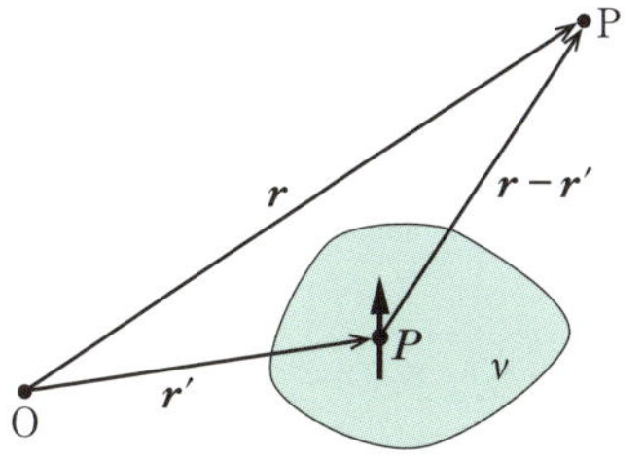

図 7.7　物質の分極が作る電場

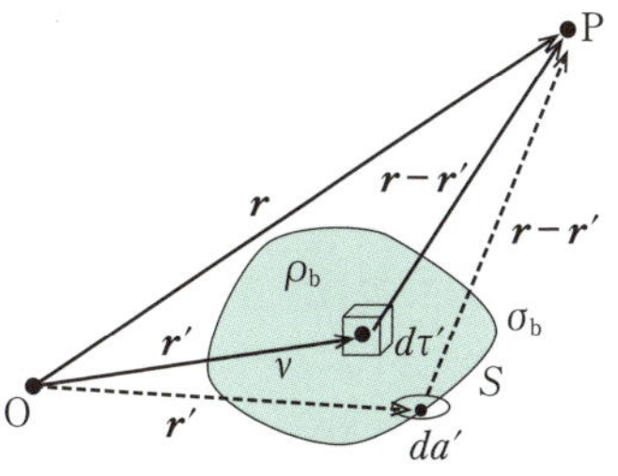

図 7.8　拘束電荷が作る電場

拘束電荷は単に式変形によって形式的に現れたものではなく，以下に示すように，実際に分極によって生じた電荷という物理的意味をもつ．まず，簡単な例として物質中に図 7.3 のような電気双極子が向きを揃えて存在している場合を考える（図 7.9）．物質内部では，ある双極子の正電荷 $+q$ は他の双極子の負電荷 $-q$ と打ち消し合うため正味の電荷はゼロである．しかし分極に垂直な物質表面（図 7.9 の破線部分）では電荷が打ち消されずに残っている．これが表面拘束電荷の正体である．この物質の分極ベクトルの大きさが P であったとすると，物質表面付近の厚み d，体積 Ad の領域に存在する電気双極子モーメントの総和は PAd である．一つあたりの電気双極子モーメントの大きさが $p = qd$ であるから，表面に現れる全電荷は

$$\frac{PAd}{qd}\times q = PA \tag{7.38}$$

となる．これを面積 A で割ったものが表面拘束電荷密度

$$\sigma_\mathrm{b} = \frac{q}{A} = P \tag{7.39}$$

である．図 7.9 では分極ベクトルの向きに垂直な表面を仮定しているが，物質が分極ベクトルの向きに対して斜めに切り取られていたとしても表面に現れる全電荷は式(7.38)のままである．一方で，このときの物質の表面積 A' は，物質表面の単位法線ベクトル $\hat{\boldsymbol{n}}$ と分極ベクトルのなす角を θ とすると $A' = A/\cos\theta$ となるので，表面電荷密度は

$$\sigma_\mathrm{b} = \frac{q}{A'} = \boldsymbol{P}\cdot\hat{\boldsymbol{n}} \tag{7.40}$$

となる．これは式(7.37)で導入した表面拘束電荷密度の式と一致する．以上によって，表面拘束電荷は分極によって誘電体の表面に「浸み出した」電荷であることがわかる．

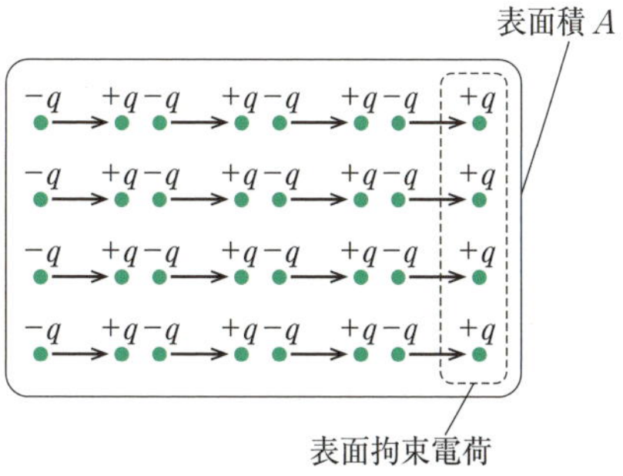

図 7.9　一様な分極をもつ物質の表面拘束電荷

もしも分極 $\boldsymbol{P}$ が一様でなければ，物質の内部にも正味の電荷が残る．例えば図 7.10 のようにある領域から外向きに分極ベクトルが生じている場合，その領域内には負電荷がたまっているはずである．電気的に中性な誘電体では，ある領域の内部にたまった電荷（体積拘束電荷）の総和と外部に押し出された電荷（表面拘束電荷）の総和を足し合わせるとゼロになるはずなので，

$$\int_V \rho_{\mathrm{b}} d\tau + \oint_S \sigma_{\mathrm{b}} da = 0 \tag{7.41}$$

が成り立つ．ガウスの発散定理を用いると表面拘束電荷の総和は

$$\oint_S \sigma_{\mathrm{b}} da = \oint_S \boldsymbol{P}\cdot d\boldsymbol{a} = \int_V (\nabla\cdot\boldsymbol{P}) d\tau \tag{7.42}$$

と表すことができるので，

$$\int_V \rho_{\mathrm{b}} d\tau = -\int_V (\nabla\cdot\boldsymbol{P}) d\tau \tag{7.43}$$

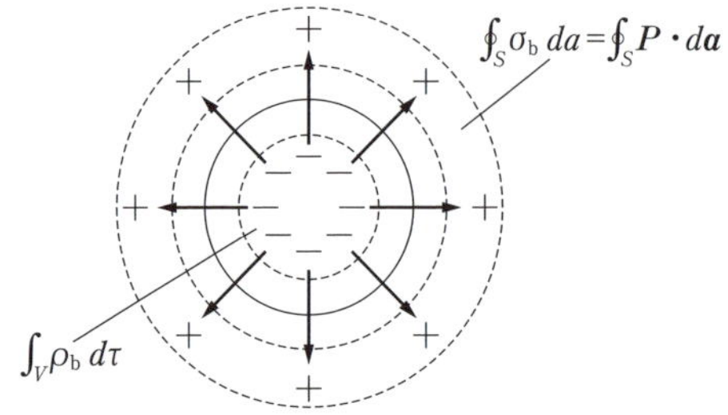

図 7.10　ある領域から外向きに分極ベクトルが生じている場合の体積拘束電荷

となる．この等式は任意の領域において成り立つので，

$$\rho_{\mathrm{b}} = -\nabla\cdot\boldsymbol{P} \tag{7.44}$$

となる．これは式(7.37)で与えた ρ_{b} の定義に一致する．

以上により，拘束電荷が誘電体中の電荷の移動によって生じる電荷であることがわかった．

7.2 節のまとめ

- **物質中で多数の微視的な電気双極子が同じ方向に揃って存在する状況を分極という．物質の分極を特徴づける指標として分極ベクトル $\boldsymbol{P}$ =（単位体積あたりの電気双極子モーメント）を用いる．**
- **分極した物質には拘束電荷が生じる．拘束電荷は，物質中の電荷密度の偏りによって正負の電荷が打ち消し合わずに残った正味の電荷である．**
- **体積拘束電荷密度は**

$$\rho_{\mathrm{b}} = -\nabla\cdot\boldsymbol{P}$$

で与えられる．

- **表面拘束電荷密度は**

$$\sigma_{\mathrm{b}} = \boldsymbol{P}\cdot\hat{\boldsymbol{n}}$$

で与えられる．$\hat{\boldsymbol{n}}$ は物質表面の単位法線ベクトルである．

7.3　物質中のガウスの法則

7.3.1　電気変位と物質中のガウスの法則

静電場中におかれた誘電体の内部には体積拘束電荷 $\rho_{\mathrm{b}} = -\nabla\cdot\boldsymbol{P}$ が，表面には表面拘束電荷 $\sigma_{\mathrm{b}} = \boldsymbol{P}\cdot\hat{\boldsymbol{n}}$ が生じることを学んだ．よって，誘電体が存在する場合の電場は，誘電体の拘束電荷が作る電場とそれ以外の電荷が作る電場の重ね合わせになる．ここで，拘束電荷以外の普通の電荷を**自由電荷（free charge）**とよび，その電荷密度を ρ_{f} と表すことにする．自由電荷は**真電荷（true chage）**とよばれることもある．自由電荷は，誘電体中の原子・分子から離れて自由に移動することができ，真空中に取り出すことのできる電荷である．誘電体が存在する場合，全電荷密度は

$$\rho = \rho_{\mathrm{b}} + \rho_{\mathrm{f}} \tag{7.45}$$

となる．この全電荷密度より作られる電場 $\boldsymbol{E}$ に対するガウスの法則は，微分型で書くと

$$\varepsilon_0 \nabla\cdot\boldsymbol{E} = \rho = \rho_{\mathrm{b}} + \rho_{\mathrm{f}} = -\nabla\cdot\boldsymbol{P} + \rho_{\mathrm{f}} \tag{7.46}$$

となる．式(7.46)の右辺の $-\nabla\cdot\boldsymbol{P}$ を左辺に移項して発散の項をまとめると

$$\nabla\cdot(\varepsilon_0 \boldsymbol{E}_0 + \boldsymbol{P}) = \rho_{\mathrm{f}} \tag{7.47}$$

となる．ここで**電気変位（electric displacement）**を

$$\boldsymbol{D} \equiv \varepsilon_0 \boldsymbol{E} + \boldsymbol{P} \tag{7.48}$$

によって定義すれば，物質中のガウスの法則は

$$\nabla \cdot \boldsymbol{D} = \rho_{\mathrm{f}} \tag{7.49}$$

と拘束電荷を含まない形で表すことができる．電気変位 $\boldsymbol{D}$ は**電束密度（electric flux density）**とよばれることもある．一方で，静電場が渦なし場であるという性質は，電場を作る電荷が物質中の拘束電荷を含む場合でも変わらず，物質中の電場に対しても

$$\nabla \times \boldsymbol{E} = \boldsymbol{0}$$

が成り立つ．また，以上の物質中の静電場の基本法則を積分型で表すと

$$\oint_S \boldsymbol{D} \cdot d\boldsymbol{a} = Q_{\mathrm{f\,enc}}$$
$$\oint_C \boldsymbol{E} \cdot d\boldsymbol{l} = 0 \tag{7.50}$$

となる．ここで $Q_{\mathrm{f\,enc}} = \int_V \rho_{\mathrm{f}} d\tau$ は考えているガウス曲面 S に囲まれた領域 V 中に含まれる全自由電荷である．物質中のガウスの法則の表式は自由電荷のみを含むので，誘電体中の電場を考える際には非常に有用である．

7.3.2 物質中の静電場の境界条件

二つの異なる物質（どちらか一方が真空であってもよい）が接しているとき，静電場が満たすべき境界条件を考えよう．3.3.3 項で解説したように，真空中の電場 $\boldsymbol{E}$ に対する境界条件は以下で与えられる．

$$E^{\perp}_{\text{直上}} - E^{\perp}_{\text{直下}} = \frac{1}{\varepsilon_0}\sigma \tag{7.51}$$

$$\boldsymbol{E}^{\parallel}_{\text{直上}} - \boldsymbol{E}^{\parallel}_{\text{直下}} = \boldsymbol{0} \tag{7.52}$$

境界の上下での電気変位を

$$\boldsymbol{D}_{\text{直上}} = \varepsilon \boldsymbol{E}_{\text{直上}} + \boldsymbol{P}_{\text{直上}} \tag{7.53}$$

$$\boldsymbol{D}_{\text{直下}} = \varepsilon \boldsymbol{E}_{\text{直下}} + \boldsymbol{P}_{\text{直下}} \tag{7.54}$$

と書いて，境界条件式(7.51)，式(7.52)を $\boldsymbol{D}$ に対する境界条件に書き換えよう．

まず，境界面に平行な成分については式(7.52)より直ちに

$$\boldsymbol{D}^{\parallel}_{\text{直上}} - \boldsymbol{D}^{\parallel}_{\text{直下}} = \boldsymbol{P}^{\parallel}_{\text{直上}} - \boldsymbol{P}^{\parallel}_{\text{直下}} \tag{7.55}$$

を得る．境界面に垂直な成分については式(7.51)より

$$D^{\perp}_{\text{直上}} - D^{\perp}_{\text{直下}} = \sigma + P^{\perp}_{\text{直上}} - P^{\perp}_{\text{直下}} \tag{7.56}$$

となる．ここで，

$$P^{\perp}_{\text{直上}} = -\boldsymbol{P}_{\text{直上}} \cdot \hat{\boldsymbol{n}}_{\text{直上}} = -\sigma_{\mathrm{b,\,直上}} \tag{7.57}$$

$$P^{\perp}_{\text{直下}} = \boldsymbol{P}_{\text{直上}} \cdot \hat{\boldsymbol{n}}_{\text{直下}} = \sigma_{\mathrm{b,\,直下}} \tag{7.58}$$

である．ただし，$\hat{\boldsymbol{n}}_{\text{直上}}$，$\hat{\boldsymbol{n}}_{\text{直下}}$ はそれぞれ境界の上下の誘電体表面の法線ベクトル，$\sigma_{\mathrm{b,\,直上}}$，$\sigma_{\mathrm{b,\,直下}}$ は上下の誘電体表面における拘束電荷密度である．境界面における拘束電荷密度は，上下からの寄与の和 $\sigma_{\mathrm{b}} = \sigma_{\mathrm{b,\,直上}} + \sigma_{\mathrm{b,\,直下}}$ であるから，結局のところ

$$P^{\perp}_{\text{直上}} - P^{\perp}_{\text{直下}} = -(\sigma_{\mathrm{b,\,直上}} + \sigma_{\mathrm{b,\,直下}}) = -\sigma_{\mathrm{b}} \tag{7.59}$$

となる．これと $\sigma = \sigma_{\mathrm{b}} + \sigma_{\mathrm{f}}$ を用いると

$$D^{\perp}_{\text{直上}} - D^{\perp}_{\text{直下}} = \sigma_{\mathrm{f}} \tag{7.60}$$

を得る．

7.3 節のまとめ

- **誘電体が存在する場合の静電場の基本法則は，電気変位 $\boldsymbol{D} = \varepsilon_0 \boldsymbol{E} + \boldsymbol{P}$ に対する物質中のガウスの法則**

$$\nabla \cdot \boldsymbol{D} = \rho_{\mathrm{f}} \quad \text{（微分型）} \tag{7.49}$$

$$\int_S \boldsymbol{D} \cdot d\boldsymbol{a} = Q_{\mathrm{f\,enc}} \quad \text{（積分型）} \tag{7.50}$$

で与えられる．ここで自由電荷 ρ_{f} は拘束電荷を含まない通常の電荷を表し，$Q_{\mathrm{f\,enc}} = \oint_V \rho_{\mathrm{f}} d\tau$ は考えているガウス曲面 S に囲まれた領域 V 内に存在する全自由電荷である．

- **物質中の静電場において，電気変位 $\boldsymbol{D}$ が満たすべき境界条件は**

$$\boldsymbol{D}^{\parallel}_{\text{直上}} - \boldsymbol{D}^{\parallel}_{\text{直下}} = \boldsymbol{P}^{\parallel}_{\text{直上}} - \boldsymbol{P}^{\parallel}_{\text{直下}} \tag{7.55}$$

$$D^{\perp}_{\text{直上}} - D^{\perp}_{\text{直下}} = \sigma_{\mathrm{f}} \tag{7.60}$$

で与えられる．ここで $\boldsymbol{D}^{\parallel}$，$D^{\perp}$ はそれぞれ境界面に平行な成分と垂直な成分を表し，σ_{f} は境界面における自由電荷密度を表す．

7.4 線形誘電体

7.4.1 線形誘電体の電気感受率と誘電率

電気変位 $\boldsymbol{D}$ を導入することによって物質中のガウスの法則を自由電荷のみを用いて書くことができた．これにより，系が特別な対称性をもつ場合については真空中で電場を求めるときと同様にガウスの法則を用いて電気変位を求めることができる．しかし，物質中の電場を求めるためには分極 $\boldsymbol{P}$ について知る必要がある．電場によって誘電体にどのような分極が生じるかは，物質によって異なる．多くの物質では電場が弱ければ分極は電場に比例する．そのような場合，$\boldsymbol{P}$ を

$$\boldsymbol{P} = \varepsilon_0 \chi_e \boldsymbol{E} \tag{7.61}$$

と書くことにする．ここで比例定数 χ_e は媒質の**電気感受率（electric susceptibility）**とよばれる．χ_e は無次元の量であり，その大きさは問題となる物質のミクロな構造や温度などに依存する．分極が式(7.61)に従う物質を**線形誘電体（linear dielectric）**とよぶ．

式(7.61)に現れる電場 $\boldsymbol{E}$ は自由電荷からの寄与と分極からの寄与の両方を含んでいる．例えば誘電体を外部電場 $\boldsymbol{E}_0$ の中においたとしよう．分極 $\boldsymbol{P}$ を式(7.61)から直接計算することはできない．外部電場 $\boldsymbol{E}_0$ は物質に分極 $\boldsymbol{P}$ を引き起こし，分極がさらに電場を作る．分極による電場は全電場 $\boldsymbol{E}$ に寄与するので，それが分極を変化させる．このような考え方を繰り返すことによって分極を求める方法も考えられるが，自由電荷 ρ_f から電気変位 $\boldsymbol{D}$ を求められる場合には，$\boldsymbol{D}$ を先に求めてしまうのが最も簡単なやり方である．

線形誘電体では電気変位は

$$\boldsymbol{D} = \varepsilon_0 \boldsymbol{E} + \boldsymbol{P} = \varepsilon_0 \boldsymbol{E} + \varepsilon_0 \chi_e \boldsymbol{E} = \varepsilon_0 (1+\chi_e) \boldsymbol{E} \tag{7.62}$$

となるので，$\boldsymbol{D}$ も $\boldsymbol{E}$ に比例する．そこで，比例係数を ε として

$$\boldsymbol{D} = \varepsilon \boldsymbol{E} \tag{7.63}$$

と書く．ここで

$$\varepsilon = \varepsilon_0 (1+\chi_e) \tag{7.64}$$

は物質の**誘電率（permittivity）**とよばれる（真空中では分極する物質がないので $\chi_e = 0$ であり，したがって $\varepsilon = \varepsilon_0$ となる．このことから ε_0 は**真空誘電率**とよばれる）．また，式(7.64)を ε_0 で割った無次元の量

$$\varepsilon_r = 1 + \chi_e = \frac{\varepsilon}{\varepsilon_0} \tag{7.65}$$

は**比誘電率（relative permittivity）**または**誘電定数（dielectric constant）**とよばれる．

a. 誘電体に覆われた帯電導体球が作る電場

図 7.11 のように，半径 a の導体球に電荷 Q が帯電している．導体球は半径 b，誘電率 ε の線形誘電体で覆われている．このとき誘電体内外における電場を求めよう．ガウスの法則（式(7.50)）を用いて電気変位 $\boldsymbol{D}$ を求めると導体球外部では

$$\boldsymbol{D} = \frac{Q}{4\pi r^2} \hat{\boldsymbol{r}} \tag{7.66}$$

を得る．導体球内部では $\boldsymbol{E} = \boldsymbol{P} = \boldsymbol{D} = \boldsymbol{0}$ である．式(7.63)より電場 $\boldsymbol{E}$ は

$$\boldsymbol{E} = \begin{cases} \dfrac{Q}{4\pi\varepsilon r^2} \hat{\boldsymbol{r}} & (a < r < b) \\ \dfrac{Q}{4\pi\varepsilon_0 r^2} \hat{\boldsymbol{r}} & (r > b) \end{cases} \tag{7.67}$$

となる．

電場 $\boldsymbol{E}$ から分極と拘束電荷を求めることができる．分極は誘電体内部で

$$\boldsymbol{P} = \varepsilon_0 \chi_e \boldsymbol{E} = \frac{\varepsilon_0 \chi_e Q}{4\pi\varepsilon r^2} \hat{\boldsymbol{r}} \tag{7.68}$$

となる．よって体積拘束電荷は

$$\rho_b = -\nabla \cdot \boldsymbol{P} = 0 \tag{7.69}$$

となる．表面拘束電荷は

$$\sigma_b = \boldsymbol{P} \cdot \hat{\boldsymbol{n}} = \begin{cases} \dfrac{\chi_e Q}{4\pi(1+\chi_e) b^2} & \text{外側の表面} \\ -\dfrac{\chi_e Q}{4\pi(1+\chi_e) a^2} & \text{内側の表面} \end{cases} \tag{7.70}$$

となる．内側の表面電荷が負になるのは，導体球表面の正電荷が負電荷を引きつけるためである．この負電荷のために誘電体内部の電場が $Q/4\pi\varepsilon_0 r^2$ から $Q/4\pi\varepsilon r^2$ に減少する．この観点からは誘電体は不完全な導体のようにもとらえることができる．なぜな

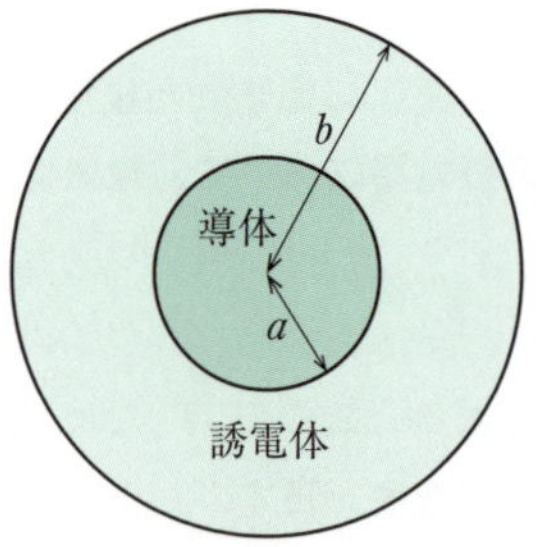

図 7.11　誘電体に覆われた帯電導体球

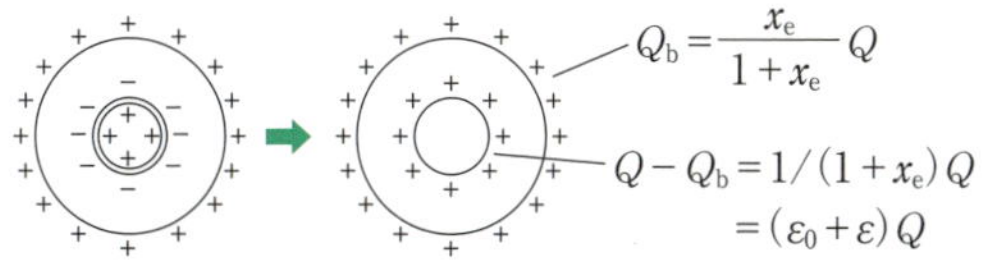

図 7.12 帯電導体球と誘電体球殻の系における自由電荷と拘束電荷

ら，もしも $a < r < b$ の領域が完全な導体であれば誘起電荷は $a < r < b$ の領域における電場を打ち消すように生じるはずであるが，誘電体の場合は電場は部分的にしか打ち消されないからである．

誘電体の外側表面の拘束電荷の総和は

$$Q_b = \frac{\chi_e}{1+\chi_e}Q \tag{7.71}$$

となる．一方，誘電体の内側表面の拘束電荷の総和は $-Q_b$ である．したがって，導体表面の電荷 Q も合わせると，この系は半径 a，電荷 $Q-Q_b = Q/(1+\chi_e) = (\varepsilon_0/\varepsilon)Q$ の帯電球殻と半径 b，電荷 Q_b の帯電球殻からなる系とみなすことができる（図 7.12）．これら二つの球殻が原点からの距離 r の位置に作る電場は $r > b$ では原点に点電荷 Q がおかれたときの電場と等しく，$a < r < b$ では原点に点電荷 $Q - Q_b = (\varepsilon_0/\varepsilon)Q$ がおかれたときの電場と等しいので，式(7.67)が再現される．

b. 一様な誘電体中の電場

もしも電場がゼロでない領域が誘電率 ε の一様な線形誘電体で埋め尽くされていたとすると，物質中のガウスの法則 $\nabla\cdot(\varepsilon \boldsymbol{E}) = 0$ において ε を微分演算の外側に出すことができる．したがって静電場 $\boldsymbol{E}$ が従う基礎方程式は

$$\nabla\cdot\boldsymbol{E} = \frac{\rho_f}{\varepsilon}, \quad \nabla\times\boldsymbol{E} = 0 \tag{7.72}$$

となる．これは真空中の静電場の方程式(3.31)，式(3.32)において ε_0 を ε に，ρ を ρ_f に置き換えたものになっている．したがって，真空中に自由電荷 ρ_f のみが存在する場合の電場を $\boldsymbol{E}_0$ とすると誘電体が存在する場合の電場は

$$\boldsymbol{E} = \frac{\varepsilon_0}{\varepsilon}\boldsymbol{E}_0 = \frac{1}{\varepsilon_r}\boldsymbol{E}_0 \tag{7.73}$$

となる．結局，電場は比誘電率の因子だけ減少することになる．例えば，大きな誘電体の中に自由電荷 q がおかれているときに作られる電場を考えよう．これは導体球の例で球の電荷を q に保ったまま半径を $a \to 0$ として，誘電体の大きさを $b \to \infty$ にした場合

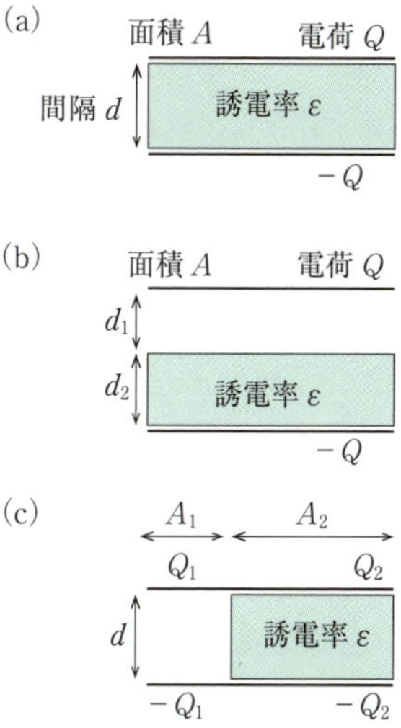

図 7.13 極板間に誘電体が挿入された平行板コンデンサー

と同じであり，電場は

$$\boldsymbol{E} = \frac{1}{4\pi\varepsilon}\frac{q}{r^2}\hat{\boldsymbol{r}} \tag{7.74}$$

で与えられる．真空中に点電荷 q がおかれている場合に比べて電場は確かに $1/\varepsilon_r$ の因子だけ減少している．これは，図 7.12 で示されるように，誘電体媒質の分極によって自由電荷の周りに生じた逆符号の拘束電荷が電荷を部分的に遮蔽して実効的な電荷を $q \to q/\varepsilon_r$ に減少させるからである．より一般的には，一様媒質中の電荷密度は

$$\rho = \varepsilon_0\nabla\cdot\boldsymbol{E} = \varepsilon_0\nabla(\boldsymbol{D}/\varepsilon) = \frac{1}{\varepsilon_r}\rho_f \tag{7.75}$$

となって自由電荷密度の $(1/\varepsilon_r)$ 倍になる．

c. 極板間に誘電体が存在する場合の平行板コンデンサー

平行版コンデンサーの両極板間に誘電率 ε の一様な誘電体が存在する場合の静電容量を求めよう．ここでは図 7.13(a)のように極板間が誘電体が満たされている場合と図 7.13(b)，(c)のように部分的に誘電体が存在する場合を考える．誘電体が存在しない場合と同様に，極板が十分に大きければ電場は極板に垂直な向きで両極版間の領域にのみ存在すると考えてよい．

(a) 電荷は両極板に一様な面密度 $\pm\sigma = \pm Q/A$ で分布する．誘電体が存在しないときと同様にガウス曲面をとり，物質中のガウスの法則を適用すると $D = \sigma = Q/A$ を得る．よって $E = Q/A\varepsilon$ より極板間の電位差は $V = Qd/A\varepsilon$ である．よって静電容量 $C = Q/V$ は

$$C = \varepsilon \frac{A}{d} \tag{7.76}$$

となる．誘電体が存在しない場合に比べて静電容量は $\varepsilon/\varepsilon_0 = \varepsilon_r$ の因子だけ増大していることがわかる．より一般的に，電場がコンデンサーの極板間の領域のみに存在していて極板間が一様な誘電体で充たされていれば電場は誘電体がない場合と比べて ε_r 倍になる．よって極板間の電位差も ε_r 倍になるので静電容量は ε_r 倍に増大する．

(b) 上の(a)の場合と同様にして物質中のガウスの法則を適用すると，誘電体内部および外部どちらでも $D = Q/A$ となることがわかる．誘電体内部の電場は $E_1 = Q/\varepsilon_0 A$，外部の電場は $E_2 = Q/\varepsilon A$ であるから極板間の電位差は

$$V = E_1 d_1 + E_2 d_2 = \frac{Q}{\varepsilon_0 A} d_1 + \frac{Q}{\varepsilon A} d_2 \tag{7.77}$$

となる．よってこのコンデンサーの静電容量は

$$C = \frac{1}{d_1/\varepsilon_0 A + d_2/\varepsilon A} \tag{7.78}$$

で与えられる．これは $C_1 = \varepsilon_0 A/d_1$，$C_2 = \varepsilon A/d_2$ の二つのコンデンサーを直列に接続したときの静電容量 $C = 1/(1/C_1 + 1/C_2)$ に等しい．

(c) 極板の左側の領域に電荷 Q_1，右側に電荷 $Q_2 = Q - Q_1$ が一様に分布すると仮定する．(a)，(b)のときと同様に物質中のガウスの法則を用いると，それぞれの領域における電気変位の大きさは

$$D_1 = \frac{Q_1}{A_1}, \quad D_2 = \frac{Q_2}{A_2} = \frac{Q - Q_1}{A_2} \tag{7.79}$$

であるから，電場は

$$E_1 = \frac{Q_1}{A_1 \varepsilon_0}, \quad E_2 = \frac{Q_2}{A_2 \varepsilon} = \frac{Q - Q_1}{A_2 \varepsilon} \tag{7.80}$$

となる．しかし真空と誘電体の境界面では静電場の平行成分は連続なので $E_1 = E_2$ でなければならない．よって極板間の電位差を V とすると，

$$Q_1 = \varepsilon_0 \frac{A_1}{d} V, \quad Q_2 = \varepsilon \frac{A_2}{d} V \tag{7.81}$$

が成り立ち，極板に与えた全電荷は

$$Q = Q_1 + Q_2 = \left(\varepsilon_0 \frac{A_1}{d} + \varepsilon \frac{A_2}{d}\right) V \tag{7.82}$$

となる．よってこのコンデンサーの静電容量は

$$C = \varepsilon_0 \frac{A_1}{d} + \varepsilon \frac{A_2}{d} \tag{7.83}$$

で与えられる．これは $C_1 = \varepsilon_0 A_1/d$，$C_2 = \varepsilon A_2/d$ の二つのコンデンサーを並列に接続したときの静電容量 $C = C_1 + C_2$ に等しい．

7.4.2　誘電体系の静電エネルギー

誘電体系の静電エネルギーは，物質が空間的に固定されているとして，ここに無限遠方から自由電荷を運んでくるための仕事として定義される．いま，自由電荷密度が ρ_f であるとする．ここに微少量の自由電荷を運んできたことによって自由電荷密度が $\rho_f + \Delta\rho_f$ に変化したとしよう．この変化に伴って物質の分極が変化して，拘束電荷の分布にも変化が生じる．このとき自由電荷になされる仕事は

$$\Delta W = \int (\Delta\rho_f) V d\tau \tag{7.84}$$

で与えられる．ここで $\nabla \cdot \boldsymbol{D} = \rho_f$，$\Delta\rho_f = \nabla \cdot (\Delta \boldsymbol{D})$ を用いると（$\Delta \boldsymbol{D}$ は自由電荷分布の変化に伴う $\boldsymbol{D}$ の変化）

$$\Delta W = \int [\nabla \cdot (\Delta \boldsymbol{D})] V d\tau \tag{7.85}$$

となる．この式に $\nabla \cdot [(\Delta \boldsymbol{D}) V] = [\nabla \cdot (\Delta \boldsymbol{D})] V + [(\Delta \boldsymbol{D})] \cdot \nabla V$ を用いると

$$\Delta W = \int \{\nabla \cdot [(\Delta \boldsymbol{D}) V] + [(\Delta \boldsymbol{D})] \cdot \boldsymbol{E}\} d\tau \tag{7.86}$$

となる．ここで第1項目はガウスの発散定理（$S \leftarrow V$）より $\int \{\nabla \cdot [(\Delta \boldsymbol{D}) V] d\tau = \oint (\Delta \boldsymbol{D} V) \cdot d\boldsymbol{a}$ となるが，積分領域を全空間にとれば無限遠方での表面積分は消える．したがって，このような微小な変化を実現するために自由電荷になされる仕事は

$$\Delta W = \int (\Delta \boldsymbol{D}) \cdot \boldsymbol{E} d\tau \tag{7.87}$$

である．

物質が線形誘電体である場合を考えると $\boldsymbol{D} = \varepsilon \boldsymbol{E}$ であるから

$$\frac{1}{2}\Delta(\boldsymbol{D} \cdot \boldsymbol{E}) = \frac{1}{2}\Delta(\varepsilon \boldsymbol{E} \cdot \boldsymbol{E}) = \varepsilon(\Delta \boldsymbol{E}) \cdot \boldsymbol{E} = (\Delta \boldsymbol{D}) \cdot \boldsymbol{E} \tag{7.88}$$

である．よって微小仕事は

$$\Delta W = \Delta\left(\frac{1}{2}\int \boldsymbol{D} \cdot \boldsymbol{E} d\tau\right) \tag{7.89}$$

となる．これより，すべての自由電荷を無限遠方から運んできて最終的な電荷配置を実現するまでになされる全仕事は

$$W = \frac{1}{2}\int \boldsymbol{D} \cdot \boldsymbol{E} d\tau \tag{7.90}$$

となる．これが線形誘電体を含む系の静電エネルギーである．この式は真空中の静電場のエネルギーの式

(3.44)とは異なることに注意しよう．式(3.44)は自由電荷と拘束電荷を含むすべての電荷を無限遠から運んできて最終的な電荷分布を形成するために必要な仕事を表すの対して，式(7.90)は分極していない誘電体がおかれているところに自由電荷を運ぶための仕事を表している．この場合，自由電荷分布の変化に従って誘電体の分極も変化するので，誘電体に分極を作り出すためになされる仕事も式(7.90)のエネルギーに含まれている．

7.4.3 誘電体系に働く力

電場の中におかれた誘電体には力が働く．これは，誘電体中に生じる拘束電荷が電場によって力を受けるからである．一例として，図7.14のように，平行板コンデンサーの極板間に部分的に誘電体が挿入されている場合を考えよう．極板の幅を w，長さを l として，極板間の距離を d とする．極板に $\pm Q$ の電荷が帯電しているとき，誘電体にどのような静電気力が働くだろうか．

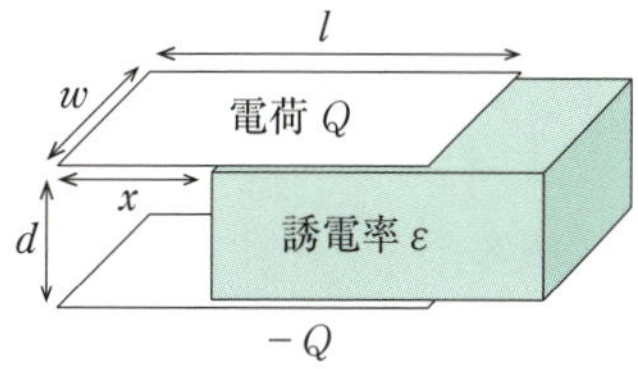

図 7.14 部分的に誘電体が挿入された平行板コンデンサー

いま，図のようにコンデンサーの左端からの距離 x の位置まで誘電体が挿入されているものとして，このときの静電エネルギーを W とする．誘電体を微小距離 dx だけ外側に押し出したときのエネルギーの変化 dW は，系になされた仕事に等しい．誘電体が電場から受ける力を F とすると（図の右向きを正とする），この力に逆らって誘電体を動かすときの仕事は $-Fdx$ であるから，

$$dW = -Fdx \tag{7.91}$$

が成り立つ．したがって，誘電体に働く静電気力は

$$F = -\frac{dW}{dx} \tag{7.92}$$

で与えられる．

ここで，コンデンサーに蓄えられたエネルギーは式(6.17)，すなわち $W = Q^2/2C$ で与えられるので，力は

$$F = -\frac{dW}{dx} = \frac{1}{2}\frac{Q^2}{C^2}\frac{dC}{dx} = \frac{1}{2}V^2\frac{dC}{dx} \tag{7.93}$$

となる．平行板コンデンサーの極板間に部分的に誘電体を挿入したときの静電容量は式(7.83)で与えられる．この場合は $A_1 = xw$，$A_2 = (l-x)w$ であるから

$$C = \frac{w}{d}[\varepsilon_0 x + \varepsilon(l-x)] \tag{7.94}$$

である．よって

$$\frac{dC}{dx} = -\frac{w}{d}(\varepsilon-1) = -\frac{\varepsilon_0\chi_e w}{d} \tag{7.95}$$

より誘電体に働く力は

$$F = -\frac{\varepsilon_0\chi_e w}{2d}V^2 \tag{7.96}$$

となる．マイナス符号より，力は x を減少させる向きに働き，したがって誘電体をコンデンサーに引き込むことがわかる．

7.4 節のまとめ

- **分極ベクトル $\boldsymbol{P}$ と電場 $\boldsymbol{E}$ の間に**

$$\boldsymbol{P} = \varepsilon_0\chi_e\boldsymbol{E} \tag{7.61}$$

の関係が成り立つような物質を線形誘電体とよぶ．ここで χ_e は電気感受率とよばれる，物質固有の定数である．

- **線形誘電体における電気変位 $\boldsymbol{D}$ と電場 $\boldsymbol{E}$ の間には**

$$\boldsymbol{D} = \varepsilon\boldsymbol{E} \tag{7.63}$$

の関係が成り立つ．ここで

$$\varepsilon = \varepsilon_0(1+\chi_e) \tag{7.64}$$

は誘電率とよばれる，物質固有の定数である．

- **線形誘電体を含む系の静電エネルギーは**

$$W = \frac{1}{2}\int \boldsymbol{D}\cdot\boldsymbol{E}d\tau \tag{7.90}$$

で与えられる.

8. 静磁場 2

物質中には原子に束縛された電子の運動に伴うミクロなループ電流が存在する．物質に静磁場をかけるとミクロな電流分布に変化が生じる．特に，ミクロな電流ループの向きが揃って分布する現象を**磁化**（magnetization）とよび，磁化をもつ物質を**磁性体**（magnet）とよぶ．本章では磁性体が存在する系の静磁気学的な記述について解説する．第 7 章の物質中の静電場の場合と同様に，物質中の静磁場の基本法則は真空中の基本法則と類似した形にまとめられることを学ぶ．

8.1 磁気双極子モーメント

物質中の磁場を理解するためには，微少なループ電流が作る磁場について理解する必要がある．そこでまず，静電気学におけるポテンシャルの多重極展開と同様に，局在した電流分布が遠方に作るベクトルポテンシャルの近似的な形を多重極展開によって導き，磁気双極子モーメントの概念を導入する．

8.1.1 ベクトルポテンシャルの多重極展開

図 8.1 に示すようなループ電流が作るベクトルポテンシャルは式(4.25)より

$$\boldsymbol{A}(\boldsymbol{r}) = \frac{\mu_0 I}{4\pi}\oint_C \frac{1}{|\boldsymbol{r}-\boldsymbol{r}'|}d\boldsymbol{l}' \tag{8.1}$$

で与えられる．ここで C はループに沿った積分経路を表す．ここで，静電ポテンシャルの多重極展開のときと同様に展開式(7.10)を用いると

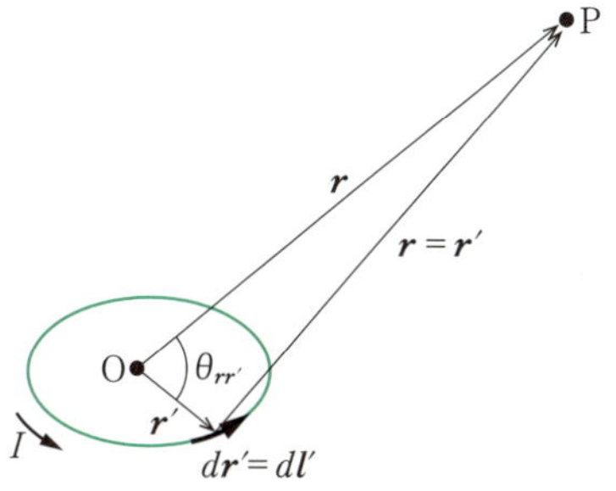

図 8.1　微小なループ電流が作るベクトルポテンシャル

$$\boldsymbol{A}(\boldsymbol{r}) = \frac{\mu_0 I}{4\pi}\sum_{n=0}^{\infty}\frac{1}{r^{n+1}}\oint (r')^n P_n(\cos\theta_{rr'})d\boldsymbol{l}' \tag{8.2}$$

を得る．これがベクトルポテンシャルの多重極展開である．

8.1.2 局所的なループ電流が作る磁気双極子モーメント

多重極展開の最初の 2 項を具体的に書き下すと

$$\boldsymbol{A}(\boldsymbol{r}) = \frac{\mu_0 I}{4\pi}\left(\frac{1}{r}\oint d\boldsymbol{l}' + \frac{1}{r^2}\oint r'\cos\theta_{rr'}d\boldsymbol{l}' + \cdots\right) \tag{8.3}$$

となる．ところで式(1.42)より任意の形状のループに対して，第 1 項（単極子項）は常にゼロとなる．これは静磁場が従う場の方程式(4.21)，すなわち $\nabla\cdot\boldsymbol{B}=0$ に対応しており，磁気単極子が存在しないことを反映している．

単極子項が存在しないので，主要項は第 2 項の双極子項（これがゼロでない限り）

$$\boldsymbol{A}_{\text{双極子}}(\boldsymbol{r}) = \frac{\mu_0 I}{4\pi r^2}\oint r'\cos\theta_{rr'}d\boldsymbol{l}' = \frac{\mu_0 I}{4\pi r^2}\oint(\hat{\boldsymbol{r}}\cdot\boldsymbol{r}')d\boldsymbol{l}' \tag{8.4}$$

となる．

ここで，積分定理式(1.39)において $f(\boldsymbol{r}')=\hat{\boldsymbol{r}}\cdot\boldsymbol{r}'$ とおけば $\oint_C(\hat{\boldsymbol{r}}\cdot\boldsymbol{r}')d\boldsymbol{l}' = -\hat{\boldsymbol{r}}\times\int_S d\boldsymbol{a}' \equiv -\hat{\boldsymbol{r}}\times\boldsymbol{a}$ となる．ただし $\boldsymbol{a}\equiv\int_S d\boldsymbol{a}$ はベクトル面積とよばれるベクトル量である．もしもループが同一平面上にあれば，$\boldsymbol{a}$ の大きさはループに囲まれた面積に等しく方向は面の法線方向である．以上によりベクトルポテンシャルの双極子項は

$$\boldsymbol{A}_{\text{双極子}}(\boldsymbol{r}) = \frac{\mu_0}{4\pi}\frac{\boldsymbol{m}\times\hat{\boldsymbol{r}}}{r^2} \tag{8.5}$$

と表される．ここで $\boldsymbol{m}$ は**磁気双極子モーメント**（magnetic dipole moment）

$$\boldsymbol{m} \equiv I\int_S d\boldsymbol{a} = I\boldsymbol{a} \tag{8.6}$$

である．例えば半径 R の円電流の場合の磁気双極子モーメントの大きさは $m = I\pi R^2$ である．磁気双極

子モーメントによる磁場は

$$\boldsymbol{B}_{\text{双極子}}(\boldsymbol{r}) = \nabla\times\boldsymbol{A}_{\text{双極子}} = \frac{\mu_0}{4\pi}\frac{1}{r^3}[3(\boldsymbol{m}\cdot\hat{\boldsymbol{r}})\hat{\boldsymbol{r}}-\boldsymbol{m}] \tag{8.7}$$

となる．

磁場中の磁気双極子に働く力とトルク

外部磁場中の磁気双極子には，電場中の双極子モーメントと同様に，トルクと力が働く．まず，外部磁場 $\boldsymbol{B}$ が空間的に一様であると仮定しよう．大きさ I のループ電流の微小部分 $d\boldsymbol{l}$ に働く力は $d\boldsymbol{F} = Id\boldsymbol{l}\times\boldsymbol{B}$ である．これをループに沿って周回積分すると明らかに $I(\oint d\boldsymbol{l})\times\boldsymbol{B} = 0$ であるから，一様な磁場中におかれた磁気双極子モーメントに働く正味の力はゼロである．一方，微小部分に働くトルクは $d\boldsymbol{N} = \boldsymbol{r}\times d\boldsymbol{F}$ であり，ループ全体に働くトルクは

$$\boldsymbol{N} = I\oint\boldsymbol{r}\times(d\boldsymbol{l}\times\boldsymbol{B}) \tag{8.8}$$

となる．ベクトル三重積の公式を用いると，これは

$$\boldsymbol{N} = I\oint(\boldsymbol{r}\cdot\boldsymbol{B})d\boldsymbol{l}-I\oint(\boldsymbol{r}\cdot d\boldsymbol{l})\boldsymbol{B} \tag{8.9}$$

となる．第 1 項の積分は式(8.4)の右辺に表れたものと同じ形をしているので $I\oint d\boldsymbol{a}\times\boldsymbol{B}$ と書き直すことができる．第 2 項は式(1.42)より（$\boldsymbol{r}$ そのものが渦なし場なので）ゼロとなる．以上よりトルクを磁気双極子モーメントを使って表すと

$$\boldsymbol{N} = \boldsymbol{m}\times\boldsymbol{B} \tag{8.10}$$

となる．式(8.10)は一様な磁場中におかれた任意の局所電流分布について正しいトルクを与える．磁場が一様でない場合は，式(8.10)は無限小ループによって作られる磁気双極子モーメントに働くトルクを与える．式(8.10)は静電気学における類似式 $\boldsymbol{N} = \boldsymbol{p}\times\boldsymbol{E}$ と同じ形をしており，電場中の電気双極子の場合と同様に，磁場によるトルクは双極子を磁場と同じ向きに揃える方向に働く．

磁場に空間変化があれば磁気双極子に正味の力が働く．ループ電流が原点付近に局在していると仮定して磁場を

$$\boldsymbol{B}(\boldsymbol{r}) \simeq \boldsymbol{B}(\boldsymbol{0})+(\boldsymbol{r}\cdot\nabla)\boldsymbol{B}(\boldsymbol{0}) \tag{8.11}$$

のように展開すると，双極子に働く正味の力は

$$\boldsymbol{F} = I\oint d\boldsymbol{l}'\times(\boldsymbol{r}'\cdot\nabla)\boldsymbol{B} \tag{8.12}$$

である．ここで，例えば力の x 成分 $F_x = \boldsymbol{F}\cdot\hat{\boldsymbol{x}}$ を計算すると

$$\begin{aligned} F_x = {} & I\oint\hat{\boldsymbol{x}}\cdot(d\boldsymbol{l}'\times\hat{\boldsymbol{x}})(\boldsymbol{r}'\cdot\nabla B_x) \\ & +I\oint\hat{\boldsymbol{x}}\cdot(d\boldsymbol{l}'\times\hat{\boldsymbol{y}})(\boldsymbol{r}'\cdot\nabla B_y) \\ & +I\oint\hat{\boldsymbol{x}}\cdot(d\boldsymbol{l}'\times\hat{\boldsymbol{z}})(\boldsymbol{r}'\cdot\nabla B_z) \end{aligned} \tag{8.13}$$

となる．これに公式 $\boldsymbol{A}\cdot(\boldsymbol{B}\times\boldsymbol{C}) = \boldsymbol{B}\cdot(\boldsymbol{C}\times\boldsymbol{A})$ を用いると第 1 項はゼロとなることがわかる．第 2，3 項は

$$\begin{aligned} F_x = {} & -\left[I\oint(\boldsymbol{r}'\cdot\nabla B_y)d\boldsymbol{l}'\right]\cdot\hat{\boldsymbol{z}} \\ & +\left[I\oint(\boldsymbol{r}'\cdot\nabla B_z)d\boldsymbol{l}'\right]\cdot\hat{\boldsymbol{y}} \end{aligned} \tag{8.14}$$

と書けるので，磁気双極子モーメント $\boldsymbol{m}$ を用いて表すことができて

$$\begin{aligned} F_x &= (\nabla B_y\times\boldsymbol{m})\cdot\hat{\boldsymbol{z}}-(\nabla B_z\times\boldsymbol{m})\cdot\hat{\boldsymbol{y}} \\ &= \hat{\boldsymbol{y}}\cdot(\boldsymbol{m}\times\nabla)B_z-\hat{\boldsymbol{z}}\times(\boldsymbol{m}\times\nabla)B_y \\ &= [(\boldsymbol{m}\times\nabla)\times\boldsymbol{B}]\cdot\hat{\boldsymbol{x}} \end{aligned} \tag{8.15}$$

となる．y 成分，z 成分についても同様に計算することができるので，力 $\boldsymbol{F}$ をベクトルの式

$$\boldsymbol{F} = (\boldsymbol{m}\times\nabla)\times\boldsymbol{B} = \nabla(\boldsymbol{m}\cdot\boldsymbol{B})-\boldsymbol{m}(\nabla\cdot\boldsymbol{B}) \tag{8.16}$$

に表すことができる．ただし最後の変形には公式(1.23)を用いた．一般に $\nabla\cdot\boldsymbol{B} = 0$ であるから，磁場中の磁気双極子に働く力は

$$\boldsymbol{F} = \nabla(\boldsymbol{m}\cdot\boldsymbol{B}) \tag{8.17}$$

となる．

式(8.17)によって表される力がポテンシャル U によるものだと考えると，ポテンシャルエネルギーは

$$U = -\boldsymbol{m}\cdot\boldsymbol{B} \tag{8.18}$$

で与えられる．これは電場中の電気双極子のエネルギー式(7.28)と同じ形をしている．

二つの磁気双極子 $\boldsymbol{m}_1$ と $\boldsymbol{m}_2$ が距離 r 離れておかれているとき（図 7.4 で $\boldsymbol{p}_1, \boldsymbol{p}_2$ を $\boldsymbol{m}_1, \boldsymbol{m}_2$ に置き換えたものを考えればよい）のエネルギーも電気双極子の場合と同様にして求めることができて，式(7.30)と類似した表式

$$U = \frac{\mu_0}{4\pi}\frac{1}{r^3}[\boldsymbol{m}_1\cdot\boldsymbol{m}_2-3(\boldsymbol{m}_1\cdot\hat{\boldsymbol{r}})(\boldsymbol{m}_2\cdot\hat{\boldsymbol{r}})] \tag{8.19}$$

で与えられる．

8.1 節のまとめ

- 局所的な電流ループが遠方に作るベクトルポテンシャルは多重極展開

$$\boldsymbol{A}(\boldsymbol{r}) = \frac{\mu_0 I}{4\pi}\sum_{n=0}^{\infty}\frac{1}{r^{n+1}}\oint (r')^n P_n(\cos\theta_{rr'})d\boldsymbol{l}' \tag{8.2}$$

の形に表すことができる．

- ベクトルポテンシャルの多重極展開の主要項は

$$\boldsymbol{A}_{\text{双極子}}(\boldsymbol{r}) = \frac{\mu_0}{4\pi}\frac{\boldsymbol{m}\times\hat{\boldsymbol{r}}}{r^2} \tag{8.5}$$

で与えられる．ここで $\boldsymbol{m} = I\oint_S d\boldsymbol{a}$ は磁気双極子モーメントとよばれる．

- 双極子の磁場は

$$\boldsymbol{B}_{\text{双極子}}(\boldsymbol{r}) = \frac{\mu_0}{4\pi}\frac{1}{\boldsymbol{r}^3}[3(\boldsymbol{m}\cdot\hat{\boldsymbol{r}})\hat{\boldsymbol{r}}-\boldsymbol{m}] \tag{8.7}$$

で与えられる．

- 一様な磁場 $\boldsymbol{B}$ の中におかれた磁気双極子モーメント $\boldsymbol{m}$ にはトルク $\boldsymbol{N} = \boldsymbol{m}\times\boldsymbol{B}$ が働く．

8.2 物質中に生じる磁化と拘束電流

8.2.1 磁　化

磁性体を構成する原子には原子核のまわりの電子の軌道運動や電子自身の行っている自転運動による微少ループ電流が存在する．よって，個々の原子を**磁気双極子（magnetic dipole）**として扱うことができる．通常は原子の熱運動のためにそれぞれの原子がもつ磁気双極子モーメントの向きはばらばらで，互いに打ち消しあうが，磁場がかけられると磁気双極子は磁場の方向に揃う傾向を示す．その結果，物質はマクロにも磁気双極子モーメントをもつ．このように物質が巨視的な磁気双極子モーメントをもつ現象を**磁化（magnetization）**という．

電気分極の場合は分極は $\boldsymbol{E}$ と同じ向きに起こるが，磁性体の場合，磁気双極子モーメントが磁場 $\boldsymbol{B}$ と同方向に生じる物質（常磁性体，paramagnet）と $\boldsymbol{B}$ と反対向きに生じる物質（反磁性体，diamagnet）がある．また，鉄やニッケルなどは上記二つのいずれにも属さず，外部磁場を取り除いても巨視的な磁気双極子モーメントが残るという性質をもつ．このような物質は強磁性体（ferromagnet）とよばれる．強磁性体の理論的取り扱いは困難なので，以下では常磁性体か反磁性体を考えることにする．

量子力学的には，すべての電子はスピンとよばれる固有の磁気モーメントをもつことが知られている．前節で説明したように，磁場中の磁気双極子モーメントには，双極子の向きを磁場の向きに揃えるようなトルクが働く．このトルクが**常磁性（paramagnetism）**を引き起こす原因となる．しかし，常磁性はどのような物質にも起こるわけではない．量子力学の法則によれば原子内では反対向きのスピンをもつ電子が対をなし，実効的に磁気双極子モーメントを打ち消してしまう．そのため常磁性は奇数個の電子をもつ原子や分子についてのみ起こり，対をなさない余分な電子のみが磁性を担うことができる．その場合でも，原子のランダムな熱運動が秩序を乱すため，磁気双極子モーメントは完全に揃うわけではない．

原子が正味の固有磁気双極子モーメント（スピン）をもたない場合でも，原子内の電子の軌道運動による双極子モーメントをもつことができる．回転運動を行っている電子に運動面と垂直に磁場をかけると，電磁誘導によって磁場を打ち消す向きに誘導起電力が発生する．その結果として磁場は磁気双極子モーメントを減少させる．通常，物質中の原子内の電子軌道はそれぞればらばらの方向を向いているため，軌道磁気双極子モーメントは全体として打ち消し合う．しかし磁場が存在するとそれぞれの原子に「余分」な磁気双極子モーメントが生じて，物質全体として磁場とは反対方向の磁気モーメントが生じる．このような機構によって磁気モーメントが生じる機構を**反磁性（diamagnetism）**とよぶ．これはあらゆる種類の原子に起こる普遍的な現象である．しかし，電子の軌道運動による反磁性は通常は電子スピンによる常磁性に比べて非常に弱いので，個々の原子が磁気双極子モーメントをもつ場合（つまり奇数個の電子をもつ原子の場合）は，常磁性の効果が反磁性の効果に打ち勝って，物質全体としては常磁性を示す．偶数個の電子をもつ原子の場合はスピンによる常磁性がないので，軌道運動に起因する反磁性が起こる．

以上より，物質を磁場の中におくと巨視的な磁気モーメントを生じさせる，二つの異なる機構が存在することがわかった．(1)常磁性：原子がもともと磁気双極子モーメント（電子スピン）をもつ場合，トルクによって磁気双極子が磁場の方向に揃う傾向を示す．(2)反磁性：原子内の電子の軌道運動に磁場の影響による変化が起こり，原子が双極子モーメントをもつようになる．いずれの場合でも，磁気的に分極が起きた状態をベクトル量

$$\boldsymbol{M} \equiv \text{単位体積あたりの磁気双極子モーメント} \tag{8.20}$$

によって記述することにしよう．$\boldsymbol{M}$ は**磁化ベクトル（magnetization vector）**とよばれる．これは誘電体における分極ベクトル $\boldsymbol{P}$ と類似した役割をもつ．次項以降では磁化ベクトル $\boldsymbol{M}$ がどのような機構によって生じたかは問わないことにする．

8.2.2　拘束電流

磁化した物質があり，磁化ベクトル $\boldsymbol{M}(\boldsymbol{r})$ が与えられているものとする．この物質が作る磁場を求めよう．位置 $\boldsymbol{r}'$ におかれたモーメント $\boldsymbol{m}$ の磁気双極子が位置 $\boldsymbol{r}$ に作るベクトルポテンシャルは式(8.5)において $\boldsymbol{r}$ を $\boldsymbol{r}-\boldsymbol{r}'$ に置き換えたもので与えられる．物質中では，位置 $\boldsymbol{r}'$ 近傍の微小体積 $d\tau'$ にある双極子モーメントは $\boldsymbol{M}(\boldsymbol{r}')d\tau'$ であるから，物質全体が作るベクトルポテンシャルは（図 8.2）

$$\boldsymbol{A}(\boldsymbol{r}) = \frac{\mu_0}{4\pi}\int_V \frac{\boldsymbol{M}(\boldsymbol{r}')\times(\boldsymbol{r}-\boldsymbol{r}')}{|\boldsymbol{r}-\boldsymbol{r}'|^3}d\tau' \tag{8.21}$$

となる．ここで，物質中の静電場における拘束電荷密度の表式を導いたときと同様に被積分関数を書き直すと

$$\begin{aligned}\boldsymbol{A}(\boldsymbol{r}) = &\frac{\mu_0}{4\pi}\int_V \frac{1}{|\boldsymbol{r}-\boldsymbol{r}'|}[\nabla'\times\boldsymbol{M}(\boldsymbol{r}')]d\tau' \\ &-\frac{\mu_0}{4\pi}\int_V \nabla'\times\left[\frac{\boldsymbol{M}(\boldsymbol{r}')}{|\boldsymbol{r}-\boldsymbol{r}'|}\right]d\tau'\end{aligned} \tag{8.22}$$

と書ける．さらに第 2 項にベクトル解析の公式(1.38)を用いると

$$\begin{aligned}\boldsymbol{A}(\boldsymbol{r}) &= \frac{\mu_0}{4\pi}\int_V \frac{\boldsymbol{J}_\mathrm{b}(\boldsymbol{r}')}{|\boldsymbol{r}-\boldsymbol{r}'|}d\tau' + \frac{\mu_0}{4\pi}\oint_S \frac{\boldsymbol{K}_\mathrm{b}(\boldsymbol{r}')}{|\boldsymbol{r}-\boldsymbol{r}'|}da' \\ \boldsymbol{J}_\mathrm{b} &= \nabla\times\boldsymbol{M}\ \text{（体積拘束電流密度）} \\ \boldsymbol{K}_\mathrm{b} &= \boldsymbol{M}\times\hat{\boldsymbol{n}}\ \text{（表面拘束電流密度）}\end{aligned} \tag{8.23}$$

を得る．ここで $\hat{\boldsymbol{n}}$ は物質表面の単位法線ベクトルを表す．式(8.23)は，磁化した物質が作る磁場が体積電流 $\boldsymbol{J}_\mathrm{b}=\nabla\times\boldsymbol{M}$ と表面電流 $\boldsymbol{K}_\mathrm{b}=\boldsymbol{M}\times\hat{\boldsymbol{n}}$ が作る磁場と等しいということを意味する．ここで導入された電流 $\boldsymbol{J}_\mathrm{b}$ および $\boldsymbol{K}_\mathrm{b}$ は**拘束電流（bound current）**または**磁化電流（magnetization current）**とよばれる．式(8.21)の積分を直接実行する代わりにまず拘束電流を求めることにより，拘束電流が作る磁場を求めることができる（図 8.3）．

以上では拘束電流 $\boldsymbol{J}_\mathrm{b}$ と $\boldsymbol{K}_\mathrm{b}$ を数学的に導いたが，ここで拘束電流が物理的にどのように生じるかを示そう．まず，物質中に一様な磁化が発生している場合を考える．磁気双極子を小さなループ電流 I として表すと，物質中では図 8.4(a)のようにこのループ電流が一様に分布していると考えることができる．物質内部では，あるループ電流の隣には同じ強さのループ電流が流れているので電流は互いに打ち消し合う．しかし物質の表面ではその外側にループ電流はないので電流は打ち消されずに残る．したがって，全体としては一つのループ電流 I が物質表面に流れていることになる．これが表面拘束電流の正体である．表面拘束電流密度と磁化ベクトルの関係を考えるために，磁化した

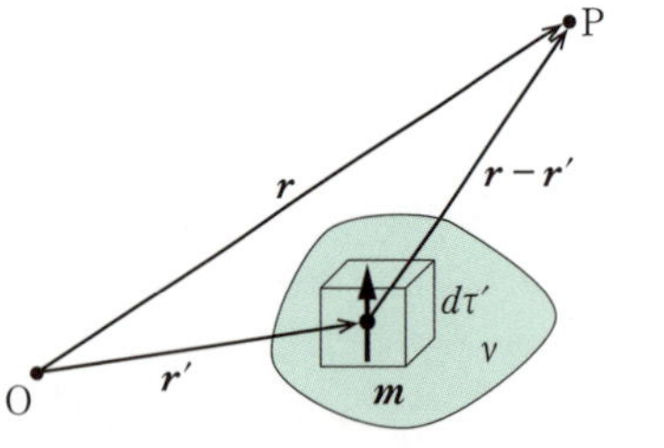

図 8.2　物質中の磁気双極子が作る磁場

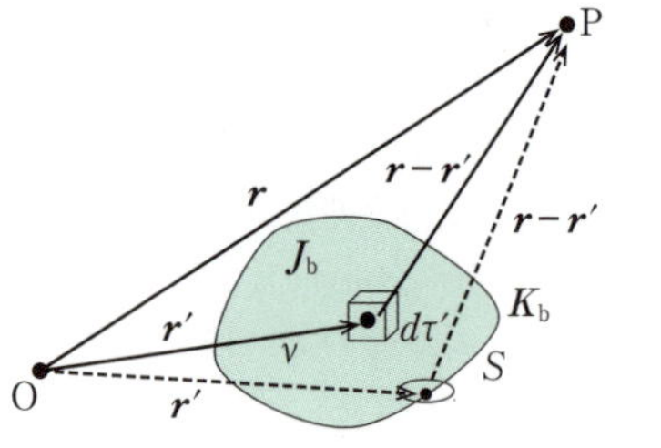

図 8.3　磁化した物質の拘束電流が作る磁場

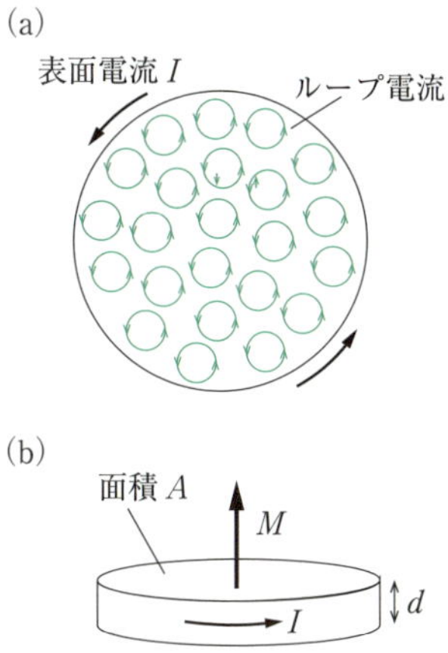

図 8.4 (a)磁化した物質の表面に生じる拘束電流，(b)表面拘束電流密度と磁化の関係

物質が図 8.4(b)のような，一様な磁化ベクトル $\boldsymbol{M}$ をもつ面積 A，厚さ d の円板であるとする．この物質中に含まれる磁気双極子モーメントの総和は $\boldsymbol{m} = \boldsymbol{M}Ad$ である．一方，ループ電流が作る磁気双極子モーメントの表式 $m = AI$ よりループ電流は $I = Md$ で与えられる．これを d で割ったものが表面電流密度であるから，拘束電流密度の大きさは $K_{\mathrm{b}} = M$ となる．物質表面外向きの単位法線ベクトル $\hat{\boldsymbol{n}}$ を用いると $\boldsymbol{K}_{\mathrm{b}}$ の方向を外積で表すことができるので

$$\boldsymbol{K}_{\mathrm{b}} = \boldsymbol{M} \times \hat{\boldsymbol{n}} \tag{8.24}$$

を得る．これは式(8.23)で導入した表面拘束電流密度の表式に一致する．ここで注意しておきたいことは，それぞれの電荷は原子内の微視的ループ内を流れているにもかかわらず，巨視的な効果として物質の表面全体を流れる電流が生じていることである．それぞれの電荷は各原子から離れることはできず「拘束」されていることから，この電流は「拘束電流」とよばれる．

もしも磁化が一様でなければ物質内部でループ電流は打ち消されず，物質内部でも正味の電流が残る．これが体積拘束電流である．図 8.5 は磁化した物質中の y 方向に隣り合った二つの領域を示している．右側の領域の磁化が左側よりも大きいとすると，二つの領域の境界では x 方向に正味の電流が発生する．微小体積 $\Delta x\Delta y\Delta z$ 中に含まれる磁気双極子モーメントが $m = M\Delta x\Delta y\Delta z$ であることと，面積 $\Delta x\Delta y$ のループ電流 I が作る磁気双極子モーメントが $m = I\Delta x\Delta y$ であることよりこのループ電流 I と磁化ベクトル M の間には $I = M\Delta z$ の関係がある．よって二つの領域の境界に流れる正味の電流は

$$I_x = [M_z(y+\Delta y) - M_z(y)]\Delta z \simeq \frac{\partial M_z}{\partial\partial y}\Delta y\Delta z \tag{8.25}$$

となる．この電流が面積 $\Delta y\Delta z$ を通過しているので，単位面積を通過する電流，すなわち体積電流密度は式(8.25)を $\Delta y\Delta z$ で割った

$$(J_{\mathrm{b}})_x = \frac{\partial M_z}{\partial y} \tag{8.26}$$

で与えられる．同様に，z 方向に隣り合った二つの領域で磁場の M_y 成分が変化している場合も二つの領域の境界で x 方向に正味の電流が発生する．この電流の体積電流密度は

$$(J_{\mathrm{b}})_x = -\frac{\partial M_y}{\partial z} \tag{8.27}$$

で与えられる．これらの二つの寄与を足し合わせると

$$(J_{\mathrm{b}})_x = \frac{\partial M_z}{\partial y} - \frac{\partial M_y}{\partial z} \tag{8.28}$$

を得る．これは式(8.23)で導入した体積拘束電流密度の表式の x 成分に一致している．

ところで，電荷分布が時間変化しない定常状態では電荷の保存則により $\nabla\cdot\boldsymbol{J} = 0$ でが成り立たなければならない．任意のベクトル $\boldsymbol{A}$ に対して $\nabla\cdot(\nabla\times\boldsymbol{A}) = 0$ が成り立つことより，拘束電流密度の場合でも，一般に

$$\nabla\cdot\boldsymbol{J}_{\mathrm{b}} = \nabla\cdot(\nabla\times\boldsymbol{M}) = 0 \tag{8.29}$$

が成り立つ．したがって拘束電流も電荷の保存則を満たすことがわかる．

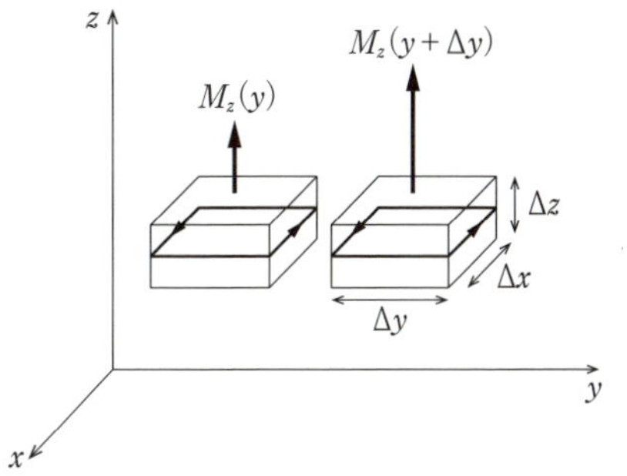

図 8.5 磁化の空間変化によって生じる体積拘束電流密度

8.2 節のまとめ

- 物質中で多数の微視的な磁気双極子が同じ方向に揃って存在する状況を磁化という．物質の磁化を特徴づける指標として磁化ベクトル $\boldsymbol{M}=$（単位体積あたりの磁気双極子モーメント）を用いる．
- 磁化した物質には拘束電流が生じる．拘束電流は，物質中に存在する微視的なループ電流が打ち消し合わずに残った正味の電流である．
- 体積拘束電流密度は
$$\boldsymbol{J}_{\mathrm{b}}=\nabla\times\boldsymbol{M}$$
で与えられる．
- 表面拘束電流密度は
$$\boldsymbol{K}_{\mathrm{b}}=\boldsymbol{M}\times\hat{\boldsymbol{n}}$$
で与えられる．$\hat{\boldsymbol{n}}$ は物質表面の単位法線ベクトルである．

8.3　物質中の静磁場

8.3.1　補助場 $\boldsymbol{H}$ と物質中のアンペールの法則

磁化した物質には実効的に体積拘束電流 $\boldsymbol{J}_{\mathrm{b}}=\nabla\times\boldsymbol{M}$ と表面拘束電流 $\boldsymbol{K}_{\mathrm{b}}=\boldsymbol{M}\times\hat{\boldsymbol{n}}$ が生じることがわかった．物質中の静磁場の基本法則を考える場合，磁場を作り出すものとしてこれらの拘束電流と，それ以外の普通の電荷の移動による電流（これを**自由電流 (free current)** とよび，体積電流密度を $\boldsymbol{J}_{\mathrm{f}}$ で表す）．を考慮しなければならない．よって，考慮すべき全電流密度は

$$\boldsymbol{J}=\boldsymbol{J}_{\mathrm{f}}+\boldsymbol{J}_{\mathrm{b}} \tag{8.30}$$

である．このときアンペールの法則の微分型は

$$\frac{1}{\mu_0}(\nabla\times\boldsymbol{B})=\boldsymbol{J}=\boldsymbol{J}_{\mathrm{f}}+\boldsymbol{J}_{\mathrm{b}}=\boldsymbol{J}_{\mathrm{f}}+\nabla\times\boldsymbol{M} \tag{8.31}$$

となる．これを書き換えると

$$\nabla\times\left(\frac{1}{\mu_0}\boldsymbol{B}-\boldsymbol{M}\right)=\boldsymbol{J}_{\mathrm{f}} \tag{8.32}$$

となる．ここで新しく

$$\boldsymbol{H}\equiv\frac{1}{\mu_0}\boldsymbol{B}-\boldsymbol{M} \tag{8.33}$$

というベクトル量（補助場）を定義すると，物質中のアンペールの法則は

$$\nabla\times\boldsymbol{H}=\boldsymbol{J}_{\mathrm{f}} \tag{8.34}$$

と，拘束電流を含まない形に書き換えられる．これを積分型で書くと

$$\oint_C\boldsymbol{H}\cdot d\boldsymbol{l}=I_{\mathrm{f\,enc}} \tag{8.35}$$

となる．ただし $I_{\mathrm{f\,enc}}=\int_S\boldsymbol{J}_{\mathrm{f}}\cdot d\boldsymbol{a}$ はアンペール・ループ C に囲まれた領域 S を通過する全自由電流である．実際に制御できるのは自由電流だけであるから，自由電流のみを含む形で書かれた式(8.34)や式(8.35)は物質中の静磁場を考えるうえで有用である．もしも系が円筒対称などの特別な対称性をもっていれば，真空中の磁場を求めるときと同様にして物質中のアンペールの法則を使って補助場 $\boldsymbol{H}$ を求めることができる．

ちなみに，$\boldsymbol{B}$ を磁束密度とよび $\boldsymbol{H}$ を磁場（または磁場の強さ）とよぶ教科書も多いが，本書では $\boldsymbol{B}$ を磁場とよぶことにしている．この場合，$\boldsymbol{H}$ を表す適当な用語がないため，本書では単に「補助場」とよぶことにする．

8.3.2　静磁場の境界条件

2 種類の物質が接しているときに静磁場が満たすべき境界条件を考えよう．4.6 節より，$\boldsymbol{B}$ の境界条件は以下のように与えられる．

$$B^{\perp}_{\text{直上}}-B^{\perp}_{\text{直下}}=0 \tag{8.36}$$

$$\boldsymbol{B}^{\parallel}_{\text{直上}}-\boldsymbol{B}^{\parallel}_{\text{直下}}=\mu_0(\boldsymbol{K}\times\hat{\boldsymbol{n}}) \tag{8.37}$$

これらを補助場 $\boldsymbol{H}=\boldsymbol{B}/\mu_0-\boldsymbol{M}$ を用いて書き換えよう．

垂直成分については，式(8.36)より直ちに

$$H^{\perp}_{\text{直上}}-H^{\perp}_{\text{直下}}=-(M^{\perp}_{\text{直上}}-M^{\perp}_{\text{直下}}) \tag{8.38}$$

となる．平行成分については，式(8.37)より

$$\boldsymbol{H}^{\parallel}_{\text{直上}}-\boldsymbol{H}^{\parallel}_{\text{直下}}=\boldsymbol{K}\times\hat{\boldsymbol{n}}-(\boldsymbol{M}^{\parallel}_{\text{直上}}-\boldsymbol{M}^{\parallel}_{\text{直下}}) \tag{8.39}$$

であるが，ここで，右辺の電流密度は自由電流と拘束電流の和 $\boldsymbol{K}=\boldsymbol{K}_{\text{f}}+\boldsymbol{K}_{\text{b}}$ で与えられる．拘束電流 $\boldsymbol{K}_{\text{b}}$ からの寄与は

$$\boldsymbol{K}_{\text{b}}\times\hat{\boldsymbol{n}}=-[(\boldsymbol{M}_{\text{直上}}-\boldsymbol{M}_{\text{直下}})\times\hat{\boldsymbol{n}}]\times\hat{\boldsymbol{n}} \tag{8.40}$$

で与えられるが，ベクトル3重積の公式を用いると

$$\begin{aligned}\boldsymbol{K}_{\text{b}}\times\hat{\boldsymbol{n}}&=-(M^{\perp}_{\text{直上}}-M^{\perp}_{\text{直下}})\hat{\boldsymbol{n}}\\&\quad+(\boldsymbol{M}_{\text{直上}}-\boldsymbol{M}_{\text{直下}})\\&=\boldsymbol{M}^{\parallel}_{\text{直上}}-\boldsymbol{M}^{\parallel}_{\text{直下}}\end{aligned} \tag{8.41}$$

となる．これを式(8.39)に用いると，最終的に

$$\boldsymbol{H}^{\parallel}_{\text{直上}}-\boldsymbol{H}^{\parallel}_{\text{直下}}=\boldsymbol{K}_{\text{f}}\times\hat{\boldsymbol{n}} \tag{8.42}$$

を得る．

8.3 節のまとめ

- **磁性体が存在する場合の静磁場の基本法則は，補助場 $\boldsymbol{H}=\boldsymbol{B}/\mu_0-\boldsymbol{M}$ に対する物質中のアンペールの法則**

$$\nabla\times\boldsymbol{H}=\boldsymbol{J}_{\text{f}}\ \text{（微分型）} \tag{8.34}$$

$$\oint_C\boldsymbol{H}\cdot d\boldsymbol{l}=I_{\text{f enc}}\ \text{（積分型）} \tag{8.35}$$

で与えられる．ここで自由電流 $\boldsymbol{J}_f$ は拘束電流を含まない通常の電流を表し，$I_{\text{f enc}}=\int_S\boldsymbol{J}_{\text{f}}\cdot d\boldsymbol{a}$ は考えているアンペール・ループ C に囲まれた領域 S を通過する全自由電流である．

- **物質中の静磁場において，補助場 $\boldsymbol{H}$ が満たすべき境界条件は**

$$H^{\perp}_{\text{直上}}-H^{\perp}_{\text{直下}}=-(M^{\perp}_{\text{直上}}-M^{\perp}_{\text{直下}})$$

$$\boldsymbol{H}^{\parallel}_{\text{直上}}-\boldsymbol{H}^{\parallel}_{\text{直下}}=\boldsymbol{K}_{\text{f}}\times\hat{\boldsymbol{n}}$$

で与えられる．ここで $\boldsymbol{H}^{\parallel}$，$H^{\perp}$ はそれぞれ境界面に平行な成分と垂直な成分を表す．$\boldsymbol{K}_{\text{f}}$ は境界面における自由電流密度であり，$\hat{\boldsymbol{n}}$ は境界面の単位法線ベクトルである．

8.4 線形磁性体

$\boldsymbol{B}$ と $\boldsymbol{H}$ の関係は一般には式(8.33)によって与えられるが，磁化ベクトル $\boldsymbol{M}$ と磁場の関係は物質によって異なる．強磁性体以外の通常の磁性体（常磁性体，反磁性体）では，磁場がそれほど強くなければ磁化ベクトルはかけられた磁場に比例する．そこで，この比例関係を

$$\boldsymbol{M}=\chi_{\text{m}}\boldsymbol{H} \tag{8.43}$$

と書いて χ_{m} を磁化率とよぶ．常磁性体では $\chi_{\text{m}}>0$，反磁性体では $\chi_{\text{m}}<0$ である．磁化と磁場の関係が式(8.43)に従う物質を**線形磁性体（linear magnetic material）**とよぶ．この場合，$\boldsymbol{B}$ と $\boldsymbol{H}$ の関係式(8.33)は $\boldsymbol{B}=\mu_0(\boldsymbol{H}+\boldsymbol{M})=\mu_0(1+\chi_{\text{m}})\boldsymbol{H}$ となるので $\boldsymbol{B}$ と $\boldsymbol{H}$ も比例する．この比例関係を

$$\boldsymbol{B}=\mu\boldsymbol{H} \tag{8.44}$$

と書くことにする．係数 μ は

$$\mu\equiv\mu_0(1+\chi_{\text{m}}) \tag{8.45}$$

で定義され，**透磁率（permeability）**とよばれる．真空中では磁化されるべき物質が存在しないので $\chi_{\text{m}}=0$ であり，したがって $\mu=\mu_0$ である．このことから μ_0 は**真空の透磁率（permeability of free space）**とよばれる．

内部が磁性体で充たされているソレノイドコイルの例

例として，4.4.5 項で扱った無限に長いソレノイドコイル（図 4.19）の内部が磁化率 χ_{m}（透磁率 $\mu=\mu_0(1+\chi_{\text{m}})$）の物質で満たされているときの磁場を求めよう．この場合は，図 4.19 に示されるループを用いて物質中のアンペールの法則（8.35）を適用すればソレノイド内が真空であるときの $\boldsymbol{B}$ を求めたときと

同様に $\boldsymbol{H}$ を求めることができる．その結果として，ソレノイド外部では $\boldsymbol{H}=0$，ソレノイド内部では

$$\boldsymbol{H} = nI\hat{\boldsymbol{z}} \tag{8.46}$$

となる．ただし，ソレノイドの軸方向に z 軸をとった．したがって磁場は

$$\boldsymbol{B} = \mu_0(1+\chi_{\mathrm{m}})nI\hat{\boldsymbol{z}} \tag{8.47}$$

となる．もしも媒質が常磁性体（$\chi_{\mathrm{m}}>0$）であれば，磁場はソレノイド内が真空であった場合よりも大きくなる．逆に媒質が反磁性体（$\chi_{\mathrm{m}}<0$）なら磁場は小さくなる．

以上の結果は，磁化によって誘起される表面拘束電流を考えるとより明確に理解できる．表面拘束電流密度は

$$\boldsymbol{K}_{\mathrm{b}} = \boldsymbol{M}\times\hat{\boldsymbol{n}} = \chi_{\mathrm{m}}(\boldsymbol{H}\times\hat{\boldsymbol{n}}) = \chi_{\mathrm{m}}nI\hat{\boldsymbol{\phi}} \tag{8.48}$$

で与えられるが，媒質が常磁性体ならば $\boldsymbol{K}_{\mathrm{b}}$ は電流 I と同方向，反磁性体ならば逆方向となる．したがって，常磁性体では拘束電流は磁場を強める方向に働き，反磁性体では逆の方向に働く（図 8.6）．いずれにしても磁性体に誘起される拘束電流によって実効的な電流が I から $(1+\chi_{\mathrm{m}})I$ に変化するために，磁場の大きさも磁性体がない場合に比べて $1+\chi_{\mathrm{m}}$ の因子だけ変化するのである．

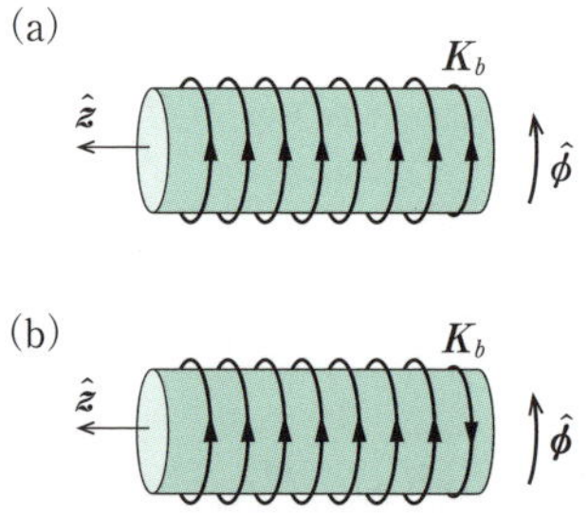

図 8.6　ソレノイド内部の磁性体に誘起される表面拘束電流．(a)常磁性体（$\chi_{\mathrm{m}}>0$）の場合，(b)反磁性体（$\chi_{\mathrm{m}}<0$）の場合

8.4 節のまとめ

- **磁化ベクトル $\boldsymbol{M}$ と補助場 $\boldsymbol{H}$ の間に**

$$\boldsymbol{M} = \chi_{\mathrm{m}}\boldsymbol{H} \tag{8.43}$$

の関係が成り立つような物質を線形磁性体とよぶ．ここで χ_{m} は磁化率とよばれる，物質固有の定数である．$\chi_{\mathrm{m}}>0$ の物質を常磁性体，$\chi_{\mathrm{m}}<0$ の物質を反磁性体とよぶ．

- **線形磁性体における補助場 $\boldsymbol{H}$ と磁場 $\boldsymbol{B}$ の間には**

$$\boldsymbol{B} = \mu\boldsymbol{H} \tag{8.44}$$

の関係が成り立つ．ここで

$$\mu = \mu_0(1+\chi_{\mathrm{m}}) \tag{8.45}$$

は透磁率とよばれる，物質固有の定数である．

9. 変動する電磁場 2

9.1 物質中のマクスウェル方程式

誘電体などの物質中で，マクスウェル方程式はどのように書けるだろうか．考慮しなければならないのは分極に伴う分極電荷，磁化に伴う磁化電流，そして分極によって生じる分極電流である．これらはそれぞれ，位置と時間の関数である．

真空中で得られたマクスウェル方程式のうち，ガウスの法則について**分極電荷（polarization charge）**ρ_b の式(7.37)の項を加える．

$$\begin{aligned}\varepsilon_0\nabla\cdot\boldsymbol{E}(\boldsymbol{r},t) &= \rho(\boldsymbol{r},t)+\rho_b(\boldsymbol{r},t)\\ &= \rho(\boldsymbol{r},t)-\nabla\cdot\boldsymbol{P}(\boldsymbol{r},t)\end{aligned}$$

すると，物質中のガウスの法則は次のようになる．

$$\nabla\cdot[\varepsilon_0\boldsymbol{E}(\boldsymbol{r},t)+\boldsymbol{P}(\boldsymbol{r},t)] = \rho(\boldsymbol{r},t)$$

分極電荷 ρ_b の時間変化を考えてみると，

$$\frac{\partial\rho_b}{\partial t} = -\nabla\cdot\frac{\partial\boldsymbol{P}}{\partial t}$$

となり，これはまさに拘束電荷の保存を表しており，$\partial\boldsymbol{P}/\partial t$ を分極電荷 ρ_b の時間変化に伴う分極電流とよぶ．アンペールの法則に，**磁化電流** $\boldsymbol{J}_b$ の式(8.24)と**分極電流** $\boldsymbol{J}_p$ の項を追加すると，

$$\begin{aligned}&\frac{1}{\mu_0}\nabla\times\boldsymbol{B}(\boldsymbol{r},t)-\varepsilon_0\frac{\partial\boldsymbol{E}(\boldsymbol{r},t)}{\partial t}\\ &\quad= \boldsymbol{J}_f(\boldsymbol{r},t)+\boldsymbol{J}_b(\boldsymbol{r},t)+\boldsymbol{J}_p(\boldsymbol{r},t)\\ &\quad= \boldsymbol{J}_f(\boldsymbol{r},t)+\nabla\times\boldsymbol{M}(\boldsymbol{r},t)+\frac{\partial\boldsymbol{P}(\boldsymbol{r},t)}{\partial t}\end{aligned}$$

真空中のマクスウェル方程式と表式を揃えるため，電束密度 $\boldsymbol{D}$ と磁場 $\boldsymbol{B}$ を用いると物質中のマクスウェル方程式は次のようにまとめられる．

$$\nabla\cdot\boldsymbol{D}(\boldsymbol{r},t) = \rho(\boldsymbol{r},t) \tag{9.1}$$

$$\nabla\cdot\boldsymbol{B}(\boldsymbol{r},t) = 0 \tag{9.2}$$

$$\nabla\times\boldsymbol{H}(\boldsymbol{r},t)-\frac{\partial\boldsymbol{D}(\boldsymbol{r},t)}{\partial t} = \boldsymbol{J}(\boldsymbol{r},t) \tag{9.3}$$

$$\nabla\times\boldsymbol{E}(\boldsymbol{r},t)+\frac{\partial\boldsymbol{B}(\boldsymbol{r},t)}{\partial t} = 0 \tag{9.4}$$

ここで，

$$\boldsymbol{D}(\boldsymbol{r},t) = \varepsilon_0\boldsymbol{E}(\boldsymbol{r},t)+\boldsymbol{P}(\boldsymbol{r},t)$$

$$\boldsymbol{H}(\boldsymbol{r},t) = \frac{1}{\mu_0}\boldsymbol{B}(\boldsymbol{r},t)-\boldsymbol{M}(\boldsymbol{r},t)$$

である．

9.2 電場と磁場の境界条件

これまでに，一様な誘電体や磁性体内部での電磁場について考察した．では，誘電率，透磁率の異なる二つの誘電体あるいは磁性体が接しているとき，その境界面での電磁場はどうなるだろうか．

まず，図 9.1 に示すように，誘電率がそれぞれ ε_1, ε_2 の誘電体が接している場合について考える．

経路の境界面に平行な辺の長さを Δs とし，境界面に垂直な辺は十分短いとすると，4 章で扱ったように，この微小な経路の経路積分は

$$\oint\{\boldsymbol{E}(\boldsymbol{r})\cdot\boldsymbol{t}(\boldsymbol{r})\}ds = \{\boldsymbol{E}_1(\boldsymbol{r}_1)\cdot\boldsymbol{t}-\boldsymbol{E}_2(\boldsymbol{r}_1)\cdot\boldsymbol{t}\}\Delta s$$

と近似できる．この式の左辺は渦なしの法則の左辺であることから 0 である．Δs は 0 ではないので，誘電体の境界面では

$$\boldsymbol{E}_1(\boldsymbol{r})\cdot\boldsymbol{t} = \boldsymbol{E}_2(\boldsymbol{r})\cdot\boldsymbol{t} \tag{9.5}$$

の関係があることが示される．

次に，同じ境界面にガウスの法則を適用する．そのために，図 9.2 に示すように薄い直方体構造を考える．

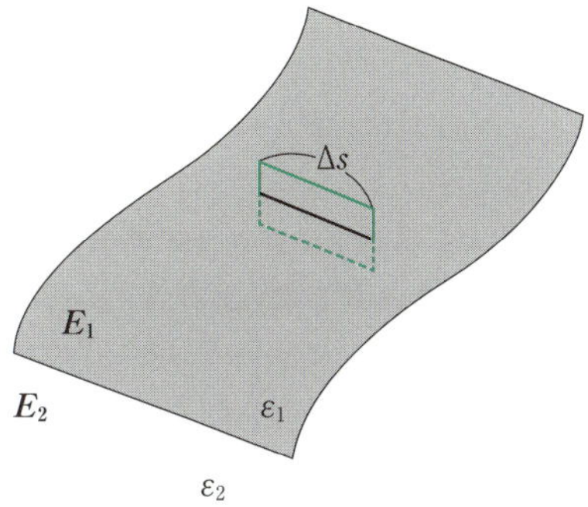

図 9.1 二つの誘電体の境界面．渦なしの法則を適用するため，微小な経路を考える．

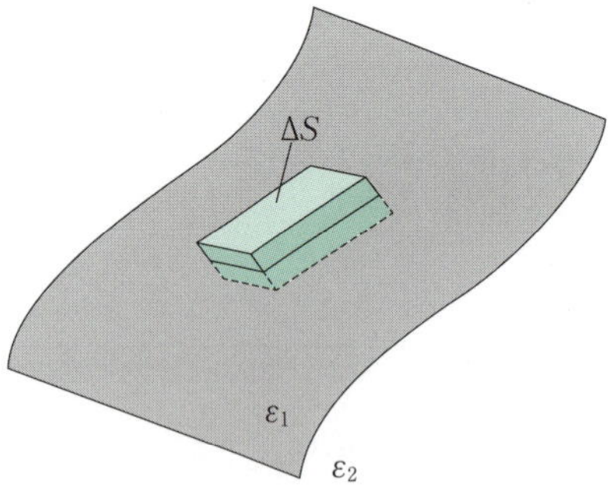

図 9.2　誘電体の境界面．ガウスの法則を適用するため，微小な直方体を考える．

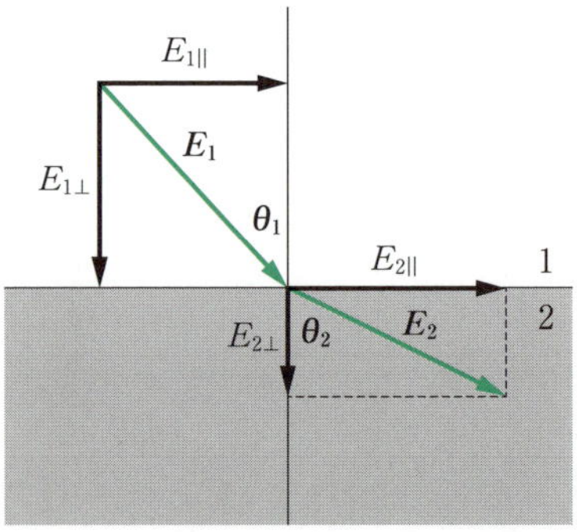

図 9.3　2 種類の誘電体の境界面での電場の屈折

この場合もやはり，薄い直方体の側面は十分小さいため無視できるとする．直方体の底面積を ΔS，底面に垂直な単位ベクトルを $\boldsymbol{n}$ とすると，ガウスの法則の左辺は

$$\int_S \{\boldsymbol{D}(\boldsymbol{r})\cdot\boldsymbol{n}(\boldsymbol{r})\}dS = \{\boldsymbol{D}_1(\boldsymbol{r}_1)\cdot\boldsymbol{n} - \boldsymbol{D}_2(\boldsymbol{r}_1)\cdot\boldsymbol{n}\}\Delta S$$

となる．この場合も，直方体が小さいことから面積分は ΔS を掛ければよい．すると，左辺は 0 であることから，右辺も 0 でなければならないが，ΔS は 0 でないため，

$$\boldsymbol{D}_1(\boldsymbol{r})\cdot\boldsymbol{n} = \boldsymbol{D}_2(\boldsymbol{r})\cdot\boldsymbol{n} \tag{9.6}$$

でなければならない．

この関係で注意したいのは，$\boldsymbol{E}_1(\boldsymbol{r})\cdot\boldsymbol{n} = \boldsymbol{E}_2(\boldsymbol{r})\cdot\boldsymbol{n}$ および $\boldsymbol{D}_1(\boldsymbol{r})\cdot\boldsymbol{t} = \boldsymbol{D}_2(\boldsymbol{r})\cdot\boldsymbol{t}$ は成り立たないことである．

さらに，磁性体についても同様に考察する．透磁率がそれぞれ μ_1, μ_2 の磁性体が接した境界面を考える．

誘電体で渦なしの法則を考えたのと同様の小さな経路を考え，アンペールの法則を適用すると，

$$\oint \{\boldsymbol{H}(\boldsymbol{r})\cdot\boldsymbol{t}(\boldsymbol{r})\}ds = \{\boldsymbol{H}_1(\boldsymbol{r}_1)\cdot\boldsymbol{t} - \boldsymbol{H}_2(\boldsymbol{r}_1)\cdot\boldsymbol{t}\}\Delta s = 0$$

これが成り立つためには

$$\boldsymbol{H}_1(\boldsymbol{r})\cdot\boldsymbol{t} = \boldsymbol{H}_2(\boldsymbol{r})\cdot\boldsymbol{t} \tag{9.7}$$

でなければならない．

次に，磁性体の境界面にガウスの法則を適用する．この場合は，図 9.2 と同じように，小さな薄い直方体を考える．直方体の側面については薄いため無視できるとする．すると，ガウスの法則より

$$\int_S \{\boldsymbol{B}(\boldsymbol{r})\cdot\boldsymbol{n}(\boldsymbol{r})\}dS = \{\boldsymbol{B}_1(\boldsymbol{r}_1)\cdot\boldsymbol{n} - \boldsymbol{B}_2(\boldsymbol{r}_1)\cdot\boldsymbol{n}\}\Delta s = 0$$

である．したがって，恒等的に

$$\boldsymbol{B}_1(\boldsymbol{r})\cdot\boldsymbol{n} = \boldsymbol{B}_2(\boldsymbol{r})\cdot\boldsymbol{n} \tag{9.8}$$

が成り立つ．ここで求めた一連の関係式は電場や磁場が時間に依存する場合においても成り立つ．

上述の法則を用いて，いくつかの例題を考えてみよう．まず，誘電率がそれぞれ $\varepsilon_1, \varepsilon_2$ の誘電体 1，2 が接している境界面で，電場の向きはどう変わるだろうか．

図 9.3 のように，誘電体 1 内の電場 $\boldsymbol{E}_1$ の境界面に対する法線成分を $E_{1\perp}$，接線成分を $E_{1\parallel}$ とし，同様に誘電体 2 内の電場についても $E_{2\perp}, E_{2\parallel}$ とする．また誘電体 1 から 2 への電場の入射角を θ_1，屈折角を θ_2 とする．すると，先ほど導いた誘電体の境界面での法則により

$$E_{1\parallel} = E_{2\parallel}$$
$$\varepsilon_1 E_{1\perp} = \varepsilon_2 E_{2\perp}$$

が成り立つ．一方，入射角と屈折角について次の関係も成り立つ．

$$\tan\theta_1 = \frac{E_{1\parallel}}{E_{1\perp}}$$
$$\tan\theta_2 = \frac{E_{2\parallel}}{E_{2\perp}}$$

よって，

$$\frac{\tan\theta_1}{\tan\theta_2} = \frac{\varepsilon_1}{\varepsilon_2}$$

の関係が導ける．

次に，図 9.4 のように 2 種類の誘電体 1，2 を挟み込んだ平行板コンデンサーの電気容量を考察する．誘電体 1 の誘電率を ε_1，誘電体 2 の誘電率を ε_2 とする．

誘電体 1 が挿入された部分の極板面積を A_1，誘電体 2 が挿入された部分の極板面積を A_2，極板の間隔を d とする．電気容量を求める演習問題の典型どおり，まず極板に電荷 Q を与えたと仮定して，誘電体

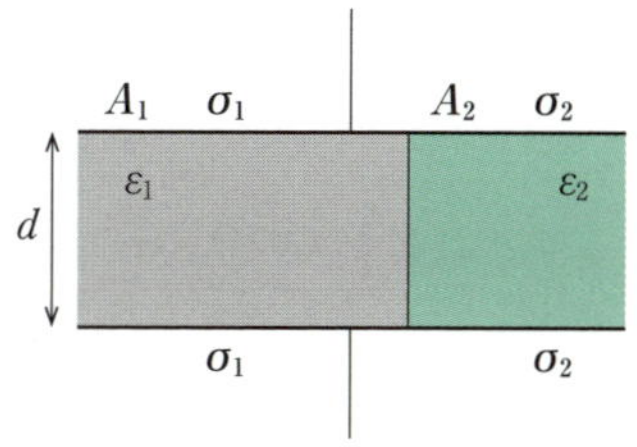

図 9.4　平行板コンデンサーへの誘電体の挿入．誘電体の境界面が極板に垂直な場合

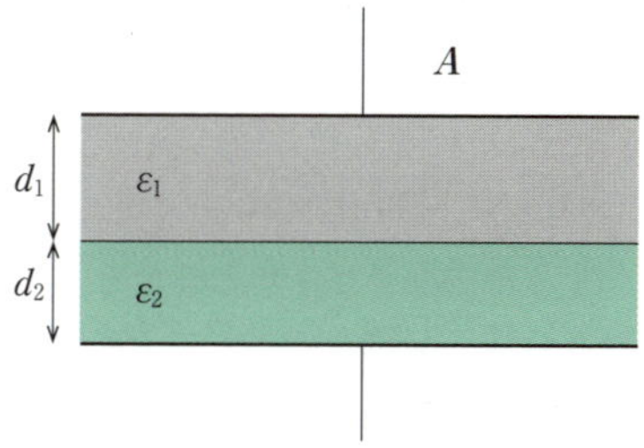

図 9.5　平行板コンデンサーへの誘電体の挿入．誘電体の境界面が極板に平行な場合

1，2 が挿入された部分の電荷密度をそれぞれ σ_1, σ_2 とすると，

$$Q = A_1\sigma_1 + A_2\sigma_2$$

が成り立つ．一方，導体近傍の電場の公式を用いると

$$\varepsilon_1 E_1 = \sigma_1, \quad \varepsilon_2 E_2 = \sigma_2$$

また，極板間の電位差を V とすると

$$V = Ed$$

だから，

$$Q = \{A_1\varepsilon_1 + A_2\varepsilon_2\}E$$

$$Q = \frac{A_1\varepsilon_1 + A_2\varepsilon_2}{d}V$$

電気容量 C と電位差の関係式より，

$$C = \frac{Q}{V} = \frac{A_1\varepsilon_1 + A_2\varepsilon_2}{d}$$

$A_1 = A_2 = 30\,\mathrm{cm}^2$，$d = 1\,\mathrm{cm}$，$\varepsilon_1 = 13.3\times10^{-12}\,\mathrm{F\,m^{-1}}$，$\varepsilon_2 = 17.7\times10^{-12}\,\mathrm{F\,m^{-1}}$ の場合，$C = 9.3\times10^{-12}\,\mathrm{F}$ である．この問題のポイントは，極板に垂直に誘電体の境界面が存在する点にある．誘電体 1，2 内の電場をそれぞれ $\boldsymbol{E}_1, \boldsymbol{E}_2$ とすると，これらの電場が極板に垂直に生じることは自明であろう．言い換えれば，誘電体の境界面に対して平行に電場が生じているわけだから，

$$\boldsymbol{E}_1 = \boldsymbol{E}_2 = \boldsymbol{E}$$

が成り立つ，というのが本節で考察した法則から得られる結論である．$\boldsymbol{E}_1, \boldsymbol{E}_2$ が同じだからこれを E と置いたのが上述の解答となる．

では，誘電体 1，2 が図 9.5 のように挿入されている場合はどうなるだろうか．誘電体が挿入された部分の極板面積を A，誘電体 1，2 の挿入されている厚みを d_1，d_2 とする．

この場合の，電位差 V は，電束密度の境界条件より

$$V = D\left(\frac{d_1}{\varepsilon_1} + \frac{d_2}{\varepsilon_2}\right)$$

したがって，電気容量 C は

$$C = \frac{A}{\dfrac{d_1}{\varepsilon_1} + \dfrac{d_2}{\varepsilon_2}}$$

と表せる．$A = 60\,\mathrm{cm}^2$，$d_1 = d_2 = 5\,\mathrm{mm}$，$\varepsilon_1 = 13.3\times10^{-12}\,\mathrm{F\,m^{-1}}$，$\varepsilon_2 = 17.7\times10^{-12}\,\mathrm{F\,m^{-1}}$ の場合，$C = 9.1\times10^{-12}\,\mathrm{F}$ である．

9.2 節のまとめ

- **物質中のマクスウェル方程式では，ガウスの法則に分極電荷の項を，アンペールの法則に磁化電流と分極電流の項を加える．**
- **誘電体の境界面では次の法則が成り立つ．**

$$\boldsymbol{E}_1(\boldsymbol{r})\cdot\boldsymbol{t} = \boldsymbol{E}_2(\boldsymbol{r})\cdot\boldsymbol{t}$$

$$\boldsymbol{D}_1(\boldsymbol{r})\cdot\boldsymbol{n} = \boldsymbol{D}_2(\boldsymbol{r})\cdot\boldsymbol{n}$$

- **磁性体の境界面では次の法則が成り立つ．**

$$\boldsymbol{H}_1(\boldsymbol{r})\cdot\boldsymbol{t} = \boldsymbol{H}_2(\boldsymbol{r})\cdot\boldsymbol{t}$$

$$\boldsymbol{B}_1(\boldsymbol{r})\cdot\boldsymbol{n} = \boldsymbol{B}_2(\boldsymbol{r})\cdot\boldsymbol{n}$$

9.3 物質中の電磁波

9.3.1 物質中での電磁波

時間変化する電磁場が存在する場合も，その変動が小さければ静電場，静磁場で考えた誘電率，透磁率を用いることができる．したがって，このような場合の電磁波の波動方程式は ε_0, μ_0 を ε, μ に置き換えて

$$\nabla^2 \boldsymbol{E}(\boldsymbol{r}, t) - \varepsilon\mu \frac{\partial^2 \boldsymbol{E}(\boldsymbol{r}, t)}{\partial t^2} = 0$$

と書ける．物質中の電磁波の波動方程式の係数部分を

$$\varepsilon\mu = \frac{1}{v^2}$$

と書くと，v は誘電体中の光の速さである．真空中の光の速さ

$$c = \frac{1}{\sqrt{\varepsilon_0 \mu_0}}$$

との比

$$n = \frac{c}{v}$$

は，その物質の**絶対屈折率**である．物質の誘電率 ε は，真空の誘電率 ε_0 よりも大きいため，物質中の光の速度は真空中よりも遅い．また，絶対屈折率は 1 より大きい．

9.3.2 電磁波の反射と屈折

二つの誘電体 1，2 が接しており，絶対屈折率をそれぞれ n_1, n_2 とする．これら誘電体の境界面に，図 9.6 のように電磁場が斜めに入射した場合について考える．まず，入射した電磁波の一部は誘電体 1 の表面で反射する．

そのとき，入射角 θ と反射角 θ' との間には次の関係がある．

$$\theta = \theta'$$

表 9.1　いろいろな物質の絶対屈折率

物質	屈折率
空気	1.000 292（0℃，1 気圧）
二酸化炭素	1.000 450（0℃，1 気圧）
水	1.3334　（20℃）
グリセリン	1.4730　（20℃）
水晶	1.5443　（18℃）
ダイヤモンド	2.4195　（20℃）

また，入射した電磁波の一部は誘電体 2 に入って屈折する．

図 9.7 のように，誘電体の境界面に法線を引き，入射波の進行方向とのなす角をそれぞれ θ_1, θ_2 とする．長さ AA′, BB′ は，それぞれ誘電体 1，2 中での波長を示す．誘電体 1，2 中での光の速さをそれぞれ v_1, v_2，電磁波の角振動数を ω とする．各誘電体中での波長と光速の関係は

$$\mathrm{BB'} = \lambda_1 = \frac{2\pi v_1}{\omega}$$

$$\mathrm{AA'} = \lambda_2 = \frac{2\pi v_2}{\omega}$$

となる．三角形の相似から，

$$\mathrm{BB'} = \mathrm{AB'} \sin\theta_1$$
$$\mathrm{AA'} = \mathrm{AB'} \sin\theta_2$$

したがって

$$\frac{\mathrm{BB'}}{\mathrm{AA'}} = \frac{\sin\theta_1}{\sin\theta_2} = \frac{\lambda_1}{\lambda_2} = \frac{v_1}{v_2} = \frac{n_2}{n_1}$$

となる．このとき，

$$n_{12} = \frac{n_2}{n_1} = \frac{v_1}{v_2}$$

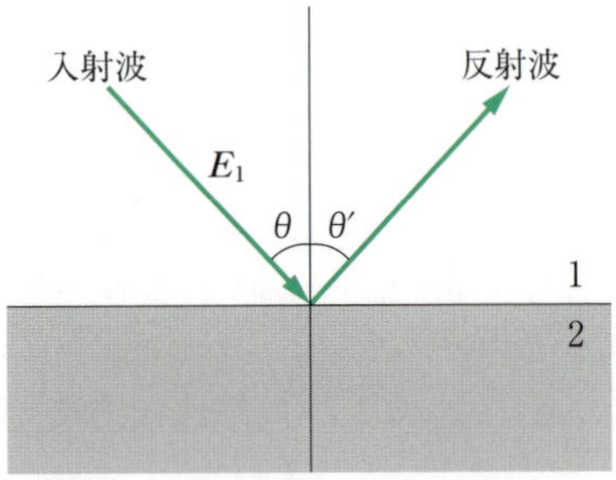

図 9.6　誘電体表面での電磁波の反射

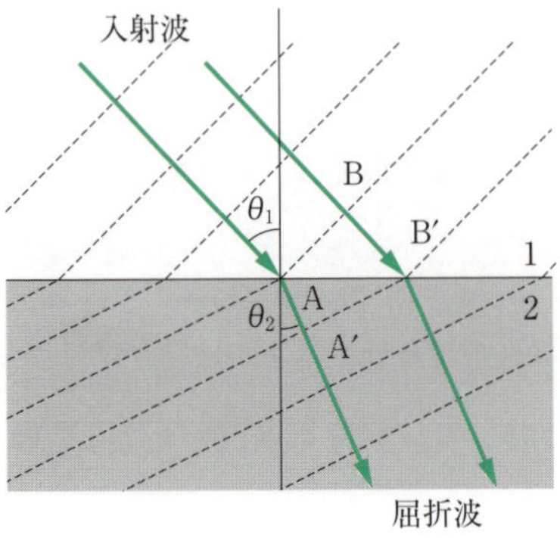

図 9.7　誘電体表面での電磁波の屈折

で表される n_{12} を物質2の物質1に対する**相対屈折率**という．

次に，正弦波で表される電磁場について考察してみよう．

$$E_x = E_0 \sin(\omega t - kz) = E_0 \sin \omega\left(t - \frac{z}{c}\right) \quad (9.9)$$

$$H_y = H_0 \sin(\omega t - kz) = H_0 \sin \omega\left(t - \frac{z}{c}\right) \quad (9.10)$$

ここで，波数 k について

$$k = \frac{\omega}{c}$$

とおいた．ここでは二つの物質の透磁率も異なると仮定して，この電磁場が誘電率 ε_1，透磁率 μ_1 の物質1を伝わり，誘電率 ε_2，透磁率 μ_2 の物質2に入射するとする．まず，図9.8に示すように，入射角が0度，すなわち境界面に垂直に入射する場合について考える．

まず，物質1の内部について考える．入射波と反射波が重なり合うことになるが，電磁波の速度を c_1 とすればこれは入射波も反射波も同じはずである．一方，振幅は同じとは限らないので，入射波の振幅を E_1，H_1，反射波の振幅を E_1'，H_1' とすると，このときの光速は

$$c_1 = \frac{1}{\sqrt{\varepsilon_1 \mu_1}}$$

だから，重なり合った電磁波は

$$E_{1x} = E_1 \sin \omega\left(t - \frac{z}{c_1}\right) + E_1' \sin \omega\left(t + \frac{z}{c_1}\right)$$

$$H_{1y} = H_1 \sin \omega\left(t - \frac{z}{c_1}\right) - H_1' \sin \omega\left(t + \frac{z}{c_1}\right)$$

となる．ここで，反射した後の H_{1y} の符号は E_{1x} と逆になる．また，式(5.52)より，

$$\frac{E_1}{H_1} = \frac{E_1'}{H_1'} = \sqrt{\frac{\mu_1}{\varepsilon_1}} \quad (9.11)$$

の関係がある．なお，E_1'/E_1 を**反射係数**という．次に，物質2の内部について考える．屈折波の振幅を E_2，H_2 として

$$c_2 = \frac{1}{\sqrt{\varepsilon_2 \mu_2}}$$

とすると

$$E_{2x} = E_2 \sin \omega\left(t - \frac{z}{c_2}\right)$$

$$H_{2y} = H_2 \sin \omega\left(t - \frac{z}{c_2}\right)$$

$$\frac{E_2}{H_2} = \sqrt{\frac{\mu_2}{\varepsilon_2}} \quad (9.12)$$

である．また，振幅には

$$E_1 + E_1' = E_2$$
$$H_1 - H_1' = H_2$$

の関係がある．

では，斜めに入射する場合は図9.9に示すように，入射角を θ_1，反射角を θ_1'，屈折角を θ_2 とすると，誘電体の境界面での法則から

$$(E_1 - E_1')\cos\theta_1 = E_2 \cos\theta_2 \quad (9.13)$$

$$\varepsilon_1(E_1 + E_1')\sin\theta_1 = \varepsilon_2 E_2 \sin\theta_2 \quad (9.14)$$

一方，磁場は電場に対して垂直であることから

$$H_1 + H_1' = H_2 \quad (9.15)$$

が成り立つ．また，式(9.11)，式(9.12)を用いて，H_1，H_1', H_2 を消去すると

$$\sqrt{\frac{\varepsilon_1}{\mu_1}}(E_1 + E_1') = \sqrt{\frac{\varepsilon_2}{\mu_2}} E_2$$

となる．これを式(9.12)に代入すると

$$\frac{\sin\theta_1}{\sin\theta_2} = \frac{\varepsilon_2 E_2}{\varepsilon_1(E_1 + E_1')} = \sqrt{\frac{\varepsilon_2 \mu_2}{\varepsilon_1 \mu_1}}$$

が成り立つ．

さて，$\theta_1 + \theta_2 = \pi/2$ のとき，$\tan(\theta_1 + \theta_2)$ が無限大

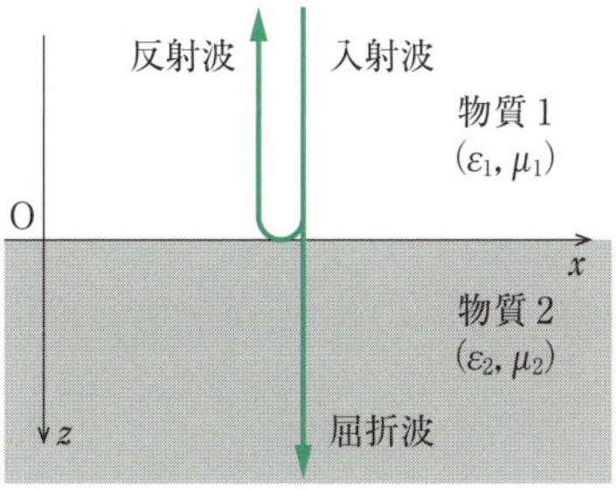

図9.8 垂直入射の場合

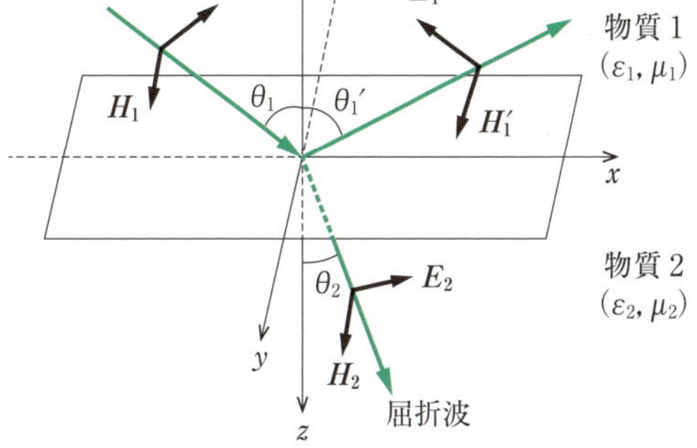

図9.9 斜めに入射する場合

となり，反射係数が 0 になる．この条件を満たす入射角 θ_B を**ブリュースター角（Brewster's angle）**という．

9.3.3　電磁波の分散

5 章では真空中のマクスウェル方程式を起点として，波動方程式を導いた．そのときは

$$k = \frac{\omega}{c}$$

となる場合について考察した．この関係式は波数 k と角振動数 ω とが比例関係にあることを示しており，真空中の電磁波についてはこの関係が成り立っている．このような場合を**分散がない電磁波**という．ところが，多くの誘電体中では，ω は k に一次比例せず，より複雑な k の関数，$\omega(k)$ となる．また，電磁波の速度，誘電率，透磁率などは波動の振動数 $\omega/2\pi$ の関数になることが多い．すると，屈折率 n も

$$n(\omega) = \frac{c}{v(\omega)} = \sqrt{\varepsilon_r(\omega)\mu_r(\omega)} \tag{9.16}$$

と書け，誘電率や透磁率に依存することから ω の関数である．このように，屈折率が振動数に依存する現象を分散とよぶ．

電磁波の位相の進む速さは**位相速度** v_{p} とよばれるが，真空中または非分散性の物質中では，

$$v_{\mathrm{p}} = \frac{\omega(k)}{k} = \frac{c}{n(\omega)} \tag{9.17}$$

となる．一方，波動を波束，つまり波のかたまりとしてとらえるとき，波束全体としての速さを**群速度**といい，

$$v_{\mathrm{g}} = \frac{d\omega(k)}{dk} \tag{9.18}$$

と表される．

電磁波の分散は，白色光をプリズムに通したとき，虹のように色ごとに分光されることで視覚的に実感できる．これは，白色光にはさまざまな振動数の電磁波が含まれており，それぞれの振動数に応じてプリズムを通過するときの屈折率が異なること，つまり電磁波の分散に起因している．

9.3.4　誘電率の振動数依存性

振動する電場中においては，誘電率は電場の振動数に依存する．これを電子の運動方程式をもとに考えてみる．まず，分子内に束縛された電子を，ばねにつながれた質量 m の質点であると仮定し，電場 $\boldsymbol{E}$ を

$$\boldsymbol{E}(t) = \boldsymbol{E}_0 \cos \omega t \tag{9.19}$$

電子の変位を

$$\boldsymbol{u}(t) = \boldsymbol{u}_0 \cos \omega t \tag{9.20}$$

とおく．すると，電子の運動方程式は電荷素量 e を用いて次のように書ける．

$$m\frac{d^2\boldsymbol{u}}{dt^2} + k\boldsymbol{u} = -e\boldsymbol{E} \tag{9.21}$$

式(9.20)を t で 2 階微分すると

$$\frac{d^2\boldsymbol{u}(t)}{dt^2} = -\omega^2\boldsymbol{u}(t)$$

だから，式(9.21)は

$$(-m\omega^2 + k)\boldsymbol{u}(t) = -e\boldsymbol{E}(t) \tag{9.22}$$

となり，

$$\boldsymbol{u}(t) = \frac{e\boldsymbol{E}(t)}{-m\omega^2 + k} \tag{9.23}$$

とまとめられる．なお，電場が 0 のとき，すなわち式(9.21)で右辺がゼロのときは電子の運動は固有振動数

$$\omega_0 = \sqrt{\frac{k}{m}}$$

の単振動となる．この ω_0 を用いて，式(9.23)から k を消去すると

$$\boldsymbol{u}(t) = \frac{-e}{m(\omega_0{}^2 - \omega^2)}\boldsymbol{E}(t) \tag{9.24}$$

となる．これは，分子内での電子の分極を説明したモデルといえる．ところで，分子内で分極にかかわる電子が z 個あるとすると，分子 1 個の電気双極子モーメント $\boldsymbol{p}$ は

$$\boldsymbol{p} = -ze\boldsymbol{u}$$

と書ける．これに式(9.24)を代入すると

$$\boldsymbol{p} = \frac{ze^2}{m(\omega_0{}^2 - \omega^2)}\boldsymbol{E}$$

ここで，

$$\alpha(\omega) = \frac{ze^2}{m(\omega_0{}^2 - \omega^2)} \tag{9.25}$$

とおくと，α はこの分子の分極率である．つまり，分極率は電場の角振動数 ω の関数となる．振動電場でなく静電場の場合は $\omega = 0$ であるから，α は

$$\alpha = \frac{ze^2}{m\omega_0{}^2}$$

となる．

当然，電気感受率 χ_{e} も ω の関数となり，

$$\chi_{\mathrm{e}}(\omega) = \frac{Nze^2}{m(\omega_0{}^2 - \omega^2)} \tag{9.26}$$

となる．誘電率は

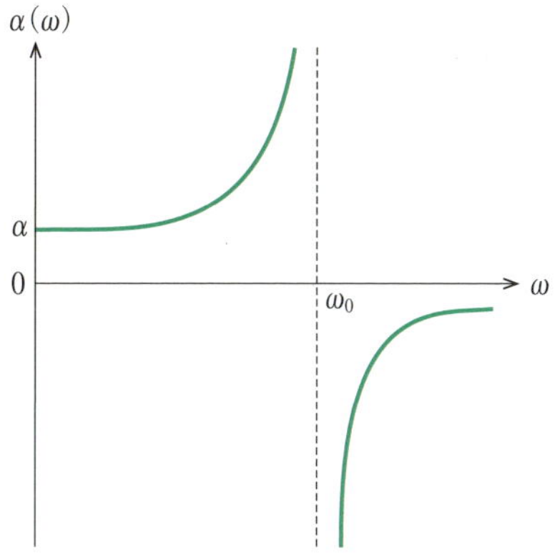

図 9.10 分極率の振動数依存性

$$\varepsilon(\omega) = \varepsilon_0 + \frac{Nze^2}{m({\omega_0}^2 - \omega^2)} \tag{9.27}$$

となる．N は単位体積中の分子数である．さて，ω の関数としての誘電率 ε，電気感受率 χ_{e}，分極率 α は，その表式から，図 9.10 のように ω が ω_0 に近づくと発散する．

では，上記のモデルより少し複雑な，電子が速度に比例する抵抗力も受けるモデルではどうなるだろうか．緩和時間 τ を用いて抵抗力を $-m/\tau \cdot d\boldsymbol{u}(t)/dt$ とすると，電子の運動方程式は

$$m\frac{d^2\boldsymbol{u}(t)}{dt^2} + \frac{m}{\tau}\frac{d\boldsymbol{u}(t)}{dt} + k\boldsymbol{u}(t) = -e\boldsymbol{E}(t) \tag{9.28}$$

となる．電場 $\boldsymbol{E}(t)$ を

$$\boldsymbol{E}(t) = \boldsymbol{E}_0 \cos(\omega t + \alpha)$$

とし，電子の変位 $\boldsymbol{u}(t)$ も同じ角振動数 ω で振動するが，位相は異なるとして

$$\boldsymbol{u}(t) = \boldsymbol{u}_0 \cos(\omega t + \beta)$$

とおく．これらに物理的には意味のない虚数項を加え，オイラーの公式を用いて整理し

$$\tilde{\boldsymbol{E}}(t) = \boldsymbol{E}_0 e^{\mathrm{i}(\omega t + \alpha)} = \tilde{\boldsymbol{E}} e^{\mathrm{i}\omega t} \tag{9.29}$$

$$\tilde{\boldsymbol{u}}(t) = \boldsymbol{u}_0 e^{\mathrm{i}(\omega t + \beta)} = \tilde{\boldsymbol{u}} e^{\mathrm{i}\omega t} \tag{9.30}$$

と複素数で表す．ここで，

$$\tilde{\boldsymbol{E}} = \boldsymbol{E}_0 e^{\mathrm{i}\alpha} \tag{9.31}$$

$$\tilde{\boldsymbol{u}} = \boldsymbol{u}_0 e^{\mathrm{i}\beta} \tag{9.32}$$

である．式(9.30)を 1 階微分すると，

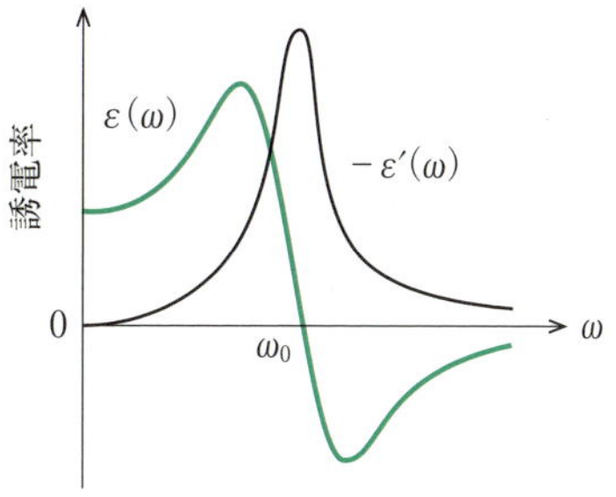

図 9.11 誘電率の角振動数依存性

$$\frac{d\tilde{\boldsymbol{u}}(t)}{dt} = \mathrm{i}\omega\tilde{\boldsymbol{u}} e^{\mathrm{i}\omega t} \tag{9.33}$$

2 階微分すると，

$$\frac{d^2\tilde{\boldsymbol{u}}(t)}{dt^2} = -\omega^2\tilde{\boldsymbol{u}} e^{\mathrm{i}\omega t} \tag{9.34}$$

となるので，これらを式(9.28)に代入すると

$$(-m\omega^2 + \mathrm{i}m\omega/\tau + k)\tilde{\boldsymbol{u}} e^{\mathrm{i}\omega t} = -e^{\mathrm{i}\omega t}\tilde{\boldsymbol{E}}$$

これを整理すると

$$\tilde{\boldsymbol{u}} = \frac{-e}{m({\omega_0}^2 - \omega^2 + \mathrm{i}\omega/\tau)}\tilde{\boldsymbol{E}}$$

が得られる．このモデルでの電気感受率，誘電率はそれぞれ

$$\tilde{\chi}_{\mathrm{e}}(\omega) = \frac{Nze^2}{m({\omega_0}^2 - \omega^2 + \mathrm{i}\omega/\tau)}$$

$$\tilde{\varepsilon}(\omega) = \varepsilon_0 + \tilde{\chi}_{\mathrm{e}}(\omega) = \varepsilon_0 + \frac{Nze^2}{m({\omega_0}^2 - \omega^2 + \mathrm{i}\omega/\tau)}$$

となる．このように複素数を含む形で誘電率を表すとき，これを複素誘電率とよぶ．複素誘電率の実数部 $\varepsilon(\omega)$，虚数部 $\varepsilon'(\omega)$ はそれぞれ

$$\varepsilon(\omega) = \varepsilon_0 + \frac{Nze^2}{m}\frac{{\omega_0}^2 - \omega^2}{({\omega_0}^2 - \omega^2)^2 + (\omega/\tau)^2}$$

$$\varepsilon'(\omega) = -\frac{Nze^2}{m}\frac{\omega/\tau}{({\omega_0}^2 - \omega^2)^2 + (\omega/\tau)^2}$$

となる．図 9.11 に実数部，虚数部の角振動数依存性を示した．角振動数 ω が小さいときは虚数部分は 0 に近づき，実数部分は静電場での誘電率に近づくことがわかる．

9.3 節のまとめ

- **物質中のマクスウェル方程式は ε, μ を用いて表される．**

$$\nabla^2 \boldsymbol{E}(\boldsymbol{r},t) - \frac{1}{v^2}\frac{\partial^2 \boldsymbol{E}(\boldsymbol{r},t)}{\partial t^2} = 0$$

$$v = \frac{1}{\sqrt{\varepsilon\mu}}$$

- **誘電率が異なる物質同士の境界面に電磁波が入射すると，反射および屈折が生じる．入射角と反射角は等しい．入射角と屈折角，波長，速度，絶対屈折率の間には次の関係が成り立つ．**

$$\frac{\mathrm{BB'}}{\mathrm{AA'}} = \frac{\sin\theta_1}{\sin\theta_2} = \frac{\lambda_1}{\lambda_2} = \frac{v_1}{v_2} = \frac{n_2}{n_1}$$

- **誘電体中では電磁波の角振動数 ω は波数 k の関数となり，屈折率も ω の関数となる．**
- **誘電率は電場の振動数に依存する．複素誘電率を用いると，誘電率の実数部 $\varepsilon(\omega)$，虚数部 $\varepsilon'(\omega)$ はそれぞれ次の式で表される．**

$$\varepsilon(\omega) = \varepsilon_0 + \frac{Nze^2}{m}\frac{{\omega_0}^2 - \omega^2}{({\omega_0}^2 - \omega^2)^2 + (\omega/\tau)^2}$$

$$\varepsilon'(\omega) = -\frac{Nze^2}{m}\frac{\omega/\tau}{({\omega_0}^2 - \omega^2)^2 + (\omega/\tau)^2}$$

9.4 導体と電磁波

9.4.1 導体中の平面波

導体中の電磁波について考える．導体中では，マクスウェル方程式のうちアンペールの法則の式(5.17)の右辺にある電流の項を考慮する必要がある．まず z と t だけの関数となる電磁波を考え，式(5.17)と式(5.18)を x, y, z 成分に分けて書くと次のようになる．

$$-\frac{\partial E_y(z,t)}{\partial z} + \frac{\partial B_x(z,t)}{\partial t} = 0 \qquad (9.35)$$

$$\frac{\partial E_x(z,t)}{\partial z} + \frac{\partial B_y(z,t)}{\partial t} = 0 \qquad (9.36)$$

$$\frac{\partial E_y(z,t)}{\partial x} - \frac{\partial E_x(z,t)}{\partial y} + \frac{\partial B_z(z,t)}{\partial t} = 0 \qquad (9.37)$$

$$-\frac{\partial B_y(z,t)}{\partial z} - \varepsilon\mu\frac{\partial E_x(z,t)}{\partial t} = \mu J_x(z,t) \qquad (9.38)$$

$$\frac{\partial B_x(z,t)}{\partial z} - \varepsilon\mu\frac{\partial E_y(z,t)}{\partial t} = \mu J_y(z,t) \qquad (9.39)$$

$$\frac{\partial B_y(z,t)}{\partial x} - \frac{\partial B_x(z,t)}{\partial y} - \varepsilon\mu\frac{\partial E_z(z,t)}{\partial t} = \mu J_z(z,t) \qquad (9.40)$$

一方，電流密度を $\boldsymbol{J}(z,t)$，電気伝導率を σ とすると，例えば $J_x(z,t)$ は次のように書ける．

$$J_x(z,t) = \sigma E_x(z,t) \qquad (9.41)$$

振動する電場中で電気伝導率は振動数の関数となるが，ここでは定数とみなせる場合について考える．

次に，式(9.36)を z で，式(9.38)を t で微分すると，

$$\frac{\partial^2 E_x(z,t)}{\partial z^2} + \frac{\partial^2 B_y(z,t)}{\partial z \partial t} = 0$$

$$-\frac{\partial^2 B_y(z,t)}{\partial t \partial z} - \varepsilon\mu\frac{\partial^2 E_x(z,t)}{\partial t^2} = \mu\sigma\frac{\partial E_x(z,t)}{\partial t}$$

B_y を消去して整理すると，

$$\frac{\partial^2 E_x(z,t)}{\partial z^2} - \varepsilon\mu\frac{\partial^2 E_x(z,t)}{\partial t^2} - \mu\sigma\frac{\partial E_x(z,t)}{\partial t} = 0 \qquad (9.42)$$

この微分方程式を解いて，電場 $\boldsymbol{E}$ を求めてみる．このような微分方程式を解く場合，

$$\tilde{E}_x(z,t) = \tilde{E}(z)e^{\mathrm{i}\omega t} \qquad (9.43)$$

のように複素数を用いて，角振動数 ω の振動電場を表すのが便利である．$\tilde{E}(z)$ は

$$\tilde{E}(z) = E_0 e^{-\mathrm{i}\tilde{k}z} \qquad (9.44)$$

とする．ここでは複素数の波数 $\tilde{k}$ を考える．式(9.43)について t の 1 階，2 階微分をとると

$$\frac{\partial \widetilde{E}_x(z,t)}{\partial t} = \mathrm{i}\omega \widetilde{E}(z)e^{\mathrm{i}\omega t} \tag{9.45}$$

$$\frac{\partial^2 \widetilde{E}_x(z,t)}{\partial t^2} = -\omega^2 \widetilde{E}(z)e^{\mathrm{i}\omega t} \tag{9.46}$$

また，式(9.44)を z で2階微分すると

$$\frac{\partial^2 \widetilde{E}(z)}{\partial z^2} = -\tilde{k}^2 E_0 e^{-\mathrm{i}\tilde{k}z}$$

となり，式(9.42)は

$$\frac{\partial^2 \widetilde{E}(z)e^{\mathrm{i}\omega t}}{\partial z^2} + \varepsilon\mu\omega^2 \widetilde{E}(z)e^{\mathrm{i}\omega t} - \mathrm{i}\mu\sigma\omega \widetilde{E}(z)e^{i\omega t} = 0$$

これを整理すると指数部分がきれいに消え，

$$\frac{\partial^2 \widetilde{E}(z)}{\partial z^2} + (\varepsilon\mu\omega^2 - \mathrm{i}\mu\sigma\omega)\widetilde{E}(z) = 0$$

さらに式(9.44)をこれに代入すると，$e^{-\mathrm{i}\tilde{k}z}$ も消え

$$[-\tilde{k}^2 + (\varepsilon\mu\omega^2 - \mathrm{i}\mu\sigma\omega)]E_0 = 0$$

となる．常に右辺が0になるためには

$$\tilde{k}^2 = \varepsilon\mu\omega^2 - \mathrm{i}\mu\sigma\omega$$

でなければならない．ここで

$$\tan\theta = \frac{-\sigma}{\varepsilon\omega}$$

とおくと，オイラーの公式を用いて

$$\begin{aligned}\tilde{k}^2 &= \varepsilon\mu\omega^2 - \mathrm{i}\mu\sigma\omega \\ &= \varepsilon\mu\omega^2\sqrt{1+\frac{\sigma^2}{\varepsilon^2\omega^2}}\,e^{\mathrm{i}\theta}\end{aligned}$$

と書ける．したがって

$$\begin{aligned}\tilde{k} &= \frac{\omega}{c}\left(1+\frac{\sigma^2}{\varepsilon^2\omega^2}\right)^{\frac{1}{4}} e^{\frac{\mathrm{i}\theta}{2}} \\ &= \frac{\omega}{c}\left(1+\frac{\sigma^2}{\varepsilon^2\omega^2}\right)^{\frac{1}{4}}\left(\cos\frac{\theta}{2} + \mathrm{i}\sin\frac{\theta}{2}\right)\end{aligned}$$

三角関数の公式を用いて整理し，$\tilde{k}$ の実数部分を k，虚数部分を k' とすると

$$k = \frac{\omega}{\sqrt{2}c}\sqrt{\sqrt{1+\frac{\sigma^2}{\varepsilon^2\omega^2}}+1} \tag{9.47}$$

$$k' = \frac{\omega}{\sqrt{2}c}\sqrt{\sqrt{1+\frac{\sigma^2}{\varepsilon^2\omega^2}}-1} \tag{9.48}$$

となる．

9.4.2 導体中での電磁波の減衰

前項で得られた式(9.47)，式(9.48)を起点として，導体中での電磁波の減衰について考察する．もし

$$\omega\varepsilon \ll \sigma$$

であれば

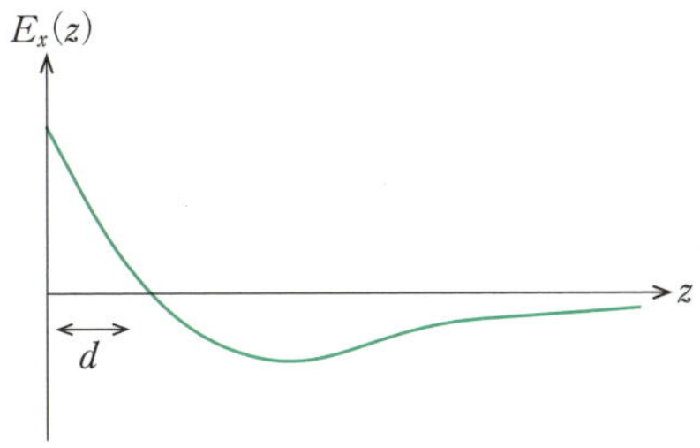

図 9.12 導体表面，導体内部での電場

$$\tilde{k}^2 \cong -\mathrm{i}\mu\sigma\omega$$

と近似することができる．具体的な数値を考えてみると，銅の電気伝導率は $5.8\times10^7\ \Omega^{-1}\,\mathrm{m}^{-1}$，緑色光の波長は500 nm，誘電率は真空中とほぼ同じとして $8.86\times10^{-12}\ \mathrm{F\,m^{-1}}$ とすると，$\omega = 3.8\times10^{15}$，$\sigma/\varepsilon = 6.5\times10^{18}\ \Omega^{-1}\,\mathrm{F}^{-1}$ となり，この近似で事足りることがわかる．

次に，

$$d = \sqrt{\frac{2}{\mu\sigma\omega}} \tag{9.49}$$

とおき，式(9.43)，(9.44)に代入して実数部をとると，E_x は

$$E_x(z,t) = E_0\cos\left(\frac{z}{d} - \omega t\right)e^{-\frac{z}{d}}$$

と書ける．ある時刻，例えば $t=0$ での E_x を図示してみると図 9.12 のようになる．

E_x は余弦関数であるが，$e^{-z/d}$ の減衰項により，あまり振動がみられない．また，$z=d$ のとき，E_x が $1/e$ 倍になることがわかる．

式(9.49)に実際の電磁波の角振動数を代入してみると，$\omega = 6\times10^6$ Hz の電波の場合は $d = 6.75\times10^{-5}$ m，$\omega = 6\times10^{15}$ Hz のレーザー光の場合は $d = 2.14\times10^{-9}$ m と求められる．ここで $\mu_0 = 1.26\times10^{-6}\ \mathrm{H\,m^{-1}}$，銅の電気伝導率は $\sigma = 5.8\times10^7\ \Omega^{-1}\,\mathrm{m}^{-1}$ とした．

ところで，振動数の大きな電磁波は，中空の導体管の中を伝搬できる．電磁波の伝搬を目的として設計された導体管は導波管とよばれる．導波管を伝わる電磁波がどのように表せるかは，導波管の形状で決まる境界条件で波動方程式を解くことでわかる．ここで，$E_z \neq 0$ かつ $H_z = 0$ の電磁波を特に **E 波（TM 波）**，$E_z = 0$ かつ $H_z \neq 0$ の電磁波を **H 波（TE 波）** とよぶ．

金属で作られた中空導波管は主に，マイクロ波の伝送に用いられる．また，光ファイバーのように，中心となる誘電体のまわりを屈折率の異なる誘電体で被覆したものを誘電体導波管とよぶこともある．

9.4 節のまとめ

- 電磁波は導体に入ると急激に減衰し，次の式で表される d の深さで $1/e$ 倍となる．

$$d = \sqrt{\frac{2}{\mu\sigma\omega}}$$

- 導波管はその中空部分を電磁波が伝搬できるように設計された中空の導体構造物である．

索　引

へ

ほ

ま

み

め

ゆ

ら

り

る

れ

ろ

わ

英・数

執筆者一覧

小向得 優（こむかえ まさる）［第Ⅰ部］

1986年 東京理科大学大学院理学研究科博士課程修了，理学博士．1986年 東京理科大学理学部第一部応用物理学科助手，1990年 同大講師，この間1991-1992年 ライプツィヒ大学客員研究員．2002年 同大助教授を経て，2008年より東京理科大学理学部第一部応用物理学科教授．

満田 節生（みつだ せつお）［第Ⅱ部 1-3章］

1986年 東北大学大学院理学系研究科物理学専攻博士課程修了，理学博士．1986年 東京大学物性研究所助手（中性子回折物性部門），1991年 東京理科大学理学部第一部講師，1993年 同大助教授を経て，2014年 東京理科大学理学部第一部物理学科教授．

坂田 英明（さかた ひであき）［第Ⅱ部 4章，5.1-5.3節］

1989年 東京工業大学大学院理工学研究科博士課程修了，理学博士．1989年 東京工業大学理学部助手，2000年 東京理科大学理学部第一部物理学科助教授を経て，2006年より東京理科大学理学部第一部物理学科教授．

梅村 和夫（うめむら かずお）［第Ⅱ部 5.4，5.5節，9章］

1995年 東京工業大学大学院生命理工学研究科博士後期課程修了，博士（理学）．2003年 武蔵工業大学専任講師等を経て，2008年 東京理科大学理学部第二部物理学科准教授，2014年より東京理科大学理学部第二部物理学科教授．

二国 徹郎（にくに てつろう）［第Ⅱ部 6-8章］

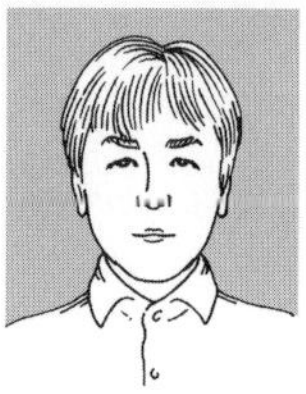

1996年 東京工業大学大学院理工学研究科博士課程修了，博士（理学）．1996年 トロント大学客員研究員，1997年 日本学術振興会特別研究員，2000年 日本学術振興会海外特別研究員，2002年 東京理科大学助手，2005年 同大講師，2010年 同大准教授を経て，2015年より東京理科大学理学部第一部物理学科教授．

理工系の基礎　物理学 I

平成 29 年 4 月 15 日　発　　行
令和 5 年 2 月 10 日　第 3 刷発行

編　者　物理学 編集委員会

著作者　小向得　優・満田　節生・坂田　英明・
梅村　和夫・二国　徹郎

発行者　池　田　和　博

発行所　丸善出版株式会社
〒101-0051 東京都千代田区神田神保町二丁目17番
編 集：電話(03)3512-3261／FAX(03)3512-3272
営 業：電話(03)3512-3256／FAX(03)3512-3270
https://www.maruzen-publishing.co.jp

組版印刷・製本／三美印刷株式会社

ISBN 978-4-621-30163-0　C 3042　Printed in Japan